Helmut Kratzsch

Bergschadenkunde

Springer-Verlag Berlin Heidelberg New York 1974

Dr.-Ing. Helmut Kratzsch
o. Professor für
Markscheidewesen u. Bergschadenkunde
an der Technischen Universität Berlin

Mit 262 Abbildungen

ISBN-13: 978-3-642-93035-5 e-ISBN-13: 978-3-642-93034-8
DOI: 10.1007/978-3-642-93034-8

Softcover reprint of the hardcover 1st edition 1974

Library of Congress Catalog Card Number 74-486.

Offsetdruck: fotokop wilhelm weihert kg, Darmstadt. Buchbinderische Verarbeitung: K. Triltsch, Würzburg.

Vorwort

Seit dem Erscheinen der "Bergschadenkunde" von O. Niemczyk im Jahre 1949 sind nun 25 Jahre vergangen. In dieser Zeit hat der bergschadenkundliche Wissensstand durch in- und ausländische Forschungsarbeiten bedeutend zugenommen, sind Datenverarbeitungsanlagen und Analogrechner in Anwendung gekommen und hat ein internationaler Erfahrungsaustausch auf Kongressen eingesetzt. Nachdem die stürmische Entwicklungsphase einer gewissen Konsolidierung gewichen ist, hielt ich es zeitlich für angebracht, die Bergschadenkunde vom heutigen Erkenntnisstand aus neu darzustellen und die in vielen Einzelaufsätzen verstreuten Forschungsergebnisse in einem Buche zu vereinigen. Großer Wert wurde deshalb bei der Abfassung des Buches auf eine aktuelle und möglichst kurze, doch verständliche Darstellung gelegt, damit der Leser in der Lage ist, die hier und später gebotenen Informationen in ein geschlossenes System der Bergschadenkunde einzuordnen, und er nicht "den Faden verliert". Dazu dienen auch die zahlreichen, überwiegend neuen Zeichnungen und Lehrstofftafeln.

Im Vergleich zur alten "Bergschadenkunde" von Niemczyk ist das Wissensgebiet unter Fortlassung der meßtechnischen und gebirgsmechanischen Kapitel neu gegliedert worden, und zwar beginnend beim Abbau - der Ursache - und endend bei den beschädigten Bauwerken über Tage - den Folgen. Bei den Formeln wurden die zukünftigen internationalen Einheiten SI und die DIN-Empfehlungen 21 900, Bl. 100, berücksichtigt; die Gegenüberstellung der alten und neuen Zeichen in der Tafel 9 und in der Fußnote auf Seite 10 soll den Übergang erleichtern. Im Text sind nur die häufig herangezogenen Veröffentlichungen aufgeführt, woraus aber kein Werturteil gegenüber den vielen anderen, nur im Schrifttumsverzeichnis nachgewiesenen Aufsätzen hergeleitet werden soll.

Das Buch ist in erster Linie als Arbeitshilfe für den Markscheider, den Bergingenieur, den Architekten und den Bauingenieur gedacht. Dem Studenten und Doktoranden soll es einen Abriß und Leitfaden des gesamten Wissensgebietes bieten. Darüberhinaus möchte es all denen einen schnellen Überblick über das Fachgebiet vermitteln, die beispielsweise am Gericht, als Grundeigentümer oder bei der Stadtplanung vorübergehend mit Bergschäden zu tun haben. Die ausführliche Behandlung spezieller Probleme, die hier manchmal nur angedeutet werden konnten, bleibt den Fachzeitschriften und den einschlägigen Büchern vorbehalten*).

An diesem Buch haben vor allem meine Sekretärin, Frau Käthe Jäger, Herr Conrad als Graphiker und Herr Fritz Schmidt als Techniker mitgearbeitet. Frau Jäger ist der sorgfältige Schreibmaschinensatz zu verdanken, an dem sie auch nach ihrer Pensionierung unermüdlich weiterarbeitete. Den Anhang und die Verzeichnisse übernahm Frau Gerda Michel. Von Herrn Conrad wurden die Abbildungen gezeichnet und die Haupttitel im Fotosatz gesetzt; auch den Einband gestaltete er. Herr Schmidt schrieb die vielen Formeln. Ihnen allen und nicht zuletzt dem Verlag, der das Vorhaben stets unterstützte und mich fachkundig beriet, danke ich für die wertvolle Hilfe.

Berlin, im Mai 1974

Helmut Kratzsch

---

*) Deutsche Fachzeitschriften: "Mitteilungen aus dem Markscheidewesen", herausgegeben vom Deutschen Markscheider-Verein; "Glückauf" und "Glückauf-Forschungshefte", Essen: Verlag Glückauf.
Deutsche Fachbücher: O. Niemczyk "Bergschadenkunde", Essen: Glückauf 1949; Sammelwerk Bd. 2 "Der Deutsche Steinkohlenbergbau", Essen: Glückauf 1956; O. Luetkens "Bauen im Bergbaugebiet", Berlin: Springer 1957; G. Heinemann "Der Bergschaden", Berlin: Engel 1961; J. Schmidbauer "Gründungen im Bergsenkungsgebiet", Grundbau-Taschenbuch, Bd. I, Kap. 3.4, Berlin: Ernst 1966; L. Drisch "Die Bewertung von Bergschäden an Gebäuden", Hannover: Oppermann 1972; ferner historisch A. H. Goldreich "Die Theorie der Bodensenkungen in Kohlengebieten", Berlin: Springer 1913

Inhaltsverzeichnis

Kurzzeichen

a	Absenkungsfaktor
A	Fläche (Index voll, teil)
dA	Flächenelement
b	Breite
c	Konvergenz, Kohäsion
c_{Hgd}	Hangendsenkung
c_{Lgd}	Liegendhebung
c_{oo}	Vorkonvergenz
c_n	Nachkonvergenz
c_d	tägliche Konvergenzzunahme
C	Gesamtkonvergenz
C_b	Bettungszahl
d	Durchmesser, Dicke
d_t	Verzögerung
e	Einwirkungsfaktor
de	Einwirkungseinfluß
E	Elastizitätsmodul
E_o	Erdruhedruck
E_p	passiver Erddruck, Erdwiderstand
f	Bogenstichmaß, Knotenpunktkraft
F	Kraft, Einzellast
F_R	Reibungskraft
F_n	Normalkraft
g	Fallbeschleunigung
G	Gewichtskraft, Schubmodul
h	Höhe, Teufe
H	Abbauteufe
I	Flächenträgheitsmoment
k_z	Senkungseinfluß, -anteil
k_{xy}	Verschiebungseinfluß
K_z, K_{xy}	endliche Einwirkungskomponenten
l	Länge
l_S	Baulänge im Streichen
l_E	Baulänge im Einfallen
m	Querdehnungszahl 1/μ, Masse
M	Abbaumächtigkeit, Moment
N	Biegesteifigkeit
p	Druckkraft, Normaldruck
P	Punkt
q	Reaktionskraft
Q	Querkraft, Menge
r	Radius
R	Vollflächenradius
s	Weglänge, horizontaler Punktabstand, Biegsamkeitsmaß
S	Querschnitt
t	Zeit, Dauer
u	infinitesimale Verschiebung
v	Abbau- oder Verformungsgeschwindigkeit
v_z	Senkung
v_x, v_y	Komponenten der Verschiebung
v_{xy}	resultierende Verschiebung grundrißlich in diametraler Richtung zum Baufeld

v_{res}	räumliche Resultierende	α	Einfallen
v'_z	Schieflage	β	Bruchwinkel
v''_z	Krümmung	γ	Grenzwinkel, (Wichte), Gleitwinkel
$v_{z\ voll}$	Vollsenkung	$\pm\ \varepsilon_s$	Zerrung, Pressung
$v_{xy\ voll}$	Vollverschiebung	$\pm\ \varepsilon_h$	Streckung, Stauchung
$v_{z\ max}$	maximale Senkung	Δs, Δh	horizontale oder lotrechte Längenänderung
dv_z	Senkungsdifferential		
$v_{z\ dyn}$	zwischenzeitliche Senkung	σ	Spannung
V	Rauminhalt, Verformungswiderstand	τ	Schubspannung
		ρ	Dichte, Krümmungsradius ρ_z
w	Durchbiegung, infinit. Senkung	μ	Poisson-Zahl, Nadirwinkel
W	Arbeit, Widerstandsmoment		
z	Zeitfaktor	η	Viskosität, Neigungswinkel der Punktlageänderung

Einleitung

Überall dort, wo Lagerstätten auf großer Fläche im Tiefbau hereingewonnen werden, senkt sich das hangende Gebirge über dem Abbauhohlraum, so daß es an der Tagesoberfläche zu trichter- oder grabenförmigen Einbrüchen, zu Erdrissen und -stufen sowie zu ausgedehnten Senkungsmulden mit Senkungsbeträgen und Horizontalverschiebungen bis zu mehreren Metern kommen kann. Derartige Bodenbewegungen führen seit der Mitte des vorigen Jahrhunderts vor allem in den europäischen Steinkohlenrevieren zu schweren Bergschäden an Gebäuden, Verkehrsanlagen und landwirtschaftlichen Feldern, wofür die geschädigten Eigentümer einen Schadensersatz vom Bergbautreibenden verlangen und erforderlichenfalls vor den Gerichten geltend machen. Um ungerechtfertigten Forderungen bei Bergschadensprozessen wirksam begegnen zu können, legten die Markscheider seit Beginn dieses Jahrhunderts viele Meßlinien über den Abbaufeldern an und beobachteten die Bodenbewegungen sehr sorgfältig. Aus den hierbei gesammelten Erfahrungen und den gewonnenen theoretischen Erkenntnissen über den Bodenbewegungsablauf entwickelte sich mit der Zeit ein neues Wissensgebiet, die Bergschadenkunde, die seit 1931 an den deutschen Berghochschulen gelehrt wird.

Genügte es zunächst, den übertägigen Schadensbereich und die Einwirkungsdauer eines Abbaus zu kennen sowie die Kosten mit den oftmals an einem Schaden beteiligten Nachbarzechen aufgrund vertraglicher Bewertungsverfahren anteilig zum Einwirkungsgrad der Grenzbaue zu verrechnen, so mußte bei zunehmender Bergbautätigkeit und Besiedelung sowohl vom Bergbau als auch vom Bauherrn alles darangesetzt werden, den Bergschaden möglichst gering zu halten. Der Bergschadenkunde fällt daher heute die A u f g a b e zu, Verfahren

a) zur Vorausberechnung der Gebirgs- und Bodenbewegung über Abbaufeldern,
b) zur Ermittlung der bei der Gebirgs- und Bodenbewegung auf Bauwerke oder Schächte übertragenen Kräfte sowie
c) zur Bergschadenminderung durch Abbauführung, Bauwerkssicherung

und Regionalplanung
zu entwickeln. Aus dieser Aufgabenbeschreibung geht hervor, daß die Bergschadenkunde zwar unter die geotechnischen Wissenschaften einzuordnen ist, aber außer der Bodenbewegungs- und der Gebirgsstrukturanalyse auch andere Grenzgebiete des Markscheidewesens, wie das Bergrecht, das Grund- und Bodenrecht, die Bergbau- und Bautechnik, die Gebirgs- und Bodenmechanik, das Verkehrswesen, den Feld- und Wiesenbau, die Hydrologie und die Stadtplanung umfaßt (Tafel 1).

Tafel 1. Die Gliederung der geotechnischen Wissenschaften für das Bauwesen und den Bergbau

Geomechanik			
Bauwesen (Baugrund, Böschung, Tunnel)		Bergbau (Tiefbau, Tagebau)	
Bodenmechanik (Lockergestein)	Felsmechanik (Festgestein)	Gebirgsmechanik (Abbaunahbereich)	Bergschadenkunde (Abbaufernbereich)

Alle bergschadenkundlichen Entscheidungen bei der Planung neuer Abbaue oder Bauwerke fußen jedoch auf dem Grubenrißwerk, den markscheiderischen Beobachtungen und dem vorausberechneten Bewegungsablauf. Sie gelten hauptsächlich der Abbauführung sowie der Bauwerkssicherung und haben zum Ziel, einen Bergbau auch unter Städten, Industrie- und Verkehrsanlagen bei Wahrung nachbarschaftlicher Belange und wirtschaftlich vertretbarer Bergschadenskosten betreiben zu können.

Mit wachsender Abbauteufe gerieten auch die weitläufigen Grubenbaue, vor allem die Schächte, unter Abbaueinwirkung, so daß Maßnahmen ergriffen werden mußten, um die Schächte und andere wichtige Grubenräume vor den schädlichen Einflüssen der eigenen Abbaue zu schützen. Sofern diese "untertägigen Bergschäden" nicht auf den Zusatzdruck im Abbauvorfeld oder auf Entspannungs- und Bruchvorgänge im Gebirgskörper zurückzuführen sind, sondern infolge der Gebirgsbewegung durch Reibungs- und Formschlußkräfte am Schachtausbau entstehen, lag es nahe, diese Schäden von den Markscheidern nach den für die Gebirgs- und Bodenbewegungskunde entwickelten Verfahren bearbeiten zu lassen. Seit den dreißiger Jahren zählen deshalb auch der den Schachtausbau schonende Verhieb im schachtnahen Bereich und die Sicherungsmaßnahmen am Schacht zum Aufgabengebiet der Bergschadenkunde, die damit eine planmäßige und wirtschaftliche Gewinnung der in den Schachtsicherheitspfeilern anstehenden großen Mineralvorräte erst möglich gemacht hat.

Schließlich erfüllt die Bergschadenkunde noch eine sicherheitliche Aufgabe, indem sie mit ihren abbau- und bautechnischen Maßnahmen die gemeinnützigen Verkehrs- und Versorgungsanlagen sowie die wichtigen öffentlichen oder unter Denkmalsschutz stehenden Gebäude im Bergbaugebiet vor einer funktionsstörenden oder sogar gefahrdrohenden Beschädigung bewahren hilft.

Zur eng verwandten G e b i r g s m e c h a n i k läßt sich die Bergschadenkunde folgendermaßen abgrenzen: In der Gebirgsmechanik werden hauptsächlich die Spannungsänderungen und Bruchvorgänge im Nahbereich bergmännischer Hohlräume behandelt mit dem Ziel, die Streckenkonvergenzen klein zu halten, Gebirgsschläge zu vermeiden, die Abbauverluste durch möglichst schmale Pfeiler zu verringern und den Gebirgsdruck beim Lösen des Minerals zu nutzen. Es steht also das System des festen Gebirges zum Ausbau oder Pfeiler unter dem gestörten Spannungsgleichgewicht im Mittelpunkt der Betrachtung (Lastmodell). In der Bergschadenkunde wird dagegen in erster Linie das System des lockeren Bodens zum Bauwerksfundament oder Schachtausbau unter dem Einfluß der Gebirgsschichtenbewegung im Fernbereich des Abbaus untersucht (Bewegungsmodell). Die Einbeziehung der Gebirgsmechanik in die Bergschadenkunde als "Bergschadenkunde unter Tage", wie es O. Niemczyk in seinem Lehrbuch "Bergschadenkunde" im Jahre 1949 noch tat, läßt sich angesichts der ganz anderen Rechtslage und Aufgabenstellung - wenn man von dem gemeinsamen Ziel der Kostenersparnis und der Unfallverhütung absieht - heute nicht aufrechterhalten. Im folgenden wird deshalb thematisch nur zwischen der vom Bergbau ausgelösten Schichtenbewegung im Innern des überwiegend festen Gebirgskörpers vom großflächigen Abbau bis zum Deckgebirge und Schachtstoß hin (Teil I) sowie der Bewegung der lockeren Bodenschicht an der Tagesoberfläche, dem Gründungsbereich der Bauwerke (Teil II), unterschieden.

Im Mittelpunkt der Bergschadenkunde stehen die dichtbesiedelten Steinkohlenreviere in Deutschland, insbesondere das Ruhr- und das

Saargebiet; die dort zahlreich abgelagerten, meterdicken Flöze werden heute in durchschnittlich 750 m Tiefe auf großer Fläche ohne Stützpfeiler abgebaut, so daß das hangende Gebirge unmittelbar nach dem Gewinnen der Kohle hinter dem durch Stempel offen gehaltenen Strebraum wie eine sich durchbiegende Platte niedergeht und nur zuunterst bricht. In ähnlicher Weise senkt sich das Gebirge beim Abbau mächtiger Erz- und Salzflöze ab, doch verzögern die hier oft inselförmig stehengelassenen Lagerstättenteile den Absenkungsvorgang. Auch im Vorfeld eines Tagebaus können im Zusammenhang mit der Grundwassersenkung größere Bodensetzungen und Bergschäden auftreten. Die aus dem Steinkohlenbergbau bekannt gewordenen Gebirgsbewegungen, Schadensbilder und Schutzmaßnahmen gelten somit grundsätzlich auch für viele andere Bergbauzweige. Nur beim Gangerzbergbau und bei der Erdöl- oder Erdgasgewinnung*) lassen sich Bergschäden im allgemeinen vermeiden.

Im heutigen Konkurrenzkampf des einheimischen Bergbaus mit überseeischen Brennstoffen und Mineralien ist die Bedeutung der Bergschadenkunde gestiegen; es gilt mehr denn je, die Bergschädenkosten, die im Steinkohlenbergbau durchschnittlich 6 bis 8% der Gestehungskosten für die geförderte Kohle ausmachen, niedrig zu halten und die Bauwürdigkeit der Lagerstätten auch unter einer bebauten Tagesoberfläche zu sichern. Die Bergschadenkunde trägt damit zu einer wettbewerbsfähigen Eigenversorgung an Rohstoffen bei.

*) Ein weiches Speichergestein allerdings gibt bei verringertem Lagerstättendruck, der gegen die Gebirgslast als Stützkraft in den Poren wirkt, ebenfalls um mehrere Meter nach (San Francisco, Po-Ebene).

Teil I: Gebirgsbewegungskunde

1. Der Bewegungsvorgang im Abbaufeld

1.1 Die Abbauverfahren aus bergschadenkundlicher Sicht

Die Bergschadenkunde beginnt im Festgestein des Abbauhorizontes und endet an der Oberfläche des lockeren Deckgebirges, wo sich die Bauwerke und landwirtschaftlichen Kulturen befinden. Durch den in der Lagerstätte bei der Materialentnahme künstlich geschaffenen Hohlraum wird dem hangenden Gebirgskörper die statische Stütze entzogen, so daß sich die Gebirgsschichten über dem Abbaufeld aufgrund der Schwerkraft bis zur Tagesoberfläche durchbiegen und den Abbauhohlraum mehr oder weniger verengen. Von der zeitlichen Hohlraumverengung hängt demnach das Maß der Bewegung in den höheren Gebirgsschichten ab. Sie ist deshalb die Grundgröße der Gebirgs- und Bodenbewegungsberechnung. Die Konvergenz der Strecken zwischen First und Sohle spielt dagegen für die Bewegung der oberen Hangendschichten wegen der geringen Breite des Streckenhohlraumes nur eine untergeordnete Rolle. Bevor der Bewegungsvorgang im Abbauhorizont näher behandelt wird, soll auf die Abbauverfahren und einige bergbautechnische Begriffe eingegangen werden.

Für die Bergschadenkunde lassen sich die A b b a u v e r f a h r e n am besten nach der Art der Dachbehandlung einteilen. Unter "Dach" wird die obere Grenzschicht des Abbauhohlraumes verstanden. Es können drei Gruppen der Dachbehandlungen unterschieden werden (Dorstewitz, Fritzsche und Prause 1953):

a) Stützung des Daches durch Bergfesten (F e s t e n b a u)

Durch Stehenlassen von Lagerstättenteilen zwischen den Abbauräumen soll eine Bewegung des hangenden Gebirges während des Abbaus verhütet werden, weil es entweder schwierig zu beherrschen oder wasserführend ist. Dieses Verfahren wird bei mächtigen Lagerstätten und festem Nebengestein im Salz- und Erzbergbau angewandt. Die Lagerstätte wird durch Strecken in nebeneinanderliegende Pfeiler unterteilt, in denen danach Kammern aufgefahren (Kammerbau) oder von denen durch Verbreitern der Strecken zu Örtern (Örterbau) seitliche Streifen abgebaut werden. Zwischen den Kammern und Örtern bleiben die Bergfesten als Dachstütze stehen (Abb. 1). Sie können sich unter der Gebirgslast allmählich verformen; im Salzbergbau beispielsweise stellt sich der Endzustand im übertägigen Senkungstrog häufig erst nach hundert Jahren ein, wenn die Salzfesten ganz zerdrückt sind. Der Bergschadenkundler muß also beim Festenbau das langzeitige Verformungsverhalten des Gebirges (Rheologie), d.h. den Zeitfaktor, die Bruch- und Fließkriterien, beachten.

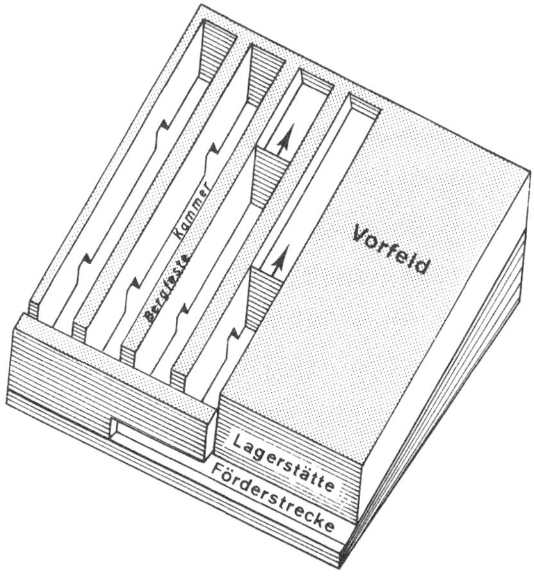

Abb. 1. Der Kammerbau mit strossenbauartigem Verhieb, vorwiegend im Kalibergbau

Zum Festenbau gehört im gewissen Sinne auch die Entnahme von Erdöl und Erdgas aus einem porösen Speichergestein, weil dessen stützendes Korngerüst nicht hereingewonnen wird. Außerdem kann der Solbetrieb mit seinen vom Süßwasser ungelösten Salzlagerrippen in diese Gruppe eingereiht werden.

b) Absenken des Daches mit neuem Auflagern (V e r s a t z b a u)

Bei diesem Verfahren wird der Abbauhohlraum mit zerkleinertem Gestein (Bergeversatz) verfüllt, damit das Hangende beim Niedergehen schon frühzeitig unterstützt wird und sich fast bruchlos absenkt. Der nachgiebige Versatz verringert die Durchbiegung und das Aufblättern des hangenden Schichtenverbandes. Versatz als Dachbettung wird beim großflächigen Strebbau geringmächtiger Flöze in den 1 bis 3 m hohen Abbauhohlraum eingebracht und ist vorwiegend im Steinkohlenbergbau verbreitet (Abb. 2). Als "Streb" bezeichnet man den schmalen, bis zu

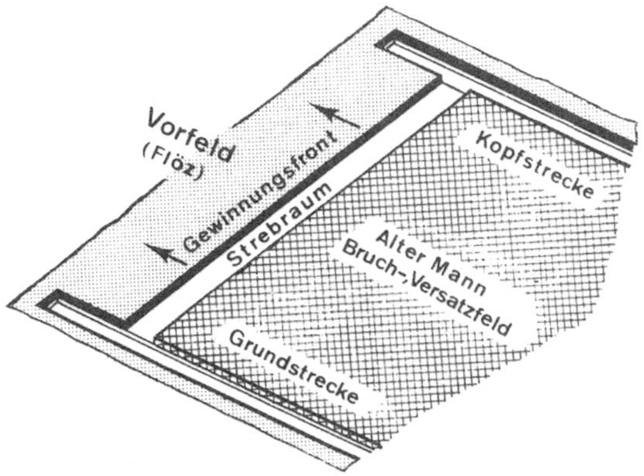

Abb. 2. Der streichende Strebbau in flacher Lagerung, vorwiegend im Steinkohlenbergbau

300 m langen, offenen Raum zwischen dem Alten Mann - dem ausgekohlten Abbaufeld - und dem Kohlengewinnungsstoß, der je nach Abbaufortschritt täglich mehrere Meter querseitig bis zur Baugrenze vorrückt. Im Streb, der durch Kappen und Stempel gegen Hangendausbrüche gesichert ist, wird das Mineral am Stoß maschinell hereingewonnen und dem Fördermittel zugeführt. Die Abbaubegleitstrecken zu beiden Seiten des Alten Mannes, die obere Kopf- und die untere Grundstrecke, dienen der Bewetterung, Förderung und Fahrung. In steiler Lagerung ist der Streb schräg zu den Begleitstrecken gestellt (Schrägbau). Der Strebbau ist also durch die lange Abbaufront, die große Abbaufläche und den schnellen Verhieb des Flözes gekennzeichnet. Das Gebirge kommt schon in drei bis fünf Jahren nach dem Abbau wieder zur Ruhe. Über Tage bleibt eine flache Mulde zurück.

c) Zubruchwerfen des Daches (B r u c h b a u)

Im verlassenen Abbaufeld wird das Dach planmäßig zu Bruch geworfen, um zu verhindern, daß große Räume mit vorkragenden Schichten offen bleiben, die plötzlich brechen und den weiteren Abbau gefährden könnten. Die sich grobstückig vom Haupthangenden lösende Dachschicht soll den Abbauhohlraum wie ein geschüttetes Haufwerk ausfüllen und als sogenannter Selbstversatz eine nachgiebige Unterlage für das Haupthangende bilden, auf der es sich fast bruchfrei durchbiegt und ohne Senkungsverzögerung unmittelbar hinter der Abbaufront auflegt.

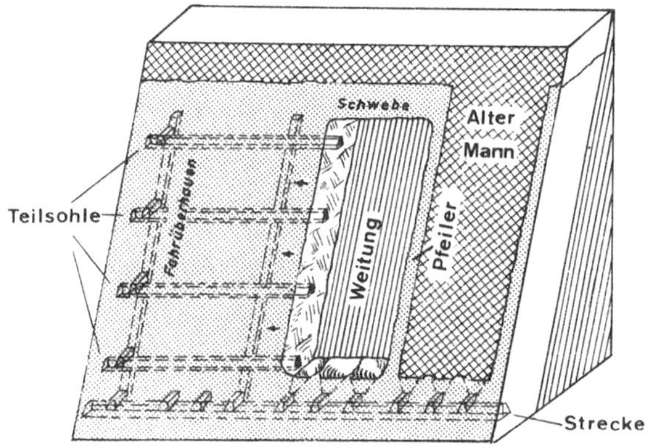

Abb. 3. Der Weitungsbau als Bruchbau in einer steil stehenden Erzlagerstätte (nach Dorstewitz, Fritzsche u. Prause)

Als Bruchbau kann bei geeignetem Hangenden der Strebbau und - bei vollständigem Verhieb der zwischen den Pfeilerstrecken stehenden Pfeilern - auch der Pfeilerbau geführt werden, wenn die Versatzkosten eingespart bzw. die Lagerstättenverluste vermieden werden sollen. Weiterhin sind in dieser Gruppe aus dem Erzbergbau der Weitungsbau und der Blockbau zu nennen. Der in steiler Lagerung von einer gewissen Gebirgsstandfestigkeit an anwendbare Weitungsbau (Abb. 3) sieht über 15 m hohe Abbauräume (Weitungen) vor, aus denen das Mineral seitlich von mehreren Teilsohlen aus gebrochen und in einer unteren Strecke abgefördert wird. Beim Blockbruchbau (Abb. 4) wird ein hoher, mächtiger Lagerstättenkörper an seinen senkrechten Begrenzungsflächen aus dem Gebirge gelöst, über seiner ganzen Grundfläche unterschnitten und unter Ausnutzung der Schwerkraft von

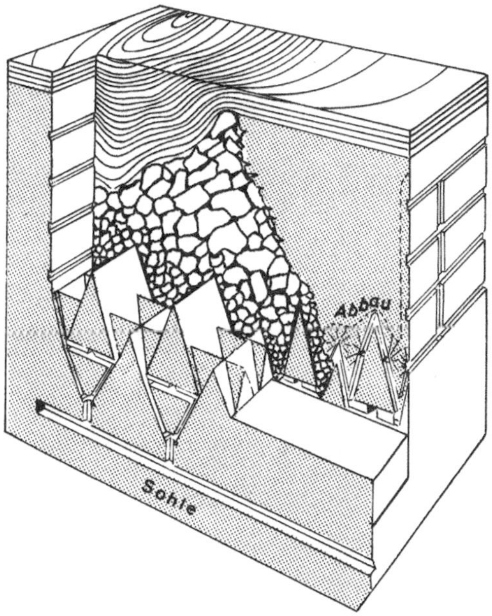

Abb. 4. Der Blockbruchbau (nach Dorstewitz, Fritzsche u. Prause)

unteren Strecken aus abschnittsweise durch Schießarbeit hereingewonnen. In ähnlicher Weise wird der Teilsohlenbruchbau in niedrigen Sohlenabschnitten durchgeführt. Der sich bis in das Dach oder in die Schwebe (oberer Pfeiler) fortsetzende Bruch läßt den Alten Mann und das Deckgebirge von selbst dem sinkenden Erz folgen. An der Tagesoberfläche entstehen Mulden oder Gräben.

Die nicht erwähnten Verfahren mit stoßartiger Bauweise, bei denen einzelne Lagerstättenstreifen von ein- bis dreifacher Streckenbreite (Stöße) neben- oder übereinander abgebaut werden, wie der Stoßbau, der Firstenstoßbau und der Querbau, setzen eine steilstehende, standfeste Lagerstätte, z.B. einen Erzgang mit hartem Nebengestein, voraus, so daß erkennbare Gebirgsbewegungen über der schmalen Abbaugrundfläche ausbleiben. Sie haben daher für die Bergschadenkunde keine Bedeutung.

1.2 Die Baufeldkonvergenz

Allen Abbauverfahren ist gemeinsam, daß auf einer mehr oder weniger großen Fläche A das hangende Gebirge in einer Teufe h unterbaut wird. Hierdurch verliert der unterbaute Gebirgskörper, dessen Gewichtskraft aus Masse mal Beschleunigung (in Newton N ≈ 0,1 kp)

$$G = m g = A h \rho g \qquad (1)$$

die Lagerstätte zuvor gleichmäßig mit dem Überlagerungsdruck (in N/cm^2, h in m)

$$p = \frac{G}{A} = h \rho g = \gamma h = 2{,}5\, h \qquad (2)$$

belastet hatte, das feste Auflager.

Beispielsweise beträgt der Überlagerungsdruck in 800 m Teufe bei einer durchschnittlichen Dichte der hangenden Gebirgsschichten von $\rho \approx 2\,500\ kg/m^3$ und einer Fallbeschleunigung von $g \approx 9{,}81\ m/s^2$ rund 2000 N/cm^2 (≈ 200 kp/cm^2).*)

Der unterbaute Gebirgskörper muß deshalb vom Versatz oder Bruchwerk im Alten Mann, aber auch von den Abbaurändern getragen werden, denn das mit dem übrigen Gebirge bankparallel verbunden bleibende Hangende geht nicht wie ein loser Block nieder, sondern es biegt sich wie eine dicke Platte über dem Abbaufeld durch und stützt sich dabei nur zum Teil im Alten Mann auf. Der andere Teil der Last wird von dem biegesteifen Gebirgsschichtenverband auf die Abbauränder im Vorfeld

*) Das "Kraftkilogramm" kp (Kilopond) wird in den SI-Einheiten durch das "Newton" N (Masse mal Beschleunigung) ersetzt. Als Umrechnungsfaktor ergibt sich

$$1\ kp = 1\ kg \cdot g = 9{,}81\ kg \cdot m/s^2 \simeq 10\ N$$
$$1\ N = 0{,}102\ kp$$

Die abgeleitete SI-Einheit des Druckes als flächenbezogene Kraft (z.B. Bauwerkslast, Gebirgslast) ist das Pascal (Pa):

$$1\ Pa = N/m^2$$

Die nicht mehr empfohlene Größe Wichte $\gamma = G/V$ (Gewichtskraft durch Volumen N/cm^3) ist im Gegensatz zur Dichte $\rho = m/V$ (Masse durch Volumen g/cm^3) wegen der Fallbeschleunigung g ortsabhängig: $\gamma = \rho \cdot g$. Das Gewicht als Masse im Sinne eines Wägeergebnisses (nicht als Kraft) wird in kg und t (1.000 kg) angegeben.

oder auf die Bergfesten verlagert, wo aus Überlagerungs- und Zusatzdruck ein hoher Gebirgsdruck entsteht. Die neue, ungleichmäßige Druckverteilung mit einer Druckspitze über dem Vorfeldrand (A_1 in Abb. 5) und einer vom vollen Überlagerungsdruck zum Teil entlasteten Zone im Alten Mann (A_2 in Abb. 5) hat eine bankrechte Zusammenpressung des Flözrandes, eine zur Baufeldmitte hin zunehmende Verdichtung des lockeren Versatzes oder Bruchwerkes und eine Aufwölbung des Liegenden in der Entlastungszone des Abbaus zur Folge.

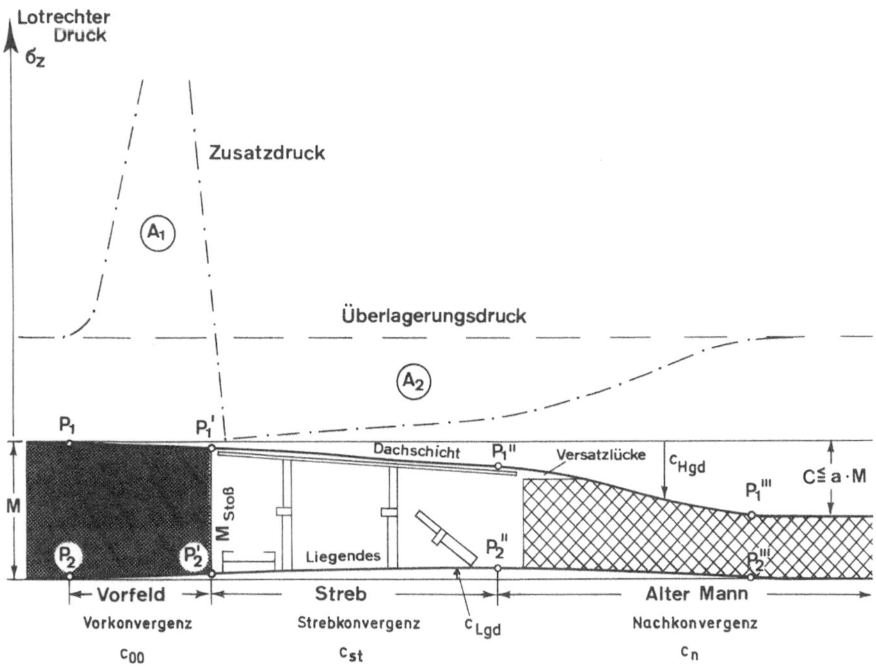

Abb. 5. Die Konvergenz des Abbauhohlraumes und die Druckverteilung beim Strebbau (schematisch)

Ausgehend vom Steinkohlenbergbau lassen sich im Abbauhorizont eines Strebbetriebes drei örtlich und zeitlich begrenzte B e w e g u n g s z o n e n angeben (Abb. 5):

a) Die Vorfeldkonvergenz

Bereits 30 bis 100 m vor dem Gewinnungsstoß beginnt die Senkung der Dachschicht im Vorfeld. Ein dort am Senkungsrand bankrecht vermarktes Punktpaar P_1 - P_2 im Hangenden und Liegenden des 1 bis 3 m mächtigen Flözes erfährt bis zur Freilegung durch den herangerückten Streb eine Abstandsänderung, und zwar eine bankrechte Kürzung oder Konvergenz c_{oo}, die sich aus der Hangendsenkung c_{Hgd} und dem kleineren Anteil der Liegendhebung c_{Lgd} zusammensetzt; sie beträgt 10 bis 20% der ursprünglichen Flözmächtigkeit M.

Die Vorfeldkonvergenz wird vom Zusatzdruck hervorgerufen. Der Zusatzdruck verformt das weiche Flöz, das gestaucht und dezimeterweit in den Strebraum geschoben wird. Im gleichen Maße, wie das Flöz im Vorfeld nachgibt, senkt sich die Dachschicht. Hinzu kommt eine Liegendhebung am Flözrand. Dort ist dem Flöz das seitliche Widerlager genommen, so daß die dadurch verminderte Bruchfestigkeit vom Zusatzdruck überschritten wird und das Flöz auf schrägen Bruchflächen (Schlechten) nach Überwindung der Reibungswiderstände zum Streb hin gleitet. Im Bereich dieser Bruchquerdehnung und bankparallelen Auflockerung des Flözes kann das Liegende sich aufwölben. Der zangenartige Formschluß des Flözrandes zwischen dem Hangenden und Liegenden behindert eine weitere Querausdehnung.

b) Die Strebkonvergenz

Das Hangende besitzt vom Gebirgsstoß an bis weit in den Alten Mann hinein kein festes Auflager. Das Gebirge muß diesen Hohlraum überbrücken, wobei es sich unter seiner Eigengewichtskraft durchbiegt. Beim Durchgang des 4 bis 6 m breiten Strebes beschleunigt sich daher die Dachschichtsenkung an der Meßstelle auf beispielsweise 10 cm/Tag. Die Strebkonvergenz c_{St} steigt hierdurch vom Zeitpunkt der Freilegung des Meßpunktpaares bis zum Rauben der letzten Stempelreihe vor dem Alten Mann auf mehrere Dezimeter an. Das Liegende hebt sich im Streb um 1 bis 2 dm.

Der Ausbau des Strebraumes ist bei einem durchschnittlichen Einschubwiderstand der hydraulichen Stempel von 240 kN (23 Mp) und einer Stempeldichte von rd. 1 Stempel/m^2 nicht imstande, das gesamte Hangende über dieser Fläche zu tragen und in der freigelegten Höhenlage zu halten. Er soll lediglich ein frühzeitiges Ablösen der unteren Schichten und eine Öffnung der Klüfte verhindern, um durch Erhaltung des Form- und Reibungskraftschlusses auf den Bruch- und Schichtflächen die Dachsenkung so begrenzen zu können, daß der Biegedruck im Vorfeld die Kohlengewinnung erleichtert, Gesteinsschalen sich nicht lösen (Steinschlaggefahr) sowie Dachschichtblöcke nicht herabstürzen und die Stempel umwerfen (Strebbruch).

c) Die Nachkonvergenz

Im Alten Mann findet das Hangende wieder ein Auflager auf dem Versatz oder Bruchwerk. Die Absenkungskurve verläuft hier schwach konvex gebogen. Etwa 100 m hinter der letzten Stempelreihe ist die sogenannte Nachkonvergenz c_n nahezu beendet. Der Hangenddruck hat dort im Punkt P_1" die Höhe des Überlagerungsdruckes erreicht. Die elastische Liegendhebung von durchschnittlich 6% M (Löffler 1936) setzt sich als Biege- und Entlastungsverformung in der nur mäßig verdichteten Randzone des Alten Mannes zunächst fort, geht aber zur Mitte des Baufeldes hin unter dem starken Hangenddruck wieder ganz zurück. Am Punktpaar P_1-P_2 ist also vom unbeeinflußten Zustand im Vorfeld bis zur Beendigung der Relativbewegung im Alten Mann eine Gesamtkonvergenz von

$$C = c_{00} + c_{St} + c_n \qquad (3)$$

eingetreten. Sie beträgt bei Versatzbau ungefähr 45 und bei Bruchbau rd. 90% der abgebauten Flözmächtigkeit M (siehe Tafel 2). In der Mitte einer Abbauvoll- oder -überfläche (siehe Abschnitt 7.2) entspricht die Gesamtkonvergenz C des Abbauhohlraumes der größtmöglichen Absenkung (Vollsenkung) des zentralen Tagespunktes, da dort die Gebirgssäule nach einer vorübergehenden Stauchung oder Streckung wieder die ursprüngliche Höhe (Mächtigkeit) vom Abbau bis zur Tagesoberfläche eingenommen hat.

Die in den Abbauhohlraum lose, z.B. als B l a s v e r s a t z, eingebrachte Füllung aus bis zu 70 mm großen Brech- oder Waschbergen trägt die Dachschicht wirksam erst nach einer Vorverdichtung, wenn der zwischen Versatzoberkante und Dachschicht verbliebene Spalt von ungefähr 15% der Versatzfeldhöhe zugedrückt ist und die Körner des Versatzes nach einer weiteren Konvergenz von rd. 14% kraftschlüssig dicht zusammenliegen. Mit zunehmendem Hangenddruck und Verdichtungsgrad werden immer mehr Körner an der Abstützung des Hangenden beteiligt; hierdurch wächst der Verformungswiderstand des Versatzes proportional zu den Kornreibungsflächen und zum Normaldruck der Berührungsflächen. Die Druck-Konvergenz-Kennlinie des Versatzes ist folg-

Tafel 2. Die Gebirgsbewegungszonen im Abbauhorizont

<table>
<tr><th>Bewegungszone</th><th>Ursache</th><th>Größe
Reichweite</th><th>Einflußgrößen</th></tr>
<tr><td>Vorfeldkonvergenz</td><td>Zusatzdruck des unterbauten Gebirgskörpers (Stützkraftverlagerung), gestauchtes Flöz weicht in den Abbauhohlraum aus</td><td>50 m (Schiefer) bis 100 m (Sandstein) vor Abbaustoß beginnend. Am Stoß 10 bis 20% M, stärker bei Sandstein als bei Schieferton</td><td rowspan="3">Teufe (Überlagerungsdruck; Biegesteifigkeit des Hangenden (Klüftigkeit, Gleitlösen); Bettung (Kennlinie); Flöz- u. Versatzmächtigkeit; Flözeinfallen; Strebbreite; Baufeldgröße; Abbaufortschritt; Gewinnungszeit; Art des Liegenden; Brüchigkeit der Dachschicht; Stillstandszeit; Abbaurichtung; Ausbauwiderstand; Lokaltektonik; Streckendamm;</td></tr>
<tr><td>Strebkonvergenz</td><td>Unter der Eigengewichtslast biegt sich der unterbaute Schichtenverband durch. Die untersten Schichten brechen herein</td><td>Rd. 6 m breite Zone vom Stoß bis Versatzfeldrand. Wendepunkt der Dachschicht-Biegelinie</td></tr>
<tr><td>Nachkonvergenz im Alten Mann</td><td>Das Gebirge legt sich auf den Versatz oder das Bruchwerk auf</td><td>Zunahme der Konvergenz bis zur Vollflächenmitte, dort maximal a·M</td></tr>
</table>

lich nach der Vorverdichtung von rd. 29% Konvergenz eine logarithmische Kurve, für die im Ruhrgebiet beispielsweise die Gleichung

$$c = 15{,}6 + 13{,}1 \lg(p - 70) \quad (4)$$

gefunden wurde (Abb. 6) (Jacobi und Holtz 1960). Es bedeuten c die Versatzkonvergenz in % der Ausgangshöhe und p der Druck auf den Versatz in N/cm^2. Nachdem eine Konvergenz von 45% erreicht ist, läßt sich die Versatzsäule auch unter Anwendung hoher Drücke von über 2000 N/cm^2 nur noch um weitere 15% stauchen. Die Versatzkennlinie steigt in diesem Druckbereich steil an. Die Steifezahl E_s des Versatzes nimmt z.B. von 6 N/cm^2 bei 10% Konvergenz auf 240 N/cm^2 bei 40% Konvergenz zu. Die Bettungszahl C_b, die den für eine Konvergenzzunahme von 1 cm erforderlichen Druckanstieg in N/cm^3 angibt, wächst dagegen annähernd linear von 180 N/cm^3 bei 1000 N/cm^2 Druck auf 350 N/cm^3 bei 2000 N/cm^2 Druck an. Aus der Abb. 6 liest man für den Überlagerungsdruck von 2000 N/cm^2 in 800 m Teufe einen Konvergenzwert von

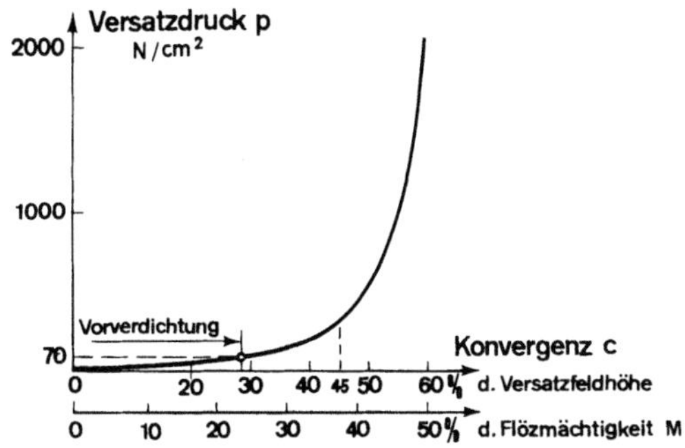

Abb. 6. Die Druck-Konvergenz-Kennlinie des Versatzes (nach Jacobi u. Holtz)

rd. 60% ab. Das entspricht unter Berücksichtigung der Vorfeld- und Strebkonvergenz von ungefähr 20% (Versatzfeldhöhe 80% M) einer auf die Flözmächtigkeit M bezogenen Gesamtkonvergenz in der Baufeldmitte von $80 \cdot 60 : 100 = 48\%$ oder rd. 50%.

Während beim Versatzbau die Dachschicht zwar bricht, sich aber als geschlossener, biegesteifer Verband dicht gefolgt vom Hauptthangenden auf den Versatz auflegt, ist es beim B r u c h b a u das Haupthangende, dessen form- und reibungskraftschlüssiger Zusammenhang durch eine Bettung - in diesem Fall durch die nach dem Rauben der letzten Stempelreihe zu Bruch geworfenen, meist schiefrigen Dachschichten - erhalten werden soll, damit es biegesteif den Strebraum überspannen kann, ohne ihn zu belasten. Die Aufgabe des Vollversatzes übernehmen also die grobstückig bis zur dreifachen Flözmächtigkeit hoch ausgebrochenen Dachschichten, auf dessen Bruchwerk (Schüttungszahl 1,5 bis 2,5) sich das Haupthangende nach allmählicher Durchbiegung abstützt. Die Durchbiegung des Haupthangenden im Alten Mann ist fast doppelt so groß wie beim Versatzbau; daher reißt ein sprödes Sandsteinhangendes unter der Biegebeanspruchung eines vorrückenden Gewinnungsstoßes häufig in regelmäßigen Zeitfolgen ab und belastet das Baufeld schlagartig (Setzrisse, Periodendruck). Die vor der Bruchkante am besten auf hartem Liegenden stehenden Stempel haben die Last der im Vergleich zum Vollversatz höheren Dachschichtblöcke zu tragen (Abb. 7).

In der flachen Lagerung überwiegt heute der Bruchbau, in der stark

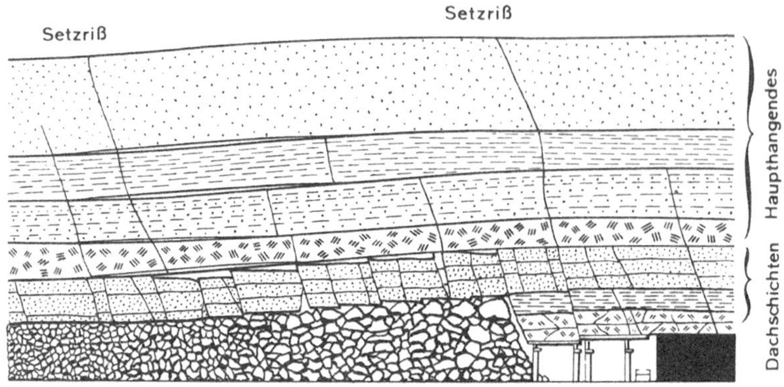

Abb. 7. Die Bruchverformung der unteren Hangendschichten beim Strebbau (siehe auch Spruth)

geneigten bis steilen Lagerung herrscht dagegen der Versatzbau vor, der hier als Sturzversatz auf der schrägen Bergeböschung oder als Fließversatz in Rohrleitungen eingebracht wird. Das Verfüllen geschieht auf der Streblänge abschnittsweise, damit sich die Berge nicht beim Stürzen zu sehr nach den Korngrößen entmischen können. Wegen der Schüttung ist der Verfüllungsgrad im ausgekohlten steilen Feld größer als in flacher Lagerung, Versatzlücken zum Hangenden und Blasschatten hinter Stempeln entstehen nicht. Die Schüttungsdichte der unter Eigengewichtsdruck stehenden steilen Versatzsäule nimmt jedoch nur im oberen, bis 20 m breiten Versatzfeld unterhalb der Kopfstrecke zu; sie bleibt im mittleren und unteren Versatzfeld konstant, weil dort die Versatzlast zu einem großen Teil von der Reibung am Hangenden und Liegenden getragen wird (Siloeffekt). Außer dem Verformungswiderstand des Versatzes hat auch der bankrechte Gebirgsdruck einen Einfluß auf die Konvergenzgröße. In steiler Lagerung verringert er sich mit dem Schichteneinfallen α nach der Elastizitätstheorie ungefähr um

$$\sigma_n = \frac{\sigma_1 + \sigma_2}{2} + \frac{\sigma_1 - \sigma_2}{2} \cos 2\alpha, \qquad (5)$$

wenn σ_1 den lotrechten Überlagerungsdruck in flacher Lagerung, σ_2 den allseitig gleichen horizontalen Gebirgsdruck

$$\sigma_2 = \frac{\sigma_1}{m-1} = 0{,}25\,\sigma_1 \qquad (6)$$

und m die Querdehnungszahl der Karbongesteine ($m \approx 5$) bedeuten.

Nimmt man ausgehend von einer Gesamtkonvergenz von 50% in der flachen Lagerung für die geneigte bis steile Lagerung in 800 m Teufe eine Abnahme der Vorfeld- und Strebkonvergenz von 20% der Flözmächtigkeit bei 0 gon Einfallen auf 15% (30 gon), 10% (40 gon) und 5% (> 50 gon), der Versatzlücke von 15% der Versatzfeldhöhe bei 0 gon Einfallen auf 10% (30 gon), 5% (40 gon) und 0% (> 50 gon) sowie der kraftschlüssigen Zusammendrückung von 14% der Versatzfeldhöhe bei 0 gon Einfallen auf 12% (30 gon), 8% (40 gon) und 6% (> 50 gon) an, so läßt sich die auf die Flözmächtigkeit M bezogene Endkonvergenz C in der Versatzfeldmitte in Abhängigkeit vom bankrechten Druck nach den Formeln (4) und (6) gemäß Tafel 3 berechnen (Kratzsch 1967). Die Hangendschichten werden also in steiler Lagerung weniger stark durchgebogen als über einem flachen Versatzfeld (siehe auch Abb. 12).

Tafel 3. Berechnete Konvergenzen des Versatzes in geneigter bis steiler Lagerung, Teufe 800 m

Einfallen gon	Gebirgsdruck bankrecht N/cm^2	Konvergenz C bankrecht %	Absenkung lotrecht $C \cdot \cos\alpha$ %
0	2000	50	50
30	1690	45	41
40	1480	40	33
50	1250	35	25
60	1020	32	20
70	810	31	15
80	640	30	10
90	540	29	4
100	500	28	0

Die vom Vorfeld bis zum Alten Mann zusammenhängend dargestellte Dachschichtbewegung ergibt für die lotrechte Komponente eine S-förmige Kurve, die im Vorfeld konvex, über dem Streb fast geradlinig und im Versatzfeld konkav verläuft (Abb. 5). Die Senkungskurve des Haupthangenden beim Bruchbau ist ähnlich geschwungen (Abb. 7), sie fällt über dem Alten Mann jedoch stärker als beim Versatzbau auf rd. 0,9 M ab. Derartige Beobachtungen über den genauen Senkungsablauf im Abbauhorizont oder unmittelbar darüber im Haupthangenden sind trotz ihrer Bedeutung für die Gebirgs- und Bodenbewegungsberechnung noch selten, weil nach dem Abwerfen der Mittelstrecken meistens kein

Zugang mehr zum Alten Mann besteht und die Kosten für eine Neuauffahrung von Untersuchungsstrecken oder für den Einbau von verlorenen Fernmeßgebern gescheut werden. Beim Bruchbau kommt erschwerend hinzu, daß die Absenkung des unteren Haupthangenden nur in einer dicht über dem Bruchfeld aufgefahrenen Strecke gemessen werden kann, die, falls sie vorhanden ist, während der Unterbauung zerstört wird. Die Messungen über dem Bruchbaustreb beginnen daher erst in einem bankrechten Abstand von 50 m und höher, also außerhalb des eigentlichen Abbauhorizontes. Eine weitere Schwierigkeit besteht darin, daß die Strecken von einer Lockerungszone (Trompetersche Zone) umgeben sind und die Meßpunkte außerhalb dieser Lockerungszone vermarkt werden müssen, um die Meßpunkte von sekundären Gebirgsbewegungen fernzuhalten. Die Gesteinsstöße sind mindestens 7 m tief aufgelockert; die Meßmarke muß deshalb in einem genügend langen Bohrloch mit einem Federring befestigt und mit einem Theodolit beobachtet werden. Bei lotrechten Bohrlöchern wird die lotrechte und grundrißliche Punktbewegung an einem belasteten Draht gemessen, der oben im Bohrloch verankert ist.

Über die Druck-Konvergenz-Beziehung eines grobstückigen Bruchwerkes, das aus den 2 bis 6 m hoch ausgebrochenen Dachschichten besteht, liegen keine Angaben vor. Die Stützkraft eines solchen Bruchwerkes wird bei beginnender Absenkung des Haupthangenden sicherlich kleiner sein als bei einem dicht in den Abbauhohlraum eingebrachten Vollversatz. Die bleibende Auflockerung des Bruchwerkes beträgt in der Mitte des Baufeldes, wo sich annähernd wieder der Überlagerungsdruck eingestellt und das Haupthangende um 90 bis 95% der Abbaumächtigkeit gesenkt hat, in bankrechter Richtung nur wenige Prozente.

Aus den bekannt gewordenen Beobachtungen (Hoffmann 1956 u.a.), deren geglättete Mittelwerte den in Abb. 8 gezeichneten Senkungskurven zugrunde gelegt sind, wird deutlich, wie unterschiedlich die Dachschichtsenkung beim Versatzbau und ähnlich auch die Haupthangendsenkung beim Bruchbau sein kann, je nachdem, ob die Gebirgsschicht aus hartem Sandstein oder aus weichem Tonschiefer besteht und es sich um den Endzustand oder um eine zwischenzeitliche Bewegungsphase handelt. Bei einem Sandsteinhangenden (Kurve a) reicht die Absenkung im Endstand bis zu 100 m weit in das Vorfeld hinein, und der Versatz ist erst 100 m hinter dem Stoß fest verdichtet. Innerhalb einer Spannweite von rd. 200 m wird das Sandsteinhangende nur ungenügend abgestützt. Es biegt sich über der nachgiebigen Flöz-, Strebausbau- und

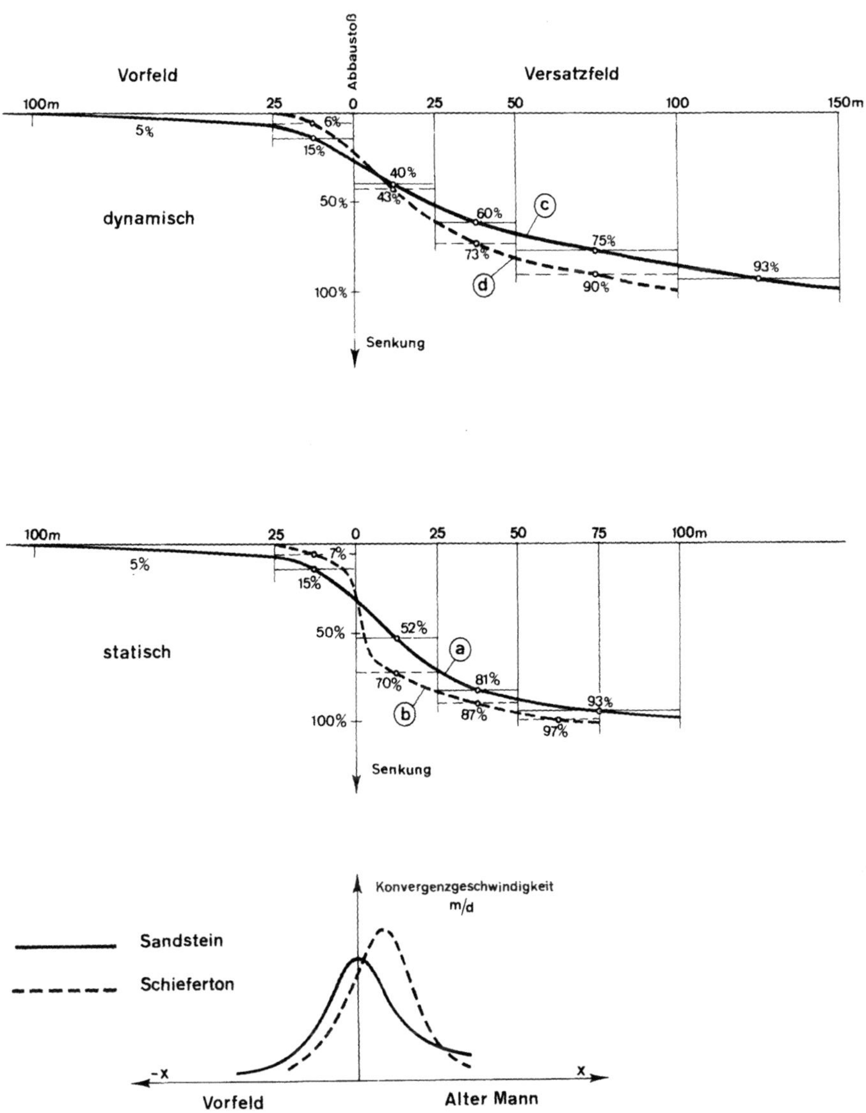

Abb. 8. Die Biegelinie der Dachschicht bei Versatzbau oder des Haupthangenden bei Bruchbau sowie die Geschwindigkeit der Baufeldkonvergenz

Versatzunterlage flach durch. Das Schiefertonhangende (Kurve b) dagegen vermag nur rd. 25 m im Vorfeld und 75 m im abgebauten Feld, insgesamt also 100 m zu überbrücken. Hinter dem Kohlenstoß fällt die Schiefertonschicht vergleichsweise steil ab*). Die Biegesteifigkeit der Dachschicht spiegelt sich demnach in der Form der Absenkungslinie wider. Ein biegesteifes Hangende überträgt die große Auflast des überbrückten Hohlraumes auf einen breiten Vorfeldrand, ein biegeschwaches Hangende eine kleine Last auf eine schmale Randzone. Der Wendepunkt der Senkungskurve liegt beim Sandsteinhangenden ungefähr über dem Kohlenstoß, beim Schiefertonhangenden im Strebfeld. Die für ein hartes und ein weiches Hangende geschilderten Merkmale sind auch bei den zwischenzeitlichen Bewegungskurven c und d erkennbar.

Über dem fortschreitenden Streb ist die Dachschicht in beiden Fällen flach geneigt, erst nach Stundung des Abbaus verstärken sich die Absenkung und die Durchbiegung im Versatzfeld. Unter dem sich wieder einstellenden Druckausgleich im Gebirgskörper, bei dem vor allem der Versatz in der Randzone zunehmend belastet wird, gehen die dynamischen Kurven c und d in die statischen Kurven a und b über. Die tägliche Konvergenzzunahme eines bankrechten Punktpaares, d.h. die Konvergenzgeschwindigkeit in Abhängigkeit vom Abstand des vorrückenden Gewinnungsstoßes, steigt vor dem Strebdurchgang steil an, erreicht während der Durchfahrung oder kurz danach einen Maximalwert von über 1 dm/d und verringert sich im Versatzfeld (Abb. 8). Der Höchstwert der Konvergenzgeschwindigkeit deckt sich örtlich mit dem Wendepunkt der Dachsenkungskurve.

1.3 Die Einflußgrößen auf die Baufeldkonvergenz

Die bisherigen Beobachtungen über die Dachschichtsenkung bzw. die Baufeldkonvergenz und die Konvergenzgeschwindigkeit bestätigen die gebirgsmechanische Modellvorstellung, daß der Gebirgsbewegungsvorgang im Abbauhorizont wie bei einem quasielastischen, nachgiebig gebetteten Balken hauptsächlich von folgenden Einflußgrößen bestimmt wird:

---

*) Die in der Abb. 8 überhöht dargestellte Dachschichtbiegung ist in Wirklichkeit bei einer Neigung von höchstens 1 : 75 im Strebfeld nicht zu erkennen.

a) Von der Abbauteufe

Nach Gl. (2) hängt der von der Dachschicht oder der Haupthangendschicht im Baufeld aufzunehmende Überlagerungsdruck von der Teufe ab. Je tiefer der Abbau im Gebirge umgeht, desto größer wird der Druck im Vor- und Versatzfeld sein und desto mehr wird sich das Hangende durchbiegen.

b) Von der Biegesteifigkeit des Hangenden

Ein biegesteifes Hangende findet, da es sich unter der Last des unterbauten Gebirges wenig durchbiegt, im Vorfeld ein breites Auflager für die Neuverteilung des Gebirgsdruckes. Ein weiches Hangendes versucht der Gebirgslast durch Biegeverformung auszuweichen und gibt die örtliche Auflast in fast gleicher Größe an die Bettung weiter. Für die Biegesteifigkeit N einer Gebirgsschicht sind der Elastizitätsmodul E in N/cm^2 sowie die Dicke d und die mittragende Breite b

$$N = E\,I = \frac{E\,b\,d^3}{12} \qquad (7)$$

entscheidend (I = Flächenträgheitsmoment). Die Gesteinsklüfte verringern die Biegesteifigkeit.

c) Von der Bettung des Hangenden

Eine wenig nachgiebige Unterstützung des Hangenden wirkt der Durchbiegung und Umverteilung der Gebirgslast entgegen. Mit einem frühzeitig tragenden, harten Versatz wird ein hoher Zusatzdruck im Vorfeld vermieden. Der Ausbauwiderstand und insbesondere die sogenannte "Ausbauverspätung" haben einen Einfluß auf die Konvergenz im Strebfeld: Die horizontale Verspannung der Dachschichtblöcke wird gelockert, wenn die abstützenden Kappen der maschinell vorrückenden, "schreitenden" Ausbaugestelle mehr als 25 cm vom Gewinnungsstoß zurückbleiben. In der nicht rechtzeitig ausgebauten und abgestützten Strebrandzone können die Dachschichtblöcke auf den Kluftflächen abwärts gleiten.

Die Tragfähigkeit des eingebrachten Versatzes oder der Bruchberge wird nach dem Porenanteil und der Druckfestigkeit der Versatzberge beurteilt: Der Anteil des Porenvolumens am verfüllten Abbauhohlraum nimmt mit kleiner werdender Korngröße ab, feste Berge erhöhen den Verformungswiderstand des Versatzkorngerüstes.

d) Von der Flözmächtigkeit und der Versatzfeldhöhe

Das sich durchbiegende Hangende staucht das Flöz und den Versatz und mobilisiert hierbei die Stützkräfte der Bettung, die mit der Größe der Hangendsenkung wie bei einer gedrückten Spiralfeder zunehmen. Je höher die Flöz- oder Versatzsäule ist, desto mehr muß sich das Hangende durchbiegen, bevor es die Unterlage tragfähig verdichtet hat. Mit beispielsweise 500 N/cm^2 wird eine Hangendschicht über einem 2 m hohen Versatzfeld nach 100 cm Senkung, über einem nur 1 m hohen Versatzfeld bereits nach 50 cm Senkung unterstützt, wenn gemäß Abb. 6 eine Konvergenz des Versatzes von 50% erreicht ist. Das Hangende biegt sich daher umso mehr durch, je größer die Abbaumächtigkeit ist.

e) Von der Strebfeldbreite und der Abbaufeldgröße

Den Strebraum und die Versatzrandzone muß das Hangende fast freitragend überbrücken, aber auch noch weit hinten im Versatzfeld bleibt die Stützkraft des Versatzes meistens unter dem Überlagerungsdruck. Die Verbreiterung des Strebraumes und des Versatzfeldes kommt deshalb einer Vergrößerung der Spannweite gleich, so daß die Durchbiegung zunehmen muß.

Zum Vergleich: Ein elastischer Balken biegt sich in der Mitte mit der dritten Potenz der freitragenden Länge l

$$w_0 = \frac{1}{k} \frac{F\, l^3}{N} \tag{8}$$

durch.

f) Von dem Abbaufortschritt und der Gewinnungszeit

Das Hangende kann sich nur soweit absenken, wie es die Unterlage (Bettung), bestehend aus dem Flöz, dem Strebausbau oder dem Versatz, zusammenzudrücken vermag. Dieser Stauchungsprozeß ist zeitabhängig, weil die Hangendunterlage nicht sofort mit der Belastung, sondern erst allmählich nach Überwindung der Bruchfestigkeit oder der Reibungswiderstände nachgibt. Die Konvergenzverzögerung führt dazu, daß sich das Hangende vor und hinter einem schnell vorrückenden Gewinnungsstoß nur langsam absenken kann. Mit zunehmendem Abbaufortschritt wird die Biegelinie somit abflachend gestreckt. Einen ähnlichen Einfluß übt die tägliche Gewinnungszeit auf die Hangendsenkung aus. Bei einer Gewinnungszeit von beispielsweise 6 Stunden hat das

Hangende 18 Stunden, in denen der Kohlestoß ruht, Zeit, um den Versatz zu verdichten, die Stempel einzuschieben und den Kohlenstoß zu stauchen. Zum Versatzfeld hin wird die Dachschicht also steiler einfallen als bei einer reinen Gewinnungszeit von 12 oder 18 Stunden.

g) Von der Beschaffenheit des Liegenden

Das sich infolge elastischer Entspannung oder Wasseraufnahme aufwölbende Liegende trägt zu einer Stauchung des Kohlenstoßes und, wenn sich die Liegendhebung nach der Versatzeinbringung fortsetzt, auch zu einer Verdichtung des Versatzes in der Randzone bei. Dadurch stützt die Unterlage das sich absenkende Hangende schon früher als bei fehlender Liegendhebung. Die Dachschicht biegt sich etwas weniger durch. Eine starke Liegendhebung wird bei hohem Entspannungsdruck in großen Teufen sowie quellfähigem und elastisch rückverformbarem Gestein zu erwarten sein.

h) Vom Bruchverhalten der Dachschicht

Beim Bruchbau ist auch die Gebrächigkeit der Dachschichten für die Konvergenzgröße entscheidend. Wenn der Bruch ohne Verzug gleichlaufend mit dem vorrückenden Streb fällt, wird die Konvergenz im Vor- und Strebfeld groß sein. Bei einem gut fallenden Bruch ist die Lastaufnahme im frischen Bruchfeld zuerst noch gering, so daß sich das Haupthangende verstärkt auf dem Flözrand abstützt. Aber auch eine weit im Bruchfeld überhängende Dachschicht (> 5 m) staucht das anstehende Flöz, da sie sich unter der Auflast des Gebirges wie ein im Vorfeld einseitig eingespannter Balken mit l^3 durchbiegt. Außerdem begünstigt ein längere Zeit offenstehender Bruchraum die Liegendhebung.

i) Von der Stillstandszeit eines gestundeten Abbaus

Die statische Senkungskurve wird über einem gestundeten Abbau umso eher erreicht, je dünner das Flöz und je biegeschlaffer das Hangende ist.

Die Wechselbeziehung zwischen der Hangendsenkung und der Versatzreaktion sowie den übrigen gebirgsmechanischen und geometrischen Einflußgrößen ist also sehr verwickelt.

Wie unterschiedlich die D a c h s c h i c h t s e n k u n g in Wirklichkeit ist, konnte durch wiederholte Messung der Versatzmächtigkeit in Strecken nachgewiesen werden, die im Alten Mann einige Jahre nach der Abbaustundung neu aufgefahren wurden (H.F.Schulte 1952). Die hierüber Auskunft gebenden Abb. 9 bis 11 zeigen, daß die tatsächliche Hangendsenkung infolge örtlicher Einflüsse stark von der idealen S-förmigen Biegelinie der Abb. 12 abweichen kann. Am laufenden Abbaustoß (Abb. 9) setzt die Kurve der Hangendsenkung mit flachem

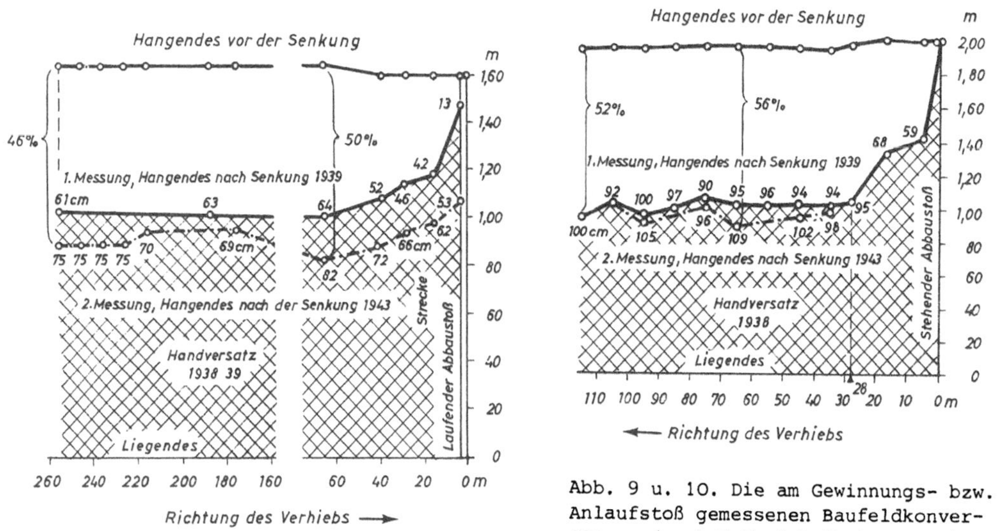

Abb. 9 u. 10. Die am Gewinnungs- bzw. Anlaufstoß gemessenen Baufeldkonvergenzen (nach H.F. Schulte). Das Liegende ist als Ebene dargestellt

Bogen bis zu einer Entfernung von 64 m hinter dem Stoß ein, was ein Zeichen dafür ist, daß sich das Hangende anfangs nur allmählich zum Versatzfeld hin absenkt. Erst nach der Abbaustundung erfolgt hier die beträchtliche Nachsenkung um rd. 20 cm. Anders verhält es sich mit der Absenkung am stehenden Abbaustoß (Abb. 10), wo der Abbau begann. Das Hangende hat sich hier sogleich in 5 m Stoßentfernung um 59 cm gesenkt, es liegt schon in 28 m Entfernung vom Anlaufstoß mit ganzer Last auf dem tragenden Versatz auf. Die später in der Feldmitte wiederholte Messung ergibt eine Nachsenkung des Hangenden von nur 4 bis 14 cm. Über dem ruhenden Anlaufstoß hatte das Hangende schon während des Abbaus genügend Zeit, sich entsprechend der mit dem Feldverhieb zunehmenden Randbelastung voll durchzubiegen. Die über dem Anlaufstoß und den ortsfesten Abbaurändern oft zu beobachtende größere Absenkung von rd. 5% M im Endzustand ist im Vergleich zur Gewinnungsstoßseite auf die sich hier langzeitig auswirkende Bruchbildung im

Hangenden und im ruhenden Flözauflager zurückzuführen. Die Senkungskurve der Dachschicht ist also auf beiden Feldseiten etwas ungleich und nicht symmetrisch.

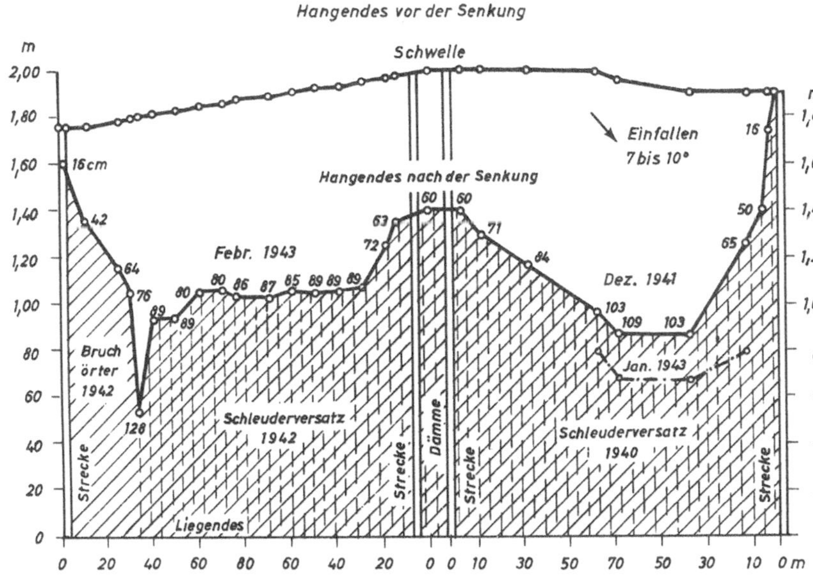

Abb. 11. Ein querschlägiger Schnitt durch zwei benachbarte Baufelder und deren Konvergenzen.

Die Abb. 11 vermittelt eine gute Vorstellung vom Senkungswiderstand der Strecken und der S t r e c k e n d ä m m e, wenn darüber hinweggebaut wird. Im Bereich der Streckendämme, die die beiden Baufelder trennen, verbleibt eine Senkungsschwelle von über 30 cm oder rd. 30% der Maximalsenkung. Die Verlagerung des Senkungsschwerpunktes im Jahresfeld 1940 zum Abbaurand hin hängt vermutlich mit dem Flözeinfallen, im Feld 1942 mit dem Versatzartwechsel zusammen. Auch aus Modellversuchen kann auf eine Zunahme der Dachschichtsenkung in der unteren Versatzfeldhälfte um rd. 5% M bei geneigter bis steiler Lagerung geschlossen werden (Kratzsch 1967). Der im Einfallen keilförmig anwachsende bankrechte Gebirgsdruck auf die Dachschicht verschiebt den Ort der maximalen Durchbiegung von x = 0,5 l in flacher Lagerung auf x = 0,525 l nach unten (Abb. 12).

Die L o k a l t e k t o n i k, wie kleine Sättel und Mulden im Abbaufeld, beeinflußt ebenfalls die Konvergenz: Die Gebiete der geringsten

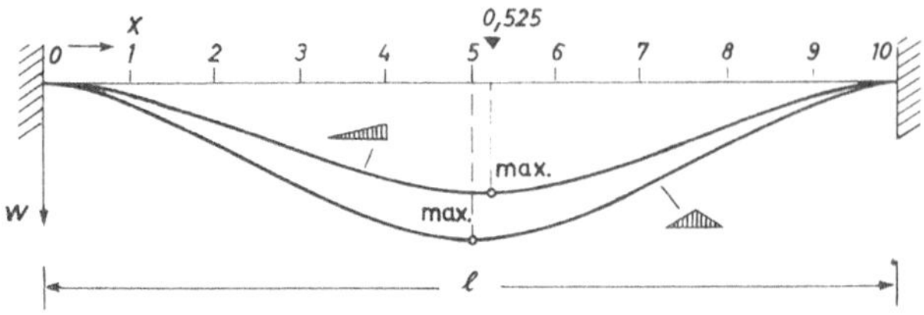

Abb. 12. Die Durchbiegung w eines beidseitig eingespannten, elastischen Balkens für verschiedene Belastungsfälle

Dachsenkung fallen mit den Muldenlinien zusammen (Abb. 13), die Sattellinien laufen zwischen den Maxima und Minima der Senkungskurven hindurch (H.Hoffmann 1947).

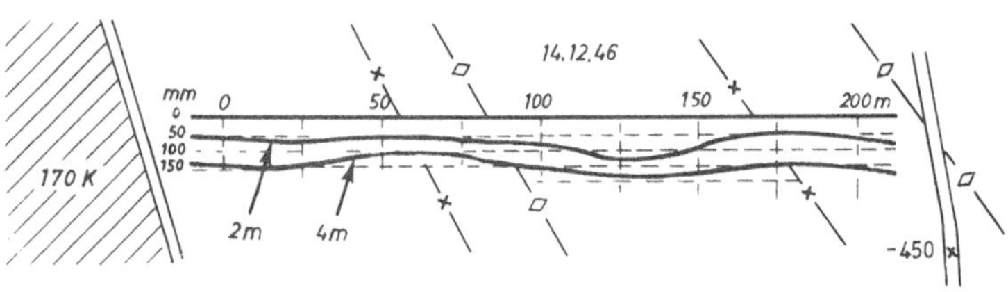

Abb. 13. Der Einfluß der Tektonik auf die Strebkonvergenz im Abstande von 2 und 4 m von der Gewinnungsfront (nach H. Hoffmann)

Bei den untertägigen Konvergenzmessungen konnte keine deutliche Beziehung zwischen dem Ausmaß der Hangendsenkung in der Baufeldmitte und der Verhiebsgeschwindigkeit oder der Art des Nebengesteins festgestellt werden. Eine Zunahme der maximalen Endsenkung um 3,6% mit der Teufe im Bereich von 400 bis 800 m und um 5,6% mit der Änderung der Baufeldbreite von 150 auf 300 m ließ sich mit einiger Sicherheit beim Handversatz erkennen, sie ist auch bei den anderen Versatzarten zu vermuten. Die maximale Absenkung der Dachschicht in der Baufeldmitte beträgt in 750 m Teufe rd. 50% M für Blasversatz und 95% M für Bruchbau (H.F.Schulte 1952).

Im S a l z b e r g b a u (Kammerbauweise) beginnt das Hangende sich bei einer Baufeldgröße von 300 mal 400 m plattenartig zu setzen. Ein das Baufeld überspannendes Druck- und Stützgewölbe, das die inneren Festen oder Pfeiler entlastet, die Außenpfeiler oder den Flözrand aber mit dem Kämpferdruck belastet, wie es früher einmal angenommen wurde, konnte nicht festgestellt werden (Erasmus 1962). Teilbelastete "Einzelgewölbe" sind nur zu Beginn des Abbaus vorhanden. Die Belastung der Pfeiler durch das Gebirge liegt in der Baufeldmitte wegen der kleinen Pfeilergrundfläche über dem Überlagerungsdruck, sie ist in einer 150 m breiten Randzone geringer als im mittleren Baufeld oder über dem Flözrand (Abb. 14). Der Zusatzdruck reicht bis zu 250 m weit in das Vorfeld hinein.

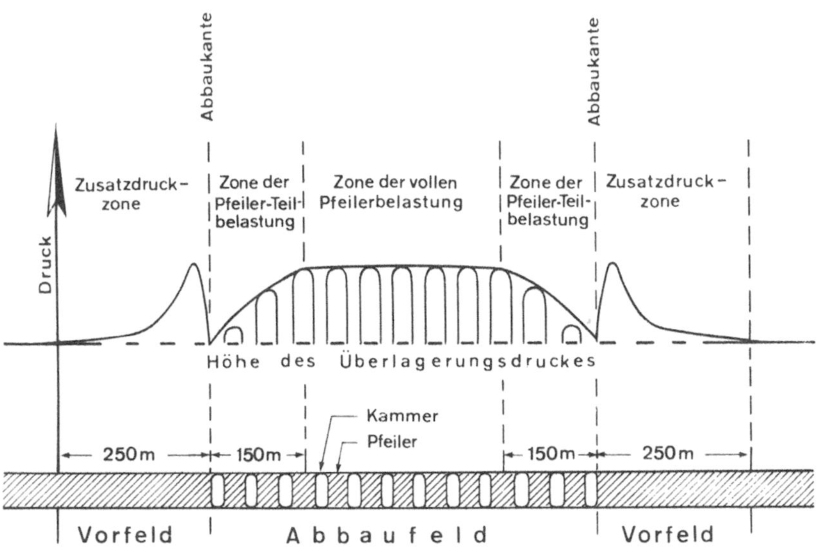

Abb. 14. Die schematische Gebirgsdruckverteilung für ein Steinsalz-Abbaufeld (nach T. Erasmus)

Es sind also auch beim Kammerbau die gleichen Bewegungsvorgänge und Druckzonen im Hangenden wie beim Strebbau zu beobachten, wenn die Pfeiler oder Festen unter der Belastung nachgeben. Die Steinsalzpfeiler verformen sich inelastisch, sobald sie über 1000 N/cm^2 langzeitig belastet werden; sie nehmen dann in der Höhe ab und in der Breite zu. Von 2000 N/cm^2 Dauerlast an setzt das endlose, sekundäre Fließen ein (Abb. 15), bei dem z.B. 50% der Kammerhohlräume in 50 Jahren und 70% in 100 Jahren verfüllt werden. Mit der Fließverformung der Salzpfeiler geht ein Hereinbrechen schichten- und schalenförmiger Salzlagen sowie eine Sohlenaufwölbung in Art eines Knickbruches und ein Eindrücken der Pfeiler in das weiche Salzliegende bis zu 20 cm einher. Im Versatz unter seitlichem Manteldruck stehende Pfeiler verformen sich auch bei hoher Last noch primär-verfesti-

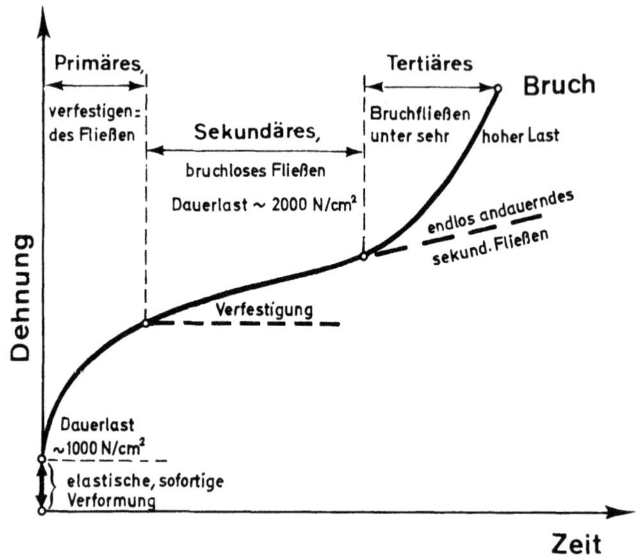

Abb. 15. Das rheologische Verhalten der Salzgesteine unter Dauerlast

gend. Die maximale Absenkung der Dachschicht von meistens 30 bis 40% M ergibt sich bei konstanter Mächtigkeit aus dem Verhältnis von Pfeilergrundfläche zu Abbaufeldfläche.

B e i s p i e l: Betragen nach Abb. 1 die Grundflächen der Kammern und Festen unverändert im gesamten Baufeld 275 m^2 bzw. 125 m^2, so verfüllen die vollkommen breitgedrückten Festen den Abbauhohlraum bis auf 125 : 275 + 125 = 0,31 der ursprünglichen Kammer- und Festenhöhe M. Die Dachschicht hat sich dann um 0,69 M abgesenkt. Bei diesem Anteil der Festengrundflächen an der Baufeldfläche von 31% ergibt sich überschlägig eine um 69% über dem Überlagerungsdruck liegende durchschnittliche Belastung der mittleren Pfeiler, beispielsweise in 800 m Teufe von 2000 + 1380 = 3 380 N/cm^2.

Beim S o l b e t r i e b kann als Abbauhohlraum vereinfachend eine auf der Spitze ruhende Kreispyramide mit dem Radius

$$r = \sqrt{\frac{3\ Q}{\rho\ M\ \pi}} \qquad (9)$$

angenommen werden. Q bedeutet die aus dem betreffenden Bohrloch geförderte Salzmenge in t von der Dichte ρ = 2,1. Meistens wird der

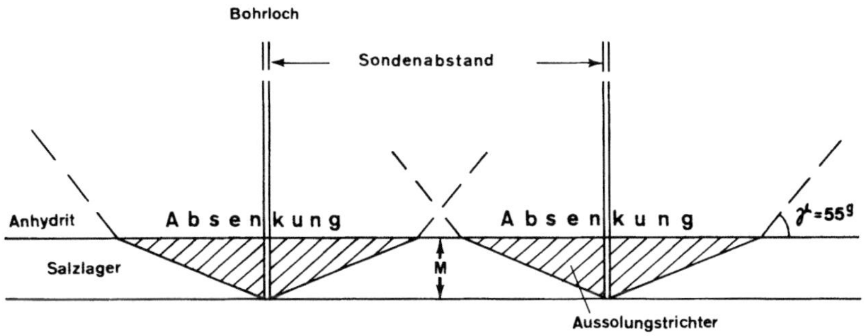

Abb. 16. Schematische Darstellung des Abbauhohlraumes beim Solbetrieb im Salzbergbau

Aussolungstrichter vom niedergehenden Hangenden und den sich seitlich ausdehnenden Festen nur zum Teil ausgefüllt, weil der Anhydrit und der Ton im Nebengestein bei Wasserzutritt bis zu 30% anschwellen und das Hangende bei großem Sondenabstand von den ungelösten Lagerstättenteilen getragen wird (Abb. 16).

1.4 Die waagerechte Dachschichtbewegung

Bisher wurde ausschließlich die lotrechte Bewegung eines Meßpunktes im Abbauhorizont betrachtet. Die Dachschichtpunkte sinken jedoch nicht genau lotrecht oder bankrecht ab, sie bewegen sich auf schräg nach unten gerichteten, oft sogar schleifenförmigen Bahnen. Die lotrechte Komponente dieser Bewegung ist hierbei einige Male größer als die waagerechte Komponente, die sogenannte Verschiebung. Die Senkungskurven der Abb. 8 können daher auch als das Zustandsbild der Dachschichtunterseite angesehen werden. Die horizontale Verschiebung der Dachschichtpunkte ist wenig erforscht, weil sie im Gegensatz zur Senkung, mit der die Hohlraumverengung beschrieben wird, nicht als Grundgröße für die Gebirgsbewegungsberechnung benötigt und außerdem an der Grenzfläche zum Abbauhohlraum vielfältig beeinflußt wird. Sie muß an der zugänglichen Unterseite der Dachschicht gemessen werden, wo sich meistens die Grenzflächenreibung und die Bruchverformung so stark bemerkbar machen, daß die aufgrund der Biegung zu erwartende Horizontalverformung, und zwar Pressung im Vorfeld an der muldenartig-konkav gebogenen Unterseite und Zerrung im Versatzfeld bei konvexer Krümmung, durch eine im Vorfeld beginnende, zum Abbau gerichtete Schubbewegung oder Querverdrängung überdeckt wird. Dieses "Auswalzen" der Dachschicht zum Alten Mann hin wird von dem lotrechten Zusatzdruck hervorgerufen und im Versatzfeld von der mit der lotrechten Entlastungsdehnung einhergehenden Querverkürzung der Dachschicht begünstigt.

Die in langen Vortrieben im anstehenden Kohlenfeld gemessenen D a c h p u n k t v e r s c h i e b u n g e n ergaben, daß die Abbaudynamik Zerrungen in Nähe des Gewinnungsstoßes und Pressungen im Abbauhohlraum erzeugt (Weißner 1934). Die im Vorfeld vermarkten

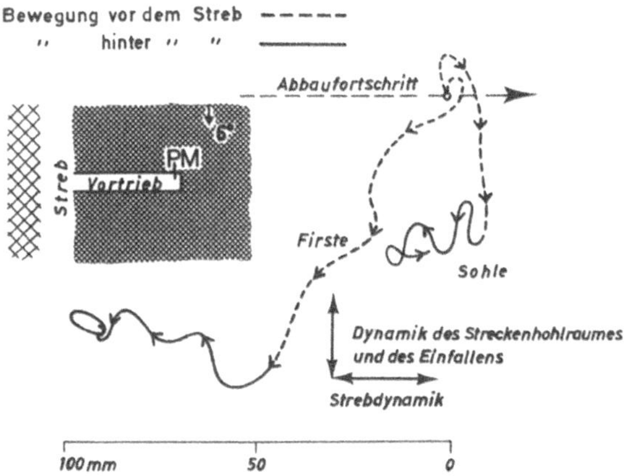

Abb. 17. Die gemessene Bewegung eines First- und eines Sohlenpunktes im Grundriß bei einem brüchigen Hangenden (n. Weißner)

Dachschichtpunkte hatten sich beim Strebdurchgang um rd. 5 cm und am Versatzfeldrand um insgesamt 10 cm zum Alten Mann hin verschoben (Abb. 17). Diesen zum Abbau gerichteten Bewegungsablauf bestätigten die in einer Abbaugrundstrecke im Streichen (Streckenachse) und Einfallen (15 gon) gemessenen Firstpunktverschiebungen (Abb. 18). Das gebräche Sandschieferhangende beginnt sich 30 m vor dem Gewinnungsstoß zu verschieben (Gräbsch 1954). Die Horizontalbewegungen im Einfallen steigen nach dem Vorbeigang des Strebes schnell auf 4 cm und später auf fast 6 cm an. Im Streichen werden Verschiebungen von 3 cm erreicht, die 180 m hinter dem Streb wieder abnehmen. Auch hier werden im Streichen unmittelbar vor und hinter der Strebfront, doch auch noch weit im Versatzfeld Zerrungen bis zu 0,4 mm/m festgestellt, obwohl die Dachschichtunterseite im Vor- und Strebfeld konkav gekrümmt ist.

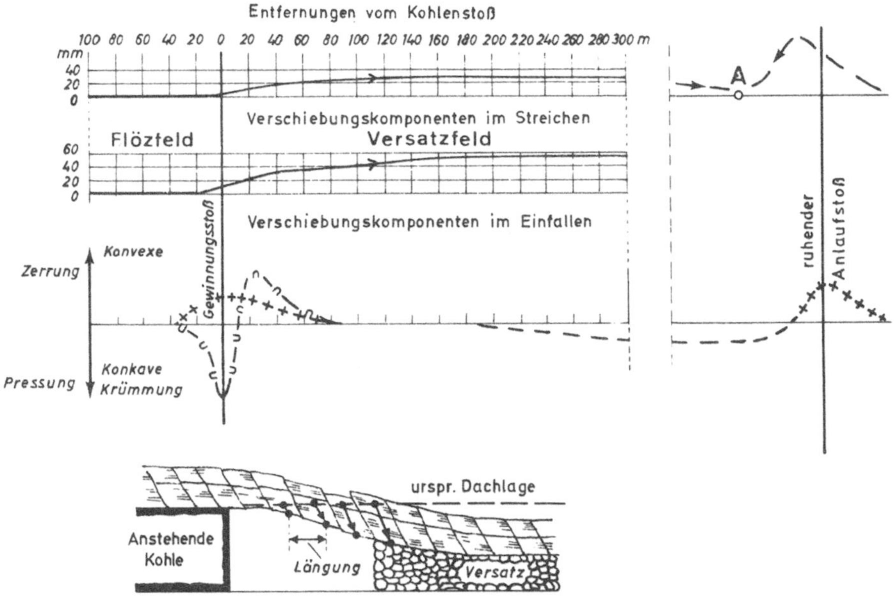

Abb. 18. Die in einer Abbaugrundstrecke gemessene Firstpunktverschiebung (nach Gräbsch). Die zum Versatzfeld zunehmende Absenkung der Dachschichtblöcke zwischen den schrägen Klüften führt trotz der muldenförmigen Biegung (Pressung) zu einer Längung (Zerrung) der Meßstrecke auf der Schichtunterseite

Die erwähnte Überlagerung von Bruch- und Biegeverformung konnte in diesem Fall anhand des Kluftsystems als g l e i t e n d e B e w e g u n g der Gesteinsteile längs der Kluftflächen nachgewiesen werden (Abb. 18 unten). Im Vorfeld hat das unter erhöhtem Druck querverformte Flöz das Nebengestein zum Hohlraum hin mitgeschleppt. Im Streb- und Versatzfeldrand fallen die Grenzflächenreibung und die feste Auflage fort; dort setzt in einem gebrächen Hangenden eine "geschiente Gleitbewegung" auf den Bruchflächen ein, wenn der Normaldruck auf die Kluftflächen während der Dachschichtsenkung infolge der bankrechten Entlastungsstreckung und der Biegelängung nachläßt und dadurch die Gewichtskraft der Gesteinsblöcke zeitweilig die Reibungskräfte auf den Bruchflächen übertrifft. Von 180 m Stoßentfernung an läßt sich aus dem abfallenden Kurvenast der streichenden Verschiebung eine Pressung ableiten. Vermutlich dehnen sich dort die einzelnen Gesteinsblöcke unter zunehmendem Gebirgsdruck wieder seitlich aus und verspannen sich.

Vor und hinter dem ortsgebundenen Anlaufstoß muß ebenfalls eine zum Versatzfeld gerichtete Eigenbewegung der Dachschichtblöcke angenommen werden. Die Verschiebungskurven laufen also in einem streichenden Längsschnitt von beiden Stößen aus auf einen Punkt A nahe des Anlaufstoßes zu, in dem die Verschiebung gleich Null ist. Dieser Punkt wandert nach der Abbaustundung bis zum vollständigen Spannungs- und Verformungsausgleich noch etwas zur Baufeldmitte hin.

Im Unterschied zu den später zu behandelnden Bodenverschiebungen nimmt die Verschiebung der Dachschichtpunkte über dem Versatzfeld mit größer werdender Abbaufläche nur noch geringfügig zu; sie ist hauptsächlich von der Absenkungsgröße und der durch die Klüfte vorgegebenen Bewegungsrichtung abhängig. Der Verschiebungsnullpunkt A wandert auch nicht gleichlaufend mit dem Abbaufortschritt feldeinwärts, sondern folgt dem Gewinnungsstoß zeitlich verzögert nur um eine geringe Strecke. Der Bewegungsvorgang im Abbauhorizont unterliegt also nicht allein der Schwerkraft, es bestimmen vielmehr auch die Bruchflächen die Bewegungsbahnen der Dachschichtblöcke.

Wenn der Verbund der Dachschicht mit dem Hangenden und der Formschluß der Blöcke innerhalb der Schicht erhalten bleiben, was bei einer geringen Absenkung im Spülversatz- oder Festenbau und beim Fehlen eines Gleitlösens der Fall sein kann, dann entsteht - im Gegensatz zu den Abb. 17 und 18 - bei der B i e g u n g des unteren Schichtenverbandes über dem Vorfeld eine Pressung und über dem Alten Mann eine Zerrung. Die Dachschicht erfährt über der nachgebenden Abbaukante eine Kippbewegung zum Vorfeld hin, so daß ein Meßpunkt bei Annäherung des Abbaus in das Vorfeld hinein wandert. Der Abbau treibt die Punkte gewissermaßen vor sich her (siehe Abb. 24). Nach der Unterbauung des Punktes ist die Verschiebung rückläufig zum Versatzfeld hin, doch überwiegt bis zur Versatzfeldmitte, wo der Punkt theoretisch in seine ursprüngliche Lage zurückkehren müßte, insgesamt noch der ins Vorfeld gerichtete Anteil. Das Verschiebungsmaximum wird also über der Abbaukante während der Durchbauung erreicht.

Die widersprüchlichen Angaben über die gemessenen Verschiebungsrichtungen im Schrifttum (z.B. Niemczyk 1949, S.175/177) finden hiermit sowohl durch die verschiedenartige Verformung der Dachschicht -

elastische Biegung im Verband oder Bruchverformung und Gleitbewegung - als auch durch den gewählten zeitlichen Bezugspunkt der Untersuchung - Messung seit erster Einwirkung oder nach Durchbauung und Freilegung - eine Erklärung. Beispielsweise wird man an einem erst über dem Gewinnungsstoß vermarkten und eingemessenen Dachschichtpunkt auch bei einer reinen Biegebewegung nur eine zunehmende Verschiebung zum Versatzfeld hin, also die rückläufige Bewegungsphase beobachten.

Bei e i n f a l l e n d e n F l ö z e n kommt infolge des überwiegend bankrechten Niedergehens des Hangenden eine Verschiebungskomponente gegen die Fallrichtung und bei Messungen in Vortrieben (Abb. 17) oder Abbaustrecken wegen der Hohlraumwirkung (Stoßschiebung) eine zur Streckenachse gerichtete, sogenannte streckendynamische Komponente hinzu.

2. Die Verformung des Gebirgskörpers

2.1 Die Bewegungszonen der Hangendschichten

Die im vorigen Abschnitt beschriebene Absenkung der Dachschicht über dem Abbaufeld setzt sich in den oberen Schichten fort, wenn der Abbauhohlraum so breit ist, daß er vom hangenden Gebirge nicht mehr überbrückt werden kann und die gewölbeartig verspannten Hangendblökke zusammenbrechen (Abb. 7 und 28). Die unteren Hangendschichten entziehen während ihrer Absenkung den oberen Schichten, sofern sie durch horizontale Gleitlösen und unverzahnte Schichtgrenzflächen vom Gebirgsverband schnittartig getrennt sind, das Auflager. Die nicht mehr

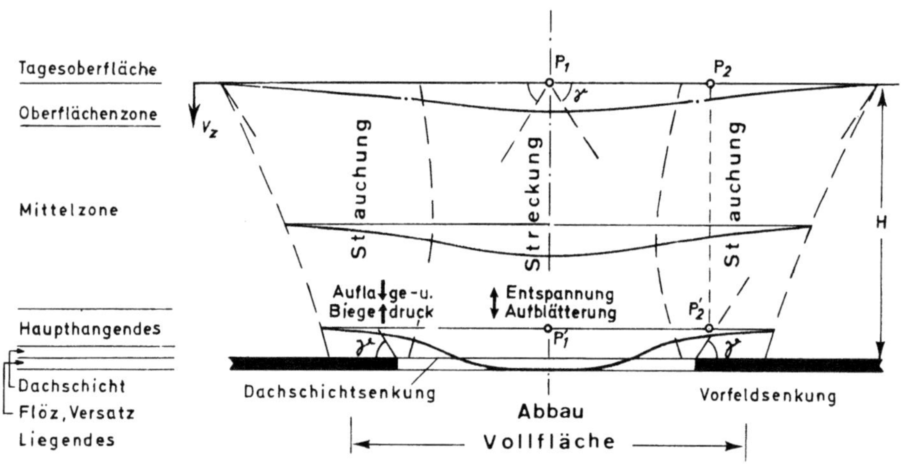

Abb. 19. Die lotrechte Verformung eines unterbauten Gebirgskörpers bei flacher Lagerung

voll unterstützten Hangendschichten geben unter der Eigen- und Fremdlast sofort nach und legen sich auf die schon abgesunkenen Schichten wieder auf. Von Schicht zu Schicht pflanzt sich so die Senkungsbewegung sehr schnell bis zur Tagesoberfläche fort. Hierbei lassen sich im Gebirgsquerschnitt sechs B e w e g u n g s z o n e n auf Grund des unterschiedlichen Verformungsverhaltens der Gebirgsschichten abgrenzen (Abb. 19):

a) die Liegendschichten, die sich bei der bankrechten Entlastung elastisch aufwölben;

b) die Flöz- und Versatzschicht, die unter dem Zusatzdruck im Vorfeld bzw. unter der Hangendlast im abgebauten Feld inelastisch gestaucht wird;

c) die Dachschicht, die sich über dem Abbaufeld vom steiferen Haupthangenden löst, bricht und entweder als seitlich verspannte Bruchschicht auf den Versatz auflegt oder bei versatzlosem Abbau grobstückig in den Hohlraum fällt und ihn ausfüllt;

d) das Haupthangende, das sich über dem Baufeld allmählich und flach durchbiegend absenkt, bis es vom Versatz oder dem Bruchwerk und im Vorfeld vom gestauchten Flöz ganz getragen wird, oder das erst nach einem gewissen Überhang über dem fortschreitenden Stoß in regelmäßiger Wiederholung abreißt (Periodendruck);

e) die Mittelzone, bestehend aus mächtigen, festen Gebirgsschichten, die sich gleichmäßig und überwiegend elastisch durchbiegen, wobei sie an einigen Schichtgrenzflächen abscheren;

f) die Oberflächenzone aus lockeren Deckgebirgsschichten, die mit der Festgesteinsoberfläche wie eine plastische Decke trogförmig absinken (Tafel 4).

2.2 Die lotrechte Gebirgsbewegung und -verformung

In den unteren Hangendschichten (Dachschicht und Haupthangendes), die über dem Gewinnungsstoß einem hohen Druck, einer starken Krümmung und einem schnellen Bewegungsablauf ausgesetzt sind, wird der elastische Verformungsbereich schon bei geringer Durchbiegung bald überschritten (Abb. 7). Hier überwiegt die elasto-plastische Verformung der Gebirgsschichten, worunter eine anfänglich elastische Biegung vorkragender oder reibungsschlüssig verspannter Schichtabschnitte mit nachfolgendem Bruch und Gleiten der einzelnen Gebirgsblöcke auf tektonischen oder neu gebildeten Bruchflächen verstanden wird. Bei den neuen Brüchen handelt es sich um Abrisse der bis zu 30 m hinter dem vorrückenden Gewinnungsstoß überkragenden

Tafel 4. Der Bewegungsvorgang in den höheren Hangendschichten

<table>
<tr><th>Gebirgs-schicht</th><th>Bewegungsart</th><th>Verformungs-verhalten</th><th>Verformungs-art</th><th>Einflußgrößen</th></tr>
<tr><td>Liegendes</td><td>Hebung, Aufwölbung</td><td>elastische Entspannung</td><td rowspan="6">bankrecht:
Stauchung über Vorfeld;
Streckung über Abbau

bankparallel:
Zerrung im unteren Hangenden u. im oberen Vorfeld;
Pressung im oberen Hangenden u. im unteren Vorfeld</td><td rowspan="6">Abbaugröße
Mächtigkeit
Abbauteufe
Versatzkonvergenz
Biegesteifigkeit
Punktlage zum Abbau
Flözeinfallen
Zerrüttungsgrad</td></tr>
<tr><td>Flöz, Versatz</td><td>Stauchung, Verdichtung</td><td>inelastisch, Sprödbruch, Querdehnung auf Schlechten</td></tr>
<tr><td>Dachschicht</td><td>Geschiente Bewegung auf Klüften</td><td>Bruchverformung, kleinstückig</td></tr>
<tr><td>Haupthangendes</td><td>Durchbiegung (örtlich Webersche Hohlräume)</td><td>elastisch, periodische Abrisse</td></tr>
<tr><td>Mittelzone</td><td>gleichmäßige Durchbiegung (evt. Gleitlösen)</td><td>elastisch, Verbandsfestigkeit</td></tr>
<tr><td>Oberflächenzone</td><td>Schichtabsenkung auf fester Unterlage</td><td>plastisch</td></tr>
</table>

Hangendschichten, die in regelmäßiger Folge wiederkehren und ein plötzliches Setzen des Haupthangenden auslösen (Everling 1965). Es sind Biege- oder Scherrisse, je nachdem die Biegezugfestigkeit an der Schichtoberfläche bzw. die Schubfestigkeit in der Stauchungszone zuerst erreicht wird (Abb. 20). Im letzteren Falle ist das Hangende entweder als Folge einer Stanzwirkung über einer harten Abbaustoßkante bankrecht abgeschert oder, wenn das Hangende sich zum Hohlraum hin bankparallel bewegen (Gleitlösen) und entspannen kann, durch den voreilenden Zusatzdruck schon im Vorfeld in mehrere Bruchkeile zerlegt (ausgewalzt).

Das Anteilsverhältnis von elastischer Vorbiegung und plastischer Bruchschollenbewegung wird u.a. bestimmt durch die Biegesteifigkeit, die Sprödbruchneigung, das vorhandene Kluftsystem, den bankparallelen Einspannungsdruck sowie die Größe der Krümmung (Flözmächtigkeit) und der Belastung (Teufe). Bei einer drei Jahre nach Verhieb eines Bruchbaufeldes durchgeführten Untersuchung der Hangendschichten in einem

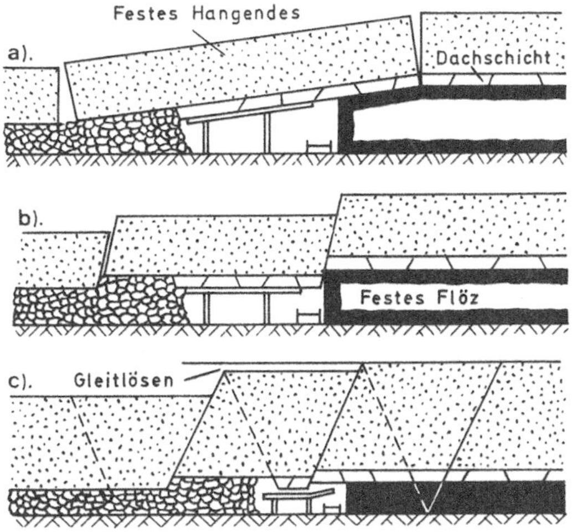

Abb. 20. Die Grundformen der Abrisse im Haupthangenden (nach Everling). Biegung (a), Abscheren (b) und Schub (c)

Gesenk konnte festgestellt werden, daß die Rißbildung nach oben hin immer schwächer wird und die sichtbare Zerrüttung in 15 m Höhe über dem ehemaligen Abbauraum aufhört (H.F.Schulte 1952). Der Bruch aus pflastersteingroßen Gesteinsstücken fand in fast zweifacher Höhe der Flözmächtigkeit ein Ende.

In den festen Gesteinsschichten der M i t t e l z o n e herrscht die elastische Verformung vor. Diese Schichten werden über dem Abbaustoß nicht mehr so stark wie das unmittelbare Hangende gekrümmt; sie sind wie eine flache Schüssel durchgebogen, ohne gerissen zu sein. Doch können mit der Biegung manchmal auch Gleitbewegungen auf tektonischen Störungsflächen oder auf Bruchflächen, die von früheren Abbauen erzeugt wurden, einhergehen. Bereits in der unteren Mittelzone, also nahe über der Bruchverformungszone, entspricht die Absenkungskurve dem vom Abbauhorizont her bekannten S-förmigen Verlauf (Abb. 8), wie es die in einer Strecke 50 m oberhalb eines Abbaus gemessenen Senkungen (Spickernagel 1964) zeigen (Abb. 21). Im Übergangsbereich von konvexer zu konkaver Krümmung, d.h. in Nähe des Wendepunktes oberhalb der Abbaurandzone, kann der Schichtenverband dort aufblättern, wo weiche Schichten (z.B. Tonschiefer) von harten, biegesteifen Schichten (z.B. Sandstein) überlagert werden und leicht ablösbare

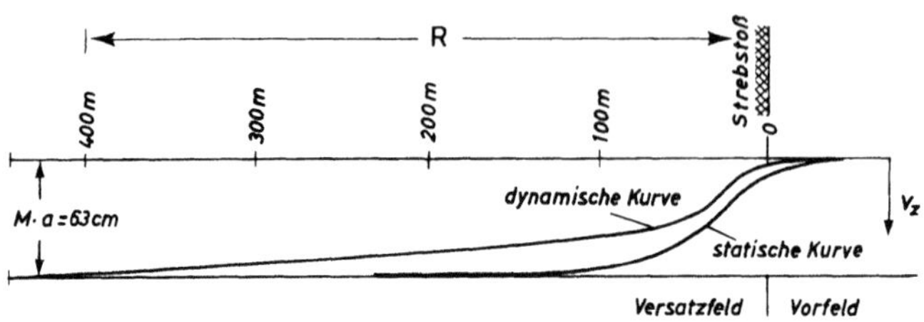

Abb. 21. Die gemessene Hangendsenkung 50 m über einem laufenden und einem 16 Monate ruhenden Streb in streichender Richtung (nach Messungen von Spickernagel)

Schichtgrenzflächen vorhanden sind. Die biegesteifen oberen Schichten überbrücken den stark durchgebogenen Bereich der unteren Schichten, so daß sich zwischen ihnen millimeterbreite Zwischenräume, sogenannte Webersche Hohlräume (Abb. 7), bilden, die mit der Abbaufront wandern und sich hinter dem Gewinnungsstoß über dem Alten Mann wieder schließen.

Des weiteren können die festen Gebirgsschichten der Mittelzone auf den von der Natur vorgegebenen Trennflächen abscheren. In einem sich durchbiegenden, mächtigen Gebirgsschichtenverband entstehen nämlich bankparallele Schubspannungen, die wie bei einem Balken vom Maximalwert in der Mittelachse des Verbandes parabelförmig bis auf Null in den Trennflächen (Randfaser) abnehmen (Abb. 63) und die einzelnen Schichten gegenläufig zu verschieben und abzutrennen versuchen, was auch am Endauflager eines gebogenen Bretterstapels deutlich zu beobachten ist (Abb. 22). Der Verbund der Schichten ist aufgehoben, sobald die Biegeschubspannung die Kohäsions- und Reibungskräfte sowie den Verzahnungswiderstand auf einer Schichtgrenzfläche überwunden hat (Schubbruch). Der dicke Schichtenverband ist dann in zwei oder mehrere dünne Schichtenpakete bankparallel geteilt. In einigen Schächten sind Scherwege auf den Schichtgrenzflächen bis zu 50 cm gemessen worden.

Die o b e r e n, sandigen bis tonigen S c h i c h t e n des Deckgebirges oder die Verwitterungszone eines zutage tretenden Karbongebirges verhalten sich bei der Trogbildung überwiegend inelastisch und plastisch. Sie besitzen so gut wie keine Zugfestigkeit und müssen dem sich absenkenden Untergrund als biegeschlaffe Schicht fol-

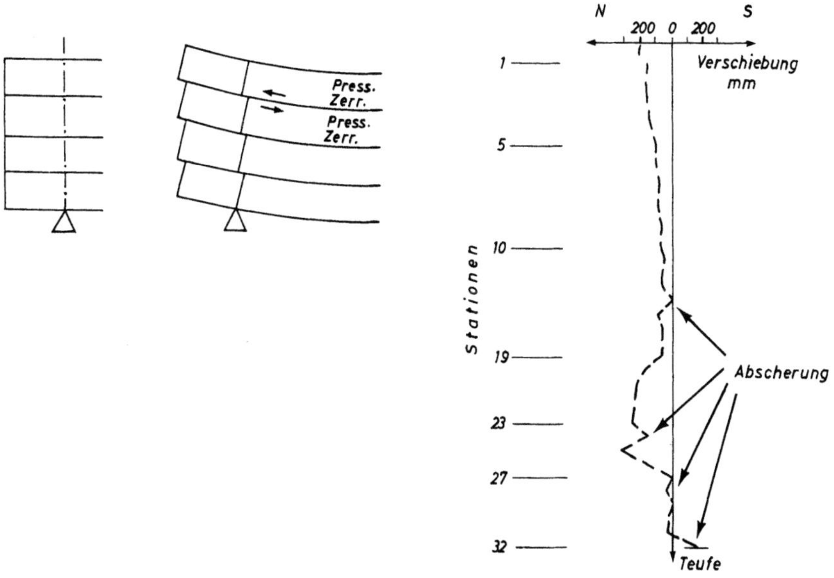

Abb. 22. Die Verschiebungen in einem losen Bretterstapel bei Biegung und die Schiefstellung einer Schachtsäule bei Abbaueinwirkung

gen. Die Sandkörner der Oberflächenzone werden hierbei gegeneinander verschoben; sie verbleiben auch nach eingetretener Bodenruhe in dieser Lage.

An der Abb. 19 fällt auf, daß der Bereich der Abbaueinwirkung nach oben hin breiter wird. Die meßtechnisch im Gebirge noch unbestimmte B e w e g u n g s g r e n z e beginnt im Abbauhorizont 30 bis 100 m vor dem Abbaustoß und verläuft in einem vermutlich nach außen gekrümmten Bogen bis zum Rand des übertägigen Einwirkungsbereiches, dem sogenannten Trogrand. Die Verbindungsgerade zwischen Trogrand und Abbaukante schließt mit dem anstehenden Flöz den Grenzwinkel γ ein, der in flacher Lagerung je nach Beschaffenheit des Gebirges 40 bis 65 gon, im Ruhrgebiet meistens 62 gon (55°) beträgt und zur Bestimmung der übertägigen Einwirkungsgrenze (nicht derjenigen im Gebirgskörper!) dient. Die Durchbiegung der Gebirgsschichten setzt also mit zunehmender Höhe über dem Abbauhorizont immer tiefer im Vorfeld ein, so daß die Senkungströge der einzelnen Schichten vom Haupthangenden bis zur Tagesoberfläche breiter und flacher werden. Diese Verschiebung des Senkungsrandes in das Vorfeld hinein hängt u.a. mit der dort sattelförmigen Biegung zusammen. Ähnlich der beschriebenen Stauchung und Querverformung des Flözes im Vorfeld werden auch die Hangendschichten von den jeweils höheren, sich sattelförmig durchbiegenden Gebirgsschichten gestaucht. Ihr Nachgeben vergrößert die Stützweite der aufliegenden Schicht, wodurch ein Teil der Gebirgslast weiter in das Vorfeld hinein verlagert wird.

Da jede obere Schicht nicht nur wie eine belastete Platte auf die untere Schicht drückt, sondern wiederum auch eine nachgiebige Bettung für dic höheren Hangendschichten darstellt, hat diese wechselseitige Last- und Bettungseigenschaft der Gebirgsschichten eine Vorverlegung der untertägigen Bewegungsgrenze von Schicht zu Schicht zur Folge. Aus den Erfahrungswerten der Grenzwinkel kann geschlossen werden, daß die Grenzlinie der Gebirgsverformung im harten, biegesteifen Schichtenverband steiler als z.B. in den lockeren Deckgebirgsschichten ist, was sich mit der geringen Vorfeldstauchung harter Schichten erklären läßt.

In lotrechter Richtung unterliegt der Gebirgskörper gemäß Abb. 19 einer S t a u c h u n g im Vorfeld und einer S t r e c k u n g über dem Alten Mann. Der Verformungszwang der über dem Abbaurand sattelförmig abbiegenden Gebirgsschichten einerseits und der im Vorfeld auftretende zusätzliche Auflagerdruck der unterbauten Schichten andererseits bewirken hier eine Abnahme der Schichtenmächtigkeit - im Unterschied zur horizontalen Pressung als Stauchung bezeichnet - durch Verengung der Gesteinsporen; das Porenvolumen der Karbongesteine beträgt immerhin 15 bis 20%. In der Entspannungszone über dem Abbau weisen die Gebirgsschichten eine größere Mächtigkeit auf als zuvor: Sie sind bankrecht gestreckt worden. Dieser Verformungsvorgang im unterbauten Gebirgskörper - Stauchung im Vorfeld und Strekkung über dem Alten Mann - läßt sich also abbaudynamisch mit dem im Vorfeld herrschenden Biege- und zusätzlichen Auflagerdruck sowie im mittleren Einwirkungstrog mit der bankrechten Entlastung und Entspannungsbewegung erklären. Der vom Vorfeld aufgenommene Lastanteil der unterbauten Gebirgsschichten nimmt mit der Höhe über dem Abbauhorizont ab, desgleichen werden die sattelförmige Krümmung und der Biegedruck nach oben hin geringer. Die Stauchung wird sich daher in den höheren Schichten abschwächen, die, wie es der stratigraphische

Schichtenaufbau in den meisten Bergbaurevieren zeigt, als weiche Schichten zu einer weitläufigen Lastumverteilung und Überbrückung zu biegeschwach sind. Sie geben ihre örtliche Eigen- und Fremdlast zum größten Teil bankrecht an die Unterlage ab, so daß auch die Entlastungsstreckung nach oben hin nachlassen muß. Unterhalb des Abbauhorizontes werden die Liegendschichten in gleicher Weise wie das Hangende im Vorfeld vom Zusatzdruck gestaucht, während sie sich unter dem Abbaufeld nach oben hin streckend entspannen können.

Mit der beschriebenen abbaudynamischen Verformung des Gebirgskörpers stimmen die in Abb. 19 überhöht gezeichneten diametralen Senkungskurven des Haupthangenden, der Mittelzone und der Tagesoberfläche überein: Im Einwirkungszentrum nehmen die Gebirgssenkungen auf der lotrechten Punktlinie $P'_1 - P_1$ nach oben hin ab (d.h. Streckung), im Vorfeld auf der Linie $P'_2 - P_2$ dagegen zu (d.h. Stauchung). Aus dem Senkungsunterschied zweier lotrecht übereinander liegender Gebirgspunkte können also die Streckungen oder Stauchungen als auf den Teufenabschnitt bezogene Längenänderung in mm/m berechnet werden. Es werden Streckungen erhalten, wenn der untere Punkt mehr als der obere abgesenkt wird, oder Stauchungen, falls der hohe Punkt stärker absinkt als der tiefere.

Beispiel: Obere Punktsenkung 30 cm, untere Punktsenkung 20 cm, seigerer Punktabstand 50 m; Senkungsunterschied 100 mm, Stauchung 100 : 50 = 2 mm/m.

Die maximalen Senkungen $v_{z\ max}$ liegen bei flach gelagerten Gebirgsschichten in jedem Horizont auf der Zentrallinie $P'_1 - P_1$. Aus Beobachtungen weiß man, daß diese Maximalwerte bei fortschreitendem Verhieb eines Flözes einem Grenzwert zustreben, der sogenannten Vollsenkung $v_{z\ voll}$, sobald der Abbau die im zentralen Tagespunkt P_1 nach unten angetragenen Grenzwinkelschenkel erreicht und darüber hinaus noch eine 10 bis 20 m breite Randzone umfaßt. Auf der senkrechten Mittellinie einer solchen kreisförmigen Abbauvollfläche ist dann bei voller Durchbiegung aller Schichten der frühere Überlagerungsdruck wieder eingekehrt und sind die Streckungen und Pressungen nahezu ganz zurückgegangen. Der Vollsenkungsbetrag hängt deshalb von der Größe der Baufeldkonvergenz ab; man bezieht ihn gewöhnlich auf die im Vorfeld gemessene und im Grubenbild als Aufschluß eingetragene ursprüngliche Mächtigkeit M der Flözschichten, die abgebaut werden sollen (Abbaumächtigkeit):

$$v_{z\,voll} = C_{voll} = a\,M. \tag{10}$$

Der empirisch durch Vergleich der gemessenen Größen $v_{z\ voll}$ und M ermittelte Absenkungsfaktor a beträgt im Ruhrgebiet bei Bruchbau 0,90 bis 0,95 und bei Vollversatz 0,45 bis 0,55 (siehe Abb. 5).

Die Gebirgspunkte auf der gebogenen Grenzlinie zwischen dem Stauchungs- und Streckungsbereich oberhalb der inneren Abbaurandzone (Abb. 19) haben sich beim Vollflächenbau um den halben Vollsenkungsbetrag gesenkt.

Wie erwähnt, dehnen sich die unter dem Überlagerungsdruck allseitig verdichteten Gebirgsschichten bei Schaffung eines Hohlraumes aus (Expansionstheorie von Heim 1878 und Trompeter 1899). Soweit man hierbei eine elastische Entspannungsbewegung unterstellen kann, berechnet sich die maximal mögliche Entlastungsstreckung nach dem H o o k e ' s c h e n D e h n u n g s g e s e t z

$$\varepsilon_z = \pm \frac{1}{E}\left(\sigma_z - \frac{\sigma_x + \sigma_y}{m}\right) \tag{11}$$

bei einer Querdehnungszahl von m = 5 für Karbongesteine, einem Elastizitätsmodul von E = 2 000 000 N/cm^2 und einem Horizontaldruck gemäß der Manteldruckformel (6) von $\sigma_x = \sigma_y = 0{,}25\ \sigma_z$ in 800 m Teufe auf rd. 0,90 mm/m, wenn der lotrechte Druck σ_z von 2 000 auf 0 N/cm^2 abfällt. Erhöht sich die lotrechte Druckspannung σ_z über dem Vorfeld auf den dreifachen Überlagerungsdruck und soll die waagerechte Ausdehnung behindert bleiben, so ergibt sich ein Stauchungszuwachs von rd. 1,8 mm/m. Größere Verformungen, die unter Tage über dem Abbaufeld (Potts 1964) und in Schächten gemessen worden sind, beruhen auf Bruchbildung, Aufblätterung, Quellerscheinungen und plastischer Materialverdrängung.

*) Für die Bewegungskomponenten werden die im neuen Normenentwurf DIN 21 900, Blatt 100, vom Oktober 1970 empfohlenen Kurzzeichen benutzt, also z. B. v_z statt früher s für Senkung und v_x statt v für Verschiebung (siehe Tafel 9). Lediglich für die Mächtigkeit des unbeeinflußten Flözes wird die einfachere Schreibweise M statt M_0 beibehalten. Außerdem zeigt die positive z-Achse abweichend vom Entwurf bei der Bodenbewegung nach unten.

2.3 Die waagerechte Gebirgsbewegung und – verformung

Bei den horizontalen Bewegungskomponenten, der V e r s c h i e b u n g v_x oder v_y und den als Zerrung oder Pressung bezeichneten Verschiebungsunterschieden zweier waagerecht um 1 m entfernter Punkte (in mm/m), muß zwischen dem erwähnten Auswalzen einer gebrächen Dach- und Haupthangendschicht sowie der elastischen Durchbiegung der Hangendschichten unterschieden werden. Der lotrechte und bankparallele Zusatzdruck im Vorfeld drängt die über der Abbaukante gebrochenen Hangendblöcke auf den Gleitlösen und Klüften zum Abbauhohlraum hin ("Materialwanderung"), wo die bei der trogförmigen Absenkung und Biegelängung allseits etwas entspannte Schicht von den zuwandernden Gesteinsblöcken örtlich wieder bankparallel verdichtet wird (Abb. 20c). Die Verschiebung der in einer gebrächen Schicht vermarkten Punkte wird also wie in Abb. 18 zum Alten Mann gerichtet sein. Anders verhält es sich bei der elastischen Biegung.

Zunächst sei ein Gebirgskörper aus gleitfähigen Schichten betrachtet. Ein solches Gebirge würde bei der Durchbiegung ähnliche bankparallele Bewegungen erfahren wie der Bretterstapel in Abb. 22. Jede einzelne Schicht könnte sich, ohne von der Grenzflächenreibung nennenswert behindert zu werden, während der Absenkung gegenüber der unteren und der oberen Schicht verschieben, so daß in jeder Schicht wie bei einem gebogenen Balken auf der konkaven Oberseite eine horizontale P r e s s u n g und auf der konvexen Unterseite eine Z e r r u n g entständen. An den Schichtgrenzen würde also auf der lotrechten Zentrallinie $P'_1 - P_1$ in Abb. 19 beim Übergang in die nächsthöhere Schicht ein unstetiger Wechsel von Pressung in Zerrung stattfinden, die oberhalb der Schichtmitte - der neutralen Faser - wieder in eine Pressung übergeht und so fort. In den Randzonen des Einwirkungskörpers wäre es ähnlich. Derartige sprunghafte Übergänge von Pressung in Zerrung auf einem kleinen Teufenabschnitt sind im Gebirge bisher nicht beobachtet worden. Sie sind nur an den Abscherungsflächen der Gleitlösen vorstellbar; im übrigen Gebirgskörper bleibt der Verbund der Gebirgsschichten unter dem Druck des überlagernden Gebirges und der Grenzflächenreibung erhalten.

Der Gebirgskörper verformt sich deshalb als Ganzes wie eine sehr mächtige Platte, in der bei der Biegung großräumige Zerrungs- und

Pressungszonen gemäß Abb. 23 entstehen, ohne daß eine bankparallele neutrale Faser zu erkennen ist. Es wechseln zwar auf den lotrechten Linien P_1 - P'_1 und P_2 - P'_2 die Vorzeichen der horizontalen Verformung, doch zieht sich die Zerrungszone entgegen der Biegeverformung eines dünnen, elastischen Balkens diagonal von der mittleren Unterseite bis zur oberen Randzone durch, was auf Torsionsschubspannungen zurückzuführen ist, die bei der Wölbung einer dicken Platte auftreten. Die äußeren Pressungsbereiche lassen sich mit der Biegung des Hangenden über der Flözkante erklären, wobei die Gebirgspunkte zum Vorfeld hin bewegt werden (Abb. 24, Nebenzeichnung). Die übrigen Deformationszonen - Zerrung auf der mittleren Unterseite bei P'_1 sowie Pressung in der Mitte bei P_1 und Zerrung am Rand der Oberseite - sind denen eines gebogenen Balkens ähnlich.

Die nach dem Verfahren der endlichen Elemente für eine homogene, elastische Gebirgsscheibe berechneten horizontalen Verschiebungen v_x sind unmittelbar ober- und unterhalb des Abbaus nach außen zum Vorfeld hin gerichtet (Abb. 23). Die über dem Alten Mann ansteigenden

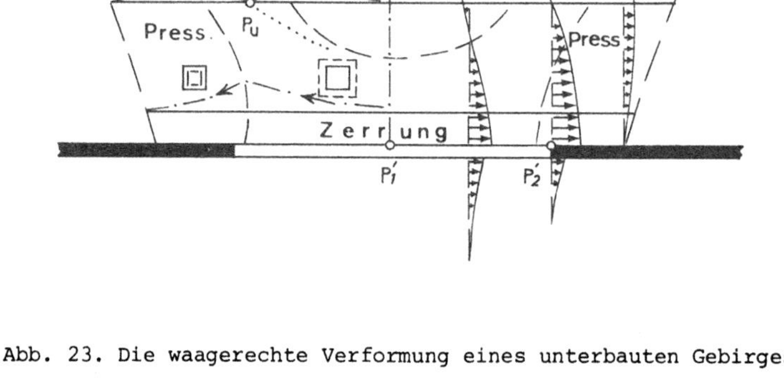

Abb. 23. Die waagerechte Verformung eines unterbauten Gebirges

Verschiebungsgrößen bedeuten eine Zerrung des Gebirges um mehrere mm/m; im Bereich des abfallenden Kurvenastes über dem Vorfeld, wo der jeweils innere Gebirgspunkt stärker als der um 1 m davor liegende Punkt nach außen verschoben ist, wird das Hangende gepreßt (vgl.

Potts 1964, Ortlepp/Cook 1964). An der Oberfläche weisen die Verschiebungen dagegen nach innen zum Muldenzentrum, so daß am Trograd eine Zerrung und vom Verschiebungsmaximum an in der Trogmitte eine Pressung entstehen. In der Mittelzone werden die Gebirgspunkte am Rande nach außen, über dem Abbaufeld aber nach innen verschoben. Der Umkehrpunkt P_u der Verschiebung wandert auf der punktierten Diagonalen durch den Zerrungsbereich von Horizont zu Horizont.

Die zum Vorfeld gerichtete Punktbewegung ist in einem sich elastisch biegenden Haupthangenden mehrfach beobachtet worden (z.B. Niemczyk 1949, dort Abb. 177 und 178). Die Verschiebungen sind jedoch wie bei Punkt B in Abb. 24 häufig erst am Abbaustoß vom Zeitpunkt der Frei-

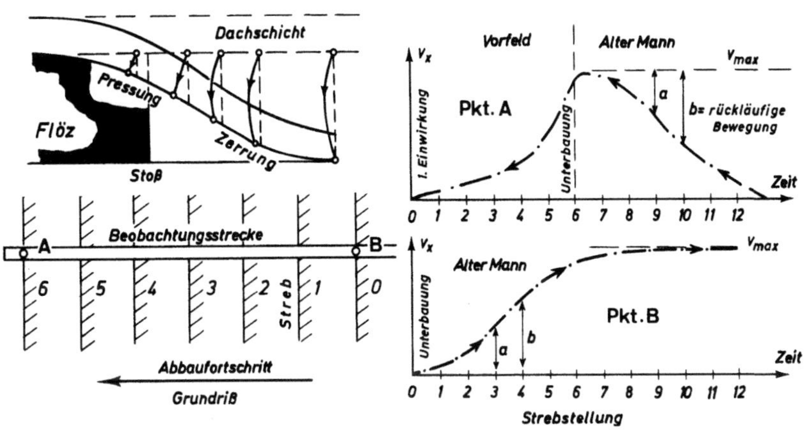

Abb. 24. Die Verschiebung v_x der in einem elastischen Haupthangenden vermarkten Punkte A und B in Richtung der Streckenachse vom Strebstand O an.

legung oder Unterbauung an gemessen worden, so daß die dann rückläufigen Verschiebungen eine Punktwanderung zum Alten Mann hin vortäuschten.

Über bzw. unter dem Abbaustoß haben die Punkte der Oberflächenzone, des Haupthangenden und des Liegenden eine maximale Verschiebung erlangt (Abb. 23). In der Mittelzone liegen die Verschiebungsmaxima über dem Vorfeld und über der Randzone des Alten Mannes. Jede zuvor lotrechte Gerade wie P_2 - P'_2 wird außerhalb des Abbauzentrums infolge des Abbaus vom Abbauhorizont bis zur Tagesoberfläche S-förmig gekrümmt und zur Abbaumitte hin geneigt. Desgleichen wird eine vor der Biegung lotrechte Querschnittsebene im Gegensatz zu dem für dünne Balken geltenden Theorem von Bernoulli nach der Biegung nicht mehr eben, sondern gewölbt sein. Im Flözhorizont ist die lotrechte Verschiebungskurve abgestuft, weil sich das Liegende weniger als die Dachschicht zum Vorfeld hin bewegt.

Bei einem Vergleich der Deformationen in lotrechter und waagerechter Richtung findet man, daß ein Gesteinswürfel im unteren Vorfeld allseitig gepreßt, im unteren Hangenden allseitig gezerrt, im oberen Vorfeld zu einem liegenden und im oberen Hangenden zu einem stehenden Quader verformt wird (Abb. 23). Über einer Abbauvollfläche stellt sich auf der Zentrallinie P_1 - P'_1 der ursprüngliche, zerrungs- und pressungslose Verformungszustand wieder ein.

2.4 Die Gebirgskinetik in steiler Lagerung

Im steil gelagerten Gebirgsschichtenverband wandert der Ort der maximalen Absenkung $v_{z\ max}$ von Schicht zu Schicht zunächst bankrecht, im mittleren und oberen Hangenden dann auf einer schaufelförmigen Linie, die zwischen der Bankrechten und der Lotrechten des maximal abgesenkten Dachschichtpunktes P_m liegt, nach oben (Abb. 25). Die auf die Horizontale bezogenen S e n k u n g s m u l d e n sind deshalb in jedem Gebirgshorizont unsymmetrisch. Die im Haupthangenden noch von der bankrechten Durchbiegung abhängige Gebirgsbewegung nähert sich also in den höheren Schichten richtungsmäßig immer mehr der lotrecht wirkenden Schwerkraft. Auf der liegenden Seite des oberen Einwirkungsbereiches fällt die Senkungskurve mehr ab als auf der hangenden Seite. Auch die an der oberen und unteren Abbaukante zum übertägigen Muldenrand angetragenen Grenzwinkel γ_L und γ_H unterscheiden sich in ihrer Größe, da die Gebirgsbewegungen oberhalb des unteren Abbaustoßes weit in die hangenden Schichten übergreifen und dort auf der hangenden Seite eine sehr flache Mulde erzeugen. Die Hangendschichten biegen sich über einem steilen Versatzfeld wegen der nach Gl. (5) geringen bankrechten Druckkomponente weniger stark durch als in der flachen Lagerung. Die Entspannungsbewegung des sich in den Abbauhohlraum aufwölbenden Liegenden kann in geringer Abbauteufe manchmal bis zur Flözausbißzone wirken, so daß der liegende Grenz-

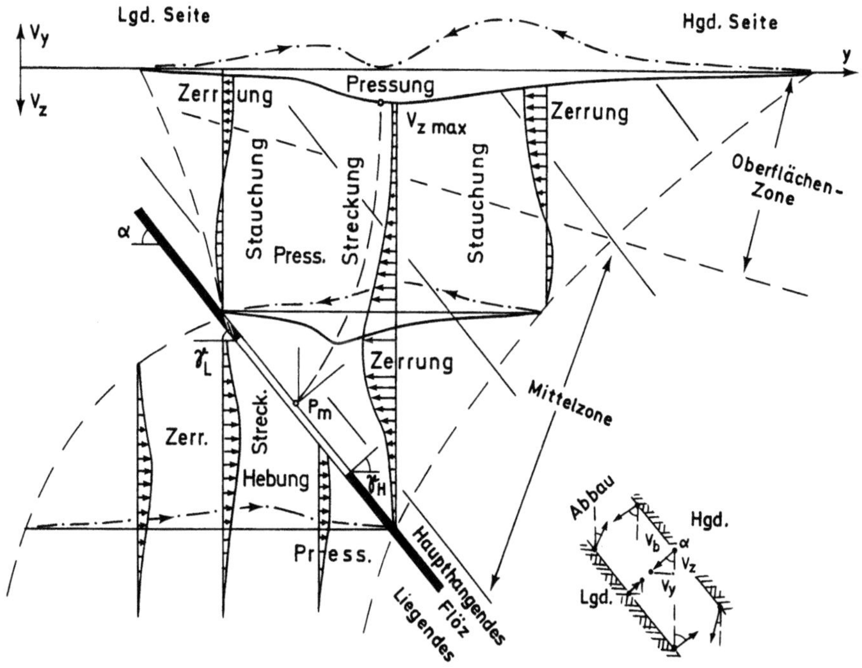

Abb. 25. Die Gebirgsbewegung und -verformung in steiler Lagerung

winkel γ_L kleiner als das Flözeinfallen α wird.

In der grundrißlichen Darstellung der Gebirgspunktverschiebung (Abb. 26) herrscht im unteren Hangenden eine gegen das Einfallen gerichtete Bewegung vor; diese "bergauf" zeigende Verschiebungskomponente entsteht bei einem über dem Abbauraum ungefähr bankrecht niedergehenden Gebirge (Abb. 25, Nebenzeichnung):

$$v_y = v_{bankrecht} \sin\alpha \qquad v_z = v_{bankrecht} \cos\alpha . \tag{12}$$

Sie verstärkt im querschlägigen Gebirgsschnitt der Abb. 25 mit wachsendem Einfallen die ins Liegende gerichtete horizontale Verschiebung im Haupthangenden und in der Mittelzone. Der Winkel zwischen der Lotrechten und der Bewegungsresultierenden nimmt im Hangenden des Abbauhohlraumes von unten nach oben und im Liegenden von oben nach unten zu (Nebenzeichnung). In streichender Richtung wird der

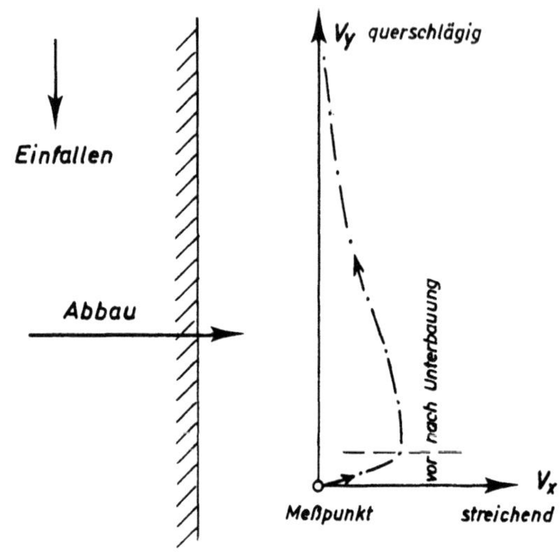

Abb. 26. Die grundrißliche Punktverschiebung eines unterbauten Hangenden in steiler Lagerung im Laufe der Zeit

Gebirgspunkt bei Annäherung des Abbaus etwas zum Vorfeld hin und nach Durchgang des Strebes wieder rückwärts verschoben (Abb. 26). In querschlägiger Richtung kehrt die Verschiebung sogar bei einem Vollflächenabbau, der in steiler Lagerung allerdings nur bei geringer Abbauteufe anzutreffen ist, nicht um, wie es untertägige Messungen beweisen (z.B. Spickernagel 1964). Die grundrißliche Verschiebungskomponente im Streichen beträgt bei größerem Einfallen nur rd. 1/10 der querschlägigen Verschiebung, so daß die gewöhnlich in Strecken beobachtete streichende Verschiebungsgröße durch die 5 bis 7 m tiefe Auflockerungsbewegung der Streckenränder verhältnismäßig stark beeinflußt und überdeckt werden kann. Unterhalb des Abbaus, wo sich die Gebirgsschichten streckend heben, weist die Verschiebung zur hangenden Seite hin.

Die Zone der lotrechten Stauchung über den Abbaurändern reicht in das Versatzfeld hinein. Dadurch wird die Streckungszone über dem Alten Mann schmaler als in der flachen Lagerung. Die Zerrungs- und Pressungszonen sind in Abb. 25 angedeutet. Eine genaue Abgrenzung ist noch nicht möglich. Es fällt auf, daß die Zerrungen auf der liegenden Seite bis zum Abbau durchgehen und auf der hangenden Seite das Pressungsgebiet überwiegt. Für die Oberflächenzone läßt sich eine gewisse Übereinstimmung mit dem aus der flachen Lagerung bekannten Verformungszustand feststellen.

In der Abb. 25 bleibt das Einfallen der Schichten im Abbaueinwirkungsbereich unverändert bestehen. Meistens ist das Gebirge jedoch gefaltet und gestört (Abb. 27), so daß entweder das Einfallen mit

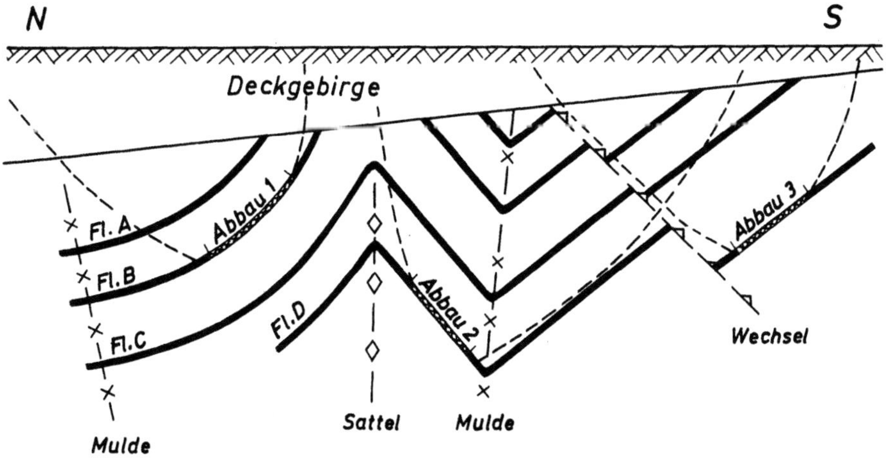

Abb. 27. Querschnitt durch ein gefaltetes und gestörtes Gebirge

der Teufe allmählich flacher wird wie beim Abbau 1 auf dem südlichen Muldenflügel oder die Einfallsrichtung innerhalb des Einwirkungsbereiches wechselt, wie es für den Abbau 2 im hangenden Teil zutrifft, der zu den Schichten jenseits der Muldenlinie bankparallel liegt. An geologischen Störungen, die zum Abbau hin einfallen, gleitet häufig der hangende Gebirgskörper ab; sie bilden dann die äußere Bewegungsgrenze mit einer sprunghaft groß einsetzenden Senkung und Zerrung. Außerdem kann sich die Mächtigkeit des Deckgebirges im Einwirkungsbereich ändern. In allen diesen Lagerungsverhältnissen ist der Ablauf der Gebirgsbewegungen sehr unregelmäßig und wenig erforscht.

2.5 Der Bruch über tagesnahem Abbau

Beim oberflächennahen Abbau können Tagesbrüche vor oder auch erst nach erfolgter Absenkung der Tagesoberfläche eintreten. Nach den markscheiderischen Beobachtungen im Peiner Eisenerzbergbau bricht das Mergel-Hangende über dem Abbauhohlraum gewölbeartig herein (Wagner 1956). Hat das aus überkragenden Mergelschichten bestehende Gewölbe eine Höhe und Breite erreicht, bei der die Mergeldecke die Last der auflagernden Diluvialschichten nicht mehr zu tragen vermag, fällt der Tagesbruch (Pinge), wobei sich das Gebirge entspannt und die Tagesoberfläche sich um den Bruch herum senkt (Abb. 28). Zu ei-

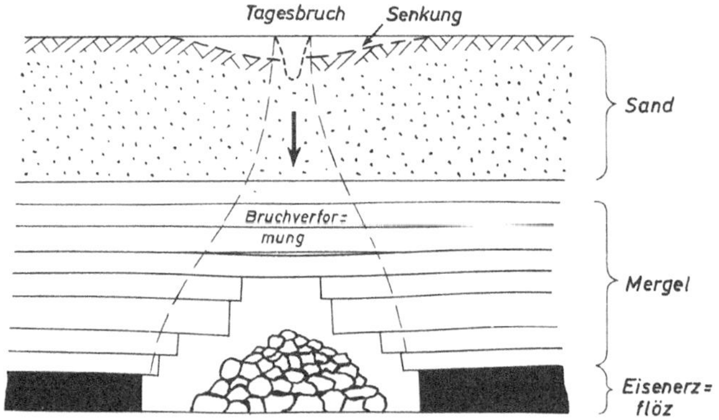

Abb. 28. Das gewölbeartige Hereinbrechen der Hangendschichten in einen schmalen und tagesnahen Abbauhohlraum

nem Tagesbruch kommt es nicht, wenn genügend Bruchmaterial anfällt, das im aufgelockerten Zustand ein neues Auflager für das überkragende Hangende bildet, oder durch eine lange und geschlossene Abbaufront eine Gewölbebildung verhindert wird. Im letzteren Fall erfolgen im Ruhrbergbau keine Tagesbrüche, die Hangendschichten senken sich trogförmig ab.

Der Absenkungsfaktor beträgt für Bruchbau nur 0,7 statt 0,9 bei grosser Abbauteufe. Der rund 30 cm dicke Hohlraum zwischen Verzug und Firste über einer Vorrichtungsstrecke in 50, 100 oder 200 m Teufe ruft an der Tagesoberfläche eine Senkung von 2, 1 bzw. 0,5 cm hervor.

2.6 Die zeitliche Gebirgsbewegung

Die im Abbauhohlraum ausgelöste Gebirgsbewegung pflanzt sich erst von einer gewissen Abbauflächengröße an bis zur Oberflächenzone fort. So zeigen die am Rande eines 100 m weit vorgerückten Abbaus (Streblänge

120 m) gemessenen Schachtlängenänderungen eine nur 100 m in den Schacht hinaufreichende Senkung und Streckung (Kurve 1 in Abb. 29).

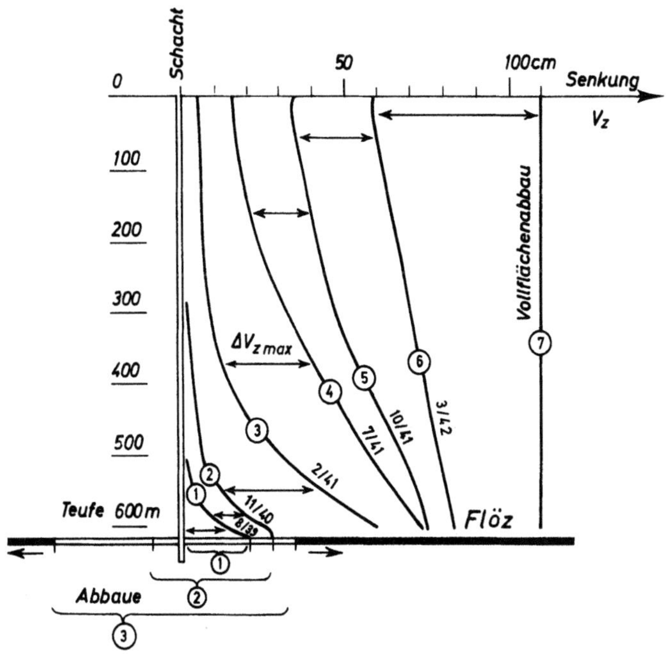

Abb. 29. Die Längenänderung der Schachtachse bei einem vom Schacht aus beginnenden Abbau der Schutzzone (nach Th. Caye)

Während der sich anschließenden einjährigen Unterbrechung des Abbaus wandert die Streckung im Gebirge und Schacht weiter aufwärts (Kurve 2). Die ersten größeren Senkungen an der Rasenhängebank werden fünf Monate nach Wiederinbetriebnahme des Abbaus bei einer streichenden Baulänge von rd. 350 m beobachtet (Kurve 3).

In der Anlaufphase eines Strebes nimmt demnach zunächst nur die untere Mittelzone an der Absenkung des Haupthangenden Teil, wobei die im Abbauhorizont entstandene Absenkung durch eine Streckung und Auflockerung der nächst höheren Schichten innerhalb des Gebirgskörpers ausgeglichen und aufgefangen wird. Das sich mit fortschreitendem Abbau vergrößernde Senkungsvolumen kann dann bei einer streichenden Baulänge von rd. 300 m nicht mehr durch die Gebirgsstreckung ausgefüllt werden, so daß es zu einer Absenkung der obersten Schicht kommt. Von dieser Baufeldgröße an biegt sich der gesamte unterbaute Schichtenverband durch, jedoch wegen der inneren Verformung mit einer verschieden großen Absenkung der einzelnen Gebirgshorizonte während des Teilflächenabbaus; jede Unregelmäßigkeit im Abbaufortschritt, wie z.B. an Ruhetagen, macht sich am verzögerten oder beschleunigten Bewegungsablauf bemerkbar. Dem schichtweisen Arbeitsrhythmus folgend, gehen die Punktsenkungen im Gebirge ruckweise vor sich, was sich seismisch aufzeichnen läßt. Ein zeitweiliges "Hängenbleiben" des Senkungsablaufes in einer oberen Schicht ist nur denkbar, wenn die oberen Schichten sehr biegesteif sind und sich deshalb erst bei einer vergrößerten Stützweite oder Baulänge ganz und ohne Zwischenraum auf den schon abgesenkten unteren Gebirgskörper auflegen.

Die Senkungsgeschwindigkeit entlang einer lotrechten Gebirgspunktreihe ändert sich entsprechend der Lage des Abbaus und der Intensität der Gebirgsverformung fortwährend. Beispielsweise wandert der Ort der zu einem Zeitpunkt jeweils größten Senkungsgeschwindigkeit bei einem von der lotrechten Punktreihe aus zweiflügelig geführten Abbau von unten nach oben (Löffler 1951); die Senkungsunterschiede zwischen zwei aufeinanderfolgenden Messungen in Abb. 29 sind zuerst im Haupthangenden, später in der Mittelzone und bei Annäherung an die Vollfläche in der Oberflächenzone am größten. Bei einem von außen herannahenden Abbau ist es umgekehrt: Das Geschwindigkeitsmaximum verlagert sich im Laufe der Einwirkungszeit von oben nach unten. In beiden Fällen tritt die absolut größte Senkungsgeschwindigkeit in der Dachschicht und im Haupthangenden während der Unterbauung des Meßpunktes auf. Im Zentrum des Vollflächenabbaues ist die Endsenkung in allen Horizonten gleich (Kurve 7).

Der zeitliche Bewegungsablauf eines unterbauten Gebirgspunktes läßt sich aus Abb. 30 erkennen. In rd. 50 m Höhe über einem Abbaufeld in 600 m Teufe beginnen die Gebirgsbewegungen, sobald sich der herankommende Streb dem Beobachtungspunkt grundrißlich auf 45 m genähert hat. Es können, bezogen auf die einzelnen Strebstände, drei B e w e g u n g s p h a s e n unterschieden werden (Spickernagel 1960):

In der ersten Phase werden die Hangendschichten unter dem Einfluß der dem Abbau vorauseilenden Zusatzdruck- und Vorkonvergenzzone um einige Zentimeter abgesenkt. In der zweiten Phase setzt mit der Unterbauung des Gebirgspunktes sowie der zunehmenden Bruchverformung und Kluftflächengleitung fast ohne Übergang eine schnelle Senkung ein, die, nachdem der Streb einschließlich seiner Randzone den Einwirkungsbe-

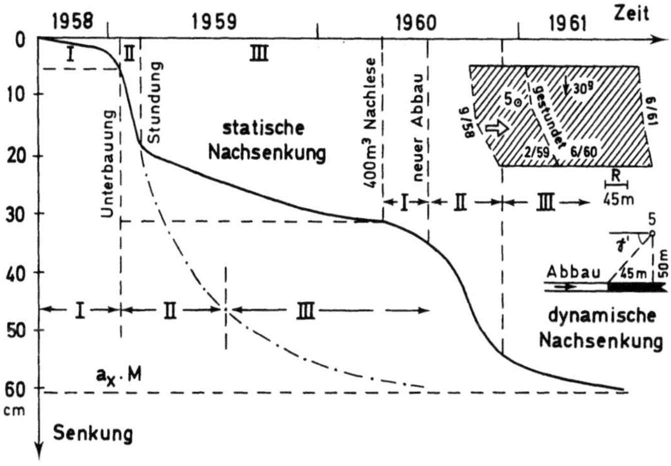

Abb. 30. Der zeitliche Senkungsverlauf des Gebirgspunktes 5 rd. 50 m über dem Abbaufeld (nach Messungen von Spickernagel). Stundung des Abbaubetriebes von Februar 1959 bis Juni 1960. Gestrichelte Kurve: Vermutete Absenkung bei einem nicht gestundeten Verhieb. Abbaufortschritt 0,8 m/d

reich des Punktes wieder verlassen hat oder der Abbau gestundet worden ist, in die dritte Phase übergeht, bei der die verbrochenen Hangendschichten und der Versatz allmählich unter der Eigenlast zusammengedrückt werden. Hauptsächlich diese dritte Verdichtungsphase wirkt sich großflächig als Senkungsimpuls auf das obere Hangende und die Tagesoberfläche aus. Ein neuer Abbau im Einwirkungsbereich des Punktes löst eine erneute Bewegung aus, die bis zum Erreichen der örtlichen Dachschichtsenkung $a_x \cdot M$ wiederum zwei oder mit der Anlaufphase auch drei Phasen aufweist (Abb. 30).

Vom Beginn des Abbaus an bis zum Wiedereintritt der Bodenruhe verändert sich das Verformungsfeld im Gebirgskörper infolge des durch die Abbautätigkeit und die zunehmende Hohlraumkonvergenz ständig neu gestörten Kräftegleichgewichtes fortlaufend, so daß sich auch die Grenzen zwischen den Streckungs- und Stauchungs- sowie Zerrungs- und Pressungsbereichen zwischenzeitlich verschieben und die Verformungsgrößen örtlich zu- oder abnehmen. Im nächsten Abschnitt wird ersichtlich, wie schwierig die Berechnung des Verformungszustandes im Gebirgskörper und besonders die des zwischenzeitlichen Punktbewegungsfeldes ist.

3. Die Berechnung der Gebirgsbewegung

3.1 Allgemeine Annahmen bei den Berechnungsverfahren

Die Bewegung des unterbauten Gebirges läßt sich mit einem vertretbaren mathematischen Aufwand nur berechnen, wenn vereinfachende Annahmen über den Aufbau, das Verformungsverhalten und die Ausdehnung des Gebirgskörpers gemacht werden. So wird das Gebirge bei vielen Berechnungsverfahren als K o n t i n u u m angesehen, dessen einzelne Bestandteile, wie Körner, Schichten oder theoretisch angenommene geometrische Elemente, durch Kohäsionskräfte so zusammengehalten werden, daß der Gebirgskörper sich als Ganzes verformt und wie ein homogener Stoff von überall gleichbleibender Beschaffenheit ist. Das Verformungsverhalten dieses Gebirgskörpers kann als elastisch oder als plastisch angesprochen werden; es kann in allen Richtungen isotrop - d. h. gleichartig - oder wie bei einem geschieferten Gestein in bankrechter und bankparalleler Richtung unterschiedlich verformbar, also anisotrop sein. Dem aus Gesteinsschichten aufgebauten Gebirgskörper entspricht beispielsweise ein Kontinuum mit lotrechter Inhomogenität und horizontaler Isotropie, wenn die Störungsflächen und die Gleitlösen vernachlässigt werden können.

Im Gegensatz zum Kontinuum stellt das D i s k o n t i n u u m ein System lose aneinandergefügter, klastischer Teile dar, dessen Kluftnetz für die Bewegungsbahnen der einzelnen Teile bestimmend ist, was für ein geologisch stark gestörtes, durch mehrfache Unterbauung zerrüttetes Gebirge zutrifft, dem in der Modellvorstellung ein aus geschichteten Balken, aus Würfeln, Prismen usw. zusammengesetzter Körper oder eine kohäsionslose Schuttmasse (Sandkornmasse) nahekommen.

Hinsichtlich der Ausdehnung kann das Gebirge mit einem H a l b - r a u m verglichen werden, der von der horizontalen Tagesoberfläche begrenzt ist und sich sonst nach allen Richtungen unendlich weit ausdehnt. Seine Verformungen sind jedoch schwierig zu bestimmen, deshalb beschränkt man sich auf die einfachen Sonderfälle des rotationssymmetrischen Spannungszustandes oder des zweidimensionalen Formänderungszustandes für eine lotrechte Ebene, die rechtwinklig zur Abbaufront steht. Weiterhin werden bei der Berechnung meistens eine Volumenkonstanz und ein geringstmöglicher Energieaufwand während der Gebirgsverformung unterstellt. Außerdem wird lediglich der einfache Fall der flachen Lagerung und des Endzustandes der Bewegung behandelt.

Viele der auf Modellannahmen beruhenden Rechenverfahren sind nur im Ansatz entwickelt. Die nicht ebenen, sondern räumlichen Formänderungen des Gebirges über unregelmäßig gestalteten Abbauflächen müssen daher für die betrieblichen Planungen nach einfachen, empirischen Näherungsverfahren berechnet werden, die sich auf markscheiderische Beobachtungen stützen und die auf eine mechanische Modellähnlichkeit verzichten. Sowohl bei den Modellvorstellungen als auch bei den empirischen Näherungen muß schließlich zwischen Verfahren unterschieden werden, die den Bewegungsablauf des gesamten Gebirgskörpers erfassen oder die nur die Bewegungen einer horizontalen Grenzfläche des Körpers - die der Dachschicht oder der Tagesoberfläche - zu berechnen gestatten. Die sich auf die Oberfläche beziehenden Rechenverfahren sollen im folgenden außer Betracht bleiben; sie werden in den Kapiteln 8 und 9 beschrieben.

3.2 Die Berechnung der Baufeldkonvergenz

Die Gebirgsbewegung entsteht und beginnt im Abbauhorizont (siehe Abschnitt 1.2). Die dort eintretende Dachschichtsenkung ist der Ausgangswert für die Berechnung der Senkung in den nächst höheren Schichten, wie z.B. entlang der Linie 1' - 1 oder 2' - 2 in Abb. 19. Das Senkungsvolumen der Dachschicht über dem Abbaufeld entspricht dem Senkungstroginhalt einer beliebigen Hangendschicht, vermindert um die Bruchauflockerung im unteren Hangenden und die Differenz aus elastischer Entspannungsstreckung und Biegestauchung.

Die Absenkung der Dachschicht und des Haupthangenden in den Abbauhohlraum hinein kann man sich modellmäßig am einfachsten als elastische Platten- oder Balkenbiegung, daneben auch als klastische Bewegung in einem lockeren Gebirgsmedium oder als rheologisches Fließen in einem Kelvin-Körper vorstellen.

3.21 Das Hangende als aufliegender Balken

Die Platten- oder Druckwellentheorie beruht auf der Annahme, daß sich das Haupthangende in Abb. 31 ähnlich

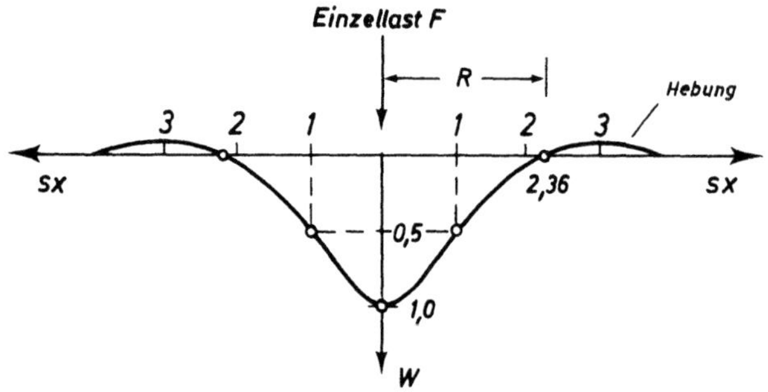

Abb. 31. Die elastische Biegelinie eines unendlich langen Balkens auf elastischer Unterlage bei einer mittigen Einzellast Gl. (13)

einem unendlich langen Balken, der auf einer elastischen Unterlage gebettet und an der Stelle x = 0 mit einer Einzellast F belastet ist, wellenförmig durchbiegt:

$$c_{Hgd} = w = k\, e^{-sx}\, (\cos sx + \sin sx)\,. \qquad (13)$$

Im Faktor

$$k = \frac{F\,s}{2C_b\, b} \qquad (14)$$

sind indirekt die Reaktionskraft q der gestauchten Unterlage, die nach der Winkler-Hypothese

$$w = \frac{q}{C_b} \qquad (15)$$

linear mit der Zusammendrückung entsprechend einer Bettungszahl C_b (Federkonstante in N/cm^3) wachsen soll, die Balkenbreite b und das Biegsamkeitsmaß

$$s = \sqrt[4]{\frac{C_b\, b}{4\,E\,I}} \qquad (16)$$

enthalten. Setzt man für das Produkt $sx = 3/4\ \pi$ (= 150 gon) in die Gl. (13) ein, so wird der Klammerausdruck zu Null, d.h. an der Stelle $sx = 3/4\ \pi = 2{,}36$ ist die Einzellast F ohne Einfluß auf die elastische Unterlage (w = 0).

Physikalisch ist die Breite einer Vollfläche - hier besser Vollänge 2 R - erreicht, wenn die beiden Auflager am Flözrand auf die Senkung und die Druckverteilung in der Mitte wirkungslos sind. Das ist gemäß dem in der Festigkeitslehre üblichen Begriff "Wellenlänge"

$$\lambda = \frac{2\pi}{s} \tag{17}$$

praktisch in einer Entfernung von $x = R = \lambda/2 = 3{,}14 : s$ der Fall, wenn die um die Abszisse mit abnehmender Amplitude oszillierende Wellenlinie, die sich bei einem elastischen Sandsteinhaupthangenden als Druckwelle (Webersche Welle) im Abbauvorfeld bemerkbar machen kann, vernachlässigt wird. Im Angriffspunkt x = 0 der Einzellast F ist die maximale Durchbiegung

$$w_0 = \frac{F\,s}{2C_b\,b}\,. \tag{18}$$

Mit dem für den vorverdichteten Versatz gefundenen linearen Anstieg der Bettungszahl bei wachsendem Druck (N/cm^2) (Jacobi u. Holtz 1960) von

$$C_b = 0{,}176\ F \tag{19}$$

erhält man aus den Gl. (16) und (19)

$$w_0 = \sqrt[4]{\frac{F}{0{,}35\ EIb^3}}\,. \tag{20}$$

Die Dachschichtsenkung w_o in der Vollflächenmitte ändert sich also bei der Einzellastannahme nur mit $\sqrt[4]{F}$, was die im Bergbau bekannte geringe Teufenabhängigkeit des Absenkungsfaktors oder der maximalen Baufeldkonvergenz in Teufen über 400 m verständlich macht.

Soll die unterschiedliche Bettung aus Flöz und Versatz berücksichtigt werden, so gilt für den Druck eines gleichmäßig mit p belasteten Hangenden im Versatzfeld einer Vollfläche (Salustowicz 1964)

$$\sigma = \gamma h \left[1 - e^{-sx}\left(\frac{s'-s}{s'+s}\ \sin sx + \cos sx\right)\right] , \tag{21}$$

worin s das Biegsamkeitsmaß für eine Bettung aus Versatz und entsprechend s' das Biegsamkeitsmaß für das auf dem Flöz gebettete Hangende bedeuten. Von der Abbaukante aus (x = 0) wächst hiernach der Druck von $\sigma = 0$ zum Versatz hin oszillierend auf den Endwert $p = \gamma h$ an (Abb. 32). Mit dem errechneten örtlichen Druck kann dann die Konver-

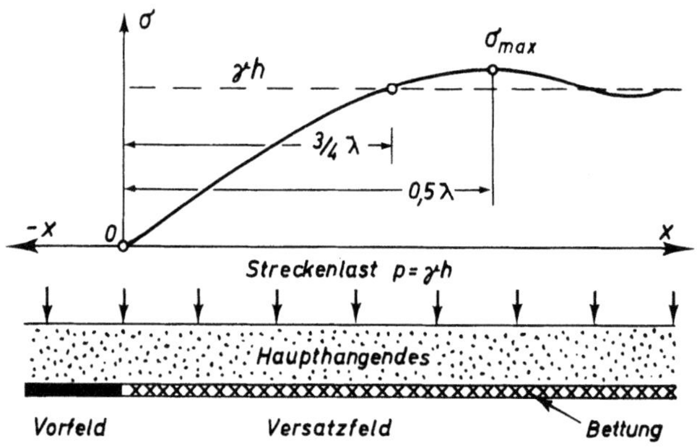

Abb. 32. Die Verteilung der lotrechten Druckspannung im Alten Mann nach Gl. (21)

genz an der Stelle x aus der linearen Beziehung

$$\varepsilon = \frac{\sigma}{E_s} \tag{22}$$

abgeleitet werden, wenn die Steifezahl E_s des Versatzes bekannt ist.

Eine Exponentialkurve ergibt sich auch für die Biegelinie einer mächtigen Hangendschicht, die vom Deckgebirge gleichmäßig belastet und vom Versatz oder Flöz elastisch getragen wird, falls die Durchbiegung hauptsächlich von der Querkraft Q (Belastung P und Bettungsreaktion Cw bzw. C'w) hervorgerufen wird und das Biegemoment vernachlässigt werden kann (Salustowicz 1964). Die Differentialgleichung der Hangendbiegung lautet dann, wenn die Krümmung $d^2w : dx^2$ proportional dem Gleitwinkel γ - d.h. der Schiefstellung einer zuvor lotrechten Querschnittsebene - ist,

$$\frac{d^2 w}{dx^2} = \frac{3}{2GS} Q \tag{23}$$

mit $\gamma = \tau/G$, $\tau = 3Q : 2S$ für rechteckige Querschnittsflächen S und $Q = C'w - p$ im Vorfeld oder $Q = Cw - Cw_o - p$ im Versatzfeld.

Hieraus erhält man die Biegelinie der Haupthangendschicht über der Abbauvollfläche ($x \geqq 0$)

$$w = \frac{p}{C'} + \frac{p}{C} \left(\frac{m+n}{m} - e^{-nx}\right) \tag{24}$$

und über dem Flözvorfeld ($x \leqq 0$)

$$w = \frac{p}{C'} + \frac{p}{C} \left(\frac{n}{m} e^{mx}\right). \tag{25}$$

Es bedeuten $p = \gamma h$ in N/cm^2, $m = \sqrt{3C' : 2GS}$ und $n = \sqrt{3C : 2GS}$ sowie C' und C die Bettungszahlen oder elastischen Widerstände des Flözes bzw. des Versatzes.

Die Absenkung eines inelastisch gebetteten Hangenden ist im Schrifttum näherungsweise behandelt worden (Döring 1964, Kittrich 1963); wegen der umfangreichen Formelableitungen sei hierauf verwiesen.

Im Gegensatz zu den erwähnten Modellvorstellungen ruht auf der Haupthangendschicht in Wirklichkeit weder eine Einzellast in der Abbaumitte noch eine gleichmäßige Streckenlast. Das Haupthangende ist auch kein Balken, sondern eine Platte, die bankrecht oder schräg gerissen ist und deshalb eine örtlich verschiedene Biegesteifigkeit N aufweist. Außerdem gibt der Versatz inelastisch nach, so daß die Winkler-Hypothese hier nicht gilt. Abgesehen davon erzeugt ein Lastelement dq_x an der Stelle x nicht nur eine auf diese Stelle x begrenzte Senkungsstufe dw_x (Theorie 1.Ordnung), sondern es beeinflußt infolge der räumlichen Druckspannungsüberlagerung und der seitlichen Versatzkompression auch die Senkung der Nachbarstufen (Theorie 2.Ordnung). Die angegebenen Gleichungen für die Biegelinie können deshalb lediglich grobe Näherungen aufgrund vereinfachter Modellannahmen sein, die nur für den Vollflächenabbau gelten. Die theoretische Behandlung eines

Teilflächenmodells nach der Theorie eines unendlich langen, elastischen Balkens unter Berücksichtigung der unterschiedlichen Bettung in der Abbauteilfläche (Versatzdichte) und im Vorfeld sowie der ungleichmäßigen Belastung des Haupthangenden steht noch aus.

3.22 Das Hangende aus Lockergestein

Unterstellt man als Extrem zur Elastizität einen klastischen, rolligen Gebirgskörper aus Lockergestein, so wirkt auf die Abbaufläche die Masse γ der Gebirgssäule ABCD, vermindert um die Reibung entlang den Linien AC und BD (Abb. 33). Wird innerhalb der Gebirgssäule das

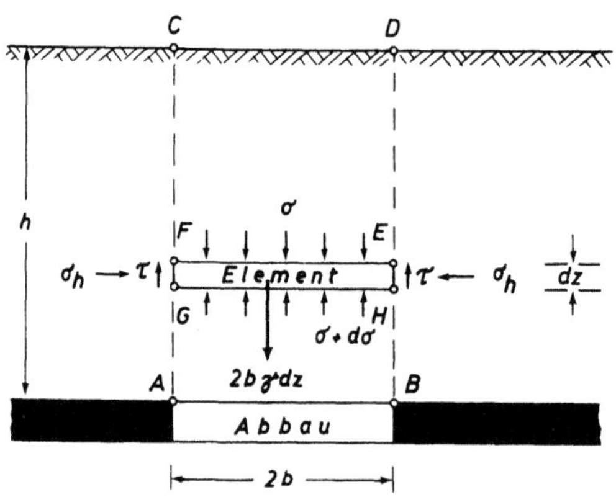

Abb. 33. Das Gleichgewicht der Kräfte an einem Element eines lokkeren Gebirges zwischen zwei lotrechten Gleitflächen (zur Gl. (26))

Element EFDH mit der Höhe dz betrachtet und eine Gleichung für das Kräftegleichgewicht der auf dieses Element wirkenden Kräfte aufgestellt, gelangt man zu einer Formel, die den Druck pro Flächeneinheit des Hangenden im 2b breiten Versatzfeld bestimmt (siehe Terzaghi 1954):

$$\sigma = \frac{\gamma \ b}{\lambda \ \tan\rho}\left(1 - e^{-\lambda \tan\rho \cdot \frac{h}{b}}\right). \tag{26}$$

ρ stellt den Reibungswinkel des Gebirges, λ eine empirische Größe von angenähert Eins dar. Für geringe Feldbreiten gilt die S i l o f o r m e l

$$\sigma = \frac{\gamma \ b}{\lambda \ \tan\rho}\ . \tag{27}$$

Die Konvergenz ist demnach unter der vereinfachenden Annahme einer gleichmäßigen Normalspannungsverteilung im Abbauhangenden bei einem lockeren Gebirgsmedium überall im Versatzfeld (Senkungsstufe)

$$w = \frac{1}{E_s} \frac{\gamma \; b}{\lambda \; \tan\rho} \left(1 - e^{-\lambda \tan\rho \; \frac{h}{b}}\right). \tag{28}$$

Sie wächst allmählich mit zunehmender Baufeldbreite b bis auf den Grenzwert $w_{max} = \gamma h : E_s$. In einem Gebirge aus Lockergestein wird der Versatz im Abbaufeld also nicht in Form einer Biegelinie, sondern mehr in Form einer Stufe überall gleich groß gestaucht werden. Die Vorstellung eines klastischen Gebirgskörpermodells veranschaulicht gut den Anstieg des Hangenddruckes mit wachsender Feldbreite.

3.23 Das Hangende als Kelvin-Körper

Bisher ist nur die Hangendsenkung eines gestundeten Abbaufeldes im zeitlichen Endzustand betrachtet oder es ist angenommen worden, daß die Senkung sofort nach der Belastung eintritt. Bekanntlich stellt sich jedoch die Endverformung eines belasteten Gesteins oder Auflagers erst nach einer gewissen Zeit ein. Man muß das auf dem Versatz aufliegende Hangende also als ein r h e o l o g i s c h e s M e d i u m ansehen, dessen zeitabhängiges Verformungsverhalten beispielsweise einem visko-elastischen Kelvin-Körper nahekommt, der aus einer elastischen Hooke'schen Feder und einem viskosen Newton'schen Kolbenelement zusammengesetzt ist (Abb. 34). Die Spannung ist im Hooke'schen Element der Verformung proportional ($E \cdot \varepsilon$), im Newton-Element hängt sie von der Verformungsgeschwindigkeit ($\eta \cdot d\varepsilon/dt$) ab. Die im Kelvin-Körper bei einer Verformung wirksam werdende Gesamtspannung beträgt folglich

$$\sigma = E\varepsilon + \eta \; (d\varepsilon/dt) \, , \tag{29}$$

worin η die Viskosität bedeutet. Kennzeichnend für einen Kelvin-Körper, der vom Zeitpunkt $t = 0$ an konstant belastet wird, ist die von Null ausgehende und einem Endwert $\varepsilon = \sigma : E$ asymptotisch zustrebende zeitliche Verformung:

$$\varepsilon = \frac{\sigma}{E}\left(1 - e^{-(E/\eta)t}\right). \tag{30}$$

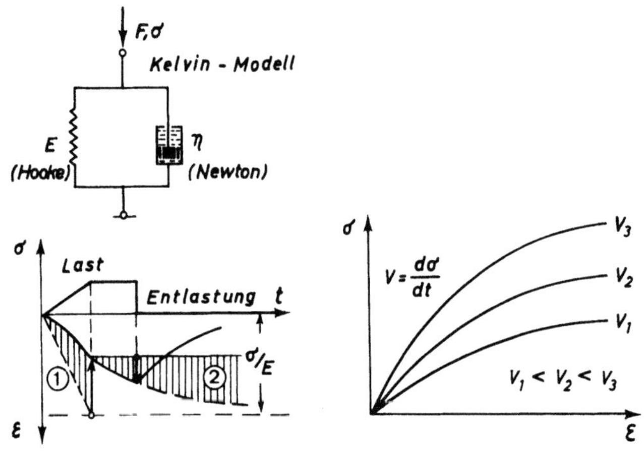

Abb. 34. Rheologisches Modell aus Feder (E-Modul) und Dämpfungskolben (Zähigkeit η) sowie Verformungsdiagramme (Gl. (30))

Beim Vorrücken einer Abbaufront sind jedoch die Druckspannungen auf das Flöz oder den Versatz in einem ortsfesten Punkt nicht konstant (Abb. 35); sie nehmen im Vorfeld zu, fallen am Abbaustoß auf Null ab und steigen im Versatzfeld wieder auf p = γh an, wobei die Entfernung x des betrachteten Punktes bis zur jeweiligen Abbaufront in

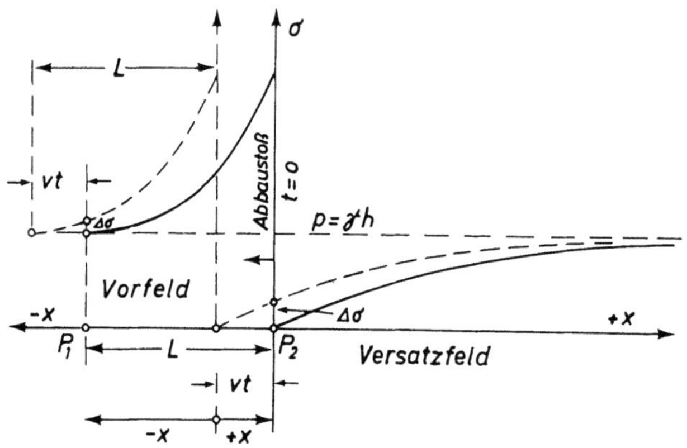

Abb. 35. Die Gebirgsdruckverteilung über dem Vor- und Versatzfeld beim Vorrücken einer Abbaufront um x = vt und die Druckänderung $\Delta\delta$ an den ortsfesten Punkten P_1 und P_2 (Gl. (31) und (32))

Abhängigkeit von der Zeit t und der Abbaugeschwindigkeit v gesetzt werden kann: $x = L + v \cdot t$ (Vorfeld) oder $x = v \cdot t$ (Versatzfeld). Die Länge L (negativ) bezeichnet im Vorfeld die Breite der Zusatzdruckzone. In die umgeformte Spannungsgleichung (29) des Kelvin-Körpers muß daher eine in Abhängigkeit von der Stoßentfernung veränderliche Druckspannung σ (x) eingesetzt werden. Man erhält dann für die Verformungsgeschwindigkeit im Vorfeld

$$\eta \frac{d\varepsilon}{dt} = \underbrace{p\left[1+\left(\frac{C'}{C}\right)^{1/2} e^{mx}\right]}_{\text{ortsabhängige Spannung } \sigma(x) \text{ aus Gl. 25}} - E\varepsilon \qquad \text{mit } x = L + vt \tag{31}$$

und im Versatzfeld

$$\eta \frac{d\varepsilon}{dt} = \underbrace{p\,(1-e^{-nx})}_{\text{Spannung } \sigma(x) \text{ aus Gl. 24}} - E\varepsilon \qquad \text{mit } x = vt\,. \tag{32}$$

Das Integral der Gl. (31) lautet (Salustowicz 1960) für das Vorfeld (Index k = Kohle)

$$\varepsilon_k = Ke^{\frac{E}{\eta}\frac{L-x}{v}} + \underbrace{\frac{p}{E}\left[1+\frac{E}{\eta}\left(\frac{C'}{C}\right)^{1/2}\frac{1}{\frac{E}{\eta}+mv}\,e^{mx}\right]}_{\text{geschwindigkeitsabhängige Verformung } \sigma(v):E}; \tag{33}$$

in ähnlicher Weise erhält man aus der Gl. (32) durch Integration und unter Hinzufügung der Vorkonvergenz $\varepsilon_{k\,max}$ für das Versatzfeld (Index v = Versatz)

$$\varepsilon_v = Ke^{\frac{E}{\eta}\frac{x}{v}} + \underbrace{\frac{p}{E}\left(1-\frac{E}{\eta}\frac{1}{\frac{E}{\eta}-nv}\,e^{-nx}\right)}_{\sigma(v):E} + \varepsilon_{k\,max}\,. \tag{34}$$

Die Konstante K ergibt sich für die Gl. (33) aus der Bedingung, daß bei $t = 0$, also bei $x = L$ im Vorfeld (Punkt P_1) und bei $x = 0$ im Versatzfeld (Punkt P_2), auch die zeitabhängige Verformung $\varepsilon = 0$ ist. Aus

$$Ke^{\frac{E}{\eta}\frac{0}{v}} = 0 \tag{35}$$

folgt daher mit $e^0 = 1$ bedingungsgemäß $K = 0$. Im Punkt $x = L$ lautet die Gl. (33), weil L einen sehr großen absoluten Wert darstellt und $e^{mx} = e^{mL} \to 0$ wird,

$$\varepsilon_k = \frac{p}{E}. \tag{36}$$

Die maximale lotrechte Verformung der Kohle am Abbaustoß (Vorkonvergenz) beträgt je nach Abbaugeschwindigkeit v

$$\varepsilon_{k\,max} = \frac{p}{E}\left[1 + \frac{E}{\eta}\left(\frac{C'}{C}\right)^{1/2} \frac{1}{\frac{E}{\eta} + mv}\right]. \tag{37}$$

Im Versatzfeld wird aus Gl. (34) für $x = 0$ (Punkt P_2)

$$\varepsilon_v = \varepsilon_{k\,max} \tag{38}$$

und für $x = \infty$

$$\varepsilon_v = \frac{p}{E} + \varepsilon_{k\,max}. \tag{39}$$

In Abb. 36 sind die Spannungen und Verformungen für verschiedene Abbaugeschwindigkeiten eingezeichnet. Die von den Spannungslinien und

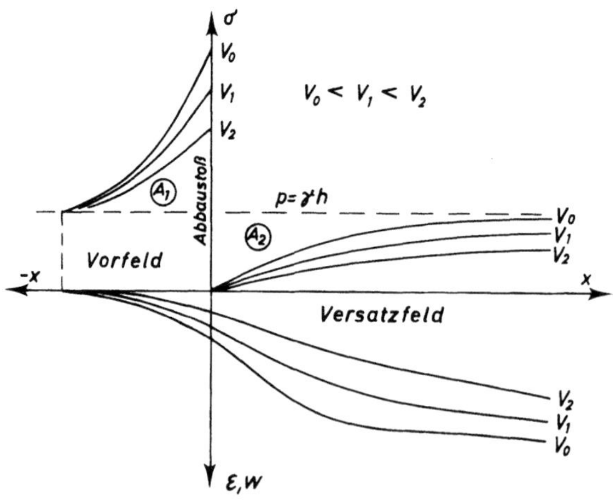

Abb. 36. Die lotrechten Gebirgsdruckspannungen und Verformungen oder Senkungen im Abbauhorizont für verschiedene Abbaugeschwindigkeiten Gl. (33) und (34). v_0 = Stillstand des Abbaus

der Überlagerungsdrucklinie eingeschlossenen Flächen A_1 und A_2 im Vor- und Versatzfeld sind zwischenzeitlich nicht gleich groß, weil das Spannungsgleichgewicht erst noch durch Verformungsarbeit (Überwindung der Reibungs- und Bruchwiderstände) hergestellt werden muß.

3.24 Empirische Formeln über die Baufeldkonvergenz

In vielen Bergbaurevieren sind die in den Abbaustrecken und Streben gemessenen Hangendsenkungen oder Konvergenzen mit Hilfe der Korrelationsrechnung auf ihre Abhängigkeit zur Stoßentfernung, Teufe, Abbaumächtigkeit und Abbaugeschwindigkeit untersucht worden. Bei Anwendung dieser nun zu behandelnden empirischen Formeln muß beachtet werden, daß die meistens in den Abbaubegleitstrecken am Baufeldrand beobachteten Gebirgssenkungen kleiner als in der zentralen Abbaustreich- oder -fallinie und nicht immer frei von der Streckendynamik sind. Außerdem darf die Konvergenz c, die bekanntlich als bankrechte Annäherung zweier lotrechter Punkte die Absenkung c_{Hgd} der Firste und die Hebung c_{Lgd} der Sohle enthält, nur bei relativ geringer Liegendhebung als Ausgangswert in die Senkungsberechnung eingesetzt werden.

Für den l o t h r i n g i s c h e n Bergbau läßt sich die Abhängigkeit der Konvergenz c (in mm) von der Entfernung x (in m) der Meßstelle zum Abbaustoß durch eine logarithmische Kurve ausdrücken (Schwartz 1959):

$$c = \gamma \log(\alpha + \beta x), \tag{40}$$

worin α, β und γ empirische Konstanten sowie c die auf den Zeitpunkt der Meßpunktfreilegung bezogene Konvergenz ohne Vorfeldkonvergenz bedeuten. Die Konvergenzgeschwindigkeit als Konvergenzzunahme c_d eines Meßpunktpaares in mm/d erreicht den Höchstwert 2 bis 35 m hinter der Abbaufront dort, wo die Konvergenzkurve ihren Wendepunkt besitzt (Abb. 37). Je steiler das Hangende ist und je schneller der Abbau fortschreitet, desto weiter liegt der Wendepunkt der Konvergenzkurve hinter der Strebfront.

Im o b e r s c h l e s i s c h e n Steinkohlenrevier wird die Senkung des Hangenden vor einem heranrückenden Streb an der Stelle -x (in m) im Vorfeld mit hinreichender Genauigkeit durch die Gleichung

$$w_{Vorfeld} = w_{00}\ e^{-bx} \tag{41}$$

beschrieben. In ihr bezeichnen w_{oo} die Hangendsenkung in mm an der

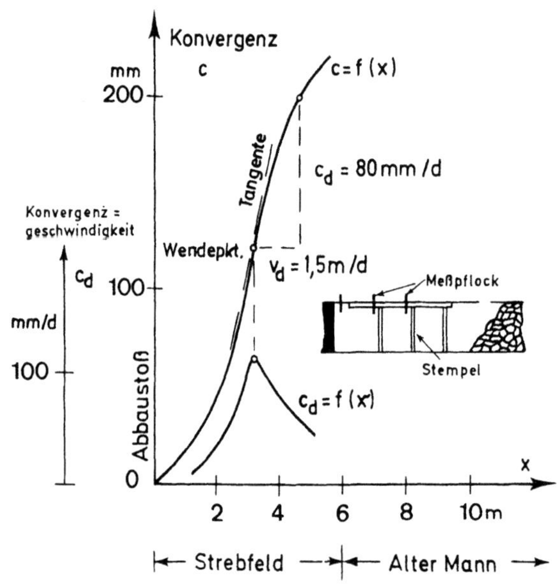

Abb. 37. Konvergenzen und Konvergenzgeschwindigkeit von der Punktfreilegung an in Abhängigkeit von der Stoßentfernung x. v_d = täglicher Abbaufortschritt

Flözkante sowie b einen von der Versatzart abhängigen Koeffizienten, der für Bruchbau beispielsweise -0,09 und für Spülversatz -0,07 beträgt (Borecki und Bilinski 1960). Die Hangendsenkung im Versatzfeld wird berechnet nach der Gleichung

$$w_{Versatzfeld} = w_{00} + \frac{M\ x}{a + b_1 x}\,. \tag{42}$$

Darin sind M die Abbaumächtigkeit am Stoß sowie a und b_1 zwei Koeffizienten für das Verhalten des Hangenden im Strebfeld (z.B. für eine Mittelortstrecke und Spülversatz a = 0,078) bzw. im Versatzfeld (z.B. b_1 = 0,00884).

Im D o n e z r e v i e r wurde für die Hangendsenkung w (mm) im Strebfeld bis zur Bruch- oder Versatzfeldgrenze je nach Abbaufortschritt v (m/d) die Exponentialfunktion

$$w_{Strebfeld} = \alpha\, M\, b\, e^{\beta v} \tag{43}$$

gefunden. Danach ist die Senkung des Strebhangenden proportional der Abbaumächtigkeit M und der Strebfeldbreite b (in m). Die Dimensionskennwerte α und β betragen bei Bruchbau und schreitendem Ausbau beispielsweise $\alpha = 74{,}2$ und $\beta = 0{,}13$.

Für mehrere europäische Bergbaureviere sind die an der ersten und danach an der zweiten Stempelreihe im Strebraum (Abb. 37) gemessenen täglichen Konvergenzen c_d (m/d) auf den täglichen Abbaufortschritt v_d (m/d) bezogen worden (Chambon 1966). Der betrachtete Teil der Konvergenzkurve liegt also im Strebfeld um den Wendepunkt herum, so daß die hier fast geradlinig abfallende Kurve durch die Tangente am Wendepunkt näherungsweise ersetzt werden kann. Der Anstieg dieser Tangente entspricht ungefähr dem von der Teufe h, dem Absenkungsfaktor a und der Abbaumächtigkeit M abhängigen Quotienten

$$\tan\alpha = \frac{c_d}{v_d} = 0{,}2\sqrt[4]{h}\,(a\, M)^{3/4}, \tag{44}$$

mit dem die zwischenzeitliche Konvergenzkurve im Strebfeld für jede Abbaugeschwindigkeit gezeichnet werden kann.

Ähnliche Untersuchungen ergaben in den offenen, bis zu 7 m breiten Strebfeldern des Ruhrgebietes eine mittlere relative Konvergenz c_{rel} von 39 mm je 1 m Abbaufortschritt (Leonhardt 1969). Im Bruchbaustreb erreicht die Konvergenzgeschwindigkeit bei einem täglichen Abbaufortschritt von 1,8 m/d ein Maximum gegenüber 3,6 m/d im Blasversatzstreb. Die zeitliche Zunahme der Konvergenz in einem ruhenden Strebfeld, deren Kenntnis für die Berechnung der zwischenzeitlichen Gebirgsbewegung wichtig ist (siehe Abb. 21), konnte im Ruhrgebiet bisher nur während einer Standdauer von 60 Stunden beobachtet werden. Hiernach wächst die Konvergenz eines um x vom Abbaustoß entfernten Punktpaares im Laufe der Ruhezeit t nach einer Exponentialfunktion

$$c_{Strebfeld} = A\, t^B + C\, x^D \tag{45}$$

auf den statischen Endwert an. Die im Einzelfall geltenden Werte der

Koeffizienten und Exponenten, die in der Größenordnung von 0,17 für A, 0,5 für B und C sowie 0,6 für D liegen, sind noch unbekannt. Für eine statistische Berechnung der von vielen Einflüssen abhängigen Endform der Konvergenz- oder Senkungskurve vom Vorfeld bis zur Abbaumitte fehlen die umfangreichen Messungen im unzugänglichen Alten Mann.

Wie später noch erläutert werden wird, genügt es jedoch bei vielen Verfahren der Gebirgs- und Bodenbewegungsberechnung, die Hangendsenkungskurve durch Senkungsstufen von 25 m oder 50 m Breite zu ersetzen, die aus der Abb. 8 im %-Verhältnis zur Maximalsenkung entnommen werden können.

3.3 Die Vorausberechnung der Gebirgsbewegung

Die Bedeutung der Gebirgsbewegungsberechnung liegt hauptsächlich in den für den Schachtausbau zu ergreifenden Schutzmaßnahmen, der sonst im Abbaueinwirkungsbereich schiefgestellt und durch axiale Gebirgskräfte zerstört wird. Des weiteren stellt die Gebirgsbewegung das Bindeglied zwischen der Baufeldkonvergenz im Abbauhorizont und der Bodenbewegung an der Tagesoberfläche dar. Dagegen bereitet die durch die Gebirgsbewegung hervorgerufene Gefäll- und Lageänderung in den Grubenstrecken für die Förderung und Wasserhaltung keine technisch unüberwindbaren Schwierigkeiten. Der Einfluß der großräumigen Gebirgsverformung auf die Streckenkonvergenz im Abbaueinwirkungsbereich ist noch wenig erforscht. Die Berechnungsverfahren können wie im vorigen Abschnitt wieder in empirische und modellähnliche unterteilt werden (siehe Tafel 5). Gesucht sind die lotrechten und die waagerechten Komponenten der Gebirgspunktbewegung. Aus ihnen lassen sich zwischen zwei Punkten die Streckungen und Stauchungen des Gebirges in lotrechter Richtung (Abb. 19) sowie die waagerechten Zerrungen und Pressungen (Abb. 23) ableiten, wie es auf Seite 41 an einem Beispiel gezeigt wurde. Als weitgehend empirisches Verfahren kann das mit Integrationsnetz angesehen werden. Bei den Modellvorstellungen gibt es mehrere elastizitätstheoretische Lösungen für das Gebirgsbewegungsfeld mit Hilfe von Einzelkräften, Differentialgleichungen oder endlichen Elementen. Als diskontinuierliches, statistischen Gesetzen gehorchendes Material wird der Gebirgskörper in Polen, als zähplastischer Stoff in der UdSSR beschrieben.

Tafel 5. Die Verfahren für die Berechnung der Baufeldkonvergenz und der Gebirgsbewegung

Berechnungsgröße	Empirische Verfahren	Modellvorstellungen	Gesucht
Baufeldkonvergenz	Formeln für Dachschicht-Profilkurven (Problem: keine Allgemeingültigkeit	1) Elastische Biegung eines Balkens auf nachgiebiger Unterlage	ortsabhängige Konvergenz oder Dachschichtsenkung und Liegendhebung
		2) Klastischer Gebirgskörper (z.B. Sandmodell)	
		3) Viskoelastischer Kelvin-Körper	
		(Problem: inelastischer Versatz, örtliche Last unbekannt)	
Gebirgsbewegung	Integrationsnetz-Methode (Problem: Einfluß d. gebirgsmechanischen Kennwerte unbekannt)	1) Kontinuumsmodelle f. elastische und zähplastische Stoffe	lotrechte und waagerechte Komponente der Gebirgspunktbewegung; Endwert und zeitliche Größe
		2) Stochastisches Medium	
		3) Methode der endlichen (elastischen) Elemente	
		(Problem: nur ebener Fall, Bruchverformung u. Zeitfaktor vernachlässigt, Gebirgsschichtung nur beim Elementenverfahren berücksichtigt)	

3.31 Das Integrationsnetzverfahren

Die graphische Berechnung der Gebirgsbewegung über den Abbauflächen in flacher Lagerung mit Hilfe von Integrationsnetzen ist in Deutschland bis heute das einzige in größerem Umfange angewandte Rechenverfahren geblieben. Bei diesem Verfahren denkt man sich das über dem Berechnungspunkt befindliche Gebirge als abgetragen und ermittelt die Gebirgsbewegung wie die übertägige Bodenbewegung punktweise durch Integration der von den Abbauflächenelementen innerhalb des Einwirkungsbereiches ausgehenden Senkungs- oder Verschiebungsdifferentiale (Bals 1932). Das Verfahren der Bodenbewegungsberechnung wird also auf alle Horizonte des Gebirgskörpers übertragen, wobei die für die Bodenbewegung gültige Unterteilung des Integrationsnetzes, der sogenannten "Spinne", beibehalten und nur die Netzgröße entsprechend der Höhe h des Gebirgspunktes über dem Abbauflächenhorizont verkleinert wird (Abb. 38).

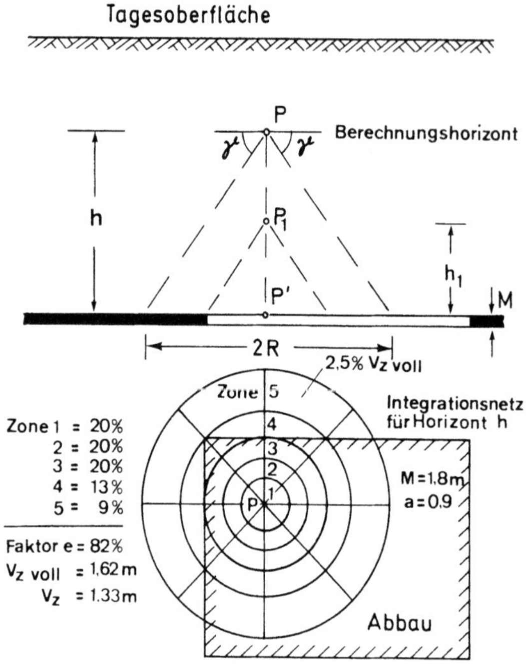

Abb. 38. Die Berechnung der Gebirgssenkung für den Punkt P nach dem Integrationsnetzverfahren. Oben Gebirgsquerschnitt, unten Grundriß des Abbaufeldes

Die Einteilung der Netzfläche in fünf gleichwertige, konzentrische Zonen wird später in der Bodenbewegungskunde im Abschnitt 8.3 erläutert. Hier sei nur so viel am Beispiel der Senkungsberechnung erwähnt, daß der Verhieb einer auf den Berechnungspunkt zentrierten Zone Nr. 1, 2, 3, 4 oder 5 eine Senkung des Berechnungspunktes von je 1/5 der Vollsenkung $v_{z\ voll}$ (siehe Gl. (10)) hervorruft. Um die graphische Berechnung zu erleichtern, wird jede Zone noch in acht gleichwertige Sektoren geteilt, die Vollfläche also in $5 \cdot 8 = 40$ gleichwertige (= 2,5% $v_{z\ voll}$), aber verschieden große Netzmaschen zerlegt.

Die Berechnung geht bei beliebigen Abbauflächenformen so vor sich: Das auf Transparentpapier gezeichnete Integrationsnetz mit einem Durchmesser von $2\ R = 2\ h \cdot \cot\gamma$ (Vollfläche) wird auf den Abbaugrundriß des abzubauenden Flözes aufgelegt und sein Mittelpunkt mit dem lotrecht auf die Flözfläche projizierten Berechnungspunkt P' zur

Deckung gebracht. Durch Auszählen der von den Netzmaschen bedeckten n Abbauflächenteile erhält man den Einwirkungsfaktor e aus

$$e = 0{,}025\, n, \tag{46}$$

womit sich die Senkung des Gebirgspunktes P

$$v_z = e \quad v_{z\,voll} \tag{47}$$

ergibt.

Der nach dem Integrationsverfahren für den Horizont h erhaltene Senkungswert ist unbeeinflußt davon, ob oberhalb des Berechnungshorizontes noch eine dünne oder dicke Gebirgsschicht lagert. Die Vernachlässigung der Abbauteufe widerspricht der Gebirgsbewegung in der Natur, die sich mit der Belastungsgröße im Berechnungshorizont und der mächtigkeitsabhängigen Biegesteifigkeit des gesamten Schichtenverbandes ändert. Allein die geometrischen Größen des Grenzwinkels γ, der Berechnungshöhe h_1 und der Abbaukoordinaten bestimmen den Ort P_1, an dem die Teilsenkung v_z auf der lotrechten Linie P - P' in die Vollsenkung $v_{z\ voll}$ übergeht. Eine teufenabhängige Zonenteilung, mit der der stratigraphische Gebirgsaufbau und der Überlagerungsdruck berücksichtigt werden könnten, läßt sich in Anbetracht der wenigen Punktbeobachtungen noch nicht angeben.

Die sogenannte "Zone der vollen Absenkung" innerhalb des in P angetragenen Grenzwinkelkegels, in der das Gebirge theoretisch streckungs- und stauchungsfrei sein soll, tritt wahrscheinlich erst über der Mitte einer Abbauüberfläche ein, wenn der Versatz dort voll verdichtet ist. Nicht richtig bemessene Dachsenkungsstufen am Abbaurand (Faktor a in Gl. (10) und (47)) verfälschen besonders in kleinen Berechnungshöhen von unter 200 m das Rechenergebnis.

3.32 Das Gebirge als elastischer Stoff

Obwohl die geschichteten und porösen Sedimentgesteine das Hooke'sche Gesetz nur annähernd erfüllen, lassen sich einige einfache Fälle der Gebirgsbewegungskunde, wie die Formänderung eines elastischen Raumes infolge einer Kreisflächenlast im Abbauhorizont oder infolge eines kleinen Hohlraumes (Abbauelement), mit Hilfe der Elastizitätslehre lösen*). Erschwert werden die mathematischen Ableitungen in der Bergschadenkunde dadurch, daß als Ausgangsgrößen nicht wie in der Bodenmechanik eine bekannte Last, sondern nur die Eigenlast des Gebirges und die Form des Abbauhohlraumes gegeben sind.

In einem inkompressiblen, elastischen Halbraum ($\mu = 0{,}5$), dessen Oberfläche in einem Kreis vom Durchmesser 2a gleichmäßig belastet oder gestaucht ist (Abb. 39), betragen die achssymmetrischen Setzungen v_z im radialen (r) und vertikalen (h) Abstand für den Fall glei-

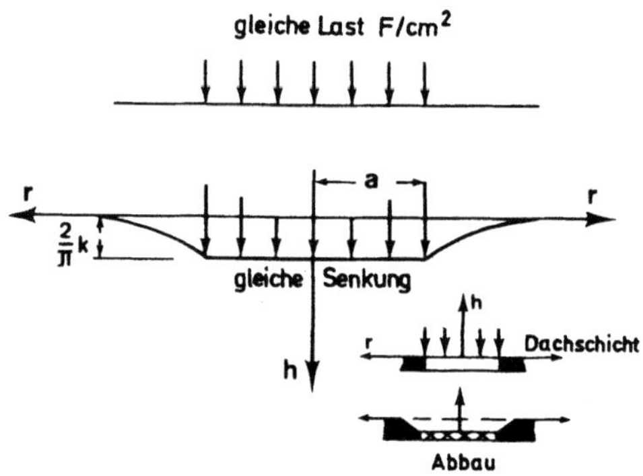

Abb. 39. Die gleichmäßige Belastung oder Senkung der Oberfläche bzw. der Dachschicht

cher Druckverteilung F/cm² (Boussinesq 1885)

$$v_z = \int_0^a 2\pi\, r\, w\, dr = \frac{F}{2G}\int_0^a \left(\frac{r}{\sqrt{r^2+h^2}} + \frac{h^2\, r}{\sqrt{r^2+h^2}^{\,3}}\right) dr \tag{48}$$

und bei gleicher Eindrückung um $2k/\pi$ (Trefftz 1935)

$$v_z = \frac{2k}{\pi}\left(\frac{ah}{a^2+h^2} + \int_0^\infty \frac{\sin ax}{x}\, I(rx)\, e^{-hx}\, dx\right) \tag{49}$$

*) Wichtige Formeln der Elastizitätslehre (Hooke'sches Gesetz, Gleichgewichtsbedingung, Airy'sche Spannungs- und Love'sche Verschiebungsfunktionen, Verträglichkeitsbedingung) siehe Szabó 1964.

unter Vernachlässigung der Eigengewichtsstauchung. Diese bodenmechanischen Formeln lassen sich auf die Bergschadenkunde anwenden, wenn man sich den Halbraum in Abb. 39 umgestülpt denkt und die dann unten befindliche Grenzfläche des Halbraumes als Dachschicht eines Abbaufeldes ansieht, an der auf einer Kreisfläche vom Durchmesser 2a nach unten gerichtete äußere Kräfte gleicher Größe angreifen oder durch unbekannte Kräfte eine zylindrische Ausbeulung um $2k/\pi$ nach unten entsteht. Nach Auflösung der Integrale in den Gl. (48) und (49) nehmen die Gebirgspunktsenkungen über der Abbaumitte für r = 0 und I (rx) = 1 (Bessel'sche Funktion) bei gleichem Versatzdruck

$$v_z = \frac{F}{2G}\,\frac{a^2}{\sqrt{a^2+h^2}} \qquad (50)$$

oder bei gleicher Dachschichtsenkung

$$v_z = \frac{2k}{\pi}\left(\arctan\frac{a}{h} + \frac{ah}{a^2+h^2}\right) \qquad (51)$$

von Fa/2G bzw. $2k/\pi$ im Abbauhorizont bis auf Null in unendlicher Höhe ab. Bis zur Höhe a über der Abbaumitte wird das elastische Gebirge am stärksten gestreckt (Abb. 40). Wie beim Integrationsverfahren ist

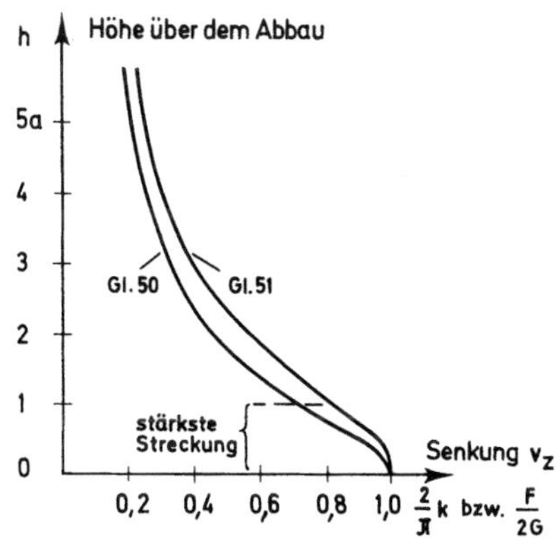

Abb. 40. Die Senkungen in einem elastischen Gebirgskörper über der Abbaumitte (a = Radius, r = 0)

auch in den Gl. (50) und (51) die Abbauteufe ohne Einfluß auf die Senkungsgröße im Gebirge.

Die Entnahme eines Teilchens A (Abbauelement) aus dem Innern einer unter Eigengewicht stehenden Masse hebt die verhinderte Ausdehnung des Stoffes in der Nachbarschaft des geschaffenen Hohlraumes auf, so daß die lotrechten ($\sigma_z = \gamma h$) und seitlichen ($\sigma_h = \sigma_z/m-1$) Eigengewichtskräfte bei der Verformung frei werden können (Bräuner 1959). Die Resultierende F dieses Kräftesystems liegt aus Gründen der Symmetrie in der Lotrechten durch A und greift im Schwerpunkt S der unter Hohlraum- und Abbaueinwirkung geratenen Hangendmassen an. Durch den Kraftangriffspunkt S im Abstand c von der waagerechten Oberfläche (Abb. 41) sei die senkrechte z-Achse gelegt; die beiden waagerechten

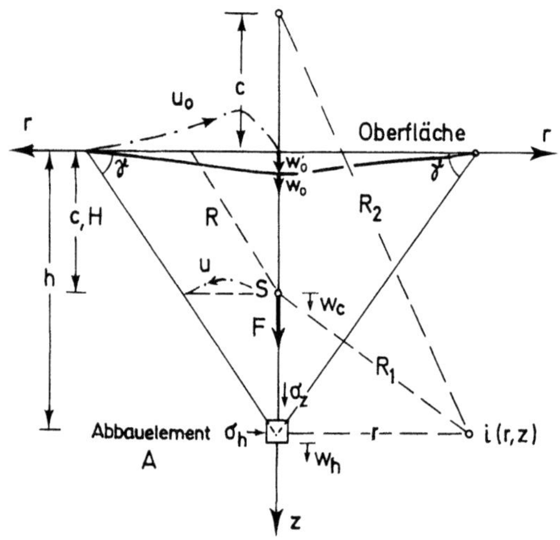

Abb. 41. Die Wirkung einer lotrechten Einzelkraft, die ein Abbauelement ersetzt, in einem elastischen Halbraum sowie die Elementarmulde für z = O

Veränderlichen x und y können wegen der Rotationssymmetrie zu der radialen Veränderlichen $r^2 = x^2 + y^2$ zusammengefaßt werden. Mit diesem Koordinatennetz lassen sich dann die von der lotrechten resultierenden Innenkraft F(c) in einem volumenkonstanten, elastischen Halbraum hervorgerufenen infinitesimalen Senkungen w und Verschiebungen u für beliebige Punkte i(r,z) berechnen (Mindlin 1936):

$$w = \frac{F}{8\pi G}\left(\frac{1}{R_1} + \frac{1}{R_2} + \frac{(z-c)^2}{R_1^3} + \frac{z^2+c^2}{R_2^3} + \frac{6cz\,(z+c)^2}{R_2^5}\right) \qquad (52)$$

$$u = \frac{Fr}{8\pi G}\left(\frac{z-c}{R_1^3} + \frac{z-c}{R_1^3} + \frac{6cz(z+c)}{R_2^5}\right). \tag{53}$$

Es bedeuten hierin $R_1 = \sqrt{r^2 + (z - c)^2}$, $R_2 = \sqrt{r^2 + (z + c)^2}$ und G wie in den Gl. (48) und (50) den Schubmodul.

Für die Bergschadenkunde interessieren in erster Linie die Elementarmulden im gedachten Abbauhorizont z = h, in Höhe des Kraftangriffspunktes z = c und an der Oberfläche z = 0 (Abb. 41). Nun drückt die das Abbauelement ersetzende Kraftresultierende F auch das Liegende des Abbaus nach unten, wo nach der Randbedingung w = 0 für z = h wegen des im Abbauhohlraum unterbrochenen Kraftlinienfeldes keine Bewegung stattfinden dürfte. Zur Erfüllung dieser Randbedingung wird die Liegendsenkung w_h von den übrigen Senkungen im Hangenden des Halbraumes abgezogen: $w'_c = w_c - w_h$ und $w'_o = w_o - w_h$. Die auf diese Weise erhaltene Elementarmulde w'_o an der Oberfläche des Halbraumes stimmt mit einer Senkungsmulde über Abbauteilflächen gut überein. Die Formeln (52) und (53) für eine einzelne Innenkraft sind demnach auch bei einer Flächenkraft in denjenigen Stellen des Halbraumes als gültig anzusehen, die hinreichend weit vom Kraftangriffspunkt entfernt liegen*).

Die zweite Randbedingung w = 0 für z = 0 und $r = h \cdot \cot \gamma$, die in der Bergschadenkunde am Einwirkungsrand über Tage erfüllt sein muß, kann bei einem elastischen Halbraum durch eine geeignete Wahl der Kraftangriffshöhe, wie z.B. c = 0,5 h für γ = 50 gon, eingehalten werden, wenn die Differenzfunktion $w'_o = w_o - w_h$ für den Ort $r = h \cdot \cot \gamma$ annähernd Null ergibt.

Oberhalb einer Einzelkraft F beträgt die infinitesimale Senkung w sowohl nach Gl. (48) (Integralglied) bei einem Kraftangriff an der Unterfläche des gewichtslosen Halbraumes mit z = h (Innenpunkt) und r = 0 als auch nach Gl. (52) bei einer Innenkraft mit c = h, z = 0 (Oberflächenpunkt) und r = 0

$$w = \frac{F}{2\pi G}\,\frac{1}{h}. \tag{54}$$

*) Prinzip von St. Venant: In hinreichender Entfernung vom Angriffsbezirk eines Kräftesystems hängt dessen Wirkung nicht mehr merklich von seiner örtlichen Verteilung, sondern nur noch von seinen statischen Resultanten (Einzelkraft und Moment) ab.

Die Senkung w eines Zentralpunktes ist folglich umgekehrt proportional zu seiner lotrechten Entfernung h vom Angriffspunkt der Kraft. Desgleichen führt die Integration der Gl. (52) für eine Kreisflächenlast im Innern eines Halbraumes zu der nach Gl. (50) gefundenen Senkung v_z eines Zentralpunktes (r = 0) im Lastabstand h, wie sich durch Einsetzen von c = h und z = 0 in Gl. (52) und Vergleich mit Gl. (48) nachweisen läßt. Die Bewegungen exzentrischer Punkte über einer unregelmäßigen Last- oder Setzungsfläche (Abbau), wofür die Gl. (48), (49), (52) oder (53) mehrfach integriert werden müssen, werden in der Praxis mit Hilfe von vertafelten "Einflußwerten" (Love u.a.) oder Integrationsnetzen (Newmark 1935, Bräuner 1959) näherungsweise ermittelt. Hierauf wird bei der Vorausberechnung der Bodenbewegung (z = 0) eingegangen.

Die Berechnung der räumlichen Gebirgsbewegungen in einem transversal-isotropen Körper führt auf harmonische Funktionen, die an Hand von Diagrammen gelöst werden können (Berry u. Sales 1962).

3.33 Das Gebirge als inelastischer Stoff

Die dem Gebirge im letzten Abschnitt unterstellte elastische Eigenschaft - nämlich die spontan und proportional mit der Belastung eintretende, nach der Entlastung sofort und vollständig wieder zurückgehende Verformung - trifft für einen inhomogenen, durch Risse und Gleitlösen in ein sogenanntes "Mehrkörpersystem" (L.Müller 1963) zerlegten Gesteinsschichtenverband nicht ganz zu. Denn ein solches Gebirge weicht einer erhöhten Belastung zum Teil durch eine nicht rückläufige, plastische Gleitbewegung auf den Rißflächen aus und verhält sich rheologisch, d.h. zeitabhängig: Die Geschwindigkeit der Belastungsänderung $\Delta\sigma : \Delta t$ beeinflußt das zeitliche Spannungs-Verformungs-Verhältnis $\sigma : \varepsilon(t)$ sowie die Größe und Dauer der nachwirkenden Verformung*), weil sich das Gesteins- und Gebirgskörpergefüge auf ein neues äußeres Kraftfeld nur allmählich und auch dann noch einstellt, wenn die Belastungsänderung schon beendet ist.

*) Im Schrifttum werden die endliche, reversible Nachwirkung manchmal als Kriechelastizität und das unendliche, irreversible Fließen als plastisches Kriechen bezeichnet. Im viskosen Newton-Element ist die übertragene Kraft proportional zur Kolbengeschwindigkeit, die zeitliche Verformungsgröße hängt von der Dauer der Belastungssteigerung ab.

Von diesen inelastischen Eigenschaften des Gebirges - Verformungsverzögerung, Nachwirkung, Einfluß der Belastungsgeschwindigkeit und Plastizität - lassen sich in Abhängigkeit von der Belastungsgeschwindigkeit die verzögerte und die nachwirkende Verformung durch ein Kelvin-Modell (Abb. 34) sowie die bleibende und die fließende Verformung durch einen auf einer Unterlage gleitenden Reibkörper (Abb. 42), der sich nach der Überwindung des Reibungswiderstandes (Fließ-

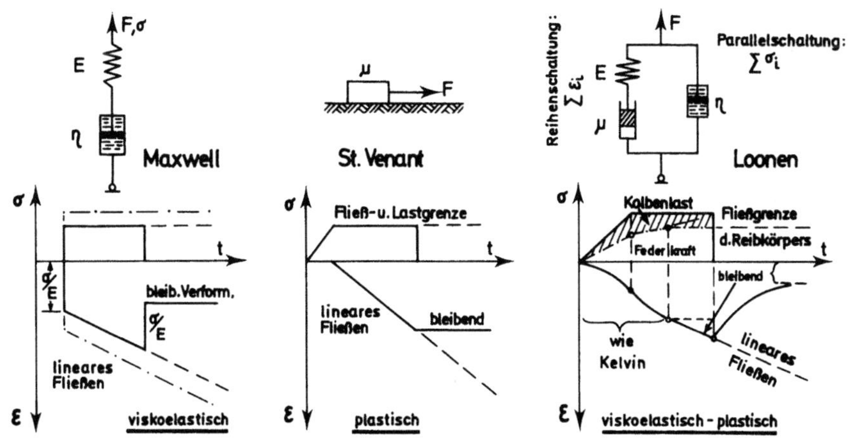

Abb. 42. Rheologische Modelle und Verformungskennlinien

grenze) unter einer dann nicht mehr steigerungsfähigen Zug- oder Schubkraft unbegrenzt und bleibend mit der Zeit verschiebt (St.Venant-Modell), darstellen. Die nichtlinearen, zeitabhängigen und bleibenden Verformungsanteile des Gebirges können also auf die Viskoelastizität und die Plastizität zurückgeführt werden.

Die v i s k o e l a s t i s c h e Verformung, die nach einer zeitlichen Verzögerung den endlichen Wert eines elastischen Modells $\varepsilon_{end} = \sigma/E$ erreicht, kann mit einfachen Gleichungen von der Form

$$\varepsilon = \varepsilon_{end}\left[1-\left(1-\frac{G}{G_0}\right)e^{-\frac{G}{\eta}t}\right] \qquad (55)$$

berechnet werden (Salustowicz 1958). In dieser Formel bezeichnen $G_o = \gamma/\tau$ den Schubmodul gleich nach der Belastung, G den Schubmodul für die später eintretende Deformation ($G < G_0$) und η den Viskositätskoeffizienten. Die nach der Elastizitätstheorie erhaltene Verformung ε_{end} braucht nur mit der Zeitfunktion multipliziert zu werden. Als Nachteil des viskoelastischen Kelvin-Modells erweist sich jedoch die allmählich auf Null abfallende Entlastungsverformung (Abb. 34); in einem entlasteten Gebirge bleibt bekanntlich der Anteil der plastischen Verformung zurück.

Das viskoelastische Maxwell-Modell, eine Reihenschaltung aus Feder und durchlöchertem Kolben (Abb. 42), paßt sich zwar während der Entlastung dem Gebirgsverhalten gut an - das endlose Fließen unter Dauerlast entspricht besonders der Verformung von Salz und der Gesteine in großer Teufe, bei konstant gehaltener Dehnung nimmt die Spannung im Laufe der Zeit ab (Relaxation) -, es wirkt aber nicht elastisch nach. Das trifft auch für das viskoplastische Bingham-Modell zu, bei dem ein Reibkörper und ein Kolben hintereinander gesetzt sind.

Ein Medium, das den wirklichen Gegebenheiten eines Gebirges nahekommt sowie die Eigenschaften des Kelvin- und des St. Venant-Modells vereinigt, ist das viskoelastisch-plastische Modell von Loonen (Abb. 42). Bei diesem Modell wird angenommen, daß die Fließgrenze der einen Grubenbau umgebenden Gesteine während der Neuverteilung der Spannungen überschritten wird und sich eine plastische Zone bildet, die sich mit der Zeit bis zu einem spannungsmäßigen Gleichstand zwischen elastischer und plastischer Zone erweitert. Es sind hierbei nicht nur die örtlichen Verformungen, sondern auch die um den Hohlraum auftretenden Spannungen eine Funktion der Zeit. Die Verformungszeitkurve, deren Form durch die Viskosität und den Gleitmodul bestimmt wird, besitzt keine horizontale Asymptote: Die viskoelastisch verzögerte Anfangsverformung (Kelvin-Modell) geht nach Überwindung der Reibungskraft im Reibkörper (St. Venant-Modell) in ein lineares Fließen über. Fällt die örtliche Spannung im Verlaufe der Gebirgsverformung auf den Fließgrenzwert ab, so verformt sich das Gebirge an dieser Stelle wieder wie ein Kelvin-Körper. Bei der völligen Entlastung wird das Modell durch die bis zur Fließgrenze in der Feder gespeicherte elastische Energie nur um einen Teilbetrag zurückverformt. Die bleibende Verformung entspricht der im viskosen und plastischen Medium verbrauchten Energie.

Die Fließbedingung eines viskoelastisch-plastischen

Gesteins in einer Halbebene kann beispielsweise folgende Form haben (Cernyi 1966):

$$\tau - \tau_{Gr} - \eta \frac{dv_x}{dy} = 0. \tag{56}$$

Hierin sind τ die in einem Punkt herrschende Schubspannung, τ_{Gr} die Grenzschubspannung nach Coulomb*)

$$|\tau| = c + \sigma_n \tan\rho, \tag{57}$$

η die kinematische Zähigkeit und dv_x/dy der Geschwindigkeitsgradient des Fließens (c = Kohäsion). Die Grenzschubspannung ist in einer Gleitebene gegeben, wenn gemäß

$$\sigma_n + \frac{d\sigma_n}{dt} \geqq \sigma_0 \tag{58}$$

die statische Normalspannung σ_n, vermehrt um den dynamischen Wert $d\sigma_n/dt$, eine experimentell gefundene Größe σ_0, bei der das Gestein zu fließen beginnt, überschreitet. Das Fließen des Gesteins wird also zum Unterschied von den Flüssigkeiten nicht durch den Gesamtwert der Tangentialspannungen, sondern nur durch denjenigen Teil davon bestimmt, der über die Grenzspannungen der elastischen Verformung hinausgeht ($\tau - \tau_{Gr} = \Delta\tau$). Die Bewegung des Modellstoffes muß nach der Hohlraumverfüllung (siehe Kelvin- und Loonen-Modell) und nicht wie in einem rein viskosen oder plastischen Stoff erst nach Einebnung der Oberfläche und Wiederherstellung des stratigraphischen Spannungsfeldes aufhören.

Läßt man die Zone des Sprödbruchfeldes unmittelbar über dem Abbau außer Betracht, dann erhält man für den Prozeß der zähplastischen Gebirgsverformung ein System von drei partiellen Differentialgleichungen, die aus den Gleichgewichtsbedingungen am Element für die lotrechte und horizontale Verformungskomponente abgeleitet sind (Cernyi 1966):

---

*) Andere, auf die Hauptspannung bezogene Fließzustände, wie z. B. von Tresca, v. Mises und Huber-Mises-Hencky, sowie Mohr'scher Spannungskreis siehe Szabó 1964. Die Bewegungsbahnen in einem plastischen Körper unter der Wirkung eines Stempels siehe L. Prandtl 1920 (Nachr. d. Kgl. Ges. d. Wiss. z. Göttingen).

$$\frac{\partial v_x}{\partial t} + v_y \frac{\partial v_x}{\partial x} + v_x \frac{\partial v_x}{\partial y} = X - \frac{1}{\gamma}\frac{\partial F}{\partial x} + \frac{\eta}{\gamma}\nabla^2 v_x$$

$$\frac{\partial v_y}{\partial t} + v_y \frac{\partial v_y}{\partial x} + v_y \frac{\partial v_y}{\partial y} = Y - \frac{1}{\gamma}\frac{\partial F}{\partial y} + \frac{\eta}{\gamma}\nabla^2 v_x \qquad (59)$$

$$\frac{\partial v_x}{\partial x} + \frac{\partial v_x}{\partial y} = 0 .$$

Es bedeuten X, Y die Projektionen der Massenkräfte auf die Koordinatenachsen, F der allseitige, örtliche Druck, Δ^2 der Laplace-Operator $\partial^2/\partial x^2 + \partial^2/\partial y^2$, v_x bzw. v_y die Komponenten der Punktgeschwindigkeiten, η die Zähigkeit und γ die Dichte (Abb. 43). Die gestellte Auf-

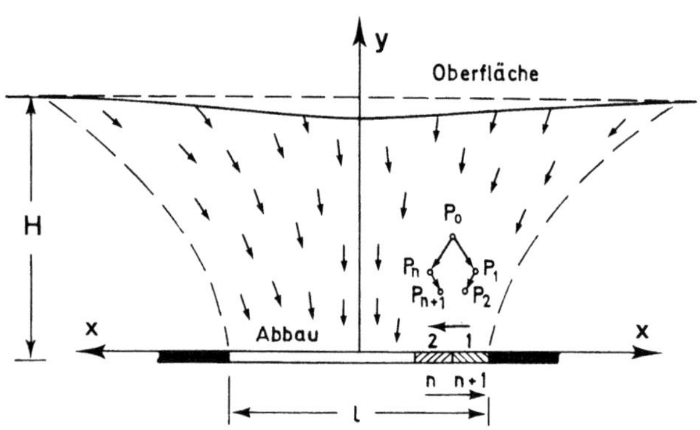

Abb. 43. Das zäh-plastische Fließen eines unterbauten Gebirgskörpers. Der Bewegungsendstand P_2 oder $P_n + 1$ des Gebirgspunktes P_o nach Verhieb des Abbaustreifens 1 hängt von der Abbaurichtung 1 - 2 bzw. n - n+1 ab

gabe ist mit diesen Grundgleichungen bisher nur für die Endwerte der Oberflächenverformung einer eigengewichtsbelasteten, mit einem schmalen Schlitz als Abbauhohlraum versehenen Halbebene näherungsweise gelöst worden (siehe Abschnitt 8.43).

Wegen des wirklichkeitsnahen, den Einfluß der Zeit, der Abbaugeschwindigkeit und der Abbaurichtung erfassenden Verformungsablaufes hat die Theorie viskoelastisch bis plastischer Medien für die Gebirgsbewegungskunde in Zukunft große Anwendungsaussichten, sobald geeignete

Formeln vorliegen.

3.34 Das Gebirge als stochastisches Medium

Ein mehrfach durchbautes Gebirge kann, wenn es von zahlreichen Rissen durchzogen ist, im extremen Fall als eine Anhäufung mehr oder weniger loser Gesteinsblöcke angesehen werden. Die Gesteinsblöcke innerhalb einer solchen in Bewegung geratenen Makro-Trümmerstätte haben so viele Freiheitsgrade, daß es naheliegend ist, zur Berechnung der Bewegung dieser losen Gebirgselemente statistische Methoden anzuwenden. Denn die Gesetzmäßigkeiten, denen die kohäsionslosen Gebirgsteilchen bei ihrer Bewegung unterliegen, werden nur in geringem Maße von den Eigenschaften dieser Teile abhängen; es werden vielmehr stochastische, d.h. zufallsbedingte Bewegungsvorgänge vorherrschen.

Der B e w e g u n g s a b l a u f in einem stochastischen Medium sei an einer rhombischen Kugelpackung nach Abb. 44 erläutert. Wird

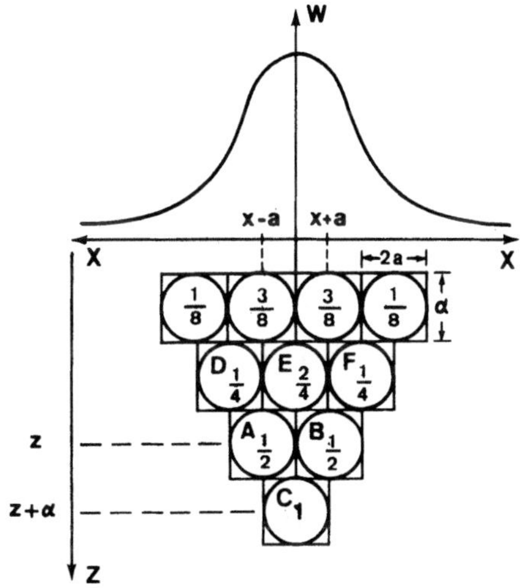

Abb. 44. Der Bewegungsablauf in einem stochastischen Medium aus Kugeln und die Wahrscheinlichkeit w des Ortswechsels

die Kugel im Feld C entfernt, dann kann der leere Raum nur durch eine benachbarte, höhere Kugel aus den Feldern A oder B wieder besetzt werden. Die Wahrscheinlichkeit dafür, daß entweder die Kugel A mit ihren Mittelpunktskoordinaten (x - a, z) oder die Kugel B (x + a, z) das leere Feld C (x, z + α) einnimmt, entspricht den Koordinaten

$$\frac{1}{2}\,P(x-a,z)+\frac{1}{2}\,P(x+a,z)=P(x,z+\alpha). \qquad (60)$$

Subtrahiert man die Größe P (x, z) auf beiden Seiten und erweitert mit a^2 bzw. α, so erhält man eine Differenzengleichung in der Form

$$\frac{a^2}{2\alpha}\left[\frac{P(x-a,z)-2\,P(x,z)+P(x+a,z)}{a^2}\right]=\frac{P(x,z+\alpha)-P(x,z)}{\alpha}. \qquad (61)$$

Hieraus entsteht nach dem Grenzübergang $a \to 0$ und $\alpha \to 0$, wobei $a^2/\alpha \to 1$ wird, eine parabolische Differentialgleichung

$$\frac{1}{2}\,\frac{\partial^2 P(x,z)}{\partial x^2}=\frac{\partial P(x,z)}{\partial z}, \qquad (62)$$

die einen stochastischen Vorgang wie den der Diffusion beschreibt (J. Litwiniszyn 1957).

Der Kugelwechsel wiederholt sich in den höheren Horizonten: Beispielsweise verursacht der Kugelwechsel von A nach C eine Kugelwanderung von D oder E nach A, desgleichen von E oder F nach B, wenn dieses Feld statt des Feldes A freigeworden wäre. Die Wahrscheinlichkeit eines Ortswechsels ist also im 3. Horizont 1/4, 2/4 und 1/4. Die Zufallsverteilung für die Ortswechsel in den Feldern, ausgelöst durch die Wegnahme einer Kugel im unteren Horizont (= Abbauelement), zeigt die Abb. 43. In sehr hohen Horizonten nähern sich die graphisch aufgetragenen Wahrscheinlichkeitswerte, d.h. die Häufigkeit des Kugelwechsels oder die infinitesimale Senkung w, der Gauß'schen Glockenkurve.

Auf eine Glockenkurve für die Elementarmulde über einem Abbauelement kommt man ebenfalls, wenn man annimmt, daß der infinitesimale Senkungseinfluß eines Abbauelementes je zur Hälfte auf zwei darüberliegende Gebirgselemente (1/2, 1/2), von dort in gleicher Weise auf die höheren Gebirgselemente (1/4, 2/4. 1/4 usw.) übertragen wird (Erhardt u. Sauer 1961).

Die Gl. (62) gilt in der Schreibweise

$$B(z)\,\frac{\partial^2 w}{\partial x^2}=\frac{\partial w}{\partial z} \qquad (63)$$

auch für den Zusammenhang zwischen den infinitesimalen Größen der lotrechten Senkungsänderung $\partial w/\partial z$ (Streckung, Stauchung) und der waagerechten Krümmung $w'' = \partial^2 w/\partial x^2$ im ebenen Fall. Beide Größen sind somit einander proportional dem Faktor B(z). Sogar die als Gasdiffusion oder Wärmeverteilung gedeutete Ausbreitung der Gebirgsbewegung vom Abbau bis zur Tagesfläche beruht auf der Gl. (63) (Buchheim 1969; Avershin 1969). Die stochastische Grundgleichung für die von einem Abbauelement verursachte infinitesimale Senkung w eines Raumpunktes (x,y,z) lautet somit bei flacher Lagerung im kartesischen System

$$\frac{\partial w}{\partial z} = B(z)\left(\frac{\partial^2 w}{\partial x^2} + \frac{\partial^2 w}{\partial y^2}\right) \tag{64}$$

oder wegen der Rotationssymmetrie der Deformation in Zylinderkoordinaten (r,z,δ)

$$\frac{\partial w}{\partial z} = \frac{B(z)}{r}\frac{\partial}{\partial r}\left(r\frac{\partial w}{\partial r}\right). \tag{65}$$

B(z) ist eine von z abhängige Kenngröße in der Dimension Meter für die Verformungseigenschaft der im Niveau z anstehenden Gebirgsschicht. Sie wird aus Gl. (63) oder (64) ermittelt, indem man die an einem Ort dieser horizontalen Gebirgsschicht gemessene Streckung oder Stauchung durch die Summe der Krümmungen in der x- und y-Achse dividiert.

Für einen bestimmten Horizont z = h heißt die Lösung der Gl. (65) (Elementarmulde)

$$w(r) = \frac{aM}{4\pi\,\varphi(h)}\exp\left(-\frac{r^2}{4\,\varphi(h)}\right), \tag{66}$$

worin a der Absenkungsfaktor, M die Abbaumächtigkeit und

$$\varphi(h) = \int_0^h B(z)\,dz \tag{67}$$

ist (Bräuner 1961). Die infinitesimale Senkung w über einem Abbauelement nimmt nach Gl. (66) also mit der Höhe h und der radialen Entfernung r ab (Abb. 45). Eine analytische Lösung für die endliche Senkung

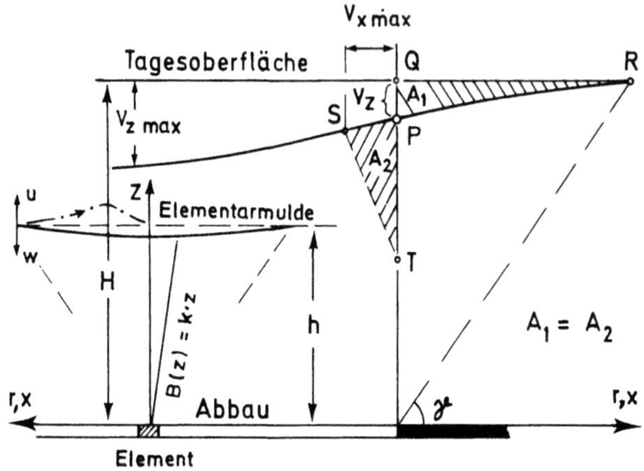

Abb. 45. Die Ableitung der Strukturfunktion B(z) mit Hilfe des Proportionalitätsfaktors k oder aus der Volumenkonstanz der Fläche A_1 und A_2, außerdem Abbauelement mit zugehöriger Elementarmulde und -verschiebungskurve

v_z eines Bodenpunktes (z = H) über einer unregelmäßigen Abbaufläche wird im Abschnitt 8.41 behandelt.

Beobachtungsergebnisse für die Kenngrößen B, aus denen das Integral φ(h) in Quadratmeter für alle Schichten zwischen dem Abbauhorizont z = 0 und dem Berechnungshorizont z = h gebildet werden könnte, liegen noch nicht vor. Im homogenen Gestein wird die Verformungsgröße B*) annähernd linear mit z bis auf den Oberflächenwert B(H) anwachsen: $B(z) = k \cdot z = z/H \cdot B(H)$ (Avershin 1958). Theoretisch läßt sich die Gebirgsstrukturgröße B(H) aus der Inkompressibilitätsbedingung für den Gebirgsteil QRT über dem Abbauvorfeld ableiten (Abb. 45). Dieser Gebirgsblock verändert sein Volumen während der Abbaueinwirkung nicht, wenn die Summe aller Senkungen längs der Strecke PR gleich der Summe aller Verschiebungen längs der Teufe PT, also $A_1 = A_2$ ist. Entlang der Linie PT soll das Verschiebungsmaximum oberhalb der Abbaukante von $v_{x\ max}$ an der Tagesoberfläche linear bis auf Null in dem vorerst noch unbekannten Teufenpunkt T abnehmen. Er wird beim Vollflächenabbau ungefähr in der halben Abbauteufe (0,56 H)

*) Für B = 0 im Abbauhorizont wird eine unter dem vollen Überlagerungsdruck stehende (Streckung = 0) sowie gleichmäßig abgesenkte Dachschicht (Krümmung = 0) unterstellt. In Gl. (66) ist die Exponentialfunktion e^x in der drucktechnisch einfacheren Schreibweise exp (x) angegeben.

liegen, wenn man in die Flächenformeln für A_1 und A_2 die Werte $v_{x\,max} = 0{,}4$ aM, $v_z = 0{,}5$ aM und $\overline{QR} = H \cdot \cot 61{,}5$ gon einsetzt. Aus der Volumenkonstanz ergibt sich für B(z) kein linearer Anstieg, sondern eine Potenzfunktion von z (Budryk 1953) mit den Maximalwerten

$$B(H) = \frac{H}{\sqrt{2\pi}\,\tan\gamma} \quad \text{und} \quad \varphi(H) = \frac{H^2}{4\pi\,\tan^2\gamma} \tag{68}$$

an der Tagesoberfläche z = H.

Die w a a g e r e c h t e Gebirgspunktverschiebung wird in der stochastischen Theorie mittelbar aus der K o n t i n u i t ä t s - g l e i c h u n g abgeleitet, die besagt, daß sich das Volumen $V = dx \cdot dy \cdot dz$ eines prismatischen Gebirgsteilchens bei einer Deformation um dV ändert (Abb. 46), wenn das Prisma in lotrechter Rich-

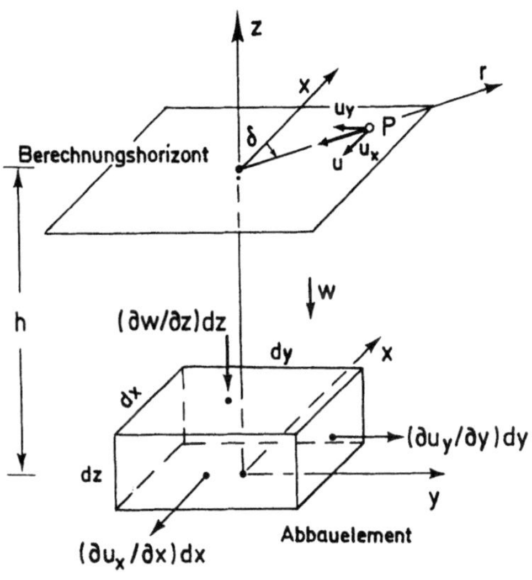

Abb. 46. Zur Herleitung der Kontinuitätsgleichung am Abbauelement und infinitesimale Verschiebung eines Gebirgspunktes P im Berechnungshorizont z = h

tung um $(\partial w/\partial z)\,dz$ gestreckt oder gestaucht und in horizontaler Richtung um $(\partial u_x/\partial x)\,dx$ bzw. $(\partial u_y/\partial y)\,dy$ gepreßt oder gezerrt wird. Nimmt beispielsweise die Senkung w im Streckungsbereich des Gebirgsteilchens um $\partial w/\partial z$ je Längeneinheit (mm/m) nach unten hin zu, so vergrößert sich die Höhe dz des Prismas um $(\partial w/\partial z)\,dz$ (mm). Das Volumen ändert sich folglich um $dx \cdot dy \cdot (\partial w/\partial z)\,dz$ (Grundfläche · Höhenänderung) oder, da $dx \cdot dy \cdot dz = V$ ist, um $V \cdot (\partial w/\partial z)$. Hieraus ergibt sich bei einer Längenänderung aller drei Prismenachsen die Kontinuitätsgleichung

$$V\frac{\partial u_x}{\partial x} + V\frac{\partial u_y}{\partial y} + V\frac{\partial w}{\partial z} = dV. \tag{69}$$

Im Falle eines inkompressiblen Gebirges ($dV = 0$), für den die Gl. (69) nach Kürzung mit V in

$$\frac{\partial u_x}{\partial x} + \frac{\partial u_y}{\partial y} + \frac{\partial w}{\partial z} = 0 \tag{70}$$

übergeht, zieht die lotrechte Streckung oder Stauchung zwangsläufig eine horizontale Verkürzung bzw. Ausdehnung des Gebirgsteilchens nach sich, d.h. aus dem Senkungsunterschied folgt ein Verschiebungsunterschied und umgekehrt.

In Zylinderkoordinaten heißt die Kontinuitätsgleichung

$$\frac{1}{r}\frac{\partial}{\partial r}(ur) + \frac{\partial w}{\partial z} = 0, \tag{71}$$

woraus sich die radiale Verschiebung $u = f(r)$ eines Gebirgspunktes P im Horizont z zum Koordinatenursprung oder Abbauelement hin bestimmen läßt, wenn für $\partial w/\partial z$ die stochastische Grundgleichung (65) eingesetzt und die Integration durchgeführt wird (Bräuner 1961):

$$u(r) = -B(z)\frac{\partial w(r)}{\partial r}. \tag{72}$$

Die infinitesimale Verschiebung u eines Gebirgspunktes über einem Abbauelement ist hiernach der infinitesimalen Schieflage $\partial w/\partial r$ proportional. Der Wert für $\partial w/\partial r$ wird durch Differentiation der Elementarmuldengleichung (66) nach r erhalten, so daß die Elementar-Verschiebungsfunktion für den Horizont $z = h$ lautet:

$$u(r) = \frac{aM\,B(h)}{8\pi\,\varphi^2(h)}\,r\exp\left(-\frac{r^2}{4\,\varphi(h)}\right). \tag{73}$$

Die endliche Verschiebung v_x wird im Abschnitt 8.41 berechnet.

Abschließend kann festgestellt werden, daß die stochastische Theorie zwar interessante Lösungsansätze für die Gebirgsbewegungsberechnung bietet, es aber an Beobachtungsdaten für die Gebirgskennwerte und an deren mechanischer Deutung noch fehlt.

3.35 Das Gebirge aus endlichen Elementen

Der neuen "Methode der finiten Elemente" liegt der Gedanke zugrunde, ein elastisches Kontinuum oder Diskontinuum nicht als Block, sondern als Anhäufung von Elementen zu betrachten, die gedanklich nur in Knotenpunkten miteinander verbunden sind und hier mit ihren Spannungen und Verschiebungen wechselseitig wirken, so daß von den einzelnen Elementen auf den Zustand des Gesamtverbandes geschlossen werden kann (Argyris 1957, Zienkiewicz u. Cheung 1968). Auf diese Weise können auch unregelmäßige und inhomogene Körper einfach berechnet werden. Beispielsweise läßt sich die geschichtete Gebirgsstruktur durch einen fachwerk- oder netzartigen Verband ebener Dreiecke oder räumlicher Tetraeder darstellen (Abb. 47). Als Knotenpunkte bezeichnet man die

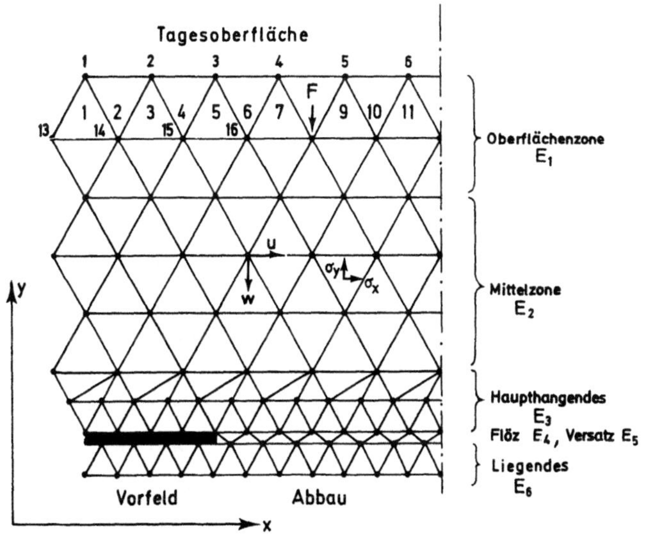

Abb. 47. Ein in dreieckige Elemente zerlegter Gebirgsschichtenquerschnitt. Gesucht sind die Bewegungen u und w der Knotenpunkte. Jede Gebirgszone oder -schicht wird mit einem E-Modul bewertet

Schnittpunkte der Zerlegungslinien. Die Endlichkeit eines solchen Verbandes erlaubt es, das Spannungs-Verformungs-Verhältnis in einem unterbauten Gebirgskörper mittels linearer Gleichungen nach der Matrizentheorie zu berechnen, sofern programmgesteuerte Rechenanlagen großer Kapazität zur Verfügung stehen (John u. Malina 1967).

Auf die Gebirgskinetik angewandt, eröffnet das Elementarverfahren folgende zwei Berechnungswege (Kratzsch 1970):

a) Im zweidimensionalen Strukturmodell*) eines Gebirgsschichtenverbandes (Abb. 47) werden die lotrechten und waagerechten Bewegungskomponenten w_i, u_i der Knotenpunkte sowohl in der Dachschicht als auch im Liegenden des Abbaus und des anstehenden Flözes vorgegeben. Gesucht sind als Zwischenergebnis zunächst die bei der erzwungenen Bewegung δ (u, w) entstehenden Knotenpunktkräfte f_i, die zu einem Spaltenvektor {f} zusammengefaßt werden. Man spricht in diesem Falle bei einer vorgegebenen Absenkung eines Elementenhorizontes von einem B e w e g u n g s m o d e l l, für das die System-Steifheitsmatrix [S], ein nach Zeilen und Spalten geordnetes Zahlenschema, bekannt sein muß:

$$\{f\} = [S]\ \{\delta\}. \tag{74}$$

Mit den errechneten Knotenpunktkräften lassen sich dann die Bewegungen der übrigen Knotenpunkte

$$\{\delta\} = [S]^{-1}\ \{f\} \tag{75}$$

aus der inversen Steifheitsmatrix bestimmen.

b) Das gegebene Eigengewicht der einzelnen Elemente, das als lotrechte, äußere Kraft F z.B. im Knotenpunkt der oben oder unten gelegenen Spitze des Elementes angreift, addiert sich im Modell zu einem Überlagerungsdruck. Über dem Abbauschlitz kommt es wegen dieser Eigengewichtslast zu einer Bewegung und Verformung der Elemente, deren Beträge gesucht sind. Im Abbauhorizont wirkt der Knotenpunktsenkung die mit zunehmender Durchbiegung der Dachschicht größer werdende Versatzreaktion entgegen. Für dieses sogenannte L a s t m o d e l l wird eine System-Federungsmatrix [H] (von Hooke) aufgestellt, mit der dann aus den Knotenpunktkräften {f} die gesuchte Bewegung {δ} aller Knotenpunkte abgeleitet werden kann:

$$\{\delta\} = [H]\ \{f\}. \tag{76}$$

*) Die dreidimensionale Lösung scheitert bei großen Objekten noch an den heutigen Computerkapazitäten.

[H] ist folglich die Kehrmatrix von [S]. Beide Matrizen drücken das Bewegungs-Kraft-Verhältnis aus.

Die Wirklichkeitstreue eines Modells und der gewählten Elastizitätswerte kann beim Bewegungsmodell an dem über Tage beobachteten Senkungstrog und beim Lastmodell zusätzlich noch an der annähernd bekannten Dachschichtbiegelinie durch Vergleich mit den berechneten Senkungen der obersten bzw. der untersten Elementenreihen geprüft werden. Die inelastische Versatzreaktion braucht beim Bewegungsmodell nicht nachgebildet zu werden.

Die Berechnung geht im wesentlichen in vier Abschnitten vor sich:

a) Idealisierung des ebenen Gebirgsschichtenverbandes in einem zum Abbau zentralen Längs- und Querschnitt durch ein System von Dreieckselementen. Da die Spannungen und Dehnungen innerhalb des Elementes näherungsweise als konstant betrachtet werden, muß das Elementennetz im Bereich hoher Dehnungsgradienten, also im Haupthangenden, hinreichend feinmaschig sein.

b) Bewertung der kinetischen Eigenschaft der Elemente durch eine Steifheitsmatrix. Im Computer-Programm werden die Matrizen für die Steifheiten und die Lasten der Elemente aus der numerischen Beschreibung der Struktur (Koordinaten, Elastizitätswerte, Dichte) gebildet; durch Zusammenfügen der elementaren Steifheitsmatrizen entsteht die Steifheitsmatrix des Gesamtsystems.

c) Iterative Berechnung der Knotenpunktbewegung (Gebirgspunktbewegung) mit Hilfe der einzeln aufgeführten Lasten durch Inversion der System-Steifheitsmatrix nach Formel (75) sowie abschließend Interpolation der seitlich von den Schnittebenen gelegenen Punkte. Dabei müssen drei Bedingungen gleichzeitig erfüllt werden:

Gleichgewicht der inneren und äußeren Knotenkräfte,

Verträglichkeit der Verformungen der Elemente an den Elementgrenzen und

Wahrung der Abhängigkeit der inneren Kräfte und Verformungen in jedem Element von seiner Geometrie und Materialeigenschaft.

d) Außerdem lassen sich für gebirgsmechanische Untersuchungen aus den erhaltenen Knotenpunktbewegungen δ die Spannungskomponenten σ jedes Elementes mit einer Spannungs-Transformationsmatrix [M] berechnen:

$$\{\sigma\} = [M]\,\{\delta\}. \qquad (77)$$

Gl. (77) gibt u.a. die Gebirgsdruckverteilung im Abbauhorizont an.

Die mathematischen Grundlagen des Verfahrens seien an dem einfachen Beispiel eines Fachwerkmodelles, dessen Stäbe die Elemente sind, erklärt*). Die Endpunkte 1 und 2 (Knotenpunkte) eines einzelnen Fachwerkstabes sollen infolge zunächst unbekannter, äußerer Kräfte F in die Lage 1' bzw. 2' verschoben werden (Bewegungsmodell, Abb. 48). Die endlichen Bewegungskomponenten pa-

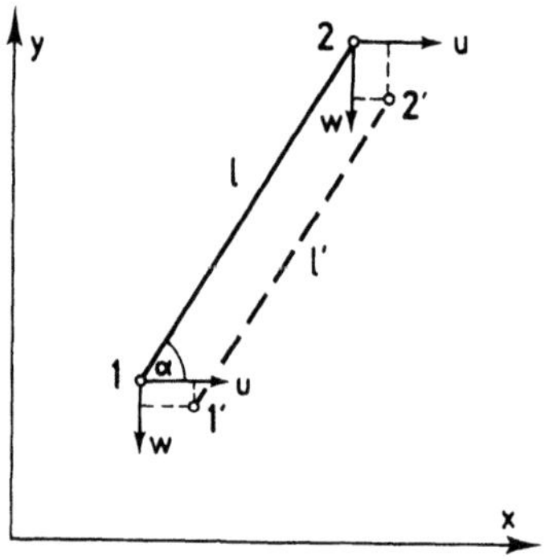

Abb. 48. Das Stabelement mit den Knotenpunkten 1 und 2, die durch äußere Kräfte nach 1' und 2' verschoben werden

rallel zum x-y-Koordinatennetz betragen hierbei allgemein u_1 und w_1 für den Punkt 1 sowie u_2 und w_2 für den Punkt 2 oder, als Spaltenvektor mit geschwungener Klammer geschrieben,

$$\begin{Bmatrix} u_1 \\ w_1 \\ u_2 \\ w_2 \end{Bmatrix} = \begin{Bmatrix} \delta_1 \\ \\ \delta_2 \end{Bmatrix} = \{\delta\}. \tag{78}$$

Aus den erzwungenen Bewegungen der Stabendpunkte folgt eine Dehnung ε (Streckung, Stauchung) des Stabes um

$$\varepsilon = (u_2 - u_1)\cos\alpha + (w_2 - w_1)\sin\alpha, \tag{79}$$

*) Ein Gebirgsschichtenschnitt läßt sich durch ein dreieckiges Fachwerk nur für ein Material mit einer Querdehnungszahl 0,33 ersetzen. Für andere Querdehnungszahlen sind, wenn die Dehnungen im Fachwerk in waagerechter und lotrechter Richtung gleichartig sein sollen, komplizierte Strukturen und unterschiedliche Stabdicken notwendig (W. Müller 1973).

was sich als Produkt eines Zeilenvektors mit einem Spaltenvektor

$$\varepsilon = \{-\cos\alpha \;-\; \sin\alpha \;+\cos\alpha \;+\sin\alpha\} \begin{Bmatrix} u_1 \\ w_1 \\ u_2 \\ w_2 \end{Bmatrix} \qquad (80)$$

schreiben läßt. Die Stabneigung α wird aus den gegebenen Punktkoordinaten berechnet: $\tan\alpha = (y_2 - y_1) : (x_2 - x_1)$. Man beachte, daß der Zeilenvektor in Gl. (80) das nur von der Stabneigung - der Lagestruktur - abhängige Bewegungs-Dehnungs-Verhältnis des Elementes wiedergibt; er entspricht im Gesamtmodell der S t r u k t u r m a t r i x [D]

$$\{\varepsilon\} = [D]\,\{\delta\}. \qquad (81)$$

Die bei der erzwungenen Bewegung der Stabendpunkte im gedehnten Stabelement (Länge l, Querschnitt q) entstandene innere Axialkraft (Zug- oder Druckkraft) ist der Steifigkeit $E \cdot q : l$ des Elementes und der Längenänderung ε proportional sowie mit der Resultierenden F der außen am Knotenpunkt angreifenden Kräfte identisch (Aktion = Reaktion):

$$F = \varepsilon \frac{E\,q}{l}. \qquad (82)$$

Um den Einfluß dieser nun größen- und richtungsmäßig bekannten Kraftresultierenden auf die in den Punkten 1 und 2 zusammenstoßenden Nachbarstäbe bestimmen zu können, wird die Kraft F in jedem Knotenpunkt in ihre Komponenten parallel zur x- und y-Achse zerlegt (Abb. 48):

$$\{f\} = \begin{Bmatrix} f_1 \\ f_2 \end{Bmatrix} = \begin{Bmatrix} U_1 \\ W_1 \\ U_2 \\ W_2 \end{Bmatrix} = \frac{E\,q}{l} \begin{Bmatrix} -\cos\alpha \\ -\sin\alpha \\ +\cos\alpha \\ +\sin\alpha \end{Bmatrix} \varepsilon. \qquad (83)$$

Der trigonometrische Faktor stellt den in eine Spalte transponierten Strukturvektor $\{D\}^T$ aus Gl. (80) dar. Wird in die Gl. (83) für die erzwungene Stablängenänderung ε die rechte Seite der Gl. (80) eingesetzt, so erhält man das allgemeingültige Kraft-Bewegungs-Verhältnis

$$\{f\} = \frac{E\,q}{l} \begin{Bmatrix} -\cos\alpha \\ -\sin\alpha \\ +\cos\alpha \\ +\sin\alpha \end{Bmatrix} \{-\cos\alpha - \sin\alpha + \cos\alpha + \sin\alpha\} \{\delta\} \tag{84}$$

$$= \frac{E\,q}{l} \quad \{D\}^T \{D\} \{\delta\}$$

für das Stabelement. Durch Ausmultiplizieren der Strukturvektoren

$$\frac{E\,q}{l} \{D\}^T \cdot \{D\} = [S] \tag{85}$$

nach der Regel "Zeile mal Spalte" kann die Gl. (84) mit der so gefundenen Steifheitsmatrix [S] auf die einfachere Form der Gl. (74) gebracht werden, was bewiesen werden sollte.

Diese Betrachtungen am Stabelement gelten grundsätzlich auch für ein flächenhaftes Element eines Kontinuums mit mehr als zwei Knotenpunkten. Man bestimmt zuerst die Strukturmatrix [D] aus der Bewegungs-Dehnungs-Beziehung (Gl. (81)), um dann aus dem Produkt $[D]^T$ [D] (Gl. (85)) die Steifheitsmatrix [S] und ihre Inversion $[S]^{-1}$ für das gesuchte Kraft-Bewegungs-Verhältnis (Gl. (75)) aufstellen zu können. Die Struktur und die Steifheit eines Flächenelementes äußern sich in der Größe der Kraftkomponenten, die an allen Knotenpunkten angebracht werden müssen, wenn nacheinander jeder Knotenpunkt jeweils in der x- oder y-Richtung um einen gleichen Betrag (Einheitslänge 1) verschoben wird und die übrigen Knoten in ihrer Lage festgehalten werden.

Aus dem geforderten einheitlichen Verformungszustand der gesamten Elementenfläche folgt für die Ableitung der Strukturmatrix [D], daß sich die Bewegungen der Knotenpunkte 1, 2, 3 eines dreieckigen Elementes, wie es bei den Gebirgsmodellen benutzt wird, sowohl mit der Bewegung eines beliebigen Punktes P (x, y) innerhalb der Elementenfläche als auch mit der Dehnung des Elementes durch gleiche Parameter α_i verknüpfen lassen (Abb. 49). Für die Elementenpunkte und Knotenpunkte wird deshalb ein Bewegungsfeld aus Polynomen vorgeschrieben, damit die nur an den drei Knoten verbundenen Elemente während der Verformung an den Seitenlinien weder klaffen noch sich überlappen können. Die fiktiven Grenzlinien sind dadurch auch nach der Verfor-

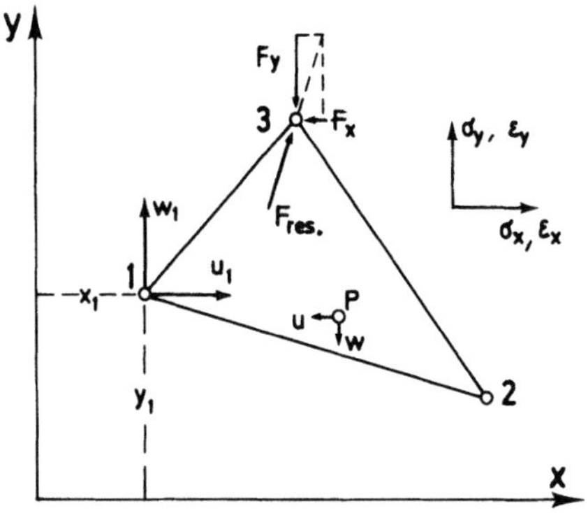

Abb. 49. Das dreieckige Flächenelement. Am Knotenpunkt 3 greifen äußere und innere Kräfte an

mung noch gerade (Kompatibilitätsbedingung). Werden die Knotenpunkte, deren Koordinaten mit den Bewegungen δ (u, w) in Form von linearen Polynomen

$$\begin{aligned} u_1 &= \alpha_1 + \alpha_2 x_1 + \alpha_3 y_1 \\ w_1 &= \alpha_4 + \alpha_5 x_1 + \alpha_6 y_1 \end{aligned} \quad \text{für Knotenpunkt 1} \tag{86}$$

....

$$\{\delta\} = \begin{Bmatrix} u_1 \\ u_2 \\ u_3 \\ w_1 \\ w_2 \\ w_3 \end{Bmatrix} = \begin{bmatrix} 1 & x_1 & y_1 & 0 & 0 & 0 \\ 1 & x_2 & y_2 & 0 & 0 & 0 \\ 1 & x_3 & y_3 & 0 & 0 & 0 \\ 0 & 0 & 0 & 1 & x_1 & y_1 \\ 0 & 0 & 0 & 1 & x_2 & y_2 \\ 0 & 0 & 0 & 1 & x_3 & y_3 \end{bmatrix} \begin{Bmatrix} \alpha_1 \\ \alpha_2 \\ \alpha_3 \\ \alpha_4 \\ \alpha_5 \\ \alpha_6 \end{Bmatrix} = [K]\,\{\alpha\} \tag{87}$$

zusammenhängen, durch noch unbekannte Kräfte verschoben, so ändert ein Punkt P innerhalb des Elementes seine Lage ebenfalls gemäß Gl. (86) um

$$\begin{aligned} u &= \alpha_1 + \alpha_2 x + \alpha_3 y \\ w &= \alpha_4 + \alpha_5 x + \alpha_6 y \end{aligned} \tag{88}$$

und es entsteht in jedem Punkt des Elementes eine Dehnung

$$\{\varepsilon\} = \begin{Bmatrix} \varepsilon_x \\ \varepsilon_y \\ \gamma_{xy} \end{Bmatrix} = \begin{Bmatrix} \dfrac{\partial u}{\partial x} \\ \dfrac{\partial w}{\partial y} \\ \dfrac{\partial u}{\partial y} + \dfrac{\partial w}{\partial x} \end{Bmatrix} . \tag{89}$$

Die Parameter α_i in Gl. (88) können nun durch die erzwungenen Knotenpunktbewegungen $\delta(u,w)$ ersetzt werden, indem die nach u und w in zwei Gruppen getrennten Gl. (86) nach α_i aufgelöst werden:

$$\begin{aligned} u &= \frac{1}{2A}\left[(a_1+b_1x+c_1y)u_1+(a_2+b_2x+c_2y)u_2+(a_3+b_3x+c_3y)u_3\right] \\ w &= \frac{1}{2A}\left[(a_1+b_1x+c_1y)w_1+(a_2+b_2x+c_2y)w_2+(a_3+b_3x+c_3y)w_3\right]. \end{aligned} \tag{90}$$

Hierin bedeuten A die aus den Knotenpunkt-Koordinaten errechenbare Flächengröße des Elements sowie $a_1 = x_2y_3 - x_3y_2$, $b_1 = y_2 - y_3$, $c_1 = x_3 - x_2$ usw. in zyklischer Vertauschung der Indizes. Mit dieser Gl. (90) erhält die rechte Seite der Gl. (89) nach der Differentiation schließlich die Form

$$\{\varepsilon\} = \frac{1}{2A}\begin{bmatrix} b_1 & 0 & b_2 & 0 & b_3 & 0 \\ 0 & c_1 & 0 & c_2 & 0 & c_3 \\ c_1 & b_1 & c_2 & b_2 & c_3 & b_3 \end{bmatrix} \{\delta\}_6 = [D]\,\{\delta\}_6 , \tag{91}$$

die die für die Lösung der Gl. (85) und (75) gesuchte Strukturmatrix [D] explizit ausweist. Die Strukturmatrix läßt sich auch aus der inversen Koordinatenmatrix der Gl. (87) nach

$$\begin{bmatrix} 010000 \\ 000001 \\ 001010 \end{bmatrix} \cdot [K]^{-1}$$

bestimmen (John u. Malina 1967).

Aus der allgemeinen Spannungs-Dehnungs-Beziehung eines isotropen Materials - ohne Gleitwinkel γ_{xy} (Schubverformung) geschrieben -

$$\varepsilon_x = \frac{\sigma_x}{E} - \mu\frac{\sigma_y}{E} \quad \text{und} \quad \varepsilon_y = -\mu\frac{\sigma_x}{E} + \frac{\sigma_y}{E} \tag{92}$$

kann außerdem der ebene Spannungszustand im Element

$$\{\sigma\} = \begin{Bmatrix} \sigma_x \\ \sigma_y \end{Bmatrix} = \frac{E}{1-\mu^2} \begin{bmatrix} 1 & \mu \\ \mu & 1 \end{bmatrix} \{\varepsilon\} = [C]\{\varepsilon\} \tag{93}$$

mit der Elastizitätsmatrix [C] berechnet werden. Den Zusammenhang zwischen Spannung und Knotenpunktbewegung nach Gl. (77) liefert die Transformationsmatrix [M] = [C] [D], die sich aus den Gl. (93) und (91) ergibt.

Der für das Element noch gesuchte, auf die Gl. (74) führende Lösungsweg für die Wechselwirkung der Kräfte und Bewegungen (Steifheitsmatrix) kann wie beim Stab aus den inneren Reaktionskräften der Gestaltsänderung gefunden werden, die mit den äußeren Knotenpunktkräften (Gewichtslast, Biegespannungen) im Gleichgewicht stehen und einen Arbeitsvorrat darstellen, der innerhalb des Elastizitätsbereiches bei der Rückverformung wiedergewonnen werden kann. Die in der x-Achse wirkenden Knotenpunktkräfte mögen von Null bis auf den Wert F, die zugehörigen Längenänderungen von Null bis auf den Wert $\Delta l = \delta$ wachsen. Die Gleichung der Formänderungsarbeit lautet dann

$$W = \int_0^\delta F_x \, dx \, . \tag{94}$$

Da im elastischen Bereich Kraft und Weg einander proportional sind, ist die äußere Formänderungsarbeit mit $F_x = F \cdot x/\delta$ für die örtliche Kraft*) an der Stelle x

$$W_a = \frac{F}{\delta} \int_0^\delta x \; dx = \frac{1}{2} F\delta \, . \tag{95}$$

Führt man die auf die Einheitslänge 1 bezogenen Größen $F/1 \cdot 1 = \sigma$ und $\delta \cdot \delta/1 = \varepsilon$ in die Gl. (95) ein, so kann für die bezogene Formänderungsarbeit an der betrachteten Stelle des Elementes

$$W_{rel} = \frac{1}{2} \sigma \varepsilon \tag{96}$$

*) Vgl. Satz von Castigliano: $\partial W/\partial \delta = F$. Bei einem zweidimensionalen Spannungsfeld müssen die Gl. (95) u. (97) über die gesamte Elementenfläche integriert werden (siehe Kratzsch 1974 oder Tafel 16).

und für die gesamte innere Formänderungsarbeit des Elementes bei einer einachsigen Zug- oder Druckbeanspruchung in der x-Achse je Flächeneinheit

$$W_i = \frac{1}{2} \int \sigma\varepsilon \; dA = \frac{1}{2} A \, \sigma\varepsilon \qquad (97)$$

geschrieben werden. Aus Gl. (95) und Gl. (97) wird dann durch Gleichsetzen der äußeren und inneren Arbeiten die Gleichung

$$F\delta = A \; \varepsilon \; \sigma \qquad (98)$$

gebildet und hierauf das Prinzip der virtuellen Verschiebungen*) angewandt, um durch eine scheinbare Bewegung $\bar{\delta}$ jeweils eines Knotenpunktes bei gleichzeitiger Dehnung $\bar{\varepsilon}$ des Elementes in der x- oder y-Achse um den Betrag 1

$$F \left\{\bar{\delta}\right\} = A \left\{\bar{\varepsilon}\right\}^T \{\sigma\} \qquad (99)$$

die Kraft-Bewegungs-Beziehung unter Hinzuziehung der Gl. (91) und (93)

$$F \left\{\bar{\delta}\right\} = A \left\{\bar{\delta}\right\}^T \left[D\right]^T \cdot \left[C\right] \left[D\right] \left\{\delta\right\} \qquad (100)$$

aufstellen zu können. Aus Gl. (100), die mit Gl. (84) (Stab) übereinstimmt, ergibt sich die Steifheitsmatrix $[S]_{6 \cdot 6}$ für das Dreieckselement, wenn für $\{\bar{\delta}\}$ und $\{\delta\}$ die Einheitsmatrix [E] eingesetzt wird: $[S] = A[D]^T \, [C] \, [D]$.

Aus den Steifheitsmatrizen der Elemente wird die System-Steifheitsmatrix des Modells additiv aufgebaut, deren Zahlenelemente jene inneren Knotenpunktkräfte darstellen, die bei einer Einheitsbewegung u oder v des Knotens um den Betrag Eins entstehen. Damit die Resultierende der inneren Kräfte an jedem einzelnen Knoten mit den beiden äußeren Kraftkomponenten - der Auflast und den Biegekräften - im Gleichgewicht steht (Abb. 49), brauchen die Einheitskräfte der System-Steifheitsmatrix nur mit einem Faktor - den unbekannten Knotenbewegungskomponenten - multipliziert zu werden. Die Lösung dieses Gleichungssystems - je Knoten zwei Gleichungen für die Komponenten - ergibt die gesuchten Knotenpunktbewegungen infolge der äußeren Lasten nach Gl. (75) oder (76).

Für die Berechnung auf EDV-Anlagen werden alle Knotenpunkte und Elemente des Gebirgsschichtenschnittes fortlaufend numeriert, um die Struktur des Gebirgsschichtenverbandes zu kennzeichnen. Die Daten werden auf Lochkarten in folgender Reihenfolge eingegeben:

a) Steuer- und Kontrollkarten für den Programmablauf;
b) Für jedes Element eine Lochkarte mit den Informationen über die zugehörigen Eckpunkte, den Elastizitätsmodul, die Materialdichte und die Querdehnungszahl;
c) Eine weitere Lochkarte für jedes Element mit den Daten der Koordinaten und der vorgegebenen Punktbelastung oder Punktbewegung;
d) Eine Lochkarte für jeden Knotenpunkt mit zusätzlichen Beschränkungen, beispielsweise im Abbauhorizont in der Bewegungsrichtung oder -größe, und für seitlich gelegene Berechnungspunkte.

Die errechneten Knotenpunktbewegungen werden zusammen mit den Dehnungen und Spannungen der Elemente gedruckt ausgegeben.

Das Elementenverfahren stellt erstmalig einen Zusammenhang sowohl zwischen Senkung, Verschiebung, Spannung und Verformung als auch für den Bewegungsablauf aller Gebirgsschichten vom Abbau bis zur Tagesoberfläche nach plausiblen, mechanischen Gesetzen her. Die Gebirgsschichtung läßt sich beim Aufbau des Elementennetzes berücksichtigen, da für jedes Element andere Materialwerte gewählt werden können, und sogar Gleitlösen oder Störungsflächen lassen sich vorgeben. Verbesserte gebirgsmechanische Kennwerte können, ohne daß eine Änderung der Strukturmatrix notwendig wird, in den Endrechengang eingeführt werden. Als Nachteile des Verfahrens müssen die vorläufig nur ebene Berechnung und die Nichterfassung der rheologischen und plastischen Verformungsanteile genannt werden, obwohl es auch hierfür schon Lösungsansätze gibt.

---

*) Die Summe der Arbeiten aller inneren und äußeren Kräfte eines im Gleichgewicht befindlichen Körpersystems ist bei gedachten, unendliche kleinen Verschiebungen der Angriffspunkte Null.

4. Die Gebirgsbewegung am Schacht

4.1 Die Bergschäden am Schachtausbau

Der Bergbau richtet nicht nur an der Tagesoberfläche, sondern auch im Gebirgsinneren am Grubengebäude einen Schaden an, der in den Strecken und Abbaufeldern zwar überwiegend durch den in der Gebirgsmechanik zu behandelnden Gebirgsdruck, im Schacht aber allein von den im letzten Kapitel erörterten Gebirgsbewegungen verursacht wird. Der Bergschadenkundler befaßt sich deshalb auch mit den abbaukinematischen Schachtschäden, worüber ein umfangreiches Schrifttum entstand, denn für die Aufrechterhaltung des Bergbaubetriebes kommt dem Schutze des Schachtes - dem wichtigsten Förder- und Wetterweg, der die Bausohlen mit den Übertageanlagen verbindet - eine hohe Bedeutung zu. Genügte bis zur Jahrhundertwende noch ein geringer Abstand des oberflächennahen Abbaus vom Schacht, um ihn aus der Gebirgsbewegungszone herauszuhalten, so reichte der mit einem Radius von 50 oder 100 m bemessene, zylindrische S c h a c h t s i c h e r h e i t s p f e i l e r bei größerer Abbauteufe dafür nicht mehr aus (Abb. 50). In den zwanziger

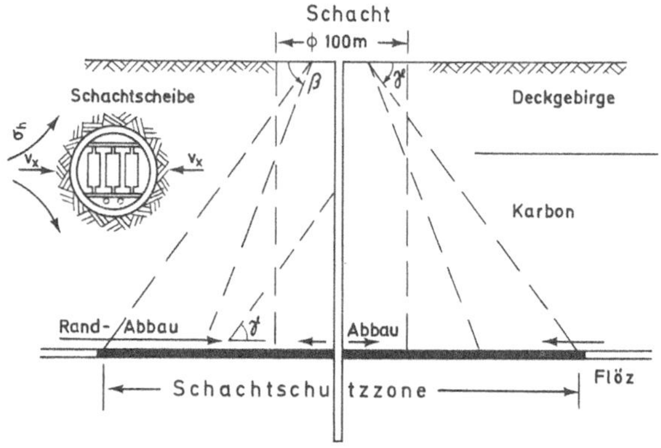

Abb. 50. Querschnitt durch eine zylindrisch oder kegelförmig nach dem Bruchwinkel β oder Grenzwinkel γ bemessene Schachtschutzzone. Links Schachtscheibe mit Einbauten

Jahren ging man deshalb zu einem kegelförmigen, von den Bruch- oder Grenzwinkelschenkeln begrenzten Schutzpfeiler über; die großen Flözflächen im Pfeiler blieben aber selten unverritzt, und der Schacht geriet in den Einwirkungsbereich des schachtnahen Abbaus.

Der vom Gebirge umschlossene Schachtwandzylinder ist bei einem Verhieb der Schutzzone nicht selten auf einer Länge von 1000 m den recht unterschiedlichen Bewegungen der durchteuften Schichten ausgesetzt. Während der untere Teil des Schachtes bei einem Verhieb der inneren Schutzzone von den Liegendschichten zum Abbauhohlraum hin etwas angehoben wird, versucht das niedergehende Hangende den durch Mörtel, Anschlußbeton oder Verzahnung mit dem Gebirge verbundenen oberen Schachtabschnitt nach unten mitzunehmen. Es entsteht hierbei im Abbauhorizont ein oft erheblicher Stauchungsschaden an der Schachtwand und an den Einbauten, dessen Ausbesserung kostspielig ist und nur unter Wahrung des Förderbetriebes durchgeführt werden kann. Weiter aufwärts wird der durchbaute Schacht von den sich bankrecht entspannenden Schichten axial gestreckt. Bei einem Abbau am Rande des Sicherheitspfeilers gelangt der tagesnahe Schachtteil in die Stauchzone des Vorfeldes, wo die höheren Punkte stärker absinken als die tieferen. Ein Aufreißen der Schachtwand ist gerade dort in einem wasserführenden Deckgebirge sehr gefürchtet.

Von der waagerechten Gebirgsbewegungskomponente wird der Schacht im Liegenden und Haupthangenden nach außen, im oberen Hangenden nach innen verschoben, so daß sich die Schachtsäule vom Abbauhorizont bis zur Tagesoberfläche zum Alten Mann hin neigt. Die S c h i e f - s t e l l u n g des Schachtes beginnt vor dem herannahenden Abbau im Vorfeld, sie ist hinter der Abbaukante neben der Linie P_2 - P'_2 (Abb. 23) am größten und verringert sich bis zur Zentrallinie P_1 - P'_1, wo der Schacht wieder lotrecht steht. In einem schiefgestellten Schacht ist ein etwas erhöhter Verschleiß der Fördereinrichtung feststellbar, ein Schachtbruch tritt jedoch bei einer stetigen Gebirgsverschiebung nicht auf, weil selbst eine Gebirgspressung von 2 mm/m eine Annäherung der diametral rd. 6 m entfernten Schachtstöße um nur 12 mm bedeutet. Dieser Pressungsbetrag wird zum größten Teil von dem die Schachtscheibe umgebenden Druckgewölbe des Gebirges und von der porösen Anschlußbettung aufgefangen (Abb. 50).

Das seit den dreißiger Jahren angewandte Verfahren zur Berechnung der Schachtstreckung und -stauchung (Bals 1939) geht von der Annahme aus, daß der im absinkenden Gebirge stehende Schachtabschnitt die Gebirgsschichtensenkung in jeder Teufe ganz mitmacht. Die axiale Schachtverformung wird also der lotrechten Gebirgsverformung gleichgesetzt. Die Vorausbestimmung der Abbaueinwirkung auf Schächte ist somit auf eine Berechnung der Gebirgsschichtensenkung zurückgeführt: Mit Hilfe eines Integrationsnetzes (Abb. 38) aus der Bodenbewegungskunde werden die Senkungen mehrerer Schachtteufenpunkte im Abstand von 50 m berechnet, und aus dem Senkungsunterschied zweier übereinanderliegender Teufenpunkte werden dann die Streckungen oder Stauchungen des betreffenden Schachtabschnittes als axiale Längenänderung in mm/m erhalten (siehe Tafel 6).

Tafel 6. Die Abbaueinwirkung auf den Schacht

Auswirkung, Schaden	Ursache	Übertragungsart	Einflußgrößen	Gesucht
Schachtstauchung, Schachtstreckung	Senkung des Gebirges verschieden groß in den Teufen	Reibungs- und Haftschubspannungen	Gebirgsstauchung; Gebirgsstreckung; Schubkraft (Wandfläche, Wirklänge); Verformungswiderstand (Querschnitt, Längenänd., E-Modul)	Übertragungsverhältnis von Gebirge/Schacht
Schiefstellung	horizontale Gebirgsverschiebung verschieden groß in den Teufen	Formschluß der Schachtscheibe	Exzentrische Schachtlage zum Abbau	Größe der Gebirgsverschiebung
Abscherung	stark gekrümmte Gebirgsschichten	bankparallele Schubspannung	Krümmungsgröße, Scherwiderstand der Schichtflächen	Scherweg
Horizontaldruck	Stauchung einer weichen Schicht	Querausdehnung	Stauchungsdruck, Schichtnachgiebigkeit	Druckgröße auf Schacht
Axiale Schubkraft: 100 N/cm^2 Verbundbruch, 10 N/cm^2 Gleitwert im Festgestein, 3 N/cm^2 Gleitwert im Lockergestein E-Modul: $1{,}2 \cdot 10^5$ Mauerwerk, $2{,}5 \cdot 10^6$ Betonwand, $1{,}0 \cdot 10^7$ Gußeisen Anstieg der Schachtverformungslinie: 0,15 mm/m auf 100 m Tübbingausbau im Deckgebirge, 0,21 mm/m auf 100 m Beton im Deckgebirge, 1,8 mm/m auf 100 m Mauerwerk im Karbongebirge.				

Obwohl dieses einfache Berechnungsverfahren in über drei Jahrzehnten gute Dienste bei der Vorausbestimmung der axialen Schachtbeanspruchung geleistet hat, trifft die Annahme "Schachtverformung gleich Gebirgsverformung" im wesentlichen nur für den mittleren Schachtabschnitt, nicht jedoch für das Kopfstück und den abbaunahen Schachtbereich zu. Aus Messungen ist bekannt, daß der Schachtkopf häufig aus dem Boden scheinbar herauswächst, was auf eine Relativbewegung zwischen dem oberen Schachtausbauzylinder und dem Deckgebirge schliessen läßt. Beim Abbau der inneren Schachtschutzzone wird ober- und unterhalb des Abbauhorizontes eine Stauchung im Schachtausbau beobachtet, wo nach der Berechnung nur eine Streckung oder - wie im Liegenden - gar keine Einwirkungen auftreten dürften. Im Abbauvorfeld wird der Ausbau auch unterhalb der Einwirkungsgrenze gestaucht, nach der Berechnung wäre er dort stauchungslos. Im folgenden soll daher ein neues Berechnungsverfahren behandelt werden, das von der Reibungskraftübertragung auf den Schacht ausgeht (Kratzsch 1969 u. 1970).

4.2 Die Grundlagen des Berechnungsverfahrens

Bei einsetzender Abbaueinwirkung ist die Schachtwand zunächst noch durch den Formschluß der Tübbing-Keilkränze und Mauerfüße sowie durch die Verzahnung und Kohäsion des hinterfüllten Mörtels mit dem rauhen Gebirgsstoß fest verbunden. In dieser Anfangsphase der Einwirkung staucht oder streckt das absinkende Gebirge den Schachtausbau in vollem Maße der Gebirgsverformung. Hierbei leistet der Ausbauzylinder wie eine gedehnte Spiralfeder innerhalb des elastischen Bereiches einen mit der axialen Längenänderung linear zunehmenden Widerstand gegen diese Verformung, bis bei einer bestimmten Größe der Stauchung oder Streckung die Festigkeitsgrenze des Formschlusses und der Verzahnung in einer Gebirgsschicht erreicht ist und sich hier zwischen äußerer Schachtwand und Gebirgsstoß eine Bruchfläche bildet. Das Gebirge gleitet dann am Ausbau ab. Während dieser Relativbewegung wird auf den Ausbau eine Haftschub- oder Reibungskraft übertragen, die sich über die Gleitfläche summiert und den Ausbauzylinder weiterhin bis zu einer Grenzstauchung oder -streckung verformt, bei der der Ausbau nach innen abschert (Scherbruch) bzw. reißt (Trennbruch). Aus diesen Betrachtungen wird deutlich, daß der Schacht die Verformung des Gebirges unterhalb der Bruchgrenze des Ausbaus nur in einem ganz bestimmten, vom Verformungswiderstand und von der Reibungskraft abhängigen Maße mitmacht und daß die Verformungsgröße infolge der Reibkraftsummierung auch von der Reibweg oder Schachtlänge beeinflußt wird.

Die Bruchfestigkeit des Formschlusses

und der Verzahnung im Festgestein liegt bei τ_{Br} = 100 N/cm² oder rd. 10 kp/cm² (Sitz 1968); ein Bruch zwischen Schachtwand und festem Gebirge wird demnach bereits zu Beginn der Abbaueinwirkung bei einer axialen Verformung des 50 cm dicken Betonausbaus von

$$\varepsilon_{Br} = \frac{l\ \tau_{Br}\ 1000}{E\ \ S}$$

$$= \frac{100\ \text{cm} \cdot 100\ \text{N/cm}^2 \cdot 1000}{2\,500\,000\ \text{N/cm}^2 \cdot 40\ \text{cm}^2} = 0{,}1\ \text{mm/m} \qquad (101)$$

eintreten. Diese Gleichung besagt, daß ein 1 m-Schachtabschnitt vom absinkenden Gebirge nur bis zu 0,1 mm gestreckt oder gestaucht werden kann, ohne daß der Gebirgs-Schacht-Verbund reißt und der Verformungswiderstand des Schachtzylinders die Schubfestigkeit überschreitet. Die Querschnittsfläche S (Ringsektor) ist auf eine äußere Wandbreite von 1 cm bezogen. Für einen gemauerten Schacht beträgt die Bruchverformung des Formschlusses rd. 0,2 mm/m. Nach der Bruchflächenbildung fällt die örtlich auf die Schachtwand übertragbare Kraft auf einen Haftschub- oder Reibspannungswert von rd. 10 N/cm² im Festgestein und 3 N/cm² im lockeren Gebirge (Gleitfestigkeit) ab.

Für die beim Abgleiten der Gebirgsschichten auf den Schachtausbau ausgeübte Reibungs- oder S c h u b k r a f t F läßt sich die Gleichung

$$F \leqq \tau\ A\ l \qquad (102)$$

mit

$$\tau = c + \mu\, p \qquad (103)$$

aufstellen. Hierin bedeuten τ die Haftschubspannung in N/cm², A die Wandfläche je Meter Schachtlänge in cm²/lfd.m, l die Wirklänge (Teufe) in m, c die Kohäsion in N/cm², μ der Reibungskoeffizient und p der die Schachtwand als Normalkraft belastende horizontale Gebirgsdruck in N/cm².

Der übertragenen Schubkraft wirkt der elastische V e r f o r m u n g s w i d e r s t a n d V des Schachtausbaus

$$V = \varepsilon\ \ E\ \ S\ \ 10^{-3} \qquad (104)$$

entgegen, der von der Schachtverformung ε in mm/m, dem Elastizitätsmodul E des Ausbaus in N/cm^2 und der horizontalen Querschnittsfläche S des Ausbauzylinders in cm^2 abhängt.

Die auf den Schacht übertragene und sich summierende Reibungskraft wächst folglich gemäß Gl. (102) linear mit der Schachtlänge, dementsprechend wird auch die *Schachtverformungslinie* geradlinig bis auf die Größe der Gebirgsverformung ansteigen. Aus den beiden Gl. (102) und (104) ergibt sich schließlich nach einer Umformung der gesuchte Anstieg $\tan\alpha$ dieser in Abb. 50 dargestellten Schachtverformungsgeraden

$$\frac{\varepsilon}{l} = \tan\alpha = \frac{\tau \ A \ 1000}{E \ S} \qquad (105)$$

in mm/m je laufender Meter Schachtlänge. Damit ist eine einfache Beziehung zwischen der Schubkraft oder der Streckungs- und Stauchungsgröße ε in Abhängigkeit von der Schachtlänge gefunden, wobei allerdings, was nicht ganz zutrifft, der Reibungskoeffizient und der Gebirgsnormaldruck in dem Schachtabschnitt l konstant bleiben sowie nur die elastischen, nicht aber die plastischen Verformungen nach dem Bruch des Ausbauzylinders erfaßt werden.

Als erstes Beispiel sei eine im Abbauhorizont in 500 m Teufe ringsherum geschlitzte Schachtwand aus 50 cm starkem Ziegelsteinmauerwerk angenommen, die vom umschließenden Gebirge auf *Streckung* beansprucht werden soll. Die Gebirgsstreckung sei vom Abbauhorizont bis zur Tagesoberfläche unverändert 1 mm/m (Abb. 51). Der Anstieg der Schachtverformungslinie nach Gl. (105) betrage im lockeren Deckgebirge 0,5 mm/m Streckung auf 100 m Teufe ($\tan\alpha_1$), im festen Karbon vor der Bruchflächenbildung 18 mm/m ($\tan\alpha_2$), nach Bruch des Formschlusses 1,8 mm/m auf 100 m Teufe ($\tan\alpha_3$). Die mit diesen Werten unter dem Winkel α_1 von der Rasenhängebank aus in das Deckgebirge hinein gezeichnete Schachtverformungslinie trifft im Punkt 2 auf die zur Teufenachse parallele Gebirgsstreckungslinie; andererseits erreicht die im Festgebirge vom Abbauhorizont im Punkt 5 unter dem Winkel α_2 (fast 100 gon) ansteigende Linie die Gebirgsstreckungslinie im Punkt 6. Im mittleren Teufenbereich ist sowohl die Schachtstrekkung gleich der Gebirgsstreckung als auch die Schachtpunktsenkung gleich der Gebirgspunktsenkung, weil vom Punkt 2 an die Schachtstrekkung die Gebirgsstreckung der Größe nach eingeholt hat. Erst unter-

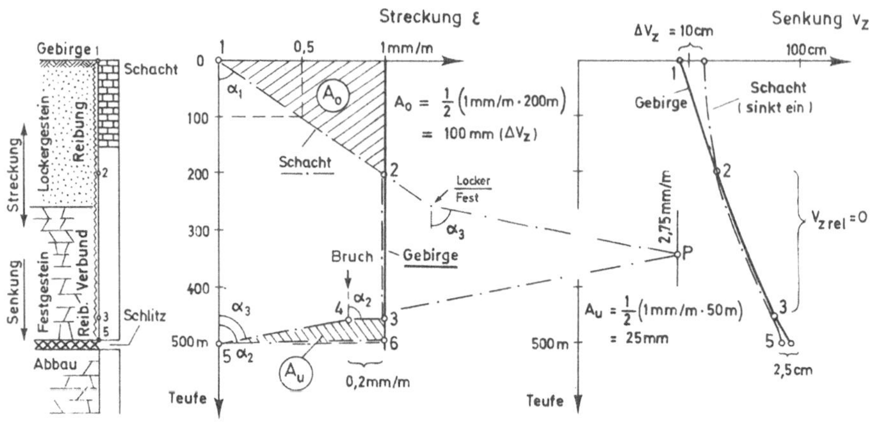

Abb. 51. Die Konstruktion der Schachtverformungs- und Schachtsenkungslinie bei gegebener Gebirgsstreckung und -senkung. Der Schachtausbau ist im Abbauhorizont bei 500 m Teufe ringsherum geschlitzt

halb von Punkt 6 tritt wie im oberen Bereich 1 - 2 wieder bis zum Schlitz (Pkt. 5) eine kleine Relativbewegung zwischen dem Gebirge und dem Schacht ein, wobei der Formschluß der Schachtwand nach Gl. (101 bei einer zum Gebirge relativen Schachtstreckung von über 0,2 mm/m - bezogen auf den Punkt 6 - reißt und sich der Anstieg der unteren Schachtverformungslinie von Punkt 5 bis 4 unter der dann wirksamen Gleitfestigkeit auf den Winkel α_3 verringert. Die untere Grenze des festen Verbundes wandert nach Punkt 3 hoch.

Die lotrechte Relativbewegung zwischen Schachtausbau und Gebirge ist also dort am größten, nämlich an den Enden der oberen hangenden Schachtsäule, wo die übertragene Kraft am kleinsten ist. Andererseits ist die Relativbewegung an der Stelle der größten Kraft - im mittleren Abschnitt von Punkt 2 bis 3 - gleich Null. Die auf den Schachtausbau übertragene und sich summierende Zugkraft wächst außerdem proportional mit der Größe der Gebirgsstreckung, jedoch höchstens bis zum Schnittpunkt P der beiden unter den Winkeln α_1 und α_3 ansteigenden Schachtverformungsgeraden. In diesem Falle ist der Reibungskoeffizient bei einer Gebirgsstreckung von 2,75 mm/m auf der ganzen Schachtlänge von Punkt 1 bis 5 voll ausgenutzt, und der Schachtausbau macht die Gebirgssenkung nur noch im Teufenpunkt P unvermindert mit. Die übertragene Kraft hängt demnach auch von der Abbauteufe oder der Wirkungslänge der Kraftübertragung ab, denn je tiefer der Punkt 5 liegt, desto weiter rechts schneiden sich die Verformungsgeraden in Abb. 51.

Diese Überlegungen gelten auch für einen im Abbauvorfeld gestauchten Schacht. Der nicht geschlitzte Schachtausbau wird wegen des im Vergleich zum Gebirge geringeren Stauchungsanstieges (α_3) schon unterhalb der Einwirkungsgrenze von Punkt 6 an gestaucht (Abb. 52), damit

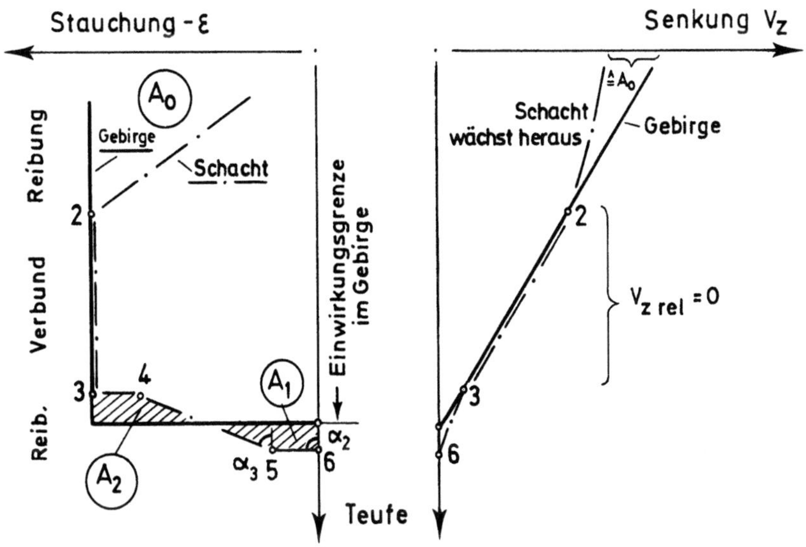

Abb. 52. Die Konstruktion der Schachtverformungs- und Schachtsenkungslinie bei gegebener Gebirgsstauchung und -senkung. Der Schachtausbau ist nicht geschlitzt

er die Gebirgssenkung und -stauchung bis zum Punkt 3 einholen kann. Der Schachtabschnitt 3-6 wirkt als Widerlager gegen den sich mit dem Gebirge absenkenden mittleren Schachtteil 2-3. Die von Punkt 6 bis Punkt 3 mit den Winkeln α_2 (fast 100 gon) und α_3 ansteigende Schachtstauchung verteilt sich daher gleichermaßen auf die Schachtabschnitte ober- und unterhalb der Einwirkungsgrenze, die Schachtverformungslinie wird bis zum Flächenausgleich $A_1 = A_2$ parallel verschoben. Bei der praktischen Anwendung des Verfahrens kann der kurze, steile Anstieg der Schachtverformungslinie unter dem Winkel α_2 jedoch außer Betracht bleiben und stattdessen die Gerade 4-5 verlängert werden. Auch hier ist der feste Verbund von Schacht und Gebirge im mittleren Teufenbereich 2 - 3 noch erhalten (Relativbewegung gleich Null), erst in den Abschnitten 3 - 4 und 5 - 6 beginnt sich der Verbund bei einsetzender

Relativbewegung zu lockern, bis bei einer Relativbewegung von 0,2 mm/m im Punkt 4 die Bruchgrenze des Formschlusses überschritten wird und sich die Gleitbewegung entlang der Bruchfläche auf den Anstiegswinkel α_3 vergrößert.

4.3 Die Berechnung der Schachtbeanspruchung

In Wirklichkeit sind die Gebirgsstreckungen oder -stauchungen nicht, wie im Abschnitt 4.2 unterstellt, konstant. Die Schachtverformungslinie wird aber auch bei einer gekrümmten Gebirgsverformungslinie nach denselben, anhand der Abb. 51 und 52 beschriebenen Grundregeln konstruiert, wie es im folgenden gezeigt werden soll.

a) Der Schacht im gestauchten Vorfeld

Im Abbauvorfeld wird der Gebirgskörper oberhalb der Einwirkungsgrenze entsprechend der vollen Linie in Abb. 53 gestaucht. Nach der bisherigen Berechnung wäre die Schachtstauchung gleich der Gebirgsstauchung

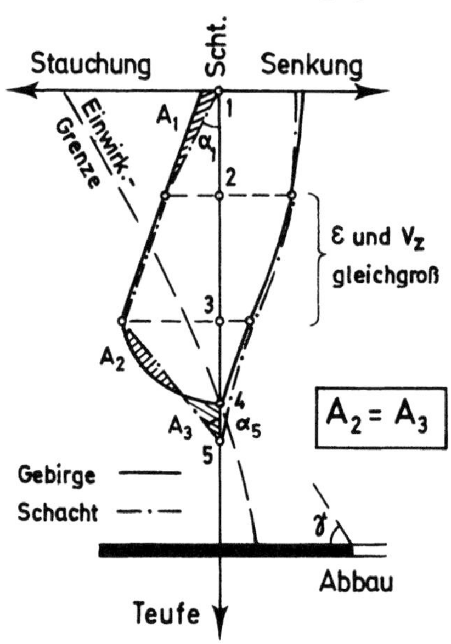

Abb. 53. Der Schacht im gestauchten Vorfeld eines Abbaus. Verhieb der Schachtschutzzone vom Rand aus

vom Teufenpunkt 4 an bis zum Tagespunkt 1. Beim neuen Verfahren steigt die Schachtstauchungslinie von der Rasenhängebank unter dem Winkel α_1 bis zum Punkt 2 an, folgt der Gebirgsstauchungslinie bis zum Punkt 3, wo die untere, mit α_5 ansteigende Schachtstauchungsgerade unter Beachtung der Flächengleichheit $A_2 = A_3$ auf die Gebirgsstauchungslinie trifft. Der Schacht wird also schon unterhalb der Einwirkungsgrenze bis zum Punkt 5 gestaucht. Der unterhalb von Punkt 3 und oberhalb von Punkt 5 vor der Bruchflächenbildung bei 0,2 mm/m Relativstauchung steilere Anstieg der Schachtverformungslinie ist hier ebenso wie in Abb. 54 vernachlässigt worden. Im Stauchungsfall müßte also der un-

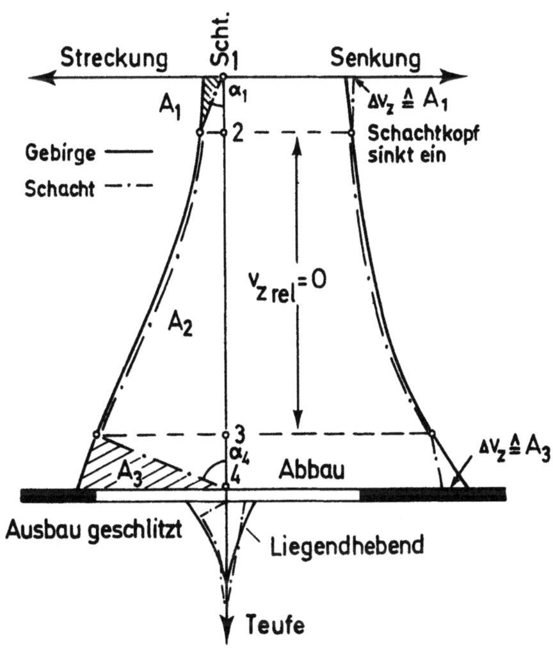

Abb. 54. Der geschlitzte Schacht unter der Wirkung eines gestreckten Hangenden. Zentraler Abbau der Schachtschutzzone

tere Kurvenzug die Form eines schrägliegenden S (Abb. 52) haben. Oberhalb von Punkt 2 wird der Schacht weniger gestaucht und daher auch weniger abgesenkt als das Gebirge; der Schachtkopf wächst an der Tagesoberfläche entsprechend der durch die Fläche A_1 gekennzeichneten Relativbewegung scheinbar heraus. Unterhalb von Punkt 3 ist die Schachtsenkung größer als die Gebirgssenkung.

b) Der Schacht im gestreckten Abbauhangenden

Bei einem im Abbauhorizont *geschlitzten Schachtausbau* und einem Verhieb der Schachtschutzzone vom Schacht aus nach außen hin steigt die Schachtstreckungslinie von beiden Enden der oberen Schachtsäule unter den Winkeln α_1 bzw. α_4 bis zum Schnitt mit der Gebirgsstreckungslinie an (Abb. 54). Im mittleren Teufenabschnitt 2-3 findet keine Relativbewegung zwischen der Schachtwand und dem Gebirgsstoß statt. Oberhalb von Punkt 2 und unterhalb von Punkt 3 bleibt die Schachtstreckung hinter der Gebirgsstreckung um A_1 bzw. A_3 zurück, der Schachtkopf sinkt in das Erdreich ein.

Im Gegensatz zur Abb. 54 geht die Schachtverformung bei einem u n - g e s c h l i t z t e n A u s b a u, der nicht wie das absinkende Gebirge in einen Hohlraum ausweichen kann, sondern als durchgehende Säule in den tieferen Liegendschichten feststeckt, im Teufenpunkt 4 in eine Stauchung über, die im Abbauhorizont (Punkt 5) ihren Höchstwert aufweist und erst im Punkt 6 unterhalb des Abbaufeldes ausklingt (Abb. 55). Der Schacht wird also nur im mittleren und oberen Teil gestreckt. Die im ungeschlitzten Schacht oder bei einer nicht genügend

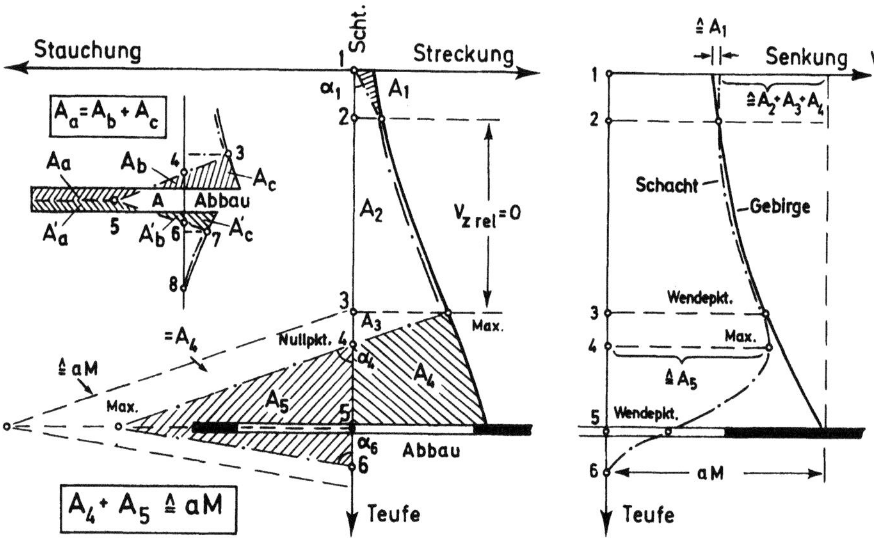

Abb. 55. Der ungeschlitzte Schacht im gestreckten Hangenden eines Abbaus

nachgiebigen Holzfüllung des Schlitzes beobachtete Stauchung ober- und unterhalb des Abbaus wird durch das graphische Berechnungsverfahren bestätigt.

Die Schachtverformungslinie in Abb. 55 muß unter Einhaltung der Anstiegswinkel so gezeichnet werden, daß die Schachtsenkung oberhalb eines zunächst noch unbekannten Teufenpunktes 3 mit der Gebirgssenkung übereinstimmt. Für die Senkung des Gebirgspunktes 5 im Abbauhorizont (Dachschicht) kann ungefähr die Vollsenkungsgröße aM angenommen werden. Infolge der Streckung vermindert sich die Gebirgssenkung aufwärts bis zum Teufenpunkt 3 um einen Betrag Δv_z, dem die Flächen A_3 und A_4 in Abb. 55 entsprechen, denn die Flächen A_i stellen die Summe aller Streckungen oder Stauchungen über einen Teufenabschnitt, d.h. den Senkungsunterschied Δv_z zweier Teufenpunkte dar. Die Senkung des Gebirgspunktes 3 beträgt demnach

$$v_{z3} \mathrel{\hat{=}} aM - (A_3 + A_4). \tag{106}$$

Da sich auch der Schacht vom Punkt 6 bis zum Punkt 3 um v_{z3} absenken soll, muß dieser untere Schachtabschnitt um

$$v_{z3} \mathrel{\hat{=}} A_5 - A_3 \tag{107}$$

gestaucht (A_5) und gestreckt (A_3) werden. Hieraus ergibt sich die Konstruktionsbedingung

$$A_4 + A_5 \mathrel{\hat{=}} aM \tag{108}$$

für die Schachtverformungslinie. Man errichtet auf der Teufenachse mit den Winkeln α_4 und α_6 ein Dreieck, dessen Spitze im Abbauhorizont des Stauchungsfeldes liegt und dessen Fläche der Vollsenkung aM entspricht (gestrichelte Linie). Diese Dreiecksfläche wird dann, um Gl. (108) zu erfüllen ($A_5 \mathrel{\hat{=}} aM - A_4$), außen durch Parallelverschiebung der Schachtverformungslinien um die im Streckungsfeld von der verlängerten oberen Dreiecksseite geschnittenen Fläche A_4 verkleinert, wobei die Dreiecksspitze auf dem Abbauhorizont verbleibt.

In der Nebenzeichnung der Abb. 55, links oben, ist in die - der Vollsenkung aM entsprechende - rechteckige Stauchungsfläche des weichen Versatz- oder Bruchfeldes die Schachtverformungslinie unter Beachtung der Flächenbedingung $A_a = A_b + A_c$ vergrößert eingetragen. Der gegenüber dem Gebirge oberhalb von Punkt 5 um $A_a - A_b$ weniger gestauchte Schacht muß bis zum Punkt 3, wo er sich fest mit dem Gebirge absenken soll, um den gleichen Betrag A_c weniger als das Gebirge gestreckt werden: $A_a - A_b = A_c$. Ebenso erhält man im gestreckten Liegenden für die Senkungsübereinstimmung im Punkt 7: $A'_a = A'_b + A'_c$. Da die Flächengröße $A_a + A'_a$ sowohl aM - A als auch $A_b + A'_b + A_c + A'_c$ ist, kann man nach einer Umformung aM - (A_c + A'_c) ≙ A + (A_b + A'_b) die Richtigkeit der aus Gl. (108) abgeleiteten graphischen Lösung aM - A_4 ≙ A_5 mit dieser Nebenzeichnung beweisen.

Unterhalb des Teufenpunktes 3 und oberhalb des Punktes 2 findet eine Relativbewegung zwischen dem Gebirgsstoß und der Schachtwand statt. Der Schachtkopf sinkt entsprechend der Fläche A_1 in den Boden ein; im Vergleich zur Ausgangshöhe senkt er sich um

$$v_{z1} = aM - (A_2 + A_3 + A_4) . \tag{109}$$

Die größte Senkung erfährt der Schacht im Punkt 4 oberhalb des Stauchungsbereiches A_5. Im mittleren Teufenbereich 2-3 senkt sich der Schacht im Verbund mit dem Gebirge ab. Mit den aus den Flächengrößen ermittelten Senkungsunterschieden läßt sich die nur selten benötigte Schachtsenkungskurve für die in den Abb. 51 bis 54 dargestellten Fälle von den Punkten 2 und 3 aus, in denen die Schacht- mit der vorausberechneten Gebirgssenkung übereinstimmt, sowie für das Beispiel in Abb. 55 vom senkungslosen Punkt 6 aus entwerfen.

Nimmt man für die K o n s t r u k t i o n der Schachtverformungslinie eine Haftschubspannung nach Überwindung des Formschlusses und der Verzahnung von 10 N/cm^2 im Karbon sowie von 3 N/cm^2 im lockeren Deckgebirge an, so erhält man nach Gl. (105) für einen 50 cm dickwandigen Ausbau unabhängig vom Schachtdurchmesser eine axiale Längenänderung von 0,018 mm/m bei Ziegelsteinmauerwerk (E = 2 500 000 N/cm^2) im Karbongebirge sowie von 0,0025 mm/m bzw. 0,005 mm/m im lockeren Gebirge. Für einen 10 cm starken Tübbingausbau mit 30 cm Anschlußbeton beträgt der Anstieg der Schachtverformungsgeraden 0,0015 mm/m. Es hat sich als zweckmäßig erwiesen, die axiale Längenänderung beim graphischen Berechnungsverfahren auf einen 100 m Teufenabschnitt gleich einer Ordinatenlänge von 2 cm zu beziehen und für eine Längenänderung von 1 mm/m einen 4 cm großen Abszissenabschnitt zu wählen.

4.4 Die Überlagerung der Abbaueinwirkungen

Die Einwirkungen mehrerer Abbaue auf einen Schacht dürfen nach dem neuen Verfahren nicht wie bisher einzeln zu einer Gesamteinwirkung addiert werden. Es muß vielmehr erst die resultierende Gebirgsverformungslinie gezeichnet werden, in die dann die Linie für die gesamte Schachtverformung nach den beschriebenen Regeln eingetragen wird.

Zum Beispiel ändert sich der Anstieg der Verformungslinie am oberen und unteren Ende eines geschlitzten Schachtes nicht, wenn noch weitere Abbaue des gleichen oder eines benachbarten Flözes einwirken und die Gebirgsverformung in diesen Teufenbereichen verstärken. Sobald der Reibungskoeffizient auf der ganzen Abbauteufe voll ausgenutzt ist und die unter α_1 und α_3 ansteigenden Schachtverformungslinien sich im Punkt P auf (Abb. 51) oder innerhalb der Gebirgsverformungslinie treffen, bleibt eine sich weiter erhöhende Gebirgsverformung auf die elastische Schachtstreckung oder -stauchung ohne Einfluß. Das ist eine für den Bergbau recht günstige Feststellung, wenn man bedenkt, daß im wesentlichen nur die ersten Abbaue den empfindlichen Tübbingausbau im wasserführenden Deckgebirge strecken oder stauchen und spätere Abbaue für diesen Schachtabschnitt ungefährlich sind.

Beispielsweise beanspruchen in Abb. 56 die nach dem Jahre 1930 hinzu-

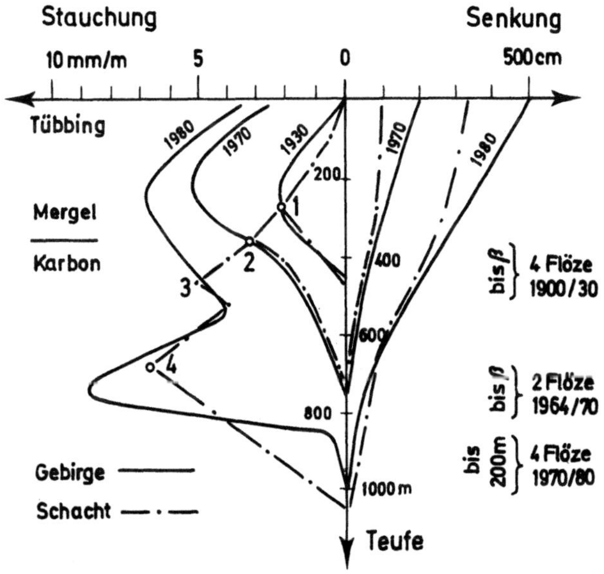

Abb. 56. Die Stauchung eines gemauerten Schachtes bei einem Randabbau bis zum Bruchwinkelrand β bzw. bis auf 200 m an den Schacht heran

kommenden, ebenfalls stauchend wirkenden Randabbaue den oberen Schachtteil mit seiner Tübbingsäule bis zu 300 m Teufe nicht mehr zusätzlich zu der bis 1930 eingetretenen Schachtstauchung, trotzdem die Gebirgsstauchung von 2 auf 5 und später sogar auf 7 mm/m anwächst. Die zeitlichen Stauchungsspitzen 1 bis 4 der Schachtkurve sind im Vergleich zur Gebirgskurve kleiner und in der Teufenlage verschoben. Die mit Jahreszahlen versehenen Kurven geben die gesamte Gebirgsstauchung oder -senkung seit der ersten Abbaueinwirkung im Jahre 1900 an; die Addition der für die Zeitabschnitte 1900/30, 1930/70 und 1970/80 einzeln ermittelten Schachtstauchungen würde, wie erwähnt, zu einem falschen Ergebnis führen.

Die formschlüssig im Gebirge eingebettete Schachtscheibe muß der waagerechten Bewegung des Gebirges ganz folgen, wodurch die ursprünglich lotrechte Schachtachse zum Abbauschwerpunkt hin schiefgestellt wird, wenn sich der Schacht in einer Randlage zum Abbau befindet. Die S c h i e f s t e l l u n g der Schachtachse, deren Richtung in den Teufen je nach Abbauentwicklung sehr unterschiedlich sein kann, wird aus den berechneten waagerechten Verschiebungen der schachtnahen Gebirgspunkte erhalten (Abb. 57). Die Verschiebung des Schachtkopfes kann 1 m und mehr betragen; im allgemeinen bleibt die Schiefstellung

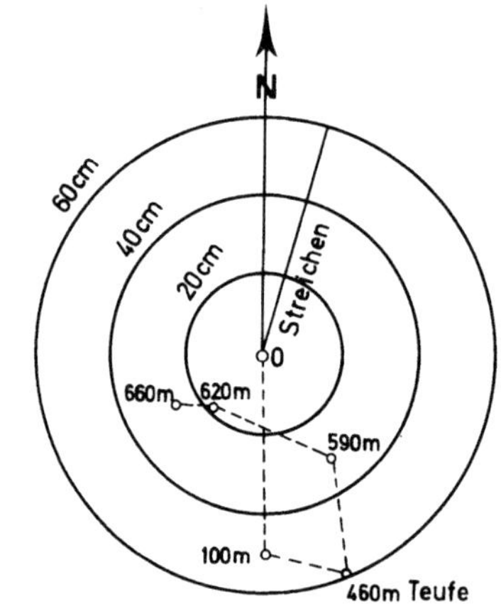

Abb. 57. Die grundrißliche Verschiebung der Schachtachspunkte bei einem Verhieb zweier, nach Westen mit 20 gon einfallender Flöze in 610 und 650 m Teufe

beim Verhieb eines Flözes, abgesehen von dem Bereich bis zu 150 m oberhalb der Abbaurandzone, unter 1 mm/m Teufe.

4.5 Die Größe der Gebirgsstreckung und -stauchung

Einleitend wurde erwähnt, daß die lotrechte Gebirgsverformung aus den mit einem Integrationsnetz berechneten Gebirgspunktsenkungen ermittelt werden kann, indem die Differenz der Senkungen (in mm) durch den Teufenabstand der Punkte (in m) dividiert wird. Es sind auch besondere Integrationsnetze für die unmittelbare Berechnung der Streckung und Stauchung entworfen worden, die jedoch gegenüber der Ableitung der Gebirgsverformung aus den Senkungswerten keinen wesentlichen Arbeits- und Zeitgewinn bringen (Sauer 1961, Kochmanski u. Magdziorz 1972).

Sehr erfolgversprechend für die Schachtuntersuchung wird in Zukunft das Verfahren der endlichen Elemente sein, wenn man den Schachtausbauzylinder als lotrechte Elementenspalte im Gesamtnetz darstellt, der ein auf die gesamte Schachtscheibe bezogener Ersatz-E-Modul für den Tübbing-, Mauer- oder Betonausbau zugeordnet wird. Der Haftschubverbund zwischen der Außenwand und dem Gebirgsstoß läßt sich entweder durch eine Gleitschicht aus Pendelstützelementen modelltheoretisch nachbilden oder rechentechnisch durch eine wiederholte Abfrage, welche Grenzschichtelemente am Schacht die kritische Schubspannung erreicht haben, berücksichtigen (siehe Abschnitt 8.44).

Ein anderer Weg wird in Polen beschritten. Dort berechnet man hauptsächlich die Teufenlage und den Betrag der maximalen Gebirgsstreckung oder -stauchung am Schacht und setzt diesen Wert der axialen Schachtverformung gleich (Knothe 1969). Beim kreisförmig symmetrischen Verhieb der inneren oder äußeren Schachtschutzzone bis zum Radius r beträgt die maximale, lotrechte Verformung im Endstand (Zeitfaktor z = 1)

$$\pm \varepsilon_{h\,max} = 0{,}462\ aM\ \frac{R}{r\ H} \qquad (110)$$

in der Höhe

$$z_m = 1{,}447\ \frac{r\ H}{R} \qquad (111)$$

über dem Abbau (Abb. 58). In einem beliebigen Horizont z ist eine

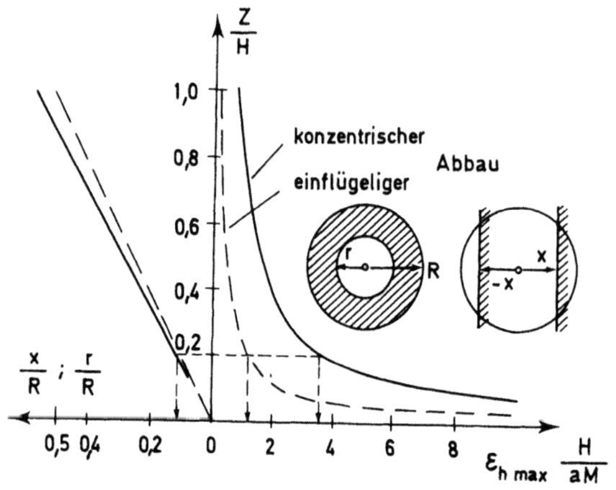

Abb. 58. Die Berechnung der axialen Schachtverformung nach Funktionen für einen gegebenen Abbaustand bei konzentrischem (r) oder einflügeligem Verhieb (x) der Schachtschutzzone (nach Knothe)

größtmögliche Streckung oder Stauchung von

$$\pm \varepsilon_{h\,max}(z) = aM \frac{2}{2{,}718\ z} \tag{112}$$

zu erwarten, wenn die Schachtschutzzone von innen oder außen bis zum Radius

$$r = \frac{R}{\sqrt{\pi}} \frac{z}{H} \tag{113}$$

abgebaut werden soll.

Die in der Abb. 59 dargestellten Funktionen der Gl. (112) und (113) erlauben es, die maximale Streckung oder Stauchung in den Horizonten z für die gegebenen Werte aM (Vollsenkung), r und H im voraus abzuschätzen. Beispielsweise entnimmt man für das Verhältnis z/H = 0,2 dem Nomogramm die Werte r/R = 0,115, also r = 0,115 R, und $\varepsilon_{h\,max}$ H : aM = 3,65, d.h. $\varepsilon_{h\,max}$ = 3,65 aM : H. Die Ergebnisse müssen proportional zur Abbaufläche vermindert werden, wenn nur ein Kreis- oder Kreisringsektor abgebaut wird.

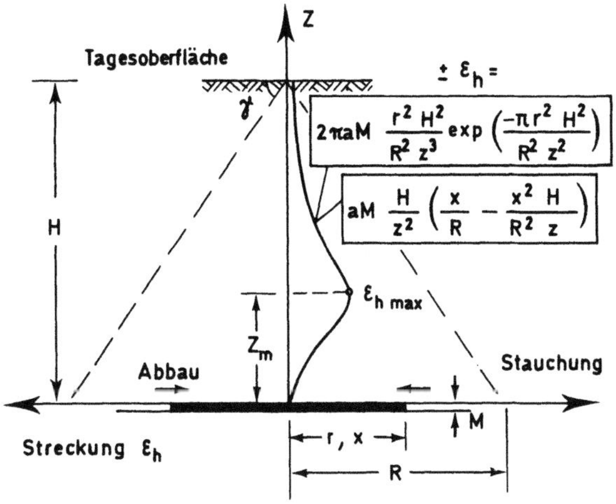

Abb. 59. Die maximale Schachtstreckung der -stauchung nach den Gl. (112) bis (115) in einem bestimmten Horizont in Abhängigkeit vom Abbaustand

Für den einflügeligen Abbau lautet die Formel

$$\pm\varepsilon_{h\,max}(z) = aM \frac{1}{4\,z} \tag{114}$$

bei einer Entfernung des Gewinnungsstoßes von der Schachtachse von

$$x = \frac{R}{2}\,\frac{R}{H}. \tag{115}$$

Wie die gestrichelte Kurve in Abb. 59 zeigt, sind die lotrechten Verformungen beim einflügeligen Abbau der Schachtschutzzone zu jeder Zeit (Abbaustand) dreimal so klein wie beim konzentrischen Abbau. In den angegebenen Formeln sind die Streckungen und Stauchungen in den jeweiligen Horizonten des Hangenden von der Abbauteufe H und dem Vollflächenradius R unabhängig (Gl. (112) und (114)). Die Funktionsgleichungen der gesamten Streckungs- oder Stauchungskurve sind in der Abb. 58 eingetragen.

5. Der planmäßige Abbau der Schachtschutzzone

5.1 Die Schutzmaßnahmen für den Schacht

Die Funktionsfähigkeit des Schachtes muß bis zum Erliegen des Bergwerkes jahrzehntelang gewahrt bleiben. Ist während dieser Zeit ein Verhieb im Schachtfeld vorgesehen, so müssen ausbau- und abbautechnische Maßnahmen ergriffen werden, um eine betriebsstörende Beschädigung des Schachtes zu vermeiden. Beispielsweise unterbindet eine mit Bitumen gefüllte Gleitfuge, die in einigen neuen Schächten zwischen einer Vorbetonwand und dem eigentlichen Schachtausbau angeordnet wird (Abb. 60), die Übertragung der axialen Gebirgsreibungskräfte auf die innere Schachtsäule. Will man jede Gebirgsbewegung vom Schacht

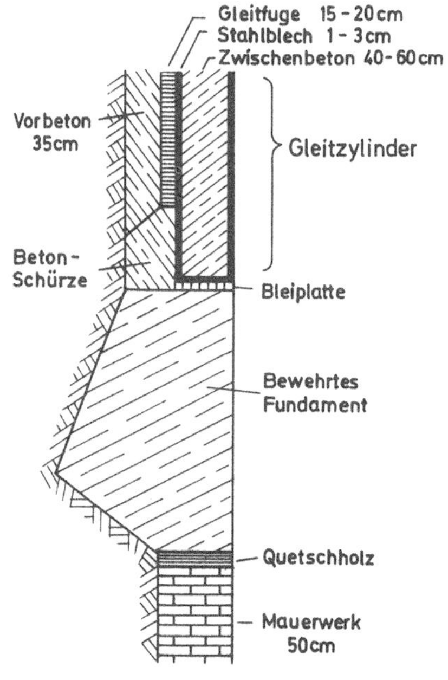

Abb. 60. Schnitt durch einen gleitfähigen Schachtausbau aus Stahlbeton-Verbund

fernhalten, dann darf der Abbau nur außerhalb des Grenzwinkelkegels (Abb. 50) betrieben werden. Eine nach dem Bruchwinkel bemessene, abbaufreie Zone reicht hierfür nicht aus, da die obere Schachtsäule von der Vorfeldbewegung der Randbaue noch erfaßt wird.

Nun sind die Voraussetzungen für einen vollständigen Schutz des Schachtes selten erfüllt. Eine Gleitfuge läßt sich in alten Schächten nachträglich nicht mehr anbringen. Andererseits kann ein Abbau tiefer Flöze unwirtschaftlich werden, wenn auf die Gewinnung der durch kurze Förder- und Wetterwege gut erschlossenen, schachtnahen Lagerstättenteile verzichtet werden soll und das Umfeld geologisch gestört oder von Markscheiden eng begrenzt ist. In 700 m Teufe beträgt der Durchmesser der Schachtschutzzone bei einem 61 gon großen Grenzwinkel schon rd. 1 km. Die Tagesanlagen des Bergwerkes, die auf dem unverritzten Schachtschutzpfeiler stehen, ragen aus der absinkenden Landschaft bald um mehrere Meter heraus und geraten in eine Zerrungszone; das Gefälle der Zechenanschlußgleise kann schließlich unzulässig steil werden.

Angesichts dieser Nachteile eines Sicherheitspfeilers mußte der vollständige Schutz des Schachtes mit zunehmender Abbauteufe aufgegeben und eine Abbaueinwirkung auf den Schacht hingenommen werden. Die Erfahrung hat gezeigt, daß es bei Beachtung einiger Regeln möglich ist, die Schachtförderung während des schachtnahen Abbaus aufrechtzuerhalten und den Schachtabschnitt im wasserführenden Deckgebirge weitgehend zu schonen. Diese R e g e l n betreffen

den Streckungs- und Stauchungsausgleich im Schachtausbau durch zwei oder mehr einwirkende Abbaue,

den symmetrisch zum Schacht geführten Abbau zur Vermeidung einer Schachtschiefstellung und -abscherung,

die Minderung der Gebirgssenkung am Schacht durch besondere abbautechnische Maßnahmen, wie die Anwendung von Versatz oder das Stehenlassen einer Kernzone und

die baulichen Maßnahmen am Schachtausbau, wie z.B. Schlitze, Quetschholzlagen und Holzpfeiler (siehe Tafel 7).

Der Abbau in der Schachtschutzzone wird vom Großen ins Kleine, vom Abbauendstand bis zum einzelnen Abbau schrittweise geplant. Zuerst

Tafel 7. Maßnahmen zum Schutze des Schachtausbaus bei schachtnahem Verhieb

Schutzmaßnahme durch	Art	Wirkung	Bemerkungen
Abbauplanung	Randabbau	Stauchung der oberen Schachtsäule	Nachteil: Schachtschiefstellung
	Zentraler Abbau	Streckung der unteren Schachtsäule	Nachteil: starke Streckung unten
	Kombinierter Abbau	zeitlicher und größenmäßiger Ausgleich von Streckung und Stauchung	Erschwerung des Untertagebetriebes, genaue Zeitplaneinhaltung
	teilweiser Abbauverzicht	geringere Beanspruchung, nur Stauchung oder nur Streckung	Mineralverlust, ungleiche Absenkung der Schachtanlagen
	Symmetrischer Abbau	keine Schiefstellung, keine Abscherung	weitläufiger Abbaubetrieb
	Versatzbau	halbe Gebirgsbewegung	Verteuerung der Gewinnungsarbeiten
Ausbausicherung	Gleitfuge	geringere Reibungskraft	für wasserführendes Deckgebirge zweckmäßig
	Dehnungsschlitz	Ausweichen des gestauchten Schachtes	im Abbauhorizont oder über Füllörtern
	Quetschlagen	Nachgiebigkeit, Kraft durch Verformung aufgezehrt	Teufenabstand 30 bis 50 m, doch gegen Wasser undicht
	weicher Mörtel	siehe oben	Mauerwerk leicht reparierbar
	Aschepolsterring	Aufnahme der Flözquerausdehnung	im Flözhorizont bei Stauchungsgefahr
	Vorbauring	Dichtung der Bruchstelle	gegen Scherbewegungen durchsetzender Störungen
	Überwachung	rechtzeitige Erkennung d.Gefahr	Befahrungsberichte, Messung halbjährlich

legt der Bergingenieur gemeinsam mit dem Markscheider anhand des Lagerstättenarchivs den durch die Tektonik, die Ausrichtung und die Bauwürdigkeit vorgezeichneten Umfang der maximalen Abbautätigkeit fest. Stark gestörte, unbauwürdige und vorzeitig abgebaute Feldesteile verkleinern die innerhalb der Schachtschutzzone für den Verhieb infrage kommenden Flözflächen. Von der Markscheiderei werden sodann die im Endstand des Gesamtabbaus zu erwartenden Gebirgsbewegungen und die Schachtlängenänderung berechnet. Ergibt die Untersuchung, daß die Bruchfestigkeit des Ausbaus überschritten oder der Schacht unter der Gefahr eines Abscherens zu schief gestellt wird, so müssen weitere Flözflächen ausgesondert oder ein Versatzbau vorgeschrieben werden.

Erst wenn die für den Abbauendstand erneut berechneten Werte der Streckung, Stauchung und Schiefstellung mit der Schachtsicherheit vereinbar sind, wird unter zunächst nur bergtechnischen Gesichtspunkten ein Vorschlag über die Richtung, den täglichen Fortschritt und die Zeitfolge der Abbaue ausgearbeitet. Dieser vorläufige Abbauzeitplan dient dann als Grundlage für die ins einzelne gehende bergschadenkundliche Berechnung und Erörterung der Schachtbeanspruchung zum Zeitpunkt der viertel- oder halbjährlich gewählten Abbaustände, wobei der Zeitfaktor vereinfachend mit Eins in die Formeln eingesetzt wird. Durch Änderung der Abbaurichtung und der Zeitfolge kann unter Abwägung der bergtechnischen, bergschadenkundlichen und sicherheitlichen Belange eine zwischenzeitlich zu hoch ansteigende Schachtverformung auf das zulässige Maß verringert werden, was im folgenden erläutert werden soll.

In der Endphase der Abbauplanung schlägt der Schachtingenieur die zweckmäßigen ausbautechnischen Maßnahmen vor, die zu einer Entlastung des Schachtausbaus in den gefährdeten Abschnitten beitragen. Außerdem wird ein Plan für die markscheiderische Überwachung des Schachtes durch Teufenmessung und Schachtlotung sowie für die Befahrung des Schachtes aufgestellt (Hoffmann 1963). Befinden sich in Nähe des Schachtes empfindliche Tagesanlagen, so werden auch diese in die bergschadenkundliche Untersuchung mit einbezogen (siehe Abschnitt 14.2 und K. Lehmann 1938).

5.2 Die Abbauplanung für die Schachtschutzzone

Der Ingenieur kann den Abbau im Grenzwinkelkegel so planen, daß der Schacht im Endstand entweder gestreckt oder gestaucht wird, denn die Art der Verformung hängt von der grundrißlichen Lage des Schachtes zum Abbau ab. Im Abbauvorfeld ist der Schacht bis hinab zur Einwirkungsgrenze einer Gebirgsstauchung ausgesetzt (Stellung 1 in Abb. 61).

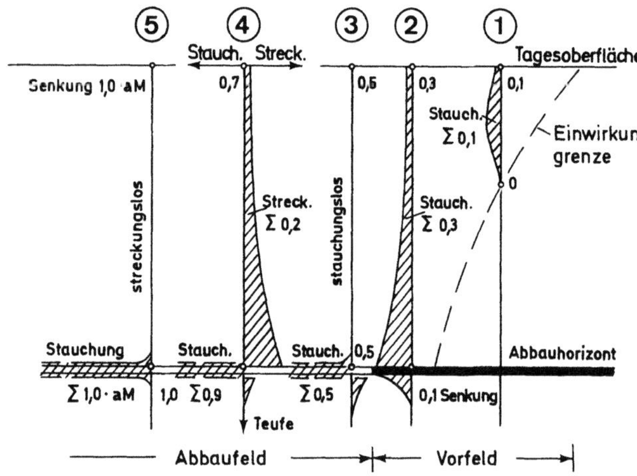

Abb. 61. Die Gebirgsverformung am Schachtstoß in verschiedenen Ortslagen beim Vollflächenabbau (Endstand)

Die Gebirgsstauchung nimmt in einer zum Abbau hin verschobenen Gebirgssäule insgesamt um den Senkungszuwachs des betreffenden Tagespunktes zu, und das Stauchungsmaximum wandert nach unten. Von der Stellung 2 an, bei der das Stauchungsmaximum den Abbauhorizont erreicht hat, ist die Stauchung der hangenden Gebirgssäule wieder rückläufig; der Senkungszuwachs bis zur Schachtstellung 3 von beispielsweise 0,3 auf 0,5 aM entsteht durch das Nachgeben des weichen Flözes oder Versatzes. In dieser stauchungslosen Randlage 3 hat sich die Gebirgssäule mit der Dachschicht um rd. 0,5 aM gesenkt. Über dem tieferen Abbaufeld wird das Gebirge gestreckt; da sich die Tagesoberfläche weiterhin absenkt, muß der Versatz im Schnitt 4 um den Betrag der Streckungssumme von 0,2 aM und der Tagespunktsenkung von 0,7 aM, also um 0,9 aM, gestaucht sein. Zur Vollflächenmitte hin geht auch die Streckung zurück, während die Stauchung im Abbauhorizont auf den

Höchstwert von absolut aM ansteigt (Stellung 5). Das Liegende ist in den Randlagen 3 und 4 des Abbaufeldes gestreckt.

Die z w i s c h e n z e i t l i c h e Schachtbeanspruchung kann sich von diesem Endzustand der Gebirgsverformung je nach Abbauführung und Behandlung des Ausbaus im Abbauhorizont (Schlitz, Holzpfeiler) sehr unterscheiden. Ein vom Rand der Schachtschutzzone zum Schacht hin einflügelig in der Vollflächenbreite 2R geführter Abbau (Abb.62,a)

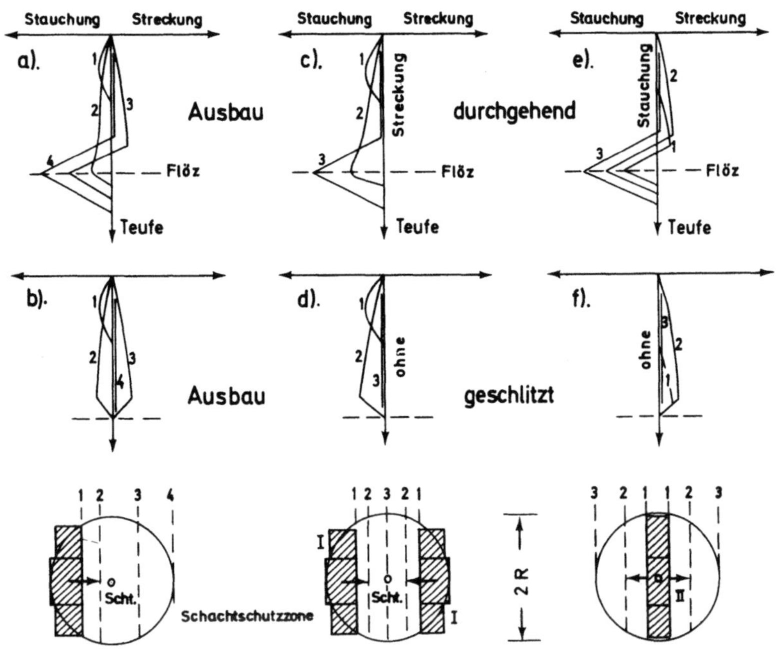

Abb. 62. Die Beanspruchung des geschlitzten oder durchgehenden Schachtausbaus im elastischen Bereich bei einem einseitigen und symmetrischen Randabbau sowie bei einem symmetrischen Zentralabbau der Schachtschutzzone

wirkt zuerst auf den Schachtkopf stauchend ein (Kurve 1). Mit fortschreitendem Abbau vergrößert sich der Stauchungsbereich im Schachtausbau bis zum Abbauhorizont (Kurve 2). Nach der Umfahrung des Schachtes werden die mittlere und die obere Zone des Schachtes gestreckt (Kurve 3). Das sich im Abbauhorizont bis zum streckungslosen Schacht in der Vollflächenmitte (Kurve 4) entwickelnde Stauchungsmaximum zerstört den Schachtausbau, falls er nicht, wie das meistens geschieht, vorher in Flözhöhe aufgebrochen und durch einen nachgiebigen Holzpfeiler ersetzt worden ist (Abb. 62,b). Ein einseitig von außen nach innen geführter Abbau beansprucht demnach die hangende Schachtsäule nacheinander auf Stauchung und Streckung; außerdem wird der Schacht zwischenzeitlich schief gestellt. Bei einer Abbaufrontbreite von unter 2R (Teilflächenabbau) bleibt nach dem Durchlaufen der Schachtschutzzone statt der Kurve 4 eine geringe Streckung im oberen Ausbau zurück.

Die Wechselbeanspruchung und die Schiefstellung lassen sich mit einem s y m m e t r i s c h e n V e r h i e b der Schachtschutzzone von außen nach innen vermeiden (Abb. 62,c). Die Stauchung des bis kurz unterhalb der Einwirkungsgrenze reichenden oberen Schachtabschnittes ist infolge der doppelten Abbaueinwirkung im Vergleich zum Bild a stärker (Kurve 1). In der Stellung 2 des Abbaus wird auch der untere Schachtabschnitt gestaucht. Danach entspannt sich die obere Schachtsäule, ober- und unterhalb des Abbaus verbleibt eine hohe Stauchung (Kurve 3), es sei denn, daß der Schachtausbau hier geschlitzt ist (Bild d). Bei einem symmetrischen Abbau der Schachtschutzzone von außen her tritt folglich zu keiner Zeit die gefürchtete Streckung der oberen Schachtsäule, die in den wassergesättigten Sandschichten des Deckgebirges aus abdichtenden Tübbingsegmenten errichtet ist, auf (siehe auch Abb. 56). Mit dieser Abbauführung läßt sich die Streckung von einem zugempfindlichen Betonschacht, wenn er im Flözhorizont geschlitzt ist, sogar auf der ganzen Länge fernhalten.

Wird die Schachtschutzzone vom Schacht aus symmetrisch abgebaut, wofür viele bergtechnische Gründe und nicht zuletzt auch die frühzeitige Freilegung der im Abbauhorizont gefährdeten Schachtmauerung sprechen, dann bleibt entweder der obere Abschnitt des durchgehenden Ausbaus (Bild e) oder die gesamte Schachtsäule oberhalb des Schlitzes (Bild f) stauchungslos. Der zweiflügelige Abbau wirkt zuerst auf den unteren Schachtteil ein (Kurve 1), der gestaucht und gestreckt (Bild e) oder nur gestreckt (Bild f) wird. In der Strebstellung 2 hat die Streckung den Ausbau bis zur Rasenhängebank erfaßt. Nach beendetem Verhieb der Vollfläche ist der geschlitzte Schacht ohne Längenänderung (siehe Abb. 29), der durchgehende Schachtausbau weist dagegen wie in den Bildern a und c eine gefährlich große Stauchung in der Abbauteufe auf. Wegen der nicht auszuschließenden Trennrisse im Ausbau ist dieser Abbauplan nur bei einem trockenen Gebirge anwendbar.

Vergleicht man die Verformungslinien eines durchgehenden mit denen eines geschlitzten Ausbaus, so zeigt sich im Wegfall der Stauchung im Abbauhorizont deutlich der Vorteil eines dort unterbrochenen Schachtausbaus. Die weiteren Überlegungen zur Verringerung der zwischenzeitlichen Schachtverformung durch Überlagerung entgegengesetzter Abbaueinwirkungen gehen deshalb von einem geschlitzten Ausbau aus. Ferner muß ein symmetrisch zum Schacht verteilter Abbau in der Schachtschutzzone gefordert werden, um nicht nur eine Schiefstellung, sondern vor allem ein oftmals Dezimeter großes *Abscheren* des Schachtausbaus an den Schichtgrenzflächen zu vermeiden. Der Scherbruch entsteht am Schacht, wenn die ihn durchsetzenden Schichten bei einem einseitigen Abbau (z.B. Strebstand 2 in Abb. 62,b) so stark gekrümmt werden, daß die parabolisch zur Mitte eines Schichtenverbandes ansteigende Biegeschubspannung τ die Haftschubspannung auf einer Schichtgrenzfläche überwindet. Auf den Gleitlösen werden dann zwei bankrechte Punkte 1 und 2 um den Scherweg

$$v_x \approx \frac{M}{2} \tan \delta \qquad (116)$$

verschoben (Abb. 63). Der Schieflagewinkel δ der Schichten kann aus der für drei schachtnahe Gebirgsschichtpunkte berechneten Senkung abgeleitet werden. Der Scherbewegung zweier Schichten hält kein noch so starker Schachtausbau stand.

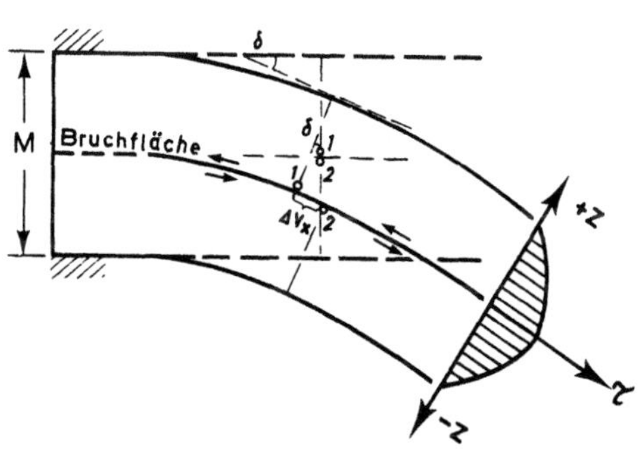

Abb. 63. Der Scherweg Δv_x nach Bildung einer Bruchfläche in einem gebogenen Gebirgsschichtenverband

Ein vollkommener Verformungsausgleich am Schacht durch ein zeitliches und örtliches Zusammentreffen von Streckung und Stauchung ist in der Anfangsphase des Abbaus nicht herbeizuführen. Die von den Randbauen hervorgerufene Stauchung entwickelt sich im Schachtkopf (Abb. 62,d), die Streckung über dem Zentralabbau beginnt dagegen im unteren Schachtabschnitt (Abb. 62,f). Ein gleichzeitiges Anlaufen der symmetrischen Randabbaue I und des zentralen Abbaus II hat daher einen oben gestauchten und unten gestreckten Ausbau zur Folge. Erst vom Abbaustand 2 an heben sich die streckenden und die stauchenden Abbaueinwirkungen in der hangenden Schachtsäule auf. Alle Hangendschichten senken sich dann am Schachtstoß gleichmäßig ab und nehmen den Ausbauzylinder ohne Längenänderung um den Betrag der Dachschichtsenkung nach unten mit.

Für den schachtschonenden Verhieb genügt es meistens, nur die innere Schachtschutzzone unter dem Gesichtswinkel der sich zeitlich und örtlich am Schacht möglichst ganz ausgleichenden Streckungen und Stauchungen abzubauen. Man unterteilt die in 700 m Teufe diametral rd. 1000 m messende Schutzzone eines Flözes in drei oder vier Bauabschnitte mit einer Baulänge im Einfallen von rd. 250 bzw. 200 m und läßt die äußeren, bei einem späteren Abbau nur schwach stauchend auf den Schachtkopf einwirkenden Schutzkreissegmente außer Betracht. Diese Einschränkung muß bei großen Schutzflächen auch deshalb gemacht werden, um durch eine Konzentration der Abbaue auf die am stärksten einwirkenden Flözflächen einen überschaubaren Betrieb zu erhalten und den Schacht nur für eine kurze Zeit zu gefährden.

Die in Abb. 64 dargestellten Abbaupläne sehen im Grundriß a einen

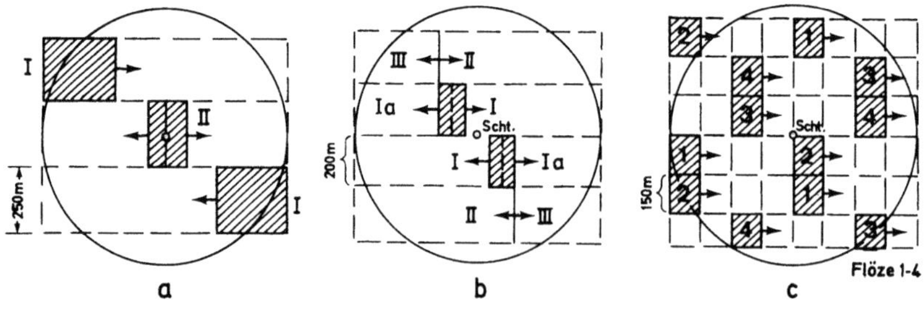

Abb. 64. Beispiele für einen kombinierten Rand- und Zentralabbau der Schachtschutzzone in einem Flöz oder in mehreren Flözen

vorgezogenen Randabbau I und einen etwas später einsetzenden, zweiflügeligen Zentralabbau II, im Grundriß b einen von exzentrisch versetzten Stößen ausgehenden, zweiflügeligen Zentralabbau I mit anschließendem Randabbau II sowie im Grundriß c einen schachbrettartigen (h a r m o n i s c h e n) Verhieb*) der Schachtschutzzone, bei dem der Schacht so gut wie spannungslos bleibt, vor (Bals 1939). Die nach den Abbauplänen a und b anfangs zu erwartende Stauchung des Schachtkopfes ist bei einem wasserführenden Deckgebirge als Vorgabe für den Ausgleich einer später hinzukommenden Streckung erwünscht. Die von den zentralen Baufeldern verursachte Streckung im unteren Hangenden bedeutet in einem trockenen Gebirge keine Gefahr für die Betriebssicherheit des Schachtes; durch sie werden die Füllörter weniger beschädigt als bei einer Stauchung.

Der Durchführung eines solchen Abbauplanes mit spannungsausgleichend und symmetrisch kombinierten Rand- und Zentralabbauen, der auf zwei oder mehrere Flöze erweitert werden kann, stellen sich während des Betriebsablaufes häufig erhebliche Schwierigkeiten entgegen, sei es, daß der Zeitplan nicht eingehalten werden kann, von einem Versatzbau abgegangen werden muß oder eine tektonische Störung unvermutet angefahren wird. Besonders der schachbrettartige Verhieb der Schachtschutzzone, falls die Kosten für die gleichzeitige Vorrichtung und Ausrüstung der vielen Baufelder sowie die förder- und wettertechnischen Probleme nicht gescheut werden, zwingt zu einer genauen Befolgung des Abbauzeitplanes, wenn er erfolgreich sein soll.

Für die Vorausberechnung der Schachtverformung müssen der Zeitfaktor und die Bewegungsgrenze im Gebirge gut bekannt sein, um den Ausgleich der entgegengesetzten Abbaueinwirkungen zeitlich, örtlich und größenmäßig richtig abstimmen zu können. In den am Gebirgsstoß abgescherten Schachtteilen über dem Abbau und im oberen Deckgebirge ist ein weiterer Kraftanstieg nicht zu befürchten, eine neue Erkenntnis, die bei gleichsinnig auf eine Tübbingsäule einwirkenden Rand- oder Zentralbauen wichtig sein kann (Abb. 56). Der durch die Tektonik und die bauwürdigen Flözflächen vorgegebene Zuschnitt der Schachtschutzzone verlangt in jedem einzelnen Fall eine besondere Abbauplanung und eine Abwägung der bergschadenkundlichen, bergtechnischen und wirtschaftlichen Gesichtspunkte.

*) Der Harmonische Abbau ist zuerst im Hinblick auf die schonenden Tagesanlagen eines Bergwerks (horizontaler Zerrungs-Pressungs-Ausgleich) entwickelt (K. Lehmann 1938) und danach auf den Schachtschutz (lotrechter Streckungs-Stauchungs-Ausgleich) erweitert worden (Bals 1939).

Als weitere abbautechnische Maßnahme zur Schonung des Schachtausbaus kann der Versatzbau genannt werden. Bei Anwendung von Versatz, was zumindest für die innere Schachtschutzzone erwogen werden sollte, ist die Absenkung der Hangendschichten nur halb so groß wie über einem Bruchbaufeld. Im gleichen Maße verringern sich auch die Streckungen und Stauchungen des Gebirges sowie die axialen Verformungen im Schachtwandzylinder. In Abb. 65 gehen die Höchstwerte der

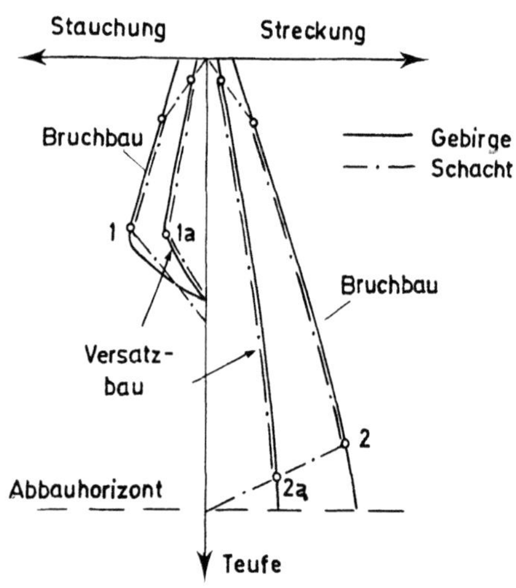

Abb. 65. Vergleich der Gebirgs- und Schachtverformung bei Bruchbau und Versatzbau

Schachtstauchung und -streckung beim Vollversatzbau von 1 nach 1a bzw. von 2 nach 2a auf rd. die Hälfte des Bruchbauwertes zurück. Der Versatz schützt also den Schachtausbau sehr wirksam vor einer zu hohen Längenänderung.

Über dem Alten Mann entspannen sich die unteren Gebirgsschichten wesentlich stärker als die oberen. Das Hangende kann sich bis zu 200 m hinauf unter großer Absenkungsgeschwindigkeit und starker Krümmung vom Verband ablösen und die untere Schachtsäule im Anfangsstadium eines zentralen Abbaus im Haupthangenden aufreißen. Es ist vorgeschlagen worden, diese sich im Haupthangenden entwickelnde Streckung durch eine im Umkreis von rd. 50 bis 100 m vom Schacht unabgebaute oder mit einem sehr harten Füllstoff versetzte Kernzone in Grenzen zu halten (Bals 1956). Wie die Abb. 66 zeigt, wird durch die Kernzone zwar die Gebirgsstreckung im unteren Hangenden, aber weniger

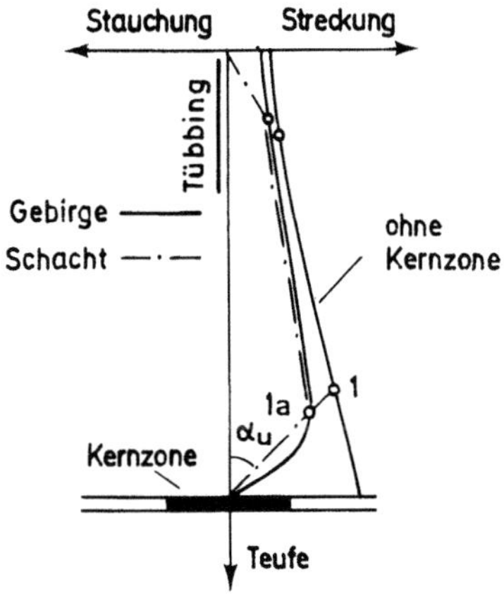

Abb. 66. Gebirgs- und Schachtverformung mit und ohne Kernzone

die Schachtverformung verringert, weil dort das Gebirge an der Schachtwand - eine ausreichende Zugfestigkeit des Ausbaus vorausgesetzt - abgleitet. Die Schachtverformungslinie für einen geschlitzten Ausbau steigt nach der neuen Theorie stets vom Abbauhorizont aus unter dem Winkel α_u an, wobei es ohne Bedeutung ist, ob die Gebirgsstreckung über der Kernzone auf Null abfällt oder dicht über dem Bruchfeld einen Höchstwert aufweist. Durch die Kernzone wird demnach die maximale Schachtstreckung in Abb. 66 nur geringfügig von Punkt 1 auf 1a abgeschwächt. Auch für eine obere Tübbingsäule bringt die Kernzone keine nennenswerte Minderung der Schachtstreckung, falls ihr Durchmesser nicht auf mehrere hundert Meter vergrößert wird. Die Kernzone kann sogar wie ein Restpfeiler schädlich sein, wenn sich ein Füllort im Bereich ihres Zusatzdruckes befindet. Sie verlängert jedoch die Standdauer eines in den Fugen schon zerrütteten Schachtausbaus im Bereich des sich auf die Kernzone auflegenden Hauptthangenden.

5.3 Die Sicherung des Schachtausbaus gegen Bergschäden

Die Erfahrung lehrt, daß der Schachtausbau beim schachtnahen Abbau am stärksten an den Durchtrittsstellen der Flöze oder anderer weicher Schichten, entlang den geologischen Störungen und in den Füllörtern beschädigt wird (Fritz 1971). In den anderen, meistens nicht über 3 mm/m gestreckten oder auf 1 mm/m gestauchten Schachtabschnitten bleiben die Schäden für die Sicherheit des Schachtbetriebes im allgemeinen ungefährlich. Die im Abbauvorfeld gestauchten Tonschichten, Flöze und Versatzfelder dehnen sich bankparallel zum Schacht hin aus und üben auf den Schachtausbau einen radialen Druck aus, der die Schachtwand einbeulen und örtlich zerstören kann. Dieser Stoßbruch wird ebenso wie die temperaturabhängigen Bewegungen der Tübbingfugen im einziehenden Schacht oft mit den axialen Abbaueinwirkungen verwechselt. Auf tektonischen Störungsflächen innerhalb des Abbaueinwirkungsbereiches gleiten die hangenden Gebirgsblöcke abwärts, wobei der Schachtausbau abschert. Um eine größere Relativverschiebung der Gebirgsblöcke zu vermeiden, sollte der Abbau in der Schachtschutzzone gleichzeitig von beiden Seiten der Störungslinie aus feldeinwärts geführt werden. Die Füllörter stellen wegen ihres Formschlusses mit dem Gebirge, ihrer im Vergleich zum Schachtrohr mehr bruchgefährdeten Gewölbeform und ihrer Größe das schwächste Glied im Schacht dar. Vor dem Horizontaldruck weicher Schichten schützt ein ringförmiges A s c h e p o l s t e r zwischen der Schachtwand und der 2 bis 3 m tief herausgebrochenen Gebirgsschicht, das die bankparallele Schichtausdehnung aufnimmt. Der an den Störungsschnittflächen nicht zu verhütende Schachtriß kann durch einen V o r b a u r i n g gegen Wassereinbruch gedichtet werden. Die axialen Stauchungskräfte auf ein Füllort lassen sich durch Holz- oder K u n s t s t o f f - l a g e n, die den Ausbau oberhalb des Füllortes nachgiebiger machen, auffangen. Die horizontale Gebirgspressung kann mit Hilfe eines offenen Spaltes hinter der Mauerwand oder einer porösen Anschlußbettung von dem Füllort ferngehalten werden.

Q u e t s c h l a g e n aus Holz oder Kunststoff dienen auch in dem von Füllort zu Füllort durchgehenden Schachtzylinder dazu, den Ausbau im Falle einer Stauchung nachgiebig zu machen. Die dadurch erzielte Abnahme der axialen Druckkraft im Ausbau hängt von der Dicke, dem Teufenabstand und dem Elastizitätsmodul der Quetschlagen ab. Noch wirkungsvoller sind o f f e n e, horizontale F u g e n im gebirgsverbundenen Ausbau, die die Wirklänge der Reibungskraftübertragung auf die dazwischen liegenden Schachtabschnitte verkürzen (Abb. 67, rechts). Der offene Schlitz unterbricht die Kraftübertragung und -summierung im Ausbau. Der Anstieg der Schachtverformungslinie beginnt an jeder Fuge beidseitig von neuem, und die Verformung bleibt

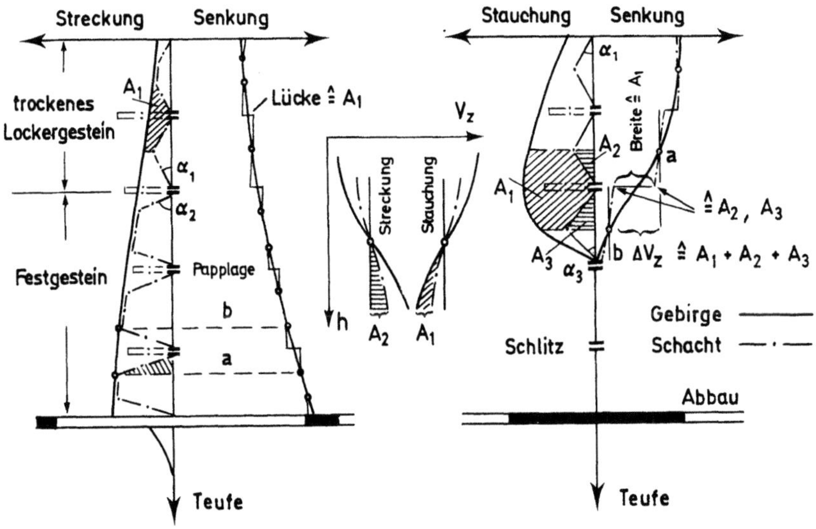

Abb. 67. Die Wirkung einer Trennfuge mit Pappe im gestreckten Ausbau und eines offenen Schlitzes im gestauchten Schachtausbau. Mitte: Vergrößerte Nebenzeichnung

in der Mitte des Schachtabschnittes unter der Gebirgsverformungsgröße. Die Anwendung einer offenen Fuge im Ausbau ist aber auf ein trockenes Gebirge beschränkt. Die Breite dieser Schlitze wird nach dem vorausberechneten Senkungsunterschied Δv_z der Gebirgspunkte a und b in der Mitte der Schachtabschnitte bemessen, verkleinert um den Stauchungsbetrag der schlitzseitigen Schachtenden (Fläche $2A_2$ bzw. $A_2 + A_3$ in Abb. 67). In der graphischen Konstruktion entspricht dieser Schlitzbreite, um die sich die Schachtabschnitte während des Abbaus lotrecht aufeinander zu bewegen, die von der Schacht- und der Gebirgsverformungslinie im Teufenbereich a-b eingeschlossene Fläche A_1.

Im Falle einer Schachtstreckung erweisen sich Dachpappenlagen im Festgesteinsbereich weniger wirksam in der Schadensminderung als die offenen Stauchungsfugen (Abb. 67, links). Für einen Schachtausbau aus Ziegelsteinmauerung muß wegen der geringen Zugfestigkeit der Mörtelfugen ein steiler Anstieg der Schachtverformungslinie unter dem Winkel α_2 im festen Gestein angenommen werden, so daß die Streckung im Schachtabschnitt zwischen den Papplagen bis auf die Gebirgsstreckungsgröße anwächst und breite Risse im Ausbau hinterläßt. Der Schachtschaden wird also meistens nicht auf die Papplagenfugen begrenzt sein. Eine nennenswerte Entlastung kann nur im trockenen Lockergestein, wo der Anstiegswinkel α_1 klein ist, erzielt werden.

Die wichtigste ausbautechnische Maßnahme bei einem Verhieb der inneren Schachtschutzzone ist die Herausnahme des Schachtausbaus im Flözhorizont, weil sich dort sonst eine 50 m und mehr in das Hangende und Liegende reichende Stauchungszone im Ausbau bildet. In diesen o f f e n e n S c h l i t z kann sich die hangende Schachtsäule mit dem niedergehenden Gebirge stauchungslos absenken (Abb. 68).

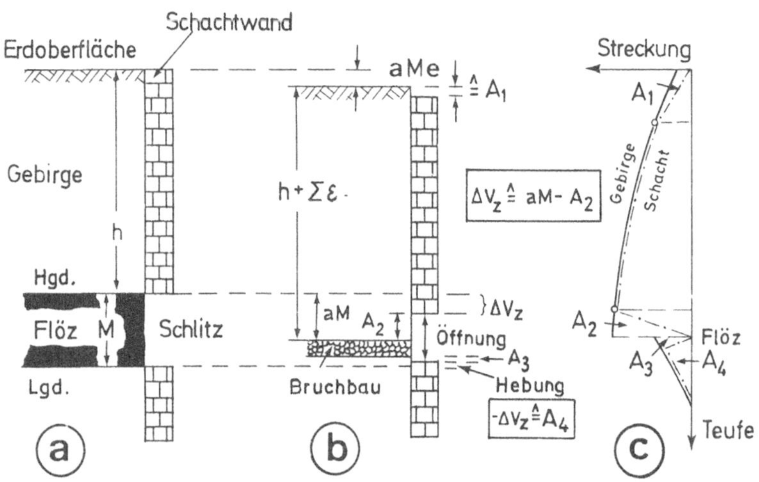

Abb. 68. Die Absenkung der hangenden Schachtsäule und die Bemessung der Schlitzbreite bei einem zentralen Abbau der Schachtzone

Gegenüber der Dachschichtsenkung von aM bleibt die Senkung des oberen Schachtstoßes am Schlitz um einen der Fläche A_2 entsprechenden Stauchungsbetrag zurück. Das entlastete Liegende streckt sich um $A_3 + A_4$. Der am Gebirge abscherende untere Schachtstoß macht diese streckende Hebung des Gebirges nur um A_4 mit; die Hebungsdifferenz kann in Abb. 68,c aus der Fläche A_3 ermittelt werden. Die Schlitzstöße wandern also unter der Abbauwirkung um $\Delta v_z \triangleq aM - A_2$ und $-\Delta v_z \triangleq A_4$ aufeinander zu. Der Schachtausbau muß folglich auf einer Breite (Höhe) von mindestens

$$b \triangleq aM - A_2 + A_4 \tag{117}$$

geöffnet werden, wenn sich der Schlitz nach dem Abbau wieder ohne Stauchung schließen soll.

Ein üblicherweise in den Schlitz hineingesetzter, ringförmiger Holzpfeiler in Flözmächtigkeit M aus kreuzweise gelegten Bohlen behindert jedoch die Schachtstoßbewegung, und es kommt dadurch zu einer Stauchung des Holzpfeilers und des Ausbaus (Löffler 1951). Aus der Holzpfeiler-Kennlinie läßt sich für eine Stauchung des Kiefernholz-Pfeilers von 15, 40 und 50% eine Druckspannung von 400, 800 und 1 200 N/cm^2 entnehmen (Brinkmann u. Neveling 1969). Rechnet man mit einer Druckspannung von σ = 1000 N/cm^2 im gestauchten Holzpfeiler, dann erfährt der als Amboß wirkende Schachtausbau (E = 1 200 000 N/cm^2) in der Nähe des Schlitzes eine maximale Stauchung von

$$\varepsilon = \frac{\sigma}{E}\,1000 = 0{,}8\ \text{mm/m}, \tag{118}$$

die unter dem Anstiegswinkel α_1 der Schachtverformungslinie nach oben und unten hin linear auf Null abnimmt (Abb. 69). In Höhe des nachgiebigen Holzpfeilers steigt die Schachtverformungslinie unter dem stei-

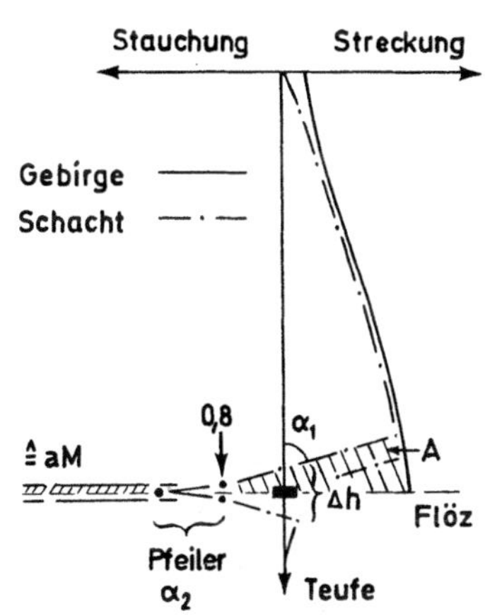

Abb 69. Die Stauchung eines Holzpfeilers im Ausbauschlitz und des Schachtausbaus im Teufenbereich Δh

len Winkel α_2 an. Im Vergleich zu einem Schachtausbau mit offenem Schlitz ist die Streckungsfläche um den Streifen A verringert. Bei einer genauen Konstruktion der Schachtverformungslinie müssen die schraffierten Rechteck- und Dreieckflächen wie in der Nebenzeichnung der Abb. 55 größenmäßig übereinstimmen.

Um das gerissene Mauerwerk oberhalb des Flözes vor dem Abstürzen zu sichern, hat man es in einigen Schächten mit dem Gebirge verankert. Wie aus Abb. 68,b zu ersehen ist, behindert ein horizontaler Anker die Relativbewegung zwischen dem Gebirge und dem Schachtausbau, so daß er den abscherenden Kräften ausgesetzt wird. Zweckmäßiger ist eine lotrechte Verankerung des geschlitzten Schachtstoßes im höheren Ausbau oder eine Bespannung der Schachtinnenwand mit einem Drahtnetz.

Hinsichtlich der Wahl des A u s b a u m a t e r i a l s gilt folgendes: Ein harter Ausbau mit Monolithbeton wird wegen des kleinen Anstiegswinkels α der Schachtverformungslinie geringer verformt als ein weicher Ausbau aus Ziegelsteinmauerung. Die Streckungen und Stauchungen sind, da die Schachtwand nur auf einer kurzen Strecke am Gebirgsstoß abschert, bei einem weichen Ausbau im oberen und unteren Schachtteil größer als bei einem Betonausbau, was aber nicht auch einen stärkeren Schaden bedeuten muß. Denn die Bruchstauchung der Ziegelsteinmauerung ist mit rd. 3 mm/m doppelt so groß wie die von Beton mit rd. 1,5 mm/m. Die Bruchstreckung ist im Beton schon bei 0,15 bis 0,3 mm/m erreicht, im Mauerwerk werden die ersten Risse entlang den waagerechten Mörtelfugen erst bei einer Streckung von 1 mm/m sichtbar. Einer stauchenden Einwirkung hält also ein Betonausbau am besten stand; bei einer Streckung ist ein aus Ziegelsteinen und weichem Mörtel gemauerter Schacht, der sich leicht ausbessern läßt, vorteilhaft. Unter diesem Gesichtspunkt ist ein Mauerwerk besonders gut geeignet für einen zentralen Abbau vom Schacht aus in einem standfesten, trockenen Gebirge, weil der gerissene Ausbau schnell durch eine neue Mauerung ersetzt werden kann und bei dieser Abbauführung ein den Mörtel zermürbender Wechsel von stauchender und anschließend streckender Beanspruchung vermieden wird. In einem nassen Gebirge sind ein Beton- oder ein Stahl-Beton-Ausbau sowie ein Abbau vom Rand her vorzuziehen, da der Beton gegen Druck weniger empfindlich ist als gegen Zug und der stauchende Randabbau keine offenen Trennrisse im Ausbau verursacht. Den besten Schutz gegen die Abbauwirkung bietet selbstverständlich ein mit Asphalt ummantelter Gleitzylinder (Abb.60).

Auch die E i n b a u t e n sind im Schacht den lotrechten Kräften und Verformungen ausgesetzt. Vor Beginn des schachtnahen Abbaus müssen deshalb in die Spurlatten und Rohrleitungen in sich verschiebbare

Zwischenstücke eingebaut werden. Für die großen Stauchungen der Spurlatten im Flözhorizont sind Gleitstücke mit aufgesetzten Bügeln entwickelt worden (Hoischen 1970). Die für die Einstriche und Jochhölzer vorgesehenen Mauernischen sind mit weichem Kalkmörtel zu füllen. An nachstellbaren Konsolen können die Bewegungen der Einbauten ausgeglichen werden. Doch schon in einem neuen Schachtausbau können, vom Eigengewichtsdruck abgesehen, axiale Spannungen vorhanden sein. Das trifft vor allem für Gefrierschächte zu; während des Gefrierens hebt sich der Gebirgsstoß um mehrere Zentimeter, in der Auftauperiode senkt sich das Gebirge wieder und der sich erwärmende Ausbau dehnt sich aus. Bei diesem Wechselspiel der Temperatur- und Reibungskräfte können örtlich beträchtliche Stauchungen und Streckungen bis zu 0,5 mm/m im Ausbau entstehen, die, wenn sie sich mit den Abbaueinwirkungen summieren, für die Beurteilung des späteren Schadensbildes bedeutsam sind (Haupt 1963, Kratzsch 1970).

Die Voraussage der Schachtbeanspruchung bei einem Abbau in geneigter bis steiler Lagerung wird durch die mangelhafte Kenntnis der Gebirgsbewegung erschwert. Wegen der überwiegend bankrechten Bewegung des Gebirges wird der Schacht auch in der Mitte eines steilen Abbaufeldes schief gestellt und gekrümmt (Abb. 25).

6. Der Einfluß des Durchbauungsgrades

6.1 Die gegenseitige Einwirkung der Baufelder

Die bisherigen Betrachtungen gingen von einem jungfräulichen Gebirge aus, das beim Abbau eines Flözfeldes erstmalig über eine große Fläche hinweg durchörtert wird. In den meisten Fällen hat es jedoch der Bergschadenkundler mit einem schon mehrfach durchbauten Gebirge zu tun, so zum Beispiel, wenn im gleichen Flöz bereits Abbaue umgegangen sind oder eine auf mehrere Flöze verteilte Lagerstätte sohlenweise von oben nach unten jahrzehntelang abgebaut wird. In einem solchen mehr oder weniger zerrütteten Gebirge werden sich nun die Hangendschichten sicherlich anders - intensiver - und auch schneller bewegen als über dem ersten Abbau, für den die Berechnungsverfahren entwickelt wurden (Abb. 70). Man erkannte bald, daß ein benachbarter

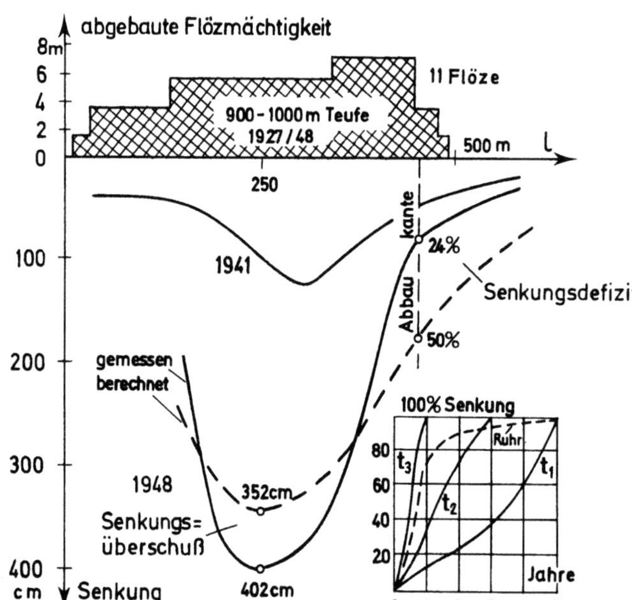

Abb. 70. Schnitt durch eine Senkungsmulde und Zeitfaktoren bei mehrfacher Durchbauung des Gebirges (nach Baron 1951). Abgebaute Flözmächtigkeit 3 m (t_1), 3 bis 7 m (t_2) und über 7 m (t_3), flache Bauhöhe rd. 400 m

oder höher gelegener Abbau die Form der Senkungsmulde beeinflußt und sich über den stockwerkartigen Abbauen eines Schachtsicherheitspfeilers eine unerwartet tiefe und steile Mulde bildet (Baron 1951). Der Verformungsendstand tritt mit zunehmender Durchbauung immer frühzeitiger ein.

Diese Abweichung zwischen berechneter und gemessener Gebirgs- oder Bodenbewegung, die heute bei einer Konzentration der Abbautätigkeit auf wenige Bauabteilungen oft festgestellt wird (Lautsch 1971, Spickernagel 1973), muß zu einem großen Teil auf die starke Durchörterung des Gebirgskörpers zurückgeführt werden. Mit dem Durchbauungsgrad ändert sich die Biegesteifigkeit der Schichtverbände, nehmen die Gleitlösen und Klüfte zu und wird das Spannungsfeld im Gebirge immer unregelmäßiger. Soweit hierdurch die Konvergenzgröße und ihre Geschwindigkeit in einem laufenden Abbaubetrieb beeinflußt werden und in den alten Baufeldern, die erneut in Bewegung geraten, eine Nachsenkung stattfindet, können diese Fernwirkungen der Abbaue bei einer genauen Berechnung der Gebirgspunktsenkung nicht außeracht bleiben. Es ist daher eine dringliche Aufgabe der Bergschadenkunde, die wechselseitige Abhängigkeit der Gebirgskinematik von den neuen und alten Abbaufeldern sowie von der Hangendsteifigkeit zu untersuchen, um sie in den modernen Rechenverfahren quantitativ berücksichtigen zu können.

Ein Abbau kann durch die von ihm ausgelöste Gebirgsbewegung und Spannungsverteilung, sieht man von den Schächten und Strecken des Grubengebäudes ab, innerhalb des Gebirgskörpers auf über- und unterbaute sowie auf angrenzende Baufelder, alte Baue, Kammern und Pfeiler einwirken und dort sekundäre Konvergenzen und Druckänderungen hervorrufen. Von Bedeutung ist die gegenseitige Beeinflussung

zweier benachbarter Abbaue in gleicher Teufe,
zweier oder mehrerer Abbaue in verschiedener Höhe und
eines Restpfeilers auf ein Baufeld.

Diese Wechselwirkung der Grubenbaue soll im folgenden näher erörtert werden (siehe Tafel 8).

Tafel 8. Die gegenseitige Beeinflussung der Abbaue

Erscheinung	Einfluß auf	Auswirkung	Ursache	wirksame Reichweite
Abbaurand-wirkung	im selben Flöz angrenzenden Alten Mann	Nachsenkung im Alten Mann	verdoppelte Stützlänge	50 m in den Alten Mann hinein
Schutzflöz-wirkung	über- und unterbautes Flözfeld	geringe Konvergenz	bankrechte Entlastung im Alten Mann	100 m bank-recht noch 20% Entspannung
Abbaukanten-wirkung	über- und unterbautes Flözfeld	große Konvergenz	Zusatzdruck auf Abbaukante	100 m bank-recht noch 50% Zusatzdruck
Restpfeiler-wirkung	über- und unterbautes Flözfeld	sehr hohe Konvergenz	Überlagerung des Zusatz-druckes von zwei Abbau-kanten	100 m bank-recht noch 100% Zusatz-druck

6.2 Die Randwirkung benachbarter Abbaue

Über der Abbaukante fällt das Hangende bekanntlich nicht sprungartig in Form einer Stufe auf den Höchstwert aM ab (Abb. 71); es biegt sich

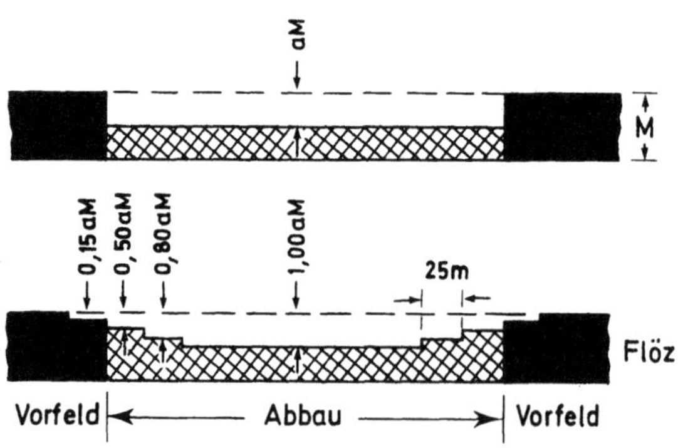

Abb. 71. Die mit einer Stufe (oben) oder mit vier Stufen (unten) angenäherte Dachschichtsenkung über einem Abbaufeld

vielmehr über dem Strebraum und Versatzfeldrand, wie es die Abb. 8 bis 11 zeigen, in einer schwach gebogenen Welle stetig durch, so daß der Versatz am Abbaurand bei einer Konvergenz von 20 bis 30% M zwar schon etwas verdichtet, aber nicht so verfestigt ist wie bei einer 50%-igen Zusammendrückung in der Baufeldmitte. Auch im Bruchbaufeld wird die Randzone vom Haupthangenden überbrückt und die aus grobstückigem Haufwerk bestehende Bettung dort nur gering belastet. Beispielsweise ließen sich die pflastersteingroßen Bruchstücke, mit denen ein Bruchfeld zwischen den je 20 m entfernten Bergerippen verfüllt war, auch drei Jahre nach dem Abbau noch mit der Hand herauslösen (H.F.Schulte 1952). Die inneren Randzonen eines Baufeldes besitzen demnach noch eine Senkungsreserve, die durch eine inelastische Nachsenkung im Laufe einer langen Zeit aufgezehrt oder durch einen Verhieb des anstehenden Flözes, wodurch dem Hangenden das Auflager im Vorfeld entzogen und die Stützlänge bis zur neuen Abbaukante verdoppelt wird, in eine Gebirgsbewegung umgewandelt werden.

Geht entlang einer Abbaukante ein neuer Abbau um, dann kommt es dort, wenn kein Streckendamm stehen bleibt, zu einer Nachsenkung im Alten Mann auf rd. 100% aM und am Innenrand des neuen Baufeldes zu einer vollen Hangendsenkung (Abb. 72). Aus den zwei einzelnen Abbauen entsteht so ein einziges, breites Baufeld mit einer stetigen Hangenddurchbiegung vom linken bis zum rechten Flözrand. Der Druck des Hangenden auf den Versatz steigt - eine genügend große Baufeldfläche vorausgesetzt - im Grenzgebiet auf den Überlagerungsdruck γh an. Der vorher seitlich der Grenzlinie auf dem Flöz lastende Zusatzdruck A_o wird zum größten Teil an den neu eingebrachten und an den im alten Abbaufeld noch nicht ganz verdichteten Versatz abgegeben: Der nicht vom Versatz aufgenommene Anteil A_2 erscheint als Druckzuwachs A_5 über dem alten Flözrand. Unter dem hohen Versatzdruck im neuen Baufeldzentrum gibt auch das zuvor in der Randzone des alten Versatzfeldes bis zu rd. 10% aM aufgewölbte Liegende nach, so daß die sich rückbildende Liegendhebung, die im neuen Baufeld in der Grenzzone erst gar nicht entsteht, zu einer Vergrößerung der Hangendsenkung beiträgt.

Ersetzt man die kontinuierliche Senkung eines Sandsteinhangenden im Abbauhorizont durch vier Senkungsstufen von beispielsweise 15%, 50%, 80% und 100% der maximalen Senkung in der Versatzfeldmitte, wobei der 15%-Senkungsstreifen noch im Vorfeld liegt (Abb. 71 und 72), so können die drei äußeren Zonen nach den Beobachtungen

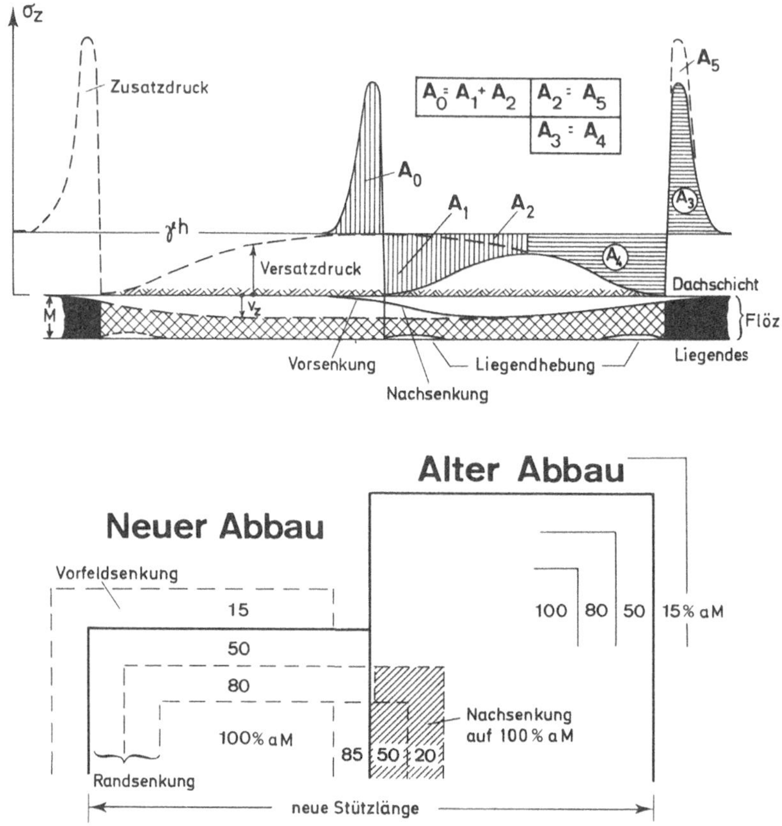

Abb. 72. Die Randwirkung benachbarter Abbaue. Oben: Verteilung der lotrechten Gebirgsdruckspannung über einem alten oder einem neuen Abbau sowie die Senkung der Dachschicht. Unten: Grundriß der Abbaue und der Senkungszonen

im Ruhrbergbau rd. 25 m breit gewählt werden. Bei einer Versatzfeldgröße von z.B. 250 · 500 m an kann die Dachschichtsenkung in der Baufeldmitte auch beim Teilflächenabbau näherungsweise der Vollsenkung aM gleichgesetzt werden. Die grundrißlichen Stufenlinien verlaufen parallel zur Abbaukante. Falls die genaue Dachschichtsenkung bekannt ist, können die Stufen über dem Anlaufstoß und über dem gestundeten Stoß verschieden breit bemessen oder unterschiedlich bewertet werden. Die Biegung eines wenig steifen Schiefertonhangenden kann durch 25 m breite Senkungsstufen von 7% (Vorfeld), 70% und 90% der in der Baufeldmitte erreichten Senkung dargestellt werden (Abb. 8). In die

Grundrißfläche des neuen Abbaus werden die Stufenlinien so eingezeichnet, daß sie die neuen Abbaukanten umlaufen. Im schraffierten Grenzbereich des alten Abbaus vollzieht sich eine nachträgliche Senkung auf 100% aM, die auf 20 und 50% abgestuft werden kann, wie es aus Abb. 72 ersichtlich ist. Das schon um rd. 15% abgesenkte Vorfeldhangende geht im Grenzgebiet des neuen Baufeldes um 85% aM nieder.

Besondere Überlegungen hinsichtlich der Größe der Dachschichtsenkungen sind erforderlich, wenn zwischen beiden Abbaufeldern ein abstützender Streckendamm stehen bleibt.

6.3 Die Konvergenzänderung bei stockwerkartigen Baufeldern

Die Randwirkung zweier benachbarter Flözbaue beruht auf der Nachsenkung des seiner Stütze im Vorfeld beraubten Hangenden über dem angrenzenden Alten Mann. Demgegenüber ist es bei übereinander angeordneten Abbauen (Mehrflözbau) das vom ersten Abbauhohlraum geschaffene bankrechte Gebirgsdruckgefälle, das die Konvergenzgröße im neuen Baufeld beeinflußt. Durch die abbaudynamische Fernwirkung wird die Konvergenz in einem bis zu 100 m darüber- oder darunterliegenden neuen Abbau verringert oder verstärkt. Wird beispielsweise unterhalb eines Alten Mannes in den aufwärts gestreckten Liegendschichten ein anderes Flöz abgebaut, so macht sich im neuen Baufeld zunächst der "Druckschatten" des oberen Versatzfeldes an dem schwächeren Gebirgsdruck und der verringerten Konvergenz bemerkbar. Kommt der Streb in die liegende Zusatzdruckzone einer alten Abbaukante, dann wird die Druckzunahme an der vergrößerten Konvergenz erkennbar. Andererseits hat auch der zweite Abbau eine Rückwirkung auf das alte Baufeld, das nochmals in Bewegung gerät und im Hangenden während der Unterbauung gekrümmt und weiter aufgelockert wird. Die dadurch geschwächten Hangendschichten geben in der Randzone des Alten Mannes unter dem Gebirgsdruck nach, so daß auch im oberen Versatzfeld eine Nachsenkung eintritt.

Im Falle der Unterbauung eines Alten Mannes bleibt die Konvergenz im neuen Baufeld hinter derjenigen bei erstmaliger Durchbauung des Gebirges etwas zurück, da das obere Baufeld den vollen Überlagerungsdruck $\gamma \cdot h_2$ vom unteren Abbau fernhält. Auf dem neu erschlossenen

Flözteil ruht nur der bis zum oberen Alten Mann anstehende Gebirgsschichtenverband Δh, der zusätzlich zur Gewichtskraft $\gamma \cdot \Delta h$ im oberen Abbauhorizont h_1 aber noch mit dem Versatzdruck σ_1 der höheren Schichten, der zur Baufeldmitte ansteigt, belastet wird. Die Gewichtskraft des Zwischenmittels und der Versatzdruck im Alten Mann sind zusammen jedoch kleiner als der gesamte Überlagerungsdruck γh_2 (Abb. 73). Das

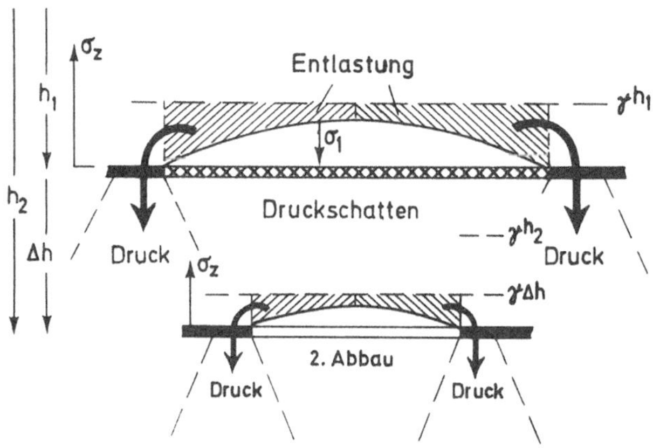

Abb. 73. Der Abbau im Druckschatten eines Alten Mannes. Verringerte Konvergenz im zweiten Baufeld

obere Baufeld stellt demnach einen S c h u t z s c h i l d gegen eine zu hohe Belastung des unteren Flözes dar, was man sich bei der Gebirgsschlagbekämpfung zunutze macht.

Ein unterhalb der oberen Abbaukante fortschreitender Abbau gerät in die liegende Zusatzdruckzone, wo er gestaucht wird. Die Größe wie auch die bankrechte Reichweite des A b b a u k a n t e n d r u k k e s hängen von der Abbauteufe und der Fläche des Alten Mannes, aus denen die Last des unterbauten Gebirges nach Gl. (1) berechnet wird, sowie von der Biegesteifigkeit des Hangenden und der Bettungsreaktion, aus denen nach Gl. (21) auf die Druckverteilung geschlossen werden kann, ab. Geht man von der Annahme aus, daß bei einem Vollflächenabbau rd. 75% der Gebirgslast vom Versatz getragen und 25% der Last auf jeden Flözrand als Zusatzdruck verlagert werden (Abb. 74), so beträgt der auf einen b = 30 m breiten Flözrand gleichmäßig verteilte Zusatzdruck mit R = 0,7 h bei $\gamma = 55^\circ$ maximal

$$\sigma_2 = \frac{0{,}7\,h \cdot 2{,}5\,h}{4\,b} = \frac{0{,}44\,h^2}{b}, \tag{119}$$

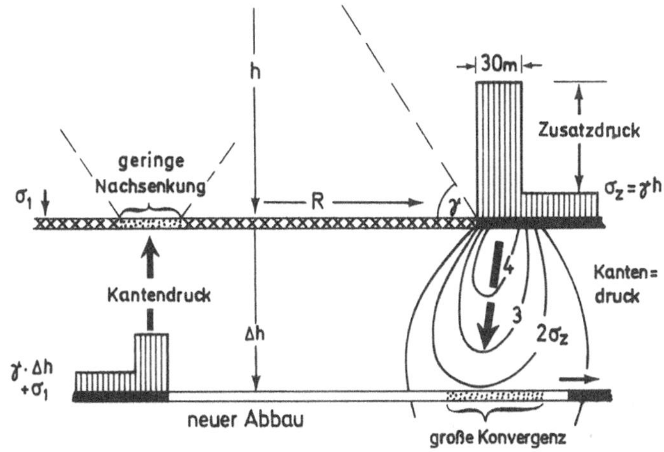

Abb. 74. Der bankrechte Abbaukantendruck eines alten Baufeldes auf einen neuen Abbau. Vergrößerte Konvergenz im Zusatzdruckgebiet und Nachsenkung im oberen Alten Mann

der in h = 800 m Teufe mit σ_z = 9 400 N/cm^2 den Überlagerungsdruck von 2,5 h = 2 000 N/cm^2 fast fünfmal übertrifft. Beim Teilflächenabbau ist der absolute Zusatzdruck in N/cm^2 kleiner als beim Vollflächenabbau.

Die Linien gleichen Zusatzdruckes verlaufen im Vorfeld wie "Druckzwiebeln" weit in das Hangende und Liegende hinein und greifen auch auf die Liegendschichten des Versatzfeldes über (Abb. 74). Ein im Zusatzdruckgebiet umgehender neuer Abbau wird von den bis zu dieser Teufe reichenden Drucklinien ein- oder zweimal geschnitten. Ist der Wert der vom neuen Abbau geschnittenen Drucklinien bekannt, dann läßt sich der Druck mit Hilfe der Versatzkennlinie und der Gl. (13) für ein als Balken betrachtetes Zwischenmittel näherungsweise in die gesuchte örtliche Hangendsenkung umrechnen. Bei gebrächen Dach- und Hangendschichten kann die örtliche Absenkung unmittelbar aus dem Verhältnis von Zusatzdruck und Versatzkonvergenz abgeschätzt werden.

Über mehreren, untereinander abgebauten Flözen entsteht im Gebirge die erwähnte tiefe und steile Mulde (Abb. 70). Ihre ungewöhnliche "T r i c h t e r f o r m" wird mit der starken Auflockerung, d.h. Zerrüttung des Gebirges erklärt, und für die Vorausberechnung derartig räumlich konzentrierter Gebirgsbewegungen ist ein Integrationsnetz (siehe Abb. 38) vorgeschlagen worden, dessen innere Zonen höher als die äußeren bewertet werden (Baron 1951). In der Muldenmitte betragen die Unterschiede zwischen herkömmlicher Berechnung und Messung 10 bis 30%. Die mehrfach unterbauten und gebrochenen Hangendschichten verlieren an Biegesteifigkeit, so daß der Druck auf den Versatz und die Konvergenz in den oberen Abbaufeldern mit dem Grad der Durchbauung zunehmen, wodurch die Schutzschildwirkung der oberen Abbaue allmählich aufgehoben wird. Beispielsweise kann sich ein durch mehrmalige Biegezugbeanspruchung brüchig, locker und schlaff gewordenes Sandsteinhangendes im Laufe der Zeit dem Verformungsverhalten einer weichen Tonschieferschicht anpassen, was nach Abb. 8 im Baufeldzentrum eine Nachsenkung von 4 bis 6% aM, in der Randzone des Alten Mannes sogar von fast 20% aM zur Folge hat. Diese rheologische Nachsenkung in den oberen Baufeldern gleicht die Konvergenzminderung in den unteren Abbauen, die im Druckschatten noch tragfähiger Hangendschichten liegen, aus und übertrifft sie bei einem Verhieb vieler Flöze. Es werden daher für die Muldenmitte zu kleine Senkungswerte berechnet, wenn die Nachsenkung der biegeschlaff gewordenen Hangendschichten nicht beachtet wird. So war die nach einem Teilflächenabbau von sechs, insgesamt 9 m mächtigen Kohlenflözen beobachtete Senkung des Schachtkopfes von 303 cm erheblich größer als der auf 220 cm berechnete Wert (Versatzbau a = 0,47; Baron 1951).

Ein weiterer Grund für die nachträgliche Konvergenz in einem wiederholt unterbauten Alten Mann kann in der geringeren Senkung der Abbauränder gegenüber der Feldmitte gesehen werden, da sich der lotrechte Gebirgsdruck in dem trogförmig abgesenkten alten Baufeld neu verteilt (Abb. 75). Dem Hangenden wird im Mittelfeld, das sich mit einem über-

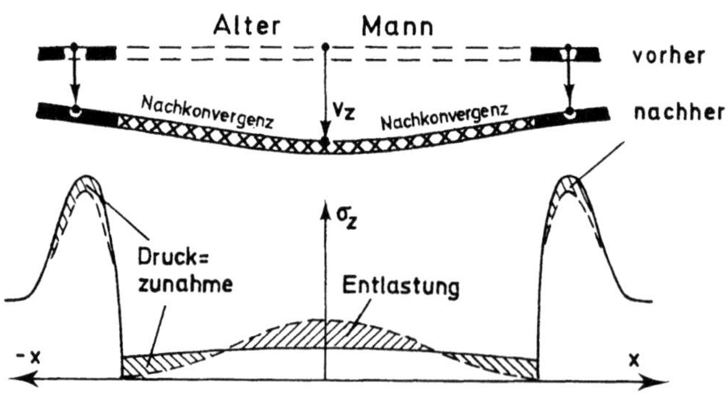

Abb. 75. Die Nachkonvergenz in einem unterbauten und trogförmig abgesenkten Alten Mann sowie Neuverteilung des lotrechten Gebirgsdruckes

brückten Trogzentrum vergleichen läßt, ein Teil der Stützkraft entzogen, so daß es verstärkt auf die Randzone - die Muldenflanke - drückt und den Versatz dort nochmals staucht. Umgekehrt verhält es sich bei den oberhalb der Abbaukante und im Vorfeld gelegenen Gebirgs- oder Bodenpunkten: Hier ergibt die Rechnung zu große Senkungsbeträge, weil für die Abbaurandzone statt der Senkungsstufen vereinfachend meistens der Vollsenkungswert aM in die Gl. (47) eingesetzt wird. Dieser Fehler kann sich von Flöz zu Flöz wie in Abb. 70 an der Abbaukante auf 50 - 24 = 26% aM addieren. Außerdem trägt die bei den Berechnungen wahrscheinlich nicht berücksichtigte Änderung des Grenzwinkels, der in einem zerrütteten Gebirge steiler wird, zu der Abweichung der Rechenergebnisse von den tatsächlichen Punktbewegungen bei. Gerade bei einem stockwerkartigen Mehrflözbau darf der Nachbarschaftseinfluß auf die Abbaueinwirkung wegen des Summationseffektes nicht vernachlässigt werden.

Die bankrechte R e i c h w e i t e der entlastenden Schutzschildwirkung alter Baufelder und des Abbaukantendruckes läßt sich aus den im liegenden Gebirge gemessenen Hebungen und Druckerscheinungen auf mindestens 250 m angeben. Weiterhin kann für eine Kreisflächenlast bzw. -entlastung und für ein elastisches Medium nach Gl. (48) (Boussinesq) errechnet werden, daß sich die Entlastungs- und Kantendruckspannungen zur Teufe hin asymptotisch dem Überlagerungsdruck nähern (Kormann 1957). Für eine Ausgangsteufe von 800 m ist der vermutete Kurvenverlauf in der Abb. 76 dargestellt. Im Abbauhorizont sind

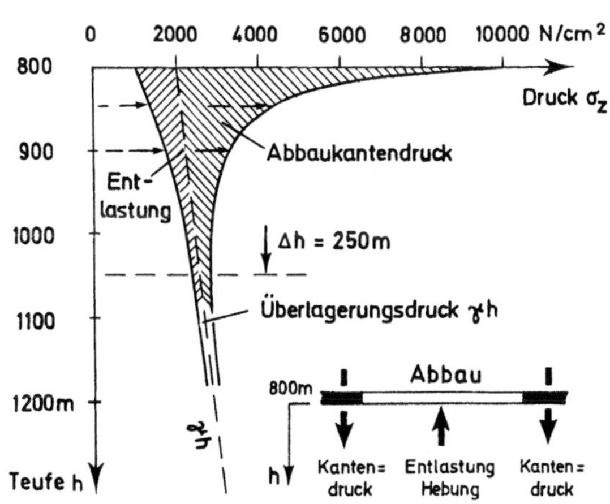

Abb. 76. Die Abnahme der Entlastung und des Abbaukantendruckes unter einem Abbaufeld in 800 m Teufe

ein Versatzdruck von 50% γh = 1000 N/cm^2 und eine Zusatzdruckspitze von 10 000 N/cm^2 gegenüber einem Überlagerungsdruck von 2 000 N/cm^2 gewählt worden. 50 m unterhalb des Abbaufeldes betragen hiernach der Abbaukantendruck noch rd. 2 000 N/cm^2, die Entlastung rd. 700 N/cm^2. Dieser Druckunterschied verringert sich im Teufenabstand von 100 m auf 1000 N/cm^2 Kantendruck und auf 400 N/cm^2 Entlastung. Die Konvergenz wird daher in einem neuen Teilflächenabbau 50 m unterhalb eines Alten Mannes bei 800 m Teufe nach Abb. 6 im Druckschatten um rd. 3% kleiner (Versatzdruck 50% von 1 300 N/cm^2 statt von 2 000 N/cm^2) und unter der alten Abbaukante um ungefähr 4% größer (Versatzdruck 50% von 4 000 N/cm^2 statt von 2 000 N/cm^2) als bei einer ersten Durchbauung des Gebirges sein.

6.4 Der Restpfeilerdruck auf ein Abbaufeld

Bleibt zwischen den Abbaufeldern eines Flözes eine Kohleninsel stehen, so stützt dieser restliche Lagerstättenteil das unterbaute Gebirge wie ein Pfeiler auf kleiner Fläche ab und überträgt die hohe Belastung auf die liegenden Schichten. Der bankrechte Stauchungsdruck im Hangenden und Liegenden des Restpfeilers vergrößert die Konvergenz in einem dort umgehenden Abbau. Die Eigenart der Restpfeilerwirkung besteht nun darin, daß sich die Zusatzdruckzonen zu beiden Seiten des Pfeilers einander überlagern und sogar ein einziges Druckmaximum in der Mitte des Pfeilers bilden können, wenn der Pfeiler sehr schmal ist (Abb. 77). Die wegen ihrer Gebirgsschlaggefahr gefürchtete Restpfeilerwirkung stellt folglich einen Sonderfall der Kantendrucküberlagerung bei Annäherung zweier Abbaue dar. Der Restpfeilerdruck übertrifft an Größe und Reichweite den Abbaukantendruck.

Die Größe der auf dem Restpfeiler ruhenden Gebirgslast richtet sich nach der Fläche und der Lastaufnahme der umliegenden Abbaufelder. Die vom angrenzenden Versatz- oder Bruchfeldrand nicht getragene Last des unterbauten Gebirges wird als Zusatzlast auf die streifen- oder inselförmige Pfeilerfläche verteilt. Je kleiner der Restpfeiler ist, desto höher wird also die Druckspitze in der Pfeilermitte sein. Begrenzt wird die Druckaufnahme des Restpfeilers durch die Festigkeit der Kohle, die sehr wesentlich vom Querdehnungs- und Reibungswiderstand des Flözes abhängt. In der Mitte des Pfeilers weist die Kohle unter all-

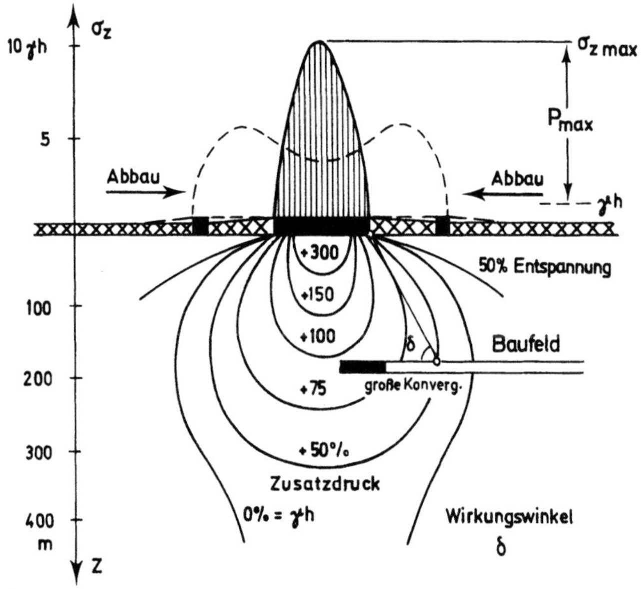

Abb. 77. Die Druckverteilung in einem streifenförmigen Restpfeiler und im liegenden Gebirge. Große Konvergenz in einem unteren Baufeld

seitiger Einspannung eine Tragfestigkeit von etwas über 20 000 N/cm^2 gegenüber der einachsigen Druckfestigkeit von 500 - 4 000 N/cm^2 am Pfeilerrand auf (Bräuner 1964). Die Grenzbelastung von 20 000 N/cm^2 wird bei einer angenommenen parabolischen Druckverteilung über einem 40 bis 50 m breiten, streifenförmigen Restpfeiler zu erwarten sein, wenn der Restpfeiler in 800 m Teufe beidseitig von abgebauten Vollflächen umgeben ist, was sich mit der aus Gl. (119) errechneten Durchschnittsbelastung eines 30 m breiten Flözrandes von 9 400 + 2 000 = 11 400 N/cm^2 abschätzen läßt. Ein einziges Druckmaximum von 20 000 N/cm^2 kann in 800 m Teufe über der Mitte eines inselförmigen Restpfeilers von 60 m Durchmesser bei einem Teilflächenabbau von allseits 200 m Breite angenommen werden (Gebirgslast = Grenzbelastung). Unter einem streifenförmigen Restpfeiler von der Breite 2a nimmt die zentrische Zusatzdruckspitze p_{max} in einem elastischen Körper mit dem Quadrat der Tiefe z

$$\sigma_z = \frac{2p_{max}}{\pi a} \left[z - \frac{1}{2} (z^2 - a^2) \arctan \frac{a}{z} \right] \tag{120}$$

ab (Kögler u. Scheidig 1944).

Für einen kreisrunden Restpfeiler gilt

$$\sigma_z = p_{max}\left[1 - \frac{2z^2}{a^2}\left(1 - \frac{z}{\sqrt{a^2+z^2}}\right)\right], \tag{121}$$

wenn die Entlastung zur seitlichen Streckungszone des Alten Mannes hin wie in Gl. (114) vernachlässigt wird. Die Zusatzdruckspitze $\sigma_{z\ max}$ von 10 γh = 20 000 N/cm^2 in der Mitte eines streifenförmigen Pfeilers in h = 800 m Teufe verringert sich 250 m tief im Liegenden auf den doppelten Überlagerungsdruck von $2\gamma h$ = 4 000 N/cm^2, wie es Abb. 78 zeigt.

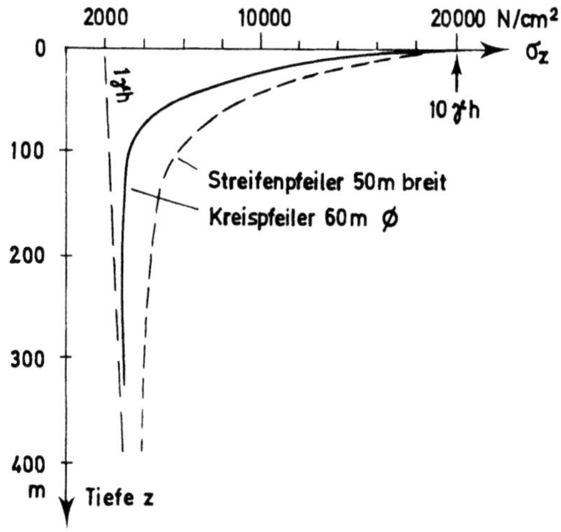

Abb. 78. Die Abnahme der Gebirgsdruckspitze unter der Mitte eines Restpfeilers in 800 m Teufe. Grenzbelastung in der Pfeilermitte 20 000 N/cm^2

Obwohl der Druck unter einem Restpfeiler wesentlich stärker als unter einer Abbaukante ist - 9 000 gegenüber 4 000 N/cm^2 rd. 50 m unterhalb eines Pfeilers bzw. einer Abbaukante -, wird die vom Restpfeilerdruck hervorgerufene Konvergenz in einem unteren Abbaufeld kaum größer sein als im Falle der Abbaukanteneinwirkung, denn die Konvergenz nimmt im Versatz bei Drücken über 2 000 N/cm^2 nur noch geringfügig zu. Es können also die für den Abbaukantendruck angegebenen örtlichen Konvergenzstufen von 4 bis 5% aM auch für die Restpfeilerwirkung gewählt werden. Die Zone erhöhter oder nachträglicher Konvergenz wird jedoch unter einem Restpfeiler in der Regel breiter sein als unter einer Abbaukante; der Einfachheit halber wird man sie auf die 50%-Zusatzdrucklinie begrenzen (Abb. 77).

6.5 Der zeitliche Abbaudruck

Das Spannungsfeld ober- und unterhalb eines Abbaus ändert sich während des Verhiebs sowohl örtlich als auch größenmäßig sehr schnell (1. und 2.Phase, vgl. Abb. 30); erst nach Einstellung des Abbaubetriebes bildet sich ein stationäres Spannungsfeld heraus, das bei Einkehr der Gebirgs- und Bodenruhe in ein bis fünf Jahren nach der Stundung des Abbaus zu einem vorläufigen Gleichgewicht gelangt (3. Phase). Der Druck und die Entlastung gleichen sich danach bei langsam fortschreitender Bruchbildung und Verformung weiterhin aus. Theoretisch dauert dieser rheologische Ausgleich der Spannungen bis zum endgültigen stratigrafischen Spannungsfeld unendlich lange; er hört aber im großen und ganzen auf, wenn der Abbauhohlraum einschließlich der Rand- und Eckzonen wieder vollständig geschlossen und das gebrochene Gebirge ausreichend verdichtet ist.

Während des Verhiebs nimmt der Druck auf den A n l a u f s t o ß oder auf einen zwischen zwei Abbaufeldern liegenden Restpfeiler ständig zu, weil die vom Versatz und dem ruhenden Flözrand zu tragende Last proportional mit der Unterbauung des Gebirges steigt, bis die Vollfläche erreicht ist. Der zeitliche Druckzuwachs hängt folglich hauptsächlich vom Abbaufortschritt ab. In zwei gleichschnell fortschreitenden Baufeldern derselben Teufe werden der Abbaukantendruck und die Entlastung des Liegenden zeitlich dort am stärksten sein, wo das Hangende biegesteifer, das Flöz härter, der Versatz nachgiebiger und die Abbaumächtigkeit größer ist. Im Gegensatz dazu tritt nach der Abbaustundung der vorläufige Endzustand des stationären Spannungsfeldes in dem Abbaufeld mit dem biegeschwächeren Hangenden, dem weicheren Flöz, dem dichteren Versatz und der geringeren Abbaumächtigkeit eher ein. Über dem Anlaufstoß oder einem Restpfeiler läßt der Druck während dieser ein- bis fünfjährigen, dritten Zeitphase nach

Einstellung des Abbaus etwas nach, da der Lastanteil des Versatzfeldes mit der Durchbiegung der Hangendschichten und der Verdichtung des Versatzes zunimmt (Abb. 79). Im gleichen Maße geht die Entlastung in dem Gebirgsschichtenverband ober- und unterhalb des Alten Mannes zurück.

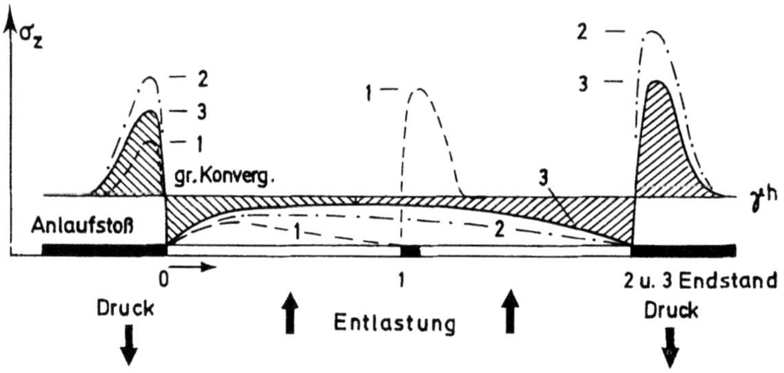

Abb. 79. Der zeitliche Gebirgsdruck über einem sich von links nach rechts entwickelnden Abbaufeld

Über dem fortschreitenden Abbaustoß (Gewinnungsstoß) erhöht sich der Druck zu Beginn der Baufeldentwicklung so lange, bis eine vom Abbaufortschritt sowie von der Hangend- und Versatzverformung abhängige Baufeldgröße erreicht ist, bei der sich die innerhalb eines Zeitabschnittes hinzukommende Lastaufnahme im Versatzfeld mit der Lastzunahme des neu unterbauten Gebirgsblockes die Waage hält. Der Zusatzdruck über dem fortschreitenden Stoß bleibt dann nahezu konstant. Nach der Abbaustundung fällt der Druck über diesem Stoß etwas ab, wenn die Hangendschichten sich am Feldesrand stark durchbiegen und dort zunehmend vom Versatz oder Bruch getragen werden.

Von den a b b a u t e c h n i s c h e n Maßnahmen haben demnach der tägliche Abbaufortschritt, der Arbeitsrhythmus und die Abbauart (Bruch- oder Versatzbau) einen Einfluß auf das Spannungsfeld im Gebirgsfeld und die Zerklüftung des Hangenden. Bei einem hohen Abbaufortschritt von beispielsweise 5 m/d im Steinkohlenbergbau geht auch die Be- und Entlastung der Gebirgsschichten über der Abbaukante schnell vor sich, was die Bruchneigung des Gesteins ebenso begünstigt wie die schnelle und nachträgliche (verzögerte) Durchbiegung der Hangendschichten über dem frischen Versatz- oder Bruchfeld an den Wochenenden nach einem kontinuierlichen, fünftägigen Gewinnungsbetrieb. Bruchbau fördert die Zerklüftung des Gebirges, da sich das Haupthangende fast doppelt so stark durchsenkt und krümmt wie beim Vollversatz.

Zusammenfassend kann somit über die Z e r k l ü f t u n g und D u r c h b a u u n g in Hinblick auf das Spannungs- und Bewegungsfeld folgendes festgestellt werden:

Die Zerklüftung des Gebirges hängt - von der natürlichen Gefügestruktur der Gesteinsschichten abgesehen - von

der Abbautechnik,
der zeitlichen Folge der Abbaue und
dem Durchbauungsgrad

ab.

Der Durchbauungsgrad wiederum wird bestimmt durch

die Anzahl der untereinander abgebauten Flöze und
den unvollständigen Verhieb (Randzonen, Abbaukanten, Restpfeiler) der Flöze.

6.6 Das Quellen tonhaltiger Schichten

Die durchörterten Gebirgsschichten lockern sich durch Bruchbildung auf - Entfestigung - und dehnen sich nach der Entlastung elastisch aus. Sie können ihr Volumen aber auch durch Quellen vergrößern, wenn die anstehenden Schichten tonhaltig und dem Grubenwasser oder der Wetterfeuchtigkeit ausgesetzt sind. Der Abbauhohlraum kann durch diese spannungsunabhängige Volumenausdehnung der freigelegten Schichten so sehr verengt werden, daß die zum verbleibenden Hohlraum hin gerichtete, abbaudynamische Gebirgsbewegung merklich verringert wird.

Seit langem ist die Fähigkeit des tonigen Kalk-Glimmer-Minerals "Montmorillonit" (Ca-Illit) bekannt, zwischen seinen Schuppen Wassermoleküle anzulagern und auf diese Weise zu quellen. Die Aufnahme einer Wasserschicht wird bei diesem Mineral dadurch erleichtert, daß sich die schwach negativ geladenen Silikatschichten gegenseitig etwas abstoßen und so das schwach positiv geladene Kationen-Wasser in die Zwischenräume eindringen lassen. Quellfähige Montmorillonite sind im Ruhrkarbon jedoch selten vorhanden. Aufgrund umfangreicher Untersuchungen an Nebengesteinen des Ruhrkarbons (Klosse 1967) konnte aber ein Zusammenhang zwischen der Quellfähigkeit, dem Anteil der Proben an den häufig vorkommenden tonigen Muskovit-Illiten und dem Ionenpotential einer zugeführten Salzlösung festgestellt werden. Dieser Kalium-Illit kann, wenn seine K^{+}-Ionen ausgelaugt und durch die kleineren Ca^{2+}- oder Mg^{2+}-Ionen ersetzt werden, zu einem dem Montmorillonit verwandten "aufweitbaren Illit" umgewandelt werden, der Zwischenschichtwasser aufnimmt. Umgekehrt geht ein mit Kaliumsalzlösung behandelter Ca-Illit wieder in den normalen, nicht quellfähigen Illit über. Das Quellverhalten der Nebengesteine hängt also sowohl vom Anteil an "aufweitbarem Illit" als auch von der Zusammensetzung der Grubenwässer, insbesondere des Ca- und Mg-Gehaltes ab. Kaliumsalzlösungen mit niedrigem Ionenpotential mindern das Quellen der Schiefertone.

In bankrechter Richtung quellen die angefahrenen Schiefertone bei Wasserzutritt um 1 bis 3%, manchmal sogar um 10 oder 20% der Mächtigkeit (Schöne-Warnefeld 1963). Das bedeutet eine Mächtigkeitszunahme einer 5 m mächtigen, illithaltigen Gebirgsschicht von 5 bis 15 cm und mehr. Das schichtparallele Quellmaß ist im Vergleich dazu um die Hälfte kleiner. Bei der Berechnung der Hangendsenkung muß daher das Quellen tonhaltiger Dach- und Liegendschichten berücksichtigt werden, indem die Abbaumächtigkeit M im Rechengang um das bankrechte Quellmaß von beispielsweise 5 bis 10% verringert wird. Desgleichen sollte auch der Senkungsfaktor a reduziert werden, wenn bei einem feuchten Versatzmaterial ein Quellen oder eine verringerte Druckfestigkeit zu erwarten sind. Mit der Wasseraufnahme verliert das Gestein bekanntlich an Festigkeit.

Abschließend seien noch diejenigen Gebirgsbewegungen erwähnt, die mit dem Unterwassersetzen stillgelegter Grubenbaue zusammenhängen. Wird die Luft in den Grubenbauen vom Wasser verdrängt, dann belastet die Wassersäule das Liegende der offenen Abbaufelder und die Streckensohlen mit einem Druck, dessen Größe 1H (N/cm^2) von der Höhe H (m) der Wassersäule bestimmt wird. Diese Zusatzlast von z.B. 800 N/cm^2 in 800 m Teufe bewirkt auf der untersten Sohle eine Absenkung der Liegendschichten von mehreren Zentimetern im Bereich der überfluteten Grubenbaue. Der in jeder Richtung gleich starke Wasserdruck wird aber auch auf die Hangendflächen der Abbaue und Strecken ausgeübt, so daß der Abbauhohlraum geringfügig geweitet, der noch unverdichtete Versatz entlastet und die Hangendschichten etwas angehoben werden. Die zwischen zwei Abbauen befindlichen Gebirgsschichten werden unter dem Differenzdruck 1 ΔH gestaucht. In den oberen Horizonten tritt bei einer Wechsellagerung von Tonschichten und lockeren Sanden eine cm-große H e b u n g während des Wasseranstiegs ein, weil die vom Wasser umgebenen Sandkörner einen Auftrieb erfahren und eine unterlagernde Tonschicht im Stützkorngerüst entlasten, die dadurch schwellen kann (Oberste-Brink 1940, Bernatzik 1942). Die manchmal am Rande des Einwirkungstroges beobachteten cm-großen Bodenhebungen sind auch als elastische Aufwölbung einer sich durchbiegenden Sandsteinschicht (siehe Abb. 31) oder als Kippbewegung von Gebirgsblöcken (ähnlich Abb. 20 a) gedeutet worden (Lehmann 1919, Quiring 1938, Kampers 1940).

Teil II: Bodenbewegungskunde

7. Die Elemente der Bodenbewegung

7.1 Die geschichtliche Entwicklung

Seit der Mitte des vorigen Jahrhunderts, als der Steinkohlenbergbau vom Stollenbau zum Tiefbau überging, befaßt man sich in Deutschland mit den beim Abbau der Kohle auftretenden Bodenbewegungen. Schon um 1860 führten die Eisenbahngesellschaften im Ruhrgebiet Höhenmessungen aus, um die Absenkung der Gleisanlagen in strittigen Bergschädenfällen nachweisen zu können. Auf der Grundlage dieser und ähnlicher Höhenmessungen erschienen ab 1870 in Deutschland und anderen europäischen Ländern mehrere wissenschaftliche Veröffentlichungen über bergbauliche Bodenbewegungen und über Formeln zur Vorausberechnung der Senkungen.

Die im Schrifttum zuerst angegebene Gleichung für die Senkung über der Mitte eines Bruchbaufeldes lautete

$$v_z = M \cos\alpha , \tag{122}$$

worin M die Mächtigkeit und α den Einfallswinkel der Gebirgsschichten bezeichnen (Dumont 1871). In flacher Lagerung ($\alpha \approx 0$) wäre hiernach die Senkung gleich der Flözmächtigkeit. Die um 1895 zur Ermittlung anteiliger Bergschäden im Essener Raum benutzte Formel

$$v_z = a\ M\ z \tag{123}$$

berücksichtigte mit den Faktoren a und z schon die Abbauart (Bruchbau, Versatzbau) und das Abbaualter. Später brachte man dann die ört-

*) siehe auch die mit dem Bau des Rhein-Herne-Kanals zusammenhängende Studie des OBA Dortmund aus dem Jahre 1897

lich entnommene Kohlenmenge mit dem Inhalt der übertägigen Senkungsmulde in Zusammenhang und führte die Abbauteufe sowie einen Koeffizienten für die Volumenvermehrung des bei der Absenkung aufgelockerten Gebirges ein (Goldreich 1913).

Einen starken Auftrieb erhielt die Bergschadenforschung durch die 1899 gegründete Emschergenossenschaft, die, um Vorflutschäden zu verhüten, das Absenken der Tagesoberfläche regelmäßig beobachten und Berechnungen über die zukünftigen Bodensenkungen anstellen mußte. Als Ergebnis dieser Beobachtungen wurde die in der Essener Formel noch vernachlässigte Größe der Abbaufläche mit einer reduzierten Abbaumächtigkeit M_{red} (Köhne 1910) und schließlich durch das Verhältnis von Abbaufläche : Einwirkungsfläche (Schmitz 1923) bewertet. Ein im heutigen Sinne brauchbares Verfahren zur Vorausberechnung der Senkungen an der Tagesoberfläche konnte aber erst angegeben werden, als man herausgefunden hatte, wie die Senkungsgröße von der Lage des Bodenpunktes zum Abbau abhängt (Keinhorst 1925, Integrationsnetzverfahren). Auf die waagerechte Verschiebung der Tagespunkte wurde man aufmerksam, nachdem an Häusern Lageänderungen sowie an Straßenbahngleisen Zerrungen und Pressungen festgestellt worden waren (Köndgen 1903, Korten 1909).

Den Bewegungsvorgang über einem tagesnahen Abbaufeld stellte man sich zuerst so vor, daß das Hangende zwischen zwei Bruchflächen, die das Gebirge von der Abbaukante bis zu den an den Muldenrändern sichtbaren Bruchspalten steil durchschneiden (siehe Abb. 81 u.91), in den Hohlraum als geschlossener Block abgleitet (Bruchwinkeltheorie, Gonot 1839). Mit zunehmender Abbauteufe erkannte man dann, daß die Bodenbewegungen über die Bruchspalte hinausreichen (G r e n z w i n k e l t h e o r i e) und daß sich der Gebirgskörper über einem großen Abbaufeld auflockert (Volumenvermehrung). Zur Erklärung der horizontalen Punktverschiebung wurden beide Theorien vereinigt (Abb. 80): Über dem Abbau sinken alle Punkte lotrecht ab, in dem angrenzenden Senkungsrandgebiet verschieben sich die Punkte in Richtung auf den Abbaustoß, wobei über dem Abbaustoß Pressungen wie beim aktiven Erddruck und am Senkungsrand Zerrungen entstehen (Goldreich 1913).

Ein Abreißen des Muldenkerns auf steilen Bruchflächen kommt nur bei der Pingenbildung über tagesnahen Baufeldern vor (Abb. 127); in einem festen und über 200 m mächtigen Hangenden entstehen auch bei mehrmali-

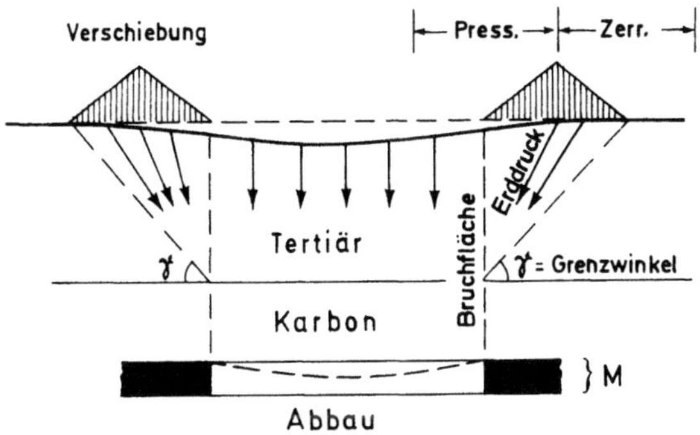

Abb. 80. Der Bewegungsvorgang über einem Abbau (nach Goldreich)

ger Durchbauung im Gebirge keine durchgehenden Trenn- und Bewegungsflächen (Eckardt 1914, Klose 1917). In den folgenden Jahren setzte sich deshalb die Anschauung durch, daß der Bodenbewegungsvorgang mit der Plattenbiegung (Korten sowie Eckardt 1913) oder mit einer Geosynklinalbildung (K.Lehmann 1919) zu vergleichen ist. Bei der plattenförmigen Durchbiegung einer Gebirgsschicht wird bekanntlich die Oberseite in der Mitte gedrückt und am Rande gedehnt. Aber auch die sich abwärts und seitlich zur Geosynklinalachse bewegenden weichen Erdschichten sind in der Trogmitte gepreßt und in der Randzone gezerrt worden (T r o g t h e o r i e). Die qualitative Übereinstimmung dieser Modellvorstellungen mit der bergbaulichen Bodenbewegung konnte anhand der u.a. am Niederrhein planmäßig gesammelten Beobachtungsergebnisse (Janus 1909) bestätigt werden. Die hieraus gewonnenen Erkenntnisse über die Vollfläche, das Muldenprofil und die Längenänderung schließen die erste Entwicklungsstufe der Bodenbewegungskunde ab (Abb. 81).

Der bergschadenkundliche Wissensstand ist in den dreißiger und vierziger Jahren vervollkommnet (Bals 1932, Beyer 1944) sowie auf die Verschiebungsberechnung (Fläschenträger 1938), die steile Lagerung (Schleier 1937) und den dynamischen Bewegungsablauf (Perz 1944) erweitert worden; neue Impulse sind dann nach dem zweiten Weltkrieg u. a. von dem stochastischen Verfahren (Litwiniszyn 1957), den programmierten Profilkurvenberechnungen (Niederhofer 1960) und in neuester Zeit von der bergschadenkundlichen Anwendung der Methode der endlichen Elemente (Kratzsch 1970) auf die Bodenbewegungskunde ausgegangen.

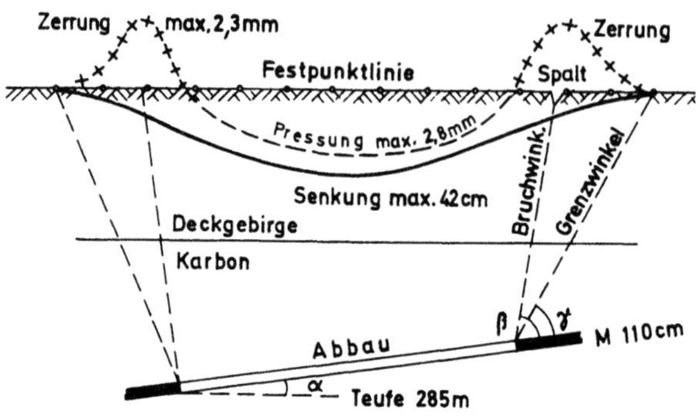

Abb. 81. Querschnitt durch einen Senkungstrog über einem Abbau (nach K. Lehmann)

Die aus dem Steinkohlenbergbau stammenden Erkenntnisse konnten auch auf die Braunkohlenentwässerung (Rom 1939), den Salzgitterer Eisenerzbergbau (Schleier 1949 u. 1964) und auf den Salzbergbau (Hilbig 1954) übertragen werden.

7.2 Die Bodenbewegung bei flacher Flözlagerung

Zur Veranschaulichung des Bodenbewegungsvorganges sei vom Endzustand eines Einwirkungstroges über einem horizontalen Abbaufeld ausgegangen, wie er im Profil aus der Differenz der vor und nach der Abbautätigkeit auf einer Beobachtungslinie gemessenen Höhen und Längen erhalten wird. Der von 0 aus zweiflügelig geführte Abbau reiche in der schnittrißlichen Darstellung (Abb. 82) zunächst nur bis A und A' Bei diesem Abbaustand hat sich, nachdem die Bewegungen abgeklungen sind, an der Tagesoberfläche ein im Achsenschnitt sinusförmig einfallender Trog (gerissene Linie) gebildet, wobei der Beobachtungspunkt P über der Abbaumitte um $v_{z\ max}$ am stärksten abgesunken ist. Die Kurvenform des Troges ist von Revier zu Revier etwas verschieden; oberhalb der Abbaukante A und A' wird meistens ein unter der halben Maximalsenkung (hier 0,5 $v_{z\ max}$) liegender Betrag gemessen. Vereinzelt hat man heute auch im Ruhrgebiet wie schon früher im Saarrevier oberhalb der Abbaukante sogar eine Senkung von nur 20 bis 30% der Maximalsenkung beobachtet; diese geringe Senkung über der Abbaukante

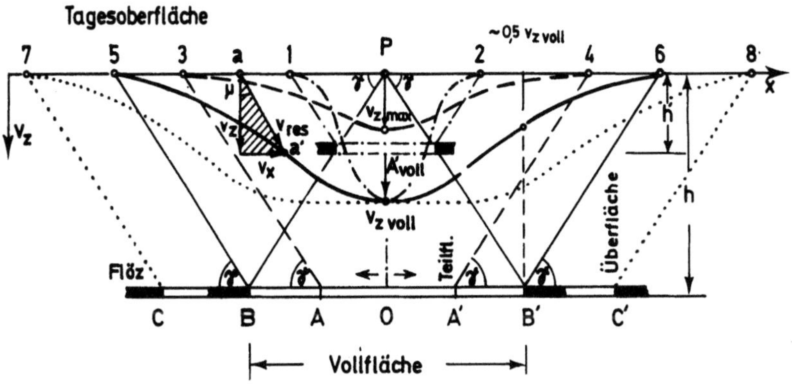

Abb. 82. Der Einwirkungstrog an der Tagesoberfläche über einem Abbaufeld in Teil-, Voll- und Überflächengröße. Zentraler Schnitt im Streichen

führt man auf die mit der mehrmaligen Unterbauung und bei einem großen Abbaufortschritt zunehmende Zerklüftung des Gebirges zurück. Der auf der Horizontalen an der Abbaukante errichtete Winkel zum Trograndwird als G r e n z w i n k e l γ bezeichnet. Er schwankt im Ruhrgebiet zwischen 55 und 72 gon, im weichen Gebirge kann er bis auf 40 gon zurückgehen. Als Trogrand wird die Stelle angesehen, wo eine Absenkung von 1 oder 2 cm durch Nivellement sicher nachweisbar und eine bergbaufremde Bodensetzung (Entwässerung, Schrumpfung) ausgeschlossen ist (siehe auch Abb. 102). Mit wachsender Abbauteufe wird der Grenzwinkelschenkel steiler, weil der Anteil der festen Gesteine im überlagernden Gebirge steigt - die Bewegungsgrenzlinie verflacht erst im oberen Bereich - und die Zerrüttung des Gebirges bei mehrfacher Durchbauung zunimmt (siehe obere Nebenzeichnung in Abb. 88).

Wird nun die Abbaufläche so weit auf B - B' vergrößert, daß sich die an den neuen Abbaukanten nach innen angetragenen Grenzwinkelschenkel im Punkt P an der Tagesoberfläche schneiden, dann hat dieser Punkt die größtmögliche Senkung, die sogenannte Vollsenkung $v_{z\,voll}$, erfahren. Man spricht in diesem Fall von einer V o l l f l ä c h e des Abbaus B - B' in der Teufe h, bezogen auf den Punkt P. Die Größe der Vollfläche wird also für beliebige Abbauteufen in der flachen Lagerung durch einen Kreiskegel mit der Spitze im Punkt P bestimmt, dessen Mantel von der horizontalen Tagesfläche aus um den Grenzwinkel γ geneigt ist. In der Abbauteufe h' genügt also schon der Verhieb der kleinen Abbauvollfläche A'_{voll}, um den zentralen Tagespunkt P auf $v_{z\ voll}$ abzusenken. Der Vollsenkungstrog (punktiert gerissene Linie in Abb. 82) fällt bei geringer Abbauteufe vergleisweise steil ein, während er über tiefen Abbauen bei gleicher Vollsenkungsgröße (durchgehende Linie) breiter und daher flacher ist.

Ein sich über die Vollfläche hinaus bis zur Überfläche C - C' ausdehnender Abbau erzeugt einen um $v_{z\ voll}$ abgesenkten, ebenen Trogboden von Punkt 1 bis 2 (punktierte Linie). Im Unterschied zur Vollfläche und Überfläche wird die zum noch nicht voll entwickelten Einwirkungstrog gehörige Abbaufläche A- A' Teilfläche genannt.

Eine Analyse der Punktbewegung im Einwirkungstrog zeigt, daß sich mit Ausnahme des Punktes P (Trogmitte) die Oberflächenpunkte nach Eintritt der Bodenruhe nicht lotrecht unterhalb der Ausgangslage befinden, sondern sich in schräger Richtung zum Abbauschwerpunkt hin verschoben haben (Punkt a in Abb. 82). Die Resultierende v_{res} der räumlichen Bewegung ist also mehr oder weniger schräg unter dem Winkel η zum Abbau geneigt (Abb. 83). Direkt messen läßt sich nur die lotrechte Komponente v_z (Senkung) der Punktlageänderung mittels Nivellement. Die Hori-

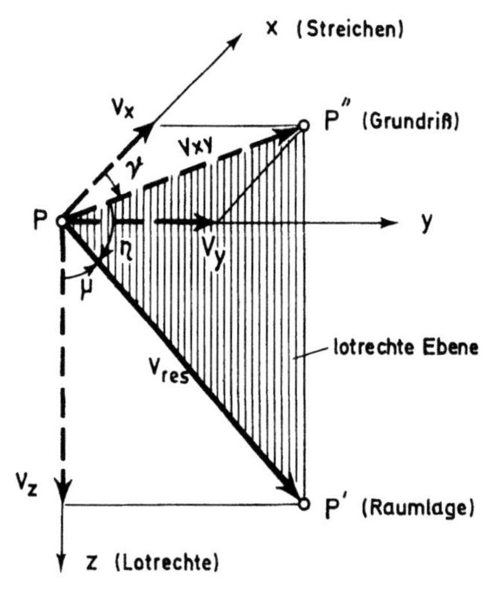

Abb. 83. Die Lageänderung des Bodenpunktes P nach P' und die Bestimmungsgrößen der Bodenbewegung nach DIN 21 900, Blatt 100

zontalverschiebung v_{xy} kann aus den gemessenen Punktabständen s_i bei einer durch den Trogmittelpunkt bis zum Muldenrand gehenden Meßlinie oder bei exzentrischen Meßlinien trigonometrisch aus Winkel- und Längenmessungen (Polygonzug mit Anschluß im senkungsfreien Gebiet) abgeleitet werden. Meistens werden auf den exzentrischen Meßpunktlinien nur die Bestimmungsgrößen v_x oder v_y in der Meßlinienrichtung aus den Punktabstandsänderungen Δs ermittelt, weil die Polygonierung zu aufwandreich ist.

Verbindet man die im Aufriß dargestellten Punktlageänderungen v_{res} oder trägt unter Vernachlässigung der waagerechten Verschiebung v_{xy} die Senkungsbeträge v_z lotrecht unterhalb des ursprünglichen Meßpunktortes in einem überhöhten Maßstab ab (Abb. 82, Pkt. a), so entsteht die Profilkurve des Troges bzw. die S e n k u n g s k u r v e, aus der sich die Schieflagekurve v_z' als erste Ableitung und die Krümmungskurve v_z'' als zweite Ableitung konstruieren lassen (Abb. 84). Auf geo-

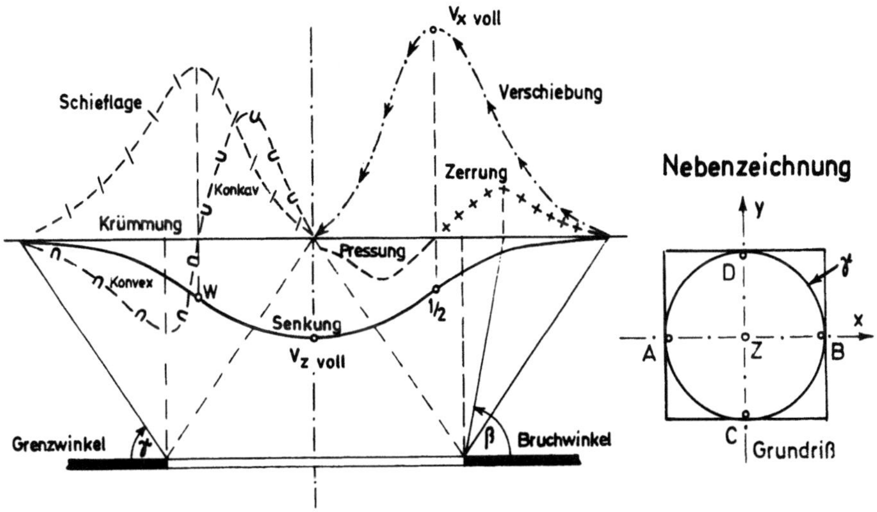

Abb. 84. Die Elemente der Bodenbewegung über einer Abbauvollfläche. Links lotrechte, rechts waagerechte Bewegungselemente. Nebenzeichnung: Grundriß der Abbauvollfläche

metrischem Wege wird die auf 1 m Punktabstand bezogene Schieflage - in DIN 21 900, Blatt 100, auch Schieflegung genannt - aus dem Senkungsunterschied zweier Meßpunkte 1 und 2 sowie deren Abstand s (Abb. 85) nach

$$v_z' = \frac{v_{z1} - v_{z2}}{s} \tag{124}$$

erhalten. Die örtlich größte Schieflage weist überall im Trog zur Abbaumitte hin; die maximale Bodenschieflage im Trogschnitt findet man oberhalb des inneren Versatzfeldrandes im Wendepunkt W der Senkungskurve (Abb. 84).

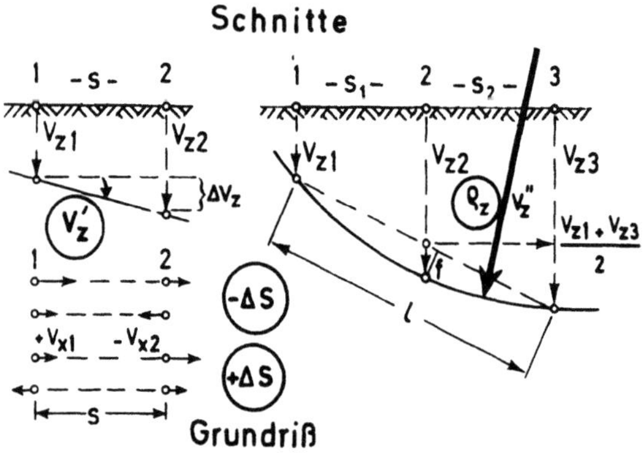

Abb. 85. Zur Berechnung der Schieflage v_z' und der Krümmungshalbmesser ρ aus den Senkungen v_z der Bodenpunkte sowie der waagerechten Punktabstandsänderung - Δs (Kürzung) und + Δs (Längung)

Der Krümmungshalbmesser ρ_z der Senkungsprofilkurve kann unter der Annahme kreisförmiger Kurvenabschnitte aus den Senkungen v_z und den waagerechten Abständen s dreier Meßpunkte näherungsweise mit Hilfe der Pfeilhöhe f und der Sehne l nach

$$f = \frac{l^2}{8\rho_z} \approx \frac{(s_1 + s_2)^2}{8\rho_z} \tag{125}$$

oder, wenn die Punktabstände $s_1 = s_2 = s$ ungefähr gleichgroß sind, nach

$$\rho_z \approx \frac{s^2}{2f} \tag{126}$$

berechnet werden, worin die Pfeilhöhe

$$f \approx v_{z2} - \frac{v_{z1} + v_{z3}}{2} \tag{127}$$

ist (Abb. 85). Die Krümmung v_z'' in 1/m ist der Kehrwert des Krümmungshalbmessers ρ_z

$$v_z'' = \frac{1}{\rho_z} \tag{128}$$

mit

$$\begin{aligned} \rho_z &\approx \frac{s^2}{2v_{z2} - v_{z1} - v_{z3}} \quad \text{(konkav)} \\ &\approx \frac{s^2}{v_{z1} - 2v_{z2} + v_{z3}} \quad \text{(konvex)}\,. \end{aligned} \tag{129}$$

Sie ist im Trograndgebiet konvex, in der Innenzone über der Abbaufläche konkav. Die Krümmungskurve besitzt vier Maxima.

Die Schieflage und die Krümmung sind also die aus der lotrechten Bewegung abgeleiteten Trogelemente (Tafel 9). Die Kenntnis der Schieflage ist für die Feststellung des Minderwertes eines Gebäudes im Bergbaugebiet sowie für die Gefälleänderung von Fahrbahnen wichtig. Die Krümmungen verursachen Wölbungen an langgestreckten Bauwerken, die zu einem Bruch führen können.

Die zweite Gruppe der Trogelemente - die V e r s c h i e b u n g v_{xy} und die Punktabstandsänderung (Längenänderung) $\pm \Delta s$ - umfaßt die Auswirkungen der waagerechten Bodenbewegung. Errichtet man senkrecht über der Mitte der horizontalen Punktabstände s_i, den Teillängen der Meßlinie, die ermittelten Verschiebungsmaße v_{xy}, v_x oder v_y, so entsteht die symmetrische Verschiebungskurve, die oberhalb des inneren Versatzfeldrandes ungefähr an der Stelle der halben Maximalsenkung ein Maximum aufweist und über der Abbaumitte auf Null zurückgeht (Abb. 84). Die größte Verschiebung wird über der Mitte eines 2R langen Abbaurandes ungefähr in den Punkten 49 und 60 beim Abbaustand III (Abb. 86 und 87) beobachtet, wenn das Abbaufeld rechtwinklig dazu mindestens

Tafel 9. Die Elemente der bergbaulichen Bodenbewegung im Einwirkungstrog

Lotrechte Komponenten				Waagerechte Komponenten			
Bezeichnung	Zeichen neu	Zeichen alt	Einheit	Bezeichnung	Zeichen neu	Zeichen alt	Einheit
Senkung	v_z	s	mm	Verschiebung	v_x, v_y, v_{xy}	v	mm
Vollsenkung	$v_{z\ voll}$	s_v	mm	Vollverschiebung	$v_{xy\ voll}$	v_{max}	mm
Schieflage	v'_z	s'	mm/m	Längenänderung	$\pm \Delta s$	$\pm \Delta l$	mm
Krümmung	v''_z	s"	1/m	Zerrung	$+ \varepsilon_s$	$+ \varepsilon_v$	mm/m
Krümmungsradius	ρ_z	ρ	m	Pressung	$- \varepsilon_s$	$- \varepsilon_v$	mm/m
Weitere Größen: Absenkungsfaktor a, Abbaumächtigkeit M, Einwirkungsfaktor e, Zeitfaktor z							

eine Vollänge R breit ist. In Anlehnung an die Bezeichnung "Vollsenkung" und zur Unterscheidung von der maximalen Verschiebung in einer beliebigen Profillinie soll diese größtmögliche Verschiebung "Vollverschiebung" genannt werden, obwohl dieser Betrag schon bei einer halben Abbauvollfläche über der Mitte der 2R langen Abbaufronten in den Punkten A und Z (Nebenzeichnung zu Abb. 84) erreicht wird. Über der ganzen, quadratischen Abbauvollfläche wird die Vollverschiebung dann auch in dem anderen diametralen Hauptschnitt y in den Punkten C und D, also an insgesamt 4 Orten gemessen. Die Bewegung ist zum Abbauschwerpunkt gerichtet, so daß für alle Punkte auf den diametralen Hauptschnitt- und Achslinien x und y in der Nebenzeichnung der Abb. 84 die resultierende Verschiebung $v_{xy} = 0$ beträgt. Die Verschiebungskurve sieht der Schieflagekurve ähnlich.

Die Differenz der Verschiebungen zweier Punkte (Abb. 85) ergibt in Richtung zur Abbaumitte die Punktabstands- oder Längenänderung $\pm \Delta s$ (Kürzung $- \Delta s$, Längung $+ \Delta s$) in mm oder die auf 1 m Länge bezogene, waagerechte Längenänderung $\pm \varepsilon_s$ in mm/m

$$\varepsilon_s = \pm \frac{\Delta s}{s} = \pm \frac{v_{x2} - v_{x1}}{s}, \tag{130}$$

die oberhalb der Abbaufläche als Pressung negativ und im Randgebiet als Zerrung positiv ist.

Statt der hier vorgenommenen Einteilung der Trogelemente nach den lotrechten und waagerechten Komponenten der Punktlageänderung, wie es bei der Auswertung der Höhen- und Längenmessungen naheliegend ist, könnte für bautechnische Zwecke (Linien, Flächen) aber auch zwischen der Bewegung - der räumlichen Lageänderung v_{res} (Komponenten v_z und v_{xy}), der Schieflegung v_z' (Kippung) und der horizontalen Drehung (aus v_{xy}) - sowie der Verformung - der Krümmung v_z'' und der Längenänderung Δs (absolut) oder ϵ_s (relativ, Dehnung) - unterschieden werden (siehe auch Grafarend 1964).

In der Längenänderungskurve der Abb. 84 sind die Zerrungen in der Mitte der Teillängen nach oben, die Pressungen nach unten abgetragen. Der Übergang von Zerrung in Pressung sowie von konvexer in konkave Krümmung findet oberhalb des inneren Versatzfeldrandes im Wendepunkt W der Senkungskurve ($\sim 0{,}5\ v_{z\ max}$) statt. Diese sogenannte "neutrale Zone" der Längenänderung und der Krümmung wäre demnach für Bauwerke schadlos, wenn nicht dort die größte Schieflage aufträte. Der Ort des Zerrungsmaximums über dem Abbauvorfeld entspricht dem Durchstoßpunkt des Bruchwinkelschenkels an der Tagesoberfläche. Im Ruhrgebiet beträgt der B r u c h w i n k e l 75 bis 90 gon. Die endlichen, je nach Teufenlage des Abbaus an Teillängen (Punktabständen) von 10 bis 50 m beobachteten Pressungen verschwinden in der Mitte des Vollsenkungstroges nicht ganz, sie gehen erst bei einer Überfläche im Trogzentrum auf Null zurück, nachdem zuvor über der schmalen Mittelzone der halben Abbauvollfläche eine "kritische", d.h. größte Pressungsspitze bestanden hatte, die sich mit Annäherung an die Vollfläche im breiten Muldental in zwei kleinere Pressungsmaxima auflöst (Abb. 86).

Dieses k r i t i s c h e P r e s s u n g s m a x i m u m (Rellensmann 1940) übertrifft die größte Zerrungsspitze, die ebenfalls bei einer halben Abbauvollfläche erreicht ist und bei fortschreitendem Abbau über dem Abbauvorfeld nahezu unverändert bestehen bleibt, um fast das Doppelte (Abbaustand II). Für das linksrheinische Bergbaugebiet wurde ein Zerrungs-Pressungs-Verhältnis in Abhängigkeit von der Abbaugröße von 1 : 3 bei einer 40%-Teilfläche, von 1 : 2 bei einer 60%-Teilfläche und von 1 : 1,5 bei einer 80%-Teilfläche (100% = Vollfläche) ermittelt (Reichelt 1972). Pressungsempfindliche, tiefgegründete Bauwerke sind also in der Mitte des Troges, zerrungsempfindliche, lange Betonbauten in der Mitte des Trograndgebietes besonders gefährdet, sobald der Abbau eine Länge von 1R (Vollflächen-

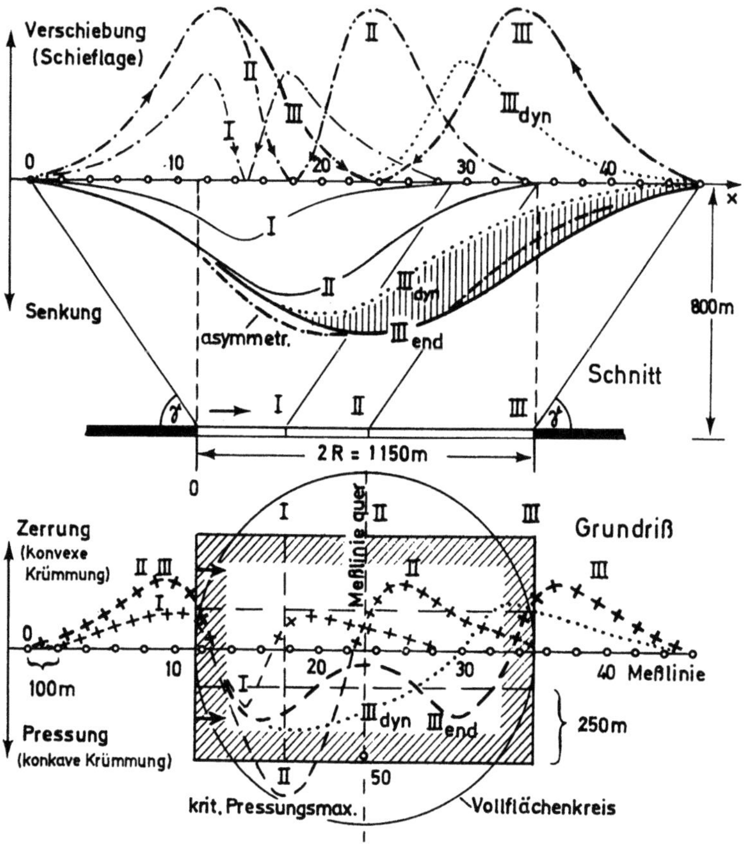

Abb. 86. Die Bodenbewegungselemente über den Teilfläche I und II (Endzustand) im Vergleich zum Vollängen-Zustand III. Punktierte Linie für die zwischenzeitliche Verformung beim Abbaustand III. Meßlinie im Streichen

radius) erreicht hat. Die Summe der Zerrungen ist geringfügig größer als die Summe der Pressungen, weil die ausgebogene Trogschnittlinie länger als die waagerechte Verbindungslinie der Trogränder (Sehne) ist*). Die Längenänderungskurve hat mit ihren vier Maximalwerten Ähnlichkeit mit der Krümmungskurve, die ebenfalls über der halben Vollfläche ein kritisches Krümmungsmaximum aufweist, da die konkave Trog-

*) Auf den manchmal als "Keinhorst'sches Gesetz" genannten Summenausgleich der Zerrungen und Pressungen entlang einer Profillinie (Keinhorst 1928) ist schon in der Trogtheorie hingewiesen worden (K. Lehmann 1919).

mitte sehr schmal ist. Die breite, flachgewölbte Schüsselform des Troges bildet sich erst bei einer Abbaufläche von über 1R aus.

7.3 Besonderheiten im Trogbild

In der Abb. 86 ist die Meßlinie in Richtung des von links nach rechts fortschreitenden Abbaus im Streichen angelegt. Die Extremwerte der Bodenbewegung wandern deshalb auf der rechten Trogseite mit der Gewinnungsfront mit, wobei die zum Zeitpunkt der Abbaustände I, II oder III beobachteten, dynamischen Werte an der gestreckten Kurvenform (in Abb. 86 für Abbaustand III punktiert) von den Endwerten zu unterscheiden sind, die sich erst in ein bis drei Jahren nach der Abbauruhe beim jeweiligen Strebstand einstellen. Die Nachsenkung ist in der Abb. 86 für die Vollänge 2R durch eine aufrechte Schraffur hervorgehoben. Man beachte, daß über dem ruhenden, linken Stoß und seinem Vorfeld die Bodenbewegungsgröße nur so lange steigt, bis die halbe Volffläche abgebaut ist. Ein von II aus nach rechts weiter vorrückender Abbau wirkt auf das linke Vorfeld nicht mehr ein.

In querschlägiger Richtung dagegen entstehen vor und hinter der zur Meßlinie parallelen Abbaufront von Anfang an stationäre Bewegungszonen (Abb. 87). Der Trog vertieft sich entlang der Querschnittlinie durch Punkt 23 vom Abbaustand 0 an bis zum Verhieb der Vollänge III, so daß neben der Verschiebung, Schieflage und Krümmung über den Vorfeldern auch die Zerrungen und über dem Abbau die Pressungen ständig zunehmen. Im deutschen Schrifttum wird für bergschadenkundliche Untersuchungen der streichende Trogschnitt bevorzugt, weil die Baulänge im Einfallen bei Streblängen von rd. 250 m in 800 m Teufe zu sehr von dem über 1 km großen Vollflächendurchmesser abweicht, es sei denn, daß wie in Abb. 87 mehrere Bauabschnitte nebeneinander liegen.

Mit zunehmender Abbauteufe werden die Einwirkungströge an der Tagesoberfläche breiter und flacher (Abb. 82). Verlängert man in Abb. 88 die Grenzwinkellinien von den Kanten des Abbaus 1 (Teilfläche) nach unten, so erhält man bis hinab zum Abbauelement in der Teufe h die Begrenzung für alle Abbauflächen, die an der Tagesoberfläche eine gleichbreite, jedoch unterschiedlich tiefe Mulde hervorrufen (z. B. $v_{z2\ max}$ von Abbau 2, dv_z vom Abbauelement). Sucht man dagegen die dem

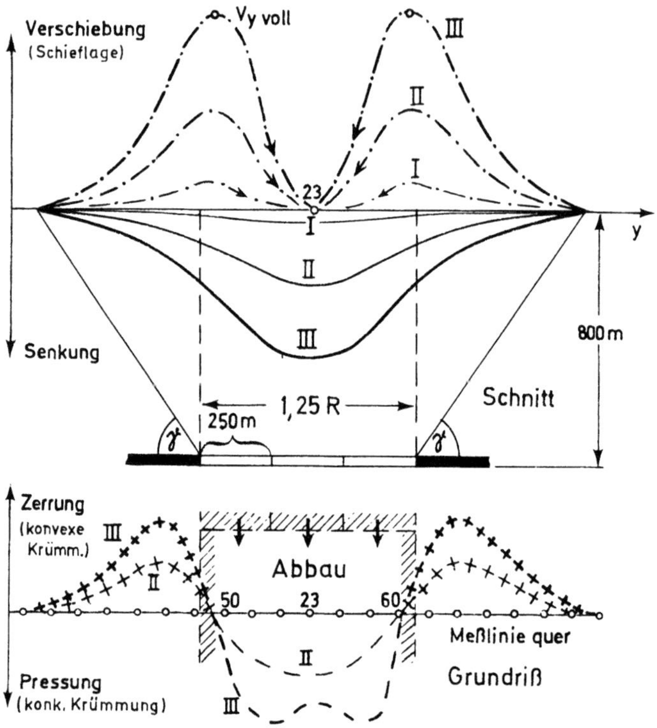

Abb. 87. Die Bodenbewegung (Endzustand) in querschlägiger Richtung vor (I), bei (II) und nach (III) der Unterbauung der Meßlinie durch drei gleichlaufende Streben. Meßlinie über der Vollflächenmitte

Abbau 1 in anderen Teufen zugeordneten Flözflächen, die eine gleiche maximale Bodensenkung $v_{z1\ max}$ über der Abbaumitte im Punkt P erzeugen, dann muß nach dem Äquivalenzprinzip (Abschnitt 8.31) der die Abbaufläche 1 einschließende Zentralwinkel δ im Tagespunkt P gezeichnet werden. Auch hier sieht man wieder, daß zu den tiefer liegenden Abbauen (z.B. Abbau 3-3 in der Teufe h) eine breitere und deshalb flacher einfallende Mulde gehört.

Bei gleichgroß bleibenden Abbauflächen (z.B. Abbau 4-4 in der Teufe h) schließlich verbreitert sich mit wachsender Teufe der Trog und nimmt gleichzeitig die Maximalsenkung ab (Abb. 88, untere Nebenzeichnung). Aus der Verflachung der Mulden bei größerer Abbauteufe folgt eine Abnahme der Schieflage, Krümmung, Verschiebung und Längenänderung (Zerrung, Pressung). Der Schadensgrad müßte demnach mit dem Vordringen des Bergbaus in die Tiefe zurückgehen. In den bergschadenkundlichen Richtlinien einiger Länder sind deshalb Sicherheitskoeffizienten angegeben, die, mit der Abbaumächtigkeit multipliziert, die k r i - t i s c h e T e u f e bezeichnen, bis zu der ein tieferer Abbau keine größeren als die für die betreffenden Bauwerksklassen erlaubten Deformationen (Tafel 33) verursacht. Diese Grenzteufe beträgt im Donezrevier bei M = 1,5 m für die Bauklasse I 1,5 · 400 = 600 m und für die Bauklasse V 1,5 · 100 = 150 m. Ein flächengleicher, tieferer Abbau wirkt aber auf ein größeres Gebiet ein, was in einem dicht besiedelten Bergbaurevier wiederum eine Erhöhung der Bergschädenkosten bedeuten kann.

Die abgebildeten Einwirkungströge geben die ideale Form der Bodenbewegungen wieder, die im Bergbau selten angetroffen wird. Die gleichförmigen Tröge setzen ein mächtiges und weiches Deckgebirge voraus, das die unstetigen Bewegungen des Grundgebirges wie ein Polster weitgehend ausgleicht. Fehlt jedoch das Deckgebirge, dann können sich die unregelmäßigen Gebirgsbewegungen auf Klüften und Scherflächen bis in

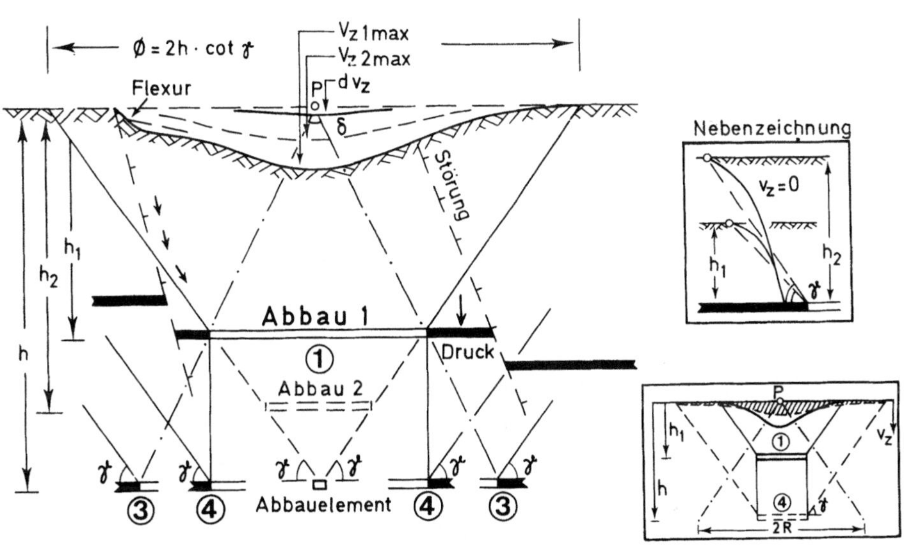

Abb. 88. Der Einfluß geologischer Störungen auf die Bodenbewegung im Einwirkungsbereich des Abbaus 1 sowie die Verflachung des Troges mit größerer Abbauteufe bei gleichbleibender Breite der Mulde (1) bzw. des Abbaus (4) oder bei gleichbleibender Maximalsenkung v_{z1} max. (3)

die Verwitterungszone fortsetzen, was gerade heute bei einem sehr schnellen Verhieb der Flöze immer häufiger beobachtet wird. Bekannt ist seit längerem, daß die Asymmetrie der zwischenzeitlichen Kurvenformen nach der Stundung des Abbaus oftmals abgeschwächt bestehen bleibt; der Trog ist dann über dem Anlaufstoß tiefer und über dem gestundeten Stoß bei gleichem Muldeninhalt flacher als im Schulbeispiel eines symmetrischen Endzustandes (gestrichelte Kurve III in Abb. 86, siehe auch Perz 1948). Mitunter sind auch über dem Gewinnungsstoß die Grenzwinkel kleiner und die Trograndzonen breiter als auf der Seite des Anlaufstoßes. Außerdem beeinflussen die Gebirgsstörungen den Bewegungsablauf in der Weise, daß am Ausgehenden der Störungszone treppenförmige Absätze, Geländeflexuren oder sogar grabenartige Abbrüche sichtbar werden. An tektonischen Störungen, die im Einwirkungsrandgebiet etwas steiler als der nach oben gehende Grenzwinkelschenkel zum Abbau hin einfallen, reißen die Einwirkungen ab (Abb. 88). Im Liegenden von Störungsflächen, die gegen den Grenzwinkel einfallen, kann sich über dem Abbau ein Gebirgskeil ablösen, doch wird der Bewegungsablauf an der Tagesoberfläche durch diese Störungslage in der Regel kaum beeinträchtigt (rechtes Vorfeld von Abbau 1), es sei denn, daß sich bei geringer Abbauteufe auch hier über der Störung eine Spalte im Boden bildet (Keinhorst 1956, S.417). Die zum Abbaustoß einfallenden Störungen (linkes Vorfeld) machen sich dagegen am Ausbiß oder an der durch das Deckgebirge verlängerten Störungslinie stets schon frühzeitig durch eine örtlich erhöhte Senkung und Zerrung bemerkbar (Sekundärmulde bei Pkt. 33 in Abb. 158). *)

In diesem Zusammenhang müssen als Unstetigkeitsstellen im Trogbild auch die Erdrisse und Erdstufen im Bruchwinkelbereich übereinander liegender Abbaukanten genannt werden. Die sich beispielsweise an Markscheiden oder tektonischen Abbaugrenzen überlagernden Zerrungen der einzelnen Abbaue können zu einem metertiefen Trennriß im Boden und zu einer Abböschung der Bruchstelle führen (siehe Abb. 191, 192 und 144). Aber auch ohne hohe Zerrungseinwirkung können Erdstufen dort entstehen, wo die Festigkeit der oberen Schichten plötzlich wechselt, wie es an den Grenzlinien geologischer Formationen, z.B. am Karbon-Kreide-Tertiär-Übergang bei lückenhafter oder dünner Quartärüberdeckung, der Fall ist.

Der tatsächliche Einwirkungstrog weicht auch dann vom Schulbeispiel ab, wenn eine unabgebaute Kohleninsel oder ein Barrierepfeiler im Abbaufeld zurückbleiben, die eine Schwelle im Trogprofil hinterlassen, oder wenn sich alte Abbaue im Einwirkungsbereich befinden, von denen unter dem neuen Abbauzusatzdruck und der erneuten Biegeverformung eine Nachsenkung ausgehen kann (siehe Abschnitt 6.3). Außer diesem die Konvergenz verstärkenden Abbaukanteneffekt bei einem blockartigen Verhieb mehrerer Flöze wird auch bei einem Nachlesebergbau eine zusätzliche Senkung in den Randzonen der alten Versatz- und Bruchfelder, die an den neuen Baufeldern unmittelbar angrenzen, zu erwarten sein (Randzonenwirkung).

Ein in mehreren Horizonten (Flözen) stark durchbautes und daher biegeschlaffes Gebirge wird sich über den stockwerkartigen Baufeldern zwischen steileren Grenzwinkelschenkeln (γ rd. 67 gon) mehr "trichterförmig" absenken (Abb. 70), so daß gegenüber dem sonst "flachtellerförmigen" Trog im Muldenkern ein Senkungsüberschuß und am Muldenrand ein Senkungsdefizit zu verzeichnen sind. Die steilen Trogflanken haben nicht nur eine hohe Schieflage von über 10 mm/m, sondern auch einen schmalen Trogboden und deshalb große Pressungs- und Krümmungsbeträge zur Folge (Spickernagel 1973). Das Zerrungsmaximum wandert zur Abbaukante (Bruchwinkel rd. 100 gon). Als Ergebnis der Zerteilung und Entfestigung des Gebirges bei mehrmaliger Durchbauung bleibt das Pressungsmaximum gelegentlich auch bei einer Voll- und Überfläche über der Abbaumitte bestehen (Lautsch 1971).

Hinzu kommt, daß der heute überwiegend betriebene Bruchbau bei einer im Vergleich zum Versatzbau doppelt so großen Durchbiegung der Hangendschichten die Zerklüftung des Gebirges fördert und zusammen mit dem Durchbauungsgrad zu dem biegeschlaffen Verhalten des Gebirges beiträgt, das sich in der spitzen Trogform äußert. Auf die erwähnte asymmetrische Form des Trogprofils hat die heute schnelle und kontinuierliche Unterbauung des Hangenden einen bestimmenden Einfluß in der Weise, daß sich ein während der fünftägigen Arbeitswoche auf großer Breite freigelegtes Hangendes weiter zum Anlaufstoß hin abstützt, dort das Bruchfeld verdichtet und den Senkungsvorgang zum Anlaufstoß verlagert (Abb. 88, 108 und 170).

Im Ruhrgebiet wirken im Normalfall mehrere Abbaue gleichzeitig auf die Tagesoberfläche ein, was eine Analyse des Bewegungsablaufes und eine Zuordnung der gemessenen Senkungen oder Längenänderungen zu den einzelnen Abbauen sowie eine Bestimmung der Grenz- und Bruchwinkel

*) Neuerdings ist ein Abriß im Trogprofil auch bei einem mächtigen Deckgebirge festgestellt worden, als das zweite Flöz im Liegenden der Störung abgebaut wurde (Lippmann 1974).

erschwert.

7.4 Die Bodenbewegung bei steiler Lagerung

In geneigter und steiler Lagerung sind die Grenz- und Bruchwinkel im Streichen (γ, β) sowie am unteren (γ_H, β_H) und oberen Flözflügel (γ_L, β_L) verschieden groß (Abb. 89). Aus Beobachtungen ist bekannt, daß

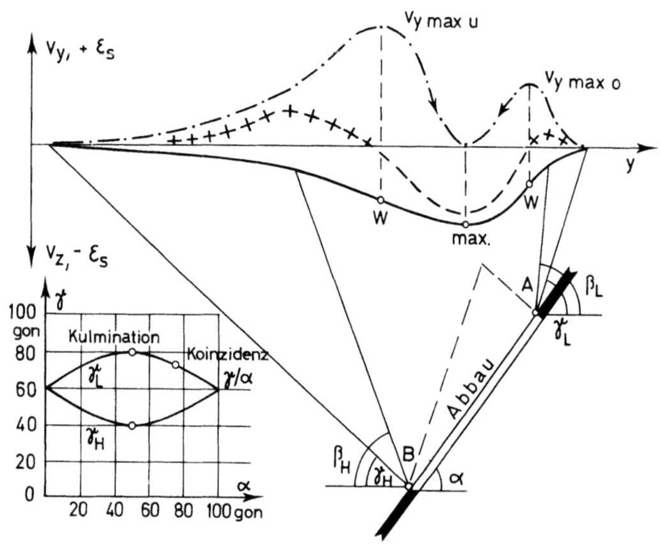

Abb. 89. Die Bodenbewegung über einem steilen Teilflächen-Abbau (Querschnitt). Links unten: Grenzwinkelsystematik (nach Rom)

der Grenzwinkel γ_H am unteren Abbaustoß, dessen horizontaler Schenkel im Punkt B in das Hangende weist, mit zunehmendem Einfallen flacher, der Grenzwinkel γ_L am oberen Abbaustoß dagegen steiler wird. Beispielsweise können bei einem Einfallen von α = 40 oder 70 gon und einem Grenzwinkel im Streichen von γ = 60 gon die Grenzwinkel in der Fallebene γ_H = 45 bzw. 40 gon und γ_L = 65 bzw. 80 gon betragen. Bei sehr steiler Lagerung ist diese Winkeländerung von einem Kulminationspunkt an (H.Rom 1964) wieder rückläufig, so daß die Grenzwinkel für horizontale und senkrechte Lagerung annähernd gleich sind. Die Grenz- und Bruchwinkelgrößen schwanken je nach der Zusammensetzung und Festigkeit der hangenden Gebirgsschichten sowie Mächtigkeit des auf den steilen Karbonschichten diskordant auflagernden Deckgebirges. Die im Oberflächenpunkt P angetragenen Grenzwinkel γ, γ_H und γ_L ergeben den Vollflächenkegel, der im Flöz und im Abbaugrundriß eine annähernd elliptische Umrißlinie hat.

Der Einwirkungstrog ist in steiler Lagerung stets unsymmetrisch. Das Muldentiefste verlagert sich mit wachsendem Flözeinfallen nach dem oberen Drittel des Abbaufeldes; über der unteren Abbaukante B ladet die sehr flache Senkungsmulde weit in das Vorfeld aus. Auch über der oberen Abbaukante A kann die Einwirkung weit nach außen reichen, wenn der Grenzwinkel γ_L, was manchmal bei einer starken Liegendhebung eintritt, kleiner als das Flözeinfallen α ist. Die in steiler Lagerung und größerer Teufe selten abgebaute Vollfläche läßt sich daher nicht mehr durch Antragen der Grenzwinkel vom Oberflächenpunkt P aus bestimmen. Der Winkel γ_L' muß dann an der unteren Abbaukante angetragen werden (Abb. 90).

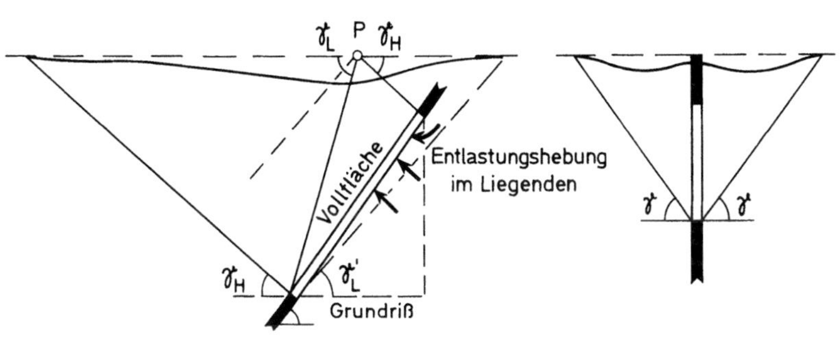

Abb. 90. Die Vollfläche in steiler Lagerung (links) und zwei Mulden über einem lotrecht stehenden Abbau (rechts). Der Grenzwinkel $\gamma_L' < \alpha$ wird am unteren Abbaustoß angetragen

Die Verschiebungskurve zeigt eine große Verschiebung $v_{y\ max\ u}$ oberhalb der unteren Abbaukante und ein demgegenüber kleines Verschiebungsmaximum $v_{y\ max\ o}$ über der oberen Abbaukante. Die hieraus abgeleitete Zerrungs- und Pressungskurve besitzt ein Zerrungsmaximum über dem unteren Abbauvorfeld (Bruchwinkel β_H) und ein starkes Pressungsmaximum über der oberen Hälfte der Abbauteilfläche (Abb. 89). Auf der rechten Seite der Längenänderungskurve ist in Nähe der oberen Abbaukante das Zerrungsmaximum klein; bei steiler werdender Lagerung wird dieser Kurventeil schmaler, so daß dann über einem sehr steilen Abbau praktisch nur noch ein Zerrungsmaximum und ein Pressungsmaximum auftreten. Zwei ungleiche Pressungszonen entstehen über der Abbauvollfläche. Umfangreiche Meßergebnisse liegen hierüber allerdings nicht vor.

Bei einem lotrecht stehenden Abbau bilden sich zwei Mulden an der Tagesoberfläche, wenn sich nicht nur die hangenden, sondern auch die liegenden Schichten im gleichen Maße in den Abbauhohlraum hineinschieben und der obere, unabgebaute Lagerstättenteil zum Abbau hin nicht absinkt oder durchbricht. Bis zu Tage durchgehende steile Gebirgsschichten senken sich an den Schichtköpfen oft treppenförmig ab. Außerdem kann das steile Flöz über dem Abbau eine Scherfuge bilden, so daß die darauf abgleitenden Gebirgsblöcke an der Tagesoberfläche einen Graben oder Staffelbruch entstehen lassen.

Liegt auf dem steil geschichteten Grundgebirge diskordant ein lockeres Deckgebirge, dann können die Senkungen und Verschiebungen an der Oberfläche des Grundgebirges, in dem eine bankrechte Bewegungsrichtung zum Abbauhohlraum vorherrscht, als Ausgangsgröße für die Durchbiegung des Deckgebirges angesehen werden: Es verformt sich über der unsymmetrischen Mulde des Grundgebirges wie eine schlaffe Platte (siehe Abb. 154).

Über einer pyramidenförmigen, tagesnahen Erzlagerstätte lockert sich das Gebirge innerhalb weniger Tage oder Wochen nach der Auserzung kaminartig bis zur Tagesoberfläche auf, wo sich Pingen sowie über den tiefen Abbauhohlräumen später auch Zerrspalten und Erdstufen einstellen (Abb. 91). Die Senkungen und Spalten entsprechen in ihren metergroßen Beträgen der Abbaumächtigkeit und der flächenmäßigen Ausdehnung der abgebauten Scheibe (Eckmann 1971).

In diesem Zusammenhang seien auch die steil bis 200 m hoch angelegten Hohlräume der Kavernen erwähnt, in denen seit einigen Jahren Erdöl oder Erdgas gespeichert wird. Sie werden in Salzstöcken oder im tiefen Salzgebirge im Abstand von rd. 200 m wie bei der Solegewinnung durch Lösen mit Wasser hergestellt (Abb. 16) und bevorzugt trigonal angeordnet. Über derartigen zylindrischen oder birnenförmigen Speicherkavernen mit Durchmessern von 30 bis 50 m ist nach theoretischen und modelltechnischen Untersuchungen nur eine sehr geringe

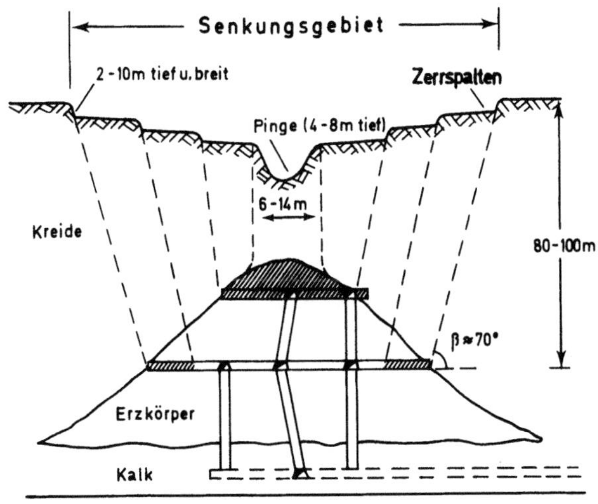

Abb. 91. Das abgetreppte Senkungsprofil über einer abgebauten, tagesnahen Erzlagerstätte (nach Eckmann). Bruch- und Grenzwinkel fallen zusammen. Pressungen im Troginnern bis zu 477 mm/m

Absenkung zu erwarten. Selbst bei einem als vollplastisch angenommenen Salzgebirge beträgt die Firstsenkung in einer Flüssigkeitskaverne*) nach einem Monat Standzeit erst 16 mm, was eine Bodensenkung im Zentrum des Kavernensystems von 0,01 mm zur Folge hat. Über Gasspeichern, die bei geringem Innendruck (Betriebsdruck) bereits Bruchfließerscheinungen erkennen lassen, muß mit etwas größeren Senkungen gerechnet werden. Auch über den Porenspeichern (Aquifern) in Norddeutschland sind noch keine meßbaren Senkungen festgestellt worden (Dreyer 1973).

*) Nach einer anderen Berechnung wird sich die Erdoberfläche über einer Kaverne bei einer Fließgrenze des Salzes von 75 kp/cm^2 bis zu 14 cm in 10 Jahren und bis zu 50 cm in 50 Jahren absenken (Langer 1972).

8. Die Vorausberechnung der Bodensenkung

8.1 Die Einteilung der Berechnungsverfahren

Als sich zu Beginn dieses Jahrhunderts dem Markscheider in den zunehmend dichter besiedelten Bergbaugebieten die Aufgabe stellte, die über den neuen Abbauflächen zu erwartenden Bergschäden an den Bauwerken, Verkehrsanlagen und Landwirtschaftsflächen dem Umfange nach anhand des Grubenbildes abzuschätzen, mußte er Beobachtungen über den Bodenbewegungsvorgang anstellen und für den Betrieb geeignete Verfahren zur Vorausberechnung entwickeln. Hierbei konnte er sich, wie im vorigen Abschnitt gezeigt wurde, auf die lotrechte Bewegungskomponente - die Senkung v_z - und die waagerechte Komponente der Punktlageänderung - die Verschiebung v_{xy} - beschränken; aus diesen für zwei oder drei Punkte in Nähe des betreffenden Tagesgegenstandes berechneten Komponenten lassen sich bekanntlich alle übrigen Bodenbewegungselemente, wie die Schieflage und die Krümmung einerseits sowie die Zerrung und die Pressung andererseits, ermitteln. Wegen der auch heute noch bestehenden Schwierigkeit, den Bewegungsablauf im gesamten Gebirgskörper vom Abbau bis zur Tagesoberfläche in einem geschlossenen Rechengang darzustellen, mußte man auf ein mechanisches Rechenmodell verzichten und abstrakte oder analytische Berechnungsverfahren auf empirischer Grundlage finden, die sich auf die Verformung der Tagesoberfläche einfach anwenden lassen. Für die Berechnung standen aus dem Grubenbild lediglich die geometrischen Daten des Abbaus (Fläche, Mächtigkeit, Teufe) als Anfangsbedingung der Gebirgsbewegung sowie aus Beobachtungen die Grenz- und Bruchwinkel als einzige mechanische Kennwerte des Gebirgskörpers zur Verfügung. Zunächst konnte nur der statische Endzustand der Bewegung berücksichtigt werden; später wurde versucht, die zwischenzeitlichen Trogformen mit einem Zeitfaktor aus den Endformen abzuleiten.

Die Vorausberechnungsverfahren für die flache bis steile Lagerung können hinsichtlich der Ausführungsart in graphische, numerische, analoge und programmgesteuerte Rechenverfahren, bezüglich der Ergebnisform in Punktberechnungs-, Maximalwert- und Profilkurvenverfahren sowie nach ihrer Grundlage in empirische, funktionelle und modelltheoretische Verfahren gegliedert werden (Tafel 10). Zu den empiri-

Tafel 10. Die Einteilung der Verfahren für die Bodenbewegungsberechnung

Gliederung der Berechnungsverfahren nach			
	Ausführung		
Grundlage	Art	Hilfsmittel	Ergebnisform
Empirische Formeln Verteilungsfunktion Modelltheorie	graphisch	Schnittzeichnung, Integrationsnetz	Punktbewegung Maximalwert Profilkurve
	numerisch	Werttafeln	
	analog	Integrator, Analogrechner	
	programmiert	EDV-Anlagen	

schen Verfahren gehören die ältesten Senkungsformeln sowie einige Integrationsnetz-, Maximalwert- und Profilkurvenverfahren; die funktionellen Verfahren umfassen die meisten Integrationsnetzverfahren, denen Verteilungsfunktionen für die Einwirkungsfähigkeit der Abbauflächenelemente auf den Berechnungspunkt zugrunde liegen, aber auch einige Profilkurvenverfahren. Zur modelltheoretischen Gruppe zählen diejenigen Verfahren, die von mechanischen Modellvorstellungen und von Rechenansätzen der Elastizitäts- oder Plastizitätstheorie ausgehen (Tafel 11). Die Grenzziehung in dieser Einteilung ist nicht starr, da beispielsweise die Verfahren Keinhorst und Bals auch in die empirische Gruppe und das Verfahren Erhardt/Sauer in die Modelltheorie eingereiht werden können.

8.2 Die empirischen Verfahren

Die ersten Verfahren zur Berechnung der Bodensenkung gingen von der Beobachtung aus, daß die Senkungsgröße von der Flözmächtigkeit und dem Schichteneinfallen sowie außerdem von der Versatzmenge und der Standdauer der Grubenbaue abhängt (Gl. (122) und (123) von Dumont und Essener Formel). Kurz vor und nach dem ersten Weltkrieg wurden Formeln bekannt, in denen der Einfluß der Abbaufläche auf die Senkungs-

Tafel 11. Die wichtigsten Verfahren der Bodenbewegungsberechnung

Grundlage des Verfahrens	Name oder Bezeichnung	Kennzeichnung Ausführung nach Ergebnisart	Anwendung Lagerung flach	steil	Komponente v_z	v_{xy}
Empirie	Dumont	Maximalwert, numer.	X	X	X	
	Essener Formel	Maximalwert, numer.	X		X	
	Goldreich, Köhne u. Schmitz	numerisch-graphisch	X		X	
	Saarrevier	Schnittzeichnung	X		X	
	Englisches Verfahren	Profilkurven graph. u. Maximalw.-Tafeln	X		X	(X)
	Donezformel	Profilkurve	X	X	X	X
	Niederhofer	Profilkurve, progr.	X	X	X	
	Zimny, Korfmann	Integrationsnetze	X		X	
Verteilungsfunktion	Keinhorst	Integrationsnetz	X		X	
	Bals	Integrationsnetz	X		X	
	Schleier, Perz	Integrationsnetz		X	X	(X)
	Beyer	Integrationsnetz	X		X	X
	Sann	Integrationsnetz	X		X	
	Fläschenträger, Perz	Integrationsnetz	X			X
	Schulte, Neubert u.a.	Integrationsnetz	X			X
	Ehrhardt u. Sauer	programmiert	X		X	X
	Kastenbein	programmiert		X	X	X
	Kratzsch, Greń	analog	X	X	X	X
	Beyer, Spettmann	numer. Tafeln	X		X	X
	Kochmanski	Netz od. Profilkurve	X		X	
	Knothe, Budryk	Profil, Maximalwert	X		X	X
	Martos, Kowalczyk	Profilkurven	X		X	
	Neuhaus u. Walther	programmiert	X		X	
Modelltheorie	Litwiniszyn, Szpetkowski, Bräuner	Stochastische Theorie, numer. oder Netz	X	X	X	X
	Berry, Bräuner	Elastizitätstheorie numer. oder Netz	X		X	X
	Kratzsch, Müller u.a.	Finite Elemente programmiert	X	X	X	X
	Cernyi	plastisches Gebirge numer., Profilkurve	X		X	X

größe durch Einführung des Abbauhohlraumes, vermindert um die Gebirgsauflockerung (Goldreich), oder mit Hilfe des Verhältnisses von Abbaufläche : Einwirkungsfläche (Köhne, Schmitz) berücksichtigt werden konnte. Die Einwirkungsfläche des Abbaus wurde in der Flözteufe von dem Mantel des Bruchwinkelkegels gebildet, dessen Spitze im betreffenden Tagespunkt lag. Genügte beim Abbau im Ausgehenden der Flöze noch die Kenntnis der zu erwartenden Maximalsenkung im Bruch- und Pingenfeld oberhalb der Grubenbaue, so mußten über den tieferen Abbaufeldern gelegentlich schon die weit in das Vorfeld reichenden Trogränder und die Senkungsstufen bestimmt werden, wenn Eisenbahnanlagen und Fernstraßen unterbaut wurden. Es vollzog sich damit der Schritt vom Maximalwert- zum numerisch-graphischen Verfahren und zur Schnittzeichnung des Einwirkungsbereiches (Tafel 11).

Die empirischen Verfahren weisen einige Vorteile gegenüber den funktionellen und modelltheoretischen Verfahren auf. Während jene auf mehr oder weniger regional zutreffenden Modellvorstellungen und mathematischen Annahmen beruhen, sind diese aus gemessenen Werten abgeleitet. Die für einen Bezirk gefundenen Richtwerte und Beziehungen können den sich mit der Teufe ändernden Gebirgsverhältnissen leicht angepaßt werden, wenn die Rechenergebnisse von den Beobachtungswerten stark abweichen. Die überschaubaren Rechengänge lassen sich vertafeln, die Abhängigkeit der Einflußgrößen kann in Nomogrammen dargestellt werden, falls nicht eine graphische Lösung mit Gebirgsschnitt- und Trogprofilzeichnung bevorzugt wird. Die Funktionen vieler theoretischer Verfahren lassen sich dagegen nur in der Grenzwinkelgröße abwandeln, so daß sie nicht in allen Bergrevieren für die Bodenbewegungsberechnung anwendbar sind, solange man den Einfluß der einzelnen Gebirgseigenschaften auf die Bodenbewegung nicht genau kennt.

8.21 Das saarländische Schnittwinkelverfahren

Eines der ältesten empirischen Verfahren, das auch heute noch u.a. im Bergbau an der Saar angewandt wird, ist die zeichnerische Ermittlung der Ortslage des Senkungszentrums und anderer ausgezeichneter Bodenbewegungspunkte. Mit Hilfe der aus Beobachtungen bekannten Schnittwinkel (Abb. 92) werden einige Punkte der Senkungsprofilkurve im streichenden und einfallenden Schnittriß festgelegt. Hierbei ist in geneigter Lagerung zwischen den Schnittwinkeln am oberen und unteren

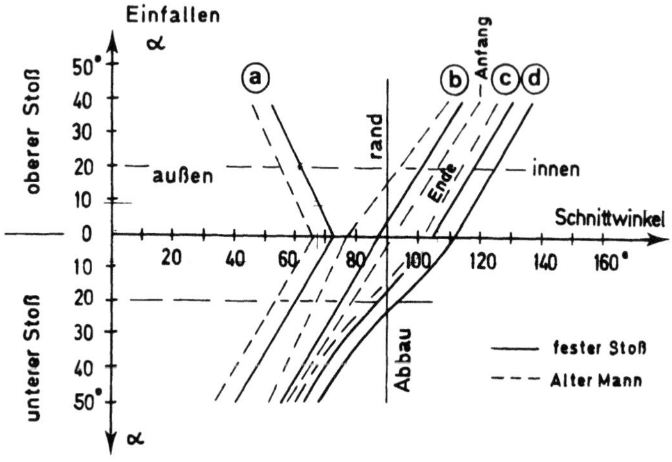

Abb. 92. Das Schnittwinkel-Diagramm (nach Hellwig). a = Grenzwinkel, b = Bruchkante, c = Anfang und d = Ende der Übergangszone

Stoß des Abbaus sowie zwischen einem festen Kohlenstoß und einem Alten Mann als Abbaugrenze zu unterscheiden. Ein nach diesem Schnittwinkelverfahren konstruiertes Muldenprofil im Einfallen ($\alpha = 20^0$) und Streichen ($\alpha = 0^0$) zeigt die Abb. 93. An diesen Muldenprofilen fällt auf, daß der zum Zerrungsmaximum weisende Bruchwinkel annähernd

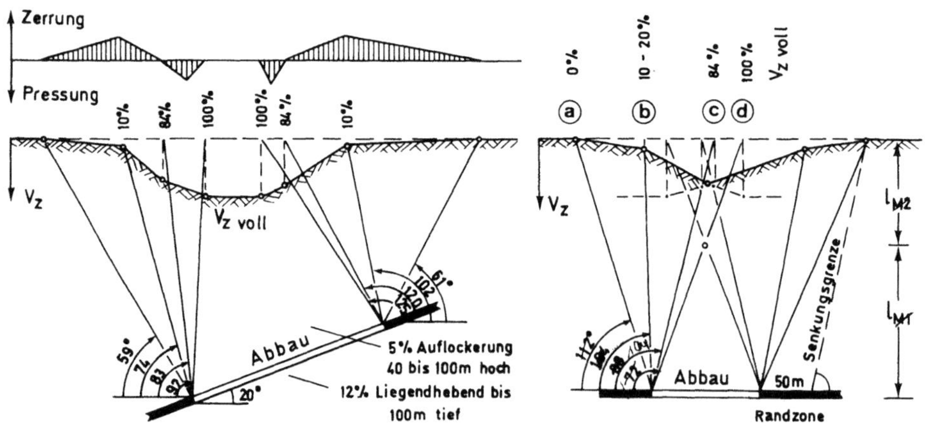

Abb. 93. Das Schnittwinkelverfahren. Links: Senkungsprofilkurve im Einfallen und Längenänderungskurve. Rechts: Senkungsprofilkurve im Streichen über einer Abbauteilfläche (nach Loos). Die Randzone der Vorfeldkonvergenz ist in 800 m Teufe rd. 50 m breit

mit der Flöznormalen übereinstimmt. Zwischen der Bruchkante b und dem Anfang der Übergangszone c fällt der Trogrand verhältnismäßig steil ein, da im allgemeinen kein plastisch nachgiebiges Deckgebirge vorhanden ist, so daß Schieflagen von mehreren Prozenten im Saarrevier nicht ungewöhnlich sind. Dort, wo das dünnbankige Saarkarbon von dem spröden Buntsandstein überdeckt ist, bilden sich an den Bruchkanten über dem unteren Stoß häufig starke Spalten. Die schmale Übergangszone c-d bis zum Boden des Vollsenkungstroges ist mit der Pressungszone identisch, doch kann die von der Gestalt und Größe der Abbaufläche abhängige Pressungszone auch über den Punkt d hinausreichen und sich beim Teilflächenabbau mit dem Trogzentrum decken. Das Pressungsmaximum ist im allgemeinen rd. 1,5-fach größer als das Zerrungsmaximum. Pressungen von 5 bis 15 mm/m sind in den Bereichen starker Bodenkrümmung nicht selten. Die Senkung beträgt im streichenden Profil in Nähe der Bruchkante 10 bis 20% und direkt über der Abbaukante erst 25 bis 33% der Voll- oder Maximalsenkung.

Über den Abbauteilflächen liegt das Senkungsmaximum im Schnittpunkt der beiden von links und von rechts gezeichneten Profilkurven (Abb. 93, rechts). Die Größe der Maximalsenkung über der Teilfläche ergibt sich aus dem Reduktionsverhältnis der von den Winkeln Wd geschnittenen bankrechten Längen l_M:

$$v_{z\,max} = v_{z\,voll}\left(1 - \frac{l_{M1}}{l_{M1} + l_{M2}}\right). \qquad (131)$$

Weist das Abbaufeld auch im anderen Hauptschnitt nicht die Vollänge auf, so sind die für beide Profile gefundenen Reduktionsverhältnisse $l_{M1} : l_{M1} + l_{M2}$ miteinander zu multiplizieren; dieses Produkt wird dann in die Gl. (131) eingesetzt. Über der Randzone eines Alten Mannes ist die Muldenflanke weit ausladend. Die aus den Schnittrissen im Streichen und Einfallen in den Grundriß übertragenen Senkungsprofilpunkte lassen sich zu Linien gleicher Senkung verbinden; die Senkungswerte beliebiger Tagespunkte werden durch Interpolation erhalten (Hellwig 1960, Lenge 1957, Loos 1960).

8.22 Das englische Profilkurvenverfahren

Als Beispiel für ein anderes empirisches Verfahren, bei dem ohne Schnittwinkel das Muldenprofil im überhöhten Maßstab für den streichenden und den querschlägigen, durch das Trogzentrum gehenden Gebirgsschnitt (Hauptschnitte) gezeichnet wird, soll die englische Profilkurvenmethode behandelt werden. Bei diesem Verfahren wird die aus vielen Messungen erhaltene allgemeine Form der Senkungskurve durch Nomogramme beschrieben, aus denen dann die besonderen Kurvenwerte für den jeweiligen Abbau und Gebirgskörper entnommen werden können. Bis zum zweiten Weltkrieg beschränkte man sich in Großbritannien darauf, das Senkungsprofil aus drei Werten - dem Trogrand,

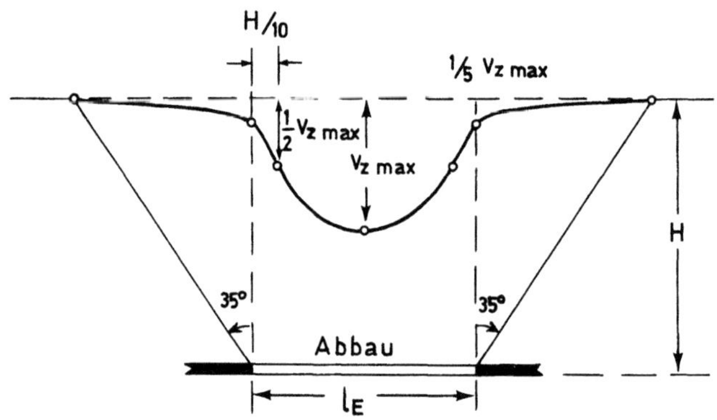

Abb. 94. Das alte englische Profilkurvenverfahren für einen querschlägigen Schnitt durch den Abbau

der halben Maximalsenkung und der Maximalsenkung - zu konstruieren (Abb. 94). Der Ort der halben Maximalsenkung liegt in dieser alten Profilkurve rd. 0,1 H vom Abbaustoß entfernt zum Abbaufeld hin.

In den Nachkriegsjahren konnte aus zahlreichen Beobachtungswerten ein genaueres Verfahren entwickelt werden. Aus drei dimensionslosen Diagrammen (Abb. 95) können zu den auf die Teufen bezogenen Abbaubreiten l_E und Punktabständen l die gesuchten Senkungen der Profilkurvenpunkte entnommen werden. Am Beispiel eines 200 m breiten und 300 m langen Abbaufeldes in 400 m Teufe sei die Kurvenkonstruktion erklärt. Zuerst wird die Maximalsenkung über der Mitte des Abbaus anhand der Diagramme 1 und 2 bestimmt. Unter der Voraussetzung gleicher Versatzart im gesamten Baufeld und paralleler Abbaustrecken ermittelt man aus dem Verhältnis von Abbaubreite zu Abbauteufe $l_E : H = 0{,}5$ im Diagramm 1 einen Faktor von 0,45 für Bruchbau, der, mit der Abbaumächtigkeit M = 200 cm multipliziert, die Maximalsenkung von $v_{z\ max} = 90$ cm für einen über 2R = 1,4 H langen Streb (Voll-

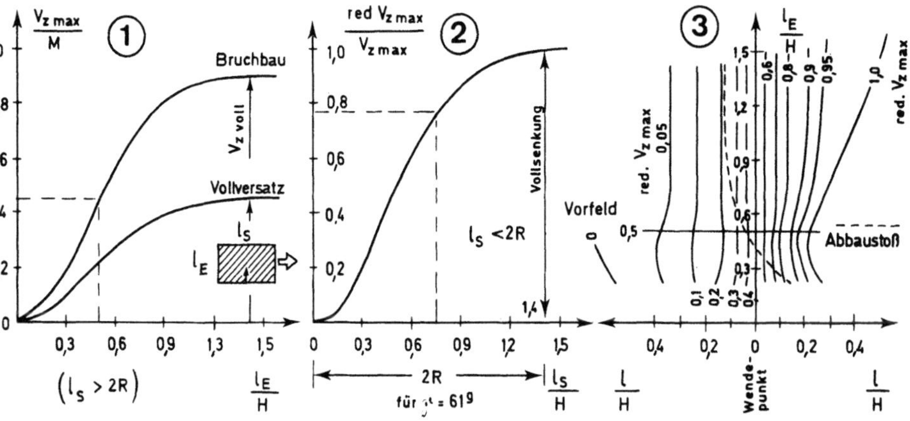

Abb. 95. Die neuen Diagramme für das in England angewandte Profilkurvenverfahren. Links: Die Maximalsenkung in Abhängigkeit von der Streblänge l_E und der Teufe H. Mitte: Die je nach streichender Baulänge l_S reduzierte Maximalsenkung. Rechts: Linien gleicher Senkung in Abhängigkeit von der Streblänge l_E und der Entfernung l des Profilpunktes vom Wendepunkt in Teufeneinheiten

länge) ergibt. Wenn, wie in diesem Fall, die streichende Baulänge l_s kleiner als 1,4 H, nämlich nur 0,75 H ist, muß die Maximalsenkung von 90 cm gemäß Diagramm 2 noch mit dem Faktor 0,77 auf 70 cm reduziert werden. Die auf diesen Maximalwert bezogenen Senkungen der übrigen Profilpunkte im gleichbleibenden Abstand l = 0,1 H werden vom Wendepunkt aus entsprechend dem gegebenen Verhältnis von l_E/H = 0,5 dem Nomogramm entnommen (National Coal Board 1966).

Im Wendepunkt hat die Profilkurve ihren Senkungshalbwert. Der Wendepunkt liegt bei sehr schmalen Abbauteilflächen bis zu 0,15 H von der Abbaukante (gestrichelte Linie in Abb. 95,3) entfernt über dem Abbaufeld; er wandert mit breiter werdendem Abbau zur Abbaukante hin (l_E = 0,41 H) und schließlich bis zu 0,14 H weit in das Vorfeld hinein. Bei einem Einfallen bis zu 20° wird der aus dem Nomogramm 3 abgelesene Abstand zwischen Abbaukante und Wendepunkt im Profil von der Stelle aus abgetragen, wo der auf der Abbaukante zum Flöz rechtwinklig errichtete Strahl die Tagesoberfläche schneidet.

Die auf diese Weise konstruierte halbe Profilkurve (Abb. 96) gilt in flacher Lagerung für jeden querschlägigen oder streichenden Schnitt rechtwinklig zur Abbaugrenze. Bei bekanntem rechtwinkligen

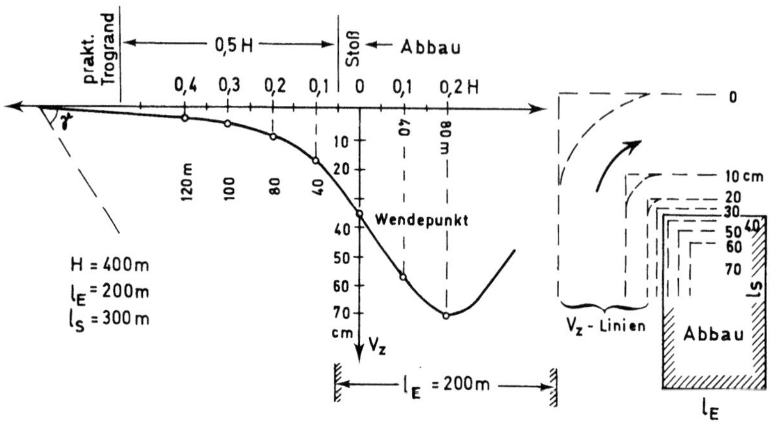

Abb. 96. Ein Beispiel für die Konstruktion einer Senkungsprofilkurve nach dem englischen Verfahren. Rechts: Grundriß mit Linien gleicher Senkung

Punktabstand zur Abbaugrenze läßt sich daher die Senkung jedes Ortes aus der zum betreffenden Abbau gehörigen Profilkurve ablesen. Es können aber auch im Grundrißplan die Linien gleicher Senkung gezeichnet werden, die parallel zur Abbaukante bzw. in den vier Eckzonen des Einwirkungstroges konzentrisch zur Abbauecke verlaufen. Bei der Konstruktion dieser Senkungsgleichen wird unterstellt, daß die halbe Profilkurve unverändert in ihrer Form den Abbau im Streichen und Einfallen umfährt. Die sich vor allem beim oberflächennahen Abbau über den Mittelstrecken, Bergedämmen und Kohlenpfeilern heraushebenden Wellen (Höcker) im Trogprofil, die bei einer Breite von 0,1 H die Senkung örtlich auf 0,8 $v_{z\ max}$ beim Bergedamm oder auf 0,4 $v_{z\ max}$ beim Kohlenpfeiler verringern, werden in die Profilkurve gesondert eingetragen.

8.23 Das sowjetische Profilkurvenverfahren

Zu den empirischen Verfahren, bei denen das Senkungsprofil nicht aus Diagrammen, sondern aus Funktionswerten erhalten wird, zählen die im Donezgebiet, in Polen und Ungarn sowie im Ruhrrevier entwickelten Profilkurvenverfahren. Beim ersten Verfahren wird das Muldenprofil mit der Funktion

$$v_z = v_{z\,max}\left[1 - \frac{x}{L} + \frac{1}{2\pi}\sin\left(2\pi\,\frac{x}{L}\right)\right] \tag{132}$$

beschrieben, worin x den waagerechten Abstand des Berechnungspunktes P und L den Abstand des von der Profillinie geschnittenen Trograndes vom Senkungszentrum Z bedeuten (VNIMI-Institut 1958). Die Gl. (132) gilt auch für die durch Z gehende streichende Profillinie und für den liegenden Kurvenast. Das Senkungszentrum Z ist im einfallenden

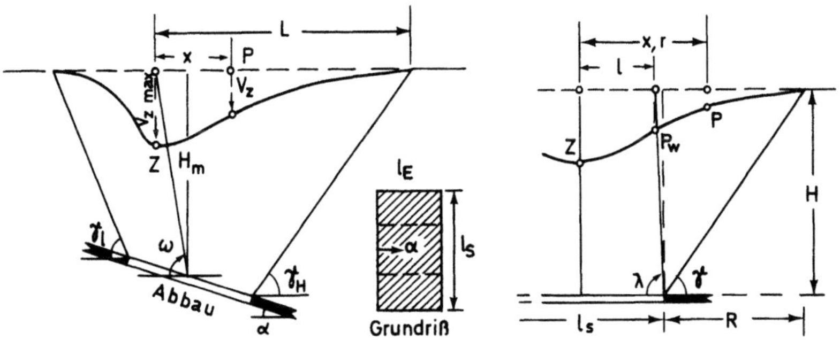

Abb. 97. Die aus Funktionen abgeleiteten Profilkurven. Links: Das Senkungsprofil im Donezgebiet. Rechts: Die Senkungsprofile in Ungarn und Polen

Hauptschnitt durch den in der Abbaumitte angetragenen Muldenwinkel ω bestimmt, der zwischen 75 und 100 gon schwankt (Abb. 97). Der Senkungshöchstwert wird aus der Formel

$$v_{z\,max} = a\;M\;\cos\alpha\;\sqrt{n_1\;n_2}$$

$$\text{mit } n_1 = 0{,}9\,\frac{l_S}{H_m} \quad \text{und} \quad n_2 = 0{,}9\,\frac{l_E}{H_m} \tag{133}$$

berechnet.

Diese Formel ist aus dem empirisch gefundenen Flächenverhältnis

$$\sqrt{\frac{A_{teil}}{A_{voll}}} = \frac{v_{z\,max}}{v_{z\,voll}} \tag{134}$$

abgeleitet worden. Hat nun wie im Donezgebiet die quadratische Vollfläche eine Seitenlänge von H/0,9 dann kann für das Flächenverhältnis

$$\sqrt{\frac{l_E \cdot l_S}{\frac{H}{0{,}9}\cdot\frac{H}{0{,}9}}} = \sqrt{0{,}9\,\frac{l_E}{H}\cdot 0{,}9\,\frac{l_S}{H}} = \sqrt{n_1 \cdot n_2}$$

geschrieben werden (siehe Gl. (133)). Falls die streichende Baulänge l_S oder die flache Bauhöhe l_E größer als die mittlere Abbauteufe H_m sind, muß der betreffende Wert n_i mit 0,9 in die Gl. (133) eingesetzt werden.

Zur Formbeschreibung der Profilkurve wird also bei diesem Verfahren ein nach Beobachtungswerten wählbarer Muldenwinkel zu den sonst nur üblichen Grenzwinkeln hinzugenommen. Die bankrechte Abbaukonvergenz $a \cdot M$ wird in Gl. (133) mit cos α auf die Lotrechte projiziert.

8.24 Das polnische Profilkurvenverfahren

Für die aus vielen Nivellements in Oberschlesien gefundene Senkungsprofilkurve der flachen Lagerung gilt die Gleichung

$$v_z = v_{z\,voll} \cdot e^{-n\,r^2}, \tag{135}$$

worin der Exponent

$$n = \frac{v_{z\ voll}}{R^2\ \bar{c}_{Hgd}} \tag{136}$$

aus dem der Dachschichtmulde gleichgesetzten Tagestrog abgeleitet wird (Kowalczyk 1966). Es bedeuten R den Vollflächenradius, r den Abstand des zu berechnenden Profilpunktes von der Abbaumitte und $\bar{c}_{Hgd}$ die durchschnittliche Dachschichtsenkung. Bei diesem Verfahren wird die unvollständige Dachschichtsenkung am Abbaurand berücksichtigt, da $\bar{c}_{Hgd} \neq aM$ oder C ist (siehe Abb. 5).

8.25 Das ungarische Profilkurvenverfahren

Auch in den ungarischen Kohlenrevieren läßt sich die Senkungsprofilkurve mit einer Exponentialfunktion

$$v_z = v_{z\ voll}\ e^{-\frac{x^2}{2\,l^2}} \tag{137}$$

darstellen, wenn man mit x und l die auf das Muldenzentrum bezogenen Abstände des Berechnungspunktes P bzw. des Wendepunktes P_W bezeichnet (Martos 1958). Bei einem nur l_S < 2R großen Teilflächenabbau beträgt die Höchstsenkung

$$v_{z\,max} = v_{z\,voll}\,\frac{l_S}{2R}\,. \tag{138}$$

Der Abszissenwert l des Wendepunktes wird aus dem empirischen Wendepunktwinkel λ (83 bis 95 gon) und aus der Teufe H berechnet (Abb. 97, rechts). Die Einführung der Wendepunktabszisse l war notwendig, weil die Profilkurve schon bei kleinen Lageverschiebungen des Wendepunktes seine Form stark ändert und nach den Beobachtungen in Ungarn dieser Punkt nicht oberhalb der Abbaukante, sondern über dem Versatzfeldrand liegt.

8.26 Das programmierte Profilkurvenverfahren

Ein für elektronische Datenverarbeitungs-Anlagen programmiertes Verfahren der Senkungsberechnung in flacher bis steiler Lagerung auf der Grundlage von Profilkurven ist erstmalig im Jahre 1962 bekannt geworden (Niederhofer 1962). Es beruht auf einer analytisch gefundenen Näherungsformel für die Senkungsprofilkurve, in die empirisch ermittelte Faktoren sowie außer dem Grenzwinkel γ auch der Bruchwinkel β und der Nadirwinkel μ als Bestimmungsgrößen eingehen. Für das Trogprofil wird die Grundgleichung

$$v_z = v_{z\,max}\left[1-\left(\frac{r}{R}\right)^2\right]^2 \tag{139}$$

gewählt, mit der die Senkungen v_z eines Profilpunktes P berechnet werden, der vom Trogtiefsten Z aus (r = 0) auf den Hauptachsen im Liegenden (r_L), Hangenden (r_H) oder Streichen (r_S) bis zur Bruchkante (n_1, o_1, p_1) oder bis zum Trogrand (n, o, p) wandert (Abb. 98).

Zur Anpassung der Profilkurve an beobachtete Senkungen werden die Gewichte $g_{\gamma L}$, $g_{\gamma H}$ und $g_{\gamma S}$ für den gesamten Bereich und die Gewichte $g_{\beta L}$, $g_{\beta H}$ und $g_{\beta S}$ für den Außenbereich eingeführt, wobei wegen $v_z \leqq v_{z\,max}$ die Gewichtssummen

$$\begin{aligned} g_{\gamma_L} + g_{\beta_L} &= 1 \\ g_{\gamma_H} + g_{\beta_H} &= 1 \\ g_{\gamma_S} + g_{\beta_S} &= 1 \end{aligned} \tag{140}$$

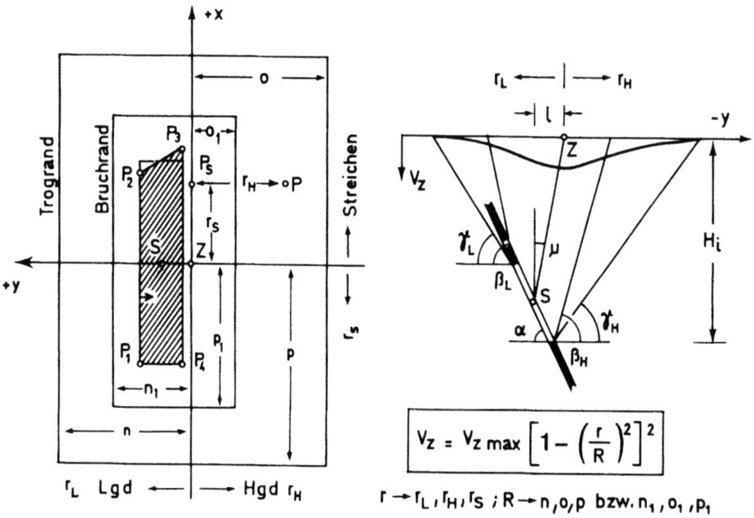

Abb. 98. Die Festlegung des Einwirkungsbereiches über einer Abbaufläche P_1 bis P_4 im Grundriß und im einfallenden Schnitt (Verfahren Niederhofer)

sein müssen, z.B. 0,7 + 0,3 = 1. Die Überlagerung der äußeren und inneren Kurven ergibt für die Hauptachsen durch Z im Liegenden, Hangenden und Streichen:

$$v_{z_L} = v_{z\ max} \cdot g_{\gamma_L} \left[1-\left(\frac{r_L}{h}\right)^2\right]^2 + v_{z\ max} \cdot g_{\beta_L} \left[1-\left(\frac{r_L}{n_1}\right)^2\right]^2$$

$$v_{z_H} = v_{z\ max} \cdot g_{\gamma_H} \left[1-\left(\frac{r_H}{o}\right)^2\right]^2 + v_{z\ max} \cdot g_{\beta_H} \left[1-\left(\frac{r_H}{o_1}\right)^2\right]^2 \qquad (141)$$

$$v_{z_S} = v_{z\ max} \cdot g_{\gamma_S} \left[1-\left(\frac{r_S}{p}\right)^2\right]^2 + v_{z\ max} \cdot g_{\beta_S} \left[1-\left(\frac{r_S}{p_1}\right)^2\right]^2.$$

Die Senkung v_z eines beliebigen Punktes P außerhalb der Hauptachsen läßt sich auf folgende Weise bestimmen: Zuerst wird die Senkung v_{zS} des Fußpunktes P_S von P auf der Streichlinie durch Z nach Gl. (141) ermittelt. Dieser Senkungsbetrag wird dann an Stelle von $v_{z\ max}$ je nach Lage des Punktes P in die sich auf den hangenden oder liegenden Trogteil beziehende Gl. (141) eingesetzt.

Der Senkungshöchstwert $v_{z\,max}$ wird aus der Bedingung, daß der Rauminhalt der Senkungsmulde über Tage gleich dem Volumen des untertägigen Abbauhohlraumes sein muß, nach der Gleichung

$$v_{z\,max} = \frac{aM\,[y_1(x_2-x_4)+y_2(x_3-x_1)+y_3(x_4-x_2)+y_4(x_1-x_3)]}{1{,}138 \cdot \cos\alpha \cdot (g_{\gamma_L} \cdot n + g_{\beta_L} \cdot n_1 + g_{\gamma_H} \cdot o + g_{\beta_H} \cdot o_1)(g_{\gamma_S} \cdot p + g_{\beta_S} \cdot p_1)} \qquad (142)$$

abgeleitet, in der im Zähler die Koordinaten der vier Abbauflächeneckpunkte stehen. In steiler Lagerung empfiehlt sich eine Berechnung nach der Trapez-Flächenformel

$$v_{z\,max} = \frac{aM\,(H_3+H_4-H_1-H_2)\left[\sqrt{(x_2-x_1)^2+(y_2-y_1)^2} + \sqrt{(x_4-x_3)^2+(y_4-y_3)^2}\right]}{2 \cdot \sin\alpha \cdot 1{,}138\,(g_{\gamma_L} \cdot n + g_{\gamma_L} \cdot n_1 + g_{\gamma_H} \cdot o + g_{\beta_H} \cdot o_1)(g_{\gamma_S} \cdot p + g_\beta \cdot p_1)} \cdot \qquad (143)$$

Der Ort dieser größten Senkung $v_{z\,max}$, der Achsenschnittpunkt Z, liegt um den Betrag

$$l = \frac{H_1+H_2+H_3+H_4}{4} \tan\mu = H_S \tan\mu \qquad (144)$$

in der Fallrichtung von der Abbauflächenmitte S, durch das arithmetische Mittel der Eckpunktkoordinaten gegeben, entfernt. Die zur vollständigen Lösung der Formeln noch fehlenden Abstände n, o und p zum Muldenrand sowie n_1, o_1 und p_1 zum Bruchwinkelrand vom Punkt Z aus können bei Kenntnis der Grenz- und Bruchwinkelgrößen aus einer Schnittzeichnung entnommen oder trigonometrisch berechnet werden, wobei der in Abb. 98 eingezeichnete Schrägstoß zu einer Rechteckseite ausgeglichen werden darf.

Zur Durchführung der Senkungsberechnung mittels Rechenanlagen werden die Angaben (Daten) in Lochkarten gestanzt. Für jede Abbaufläche und für jeden Rechenpunkt an der Tagesoberfläche fertigt man eine besondere Lochkarte an. Eine dritte Lochkarte ist für diejenigen Daten anzulegen, die die Trogform kennzeichnen (Gewichte, Grenz-, Bruch- und Nadirwinkel). Die Lochkarte der Abbaufläche enthält neben den Koordinaten und den Teufen der Flächeneckpunkte auch die Abbaumächtigkeit und den Versatzfaktor. Das Rechenprogramm wird mit einem Lochstreifen, in den die einzelnen Befehle des Ablaufdiagramms als Lochkombination verschlüsselt eingestanzt sind, in die Rechenanlage eingelesen. Eine Tabelliermaschine schreibt die errechneten und gespeicherten Senkungswerte zeilenweise für jeden Punkt zusammen mit den Koordinaten und Punktnummern in eine Ergebnistafel ein.

Mit Hilfe der Gewichtskoeffizienten lassen sich die Profilkurven weitgehender als bei anderen Rechenprogrammen an örtlich gemessene Werte und Unregelmäßigkeiten (Durchbauungsgrad-Einfluß) anpassen. Eine Erweiterung des Programms auf die übrigen Trogelemente ist ohne weiteres möglich, beispielsweise unter der Annahme v_x proportional v_z'.

8.27 Das empirische Integrationsnetzverfahren

Als letztes empirisches Verfahren sei ein graphisches Integrationsnetzverfahren für die flache Lagerung genannt, das ohne Schnittzeichnung und Formelansatz auskommt (Zimny 1950, Korfmann 1957). Das Integrationsnetz (siehe Abb. 38) wird hierbei unmittelbar aus den beobachteten Senkungen abgeleitet. Die auf Transparentpapier gezeichnete Vollfläche wird zunächst in beliebig große Ringzonen, Sektoren oder Rechteckfelder netzartig unterteilt. Die Einwirkung dieser einzelnen Abbaunetzflächen auf den über der Netzmitte liegenden Tagespunkt kann dadurch bestimmt werden, daß das Netz mit seinem Zentrum nacheinander auf die im Abbauplan eingetragenen übertägigen Beobachtungspunkte P_i aufgelegt sowie in dieser Lage und für die am betreffenden Punkt P_i gemessenen Senkungen v_{zi} (Endzustand) die innerhalb der einzelnen Netzfeldflächen A_i liegenden Abbauflächenteile A'_i ermittelt werden (Abb. 99). Die gesuchten Senkungseinwirkungen e_i der

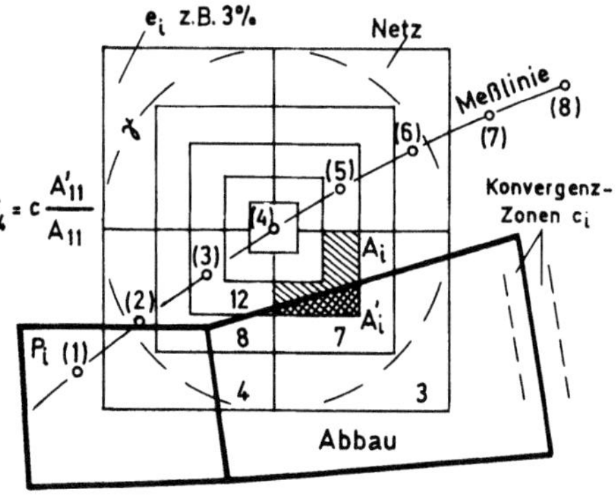

Abb. 99. Die Bewertung der Felder eines Integrationsnetzes aus den gemessenen Senkungen der Punkte P_i. Vom Punkt (4) wird das Netz nach Berechnung der Koeffizienten a, b ... der Netzfelder 3, 4, 7, 8, 11 und 12 auf den Punkt (5) verschoben

einzelnen Netzfelder erhält man dann aus den für jede gemessene Punktendsenkung aufgestellten Senkungsgleichungen (hier 10 Felder und n Punkte) mit den Koeffizienten $a_i = c_1\ A'_1/A_1$, $b_i = c_2\ A'_2/A_2$.. .. $j_i = c_{10}\ A'_{10}/A_{10}$ (c_i = Abbaukonvergenz):

$$\begin{aligned} a_1 e_1 + b_1 e_2 + \dots\dots + j_1 e_{10} &= v_{z1} \\ a_2 e_1 + b_2 e_2 + \dots\dots + j_2 e_{10} &= v_{z2} \\ \dots\dots\dots\dots & \\ a_n e_1 + b_n e_2 + \dots\dots + j_n e_{10} &= v_{zn} \end{aligned} \quad (145)$$

Um die Widersprüche in diesen Gleichungen, die durch Meßfehler und unregelmäßige Senkungen entstehen, ausgleichen zu können, müssen Verbesserungen $v_1 \dots v_n$ eingeführt und die Normalgleichungen

$$\begin{aligned} [aa]\ e_1 + [ab]\ e_2 + \dots\dots + [aj]\ e_{10} + [av_z] &= 0 \\ [ab]\ e_1 + [bb]\ e_2 + \dots\dots + [bj]\ e_{10} + [bv_z] &= 0 \\ \dots\dots\dots\dots\dots\dots & \\ [aj]\ e_1 + [bj]\ e_2 + \dots\dots + [jj]\ e_{10} + [jv_z] &= 0 \end{aligned} \quad (146)$$

gebildet werden, die mit Hilfe des Gauß'schen Eliminationsverfahrens (Algorithmus) nach den Einwirkungsanteilen e_1, $e_2 \dots e_n$ aufgelöst werden (Verfahren von Meyers u. Drent in Grond 1953). Das so bewertete Integrationsnetz kann - wenn sich der Senkungshalbwert mit der Abbaukante deckt - durch Interpolation in gleichwertige Ringzonen umgezeichnet werden, um die Auszählung der Einwirkungsanteile zu erleichtern.

Die beschriebene Bewertung mehrerer Netzfelder nach Gl. (146) in einem Rechengang ist vorteilhafter als die mit der Randzone beginnende Einzelbewertung (Korfmann), weil sich der meistens beträchtliche

Fehler bei der Bewertung der äußeren Zone auf die inneren Zonen fortpflanzt (Kratzsch 1963).

8.3 Die Verfahren mit Verteilungsfunktionen

Die funktionellen Verfahren der Senkungsberechnung weisen Übergänge zu den empirischen und den modelltheoretischen Berechnungsverfahren auf. Allen Verfahren dieser Gruppe ist jedoch gemeinsam, daß sie auf sogenannten Verteilungsfunktionen beruhen, mit denen der Einwirkungsgrad kleinster Abbauflächenelemente auf die Tagesoberfläche beschrieben wird. In der Abb. 100 wird beispielsweise das Abbauelement dA_1

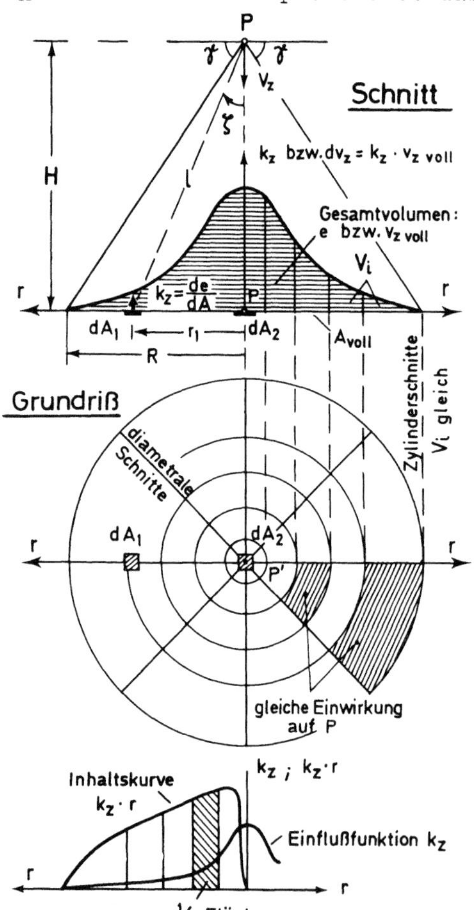

Abb. 100. Die Konstruktion des Einwirkungs- oder Senkungskörpers über der Abbauvollfläche aus den Senkungseinflüssen k_z bzw. Senkungsdifferentialen dv_z und seine inhaltsgleiche Zerlegung mit Zylinder- und Sektorenschnitten

am Rand der Vollfläche geringer auf den Tagespunkt P einwirken als das zentrale Element dA_2, da es weiter und unter einem flachen Winkel vom Punkt P entfernt ist. Für die praktische Durchführung der Senkungsberechnung werden die infinitesimalen Senkungsanteile bei den meisten Verfahren zu Ringzonen annähernd gleicher Einwirkungsfähigkeit zusammengefaßt. Mit diesen Integrationsnetzen lassen sich dann die Senkungen durch ein einfaches Flächenschätzverfahren punktweise berechnen. Die funktionellen Integrationsnetzverfahren - das erste Netz wurde 1925 bekannt (Keinhorst) - sind bis heute in Deutschland vorherrschend.

8.31 Die theoretische Grundlage

Das Integrationsnetzverfahren geht vom Grenzwinkel und der durch ihn festgelegten Vollfläche des Abbaus aus. Die in flacher Lagerung kreisförmige Vollfläche wird gedanklich in kleinste Flächenelemente zerlegt, um diesen Flächenelementen dA einen ortsabhängigen Senkungseinfluß k_z auf den zentralen Tagespunkt P zuteilen zu können. Erfahrungsgemäß nimmt der Senkungseinfluß - als Differentialquotient $de/dA = k_z$ geschrieben - mit wachsender Entfernung r des Flächenelementes dA vom Vollflächenzentrum P' stetig ab. Diese örtliche, rotationssymmetrische Verteilung der Senkungseinwirkung auf die einzelnen Abbauelemente innerhalb der Vollfläche kommt in den Verteilungsfunktionen $k_z(r)$ der verschiedenen Berechnungsverfahren zum Ausdruck. Die Verteilungsfunktion wird manchmal auch in Abhängigkeit von der Relation $i = r/R$ oder von dem Zonenwinkel ζ in der Form $k_z(i)$ bzw. $k_z(\zeta)$ angegeben, wobei

$$\tan\zeta = \frac{r}{H} \tag{147}$$

ist. Trägt man die nach der Verteilungsfunktion berechneten Differentialquotienten de/dA als Prismen auf der Abbauvollfläche A_{voll} in richtiger Ortslage auf, so entsteht ein glockenähnlicher Körper, der sich mit der Rotationsfigur der diametralen Verteilungskurve deckt (Beyer 1944). Sein Rauminhalt entspricht dem Einwirkungsfaktor e = 1, also

$$\int_{A_{voll}} \frac{de}{dA}\, dA = 1\ . \tag{148}$$

Ebenso wie dieser Einwirkungskörper kann ein um den Maßstabsfaktor $v_{z\ voll}$ vergrößerter Senkungsanteilkörper aus den Senkungsdifferentialen dv_z der Flächenelemente dA wegen

$$\frac{dv_z}{dA} = k_z \quad v_{z\ voll} \tag{149}$$

gebildet werden, dessen Rauminhalt der Senkung am Punkt P gleichgesetzt werden kann:

$$\int_{A\ voll} \frac{dv_z}{dA}\, dA = v_{z\ voll}\,. \tag{150}$$

Die Verteilungsfunktion k_z beschreibt folglich auch die infinitesimale Senkungsänderung dv_z in Nähe des zentralen Tagespunktes P (Abb. 100), d.h. also die Schieflage dv_z/dx (siehe Gl. (149) u. (262)), wenn der in der x-Achse sehr schmale Abbau ($dA = dx \cdot dy$ mit $dy = 1$) um dx vorrückt. Das Integrationsnetz schließlich stellt den Grundrißplan des durch lotrechte Zylinderschnitte und diametrale Schnitte in Zonen und Sektoren gleichen Rauminhaltes V_i unterteilten Einwirkungskörpers dar (Abb. 100).

Um ein solches Integrationsnetz zeichnen zu können, wird im allgemeinen die ringförmige Zunahme des Rauminhaltes in dem Einwirkungskörper von innen nach außen durch eine Integralkurve

$$K_z = 2\,\pi \int_0^{r=R} r \cdot k_z\,(r) \cdot dr \tag{151}$$

veranschaulicht, indem man die obere Integrationsgrenze alle Werte von Null bis zum Vollflächenradius R durchlaufen läßt. Eine mathematische Lösung dieser Aufgabe für eine exponentielle Verteilungsfunktion findet sich im einschlägigen Schrifttum (Bräuner 1961;S.12; Ehrhardt/Sauer 1961;S.417). Während in dem einen Beispiel der Rauminhalt des Anteilkörpers durch Summation unendlich schmaler Ringe ($2\pi r \cdot dr$) von der Breite dr und der Höhe k_z nach Gl. (151) erhalten wird, wird im anderen Beispiel der Inhalt des durch Zylinderschnitte zerlegten Anteilkörpers aus einem Zylindersockel ($\pi r^2 \cdot k_z$) und dem aufsitzenden Glockenteil berechnet, wobei der Glockenteil aus unendlich dünnen, waagerechten Scheiben von der Höhe dk_z und der Grundfläche πr^2 zusammengesetzt ist. In einem dritten Beispiel (Neuhaus

1974) wird die von der Kurve $r \cdot k_z(r)$ - der mit den Radien r_i multiplizierten Einflußfunktion - und der r-Achse eingeschlossene Fläche, die dem Rauminhalt des Anteilkörpers entspricht, graphisch in fünf gleichgroße Abschnitte zerlegt (Abb. 100, unten).

Das K_z-Diagramm gibt folglich auf der Ordinate die endlichen Senkungseinwirkungen e_i der Abbauringflächen auf den zentralen Tagespunkt P in Abhängigkeit vom Radius r oder vom Fortschritt eines von P' aus konzentrisch zum Vollflächenrand hin geführten Abbaus an (Abb. 101). Desgleichen kann eine Integralkurve für einen streifenförmigen

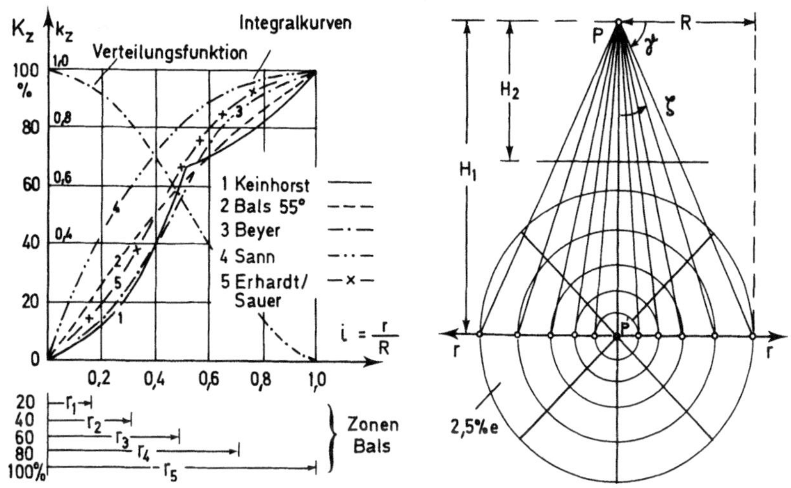

Abb. 101. Das Diagramm einer Verteilungsfunktion (Beyer) und der Integralkurven sowie die Konstruktion eines Integrationsnetzes mit den Zonenradien für die Teufe H_1

Abbau der Vollfläche von links nach rechts aus der Verteilungsfunktion abgeleitet werden (siehe Verfahren Beyer und Spettmann). Teilt man die Ordinate beispielsweise in fünf gleiche Abschnitte von je $\Delta e = 20\%$ ein, dann können die auf den Vollflächenradius bezogenen Zonenradien $i = r/R$ als zugehörige Abszissenwerte für ein Integrationsnetz mit fünf gleichwertigen Einwirkungszonen aus dem Diagramm entnommen und auf den Maßstab des Abbauplanes umgerechnet werden. Zur Erleichterung der Flächenschätzung werden die Zonen in acht Sektoren mit gleichen Zentriwinkeln von 50 gon unterteilt (Abb. 100).

Der Abbau eines großen Zonensektors am Vollflächenrand des Flözes verursacht demnach die gleiche Senkung am Tagespunkt P wie der Abbau eines vergleichsweise kleinen Sektors in der Innenzone. Wegen ihres Aussehens werden die Integrationsnetze auch "Spinnen" genannt. Die in der Teufe H_1 abgetragenen Radienendpunkte werden in der Schnittzeichnung (Abb. 101, rechts) durch Zonenstrahlen mit dem Tagespunkt P verbunden, um die Zonenradien für beliebige Abbauteufen (z.B. H_2) abgreifen zu können.

Das auf Transparentpapier gezeichnete Integrationsnetz wird während der Senkungsberechnung auf den in den Abbaugrundriß projizierten Tagespunkt mit seinem Zentrum aufgelegt (Abb. 38); dann werden die von den einzelnen Zonensektoren des Netzes ganz oder teilweise bedeckten Abbauflächenteile ausgezählt, wobei auf jeden der vierzig Zonensektoren ein Einwirkungsanteil von $\Delta e = 100\% : 40 = 2{,}5\%$ der Vollsenkung fällt. Der mit der Vollsenkung multiplizierte Gesamteinwirkungsfaktor e ergibt die gesuchte Senkung $v_z = e \cdot v_{z\ voll}$ des Punktes P nach Gl. (47).

Bei der graphischen Ermittlung und Summierung der Einwirkungsanteile werden folgende fünf Annahmen gemacht, die das Integrationsnetzverfahren kennzeichnen:

a) Grenzwinkel- und Äquivalenzprinzip

Auf den betreffenden Tagespunkt P wirken nur diejenigen Abbauflächenteile ein, die innerhalb der in P angetragenen Grenzwinkelschenkel liegen. Die von diesem Grenzwinkelkegel geschnittene Einwirkungs- oder Vollfläche im Flöz vom Durchmesser 2R ist der Abbauteufe H proportional

$$R = H \cot\gamma \ . \qquad (152)$$

Alle Vollflächen innerhalb des Grenzwinkelkegels haben auf den zentralen Tagespunkt P die gleiche Senkungseinwirkung unabhängig von ihrer Teufenlage (Abb. 102). Desgleichen sind auch alle Flözflächenteile verschiedener Teufenlage innerhalb eines spitzen Strahlenkegels, der mit seinem Öffnungswinkel φ vom Tagespunkt P ausgeht, trotz ihrer unterschiedlichen Größen hinsichtlich der Senkungseinwirkung auf den Punkt P gleichwertig (Äquivalenzprinzip). Das Grenzwinkelprinzip ist also ein Extremfall des Äquivalenzprinzips: $\varphi = 2 \cdot (100 - \gamma)$.

b) Linearitätsprinzip

Die Senkung und alle übrigen Trogelemente sind der abgebauten Mächtigkeit M des Flözes und einem hauptsächlich von der Versatzart abhängigen Absenkungsfaktor a proportional*). Die Bodensenkungsgröße hängt also linear mit der Abbaukonvergenz zusammen. Eine doppelt so große Abbaukonvergenz hat eine gleichfalls verdoppelte Bodensenkung zur Folge (Abb. 102). Beim Verhieb der gesamten Vollfläche wird der zentrale Tagespunkt P um den größtmöglichen Betrag, die Vollsenkung

$$v_{z\ voll} = a\ M\ , \tag{153}$$

abgesenkt (vgl. 2. Kapitel).

c) Superpositionsprinzip

Beim Abbau einer kleinen Flözfläche - einer Teilfläche A_{teil} - wird das Verhältnis der Teilflächeneinwirkung zur Vollflächeneinwirkung durch den Einwirkungsfaktor $e \leqq 1$ angegeben, der durch additive Überlagerung des den einzelnen Flächenelementen dA zukommenden Senkungseinflusses de

$$v_z = aM \int_{A_{teil}} \frac{de}{dA}\, dA = v_{z\ voll}\ e \tag{154}$$

z.B. mit Hilfe eines Integrationsnetzes bestimmt wird. Die Gesamteinwirkung eines Abbaus auf einen Tagespunkt ist also gleich der Summe der Einwirkung aller seiner Elemente.

Es wird hierbei unterstellt, daß jedes grundrißliche Element des Abbaus innerhalb eines Grenzwinkelkegels, dessen Spitze im Element liegt, eine gleichgroße und nach außen hin abnehmende Absenkung im Gebirge erzeugt, die an der Tagesoberfläche als Elementarmulde in Erscheinung tritt (Abb. 103). In Wirklichkeit ist die Senkungsfähigkeit der Elemente am Rande geringer als in der Abbaumitte, was flachere Elementarmulden über der Randzone zur Folge hätte. Die als gleichförmig angenommenen und dicht aneinander gereihten Elementar-

*) Der Absenkungsfaktor a wird als das Verhältnis von Vollsenkung zur Abbaumächtigkeit definiert; unter Abbaumächtigkeit M muß hier strenggenommen die bankrechte Höhe aller Schichten (Kohle, Berge, Nebengestein) im Aufschlußzustand, d. h. ohne Vorkonvergenz, verstanden werden, die in die Strebförderung gelangen. Im Streb ausgelesene Bergemittel zählen nicht mit.

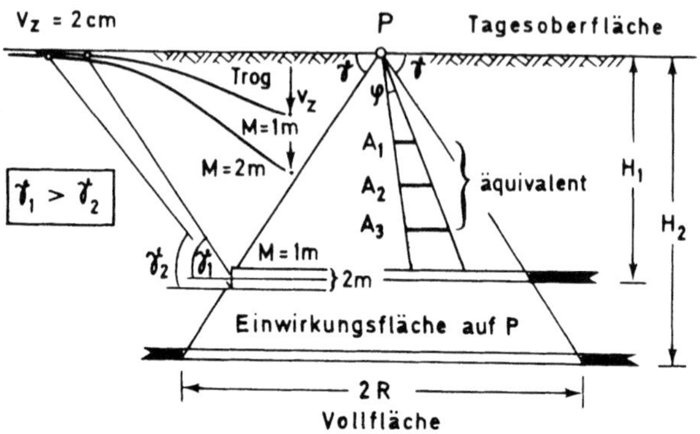

Abb. 102. Das Grenzwinkel- und Äquivalenzprinzip beim Integrationsverfahren. Linke Seite: Der auf einen 2 cm-Senkungsrand festgelegte Grenzwinkel verringert sich bei größerer Abbaumächtigkeit M. Doppelte Senkung bei M = 2 m gegenüber M = 1 m: Linearitätsprinzip

mulden rufen am Tagespunkt P je nach Lage der Elementarmulde verschieden große infinitesimale Senkungen dv_{zi} hervor, die zur endlichen Gesamtsenkung v_z aufsummiert werden können. Die von der Konvergenz der Nachbarelemente und der Baufeldgröße abhängige Senkungsfähigkeit des einzelnen Elementes - bekanntlich nimmt der Versatzdruck in der Feldmitte mit größer werdender Verhiebsfläche zu - wird also zugunsten eines einfachen Rechenganges vernachlässigt (Theorie 1. Ordnung). Für die Einwirkungsgröße ist es demnach gleichgültig, ob das Flächenelement allein oder als Teil einer größeren Fläche abgebaut werden soll.

d) Rotationssymmetrie-Prinzip

Ordnet man die am Punkt P wirksamen infinitesimalen Senkungen dv_{zi} den einzelnen Abbauelementen zu und trägt ihre Größe über den Elementen auf (Abb. 103), so stellt die Hüllkurve die Einflußfunktion der Abbauelemente auf den zentralen Tagespunkt dar. Die Einwirkungs-

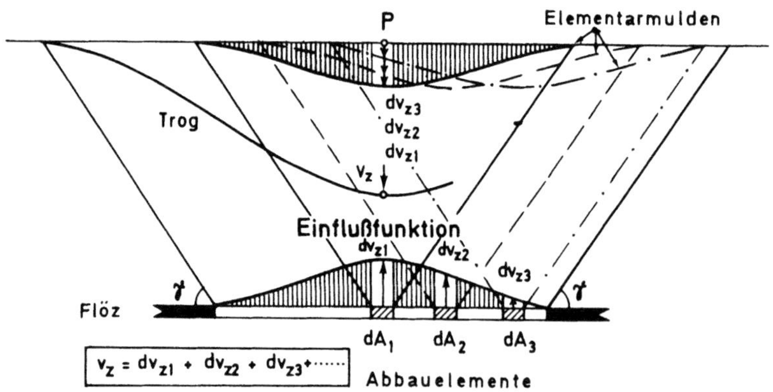

Abb. 103. Die Superposition der von den Abbauelementen am Punkt P hervorgerufenen Elementarsenkungen dv_z zur Gesamtsenkung v_z. Jedes Element der Abbaufläche erzeugt an der Tagesoberfläche eine gleiche Elementarmulde, die spiegelbildlich zur Einflußfunktion ist

größen der Abbauelemente auf den zentralen Tagespunkt P, wie sie die Einflußfunktion wiedergibt, sind also in flacher Lagerung rotationssymmetrisch zum Berechnungspunkt P; hieraus folgt, daß die Absenkung über der Abbaukante einer Vollfläche gleich der halben Vollsenkung sein muß, da nur 50% der Abbauelemente auf diesen Tagespunkt einwirken.

e) Transitivitätsprinzip

Die vor dem Bewegungsendstand auftretenden zwischenzeitlichen oder dynamischen Senkungen $v_{z\,dyn}$ lassen sich mit einem Zeitfaktor z aus der Endgröße

$$v_{z\,dyn} = z \cdot v_{z\,end} = a\ M\ e\ z \tag{155}$$

ableiten. Die zwischenzeitliche Muldenform entsteht somit nach dem qualitativ gleichen Gesetz wie die Endmulde, in die die andauernde Bewegung mit der Zeit übergeht (Abb. 104). In der Gl. (155) sind die Faktoren a, M und z aus Beobachtungen bekannt; die eigentliche Berechnung besteht also darin, den Einwirkungsfaktor e mit einem Integrationsnetz zu ermitteln.

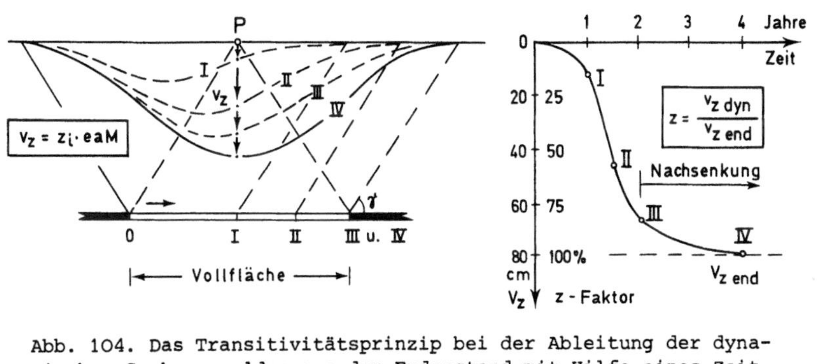

Abb. 104. Das Transitivitätsprinzip bei der Ableitung der dynamischen Senkungsmulden aus dem Endzustand mit Hilfe eines Zeitfaktors z. Rechts: Zeitlicher Verlauf der Senkung am Punkt P (Abbaustand I = Unterbauung, III = Ende der direkten Abbaueinwirkung)

Der Einfachheit halber wird das Prinzip der ungestörten Superposition auch auf die einwirkenden Abbaue m e h r e r e r F l ö z e angewandt: Jedes Flözfeld wird für sich berechnet, ohne im allgemeinen den mit dem tiefergehenden Abbau zunehmenden Durchbauungsgrad des Gebirges zu berücksichtigen. Die Gesamtsenkung eines Tagespunktes wird also durch Summierung der für die einzelnen Flözflächen unabhängig voneinander ermittelten Senkungen bestimmt. Auch die Reihenfolge des Verhiebs der Flöze bleibt bei der Vorausberechnung der Senkungen mangels genauer Erfahrungswerte über Konvergenz und Gebirgsdruck ohne Einfluß auf das Endergebnis, obwohl das kommutative Gesetz bei der Addition der Senkungen streng genommen nicht angewendet werden dürfte (Lautsch 1971), denn im Druckschatten eines oberen Flözes ist die Konvergenz im unteren Baufeld geringer als bei einer ersten Durchbauung (Kapitel 6.3).

Außerdem wird bei den Berechnungsverfahren von einem homogenen Gebirgskörper ohne geologische Störungen und Faltungen sowie von einer waagerechten Erdoberfläche ausgegangen und angenommen, daß der Inhalt des Senkungstroges über Tage näherungsweise gleich dem Konvergenzvolumen im Abbaufeld ist.

Tafel 12. Die Zonenradien für wirkungsgleiche Kreisringflächen der Integrationsnetze (R = 1, Grenzwinkel 55°)

Zone	Senkung					Verschiebung		
von innen aus	Keinhorst	Bals	Beyer	Sann	Ehrhardt Sauer	Fläschenträger Perz	Beyer	Bräuner
1	0,28	0,16	0,25	0,09	0,22	0,38	0,34	0,33
2	0,40	0,30	0,39	0,18	0,33	0,56	0,46	0,49
3	0,50	0,49	0,50	0,30	0,45	0,71	0,58	0,63
4	0,74	0,70	0,63	0,45	0,59	0,85	0,71	0,80
5	1,00	1,00	1,00	1,00	1,00	1,00	1,00	1,00

8.32 Die wichtigsten Verteilungsfunktionen

In der Tafel 12 sind die Zonenradien einiger Integrationsnetze der flachen Lagerung gegenübergestellt. Für diese Netze gelten folgende Verteilungsfunktionen $k_z(r)$ bzw. $k_z(\varsigma)$ des Senkungseinflusses kleinster Abbauflächenteile im diametralen Flözschnitt sowie deren K_z-Gleichungen für die Zunahme der endlichen Senkungseinwirkung am Tagespunkt P bei konzentrischem Verhieb der Vollfläche von innen nach außen:

$$\left.\begin{aligned} k_z &= \cos^2 \zeta \\ K_z &= 0{,}25\,(\sin 2\zeta + 2\zeta) \end{aligned}\right\} \quad \text{(Bals 1932)} \qquad (156)$$

$$\left.\begin{aligned} k_z &= k\,(1-i^2)^2 \\ K_z &= 2\pi k\, R^2\left(i^2 - i^4 + \frac{i^6}{3}\right) \end{aligned}\right\} \quad \text{(Beyer 1944)} \qquad (157)$$

$$\left.\begin{aligned} k_z &= 2{,}256\, \frac{1}{r}\, e^{-4r^2} \\ K_z &= 2\pi\, 2{,}256\,\big(i - 1{,}33\,i^3 + 1{,}6\,i^5 \\ &\quad - 1{,}523\,i^7 + 1{,}185\,i^9 - \dots\dots\dots\big) \end{aligned}\right\} \quad \text{(Sann 1949)} \qquad (158)$$

$$\left.\begin{aligned} k_z &= 0{,}1392\, e^{-0{,}5r^2} \\ K_z &= 2\pi\,\left(1 - e^{-0{,}5r^2}\right) \end{aligned}\right\} \quad \text{(Ehrhardt/Sauer 1961)}\,. \qquad (159)$$

Die Verteilungsfunktionen sind entweder analytisch aus Beobachtungen abgeleitet oder beruhen auf Annahmen. So hatte man beispielsweie bei der Emschergenossenschaft festgestellt, daß der zwischen dem Bruch- und Grenzwinkel liegende äußere Ring der Abbauvollfläche mit 1/3, die Kreiszone innerhalb des Bruchwinkelkegels (β = 78 gon oder 70°) mit 2/3 an der Gesamteinwirkung e beteiligt sind (Zweizonen-Netz von Keinhorst). Bei den anderen Verfahren wird unterstellt, daß ein Abbauflächenteilchen z.B. mit einer Kraft gemäß dem Newton'schen Gravitationsnetz ($1/l^2$ in Abb. 100 nach Bals 1932)*) oder nach anderen ausgesuchten Funktionen auf den zentralen Oberflächenpunkt einwirkt (Beyer, Sann u.a.). Schließlich kann man sich den Absenkungsvorgang auch so vorstellen, daß der zentrale Tagespunkt P zusammen mit einer oberen Ebene A des Grenzwinkelkegels um den Vollsenkungsbetrag 1, diese Ebene A je zur Hälfte durch die beiden gleichgroßen Kegelgrund-

*) Die nach diesem Gesetz nur für die Schnittebene und nicht über die Vollfläche vorgenommene Ableitung der Zonenteilung und K_z-Funktion Gl. (156) ist jedoch mathematisch nicht einwandfrei (siehe Schleier 1956, 456).

flächen in der nächst tieferen Ebene B, diese ihrerseits zur Hälfte durch die Flächen in der Ebene C usw. abgesenkt werden (Abb. 105), was bis zum Abbauhorizont fortgesetzt auf eine Gauß'sche Verteilungsfunktion führt (Ehrhardt u. Sauer 1961).

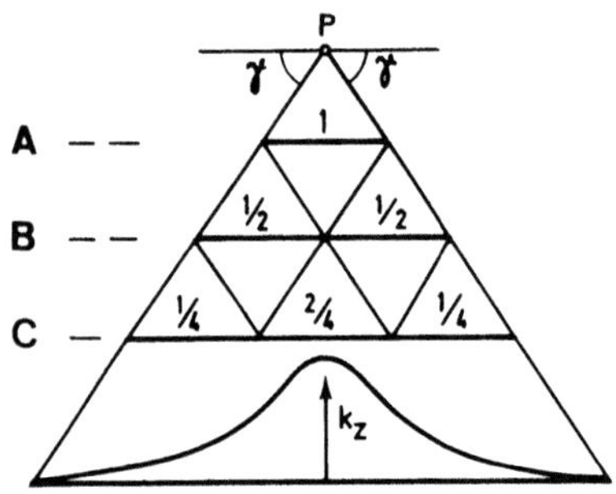

Abb. 105. Der Anteil der Schichtflächen in den Horizonten A, B, C .... auf die Senkung des Tagespunktes P (n. Ehrhardt u. Sauer)

Eine ausführliche Beschreibung und Ableitung der Formeln aller Integrationsnetze ist im Sammelband 2 "Der Deutsche Steinkohlenbergbau" enthalten (Schleier 1956). Dort findet man auch eine Untersuchung darüber, ob die Einflußfunktionen die Grenzbedingungen, daß für Werte von

$$\zeta = 100 - \gamma \quad \text{bzw. } i = 1 \quad \text{(Rand) und}$$
$$\zeta > 100 - \gamma \quad \text{bzw. } i > 1 \quad \text{(Überfläche)}$$

der Funktionswert 0 sowie für Werte von

$$\zeta = 0 \qquad \text{bzw. } i = 0 \text{ (Zentrum)}$$

der Funktionswert 1 als Maximum erhalten werden, erfüllen. Beispielsweise ergibt die Funktion (157) (Beyer) für Werte von $i > 1$ (Überfläche) wieder eine von Null aus bei $i = 1$ ansteigende Einwirkungsfähigkeit der Abbauelemente. Sie ist also nur für i-Werte von 0 bis 1 gültig. Andere Funktionen, wie Gl. (159) (Ehrhardt/Sauer), haben nach außen hin einen asymptotischen Verlauf, so daß ein Vollflächenabbau erst 96 bis 99% der Vollsenkung am zentralen Tagespunkt hervorruft und ein "praktischer Grenzwinkel", bei dem ein Abbau z.B. 99% der Vollsenkung erzeugt, gewählt werden muß.

Ein Vergleich der mit den verschiedenen Netzen berechneten Normalsenkungen, die über einer quadratischen Abbauvollfläche in der streichenden x-Hauptachse entstehen, zeigt in Abb. 106 eine große Ähnlichkeit der Kurven, die antimetrisch zum Halbsenkungs- und Wendepunkt sind. Beim Teilflächenabbau dagegen unterscheiden sich die Trogprofile der einzelnen Rechenverfahren erheblich. So betragen die Senkungen über der Kante eines 0,4 R breiten und 2R langen Abbaus, der in 700 m Teufe einem rd. 200 mal 1000 m großen Baufeld entspricht, 35 bis 45% der Vollsenkung oder 63 bis 71% der maximalen Senkung über

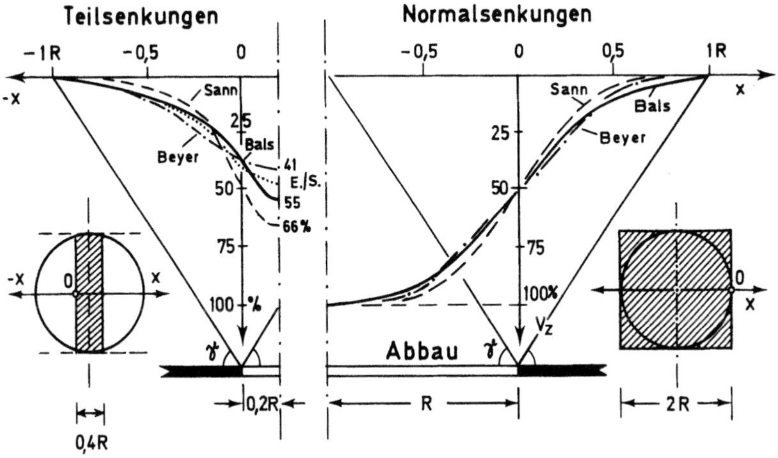

Abb. 106. Die Teil- und Normalsenkungen nach den verschiedenen Integrationsnetz-Verfahren. Über der Abbaukante betragen die Senkungen 50 % aM beim Vollflächenabbau (rechts) und zwischen 35 bis 45 % beim 0,4 R großen Teilflächenabbau (links). (E./S. = Verfahren Ehrhardt/Sauer)

der Abbaumitte. Einen tiefen Teilsenkungstrog erhält man nach Gl. (158) (Sann), einen flachen Trog nach Gl. (157) (Beyer). Eine Randzone geringer Versatzverdichtung wurde bei diesen Vergleichen nicht berücksichtigt.

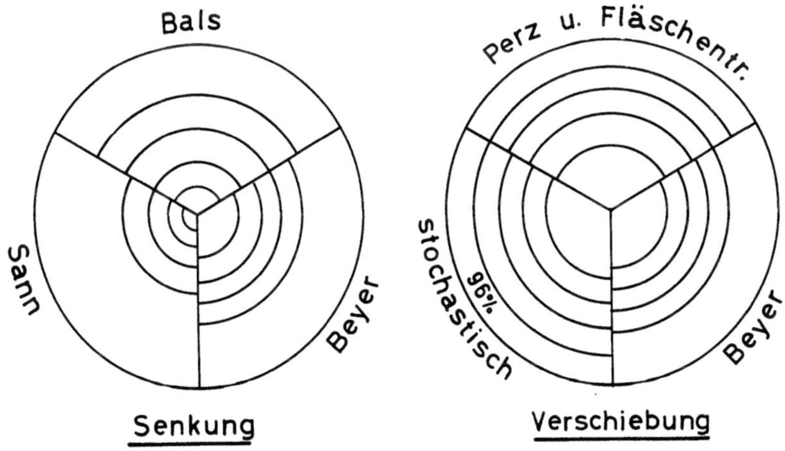

Abb. 107. Vergleich der Zonenteilungen einiger Senkungs- und Verschiebungsnetze. Jede Zone wirkt beim Abbau gleichgroß auf den zentralen Tagespunkt ein

Wenn die Anwendbarkeit der Integrationsnetze, deren Zonen in Abb. 107 gegenübergestellt sind, auf ein stark durchbautes Gebirge und die heutigen Abbauverhältnisse (H > 700 m, v > 2,5 m/d, Teilflächenabbau) gelegentlich in Frage gestellt wird, sollte man bedenken, daß diese Netze für eine mittlere Abbauteufe und Deckgebirgsmächtigkeit sowie für eine geringe Durchörterung und einen langsamen, einschichtigen Gewinnungsbetrieb entwickelt wurden, so daß man, falls diese Voraussetzungen nicht mehr zutreffen, nicht umhinkann, die Rechenverfahren an die neuen Gegebenheiten anzupassen.

Schon lange weiß man, daß die halbe Vollsenkung nicht über der Abbaukante einer Vollfläche, wie es sich aus der angenommenen Rotationssymmetrie der Einwirkungsanteile mit jedem Integrationsnetz ergibt, sondern über der inneren Randzone des Baufeldes auftritt. Der Grund hierfür wird in einer nicht vollständig zusammengedrückten Randzone

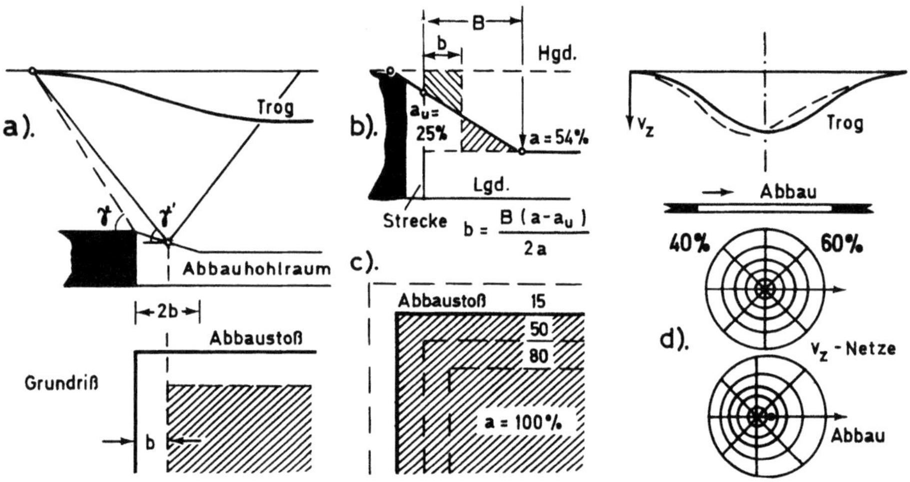

Abb. 108. Die Verbesserung des Integrationsnetzverfahrens durch eine Ausgleichsrandzone (a und b), durch mehrere Randstreifen unterschiedlicher Absenkungsfaktoren (c) sowie durch eine ungleiche Bewertung der Zonenhälften oder durch exzentrische Zonen (d)

des Abbaufeldes gesehen, was in Abb. 108 dargestellt ist. Zur Berücksichtigung dieser Z o n e g e r i n g e r K o n v e r g e n z sind folgende Verfahren vorgeschlagen worden:

a) Der Scheitelpunkt des Grenzwinkels wird in die Mitte der 2b breiten Randzone gelegt (Abb. 108,a), und entlang der Grenze gegen das anstehende Flöz wird ein Streifen von der Breite b abgegrenzt, der bei der Ermittlung der Abbaueinwirkung unbeachtet bleibt. Die innere Hälfte der Randzone wird voll bewertet (Beyer 1944).

b) Unter Einbeziehung der Vorfeldsenkung a_u läßt sich die Breite b des vom Baufeld abzutrennenden Randstreifens mit der in Abb. 108,b angegebenen Flächenteilungsformel berechnen (Fläschenträger 1956). Wird entlang eines alten Baufeldes abgebaut, so ist die Abbaufläche auf dieser Seite im Berechnungsplan wegen der Nachsenkung im Alten Mann zu verbreitern (siehe auch Abb. 72).

c) Die Zunahme der Dachschichtsenkung im Bereich der Abbaukante kann schnittrißlich durch einen Treppenzug und im Grundriß durch unterschiedlich bewertete Streifen dargestellt werden (Bals 1956). Dieses Verfahren gibt zwar die örtliche Dachschichtsenkung am besten wieder, ist aber im Vergleich zu den anderen Verfahren mit einem größeren Rechenaufwand verbunden, da die Einwirkungen eines jeden Streifens einzeln ermittelt werden müssen.

Die Nachsenkungen in einem höher liegenden alten Baufeld lassen sich ebenfalls mit dem Verfahren c) berechnen, sofern man den Konvergenzbetrag kennt oder abschätzen kann. Unsymmetrische Trogprofile in flacher Lagerung (Abb. 108,d) können mit Netzen, deren Zonenhälften ungleich bewertet sind (Kratzsch 1968), mit ellipsenförmigen Netzen (Spettmann 1973) oder mit exzentrischen Kreiszonen berechnet werden. Zu asymmetrischen Netzen mit exzentrischen Berechnungspunkten P' kommt man in der flachen Lagerung auch dann, wenn man die an einem mehrmals durchbauten Gebirgskörper (Spickernagel 1973) festgestellten Unterschiede der Grenzwinkel - z.B. 60° über dem ruhenden Vorfeld und 50° über dem vorrückenden Gewinnungsstoß - berücksichtigt. An die spitzen Trogformen (Abb. 70) sollten die Berechnungsergebnisse aber nicht dadurch angepaßt werden, daß die Grenzwinkel und Absenkungsfaktoren abweichend von den Beobachtungswerten vergrößert werden; einwandfrei ist es vielmehr, die inneren Zonen der Netze höher zu bewerten als die äußeren oder ihre Durchmesser unter Beibehaltung gleicher Zonenwerte zu verkleinern, also eine für den Durchbauungsgrad zutreffende Einflußfunktion zu suchen.

8.33 Die Integrationsnetze in steiler Lagerung

Die kreisförmigen, konzentrischen Integrationsnetze der flachen Lagerung*) sind bis zu einem Flözeinfallen von rd. 20 gon anwendbar. Bei stärkerem Einfallen weicht die durch drei Grenzwinkel bestimmte Abbauvollfläche zu sehr von der Kreisform ab, und das Trogtiefste liegt außerhalb der Vollflächenmitte (vgl. Abb. 97). Die Einwirkungsgrößen k_z der Abbauelemente sind auf der geneigten Abbaufläche unsymmetrisch verteilt. Es müssen daher für die steile Lagerung besondere Netze entworfen werden, die das Einfallen sowie die unterschiedliche Teufe über dem oberen und unteren Abbaustoß berücksichtigen.

Die Verteilungsfunktion der Gl. (156) kann getrennt für den steilen Abbau im liegenden (- α) und hangenden (+ α) Flözteil von Punkt P dahin abgewandelt werden, daß dem einzelnen Abbauelement eine lotrechte Einwirkungskraft proportional zur Teufe anhaftet (Schleier 1937):

$$\left.\begin{aligned} k_z &= \frac{dA}{H\cos\alpha}\cos(\zeta \pm \alpha)\cos\zeta \\ K_z &= \frac{1}{2}\left[\left(\frac{1}{2}\sin 2\zeta + \zeta\right)\cos\alpha \pm \sin^2\zeta\;\sin\alpha\right]. \end{aligned}\right\} \qquad (160)$$

Den Schwerpunkt aller vertikalen Einwirkungskräfte stellt ein exzentrischer Punkt Z in der diametralen Fallebene dar. Die K_z-Werte und die Zonenwinkel können für jedes Einfallen aus einem Nomogramm entnommen werden (Abb. 109).

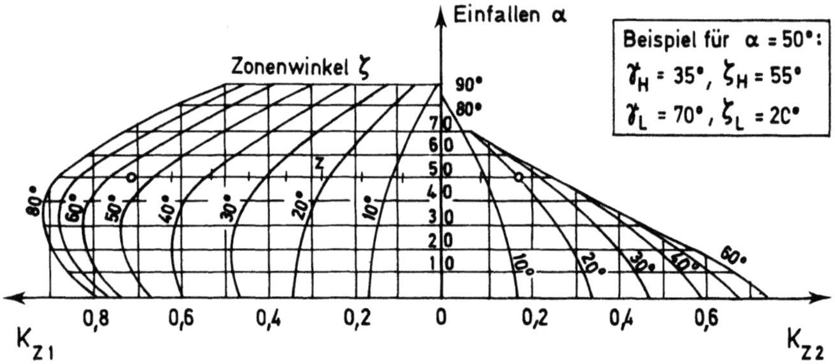

Abb. 109. Das Zonenwinkel-Diagramm für Gl. (160) (nach Schleier). Beispiel: Die Strecke zwischen K_{Z1} = 0,72 und K_{Z2} = 0,17 wird in 10 gleiche Abschnitte unterteilt, um die Zonenwinkel in der Fallebene ablesen zu können

*) Im Ruhrgebiet stammen heute rd. 80 % der geförderten Kohle aus der flachen Lagerung, was die geringe Bedeutung der für die steile Lagerung entwickelten Rechenverfahren in Deutschland unterstreicht.

Bezieht man die Zonenwinkel ζ nicht auf die Lotrechte, sondern auf die Flöznormale (Abb. 110)

$$\eta = \zeta \pm \alpha , \tag{161}$$

dann können die endlichen Senkungsanteile aus der einfachen Beziehung

$$K_z = \sin \eta \tag{162}$$

gewonnen werden (Perz 1940). In der Fallebene ergeben sich hiernach

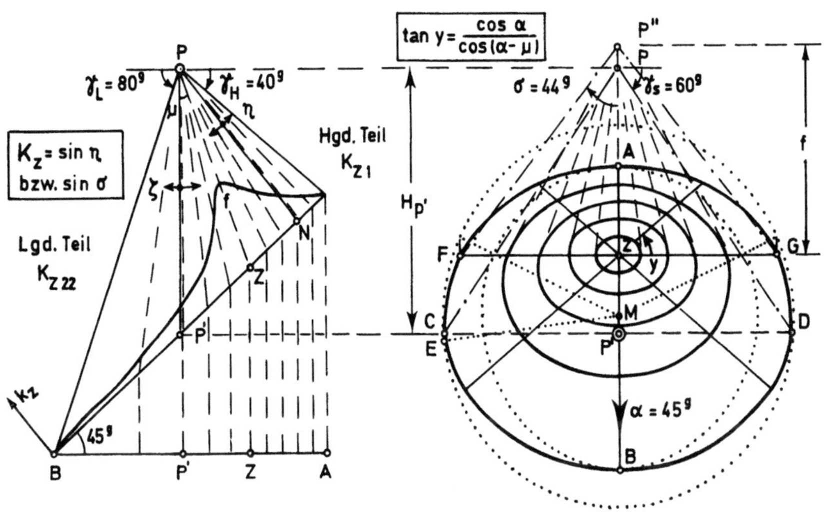

Abb. 110. Die Einteilung einer steilen Abbauvollfläche in Zonen und Sektoren gleicher Senkungseinwirkung (Verfahren Perz u. H. Schröder). Links: Zonenteilung in der Fallebene. Rechts: Zonenteilung im Streichen FZG von P'' aus und Konstruktion der Zonenellipsen beispielsweise aus den vier Punkten A, B, C und D nach der Papierstreifenmethode

mit der Senkungseinwirkung im hangenden oder liegenden Abbauteil von N aus mit

$$\left.\begin{aligned} K_{z1} &= \sin(100 - \gamma_H - \alpha) \\ K_{z2} &= \sin(100 - \gamma_L + \alpha) \end{aligned}\right\} \tag{163}$$

für den Nadirwinkel μ zum Einwirkungsschwerpunkt Z

$$Z = \frac{K_{z1} - K_{z2}}{2} \qquad (164)$$

und für die Einwirkungswerte der zehn Zonenabschnitte

$$K = \frac{K_{z1} + K_{z2}}{10}\,. \qquad (165)$$

Die gesuchten Zonenwinkel η werden aus den sinus-Werten für K_{z1}, K_{z1} - 1 K, K_{z1} - 2 K, ... K_{z1} - 9 K und K_{z2} erhalten (siehe Tafel 13).

Tafel 13. Die Berechnung der Zonenwinkel für ein Integrationsnetz in geneigter Lagerung (Verfahren Perz)

Fallebene		Streichebene	
Sinuswerte	Zonenwinkel gon	Sinuswerte	Zonenwinkel gon
K_{z1} = 0,2334	15,0 (η_H)	K'_{z1} = 0,6375	44,0 (σ)
K_{z1} - 1K = 0,1248	0,8	K'_{z1} - 1K' = 0,5100	34,1
K_{z1} - 2K = 0,0162	1,0	K'_{z1} - 2K' = 0,3825	25,0
K_{z1} - 3K = -0,0924	-5,9	K'_{z1} - 3K' = 0,2550	16,4
K_{z1} - 4K = -0,2010	-12,9	K'_{z1} - 4K' = 0,1275	7,8
K_{z1} - 5K = -0,3096	-20,0 ($\alpha-\mu$)	K'_{z1} - 5K' = 0,0000	0,0
K_{z1} - 6K = -0,4182	-27,5	Sektorenteilung:	
K_{z1} - 7K = -0,5268	-35,3	$\tan y = \frac{\cos \alpha}{\cos(\sigma-\mu)} =$	
K_{z1} - 8K = -0,6354	-43,8	$= \frac{\cos 45}{\cos 20} = \frac{0,7604}{0,9511}$	
K_{z1} - 9K = -0,7440	-53,4	$y = 42,9$ gon	
K_{z2} = -0,8526	-65,0 (η_L)		

Auf der Vorstellung, daß der Einwirkungskörper in steiler Lagerung einem s c h i e f e n K r e i s k e g e l ähnlich ist, kann das grundrißliche Integrationsnetz aus Ellipsen, die sich um das Einwirkungszentrum Z scharen, gezeichnet werden (Abb. 110, rechts). Der grundrißliche Abstand ihrer Scheitelpunkte auf der kleinen oder großen Achse AB wird aus dem Fallebenenschnitt, in den die Grenz- und Zonenwinkel eingetragen sind, abgegriffen. Der Schnitt des Grenzwinkelstrahls γ_S mit der Horizontalen durch P' liefert die zwei anderen Punkte C und D der Umrandungskurve im Streichen. Um auf der Streichlinie durch Z die Begrenzungspunkte für die Zonenellipsen zu erhalten, wird die schräge Strecke PZ des Fallebenenprofils im Grundriß oberhalb von Z in der Fallachse angetragen und der Winkel σ im Punkt P" an der Gradscheibe abgelesen. Die Endpunkte F und G der horizontalen Strecke durch Z sind zuvor als Ellipsenpunkte der Netzumrandung nach der sogenannten Papierstreifenmethode mit Hilfe der kleinen und großen Achsenkreise bestimmt worden, die durch den Achsenmittelpunkt M sowie durch die Punkte A und B bzw. E (konstruiert) gegeben sind. Aus der Gl. (162) $K_z' = \sin\sigma$ werden dann die fünf Zonenwinkel im Streichen berechnet (Tafel 13). Zum Schluß müssen die Diagonalwinkel

$$\tan y = \frac{\cos\alpha}{\cos(\alpha-\mu)} \tag{166}$$

für die Sektorenteilung berechnet und die Ellipsen für die inneren Zonen gezeichnet werden (siehe Niemczyk Bd. 2, S. 585).

Derartige Senkungsspinnen werden in der Markscheiderei zweckmäßigerweise im Maßstab 1 : 5000 in Teufenstufen von 50 m ($H_{p'}$) für die Einfallswinkel 30, 40, 50, 60 und 70 gon auf Transparentpapier vorbereitet. Anders als in der flachen Lagerung müssen in steiler Lagerung für jeden Berechnungspunkt über dem Baufeld größere oder kleinere Netze benutzt werden, da sich die Flözteufe $H_{p'}$ unter jedem Tagespunkt ändert. Die Netze müssen außerdem zur Einfallsrichtung orientiert werden. Dadurch wird die Senkungsberechnung im Vergleich zur flachen Lagerung zeitraubender.

Außer diesen analytischen Verfahren gibt es noch p r o j e k t i v e V e r f a h r e n, mit denen ein Integrationsnetz der flachen Lagerung beispielsweise durch eine zentrale Abbildung der Kreisringzonen auf eine schräge Flözebene (Abb. 111) oder unter Annahme eines bankrechten Niedergehens aller Hangendschichten in ellipsenförmige Netze umgezeichnet werden kann (Bals 1953, Bräuner 1959, Kratzsch 1964). Wie in flacher Lagerung, so läßt sich auch für die steile Lagerung ein Feldernetz aus Beobachtungen ableiten (Kratzsch 1963), wobei die kleinen Felder um das Einwirkungszentrum herum gruppiert werden. Im niederländischen Bergbau ist es üblich, die Zonenteilung der flachen

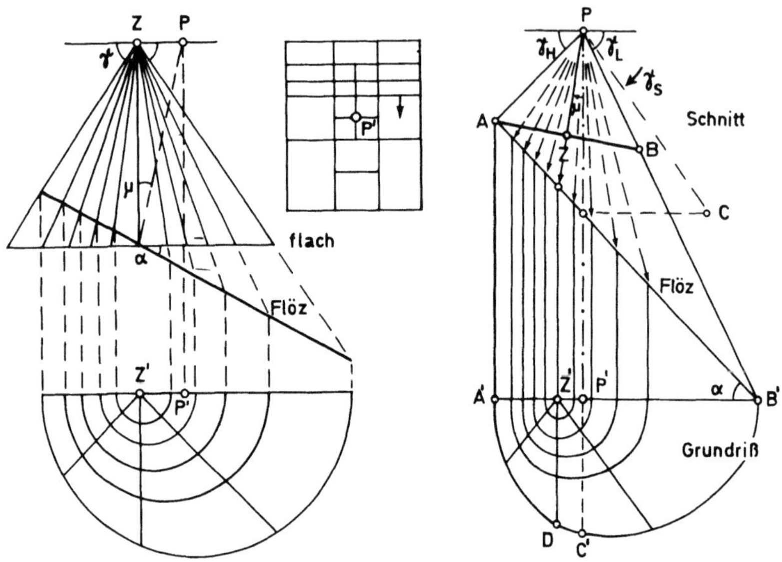

Abb. 111. Die projektive Umzeichnung eines Integrationsnetzes der flachen Lagerung für die Berechnung in steiler Lagerung. Links: Gleiche Grenzwinkel (Wessel). Mitte: Empirisch bewertetes Feldernetz. Rechts: Ungleiche Grenzwinkel (Kratzsch)

Lagerung im Fallebenenschnitt zentral auf die mäßig geneigte Flözlinie zu projizieren und die Zonengrenzen im Grundriß als exzentrische Kreise zu zeichnen (Abb. 111).

Für die Genauigkeit der Integrationsnetzverfahren in steiler Lagerung ist weniger die genaue Kenntnis der Grenzwinkelgrößen als vielmehr die richtige Wahl des N a d i r w i n k e l s μ, der die Lage der Trogsohle ($v_{z\ max}$) festlegt, entscheidend. Dieser Nadirwinkel liegt in einigen Bergbaubezirken in der Größenordnung von

$$\mu \approx \frac{1}{2}(\gamma_L - \gamma_H), \tag{167}$$

wie es die Tafel 14 zeigt. Er kann jedoch auch größere Werte annehmen, besonders wenn die Summe der Grenzwinkel in der Fallebene

$$\gamma_L + \gamma_H \approx 2\gamma_S \tag{168}$$

erheblich von dem doppelten Wert des Grenzwinkels im Streichen abweicht (siehe auch Grenzwinkelkurve in Abb. 89, links). In Oberschlesien beträgt der Nadirwinkel 0,7 α, in Holland 0,5 α.

Weiterhin ist es wichtig, für die Berechnung der Senkung nach Gl.(47) den zutreffenden Absenkungsfaktor a zu kennen; einen Anhalt für die Wahl des vom Flözeinfallen und vom bankrechten Gebirgsdruck abhängigen Absenkungsfaktors bietet die Tafel 3. Für den Fall, daß der hangende Grenzwinkel kleiner als der Einfallswinkel des Flözes ($\gamma_L < \alpha$) ist und deshalb eine Vollfläche nicht konstruiert werden kann, was bei einer sich auch auf die Liegendschichten erstreckenden Abbaueinwirkung vorkommt (Abb. 90), genügt es für die Senkungsberechnung, das Netz nur für den hangenden Teil zu entwerfen. Durch eine spiegelbildliche Übertragung des Integrationsnetzes auf das Liegende der Lagerstätte läßt sich auch diese Liegendbewegung erfassen (Schleier 1964).

8.34 Die Hilfsmittel zur Senkungsberechnung

Als erster Vorschlag, den Einwirkungsfaktor e bei den Integrationsnetzverfahren einfacher zu ermitteln, muß die K_z-Tafel für einen streifenartigen Abbau der Vollfläche genannt werden (Beyer 1944, Spettmann 1962), die bei geraden und parallelen Abbaufronten anstelle der Zonennetze benutzt werden kann. Diese K o n s t a n t e n t a f e l wird für einen Tagespunkt P über der Vollflächenmitte aufgestellt, indem der Einwirkungsfaktor e für verschiedene Abbaustände $i = r/R$ des Vollflächenverhiebs mit Hilfe eines fein unterteilten Integrationsnetzes oder durch streifenweise Integration des Differentialquotienten $k_z = de/dA$ ermittelt wird (Abb. 112 u. 114). Dieser mathematisch recht interessante Vorgang, bei dem zuerst die sogenannte Schieflagefläche - das ist die Schnittfläche des Senkungsanteilkörpers oberhalb einer geradlinigen Abbaufront - durch Integration der Senkungsdifferentiale entlang der Abbaufront bestimmt und danach für alle Abbaustände der Inhalt des abgeschnittenen Anteilkörpers durch Summierung dieser Schieflageflächen von 0 bis zum betreffenden Abbaustand i ermittelt wird, ist im Schrifttum (z.B. Schleier 1956, S.463) ausführlich beschrieben.

Die Senkung läßt sich dann aus dem Produkt der Tafelwertdifferenzen berechnen, wenn man mit einem transparenten Blatt, das den Vollflächenkreis, den Mittelpunkt (= Berechnungspunkt P) und ein Achsenkreuz mit den Dezimalwerten des Vollflächenhalbmessers R enthält, die i-Werte der Abbaufronten am parallel dazu orientierten Achsenkreuz bestimmt und aus der Konstantentafel die zugehörigen K_z-Werte entnimmt:

$$v_z = v_{z\,voll}\,(K_{x2} - K_{x1}) \cdot (K_{y2} - K_{y1})\,. \qquad (169)$$

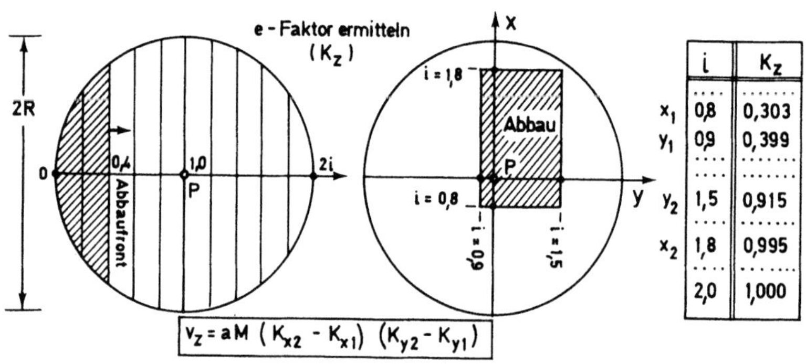

	i	K_z
x_1	0,8	0,303
y_1	0,9	0,399
y_2	1,5	0,915
x_2	1,8	0,995
	2,0	1,000

Abb. 112. Die Berechnung der Punktsenkung mit Hilfe einer Konstantentafel aus den i-Werten der Abbaufronten (nach Beyer, Spettmann u. Walther)

Für das Beispiel in Abb. 112 lautet die Rechnung:

$$v_z = 120\text{ cm }(0{,}995 - 0{,}303) \cdot (0{,}915 - 0{,}399) = 21{,}1\text{ cm.}$$

Das Aufsuchen der Tafelwerte (siehe Niemczyk 1949, S.145) entfällt, wenn der Vollflächenkreis mit einem K_z-Gitter ergänzt wird (Walther 1968).

Auch auf a n a l o g e m Wege läßt sich die Senkungsberechnung vereinfachen und beschleunigen. Die graphische Auszählung der Einwirkungsanteile kann beispielsweise lichtelektrisch nachgebildet werden (Kratzsch 1963, Schmidtmann 1964). Ein Strahlungsmeßgerät projiziert eine leuchtende Fläche 1 mittels eines Objektives auf einen optischen Filter 2, der vor einem Fotoelement angeordnet ist (Abb. 113). Die Polaroidfolien- und Filmringe des Filters schwächen den zum Fotoele-

Tafel 14. Die Größenordnung der Grenz- und Nadirwinkel in geneigter bis steiler Lagerung

Einfallen gon	Grenzwinkel gon			Nadirwink. gon
α	γ_H	γ_L	γ_S	μ
40	55	65	60	5
50	50	70	60	10
60	45	75	60	15
70	40	80	60	20
80	35	85	60	25

Anmerkung: $\gamma_L + \gamma_H = 2\gamma_S$

$\mu = \frac{1}{2}(\gamma_L - \gamma_H)$

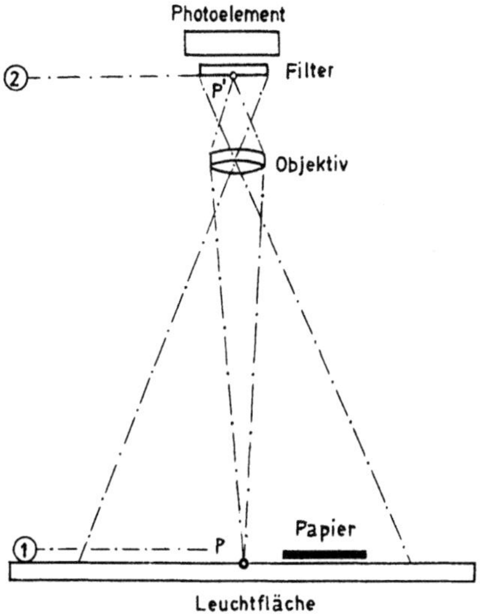

Abb. 113. Das Prinzip des optischen Analogrechners für die Senkungs- und Verschiebungsberechnung (n. Kratzsch)

ment gehenden Strahlungsfluß so, wie es wertmäßig einem Integrationsnetz entspricht. Bei gleichwertigen Zonen (z.B. nach Bals) muß der von jeder Filterzone durchgelassene Teilstrahlungsfluß einen gleichgroßen Fotostrom erzeugen. Wird nun ein transparenter Berechnungsplan, in dem die Abbauflächen mit schwarzem Papier bedeckt sind, auf dem Leuchttisch so verschoben, daß die im Plan maßstäblich eingetragenen Berechnungspunkte mit dem auf dem Leuchttisch gekennzeichneten Projektionsmittelpunkt nacheinander zur Deckung kommen, dann zeigt ein am Fotoelement angeschlossenes Spiegelgalvanometer sofort die Senkungsgröße - wenn ein Differentialelement benutzt wird, auch die Verschiebungsgröße - in Zentimetern an. Der Vollsenkungswert muß zuvor am Galvanometer eingestellt worden sein.

Für Berechnungen in steiler Lagerung wird das Zentralprojektionsverfahren angewandt, bei dem das Strahlungsmeßgerät mit Weitwinkelobjektiv um den Nadirwinkel gekippt und das die Abbaufläche darstellende, undurchsichtige Papier im Flözeinfallen aufgestellt wird (Kratzsch 1964). In Polen ist ebenfalls ein fotoelektrischer Analogrechner entwickelt worden, mit dem die Senkungsprofilkurven berechnet und sogleich gezeichnet werden können (Greń 1967). Als Strahlungsfilter dient eine rotierende Scheibe mit zonenweise angeordneten Schlitzen.

Als Versuchsgerät wurde ein mechanischer Integrator, der einem Planimeter ähnlich sieht, nach dem Reibrad-Prinzip konstruiert (Kapelle 1964). Im Meßwerk wird der e-Faktor angezeigt, wenn die Abbaufläche mit einem Fahrstift umfahren worden ist. Das Gerät besitzt u.a. drei Multipliziergetriebe und zwei Funktionsgetriebe, mit denen die gewählte Verteilungsfunktion eingestellt werden kann.

8.35 Die programmierte Berechnung in flacher Lagerung

Auf EDV-Anlagen läßt sich für die Senkungsberechnung der Vorgang des Auszählens der einwirkenden Abbauelemente programmieren, wenn das Integrationsnetz in ein Gitternetz aus 200 gleichwertigen Flächenelementen von je 0,5%-Einwirkungsanteil umgezeichnet und in der Rechenanlage gespeichert wird. Von der in Dreiecke zerlegten Abbaufläche werden die Eckpunktkoordinaten in das Programm auf Lochkarten eingegeben. Nach dem Aufsuchen des zum Einfallen und zur Teufe passenden Gitternetzes sowie nach einer Koordinatentransformation ordnet der Rechner die einzelnen Abbauteilflächen den Schwerpunkten der jeweiligen Gitternetzflächen zu und summiert die Anzahl der in der Abbaufläche liegenden Schwerpunkte. Diese Zahl, multipliziert mit 0,5% und dem Vollsenkungswert, ergibt die gesuchte Senkung als Ausgabewert (Kösters 1967).

Weiterhin liegt für die flache Lagerung das Rechenverfahren der symmetrischen Senkungsbeeinflussung von Abbauflächenteilchen auf höher gelegene Flächenelemente des Gebirgskörpers (Abb. 105) in programmierter Form vor. Wurde beim graphischen Verfahren die Vollfläche bis zum 1%-Normalsenkungsgrad in 100 Rechteckflächen gleicher Senkungseinwirkung unterteilt, indem der Rauminhalt des glockenförmigen Senkungsanteilkörpers durch lotrechte Ebenenschnitte zerlegt wurde (Abb. 114), so wird die Auszählung der Abbaueinwirkungsanteile mit Hilfe der EDV-Anlagen nach einem Flächenintegrationsverfahren programmgesteuert durchgeführt. Dieses Standardverfahren der Ruhrkohle-AG für die flache Lagerung (Maaßen 1961) beruht auf der mit den Parametern c und k erweiterten Gl. (159) in der Schreibweise

$$dv_z = c \exp\left(-\frac{x^2 + y^2}{2\,k^2}\right) dx\, dy\,. \tag{170}$$

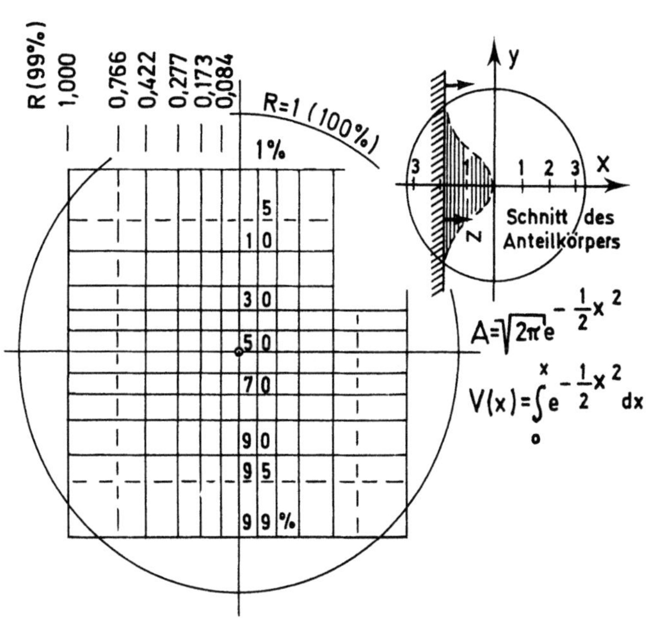

Abb. 114. Die Einteilung des Senkungsanteilkörpers in gleichwirkende Streifen (nach Ehrhardt u. Sauer)

für den differentiellen Senkungsanteil dv_z eines Abbauelementes dxdy am Tagespunkt P (0,0). Führt man Polarkoordinaten

$$x = \rho \cos\varphi \qquad y = \rho \sin\varphi \tag{171}$$

ein, so erhält man für die Integration von dv_z über eine Abbaukreisfläche vom Radius r

$$v_z(r) = c\int_0^{2\pi}\int_0^{r} \rho \exp\left(-\frac{\rho^2}{2k^2}\right)d\rho\, d\varphi = 2\pi c\int_0^{r} \rho \exp\left(-\frac{\rho^2}{2k^2}\right)d\rho \tag{172}$$

mit

$$\bar{\rho} = \frac{\rho^2}{2k^2}, \quad d\bar{\rho} = \frac{\rho}{k^2}d\rho \quad \text{und} \quad d\rho = \frac{k^2\, d\bar{\rho}}{\rho}$$

die Punktsenkung

$$v_z(r) = 2\,\pi\,c\,k^2 \int \exp(-\bar{\rho})\,d\bar{\rho}$$
$$= -2\,\pi\,c\,k^2 \exp\left(-\frac{\rho^2}{2\,k^2}\right)\Bigg|_0^r \tag{173}$$
$$= 2\,\pi\,c\,k^2\left[1-\exp\left(-\frac{r^2}{2\,k^2}\right)\right].$$

Die Parameter c und k der Gl. (170) lassen sich jetzt mit Hilfe der Gl. (173) füe eine unendlich große Abbaufläche

$$v_z(\infty) = v_{z\ \mathrm{voll}} = 2\ \pi\ c\ k^2 \qquad c = \frac{a\,M}{2\pi\ k^2} \tag{174}$$

bzw. für einen praktischen Grenzwinkel $\gamma_{pr.}$ oder Vollflächenradius $R_{pr.}$, der bei 0,99 $v_{z\ voll}$ gemessen wird,

$$v_z(R_{pr.}) = 0{,}99\ v_{z\ \mathrm{voll}} = a\,M\left[1-\exp\left(-\frac{R_{pr.}^2}{2\ k^2}\right)\right] \tag{175}$$

bestimmen, wenn man setzt:

$$\exp\left(-\frac{R_{pr.}^2}{2\ k^2}\right) = 0{,}01$$

$$\lg\ \exp\left(-\frac{R_{pr.}^2}{2\ k^2}\right) = \lg 100 = 2$$

$$k = \frac{1}{2}\sqrt{\lg\ e}\cdot R = 0{,}3295\ \frac{H}{\tan\gamma}\ .$$

Die allgemeine Integration der exponentiellen Funktion in Gl. (173) lautet in kartesischen Koordinaten

$$v_z = c\iint \exp\left(-\frac{x^2+y^2}{2\ k^2}\right)dx\ dy \tag{176}$$

oder, da mit H = konst. auch k = konst. ist,

$$v_z = c \int \exp\left(-\frac{x}{2\,k^2}\right) dx \int \exp\left(-\frac{y}{2\,k^2}\right) dy\,. \qquad (177)$$

Die Integration über einen polygonalen Abbau, der nach Abb. 115 bis zur y-Achse in Trapeze mit positiver und negativer Zählrichtung so zerlegt wird, daß sich die schraffierten Flächen außerhalb des Abbaus

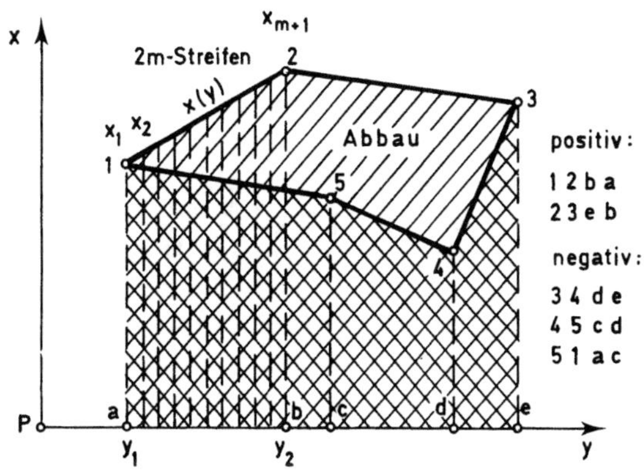

Abb. 115. Die Integration über einem polygonalen Abbau, eingeteilt in Trapeze

aufheben, wird für die einzelnen Trapeze nach der Simpson'schen Regel

$$A = \frac{y_2 - y_1}{3 \cdot 2m}\left(x_1 + 4x_2 + 2x_3 + 4x_4 + \dots\dots\dots + 4x_{2m} + x_{2m+1}\right) \qquad (178)$$

vorgenommen, wobei das Trapez in 2 m-Intervalle von der Schrittweite $y_2 - y_1$: 2 m unterteilt wird. Hierbei ist

$$x(y) = ay + b \qquad (179)$$

mit

$$a = \frac{x_2 - x_1}{y_2 - y_1} \qquad \text{und} \qquad b = x_1 - \frac{x_2 - x_1}{y_2 - y_1}\, y_1\,. \qquad (180)$$

Das Integral der Senkungsanteile über die Trapezfläche, bezogen auf den Tagespunkt P (,0,0), ist gemäß Gl. (177)

$$v_z(\text{Trapez}) = \int_{y_1}^{y_2} \left[\int_0^{x(y)} \exp\left(-\frac{x^2}{2\,k^2}\right) dx \right] \exp\left(-\frac{y^2}{2\,k^2}\right) dy. \tag{181}$$

Vertafelt liegt in der Form

$$\psi(\lambda) = \frac{2}{\sqrt{\pi}} \int_0^{\lambda} \exp\left(-t^2\right) dt$$

das Integral in der rechteckigen Klammer der Gl. (181)

$$\int_0^{x(y)} \exp\left(-\frac{x^2}{2\,k^2}\right) dx = \sqrt{2}\,k \frac{\sqrt{\pi}}{2}\,\psi\left(\frac{x(y)}{\sqrt{2}\,k}\right) \tag{182}$$

vor, wenn man für

$$\lambda = x(y), \quad t = \frac{x}{\sqrt{2}\,k} \quad \text{und} \quad dt = \frac{1}{\sqrt{2}\,k}\,dx$$

setzt. Damit geht die Gl. (181) über in

$$v_z(\text{Trapez}) = \int_{y_1}^{y_2} \left[\frac{k}{2} \sqrt{2\pi}\,\psi\left(\frac{x(y)}{\sqrt{2}\,k}\right) \exp\left(-\frac{y^2}{2\,k^2}\right)\right] dy \tag{183}$$

$$= \int_{y_1}^{y_2} x_i \cdot dy,$$

worin x_i die Glieder in der Simpson'schen Regel bedeutet.

Die Integrale der einzelnen Trapeze müssen dann addiert und noch mit dem Faktor c (in cm) multipliziert werden. Die Abbauteufe H wird aus den Koordinaten und Teufen der gegebenen Abbauflächenpunkte zusammen mit dem Einfallen und dem Streichen programmgesteuert berechnet. Dieses Rechenverfahren liefert mit Ausnahme stark unterbauter Gebiete gute Ergebnisse (Sauer 1972).

8.36 Die programmierte Berechnung in steiler Lagerung

Ein anderes elektronisches Verfahren der Senkungsberechnung beruht darauf, die Umrißlinien der Netzzonen mathematisch zu beschreiben, wobei die Netze aus zwei Halbellipsen zusammengesetzt und die Einwirkungsfläche nach Gl. (162) ($K_z = \sin \eta$) in fünf Zonen unterteilt wird (Kastenbein 1970). In der Außenumrandung des Netzes stoßen die Halbellipsen an der Streichlinie in Höhe von P' (Abb. 116), in den

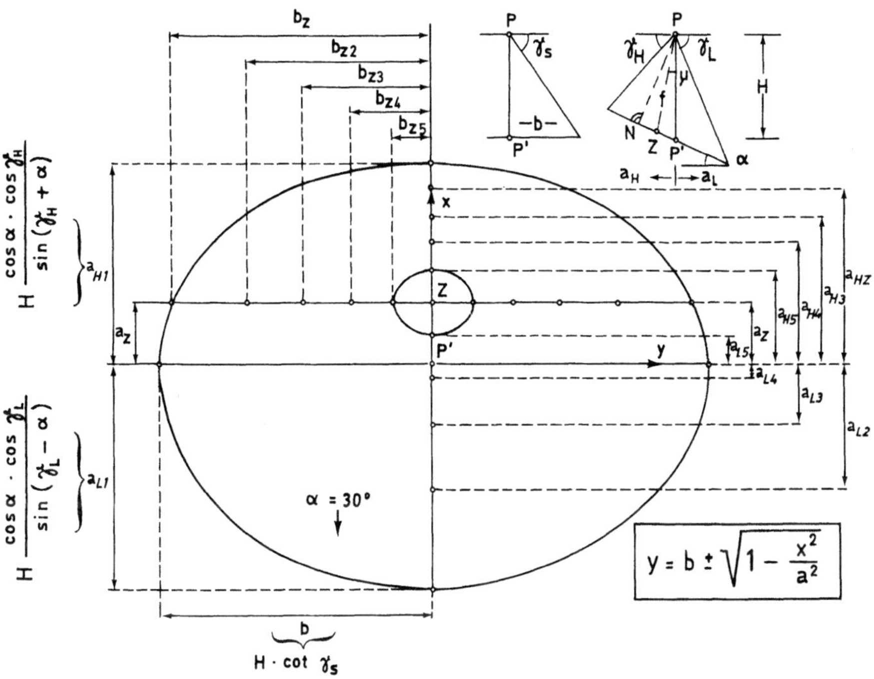

Abb. 116. Die Berechnung der Zonenumrandung nach der Ellipsengleichung (nach Kastenbein). Die zwei Halbellipsen stoßen auf der Streichlinie durch P' aufeinander

Innenzonen in Höhe von Z zusammen. Die Zonenlinien werden nach der Ellipsengleichung aus den zuvor gefundenen Halbachsen a und b berechnet. Aus den Gleichungen (163) und (165) erhält man die Halbachsen der Ellipsen für die fünf Zonen in der Fallrichtung*) von P' aus

*) Die in die Fallrichtung gelegte x-Achse (statt der y-Achse) wurde hier wie beim nächsten Verfahren beibehalten, um die Übereinstimmung zum vorhandenen Rechenprogramm zu wahren.

$$a_i = H \cdot \sin\alpha \cdot \cos\alpha \left[1 - \frac{(c_1 K_{z1} + c_2 K_{z2}) \cot\alpha}{\sqrt{1-(c_1 K_{z1} + c_2 K_{z2})^2}}\right] \tag{184}$$

und in der Streichrichtung von Z aus

$$b_i = f \frac{c_3 \cos\mu}{\sqrt{1 - c_4 \cos^2\mu}}, \tag{185}$$

wenn für die Faktoren c_i im einzelnen die Werte (siehe Abb. 116)

$c_1 = -0{,}9$ und	$c_2 = 0{,}1$ für	a_{H2} sowie	$c_3 = 1{,}0$ und	$c_4 = 1{,}0$ für	b_{Z1}
$-0{,}8$	$0{,}2$	a_{H3}	$0{,}8$	$0{,}64$	b_{Z2}
.....	...	...	...	0,36; 0,16	---
$-0{,}1$	$0{,}9$	a_{L2}	$0{,}2$	$0{,}04$	b_{Z5}

eingesetzt werden. Für die Schrägentfernung f von P nach Z und für den Winkel μ zu der durch Z gehenden Streichebene lauten die Bestimmungsgleichungen

$$f = \frac{H \cdot \cos\alpha}{\sqrt{1 - 0{,}25\,(K_{z1} - K_{z2})^2}} \tag{186}$$

und

$$\cos\mu = \frac{b_{z1}}{\sqrt{f^2 + b_{z1}^2}}. \tag{187}$$

Eine gleichwertige Sektorenteilung, durch die in der steilen Lagerung die Flächenelemente zur Fallebene hin stärker als in der Streichrichtung bewertet werden, wird bei diesem Verfahren wegen ihres geringen Einflusses nicht für notwendig erachtet, sie könnte aber bei der Berechnung der Einwirkungsfaktoren im Einwirkungswert des jeweiligen Zonensektors noch berücksichtigt werden. Die Einwirkungsteufe H kann aus den Koordinaten des Berechnungspunktes sowie der unteren und oberen Grenzpunkte des Abbaus berechnet werden.

Der E i n w i r k u n g s f a k t o r e wird auf folgende Weise ermittelt: Aus den Gleichungen der Ellipsen im Polarkoordinatensystem

$$r = \frac{a \cdot b}{\sqrt{a^2 \sin^2\varphi + b^2 \cos^2\varphi}} \tag{188}$$

werden, beginnend mit $\varphi = 0$ in der Einfallrichtung, die Radiusvektoren r_i aller Zonen für um je 5° ansteigende Polarwinkel berechnet (Abb. 117). Da nun innerhalb derselben Polarwinkel auch die Radius-

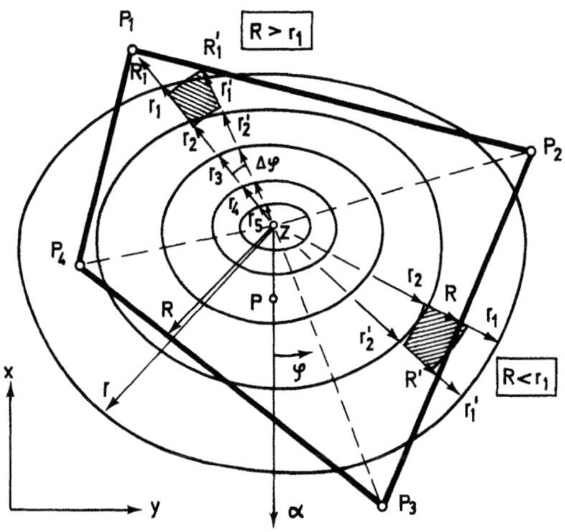

Abb. 117. Die rechnerische Bestimmung des Einwirkungsfaktors e für den Berechnungspunkt P (nach Maaßen)

vektoren R für die Abbauflächengrenze zwischen den Punkten P_1 (x_1, y_1), P_2 (x_2, y_2) usw. durch die Funktion

$$R = \frac{x_1 \, y_2 - y_1 \, x_2}{(y_2 - y_1) \cos\varphi - (x_2 - x_1) \sin\varphi} \tag{189}$$

bekannt sind, können nach einer Prüfung, ob R_i größer oder kleiner als r_i ist, auch die vom Abbau ganz oder teilweise bedeckten Zonensektorenflächen A mit den jeweiligen Radien R_i oder r_i gemäß

$$A_{Zone\,1} = \pi\left(r_{1M}^2 - r_{2M}^2\right) \frac{\Delta\varphi}{360^\circ} \quad \text{usw.} \quad \text{für } R > r_1$$

oder (190)

$$A_{Zone\,1} = \pi\left(R^2 - r_{2M}^2\right) \frac{\Delta\varphi}{360^\circ} \quad \text{usw.} \quad \text{für } r_2 < R < r_1$$

zonenweise unter einem Öffnungswinkel von $\Delta\varphi = 5^\circ$ bestimmt werden.

In der Gl. (190) sind r_{1M}, r_{2M} und R_M die Mittelwerte von $r_1 + r_1'$, $r_2 + r_2'$ bzw. $R_1 + R_1'$ im Kreissektor. Desgleichen werden die einwirkenden Abbauflächen in den anderen Zonen 2 bis 5 erhalten. Die Berechnung des Abbauflächenanteils wird zonenweise innerhalb der Segmente P_1 z P_2, P_2 Z P_3 usw. vorgenommen. Durch Summierung aller Abbauflächenanteile wird, wenn $\varphi = 2\pi$ geworden ist, der Einwirkungsfaktor e gefunden. Der Öffnungswinkel des Kreissektors muß hinreichend spitz (5°) gewählt werden, um den Flächenfehler, der dadurch entsteht, daß der Ellipsenbogen durch einen Kreisbogen ersetzt wird, klein zu halten.

Das Verfahren läßt sich durch Anpassung der Berechnungsergebnisse v_z an Beobachtungswerte $\overline{v}_z$ mit einem Korrekturfaktor $k = \sqrt{\overline{v}_z : v_z}$ schrittweise verbessern, indem entweder die Grenzwinkelgrößen, die in geneigter und steiler Lagerung meistens nicht genau bekannt sind, geändert werden nach

$$\sin\gamma_{H,L\,verb.} = \frac{H - a \cdot \tan\alpha \cdot k}{\sqrt{(H - a \cdot \tan\alpha \cdot k)^2 + a^2\, k^2}}$$

(191)

$$\sin\gamma_{S\,verb.} = \frac{H}{\sqrt{H^2 + b^2 \cdot k^2}}$$

mit a für a_{H1} und a_{L1} oder die für eine Punktsenkung v_z ermittelten Einwirkungsfaktoren e_i der einzelnen Zonen anteilig in $\overline{e}_i = e_i \cdot k^2$ gemäß

$$\bar{e}_i = 0{,}2\; e_1\; k^2 + 0{,}2\; e_2\; k^2 + \ldots\ldots + 0{,}2\; e_5\; k^2 \leqq 1 \tag{192}$$

neu bewertet werden (ungleichwertige Zonenteilung).

8.37 Ein Programm für Tischrechenanlagen

In jüngster Zeit ist ein für Tischrechenanlagen programmierbares Rechenmodell bekannt geworden, das - ähnlich anderen Verfahren - durch unbestimmte Parameter an gemessene Senkungswerte angepaßt werden kann (Neuhaus 1972). Die Grundannahme der Integrationsnetzmethode, daß die Einwirkungsfunktion für jedes Abbauelement Q (x', y') gültig ist, wird in die allgemeine mathematische Form für einen dreidimensionalen Abbau

$$v_z = \iiint_{\text{Abbau}} \frac{1}{z^2} f\left(\frac{r}{z}\right) dx'\, dy'\, dz \tag{193}$$

gekleidet, worin die auf den Tagespunkt P (x = 0, y = 0) bezogene Verteilungsfunktion $1/z^2 \cdot f(r/z)$ aus dem für alle Teufen konstanten Öffnungswinkel des Einwirkungskegels und aus der Rotationssymmetrie $r = \sqrt{x'^2 + y'^2}$ folgt (Abb. 118). Je nachdem, ob in Gl. (193) die

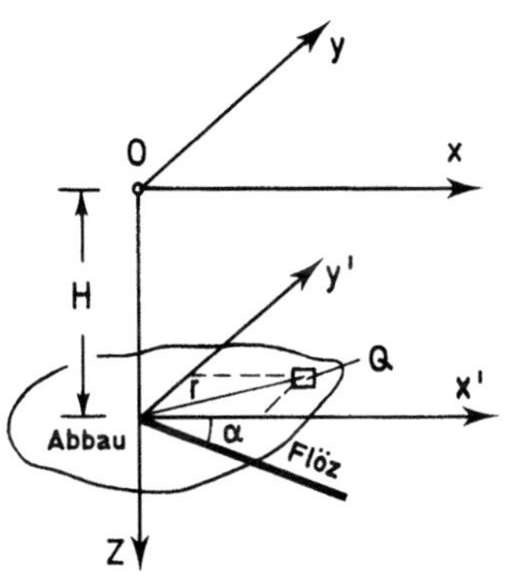

Abb. 118. Das Abbauelement Q bewirkt im Oberflächenpunkt O die Senkung v_z (nach Neuhaus)

Teufe z innerhalb der zweidimensionalen Abbaufläche im Flöz ($\int dz = M$) gleichbleibend z = H ist oder sich mit dem in der x'-Achse einfallenden Flöz um

$$z = H + x' \tan\alpha$$
$$= H\left(1 + \frac{\tan\alpha}{H} x'\right) \tag{194}$$

ändert, erhält man die folgenden Gleichungen für die flache Lagerung

$$v_z = k\,\frac{M}{H^2}\iint\limits_{\text{Abbau}} f\left(\frac{r}{H}\right) dx'\,dy' \tag{195}$$

und für die steile Lagerung

$$v_z = k\,\frac{M}{H^2}\iint\limits_{\text{Abbau}} \frac{1}{\left(1+\frac{\tan\alpha}{H}\,x'\right)^2}\; f\left(\frac{r}{H\left(1+\frac{\tan\alpha}{H}\,x'\right)}\right) dx'\,dy' . \tag{196}$$

Die Normierungskonstante k ergibt sich aus der Bedingung, daß das Senkungsvolumen über Tage gleich dem Volumen der Abbaukonvergenz sein muß.

Sieht man die G a u ß ' s c h e G l o c k e n k u r v e in der Form

$$f\left(\frac{r}{z}\right) = e^{-\frac{\lambda}{z^2} r^2} \tag{197}$$

als erste Näherung für die Verteilungsfunktion an (z.B. $\lambda/z^2 = 1/2$), kann man durch Einführung von Anpassungsparametern c_i in die Gl. (195) und (196) zu jeder gewünschten Einwirkungsfunktion gelangen, so z.B. für die flache Lagerung

$$v_z = k\,M\,\frac{\lambda}{H^2}\iint\limits_{\text{Abbau}} e^{-\frac{\lambda}{H^2} r^2}\left(c_0 + \frac{\lambda}{H^2}\,r^2\,c_1 + \frac{\lambda^2}{H^4}\,r^4\,c_2 + \ldots\ldots\right) dx'\,dy' \tag{198}$$

und für die steile Lagerung

$$v_z = k\,M\,\frac{\lambda}{H^2}\iint\limits_{\text{Abbau}} \frac{1}{A^2}\,e^{-\frac{\lambda}{H^2A^2} r^2}\left(c_0 + \frac{\lambda}{H^2}\,\frac{r^2}{A^2}\,c_1 + \frac{\lambda^2}{H^4}\,\frac{r^4}{A^4}\,c_2 + \ldots\right) dx'\,dy' \tag{199}$$

mit

$$A = 1 + \frac{\tan\alpha}{H}\,x' . \tag{200}$$

Die Integration über eine Abbaufläche kann so geschehen, daß die Fläche in Trapeze und diese wiederum in Rechtecke und rechtwinklige Dreiecke (Abb. 119) in den Grenzen b und d aufgeteilt wird:

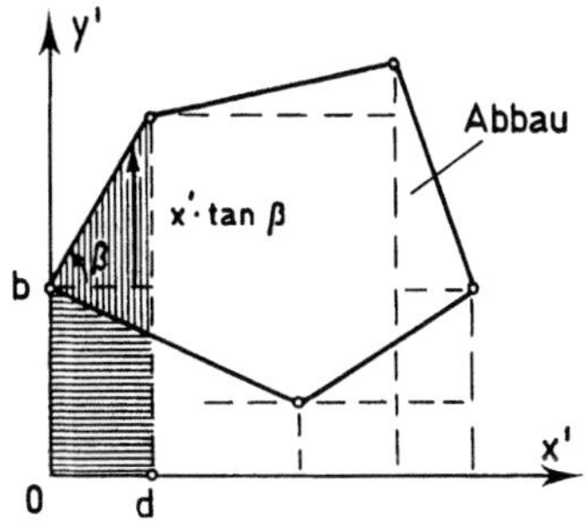

Abb. 119. Die Aufteilung der Abbaufläche in Trapeze und diese in Rechtecke und rechtwinklige Dreiecke für die Integration der Einwirkungsanteile

$$v_{z\ \mathrm{Rechteck}} = k \int_0^b \int_0^d e^{-\frac{\lambda}{z^2}\left(x'^2 + y'^2\right)} dx'\, dy' \tag{201}$$

$$v_{z\ \mathrm{Dreieck}} = k \int_0^d \int_0^{x' \tan\beta} e^{-\frac{\lambda}{z^2}\left(x'^2 + y'^2\right)} dx'\, dy'. \tag{202}$$

Für die Lösung dieser zweidimensionalen Fehlerintegrale gibt es Tafeln und Unterprogramme. Die nicht im Abbau liegenden Flächen heben sich bei der Summation gegenseitig auf.

Wenn nicht die Senkung im Nullpunkt des Koordinatensystems, sondern die eines beliebigen Tagespunktes berechnet werden soll, können die rechtwinkligen kartesischen Koordinaten des Tagespunktes P (x, y) von dem Punktvektor des Abbauelementes P (x', y') abgezogen werden; es ist also $(x' - x)^2 + (y' - y)^2$ für $r^2 = x'^2 + y'^2$ in Gl. (198) und (199) einzusetzen (Abb. 120). Eine krummlinige Umrandung des Abbaus wird durch einen Polygonzug begradigt.

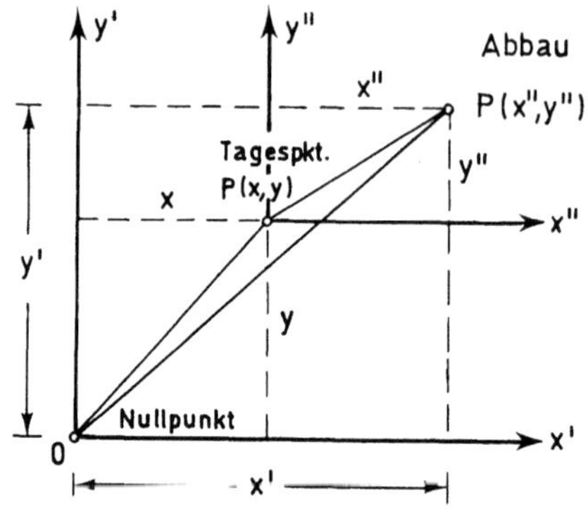

Abb. 120. Die Senkungsberechnung beliebiger Tagespunkte: Der Differenzvektor zweier Punktvektoren ergibt sich im rechtwinkligen Koordinatensystem aus der Differenz der Koordinaten

Die numerische Auswertung der Senkungsformeln auf elektronischen Rechenanlagen erfolgt mit Hilfe einfacher Diskretisierungsformeln für die Integrale, bei denen der Integrand in Gl. (201) durch eine polygonartige Facettenfläche ersetzt wird:

$$v_{z\,\text{Rechteck}} = k\,M\,\frac{\lambda}{H^2}\,\frac{b}{K}\,\frac{d}{G}\sum_{\varkappa=0}^{K-1}\frac{1}{A_1^2}\,e^{-\frac{\lambda}{H^2}\frac{B^2}{A_1^2}}\left(\sum_{\nu=0}^{G-1}\frac{1}{A_1^2}\,e^{-\frac{\lambda}{H^2}\frac{C^2}{A_1^2}}\right). \qquad (203)$$

In dieser Formel, die die Anpassungsparameter c_i noch nicht enthält, bedeuten neben den Diskretisierungskonstanten K und G die Zeichen

$$A_1 = 1 + \frac{\tan\alpha}{H}\,\frac{\varkappa + 0{,}5}{K}\,d \qquad (204)$$

$$B = \frac{\varkappa + 0{,}5}{K}\,d - x \qquad (205)$$

und

$$C = \frac{\nu + 0{,}5}{G}\,b - y\,. \qquad (206)$$

Bei einem Abbau aus rechtwinkligen Dreiecken wird in der Gl. (200)

der Ausdruck C durch

$$D = \frac{\varkappa + 0{,}5}{K} \tan\beta \; \frac{\nu + 0{,}5}{G} \; b - y \tag{207}$$

ersetzt.

In den Gl. (198) und (199) sind die Größen λ sowie c_0, c_1 und c_2 in den Grenzen der zu erfüllenden Normierungsbedingung

$$f\,(c_1,\ c_2,\ c_3 \ldots\ldots\ldots c_n) = 100\,\%\ v_{z\ \mathrm{voll}} \tag{208}$$

frei wählbar. Die Größe λ beeinflußt die Reichweite und den Flankenanstieg der Senkungsprofilkurve. Den Grenzwinkeln $\gamma = 45$, 55 und 60 gon sind die λ-Werte 4, 8 bzw. 12 zuzuordnen (Walther 1972). Die Wirkungen der Parameter c_i überlagern sich. Man kann daher mit Hilfe von Koeffizienten C_{ij} die Teilfunktionen in den Gl. (198) und (199) unter Beachtung der Normierungsbedingung wertmäßig so verändern, daß außer der Trograndlage auch die in zwei beliebigen Punkten zwischen Trogrand und Abbaukante gemessenen Senkungen von der berechneten Profilkurve eingehalten werden:

$$\begin{aligned} &\text{Punkt 1:} && C_{11}\ c_1 + C_{21}\ c_2 + C_{31}\ c_3 = v_{z1} \\ &\text{Punkt 2:} && C_{12}\ c_1 + C_{22}\ c_2 + C_{32}\ c_3 = v_{z2} \\ &\text{Gl. 208:} && C_{13}\ c_1 + C_{23}\ c_2 + C_{33}\ c_3 = v_{z\ \mathrm{voll}}\,. \end{aligned} \tag{209}$$

In Abb. 121 ist die N o r m a l s e n k u n g s k u r v e, die sich beim streifenförmigen Abbau der Vollfläche nach Abb. 112, links, ergibt, durch beliebige Wahl einer Punktsenkungsgröße verändert worden. Die Normalsenkungskurve nach Gl. (156) (Bals) erhält man für $\lambda = 12$ mit den Parametern $c_0 = +\ 4{,}25$, $c_1 = -\ 3{,}16$ und $c_2 = +\ 1{,}44$. Wegen der angenommenen Rotationssymmetrie des Senkungsanteilkörpers bleibt die 50%-Senkung über der Abbaukante bei allen Variationen unverändert. Eine gebirgsmechanische Zuordnung der Parameter - beispielsweise zur Teufe, zum Schichtenaufbau und zum Durchbauungsgrad - konnte noch nicht gefunden werden.

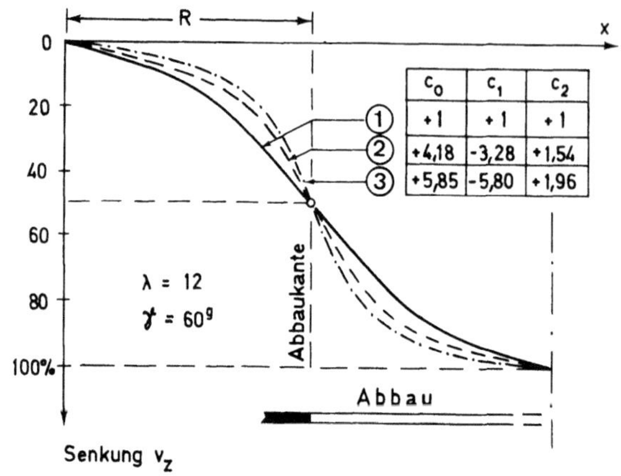

Abb. 121. Die Wirkung der Parameter c_i auf den Verlauf der Normalsenkungskurve (nach Walther)

8.38 Einige ausländische Rechenverfahren

In P o l e n hat man aus empirischen Normalsenkungskurven den Senkungseinfluß k_z kleinster Abbauelemente in flacher Lagerung für den Punkt oberhalb der Abbaukante (x = 0) aus den Schieflagewerten dv_z/dx - den Senkungsdifferentialen - abgeleitet und eine Verteilungsfunktion nach Gauß

$$\frac{dv_z}{dx} = v_{z\,voll} \frac{h}{\sqrt{\pi}} \exp\left(-h^2 \; x^2\right) \tag{210}$$

erhalten (Knothe 1957). Der Parameter h, der der Genauigkeitszahl in der Fehlertheorie entspricht und die Kurvenhöhe und -form bestimmt, kann aus der Feststellung, daß der Vollflächenradius R gleich der Subtangente der Normalsenkungskurve am Wendepunkt oberhalb der Abbaukante

$$R = \frac{v_{z\,voll}}{\tan \psi} \tag{211}$$

ist (Abb. 122) und andererseits der Schieflagehöchstwert $\tan \psi$ an diesem Ort x = 0 gemäß der Gauß'schen Verteilungskurve

$$\tan \psi_{x\to 0} = v_{z\,voll}\,\frac{h}{\sqrt{\pi}} \tag{212}$$

gleichzusetzen ist, mit

$$h = \frac{\sqrt{\pi}}{R} \tag{213}$$

angegeben werden. Mit der Verteilungsfunktion

$$k_z = \frac{1}{R}\,\exp\left(-\frac{\pi}{R^2}\,x^2\right) \tag{214}$$

lautet dann die Gleichung für das Normalsenkungsprofil

$$v_z = v_{z\,voll}\,\frac{1}{R}\int\limits_{-\infty}^{x}\exp\left(-\frac{\pi}{R^2}\,x^2\right)dx\,. \tag{215}$$

Bei einem unter 2 R langen, aber genügend breiten Abbaufeld müssen die Ordinaten der über jedem Abbaustoß nach Abb. 123 gezeichneten Normalsenkungskurven subtrahiert werden, um das Trogprofil zu erhalten (siehe auch Verfahren Bals in Niemczyk 1949, S.108).

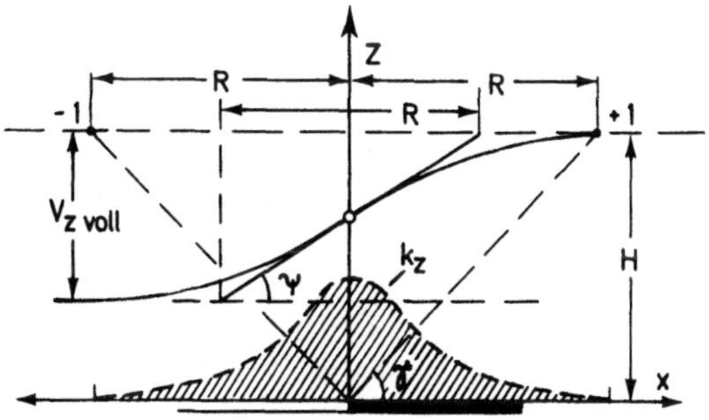

Abb. 122. Die Subtangente an der Normalsenkungskurve oberhalb der Abbaukante und die Verteilungskurve k_z (nach Knothe)

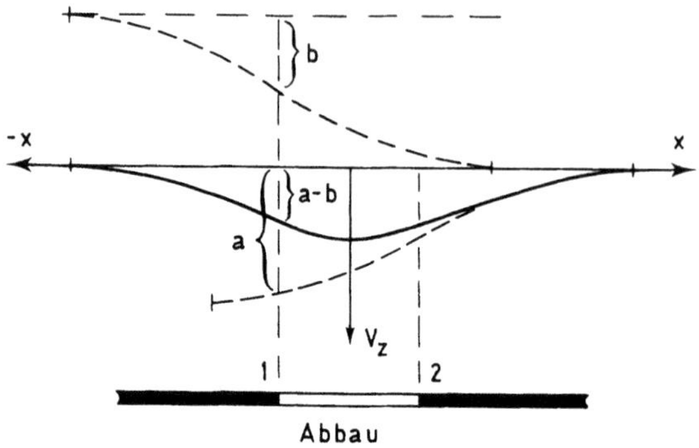

Abb. 123. Die Konstruktion der Senkungsprofilkurve über einer Abbauteilfläche durch Subtraktion von zwei Normalsenkungskurven über den Abbaustößen 1 und 2

Bei einem anderen polnischen Vorausberechnungsverfahren (Kochmanski 1956) wird die Verteilung der Senkungseinwirkung in einem horizontalen Flözabbau ebenfalls durch eine exponentielle Funktion

$$k_z = \frac{1}{C} \exp\left(-\frac{r}{r_0}\right)^b \tag{216}$$

ausgedrückt, in der r_0 und b konstante Parameter sind, die für den gegebenen Abbau empirisch bestimmt werden müssen. Der Gebirgsparameter oder Einheitsradius r_0 in der Dimension Meter ändert sich von 18 m bei weichem Gestein bis zu 200 m im festen Gebirge. In Oberschlesien beträgt r_0 50 bis 80 m. Der Parameter b hängt von der Abbauteufe H nach folgender Beziehung

$$\begin{aligned} b &= 2{,}05 - 0{,}50 \log H \qquad (H > 400\,\mathrm{m}) \\ b &= 2{,}69 - 0{,}75 \log H \qquad (H < 400\,\mathrm{m}) \end{aligned} \tag{217}$$

ab. Die Konstante C, die eine Funktion von b ist, ergibt sich aus der Randbedingung, daß bei der Integration der Senkungsanteile einer Vollfläche die Vollsenkungsgröße erhalten werden muß. Die Summierung der Senkungsanteile innerhalb eines rechteckigen Abbaufeldes führt zu einer Gleichung von der Form

$$V_z = a\ M\ \frac{\int_{x_1}^{x_2} dx \int_{y_1}^{y_2} \exp\left(-\frac{r}{r_0}\right)^b dy}{C} \tag{218}$$

mit

$$C = \int_{-\infty}^{+\infty} dx \int_{-\infty}^{+\infty} \exp\left(-\frac{r}{r_0}\right)^b \, dy \, .$$

Die Integrale $\varphi\,(\zeta\,,\,\eta)$ der Gl. (218) sind für die Integrationsgrenzen 0 bis ζ bzw. η im Zähler und 0 bis ∞ im Nenner vertafelt (vgl. Verfahren Beyer, Abb. 112), wobei die Koordinaten der Abbaugrenzen dimensionslos auf den Gebirgsparameter r_0 bezogen werden:

$$\xi_1 = \frac{x_1}{r_0}, \quad \xi_2 = \frac{x_2}{r_0}, \quad \eta_1 = \frac{y_1}{r_0}, \quad \eta_2 = \frac{y_2}{r_0} \quad .$$

Die Senkung des Punktes P in Abb. 124 stellt die Summe der vier Abbauteilflächen x_1y_1, x_1y_2, x_2y_1 und x_2y_2 dar. Mit r_0 = 50 m erhält man die Größen ξ_1 = 1, ξ_2 = 4, η_1 = 2 und η_2 = 3.

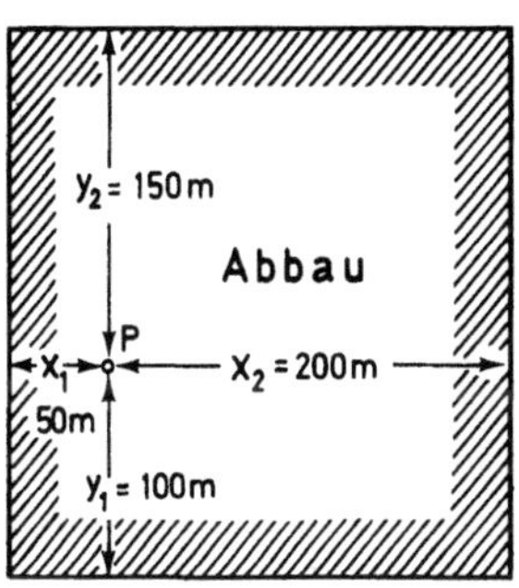

r_0 = 50 m

$$\xi_1 = \frac{50}{50} = 1 \qquad \xi_2 = \frac{200}{50} = 4 \qquad \eta_1 = \frac{100}{50} = 2 \qquad \eta_2 = \frac{150}{50} = 3$$

b = 0,8

η \ ξ	1		4
2,0	67,2		137,6
3,0	79,1		169,1

ξ_1, η_1 = 1,2 = 67,2 mm
ξ_1, η_2 = 1,3 = 79,1
ξ_2, η_1 = 4,2 = 137,6
ξ_2, η_2 = 4,3 = 169,1
453,0 mm

Abb. 124. Die Senkungsberechnung für den Tagespunkt P bei einer Vollsenkung von 1 m (nach Kochmanski)

Der Tafel IV von Kochmanski entnimmt man für aM = 1 und b = 0,8 folgende Teilsenkungen:

(ξ_1, η_1)	(1, 2):	67,2 mm
(ξ_1, η_2)	(1, 3):	79,1 mm
(ξ_2, η_2)	(4, 2):	137,6 mm
(ξ_2, η_2)	(4, 3):	169,1 mm
		453,0 mm

Bei einer Vollsenkung von aM = 0,80 m statt 1 m vermindert sich die Senkung für den Punkt P auf 453 · 0,8 = 362 mm.

Das beschriebene Verfahren ist unter der Annahme, daß

a) die Einwirkung der um α geneigten Abbaufläche unter einen Nadirwinkel von

$$\mu = 0{,}7\ \alpha \tag{219}$$

auf die Tagesoberfläche übertragen wird und

b) die Senkungsprofilkurve die Summe derjenigen elementaren Senkungsmulden darstellt, die bei einem streichenden Verhieb schmaler (horizontaler) Flözstreifen in den verschiedenen Teufenstufen des geneigten Baufeldes entstehen,

auf die geneigte bis s t e i l e L a g e r u n g erweitert worden (Ochab 1959). Man berechnet also die Senkungen im einfallenden Profil für jeden streichenden Flözstreifen einzeln, addiert die

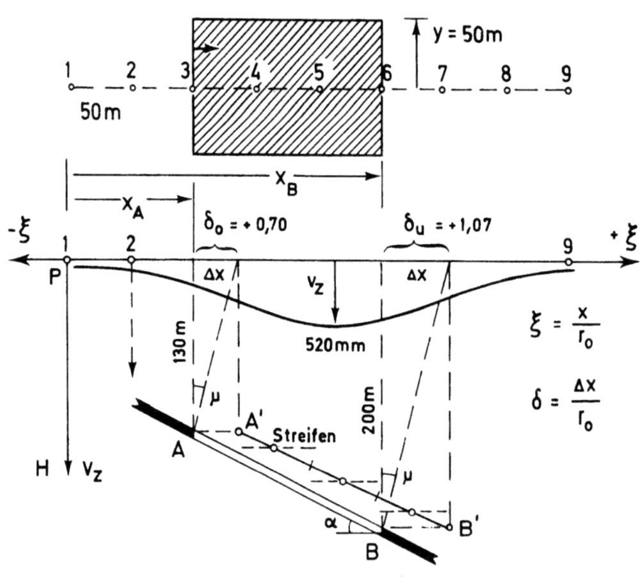

Abb. 125. Die Berechnungselemente in geneigter Lagerung nach der Theorie von Kochmanski. Das Abbaufeld wird in drei horizontale Streifen verwandelt

Werte und ordnet diesen Senkungsbetrag einem Profilpunkt zu, der um

$$\Delta x = H_i \cdot \tan \mu \tag{220}$$

zum Berechnungspunkt in der Fallrichtung verschoben ist (Abb. 125). Erleichtert wird die Berechnung durch ein Nomogramm für die Gl. (218) (Batkiewicz 1966), in dem die Senkungsgrößen in Millimeter für die Profilpunkte abgelesen werden können (Abb. 126). Im Falle eines mächtigen Deckgebirges wird für H_i in Gl. (220) der lotrechte Abstand der Karbonoberfläche eingesetzt. Zur Bestimmung der Punktsenkung reicht es aus, das Abbaufeld in drei horizontale Streifen in streichender Richtung zu verwandeln, die entsprechend dem Nadirwinkel μ zum Hangenden verschoben sind.

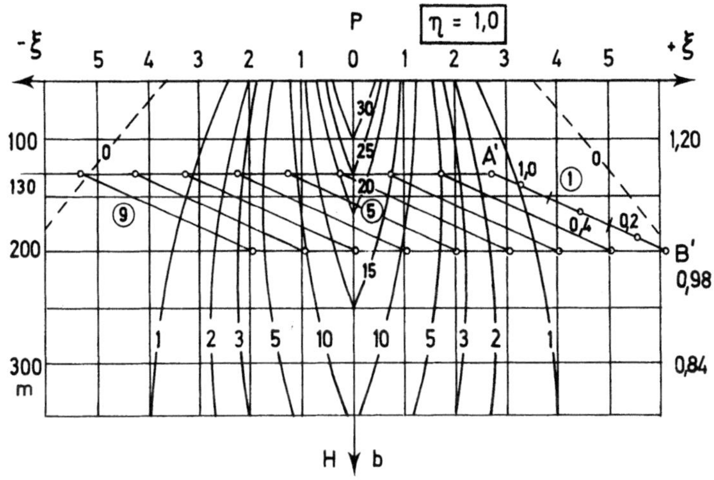

Abb. 126. Das Nomogramm der Senkungswertlinien in mm für die geneigte Lagerung (nach Batkiewicz). Das Abbauprofil wird in Bezug auf den jeweiligen Berechnungspunkt (P), hier 1 bis 9, eingezeichnet

In das Nomogramm zeichnet man das versetzte Abbauprofil A'-B' zwischen den Teufenlinien 130 und 200 m von der oberen bis zur unteren Abbaukante ein, und zwar jedes Mal neu in Bezug auf den zu berechnenden Punkt 1, 2 ... oder 9. Für das in Abb. 125 dargestellte Beispiel findet man mit den gegebenen Größen $\mu = 15^\circ$, $r_0 = 50$ m und $\alpha = 25^\circ$ folgende Ausgangswerte:

Verschiebung der oberen Abbaukante $\Delta x = 35$ m, $\delta_o = 35 : 50 = + 70$

Verschiebung der unteren Abbaukante $\Delta x = 52$ m, $\delta_u = 52 : 50 = + 1{,}07$.

Für den Punkt 1 gilt:

Einheitsentfernung der oberen Abbaukante A' vom Punkt 1:

$$\xi_{A'} = \frac{x_A}{r_o} + \delta_o = \frac{100}{50} + 0{,}70 = + 2{,}70;$$

Einheitsentfernung der unteren Abbaukante B' vom Punkt 1:

$$\xi_{B'} = \frac{x_B}{r_o} + \delta_u = \frac{250}{50} + 1{,}07 = + 6{,}07.$$

Diese Entfernungen werden auf den Teufenlinien der Abbaukanten (H_i = 130 und 200 m) im Nomogramm abgetragen. Für die Mittelpunkte der in drei Abschnitte zerlegten Strecke A'-B' liest man dann die Senkungswerte 1,0; 0,4 und 0,2 ab, so daß sich für den Punkt 1 eine Senkungsfunktion von

$$\varphi = 2 \cdot 5\ (0{,}2 + 0{,}4 + 1{,}0) = 16{,}0$$

aufstellen läßt. Der Faktor 5 ergibt sich aus der Vergrößerung der grundrißlichen Abbaulängen von AB = 150 m auf $\overline{A'B'}$ = 168 m

$$k = \frac{\overline{A'B'}}{\overline{AB}} = \frac{168 : 50}{150 : 50} = \frac{3{,}37}{3{,}00} = 1{,}123$$

und der dem Nomogramm zugrunde gelegten Intervallgröße auf der ξ-Achse von 0,2 k = 0,225, d.h. von 3,37 : 0,225 = 15 Abschnitten. Wählt man stattdessen nur drei Teillängen, so muß das Ergebnis mit 15 : 3 = 5 multipliziert werden. Der Faktor 2 berücksichtigt, daß das Abbaufeld zu beiden Seiten der Berechnungslinie eine Ausdehnung von

$$\eta = \frac{y}{r_o} = \frac{50}{50} = 1{,}0$$

aufweist. Die Punktsenkung erhält man, indem die Senkungsfunktion φ mit dem Vollsenkungswert

$$v_z = \frac{a\ M}{\cos\alpha}\ \varphi \qquad (221)$$

multipliziert wird. Bei einem Absenkungsfaktor von a = 0,8 für Bruchbau, einer Abbaumächtigkeit von M = 1,5 m und einem Einfallen von $\alpha = 25^{\circ}$ lautet schließlich das Ergebnis

$$v_{z1} = \frac{0,8 \cdot 1,5}{0,91} \cdot 16,0 = 1,32 \cdot 16,0 = 21,1 \text{ mm.}$$

Auf gleiche Weise werden die Senkungen der übrigen Profilpunkte berechnet, wofür der Berechnungspunkt P (0) des Nomogramms in Abb. 125 von Punkt 1 nach Punkt 2 usw. verlegt wird. Für noch breitere Abbauflächen von η = 1,4; 2,0; 3,0; 4,0; 6,0 und ∞ sind ebenfalls Nomogramme entworfen worden.

8.4 Die modelltheoretischen Verfahren

Bei den modelltheoretischen Berechnungsverfahren muß, um die Bodenbewegung aus der Verformung der Modelloberfläche erhalten zu können, die Durchbiegung des gesamten hangenden Gebirgskörpers mit Hilfe mechanischer oder statistischer Gesetze berechnet werden. Als Modellstoff dient entweder ein kohäsionsloses, stochastisches oder ein elastisches, in einem Fall auch ein plastisches Medium, aus dem das Gebirgsmodell im allgemeinen homogen aufgebaut ist. Mit einem zweischichtigen Modell, das sich beispielsweise aus einem stochastischen Medium über dem Abbau und einer oberen elastischen Zone zusammensetzt, kann die Bruchverformung im unteren Hangenden mit der elastischen Verformung des oberen Gebirgskörpers überlagert werden (Gil 1966).

8.41 Das stochastische Modell

Das im Abschnitt 3.34 behandelte statistische Verfahren des Bewegungsablaufes in einem kohäsionslosen Modellmedium führte zu der Gl. (66) für die Elementarmulde w(r), die ein Abbauelement in einem höheren Gebirgshorizont erzeugt. Setzt man diese exponentielle Funktion, wobei für die Gebirgsstrukturgröße $\varphi(h)$ die Gl. (68) gilt, in die allgemeine Gl. (151) ein, so bekommt man nach der Auflösung des Integralausdruckes und nach einer Umformung mit aM = 1 die Gleichung

$$r = R\sqrt{\frac{1}{\pi}\ln\frac{1}{1-v_z}} \qquad (222)$$

für die Berechnung der Zonenradien eines Integrationsnetzes (Bräuner 1961). Die Zonenradien r_i, die sich aus Gl. (222) nacheinander für die Senkungswerte v_z = 20%, 40%, 60% .... ergeben, stimmen weitgehend mit denen aus Gl. (157) (Beyer) überein (Abb. 127). Die unendlich große fünfte Zone - für $v_z = 1$ wird $r = \infty$ - kann auf R begrenzt werden, ohne daß der berechnete Senkungswert für Punkte im Muldeninnern um mehr als 4% fehlerhaft wird.

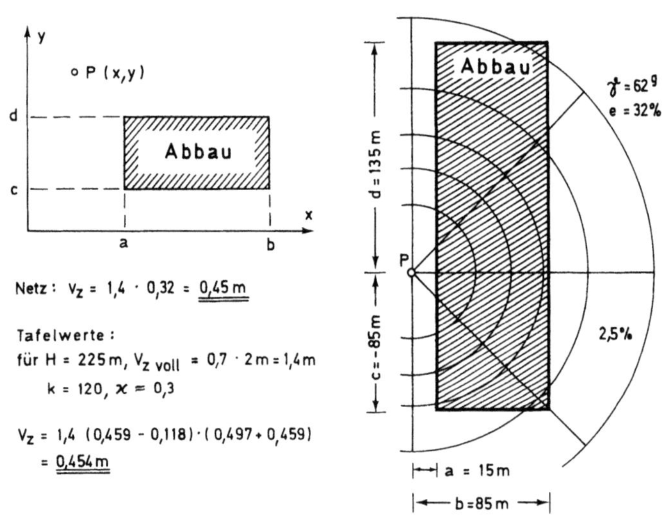

Abb. 127. Die Senkungsberechnung nach der stochastischen Theorie mit Hilfe eines Netzes (Bräuner) oder mit Tafelwerten (Szpetkowski)

Die Grundgleichung (64) des stochastischen Verfahrens läßt sich auch für die tabellarische Berechnung rechteckiger Abbaufelder in flacher Lagerung lösen (Szpetkowski 1972). Man erhält nach einer Umformung für die Senkung eines Tagespunktes P (x,y) bei einem Abbau eines Flözfeldes (a, b, c, d) in der Teufe H eine Exponentialfunktion

$$v_z = \frac{a\,M}{4\pi BH}\int_a^b \exp\left[-\frac{(x-\xi)^2}{4BH}\right] d\xi \cdot \int_c^d \exp\left[-\frac{(y-\eta)^2}{4BH}\right] d\eta\,, \qquad (223)$$

worin die Zeichen ξ und η für den Abbau gelten und die Gebirgskonstante B aus

$$\frac{1}{\sqrt{2B}} = \frac{k\sqrt{2\pi}}{1000} = \varkappa$$

berechnet werden kann. Nimmt man den Koordinatenursprung im Berechnungspunkt P (x = 0, y = 0) an, so vereinfacht sich die Gl. (223) in der Schreibweise

$$v_z = aM\left[\Theta\left(\varkappa\frac{b}{\sqrt{H}}\right) - \Theta\left(\varkappa\frac{a}{\sqrt{H}}\right)\right]\cdot\left[\Theta\left(\varkappa\frac{d}{\sqrt{H}}\right) - \Theta\left(\varkappa\frac{c}{\sqrt{H}}\right)\right]. \qquad (224)$$

Die Werte der Funktion Θ in Gl. (224)

$$\Theta(\nu) = \frac{1}{\sqrt{2\pi}}\int_0^{\nu} e^{-\frac{t^2}{2}}\cdot dt$$

sind in der Tafel 15 zusammengestellt. Ein nach Gl. (224) und Tafel 15

Tafel 15. Die Werte der Integralfunktion Θ für die Berechnung der Senkungen auf Grund der stochastischen Theorie Gl. (224) (nach Szpetkowski) k = 120, κ = 0,0025 k = 0,3

$\frac{x}{\sqrt{H}}$	$\Theta\left(\varkappa\frac{x}{\sqrt{H}}\right)$	$\Delta\Theta$	$\frac{x}{\sqrt{H}}$	$\Theta\left(\varkappa\frac{x}{\sqrt{H}}\right)$	$\Delta\Theta$
0,0	0,000		5,0	0,433	
		60			17
0,5	0,060		5,5	0,450	
		58			14
1,0	0,118		6,0	0,464	
		56			10
1,5	0,174		6,5	0,474	
		52			8
2,0	0,226		7,0	0,482	
		47			6
2,5	0,273		7,5	0,488	
		43			4
3,0	0,316		8,0	0,492	
		37			3
3,5	0,353		8,5	0,495	
		32			2
4,0	0,385		9,0	0,497	
		26			1
4,5	0,411		9,5	0,498	
		22			1
5,0	0,433		10,0	0,499	

berechnetes Beispiel ist in der Abb. 127 angegeben. Man erhält beispielsweise für den ersten Funktionswert:

$$b/\sqrt{H} = 85 : \sqrt{225} = 5,66; \quad \theta = 0,459.$$

Der Wert der Gebirgskenngröße

$$k = \frac{v'_{z\,max}}{v_{z\,max}} \sqrt{H} \quad \text{bzw. } 122 + 55 \, \frac{H_1}{H} \tag{225}$$

kann aus der maximalen Schieflage $v'_{z\,max}$ der Senkungsprofilkurve oder aus der Mächtigkeit H_1 des Deckgebirges abgeleitet werden. Er beträgt in Oberschlesien durchschnittlich 122 und steigt auf Werte von 180 bis 300 an, wenn das Karbon von einem mächtigen Deckgebirge überlagert ist. Aus der Abb. 127 ist zu ersehen, daß die mit dem Integrationsnetz errechnete Senkung gut mit dem aus den Tafeln nach Gl. (224) ermittelten Wert übereinstimmt.

Der Einfluß der Gebirgskenngröße k auf die Steilheit der Normalsenkungskurve geht aus Abb. 128 hervor. Ein größerer k-Wert hat einen

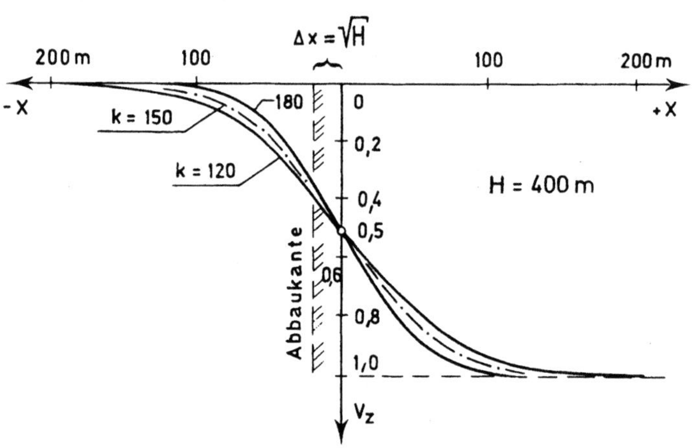

Abb. 128. Der Verlauf der Normalsenkungskurven bei verschiedenen k-Werten (nach Szpetkowski)

steileren Verlauf der Kurve zur Folge. Die Abbaukante ist in der Senkungsprofilkurve um

$$-\Delta x = \sqrt{H} \tag{226}$$

vom Abszissen-Nullwert entfernt, da auch im oberschlesischen Steinkohlenrevier der Ort der halben Maximalsenkung innerhalb der Abbaufeldprojektion liegt.

8.42 Das elastische Modell

Für ein elastisches Medium erhält man unter der Annahme, daß die Hohlraumwirkung eines Abbauteilchens durch eine resultierende Kraft F im Punkt S oberhalb des Elementes ersetzt werden kann (Abb. 41), eine Funktion für die Elementarmulde an der Modelloberfläche

$$w_0 = \frac{F}{4\pi G}\left(\frac{1}{R} + \frac{H^2}{R^3}\right), \tag{227}$$

indem man in die Gl. (52) für den Berechnungshorizont die Oberfläche mit z = 0, für die Tiefe des Kraftansatzpunktes die Abbauteufe mit c = H und für den Ausdruck $\sqrt{r^2 + H^2} = R_1 = R_2 = R$ einsetzt (Bräuner 1959). Die Gl. (227), die die im Abschnitt 3.32 erwähnten Randbedingungen - w = 0 im Abbauhorizont (z = H) sowie an der übertägigen Grenzwinkellinie ($r = H \cdot \cot\gamma$) - nicht erfüllt, gilt für die ungestörte Senkungsfortpflanzung in einem elastischen Medium. Ein Vergleich mit anderen Verteilungsfunktionen (z.B. Gl. (159)) zeigt, daß es für die praktische Senkungsberechnung genügt, den Funktionswert an der Stelle $r = H \cdot \cot\gamma$ auf 10 bis 20% des Höchstwertes zu begrenzen. Am zweckmäßigsten wählt man einen Faktor $k \approx 4{,}5$ ($k^2 = 20$) für die radiale Veränderliche r, so daß Gl. (227) in die Form

$$w_0 = \text{Const.} \frac{1}{\sqrt{20\, r^2 + H^2}} + \frac{H^2}{\sqrt{20\, r^2 + H^2}^{\,3}} \tag{228}$$

übergeht. Diese Funktion trägt dem Begriff des praktischen Grenzwinkels, an dessen steilen Schenkel die Bodenbewegungen zwar noch nicht ganz abgeklungen, aber unschädlich sind, Rechnung. Die Senkung des Liegendhorizontes, die gemäß der anderen Randbedingung gleich Null sein müßte, kann bei einer sich auf die Oberfläche beschränkenden Bewegungsberechnung außer Betracht bleiben.

Die Gl. (228) wird in die Gl. (151) unmittelbar eingesetzt, wenn nach Superposition aller Elementarmulden, die von den innerhalb der Vollfläche gelegenen Abbauelementen an der Tagesoberfläche erzeugt werden (Abb. 103), die Formel

$$v_z = \pi \frac{r^2}{\sqrt{20\, r^2 + H^2}} + C \tag{229}$$

für die Konstruktion eines Integrationsnetzes angegeben werden soll. Die aus Gl. (229) berechneten Zonenradien lauten bei einem Grenzwinkel von 60 gon für das elastische Modell $r_1 = 0{,}28$, $r_2 = 0{,}44$, $r_3 = 0{,}64$, $r_4 = 0{,}81$ und $r_5 = R = 1{,}00$. Dieses Senkungsintegrationsnetz hat mit dem auf fünf Zonen umgerechneten Netz von Keinhorst die größte Ähnlichkeit (Tafel 12). Durch die höhere Bewertung der fünften Zone - sie ist schmaler als bei den meisten anderen Verfahren - wird der aus der vorzeitigen Begrenzung des Einwirkungsbereiches herrührende Berechnungsfehler ausgeglichen. Diese Untersuchungen haben den Beweis erbracht, daß sich die Elastizitätslehre auf die großräumige Gebirgsbewegung anwenden läßt.

8.43 Das plastische Modell

Für einen als zäh-plastisch angenommenen Gebirgskörper lassen sich mit vertretbarem Aufwand zur Zeit nur die Endbewegungen der Punkte an der Oberfläche einer Modellhalbebene berechnen (Cernyi 1966). Es wird hierbei unterstellt, daß

a) die durch einen beliebigen Horizont oberhalb des waagerechten Abbauschlitzes während der Absenkung durchgehende Menge des inkompressiblen Mediums konstant und gleich dem Volumen

$$V = -2 \int_0^{\infty} c(x) \cdot dx \tag{230}$$

der Hohlraumkonvergenz c ist,

b) auf der gesamten Länge l des Abbauschlitzes die Dachschichtbewegung in der Lotrechten c = aM und in der Waagerechten $v_x = 0$ ist,

c) auf der gesamten lotrechten Mittelachse y des Modells die Verschiebung $v_x = 0$ ist (Abb. 129),

d) die Bewegung bei einem Anwachsen der Koordinaten $x \rightarrow \infty$ und $y \rightarrow \infty$ allmählich abklingen und

e) die Punktbewegungen des Mediums über jedem Abbauelement unabhängig von der Bewegung über den benachbarten Elementen sind.

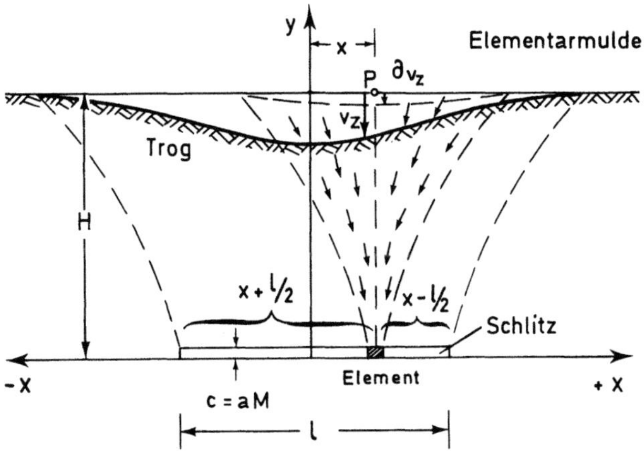

Abb. 129. Das zäh-plastische Fließen in einer waagerecht geschlitzten Halbebene (nach Cernyi)

Unter Auslassung der Zwischenrechnungen erhält man aus Gl. (59) den Vektor

$$\partial\psi = -\partial v_z \cdot \partial x = -\frac{aM}{2}\tanh\left(\omega\frac{x}{H}\right)dx \qquad (231$$

für die Senkungskomponente der Bewegung, entsprechend der Elementarmulde an der Tagesoberfläche (y = H). Hierin sind x die laufende Koordinate des Volumenelementes, tanh die hyperbolische Tangensfunktion und

$$\omega = \frac{v_{z\,m}}{4\eta} \qquad (232)$$

ein Kennwert für die rheologische Eigenschaft des Gebirgskörpers, der von der mittleren Senkungsgeschwindigkeit $v_{z\,m}$ und der kinematischen Zähigkeit η des Mediums abhängt.

Aus Gl. (231) ergibt sich, wenn man über die Abbaulänge integriert, der Senkungsendwert

$$v_z = -\frac{aM}{2}\left[\tanh\left(\omega\frac{x-0{,}5\,l}{H}\right) - \tanh\left(\omega\frac{x+0{,}5\,l}{H}\right)\right] \qquad (233)$$

für die laufende Profilkoordinate x an der Tagesoberfläche. Die Kurvenform und die Trograndlage lassen sich durch einen entsprechend gewählten ω-Wert an beobachtete Senkungsprofilkurven anpassen. Für das Lemberger Kohlenrevier ist $\omega = 4$.

Eine ähnliche hyperbolische Funktion hat man auch modelltechnisch für die Oberflächensenkung eines geschlitzten Gelatinekörpers ermittelt (King u. Whetton 1957).

Die Vollsenkung über der Abbaumitte (x = 0) wird nach Gl. (233) theoretisch erst für unendlich lange Abbaufelder erreicht; der Maximalwert beträgt jedoch schon über einem l = 1000 m langen Abbau in 800 m Teufe 98,6% der Vollsenkung aM. Für eine Teilfläche l = 250 m, H = 800 m und $\omega = 4$ lauten die Senkungswerte über der Abbaukante 42,4% und über der Abbaumitte 55,0% der Vollsenkung. Der Ort der halben Maximalsenkung - in diesem Fall 27,5% - liegt also beim Teilflächenabbau über dem Vorfeld (siehe Abb. 106). Er wandert mit zunehmender Abbaubreite zur Abbaukante hin und weist über dem Vollflächenrand den Wert 50% $v_{z\ voll}$ wie bei den Integrationsnetzverfahren auf. Am Trogrand nehmen die Senkungen in einer Entfernung von x = 500 m und x = 650 m ($\gamma \approx 60$ gon) auf 2,1 bzw. 0,45% ab.

Bei geneigter Flözlagerung wird der Koordinatennullpunkt in den Schnittpunkt von Tagesoberfläche und Flözlinie gelegt. Mit den Bezeichnungen der Abb. 130 nimmt die Gl. (233) dann die Form

$$v_z = -\frac{aM}{2}\left[\tanh\left(\omega\,\frac{x-0{,}5\ l-\lambda H_1}{H_1}\right)-\tanh\left(\omega\,\frac{x+0{,}5\ l-\lambda H_2}{H_2}\right)\right] \qquad (234)$$

für die Senkung eines Oberflächenpunktes P (x) an*). Der Ausdruck λH_i wurde in den Zähler des Quotienten eingesetzt, um die Senkungskurve in Anlehnung an Beobachtungen zum Flözeinfallen hin zu verschieben. Der Faktor λ kann probeweise in der Größenordnung von 2 gewählt werden. Die Modellgesetze des zäh-plastischen Fließens führen demnach mit den gemachten Annahmen zu wirklichkeitsnahen Senkungskurven, doch ist die Absenkung über der Abbaukante für die deutschen Steinkohlen-

*) Für die Berechnung der Gl. (233) und (234) können die "Siebenstelligen Tafeln der elementaren transzendenten Funktionen" von F. Lösch, Berlin: Springer 1954, benutzt werden (siehe auch Abb. 130, rechte Nebenzeichnung).

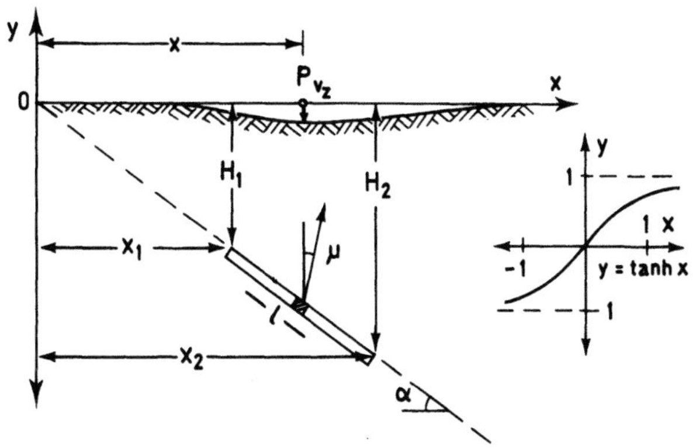

Abb. 130. Die Absenkung der Tagesoberfläche über einer geneigten Abbaufläche nach Gl. (214)

reviere bei stärkerer Durchbauung wie bei den Integrationsnetzverfahren etwas zu groß.

Ein rheologisches Gebirgsmodell, das die elastischen und die plastischen Eigenschaften der Gebirgsverformung sowie die Zeitgröße berücksichtigt, ist bisher nur für den Nahbereich der Streckenstöße entwickelt worden (Loonen 1962).

8.44 Das Modell aus endlichen Elementen

Zu den modell- und elastizitätstheoretischen Verfahren zählt auch das Verfahren der endlichen Elemente. Im Abschnitt 3.35 wurde am Beispiel des Stabelementes und Dreieckelementes gezeigt, wie die Grenzverträglichkeit der verformten Elemente durch ein vorgeschriebenes Bewegungsfeld (lineares Polynom Gl. (86)) gewahrt und die Beziehung zwischen den äußeren Knotenpunktkräften und den Knotenpunktwegen durch eine Steifigkeitsmatrix (Gl. (74)) angegeben werden kann. Hierzu wurde eine Gleichgewichtsbetrachtung für das Element unter Anwendung des Prinzips der virtuellen Verrückungen angestellt: Verrückt man die Knotenpunkte scheinbar um einen unendlich kleinen Betrag, so ist die Summe der dabei geleisteten inneren und äußeren Arbeit gleich Null (Gl. (98)). Die virtuelle äußere Arbeit ist das Produkt der auf die Knotenpunkte wirkenden äußeren Kräfte mit den virtuellen Verrückungen, die innere Arbeit wird aus dem Produkt der inneren Verformungsspannungen und den von den Verrückungen hervorgerufenen virtuellen Dehnungen gebildet (Gl. (99)), integriert über die Fläche des Elementes. In dem so gefundenen Gleichungssystem (74) regeln die Koeffizienten der Steifigkeitsmatrix das Größenverhältnis zwischen jeder Knotenpunktkraft und -bewegung (Tafel 16).

Auf die Bodenbewegungskunde angewandt, haben die im Markscheideinstitut der TU-Berlin durchgeführten Untersuchungen über die Wahl der Elementenform und der Randbedingungen folgendes erbracht (W. Müller 1973):

Mit dreieckigen Elementen lassen sich unregelmäßig geformte Systeme gut nachbilden. Es muß jedoch eine dichte Elementenfolge genommen werden, weil sich die Spannungen und Dehnungen nur von Element zu Element ändern. Rechteckige Elemente*) dagegen können wegen der linearen Dehnungsänderung im Elementinnern größere Abmessungen aufweisen, so daß man mit weniger Elementen auskommt. Als optimal hat sich daher eine Kombination von Dreieck- und Rechteckelementen erwiesen (Abb. 131). Mit stabförmigen Elementen in der Art von Pendelstützen

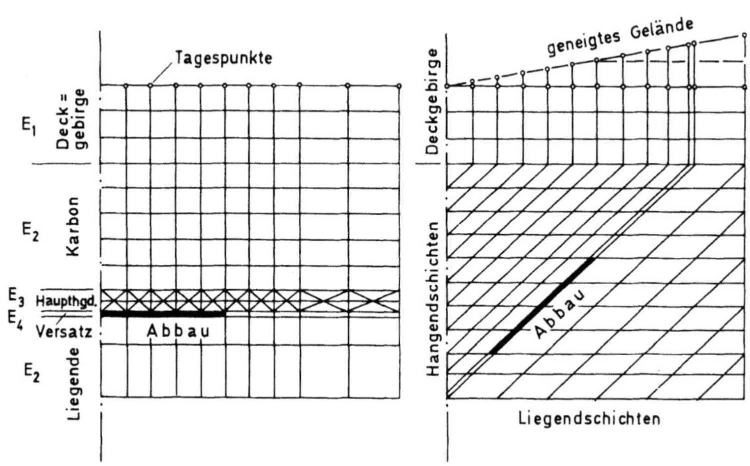

Abb. 131. Das Netz aus drei- und viereckigen Elementen für flache oder steile Lagerung

*) Die den Gl. (86) bis (100) entsprechenden Formeln für rechteckige Elemente siehe (W. Müller 1973 u. Kratzsch 1974). Für das Element wird dort ein eigenes Koordinatensystem eingeführt, und es wird zwischen der Bewegung eines Eckpunktes und der eines beliebigen Elementenpunktes unterschieden.

Tafel 16. Das Schema des Rechenverfahrens mit endlichen Elementen

Bewegungsfeld-Koeffizienten α für die Element- und Knotenpunkte:

$$\left.\begin{aligned} u_i &= \alpha_1 + \alpha_2 x_i + \alpha_3 y_i \\ w_i &= \alpha_4 + \alpha_5 x_i + \alpha_6 y_i \\ \{\delta\} &= [K]\{\alpha\} \end{aligned}\right\} \text{ Verträglichkeitsbedingung}$$

Koordinatenmatrix $[K] = \begin{bmatrix} 1 & x_1 & y_1 & 0 & 0 & 0 \\ \cdots & & & & & \\ 0 & 0 & 0 & 1 & x_1 & y_1 \\ \cdots & & & & & \end{bmatrix}_{6.6}$

Dreieckelement

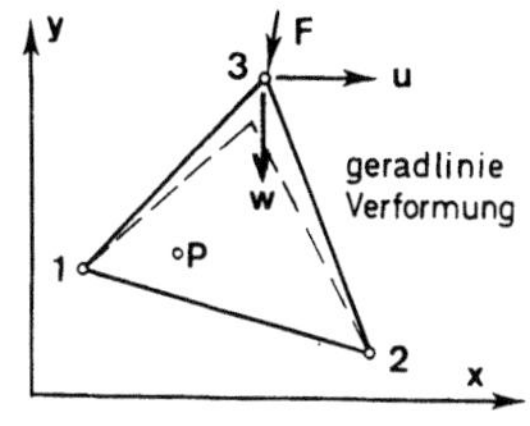

Dehnungen im Elementinnern infolge der Knotenpunktbewegung δ:

$$\{\varepsilon\} = \begin{bmatrix} \frac{\partial}{\partial x} & 0 \\ 0 & \frac{\partial}{\partial y} \\ \frac{\partial}{\partial y} & \frac{\partial}{\partial x} \end{bmatrix} \{\delta\} = [D]\{\delta\}$$

Strukturmatrix

$$[D] = \begin{bmatrix} 0\,1\,0\,0\,0\,0 \\ 0\,0\,0\,0\,0\,1 \\ 0\,0\,1\,0\,1\,0 \end{bmatrix} \cdot [K]^{-1}$$

Spannungen im Element infolge der Dehnung bzw. Knotenpunktbewegung:

$$\{\sigma\} = [C]\{\varepsilon\} = [C][D]\{\delta\}$$

Elastizitätsmatrix

$$[C] = \frac{E}{1-\mu^2} \begin{bmatrix} 1 & \mu & 0 \\ \mu & 1 & 0 \\ 0 & 0 & \frac{1-\mu}{2} \end{bmatrix}$$

Knotenpunktkräfte F infolge äußerer Einwirkung u. innerer Spannung:

Innere virtuelle Arbeit = innere virt. Dehnung · innere Spannung

$$\bar{W}_i = \iint \{\bar{\varepsilon}\}^T \{\sigma\}\, dx\, dy = \iint \{\delta\}^T [D]^T [C][D]\{\delta\}\, dx\, dy$$

Äußere virtuelle Arbeit, den Knotenpunktwegen äquivalent

$$\bar{W}_a = \{\bar{\delta}\}^T \{F\}$$

Aus dem Gleichgewicht der äußeren und inneren virtuellen Arbeiten folgt mit $\bar{\delta} = 1$

$$\{F\}_6 = \iint [D]^T [C][D]\, dx\, dy \{\delta\} = [S]\{\delta\}$$

Steifigkeitsmatrix $[S] = \iint [D]^T [C][D]\, dx\, dy$

Weg-Kraft-Verhältnis

Eigengewicht p (g/cm^3) des Elementes, umgerechnet in Knotenpunktkräfte und zur äußeren Arbeit addiert:

$$\{F\} = 1/3\; p\; A \{1\,1\,1\,0\,0\,0\}^T$$

Elementfläche A, Dicke 1

Additive Zusammensetzung der einzelnen Elemente zum System:

$$\{F\}_{Syst.} = [S]_{Syst.}\{\delta\}_{Syst.}$$

$$\{\delta\}_{Syst.} = [S]^{-1}_{Syst.}\{F\}_{Syst.}$$

System-Steifigkeitsmatrix $[S]_{Syst.}$ 2n Zeilen u. Spalten bei n Knoten können die Gleitschichten im Gebirge nachgebildet werden. Begrenzt wird das Elementennetz dort, wo im Gebirgskörper keine Abbaueinwirkungen mehr zu erwarten sind oder die Bewegungen, wie beispielsweise für die Dach- oder Liegendschicht, bekannt und vorgegeben sind. Wenn der Bewegungsvorgang zur lotrechten Zentralachse des Abbaus symmetrisch ist, braucht nur eine Netzhälfte berechnet zu werden; die Knotenpunkte der Symmetrieachse werden dann in horizontaler Richtung festgehalten. Bei der Berechnung werden die Maße des Originalsystems in Zentimeter, also ohne Umrechnung über einen Modellmaßstab, verwendet.

Für einen lotrechten Gebirgsausschnitt von 1 500 m Länge und 500 m Höhe genügen 500 Elemente mit den Abmessungen von 150 mal 100 m im oberen Hangenden und von 25 mal 10 m im Haupthangenden. Als Materialwerte können Elastizitätsmoduln von 10 000 kp/cm^2 bei Druck- und von 100 kp/cm^2 bei Zugbeanspruchung für das Deckgebirge, 100 000 bzw. 1 000 kp/cm^2 für das Karbongebirge einschließlich der Flöze und 60 kp/cm^2 für den Versatz im Abbauraum gewählt werden. Die Querdehnungszahlen lauten 0,3 bis 0,4 für das Deckgebirge und 0 bis 0,3 für das Karbon. Die für Druck und Zug unterschiedlichen E-Moduln machen bis zu drei Rechendurchgänge nach dem Gauß-Seidel-Iterationsverfahren notwendig. Hierbei wird das Netz zuerst mit dem E-Modul für Druck durchgerechnet; für die Elemente, in denen Zugspannungen festgestellt werden, wird sodann in einem zweiten und dritten Rechengang der betreffende E-Modul für Zug eingesetzt. Es ist nicht notwendig, für jeden numerierten Knotenpunkt eine Lochkarte mit den Koordinatenwerten des globalen Systems und den Bewegungsbeschränkungen sowie für jedes Element eine Lochkarte mit Angaben über die Nummer, die zugehörigen Knotenpunktnummern und die Materialkennzahl anzufertigen; es genügt, nur jeden Anfangs- und Endpunkt einer Netzreihe oder -spalte zu beschreiben, denn vom Programm*) her werden die dazwischen liegenden Punkte in gleichen Abständen selbsttätig berechnet. Für jedes Material sind auf einer weiteren Lochkarte die Materialnummer (Sand, Schiefer, Sandstein), der E-Modul, die Querdehnungszahl und das Eigengewicht (2 bis 2,5 g/cm^3) verzeichnet. Die Ergebnisse werden in Tabellenform erhalten (Tafel 17).

*) Es wurde das von Wilson, Berkeley, USA, für drei- und viereckige Elemente weiterentwickelte Programm von Zienkiewicz, in seiner Grundform als Anhang im Lehrbuch von Zienkiewicz und Cheung veröffentlicht, benutzt. Als Rechenanlage stand die CD 6500 zur Verfügung (Rechenzeit 3 min bei 550 Knotenpunkten).

Tafel 17. Das Formular für die Gebirgsbewegungsberechnung nach der Methode der finiten Elemente

Titel

Gebirgsschnitt	4A	Anzahl d. verschied. Materialien	1
Anzahl d. Knotenpunkte	840	Anzahl d. Randbedingungen (Typ)	0
Anzahl d. Elemente	792	Anzahl d. Näherungen	1

Kennwerte

E-Modul Druck	E-Modul Zug	Querdehnung	Gleitmodul	Dichte
10,000E + 04	10,000E + 2	0,0	0,0	2,5500E - 04

Eingabe

Knoten	Typ	x	y	x-Last	x-Weg	y-Last	y-Weg
1	1,0	0,000	130 000,0	0,0	0,0	0,0	0,0
2	1,0	0,000	120 000,0	0,0	0,0	0,0	0,0
3	1,0	0,000	110 000,0	0,0	0,0	0,0	0,0
...	...	.....	....	...	...	...	...
26	1,0	10 000	130 000,0	0,0	0,0	0,0	0,0

Ergebnis (E + 02 = 10^{+2}) Werte in cm bzw. kp/cm^2

Knoten	Verschiebung	Senkung
1	0,0	-20,999E + 01
2	0,0	-20,874
3	0,0	-20,500
...	...	....
26	58,108E - 02	-20,989E + 01

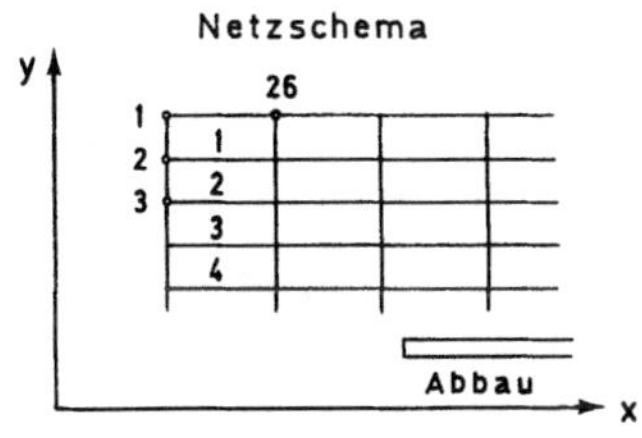

Element	x	y	x-Spannung	y-Spannung	Weiterhin:
1	20 000	125 000	-74,432E -01	-12,468E + 00	xy-Spannung
2	20 000	115 000	-77,089	-37,361	Max-Spannung
3	20 000	105 000	-81,162	-62,180	Min-Spannung
...	......	....	....	....	Winkel

Vor der eigentlichen Berechnung wird ein Netz ohne Abbauhohlraum durchgerechnet, um die Eigengewichtssenkung des Modells im ungestörten Zustand zu bestimmen. Die Differenzen zur Berechnung des geschlitzten Modells, bei dem sich infolge der Verformungen im Hangenden zusätzliche Dehnungen und Spannungen in den Elementen sowie andere äußere Knotenpunktkräfte einstellen, sind dann die gesuchten Abbaueinwirkungen. Auf die Größe der Bewegung haben weniger die Elastizitätsmoduln - sie verändern den Spannungszustand im Elementennetz - als vielmehr die Querdehnungszahlen Einfluß, weil die Durchbiegung des Haupthangenden durch das Abbauvolumen beschränkt ist und eine zusätzliche Verformung nur durch ein Ausweichen des Materials in horizontaler Richtung möglich wird. So wird der Trog z.B. schmaler, wenn man wie in der Bodenmechanik mit einem querdehnungsfreien Karbongebirge ($\mu = 0$) rechnet.

Die Senkungen und Verschiebungen der außerhalb der Schnittebene liegenden Tagespunkte werden nach einem Interpolationsverfahren berechnet. Durch das Abbaufeld werden zwei sich kreuzende, diametrale Schnitte 1 und 2 gelegt (Abb. 132). Die für diese Schnitte berechneten

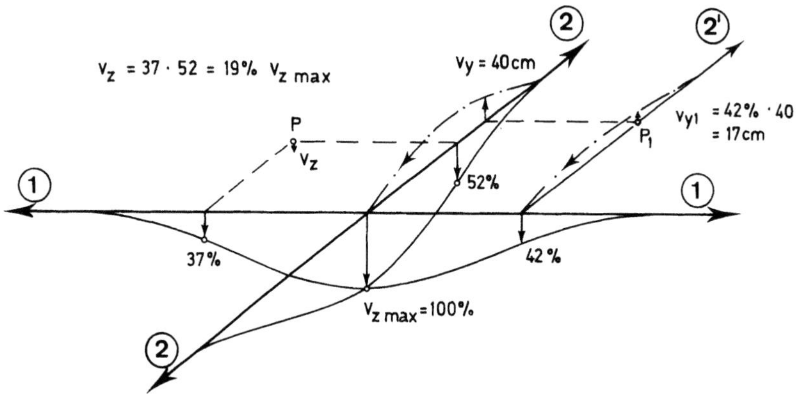

Abb. 132. Die Interpolation der Senkungs- und Verschiebungswerte für seitlich gelegene Punkte mit Hilfe diametraler Profilkurven 1 und 2

Tagespunktsenkungen werden im Kreuzungspunkt beider Schnitte in der Regel nicht übereinstimmen, so daß ein Mittelwert $\bar{v}_{z\,max}$ gebildet werden muß und sämtliche Senkungen v_{zi} der beiden Schnitte im Verhältnis

$$v_{zi\ verb.} = v_{zi} \frac{\bar{v}_{z\ max}}{v_{z\ max}} \tag{235}$$

verbessert werden müssen. Die Senkung eines seitlichen Punktes P erhält man aus den zugehörigen "Senkungskoordinaten" der Schnitte

$$v_z = v_{z1} \cdot v_{z2} \cdot \bar{v}_{z\ max}, \tag{236}$$

wobei der "Koordinatenwert" v_{z1} oder v_{z2} (in %) aus den linear interpolierten Senkungen der benachbarten Profilknotenpunkte gefunden wird. Das programmierte Interpolationsverfahren beruht demnach auf der Annahme, daß sich bei der Parallelverschiebung einer Senkungsprofilkurve alle Senkungen wie die an der jeweiligen Schnittstelle der anderen Profilkurve ändern (siehe auch Niederhofer 1960).

In ähnlicher Weise werden auch die Verschiebungskomponenten seitlicher Punkte ermittelt: Die parallel bis zum Punkt P_1 verschobene Verschiebungskurve 2' wird in dem Maße verkleinert, wie sich die Senkung im Schnittpunkt der anderen Profilkurve 1 vermindert. Die Kurve 2' behält über rechteckige Abbauflächen die diametrale Ausgangslänge l bei. Dasselbe gilt für die Verschiebungskurve parallel zum Schnitt 1. Die Gesamtverschiebung v_{xy} des seitlichen Punktes ist die Resultierende der beiden Parallelkurvenkomponenten.

Die Auswirkung der Dachschichtbiegelinie auf den Verlauf der Bodenbewegungskurven ist in Abb. 133 dargestellt. Bei frei durchhängenden Gebirgsschichten ergeben sich an der Tagesoberfläche tiefere und steilere Mulden als bei einer vorgeschriebenen Dachschichtsenkung, die schon 25 m weit im Vorfeld beginnt. Das Beispiel zeigt, daß es beim Verfahren der endlichen Elemente ohne großen Arbeitsaufwand möglich ist, eine naturgetreue Dachschichtsenkung und Liegendhebung nachzubilden. Eine Eingrenzung des Einwirkungsbereiches durch einen Grenzwinkel entfällt, da sich die Verformungen und Bewegungen im Modell vom untersten Abbauelement bis zum Oberflächenelement nach annähernd gleichen mechanischen Gesetzen vollziehen wie im Gebirge.

Darüberhinaus läßt sich die Modellrechnung noch an ein nichtlineares und an ein rheologisches Materialverhalten anpassen. Man erhöht hierbei die Belastung stufenweise und prüft nach jedem Lastwechsel, ob

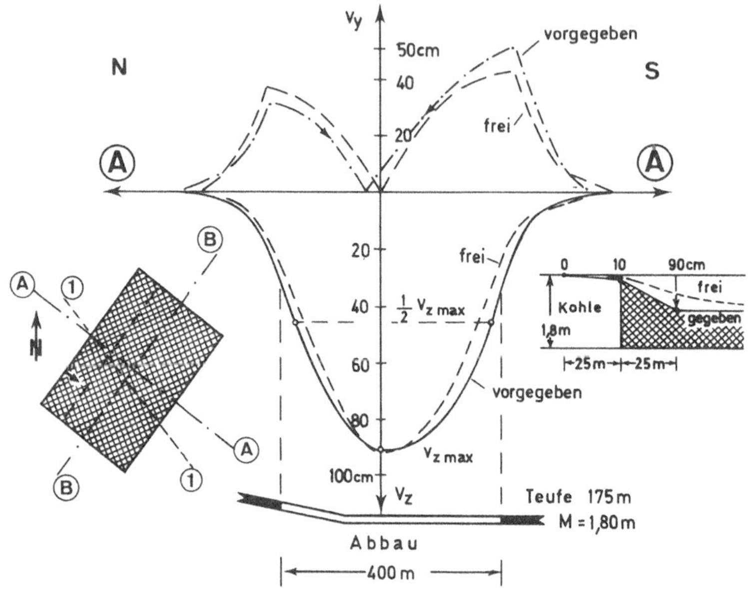

Abb. 133. Der Einfluß der Dachschicht-Biegelinie auf den Verlauf der nach dem Verfahren der endlichen Elemente berechneten Bodenbewegungen. Zum Vergleich die beobachteten Maximalwerte im Schnitt 1: Verschiebung 43 cm im Süden, 31 cm im Norden, Senkung 91 cm. Links: Abbaugrundriß. Rechts: Dachschichtsenkung am Kohlenstoß

die Formänderungsenergie der einzelnen Elemente einen gewissen Betrag überschritten hat, um dann den E-Modul für das betreffende Element in einem zweiten Rechengang herabzusetzen. Die gekrümmte, inelastische Verformungskennlinie wird also durch einen Polygonzug angenähert (Voigt und Dahl 1969).

Der *zeitliche Bewegungsablauf* vom Abbau bis zur Tagesoberfläche kann im Modell einerseits mechanisch nachgebildet werden, indem die vorgegebene statische Dachschichtbiegelinie durch eine bekannte zwischenzeitliche Dachschichtsenkung des jeweiligen Abbaustandes ersetzt wird sowie außerdem die Verformung der Elemente in Abhängigkeit von der horizontalen und vertikalen Entfernung des Abbaustoßes reduziert und erst mit fortschreitendem Abbau stufenweise bis zum Endbetrag erhöht wird. Andererseits kann die verzögerte Gebirgsverformung im Rechenprogramm der finiten Elemente mit einem zeitabhängigen Temperaturfeld nachgeahmt werden. Damit sich das elastische Gebirgsmodell, das wie jeder elastische Stoff keinem Zeiteinfluß unterliegt, nicht sofort auf die Endgröße verformt, werden den Elementen eine Wärmeausdehnungszahl und eine Temperatur zugeordnet. Das zuerst für metallische Werkstoffe entwickelte Rechenprogramm sieht eine Temperaturdehnung, bei der die Verträglichkeit der Elementenverformungen gewahrt bleibt, bereits vor. Ein solches örtlich abgestuftes und nach einer Zeitfunktion abnehmendes Temperaturfeld verzögert durch eine vorübergehende innere Volumenausdehnung der Elemente die Bewegungsgröße der Knotenpunkte; in der Abbaurandzone kann die Stauchung der Versatzelemente auf diese Weise dem zwischenzeitlichen Verdichtungsgrad angeglichen werden. Die zeitweilige Auflockerung des Gebirges in der Bruch- und Streckungszone wird so auf das Modell übertragen. Erst bei einer auf $0^{\circ}C$ gesunkenen Temperatur erreicht die Gebirgsverformung den statischen Endstand. Das zeitliche Temperaturfeld ersetzt folglich in der Analogie den in der Elastizitätstheorie sonst nicht vorhandenen Zeitfaktor.

Das Rechenverfahren läßt sich soweit in der Anwendung vereinfachen, daß ein Standard-Netz für eine bestimmte Gebirgsschichtenfolge nach Eingabe der Koordinaten für die Abbaustöße auf der Schnittlinie und der Teufen der Schichtgrenzen mit den vorgeschriebenen Elementabmessungen von der Rechenanlage selbsttätig aufgebaut wird. Die Nachsenkung im Alten Mann oberhalb oder am Rande des Abbaufeldes muß bei einer genauen Berechnung für die dort liegenden Knotenpunkte vorgegeben werden, wenn das alte Versatzfeld nicht durch eine dünne, weiche Elementenschicht nachgebildet worden ist. Im letzteren Falle wird die Nachkonvergenz, die sich auf Grund des vom neuen Abbau veränderten Spannungsfeldes einstellt, vom Programm berechnet. Auch der beim heutigen konzentrierten Abbau häufig beobachtete "trichterförmige" Trog läßt sich mit dem Elementenverfahren vorausbestimmen, da es das vom Durchbauungsgrad abhängige Spannungsfeld und die daraus folgende Konvergenzgröße in den Versatzfeldern berücksichtigt. Das Elementenverfahren ist mit schrägen Elementenreihen auch für die geneigte und steile Lagerung anwendbar, wobei sogar ein diskordant auflagerndes Deckgebirge und eine abfallende oder hügelige Tagesoberfläche im Elementennetz vorgesehen werden können (Abb. 131, rechts).

9. Die Vorausberechnung der Bodenverschiebung

9.1 Die Besonderheiten der Verschiebungsberechnung

Die Vorausberechnung der waagerechten Komponente der Bodenbewegung bereitet aus mehreren Gründen auch heute noch größere Schwierigkeiten als die Senkungsberechnung. Das liegt einmal daran, daß die Längenänderungsmessungen auf vermarkten Meßlinien im Gegensatz zu den häufigeren Nivellements selten über einen längeren Zeitraum durchgeführt werden können, weil sie einen hohen Arbeitsaufwand erfordern und viele Meßpunkte im Laufe der Zeit bei Erdarbeiten verloren gehen. Die gewonnenen Erfahrungswerte sind also noch nicht für alle Abbauflächenformen und -größen als statistisch gesichert anzusehen. Vor allem ist die Größe der Vollverschiebung $v_{xy\ voll}$, die sich nicht so einfach wie die Vollsenkung aus den abbautechnischen Begriffen der Flözmächtigkeit und der Versatzart ableiten läßt, nur näherungsweise bekannt, da eine halbe oder ganze Vollfläche, über deren Abbaukante dieser Verschiebungshöchstwert auftritt, in größerer Flözteufe durch Störungszonen oftmals unterbrochen wird. Je nach Richtungslage der Meßlinie wird eine mehr oder weniger große Verschiebungskomponente v_x oder v_y gemessen, die nur auf diametral zum Abbau verlaufenden Beobachtungslinien mit der resultierenden Verschiebung v_{xy} übereinstimmt (Abb. 83). Dadurch werden der Vergleich und die Analyse der Meßergebnisse sehr erschwert. Die Punktsenkungen sind dagegen richtungsunabhängig. Als weitere Schwierigkeit kommt hinzu, daß die Verschiebungswerte nicht nur am Trogrand, sondern auch in der Trogmitte sehr klein sind und durch Meßfehler oder sekundäre, bergbaufremde Bewegungen der Meßpflöcke überdeckt werden können.

Alle bisherigen Untersuchungen sprechen dafür, daß der Verschiebungsbetrag weitaus mehr vom Aufbau des hangenden Gebirges - insbesondere der oberen Deckgebirgsschichten - abhängt als die Senkung, die sich mit der petrographisch bedingten Trogform örtlich nur in geringem Maße ändert. Auf die Trogform und den Troginhalt hat die waagerechte Punktbewegungskomponente fast gar keinen Einfluß; verkürzt man beispielsweise die Verschiebungsbeträge auf die Hälfte, so ändert sich die Bodenschieflage über der Abbaukante wesentlich weniger als bei einer auf die Hälfte reduzierten Senkung (Abb. 134). Ein Fehler in

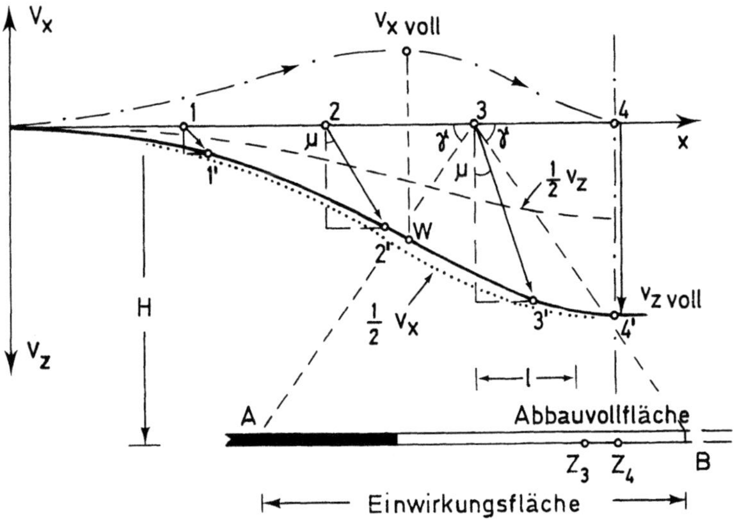

Abb. 134. Der geometrische Zusammenhang zwischen der Bodensenkung und -verschiebung bei der Punktwanderung von 2 nach 2'. Der Einfluß eines 50 %-Fehlers in der Senkungs- oder Verschiebungsberechnung auf die Trogform und den Troginhalt (überhöht zur Länge x gezeichnet)

der Verschiebungsberechnung macht sich also nicht so sichtbar an der Trogform bemerkbar wie eine falsche Senkungsberechnung.

Schließlich ist noch die geringere wirtschaftliche Bedeutung der Verschiebungsberechnung im Vergleich zur Senkungsvoraussage zu erwähnen, denn nur 30% der Bergschadenkosten sind verursachungsgemäß der Längenänderung des Baugrundes zuzuordnen. Da aber von den Zerrungs- und Pressungsschäden besonders größere Bauwerke und langgestreckte Verkehrs- und Versorgungsanlagen betroffen werden, besteht an einer möglichst zuverlässigen Vorausberechnung der Bodenverschiebungen ein sicherheitliches und bautechnisches Interesse.

Die von der Senkungsberechnung her bekannten Verfahren der empirisch gefundenen Nomogramme und Integrationsnetze, der Verteilungsfunktionen sowie der elastischen, stochastischen und plastischen Modelltheorien sind auch auf die Verschiebungsberechnung übertragen worden.

Neuartig ist jedoch die mechanische Deutung der den Abbauelementen zugeordneten Verschiebungsanteile, die entweder nach der Schwerpunktlage des Abbauelementes und seinem Senkungseinfluß (Keinhorst, Schulte, Perz, Kastenbein) oder aus der Krümmung der oberen Gebirgsschichten (Beyer) bestimmt werden. Außerdem läßt sich die Verschiebung mit einem Proportionalitätsfaktor aus der ihr in Größe und Richtung ähnlichen Schieflage ableiten (Ehrhardt/Sauer). Für die steile Lagerung werden die Verschiebungsnetze nach verschiedenen Projektionsverfahren in die Ellipsenform umgezeichnet. Wegen der erwähnten schwierigen Verschiebungsmessung haben die Untersuchungen an gegenständlichen Gebirgsmodellen gerade für die waagerechte Bewegungskomponente in den letzten Jahren eine große Bedeutung erlangt.

9.2 Das Schwerpunktverfahren

Zwischen den Senkungs- und Verschiebungskomponenten der zum Abbau gerichteten Punktlageänderung v_{res} besteht nach Abb. 83 die Beziehung

$$v_{xy} = v_z \cdot \tan \mu \, . \tag{237}$$

Von der innerhalb des Grenzwinkelkegels liegenden Abbaufläche A-B wird der Tagespunkt 3 in Abb. 134 zu einem Schwerpunkt Z_3 hin "angezogen" (Keinhorst 1925). Bei Kenntnis der jeweiligen Schwerpunktlage Z_i könnte man also aus den gegebenen Punktkoordinaten P_i (x,y) und Z_i (x,y), der Abbauteufe H sowie aus der berechneten Senkung v_z die resultierende Punktverschiebung v_{xy} nach Gl. (237) bestimmen. In einer anderen Richtung betragen die Verschiebungskomponenten gemäß Abb. 83

$$\begin{aligned} v_x &= v_{xy} \cdot \cos \nu \\ v_y &= v_{xy} \cdot \sin \nu \, . \end{aligned} \tag{238}$$

Die Drehlage des Koordinatensystems wird übrigens in der Bergschadenkunde meistens so gewählt, daß die x-Achse in die Streich- und Abbaurichtung, die y-Achse in die Fallrichtung weist. Liegt der Ursprung des Systems außerdem über dem Abbauschwerpunkt, so daß sich das Achsenkreuz mit den diametralen Hauptschnitten der Abbaufläche deckt, dann werden v_{xy} für alle Profilpunkte und v_y auf der x-Achse bzw. v_x auf der y-Achse zu Null (Abb. 98 u. 106).

Die praktische Verschiebungsberechnung nach der Schwerpunkt-Theorie geschieht in der Weise, daß in Verbindung mit der Senkungsermittlung gleich die Abbauschwerpunkte für die Kreisringsektoren des benutzten Integrationsnetzes bestimmt werden (Schulte 1942). Die Verschiebungen in den durch das Netzzentrum gehenden Koordinatenachsen sind den Koordinaten x und y des betreffenden Netzmaschen-Schwerpunktes z proportional (Abb. 135):

$$v_y : v_x = y : x \,. \tag{239}$$

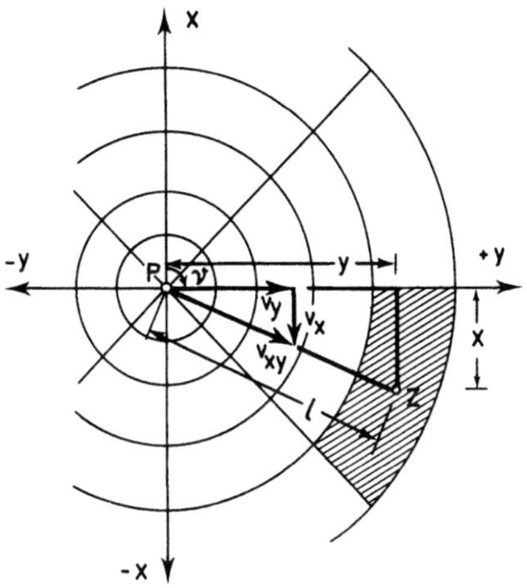

Abb. 135. Die Berechnung der Punktverschiebung nach der Theorie der Abbauschwerpunkte, dargestellt an einem Kreisringsektor der 5. Zone eines Senkungsintegrationsnetzes

Ist l der horizontale Abstand des Schwerpunktes Z vom Oberflächenpunkt P, so erhält man die Beziehungen

$$v_y = y\,\frac{v_{xy}}{l} \quad \text{und} \quad v_x = x\,\frac{v_{xy}}{l} \,. \tag{240}$$

Setzt man in Gl. (237) für tan μ = l : H und für $v_z = 0{,}01 \cdot e \cdot a \cdot M$

e k ein (k = 0,01 a M), so wird aus Gl. (240)

$$v_y = y \frac{e\ k}{H} \qquad \text{und} \qquad v_x = x \frac{e\ k}{H} . \tag{241}$$

Da die Gl. (241) für die Schwerpunkte aller Netzmaschen gelten soll, ergibt sich durch Addieren

$$v_{xy} = \frac{k}{H} \sqrt{\sum(e\ y)^2 + \sum(e\ x)^2} \tag{242}$$

die Resultierende der Gesamtverschiebung (Lehmann, Neubert, Schafstein 1942). Für einen übersichtlichen Berechnungsgang sind Formulare entworfen worden (siehe Niemczyk 1949, S.117).

Ob es zulässig ist, die Abbaufläche in beliebige Teile, wie sie das Senkungsnetz vorgibt, zu zerlegen und die aus den einzelnen Teilflächen ermittelten Verschiebungen zu einer Resultierenden zusammenzusetzen, muß nach heutiger Auffassung bezweifelt werden (Perz 1948). Die Verschiebungsrichtung und -größe hängen nämlich von der gesamten einwirkenden Abbaufläche und deren zeitlicher Entwicklung ab. Die willkürliche Zerlegung der Abbaufläche führt zwar beim Zusammensetzen der aus symmetrischen Einzelflächen ermittelten Verschiebungen zu demselben Wert wie für die Gesamtfläche (Punkt P' in Abb. 136), nicht jedoch bei hintereinander liegenden Abbauflächen (Punkt P). Mit den Maßen und Senkungswerten der Abb. 136 findet man die Verschiebungsgrößen 5 cm, 7,5 cm und 6,5 cm für den Punkt P, hervorgerufen von den einzelnen Abbauflächen I, II und III. Die Verschiebungsberechnung für die gesamte Abbaufläche ergibt zum Schwerpunkt II hin

$$v_x = \frac{150\ \text{m}}{500\ \text{m}} \cdot 100\ \text{cm} = 30\ \text{cm}$$

gegenüber einer Gesamtverschiebung von

$$v_x = 5 + 7{,}5 + 6{,}5 = 19\ \text{cm}$$

bei einer Berechnung aus den Einzelflächen.

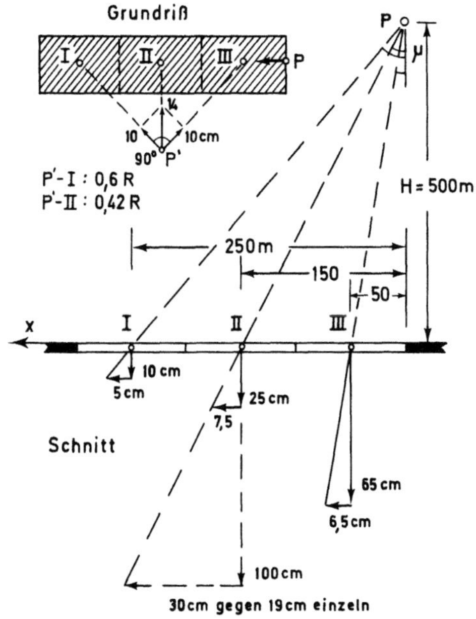

Abb. 136. Die nach dem Schwerpunktverfahren berechnete Verschiebung für den Punkt P ergibt 30 cm für die gesamte Abbaufläche gegenüber insgesamt nur 19 cm für die drei einzelnen Felder

Dieses Schwerpunktverfahren wird auch bei der programmierten Verschiebungsberechnung für die geneigte und steile Lagerung (Gl. 184 ff.)) im Ruhrgebiet angewandt (Kastenbein 1970). Wenn das trotz des erwähnten Einwandes gegen die Zerlegung der Abbaufläche in Teile gleicher Senkungseinwirkung geschieht, so muß bedacht werden, daß der Verschiebungsberechnung in steiler Lagerung außer dem Schwerpunktansatz zur Zeit noch weitaus mehr Fehler und Unsicherheiten anhaften, weil vor allem die Maximalwerte und die Richtungen der Verschiebungen nicht genau genug bekannt sind. Im Rechenprogramm werden die für die einzelnen Kreissektoren ermittelten Schwerpunkte nach dem jeweiligen Senkungszonenwert gewichtet und anschließend koordinatenmäßig nach Gl. (242) zu einem gemeinsamen Schwerpunkt zusammengefaßt. Für den Schwerpunkt I eines Kreissektors gilt, daß er auf der Winkelhalbierenden im Abstand

$$r_I = \frac{2}{3}\, r\, \frac{\sin \Delta\varphi/2}{\Delta\varphi/2} \tag{243}$$

vom Netzzentrum liegen muß. Wie aus der Abb. 137 ersichtlich ist,

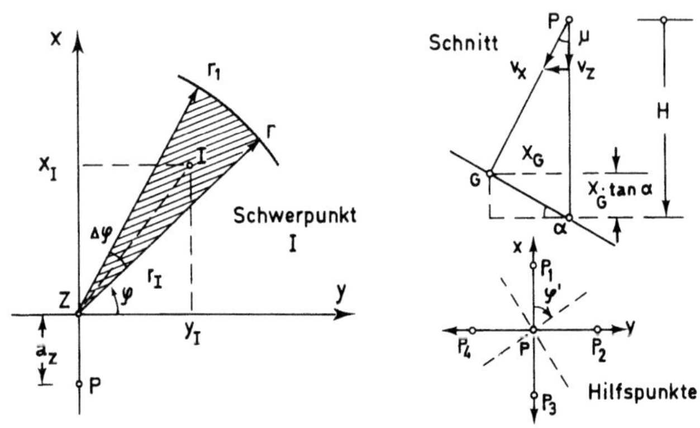

Abb. 137. Die Bestimmung der Schwerpunktskoordinaten für den Kreisringsektor und das Hilfspunktkreuz für die Ableitungen der Längenänderungen

lassen sich die Schwerpunktkoordinaten

$$x_I = r_I \cdot \sin(\varphi + \Delta\varphi/2)$$
$$y_I = r_I \cdot \cos(\varphi + \Delta\varphi/2) \qquad (244)$$

trigonometrisch bestimmen. Da die Anteilsermittlung vom Ellipsenzentrum Z aus erfolgt, die Verschiebungen jedoch auf den Berechnungspunkt P zu beziehen sind, müssen die Schwerpunktabszissen um a_z berichtigt werden, bevor der gemeinsame, gewichtete Schwerpunkt G für die Abbaufläche gebildet wird. Mit Gl. (237) ergeben sich schließlich die Verschiebungskomponenten

$$v_x = v_z \frac{x_G}{H \pm x_G \cdot \tan\alpha}$$
$$v_y = v_z \frac{y_G}{H \pm x_G \cdot \tan\alpha} \, . \qquad (245)$$

Aus den ebenfalls berechneten Verschiebungen für die vier Hilfspunkte P_1 bis P_4 (Abb. 137) im Abstand l von P lassen sich die Zerrungen und Pressungen für den Punkt P ableiten. Werden die Verschiebungen und Längenänderungen in einer bevorzugten Richtung φ' gesucht, so wird das Hilfspunktkreuz um diesen Winkel gedreht.

9.3 Das Integrationsnetzverfahren

In gleicher Weise wie die Senkungen können auch die Verschiebungen mit Hilfe von Verteilungsfunktionen und Integrationsnetzen berechnet werden. Hierbei wird die auf den Tagespunkt P einwirkende Abbaufläche nicht wie beim Schwerpunktverfahren in beliebige, sondern in Teile mit gleicher Verschiebungskraft zerlegt. Für die Vollfläche erhält man so ein in Zonen und Sektoren unterteiltes Verschiebungs-Integrationsnetz. Man braucht dann bei einem Teilflächenabbau nur die Anzahl der abgebauten Netzflächen abzuzählen, um die Verschiebungskomponente in einer Richtung bestimmen zu können.

9.31 Die Netzableitung aus der Schwerpunktformel

In Abb. 138 sei P'BC ein schmaler Sektor der zu P gehörigen Vollfläche, der in Ringzonen gleicher Verschiebungswirkung eingeteilt werden

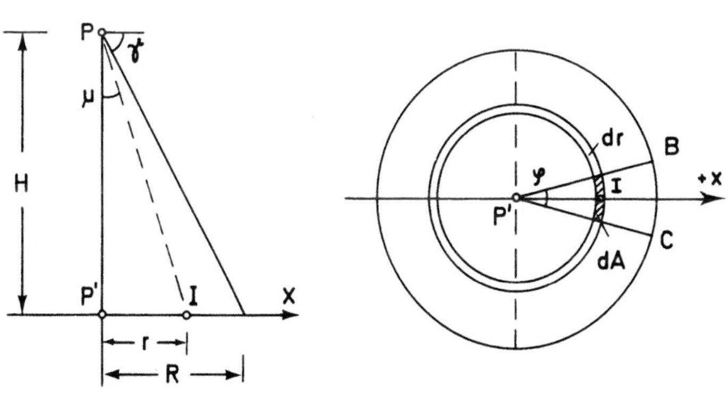

Abb. 138. Die Teilung der Vollfläche in wirkungsgleiche Zonen für die Verschiebungsberechnung (nach Perz)

soll. Innerhalb dieses Sektors, der insgesamt einen Senkungsanteil von $\varphi/2\pi$ an der Vollsenkung besitzt, kommt der schraffierten, differentiellen Zonenfläche

$$dA = \varphi \; r \; dr \tag{246}$$

eine Senkung gemäß Gl. (149) von

$$dv_z = \varphi \; a \; M \; r \; k_z(r) \; dr \tag{247}$$

zu (Perz 1948). Der Schwerpunkt I der Fläche dA kann bei einem hinreichend kleinen Zentriwinkel φ im Abstand

$$r = H \cdot \tan \mu \tag{248}$$

von P' auf der x-Achse angenommen werden, so daß der Verschiebungsanteil der Zonenfläche dA nach Gl. (237)

$$\begin{aligned} dv_x &= dv_z \cdot \tan \mu \\ &= \frac{\varphi \; a \; M}{H} \; r^2 \; k_z(r) \; dr \end{aligned} \tag{249}$$

beträgt. Da jeder Zonensektor dA(r) denselben Senkungsanteil an der jeweiligen Vollflächenzone von $\varphi/2\pi$ hat, läßt sich durch Integration innerhalb der Grenzen x = 0 und x = R der Verschiebungsanteil des Sektors P'BC

$$K_{x\;\text{Sektor}} = \frac{\varphi \; a \; M}{H} \int_0^{x=R} r^2 \; k_z(r) \; dr \tag{250}$$

berechnen. Setzt man in Gl. (250) für $k_z(r)$ eine Verteilungsfunktion der Gl. (156) bis (159) ein und zeichnet die Integralkurve K_x (Abb. 139), dann können die Radien für eine Unterteilung der Vollfläche in gleichwirkende Zonen wie bei der Senkungsnetzkonstruktion aus dem Diagramm entnommen werden (Tafel 12), denn die gleiche Zonenteilung in der x-Achse gilt wegen der Rotationssymmetrie der Senkungsanteile und der diametralen Richtung der Verschiebungsresultierenden auch

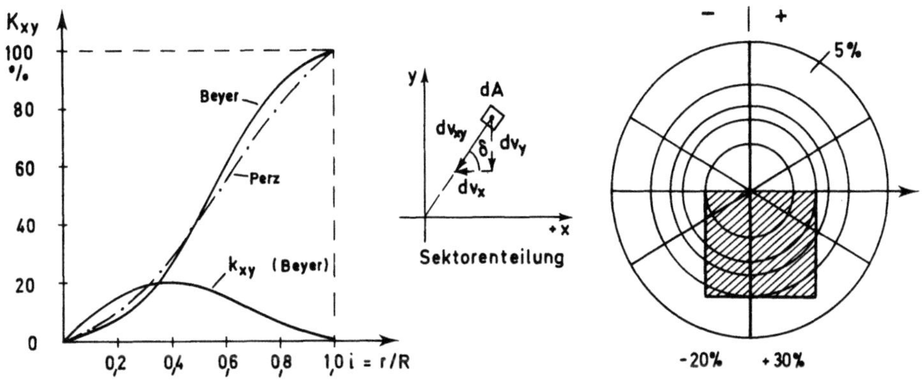

Abb. 139. Die Konstruktion des Integrationsnetzes für die Verschiebungsberechnung

für jeden anders gelegenen Sektor.

Beispielsweise erhält man mit der Gl. (156) (Bals) in Verbindung mit Gl. (249), wenn man von den Zonenwinkeln ausgeht und $\mu = \zeta$ setzt, eine Verschiebungsfunktion*) für die infinitesimalen Verschiebungsanteile

$$k_x = c \cos^2 \zeta \quad \tan \zeta \quad d\zeta \\ = c \cos \zeta \quad \sin \zeta \quad d\zeta = c \sin 2\zeta \tag{251}$$

und eine in der Schnittebene abgeleitete Integralfunktion

$$K_x = c \int_{\zeta_0}^{\zeta_g} \sin 2\zeta \quad d\zeta = c \frac{1}{2} \sin^2 \zeta \tag{252}$$

für die Zonenteilung (Fläschenträger 1938, Perz 1948).

Will man aus einer solchen Zonenteilung die Verschiebung in einer bestimmten Richtung (z.B. + x) ermitteln (Abb. 139, Mitte) und bezeichnet man die Abweichung der diametralen Einwirkungsrichtung für ein seitliches Abbauelement von dieser Richtung mit δ, so sind

$$dv_x = dv_{xy} \quad \cos \delta \quad d\delta \tag{253}$$

*) Wenn die Verschiebungsfunktion an einem diametralen Vollflächenprofil x oder y abgeleitet wird, kann statt k_{xy}, K_{xy}, v_{xy} voll usw. auch v_x, K_x, v_x voll oder v_y, K_y, v_y voll usw. geschrieben werden.

und

$$v_x = v_{xy} \quad \sin\delta \tag{254}$$

die Komponenten der Verschiebungsanteile seitlicher Abbauelemente in der betreffenden Richtung.

Die Zonenringe müssen also für die Verschiebungsberechnung bei vorgegebener Bestimmungsrichtung nach einer Sinusfunktion in S e k t o r e n gleicher Verschiebungswirkung zerlegt werden. Für eine Teilung des Quadranten in zwei oder drei Sektoren berechnet man folgende Sektorenwinkel δ von der x-Achse aus:

$$\begin{array}{lcl} \sin\delta = 1/2 & \text{bzw.} & \sin\delta = 1/3;\ 2/3 \\ \delta = 33{,}3 & \text{bzw.} & 21{,}6;\ 46{,}4\ \text{gon.} \end{array} \tag{255}$$

Üblicherweise wird die Vollfläche wie bei der Senkungsberechnung in 5 Zonen und 8 Sektoren geteilt.

Im Vergleich zum Senkungsnetz (Abb. 135) fällt am Verschiebungsnetz auf, daß die Innenzone größer und die dritte Zone schmaler ist (Abb. 139). Bereits der Abbau der halben Vollfläche verursacht die größte Verschiebung $v_{xy\ voll}$, ein zusätzlicher Verhieb in der anderen Vollflächenhälfte (-x) vermindert die Verschiebung des Tagespunktes P. Jede der 20 Netzmaschen auf einer Vollflächenhälfte hat daher den Einwirkungswert e = 100 : 20 = 5% $v_{xy\ voll}$.

Das transparente Integrationsnetz wird auf den Berechnungspunkt P des Abbauplanes zentrisch aufgelegt und mit dem +x-Pfeil in die Meßpunktlinie (Bahntrasse, Bauwerksachse) gedreht; für diese Richtung wird der Verschiebungswert dadurch erhalten, daß die Einwirkungsfaktoren für jede Netzhälfte getrennt ermittelt und addiert werden. Das Produkt der Summe der positiven und negativen Einwirkungsfaktoren mit der Vollverschiebung ergibt die gesuchte Punktverschiebung in der Richtung der x-Achse

$$\pm v_x = \pm e \cdot v_{xy\ voll} \,. \tag{256}$$

Beispielsweise erhält man für die schraffierte Abbaufläche in Abb.

139, rechts, in Bezug auf den zentralen Tagespunkt P einen Einwirkungsfaktor von

$$e = + 30\% - 20\% = + 10\%.$$

Beträgt die aus Beobachtungen bekannte Vollverschiebung bei einem 2 m mächtigen Bruchbaustreb 80 cm, d.h. rd. 45% der Vollsenkung, dann wird eine Punktverschiebung in der x-Achse von

$$v_x = + 0{,}10 \cdot 80 = + 8 \text{ cm}$$

berechnet.

9.32 Die Ableitung der Verschiebung aus der Krümmung

Die Verschiebung läßt sich in Anlehnung an die Modellvorstellung eines gebogenen Stabes aus der Krümmung der Bodenschicht ableiten (Beyer 1944). Auf der Oberseite des in Abb. 140 gezeichneten, muldenartig verformten Stabes herrscht Druckspannung, an der Unterseite

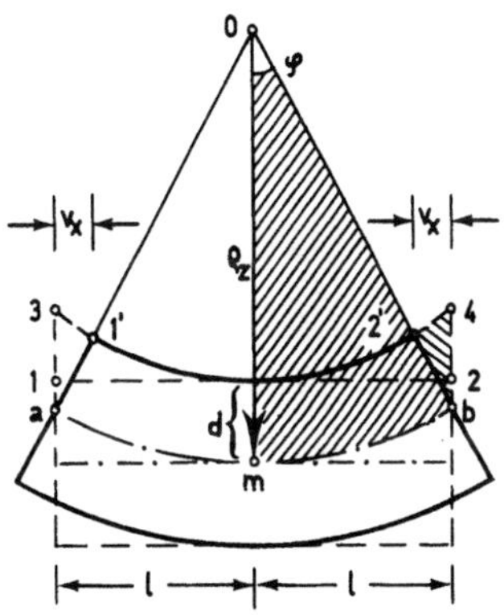

Abb. 140. Die Ableitung der Längenänderung und Punktverschiebung am gebogenen Balken nach dem Theorem von Bernoulli

Zugspannung. Dazwischen liegt in der Mitte die spannungs- und dehnungslose neutrale Faser. Errichtet man in den Punkten a und b der neutralen Faser die Normalen, die sich in o schneiden, so stellen die Strecken $\overline{ao}$ und $\overline{bo}$ den Krümmungshalbmesser ρ_z dar. Vor der Krümmung des Stabes standen die Normalen parallel zueinander, und sie verliefen durch die Oberflächenpunkte 1 und 2. Unterstellt man nach dem

Theorem von Bernoulli, daß die vor der Deformation lotrecht stehenden Stabquerschnitte auch nach der Biegung eben und zur neutralen Faser rechtwinklig bleiben, so kann man aus Abb. 140 eine Verkürzung der Oberflächenstrecke 1' - 2' ungefähr um die Stükke 1' - 3 und 2' - 4 ablesen. Das bedeutet eine Punktverschiebung v_x von 1 nach 1' und von 2 nach 2' in der Größe von

$$v_x = \frac{d}{\rho_z}\, l, \tag{257}$$

die sich aus den Seitenverhältnissen der ähnlichen Sektoren omb und b2'4 ergibt. Die Pressung der Oberfläche beträgt mit der konstanten Krümmung $v_z'' = 1/\rho$

$$-\varepsilon_s = \frac{v_x}{l} = d \cdot v_z'' . \tag{258}$$

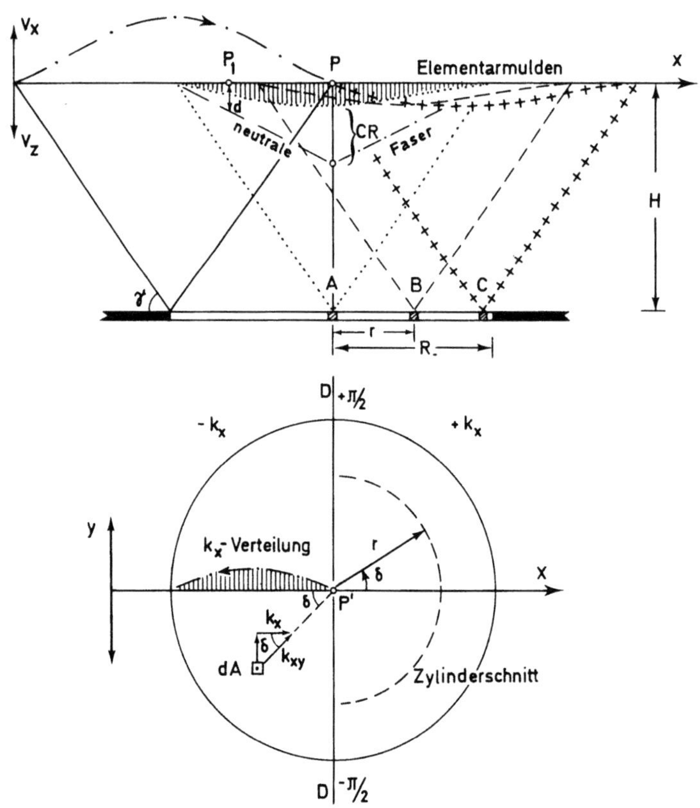

Abb. 141. Die Verteilung der Verschiebungsanteile in der x-Achse, abgeleitet aus der Krümmung der Elementarmulden und der Verformungsteufe am Zentralpunkt P (Verfahren Beyer)

Bei einer veränderlichen Krümmung v_z'' der elastischen Oberflächenzone läßt sich demnach die Verschiebung eines Trogpunktes P_1 (Abb. 141) aus den vom Trogrand (x = 0) bis zu P_1 (x) fortlaufend addierten, infinitesimalen Längenänderungen ε_s

$$v_x = \int_0^x \varepsilon_s \cdot dx = \int_0^x d \cdot v_z'' \cdot dx \tag{259}$$

bestimmen, wenn der jeweilige Abstand d der Erdoberfläche von der neutralen Faser bekannt ist. Dieser Abstand wird am Trogrand mit Null beginnen und in der Trogmitte seinen größten Wert erreichen.

Um die Verschiebung eines Tagespunktes P_1 mit einem Integrationsnetz nach diesem Verfahren unmittelbar, d.h. ohne den Umweg über die Senkungsprofilkurve berechnen zu können, müssen zunächst die differentiellen Anteile der auf P_1 einwirkenden Abbauflächenelemente dA an der Krümmung des Ortes P_1 bestimmt werden. Das Produkt aus diesem Krümmungsdifferential dv_z'' und der örtlichen Verformungsteufe d beim Punkt P_1 ergibt den in der Untersuchungsrichtung x wirksamen Verschiebungsanteil

$$k_x = dv_z'' \cdot d \tag{260}$$

des Abbauelementes im Punkt P_1 (Abb. 141). Die Verschiebungsanteile k_x können dann in der von der Senkungsberechnung her bekannten Weise über die einwirkende Abbaufläche integriert werden. Hierbei ist zu beachten, daß die Anteile der Verschiebungsresultierenden k_{xy} der seitlichen Abbauelemente nur mit cos δ an der Verschiebung in der x-Achse beteiligt und in beiden Hälften der Abbauvollfläche entgegengerichtet sind.

Bei sehr flachen Bögen kann die Krümmung v_z'' bekanntlich aus dem zweiten Differentialquotienten der Senkung

$$v_z'' = \frac{d^2 v_z}{dx^2} \tag{261}$$

berechnet werden. Nun stellt aber die Verteilungsfunktion nach Gl. (157) (Beyer)

$$k_z = \frac{dv_z}{dx} = k\left(1 - \frac{r^2}{R^2}\right)^2$$
$$= \frac{k}{R^4}\left(R^4 - 2R^2r^2 + r^4\right) \qquad (262)$$

schon die erste Ableitung der Senkung v_z, d.h. das Senkungsdifferential dv_z/dx*) oder, mathematisch gesehen, die Schieflage v_z' dar, so daß man durch Differentiation der Gl. (262) mit dem Schieflagedifferential

$$\frac{dk_z}{dr} = \frac{k}{R^4}\left(-4R^2r + 4r^3\right)$$
$$= -\frac{4k}{R^4}\, r\left(R^2 - r^2\right) \qquad (263)$$

sofort den Krümmungsanteil dv_z'' der auf der x-Achse liegenden Abbauflächenelemente in Bezug auf den zentralen Tagespunkt P erhält.

Der in Gl. (262) herangezogene Zusammenhang zwischen der Schieflage und der Verteilungsfunktion läßt sich übrigens auch aus Abb. 103 ablesen: Ein an dA_1 angefügtes zweites Abbauelement ruft eine Senkungsänderung (Schieflage) am zentralen Tagespunkt P in der Größe des Funktionswertes dv_z oberhalb des neuen Abbauelementes hervor, was sich aus der zugehörigen, um dx exzentrisch zum Punkt P gelegenen zweiten Elementarmulde ergibt. Die Schnittfläche des Senkungsanteilkörpers oberhalb einer geradlinigen Abbaufront wie in Abb. 114 ist daher der Schieflage v_z' am Bodenpunkt P beim betreffenden Abbaustand gleichzusetzen (Beyer, siehe Niemczyk 1949, S.135).

Über die V e r f o r m u n g s t e u f e läßt sich folgendes sagen: In Abb. 141 sind die von den Abbauelementen A, B und C an der Tagesoberfläche hervorgerufenen Elementarmulden veranschaulicht. Aus der Form dieser Elementarmulden kann für den Zentralpunkt P der jeweilige Krümmungsanteil der Elemente A, B und C abgelesen werden. Nach der Theorie soll die Verformung schon beim Verhieb eines klein-

*) siehe Gl. (149) mit $dA = dx \cdot 1$ und $v_{z\ voll} = 1$.

sten Abbauflächenteilchens den gesamten Gebirgskörper innerhalb der Grenzwinkel erfassen und an der Tagesoberfläche eine Elementarmulde erzeugen, so daß sich bereits bei einem kleinsten Abbau die neutrale Faser im Gebirge bilden muß. Bringt man die örtliche Tiefe d dieser neutralen Faser durch den linearen Ausdruck

$$d = C\,(R - r) \tag{264}$$

mit dem ebenfalls von der Abbauteufe und den Verformungseigenschaften des Gebirges abhängigen Vollflächenradius R in Beziehung, wobei der Verformungsfaktor $C < 1$ ist, dann kann den Krümmungsanteilen der einzelnen Abbauelemente am Punkt P eine Verformungsteufe von CR für das zentrale Element A ($r = 0$), von C ($R = r_B$) für das mittlere Element B ($r = r_B$) und von 0 für das Randelement C ($r = R$) zugeordnet werden.

Setzt man die Gl. (263) und (264) in die Gl. (260) ein, dann lautet die gesuchte Verteilungsfunktion in der x-Achse für die Verschiebung, abgeleitet aus der Krümmung,

$$\begin{aligned} k_x &= \frac{dk_z}{dr}\,C\,(R - r) \\ &= -\frac{4\,k\,r\,C}{R^4}\,(R - r)\,(R^2 - r^2) \end{aligned} \tag{265}$$

mit der Konstanten (siehe Niemczyk 1948, S.138)

$$k = \frac{3}{\pi R^2}\,v_{z\,voll}\,. \tag{266}$$

Zu dem Integrationsnetz für die Verschiebungsberechnung*) kommt man, indem die Verschiebungsanteile k_x in jedem Punkt der Abbauvollfläche lotrecht nach oben aufgetragen werden und der so entstandene Verschiebungsanteilkörper, getrennt für die Vollflächenhälften links und rechts der Linie D-D, durch lotrechte Zylinder- und Ebenenschnitte in inhaltsgleiche Zonen und Sektoren zerlegt wird. Dieser wulstförmige Anteilkörper weist nur eine Symmetrieebene in der x-Achse auf,

*) Noch einfacher erhält man die Zonenradien, wenn man wie in Abb. 100, unten, die von der Kurve $r \cdot k_x$ eingeschlossene Fläche auf der x-Achse in fünf gleichgroße Streifen zerlegt (Neuhaus).

wenn in dieser Richtung die Verschiebungen des Punktes P berechnet werden sollen; die durch Drehung der Verteilungskurve (Gl. (265)) um P' in den anderen Richtungen erhaltenen Verschiebungsanteile k_{xy} müssen nach Gl. (253) mit cos δ auf die x-Achse projiziert, also bis auf Null in der D-D-Achse reduziert werden (Abb. 141). Den Flächeninhalt eines beliebigen Halbkreis-Zylinderschnittes mit dem Zonenradius r gewinnt man nach

$$A = r\ k_x \int_{-\pi/2}^{+\pi/2} \cos\delta \cdot d\delta = r\ k_x \left[\sin\delta\right]_{-\pi/2}^{+\pi/2} \qquad (267)$$

und

$$A = 2\ r\ k_x \qquad (268)$$

mit sin 100 gon = 1. Der Rauminhalt einer Hälfte des Verschiebungsanteilkörpers, der dem Vollverschiebungswert entspricht, nimmt dann von innen nach außen bei konzentrischen Zylinderschnitten in Anlehnung an Gl. (151) nach

$$K_{xy} = \int_0^R A \cdot dr = 2 \int_0^R r\ k_x\ dr$$

$$= \frac{8\ k\ C}{R^4} \int_0^R r^2\ (R - r)\ (R^2 - r^2)\ dr \qquad (269)$$

zu (Abb. 139). Die Auflösung des Integrals ergibt schließlich

$$K_{xy} = \frac{8\ k\ C}{R^4} \left(\frac{1}{3} r^3 R^3 - \frac{1}{4} r^4 R^2 - \frac{1}{5} r^5 R + \frac{1}{6} r^6\right). \qquad (270)$$

Die Gl. (270) dient als Grundlage für den Entwurf der Integrationsnetzzonen (Tafel 12), die dann nur noch nach der Sinus-Funktion in gleichwertige Sektoren unterteilt zu werden brauchen. Sieht man von dem zu kleinen Vollverschiebungswert

$$v_{xy\ voll} = -0{,}382\ C \cdot v_{z\ voll} \qquad (271)$$

ab - für C = 0,25 wird $v_{xy\ voll} = 0{,}1\ v_{z\ voll}$ -, so hat sich die Zonenteilung nach Gl. (269) bei vielen betrieblichen Verschiebungsberechnungen als zutreffend erwiesen. Um die Verschiebungen in der richtigen Größe vorauszuberechnen, muß im Ruhrgebiet für C = 1,1 gesetzt werden (Spettmann 1964).

Den Ableitungen der Gl. (257) bis (270) wurde deshalb ein breiter Raum eingeräumt, weil in ihnen die Verformungsteufe als neuer Gebirgskennwert vorkommt. An die Stelle der sich mit der Vorstellung einer kohäsionslosen Sandkornmasse verbindenden Punktwanderung zum Abbauschwerpunkt tritt das anschauliche Modell einer Erdschichtbiegung. Die Verschiebungsgröße ist hiernach nicht nur von der Abbaukonvergenz a · M, sondern auch von der Dicke der sich als Ganzes verformenden Oberflächenschicht und der Biegelinie des unterlagernden, festen Gebirges abhängig. Wegen der Scherbewegung auf den Gleitlösen entlang einiger Schichtgrenzflächen wird die wirksame Verformungsteufe eines geschichteten Gebirges jedoch geringer sein als bei einem homogenen Gebirge, wo die neutrale Faser ungefähr im unteren Drittel der Abbauteufe zu finden ist (Abb. 23). Man wird keinen großen Fehler begehen, wenn für eine lockere Oberflächenschicht, die auf einer festen Gebirgsschicht lagert, in Gl. (265) eine konstante Verformungsteufe d im gesamten Abbaueinwirkungsbereich eingesetzt wird, so daß der Rauminhalt des halben Anteilkörpers dann um

$$K_{xy} = \frac{8\ k\ d}{R^4} \int_0^R r^2 \left(R^2 - r^2\right) dr = \frac{8\ k\ d}{R^4} \left(\frac{1}{3} r^3 R^2 - \frac{1}{5} r^5\right) \qquad (272)$$

radial anwächst.

Auch die später noch zu behandelnden Bewegungsbeobachtungen an Schichtmodellen haben den Einfluß der Schichtdicke und der Grenzflächenreibung auf die Verschiebungsgröße bestätigt (Abb. 148). Ungeklärt ist noch, wie stark eine muldenförmig absinkende Bodenschicht mit überwiegend plastischer Eigenschaft die Längenänderung durch Verengung der Poren und durch innere Gleitbewegungen ausgleicht, ohne eine weiterreichende Bodenspannung entstehen zu lassen.

9.33 Die Verschiebungsnetze für geneigte Lagerung

Ebenso wie die Senkung kann auch die Verschiebung in der geneigten Lagerung versuchsweise mit einem ovalen Integrationsnetz berechnet werden, das durch Zentralprojektion aus einem Kreiszonennetz entstanden ist (Kratzsch 1964, siehe Abb. 111).

Zu einem originären Netz gelangt man, wenn man ähnlich Gl. (160) eine Verteilungsfunktion

$$k_y = \frac{dA}{H \cos\alpha} \cos(\varsigma \mp \alpha) \cos^3\varsigma \; d\varsigma \qquad (273)$$

für die Verschiebungsanteile der Abbauelemente dA in der Fallrichtung aufstellt (Schleier 1956, S.503) und sie über die halbe Vollfläche integriert. In der Fallebene hat die Integralkurve K_y der Gl.(273) den in Abb. 142 dargestellten Verlauf bei einem Flözeinfallen von α = 50 und 70°. Hieraus lassen sich die Zonenwinkel für die einzelnen K_i-Werte ablesen und im Querschnitt von der lotrechten Achse P-P'

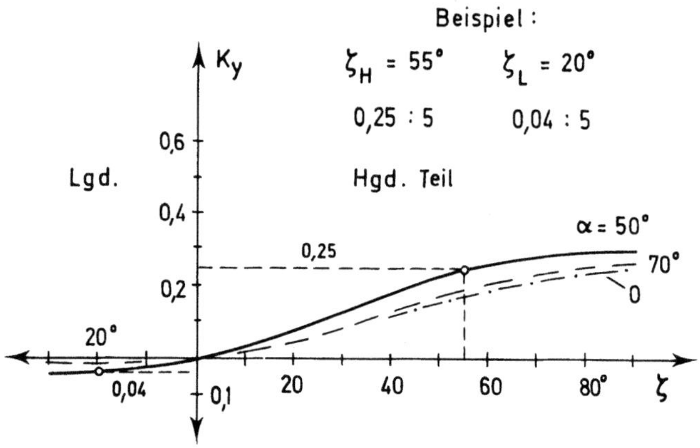

Abb. 142. Die Integralkurve der Gl.(273) für die Zonenteilung in der Fallebene (nach Schleier)

aus antragen, wie es Abb. 143 für ein Beispiel mit gegebenen Grenzwinkeln andeutungsweise zeigt. In der Streichebene durch P' werden die für α = 0° entnommenen Zonenwinkel zur Konstruktion der Zonen benutzt. Die Zonen in den Diagonalebenen können entweder nach den Bestimmungselementen einer Tafel (Schleier 1956, S.490) oder als

Ellipsenpunkte gezeichnet werden. Die Sektorenstrahlen nach der Sinus-Funktion werden durch P' und nicht, wie beim Senkungsnetz, durch das Zentrum Z gelegt.

Die über dem unteren und oberen Abbaurand liegenden Maximalverschiebungen sind in steiler Lagerung verschieden groß (Abb. 89). Im allgemeinen tritt die größere Verschiebung über der unteren Abbaukante auf. Sie läßt sich mit der dort größeren Verformungsteufe des Gebirges und mit der bankrecht zum Abbauhohlraum gerichteten Gebirgsbewegung, die eine Schubkraft liegendwärts auf das Deckgebirge ausübt, erklären. Über den Betrag dieser Maximal- oder Vollverschiebung ist im Schrifttum bisher wenig bekannt geworden. Eine Möglichkeit, sie aus der Senkung zu berechnen, besteht darin, den für die Fallebene oberhalb der Abbaukante ermittelten Senkungswert nach Gl. (237) mit

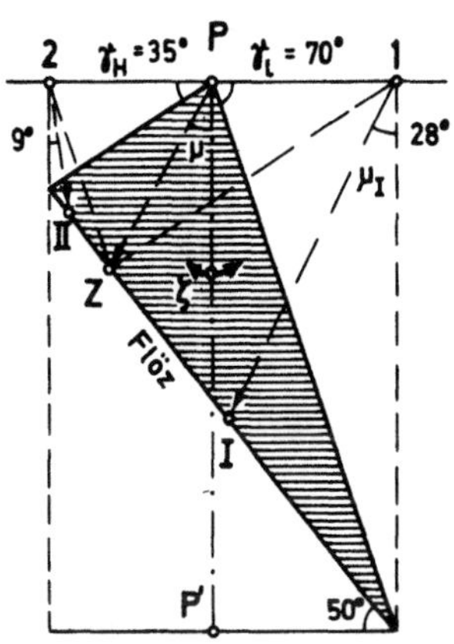

Zonenteilung

K_y	ζ
0,25	55°
20	44
15	37
10	28
5	20
0,040	20
32	14,5
24	12
16	9,5
8	6,5

$\mu_I = \frac{1}{2} K_{z1}$ $\quad$ $v_{y\,voll\,1} = v_{z1} \cdot \tan \mu_I$

Abb. 143. Die Bestimmung der Vollverschiebungswerte in steiler Lagerung nach dem Schwerpunktverfahren und die Zonenwinkelwerte für das Verschiebungsnetz

dem Tangens des Schwerpunktwinkels, der zur oberen bzw. unteren Vollflächenhälfte zeigt, zu multiplizieren (Abb. 143). Der Schwerpunktwinkel der Vollflächenhälften wird mit dem Zonenwinkel-Nomogramm Abb. 109 aus 1/2 K_{z1} und 1/2 K_{z2} für die betreffenden Ausgangswerte (Flözeinfallen, Grenzwinkel) ermittelt. Als Anhalt für die Größenverhältnisse der beiden Vollverschiebungen können die auf diese Weise berechneten Werte der Tafel 18 betrachtet werden.

Tafel 18. Die nach dem Schwerpunktverfahren berechneten Vollverschiebungen in steiler Lagerung

Einfallen	Vollverschiebung in der Fallebene über der	
α^0	unteren Abbaukante $v_{y\,voll\,u}$	oberen Abbaukante $v_{y\,voll\,o}$
0	45 % $v_{z\,voll}$	45 % $v_{z\,voll}$
30	40	25
50	35	5 bis 10
70°	30	2 bis 5

Außer diesen behandelten Verfahren sind noch andere Verteilungsfunktionen für die Verschiebungsberechnung, die beispielsweise durch Umwandlung der Gauß'schen Senkungsfunktion (Sann 1949) nach

$$k_x = k_z \cdot \frac{r}{H} \tag{274}$$

oder durch empirische Unterteilung der Vollfläche auf Grund von beobachteten Punktverschiebungen (Zimny 1950, Korfmann 1957) erhalten werden, vorgeschlagen worden.

9.4 Die Verschiebungsberechnung aus der Schieflage

Ein Blick auf die Bodenbewegungskurven der Abb. 84 zeigt, daß die Verschiebungskurve in ihrer Form mit der Schieflagekurve gut übereinstimmt. Beide Kurven weisen am Rande und in der Mitte der Troges den Wert Null, über der Abbaukante das Maximum auf. Zwischen den Extremwerten verlaufen beide Profilkurven ungefähr sinusförmig. Diese Ähnlichkeit der Bewegungskomponenten v_x und v'_z wird bei der programmierten Bodenbewegungsberechnung genutzt, um aus der Schieflage des Bodens in der betreffenden Berechnungsrichtung die Verschiebung

$$v_x = k \cdot v_z' \tag{275}$$

zu ermitteln. Mit dem vom Vollflächenradius R abhängigen Proportionalitätsfaktor k, der im Ruhrgebiet die Größe

$$k = 0{,}033 \cdot R_{[m]} \tag{276}$$

hat, wird die in mm/m berechnete Schieflagezahl in den für einen Bergbaubezirk zutreffenden Verschiebungsbetrag in cm verwandelt. Für R = 500 m in 700 m Abbauteufe erhält man damit bei einer 1 mm/m Schieflage eine Punktverschiebung von 16,6 cm.

Die örtliche Schieflage läßt sich entweder aus der Senkung zweier benachbarter Hilfspunkte nach Gl. (124) und Abb. 137 oder unter Umgehung der Senkungen unmittelbar mit Hilfe eines Schieflage-Integrationsnetzes bestimmen. Derartige v_z'-Netze sind für die Verteilungsfunktionen (157) (Beyer 1944) und (159) (Ehrhardt/Sauer 1961) entworfen worden. Zum Beispiel entsteht durch Differentiation der Gl. (157) die Gl. (263) für die Verteilung der Schieflageanteile, aus der man analog zu Gl. (269) den Rauminhalt des halben Schieflageanteilkörpers

$$K_z' = \frac{dk_z}{dr} = -8\,\frac{k}{R^4}\int_0^R r^2\,(R^2 - r^2)\,dr = \frac{1}{2}\,(5i^3 - 3i^5) \tag{277}$$

für die Zoneneinteilung mit den Radien 0,45 R, 0,59 R, 0,70 R, 0,81 R und 1,00 R gewinnt. Die Sektorenteilung wird nach der Sinusfunktion vorgenommen.

Aus der Gl. (159) (Ehrhardt/Sauer) leitet sich demgegenüber ein Schieflageanteilkörper mit dem halben Volumen von

$$K'_z = \int_{-\pi/2}^{\pi/2} \int_0^{r_i} r^2 \; e^{-0{,}5\, r^2} \cos\varphi \cdot d\varphi \cdot dr$$

$$= 2\, r_i^2 \sum_{n-1}^{\infty} (-1)^{n-1} \frac{r_i^{\;2n-1}}{2^{n-1}\,(2n+1)(n-1)!} \tag{278}$$

und den Zonenradien 0,33 R, 0,45 R, 0,57 R, 0,71 R und 1,00 R ab, die also innen kleinere Zonen als nach Gl. (277) ergeben. Jedoch findet man eine fast völlige Deckung, wenn das Schieflagenetz nach Gl. (278) mit dem Verschiebungsnetz der Gl. (270) (Beyer) verglichen wird (siehe Tafel 12). Die mit dem Schieflagenetz ausgezählten Abbauflächenanteile (e-Faktor) brauchen dann nur noch mit dem Vollsenkungswert aM und einem Umrechnungsfaktor k (Gl. (275)) multipliziert zu werden, damit die Verschiebung des betrachteten Tagespunktes P erhalten wird.

Im Rechenprogramm der Ruhrkohle AG für die flache Lagerung wird die Schieflage in den beiden Richtungen $\partial v_z/\partial x$ und $\partial v_z/\partial y$ berechnet und proportional zur gesuchten Verschiebung gesetzt (Maaßen 1961). Anknüpfend an die Gl. (170) liefert die Differentiation der Senkungsfunktion k_z den Schieflageanteil

$$\frac{\partial v_z}{\partial x} = c\left[x \exp\left(-\frac{x^2}{2k^2}\right) dx\right] \exp\left(-\frac{y^2}{2k^2}\right) dy. \tag{279}$$

Nun ist in Anlehnung an Gl. (181) die Schieflage im Tagespunkt P infolge des Abbaus eines Trapezflächenteilchens nach der Simpson'schen Regel

$$v'_{z\,\text{Trapez}} = \int_{y1}^{y2} x_i \cdot dy$$

$$= \int_{y1}^{y2} \left[\int_0^x x \exp\left(-\frac{x^2}{2k^2}\right) dx\right] \exp\left(-\frac{y^2}{2k^2}\right) dy. \tag{280}$$

Nach Auflösung des Integrals in der rechteckigen Klammer wird die Schieflage in der x-Richtung

$$v_z'\ \text{Trapez} = \int_{y1}^{y2} \left[k^2 \left(1 - \exp\left(-\frac{x(y)^2}{2k^2}\right)\right) \exp\left(-\frac{y^2}{2k^2}\right)\right] dy. \tag{281}$$

In ähnlicher Weise wie Gl. (183) bekommt man für die Schieflage in der y-Richtung

$$v_z'\ \text{Trapez} = \int_{y1}^{y2} \left[\int_0^x \exp\left(-\frac{x^2}{2k^2}\, dx\right)\right] y \exp\left(-\frac{y^2}{2k^2}\right) dy$$

$$= \int_{y1}^{y2} \left[\frac{k}{2} \sqrt{2\pi}\ \psi\left(\frac{x(y)}{\sqrt{2}\,k}\right) y \exp\left(-\frac{y^2}{2k^2}\right)\right] dy. \tag{282}$$

Die Schieflagewerte müssen für alle Abbautrapezflächen gebildet und dann als Summenwert mit Hilfe des Umrechnungsfaktors $0{,}033 \cdot R$ (Gl. (276)) in die Verschiebungsgröße verwandelt werden. Mit den so gefundenen Verschiebungskomponenten v_x und v_y lassen sich schließlich die Verschiebungen in jeder beliebigen Richtung bestimmen.

Mit einem unveränderten Faktor k in Gl. (275) läßt sich nicht für den gesamten Trog eine gleichbleibend gute Umrechnung der Schieflagewerte in die Verschiebungsbeträge erreichen. Erfahrungsgemäß sind die Punktbewegungen in der Trograndzone fast waagerecht gerichtet, so daß die Bodenschieflage hier sehr gering ist und die umgerechneten Verschiebungen zu klein ausfallen.

Ein direkter mechanischer Zusammenhang zwischen der Schieflage und der Verschiebung besteht nicht, sieht man von Gl. (72) und Abb. 44 einmal ab. Zwar muß die Längenänderung einer Strecke l innerhalb der lotrechten Projektionsstrahlen umso größer werden, je stärker ihre Neigung, also die Schieflage ist (Abb. 144), doch beträgt die Verkürzung bei einem Senkungsunterschied von $\Delta v_z = 1$ mm und einer Streckenlänge von $l = 1$ m nach

$$v_x \approx \frac{\Delta v_z^2}{2l} = \frac{\Delta v_z}{2} v_z' \tag{283}$$

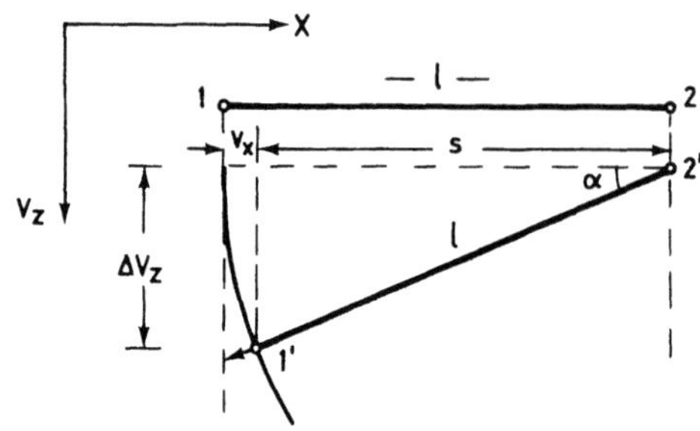

Abb. 144. Die horizontale Verkürzung v_x der abgesenkten und um α geneigten Strecke l in Abhängigkeit vom Senkungsunterschied Δv_z

nur 1/2000 mm (vgl. Gl. (275)). Mit der geometrischen Schieflage einer Strecke lassen sich also weder die Größe noch die Richtung der Verschiebung erklären. Tatsächlich hat die Proportionalität zwischen der Verschiebung und der Schieflage ihre Ursache lediglich darin, daß der Richtungswechsel der Bodenkrümmung örtlich mit der maximalen Schieflage über der Abbaukante zusammenfällt (Abb. 84): Bei konvexer Krümmung nehmen die Verschiebungen über dem Vorfeld bis oberhalb des Abbaurandes zu, im konkav geformten Trogboden verringert sich die Verschiebung bis auf Null im Zentrum.

9.5 Die modelltheoretischen Verfahren (Elastizität, Plastizität)

Ebenso wie die Senkungen können auch die waagerechten Bewegungskomponenten der Punkte an einem stochastischen, elastischen oder plastischen Gebirgskörper abgeleitet werden.

Führt man die für das s t o c h a s t i s c h e M e d i u m gültige Gl. (73) der Punktverschiebung u(r) innerhalb der Elementarmulde in die Grundgleichung (269) ein, so erhält man den halben Rauminhalt des Verschiebungsanteilkörpers

$$K_{xy} = 2 \int_0^R r \cdot u(r) \cdot dr$$

$$= \frac{a \quad m \quad B(h)}{4 \; \pi \; \varphi^2 \; (h)} \int_0^R r^2 \exp\left(-\frac{r^2}{4\varphi}\right) dr \,. \qquad (284)$$

Um hieraus die Zonenradien eines Integrationsnetzes berechnen zu können, muß für den Integralausdruck

$$\int_0^R r^2 \exp\left(-\frac{r^2}{4\varphi}\right) dr = 4\varphi\sqrt{\varphi} \int_0^Q \exp(-q^2)\, dq - Q \exp(-Q^2) \tag{285}$$

$$= 4\,\varphi\sqrt{\varphi}\;\psi(Q)$$

gesetzt werden, so daß sich die tabellarisch niedergelegten Werte des Gauß'schen Fehlerintegrals

$$\int_0^Q \exp(-q^2)\, dq$$

zur Lösung heranziehen lassen (Bräuner 1961). Die Ausgangsgleichung (284) nimmt damit die Form

$$K_{xy} = \frac{a\ M\ B}{\pi\sqrt{\varphi}}\ \psi(Q) \tag{286}$$

an. Die Werte der Funktion ψ sind für die Argumente Q von 0 bis 2,0 vertafelt (in Bräuner 1961, S. 13). Mit den Strukturfunktionen B und φ der Gl. (68) findet man schließlich für einen Grenzwinkel von 50 gon die Zonenradien r_1 = 0,4 R, r_2 = 0,55 R, r_3 = 0,68 R, r_4 = 0,85 R und r_5 = 1,00 R (siehe Abb. 107).

Für die Radialverschiebung u in einem e l a s t i s c h e n M e d i u m, hervorgerufen durch die senkrechte Einzelkraft F eines Abbauelementes (Abb. 41), ergibt die Mindlin'sche Gleichung (53) in Höhe des Kraftangriffs für z = c in Übereinstimmung mit Abb. 23 nach außen weisende Gebirgspunktverschiebungen. Die Kraft F verdrängt folglich die umliegenden Raumelemente nach unten und außen. An der Oberfläche des Halbraumes, wo die Gl. (53) mit z = 0 und $R_1 = R_2 = R = \sqrt{r^2 + c^2}$ sich auf

$$u_0 = \frac{F\ r}{4\ \pi\ G} \cdot \frac{c\ r}{R^3} \tag{287}$$

vereinfacht, sind die Radialverschiebungen wie im Einwirkungstrog einwärts gerichtet (Abb. 41). Da diese entgegengesetzten Verschiebungsrichtungen in den Horizonten z = c und z = 0 eine Ableitung der gesuchten Verteilungsfunktion über Gl. (267) sehr erschweren, wird stattdessen der achsensymmetrische Gleichgewichtszustand

$$\frac{\partial w}{\partial r} + \frac{\partial u}{\partial z} = \frac{\tau}{G} \tag{288}$$

als Ausgangsgleichung und als modelltheoretischer Zusammenhang zwischen der Senkung und der Verschiebung benutzt (Bräuner 1959). Für die Oberfläche, an der keine äußeren Kräfte angreifen, lautet die Gleichgewichtsbedingung mit $\tau = 0$

$$-\frac{\partial w}{\partial r} = \frac{\partial u}{\partial z} . \tag{289}$$

Diese Gleichung besagt, daß von einer beliebigen Stelle der Oberfläche aus die Senkungen in radialer Richtung gleichviel zunehmen müssen wie die Verschiebungen von diesem Punkt aus nach der Teufe hin kleiner werden, wenn sich die Oberfläche des elastischen Mediums im Gleichgewicht befinden soll. Bildet man aus Gl. (228) mit $k^2 = 20$ und $R = \sqrt{a^2 r^2 + H^2}$

$$\frac{\partial w}{\partial r} = \text{Const.}\left(-\frac{k^2\ r}{R^3} - \frac{3\ a^2\ r\ H^2}{R^5}\right), \tag{290}$$

so gelangt man nach mehreren Rechenoperationen zu der Verteilungsfunktion für die Verschiebung

$$u = -\text{Const.}\ \frac{20\ H\ r}{\sqrt{20 r^2 + H^2}^{\,3}} . \tag{291}$$

In Verbindung mit Gl. (269) erhält man nach der unbestimmten Integration

$$v_{xy} = -20\ H \int \frac{r^2}{\sqrt{20 r^2 + H^2}^{\,3}}\, dr \tag{292}$$

durch Anwendung von Näherungsverfahren für einen Grenzwinkel von 60 gon die Zonenradien $r_1 = 0{,}33$ R, $r_2 = 0{,}49$ R, $r_3 = 0{,}63$ R, $r_4 = 0{,}80$ R und $r_5 = 1{,}00$ R des Integrationsnetzes.

Wie Tafel 12 zeigt, deckt sich das nach den Gesetzen eines elastischen Kontinuums berechnete Verschiebungsnetz weitgehend mit dem aus der Bodenkrümmung abgeleiteten Netz (Beyer). Besonders bemerkenswert ist an diesem elastischen Modell, daß sich aus den Inhalten der Senkungs- und Verschiebungsanteilkörper (Gl. (229) und (284)) ein Verhältnis von

$$\frac{V_{xy\ voll}}{V_{z\ \ voll}} = 0{,}44 \qquad (293)$$

für einen Grenzwinkel von 61 gon (55°) berechnen läßt, das mit den im Ruhrgebiet beobachteten Bewegungskomponenten gut übereinstimmt und sich bei einem Grenzwinkel von 50 gon (45°) nur geringfügig auf 0,40 vermindert.

Bedenkt man, wieviele Näherungsmaßnahmen bei dem erwähnten elastischen Modell getroffen werden mußten, um als einzig gangbaren Rechenweg ein Integrationsnetz für die Verschiebungsermittlung angeben zu können, so wird der Fortschritt deutlich, den das Verfahren der endlichen Elemente bei der Berechnung elastischer Kontinua bringt. Für jedes einzelne Element ist der Zusammenhang zwischen den an den Eckpunkten aufgebrachten Kräften und den zugehörigen Wegen der Eckpunkte über die Steifheit des Elementes (Gl. (75) und (76)) und durch die gewählte Funktion der Punktbewegungsbahnen (Gl. (86)) hergestellt. Mit den Originalmaßen und -kennwerten des geschichteten Gebirges läßt sich damit auf einfache Weise der Gleichgewichtszustand für die Kräfte und Wege des elastischen Systems in der Gl. (76) beschreiben. Es ist auch nicht notwendig, den Vollverschiebungswert zu kennen und ihn wie beim Integrationsnetz als Bezugsgröße in die Berechnung einzuführen, da sich die Verschiebung als waagerechte Komponente der Punktbewegung zwangsläufig in der richtigen Größe ergibt, wenn die gewählten elastischen Kennwerte oder die vorgegebenen Abbaukonvergenzen mit denen des Gebirges übereinstimmen. Die Maximalverschiebung über der Abbaukante ist dann auch nach dem Verfahren der endlichen Elemente ungefähr halb so groß wie die Senkung des zentralen Trogpunktes, was Abb. 133 beweist.

Das Elementenverfahren ermöglicht es, in der bergschadenkundlichen Analyse noch einen Schritt weiterzugehen und das Untersuchungsobjekt in die Berechnung mit einzubeziehen (Abb. 145). Ein Netzausschnitt der näheren Umgebung des Bauwerks wird mit den im ersten Rechengang

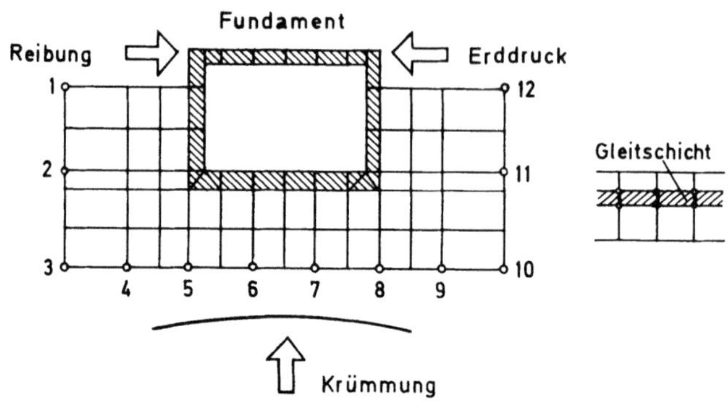

Abb. 145. Das verdichtete Elementennetz im Bereich des Bauwerks. Den Knotenpunkten 1 bis 12 wird die Bewegung des großen Netzes vorgegeben. Rechts: Gleitschicht mit Pendelstützelementen

erhaltenen Bewegungen der Punkte 1 bis 12 als Randbedingung nochmals unter Einfügung der Fundamentelemente berechnet, wobei die Verformungen und Spannungen der Fundamentsohle und -wände unter der Einwirkung des Erddrucks und der Bodenkrümmung gesucht sind. Die Belastungsfälle werden, solange ein Raummodell noch zu kompliziert ist, sowohl für den Grundriß als auch für einige Querschnitte ermittelt. Sogar die bei Großbauten häufig verwendeten Gleitschichten können mit Hilfe von Pendelstützelementen oder einer sehr dünnen, weichen Elementenschicht im Rechenmodell nachgebildet werden. Dort, wo in den Elementen die Bruchdehnung des Materials erreicht und überschritten ist, muß eine Rißbildung im Fundament erwartet werden. Damit kann mit dem Elementenverfahren zumindest qualitativ auch die Frage erörtert werden, wie sich die Bodenbewegungen und die Erdkräfte auf ein Bauwerk auswirken (siehe 11. Kapitel).

Für ein p l a s t i s c h e s M e d i u m mit den drei Gleichgewichtsbedingungen der Gl. (59) gelangt man über den nach ∂y abgeleiteten Bewegungsvektor ψ (Gl. (231)) zu einer Verschiebungsformel

$$v_x = -\frac{aM}{2}\left[x_1 \tanh\left(\omega\frac{x_1}{H}\right) - x_2 \tanh\left(\omega\frac{x_2}{H}\right) - \frac{H}{\omega}\ln\frac{\cosh\left(\omega\frac{x_1}{H}\right)}{\cosh\left(\omega\frac{x_2}{H}\right)}\right], \qquad (294)$$

in der $x_1 = x - l/2$, $x_2 = x + l/2$, l die Länge des Abbaus und x die laufende Koordinate des Berechnungspunktes an der Tagesoberfläche bedeuten (Abb. 129). Der Gebirgskennwert ω ist durch Gl. (232) beschrieben. Auch hier wird also der Zusammenhang zwischen Senkung und Verschiebung über eine Gleichgewichtsbedingung - ähnlich der Gl. (288) des elastischen Mediums - hergestellt (Cernyj 1966). Zu der Formel für die Verschiebung in steiler Lagerung (Abb. 130) kommt man, indem man in Gl. (294) die Faktoren x_1 durch x_1/H_1 und x_2 durch x_2/H_2 sowie die hyperbolischen Ausdrücke durch $\omega(x_1 - \lambda_1): H_1$ bzw. $\omega(x_2 - \lambda_2) : H_2$ und H/ω durch $1/\omega$ ersetzt ($\lambda_1 = \lambda H_1$, $\lambda_2 = \lambda H_2$).

9.6 Die an Gebirgsmodellen beobachtete Verschiebung

Die erwähnten Schwierigkeiten bei der Messung und Analyse der Punktverschiebungen an der Tagesoberfläche haben schon frühzeitig zu Untersuchungen an Gebirgsmodellen geführt, die aus Plastilin (Lehr/Seidl 1935), Gelatine (King/Whetton 1957, M.Schmidt 1963), Gips und ähnlichen äquivalenten Stoffen (Jacobi/Everling 1960, Panow/Ruppeneit 1958), Gummi und Stahlblech (Kratzsch 1965, 1967) oder Schaumstoff (Hoffmann 1963) hergestellt und mit einem schlitzförmigen Abbauhohlraum versehen werden. Die großen Vorteile derartiger Untersuchungen sind die leicht durchführbaren Änderungen am Modell und am Versuchsablauf sowie die Beobachtung vieler Meßpunkte vom Abbauschlitz bis zur Oberfläche, so daß die den Bewegungsvorgang beeinflussenden geometrischen und mechanischen Größen statistisch und experimentell gefunden werden können. Allerdings ist es nicht immer möglich, reproduzierbare Versuchsabläufe zu schaffen und die Maßstabstreue sowohl bei den Festigkeitseigenschaften des Materials (Druck, Zug, Schub) und den elastischen Kennziffern (E-Modul, Querdehnungszahl) als auch bei den Eigengewichts- und Reibungskräften sowie der Modellgröße (z.B. Abbaumächtigkeit) zu wahren.

Der Modellmaßstab kann nach der modelltechnischen Dimensionslehre oder aus den elastizitätstheoretischen Grundgleichungen für eine streng statische oder eine erweiterte Ähnlichkeit zwischen dem Modell (M) und der Natur (Hauptversuch H) abgeleitet werden (Feucht 1958). So gilt z.B. bei strenger statischer Ähnlichkeit einer sich um w durchbiegenden, l langen Schicht (Balken) für $w_V = l_V$ die Beziehung

$$\sigma_v = E_v . \tag{295}$$

Der Index v = M/H bedeutet das Verhältnis der Größen im Modell und in der Natur. Im Falle einer einachsigen Modellähnlichkeit der Biegelinien muß die Bedingung

$$w_v = F_v \, l_v^3 \, I_v^{-1} \, E_v^{-1} \tag{296}$$

erfüllt sein (I = Flächenträgheitsmoment). Häufig muß unter Vernachlässigung der Festigkeitseigenschaften ein vereinfachter Modellmaßstab für die Abmessungen und Verformungen von

$$M = \frac{\rho_v}{E_v} \tag{297}$$

aus den Eigengewichtskräften oder Raumgewichten (z.B. Dichte für Moltopren ρ_M = 0,03 g/cm^3, für Gestein ρ_H = 2,5 g/cm^3) und den Elastizitätsmoduln (E_M = 0,877 kp/cm^2, E_H = 90 000 kp/cm^2) genügen, der für ein Schaumstoffmodell rd. 1 : 1 200 beträgt.

Bei dem Modell eines unterbauten Gebirges aus Gelatine wurde das Senkungs-Verschiebungs-Verhältnis aus den experimentell ermittelten Linien gleicher räumlicher Bewegung v, die von der Abbaukante aus als Parabelschar angenommen werden können, abgeleitet (King/Whetton 1957). In Abb. 146 nimmt die Teillänge Δs der Tagesoberfläche nach der Ab-

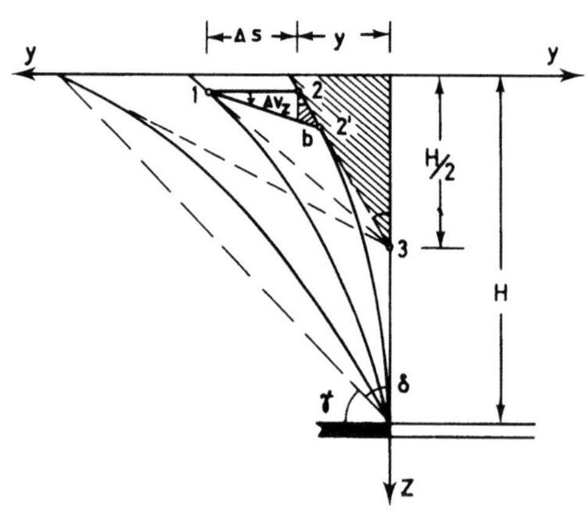

Abb. 146. Die Ableitung der Verschiebung für einen Streckenabschnitt 1-2 aus seiner Schieflage 1-2' zwischen den parabolischen Bewegungsbahnen (nach King/Whetton)

senkung die geneigte Lage 1-2' ein, wobei sie sich zwischen den parabolischen Bewegungsbahnen um b gedehnt hat. In den schraffierten ähnlichen Dreiecken besteht das Verhältnis

$$\frac{H/2}{y} \approx \frac{\Delta v_z}{b}, \tag{298}$$

das mit der Schieflage $v_z' = \Delta v_z : \Delta s$ und der Längenänderung $\varepsilon_s = b : \Delta s$ in

$$\varepsilon_s = \frac{2\,y}{H} \cdot v_z' \tag{299}$$

umgeschrieben werden kann (vgl. Gl. (283). Setzt man für die Schieflage v_z' den aus der experimentell gefundenen Senkungskurve abgeleiteten Wert dv_z/dy ein und integriert die Gl. (299) dann über die halbe Troglänge, so erhält man die Verschiebungsformeln

$$v_{xy\ voll} = 0{,}346\ aM \cdot \tan\delta \tag{300}$$

und

$$v_x = aM \cdot \tan\delta \left[0{,}346 - \left(\frac{n \tanh 2n}{2} - \frac{\ln \cosh 2n}{4}\right)\right] \tag{301}$$

mit

$$n = \frac{y}{H \tan\delta} \quad \text{und} \quad \delta = 100 \text{ gon} - \gamma ,$$

bezogen auf den Wendepunkt der Senkungskurve (y = 0). Die hyperbolischen Funktionen in Gl. (301) werden, wenn δ = 50 gon ist, aus den Abschnitten y : H/2 oberhalb der Parabeltangenten gebildet, die die Bewegungsrichtung der Tagespunkte kennzeichnen und sich im Punkt 3 über der Abbaukante schneiden.

Als Ersatz für fehlende Beobachtungen in der Natur sind auch die Untersuchungen an einem 2 m langen sowie rd. 50 cm hohen und breiten Modell gedacht, das aus mehreren Schaumstoffschichten (Moltopren) besteht (Hoffmann 1963). Der Abbauhohlraum wird durch herausziehbare Stäbe von 2,8 mm Dicke nachgebildet. Die mit einem Theodolit beobachteten Bewegungen der Punkte an der Molellvorderseite, die einen streichenden Gebirgslängsschnitt durch den Abbau darstellt, weisen im Endstand eine Richtung zum Abbau auf, die am Modellrand fast horizontal, oberhalb der Abbaukante ungefähr unter 50 gon und über der Abbaumitte senkrecht verläuft (Abb. 147).

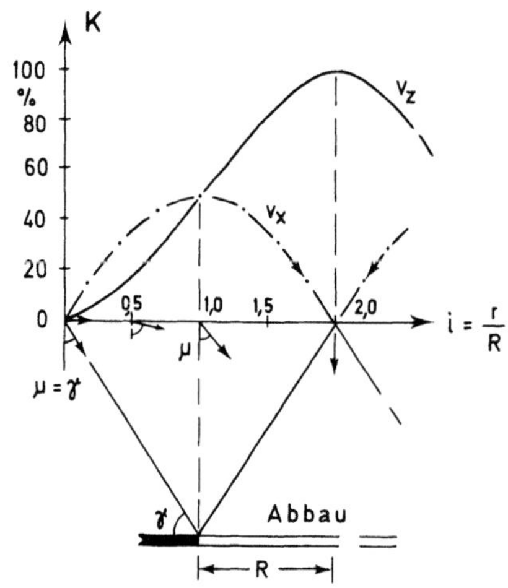

Abb. 147. Die Richtung der Punktbewegung am Schaumstoffmodell und die Normalkurven der Senkung und Verschiebung beim streifenweisen Vollflächenabbau (nach Spettmann)

In erster Näherung gibt die Kreisfunktion

$$\mu = 100 \text{ gon} - \left(i \frac{\pi}{4}\right) \tag{302}$$

die auf die Lotrechte bezogenen Bewegungsrichtungen richtig wieder, wenn die Punktkoordinate durch i = r/R ausgedrückt wird. Bei bekannter Senkung

$$v_z = \sin^2\left(\frac{\pi}{4} \cdot i\right) \tag{303}$$

findet man dann über die Gl. (237) die Verschiebung eines Tagespunktes

$$v_x = \frac{1}{2} \sin\left(\frac{\pi}{2} \cdot i\right) \tag{304}$$

in Abhängigkeit vom Abbaustand i für aM = 1 (Spettmann 1963). Mit einem größeren Exponenten in Gl. (303) läßt sich die Senkungsprofilkurve an die heute hier und dort beobachtete Trichterform anpassen. So beträgt die Absenkung über der Abbaukante bei einem Exponenten 3 nur 0,35 statt 0,50 aM (Spettmann 1973). Diese sogenannte Normalverschiebungskurve, die zu einem streifenweisen Verhieb der Abbauvollfläche mit mindestens 2R-langer Front gehört, ist symmetrisch zur $\pi/2$-Achse. Für das Verhältnis $v_{xy\ voll} : v_{z\ voll}$ wurden bei den Modellversuchen stark voneinander abweichende Werte von 0,1 bis 0,37 je nach Abbauteufe und Schichtreibung gefunden. Die praktische Anwendung der Modellgleichung (304) geschieht mit Tafelwerten K_x für geradlinige Abbaufronten (Spettmann 1963, S.317). Die Modellversuche haben also ergeben, daß der Richtungswinkel μ der Punktbewegung nach Gl. (302) alle Größen von 0 bis 100 gon annehmen kann, während er bei den Schwerpunktverfahren am Trogrand noch so groß wie der Grenzwinkel γ ist (Abb. 147).

Andere Untersuchungen an rd. 1 m^2 großen Schaumstoffplatten, die nicht einen Gebirgsschnitt, sondern einen großflächigen Trog des Deckgebirges ersetzen sollten, hatten zum Ziel, neue Erkenntnisse über das Verschiebungsmaximum zu gewinnen (Thomé-Kozmiensky 1968). Der dafür entwickelte Modelltisch besteht im wesentlichen aus einem in der Höhe verstellbaren Schraubenbett zur Muldeneinstellung und der darüberliegenden Paragummischicht, die in der vorgegebenen Trogform der Karbongrenzfläche die Modellschichten des Deckgebirges trägt. Die bei gegebener Senkung eintretenden Punktverschiebungen an der Schichtoberfläche wurden mit einem Koordinatographen gemessen. Durch Änderung der Versuchsbedingungen, wie Schichtdicke, Muldenform, E-Modul und Schichtung, konnte die Wirkung einzelner Einflüsse auf die Verschiebungsgröße ermittelt werden. Man fand, daß der Betrag der Vollverschiebung zunimmt mit

a) der Dicke der obersten, als Kontinuum anzusehenden Schicht des Gebirgsverbandes,

b) der Reibung, die zwischen der obersten und der folgenden Schicht wirksam wird,

c) dem geringer werdenden Elastizitätsmodul des Gebirgsschichtenverbandes,

d) der Vollsenkung und

e) dem Grenzwinkel (Abb. 148).

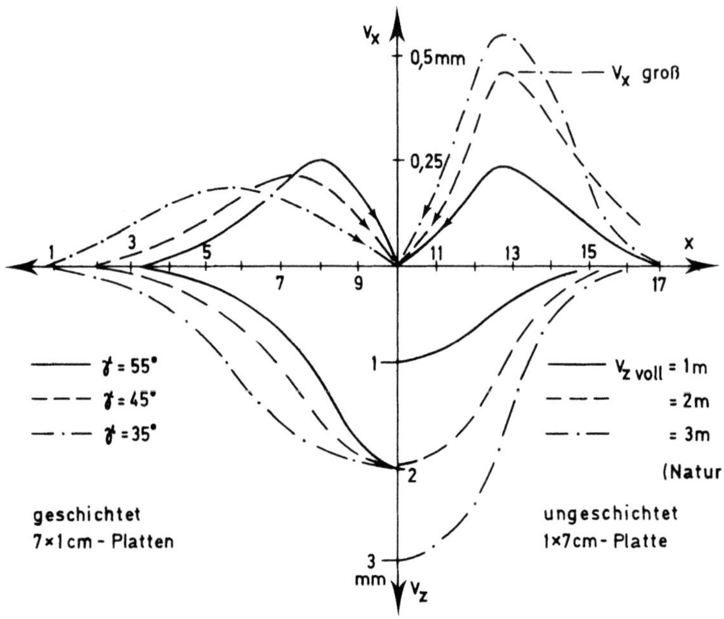

Abb. 148. Der Einfluß der Trogform bzw. des Grenzwinkels (links) oder der Vollsenkung (rechts) auf die Verschiebungsgröße nach Modellversuchen (nach Thomé-Kozmiensky). Schichtdicke 7 cm (70 m in der Natur). Im ungeschichteten Modell ist die Verschiebung größer als bei vorhandenen Gleitlösen (siehe Vollsenkung 2 m)

Aus Punkt a) folgt, daß bei stattfindender Schubbewegung auf den Schichtgrenzflächen (Gleitlösen) die Verschiebung der Tagespunkte mit weiter zunehmender Senkung kaum noch anwachsen wird. Wenn auch die aufgezählten Einflußgrößen nicht ganz unabhängig voneinander sind und eine auf die Natur übertragbare, zahlenmäßige Wertangabe noch unsicher ist, so läßt sich jetzt doch sagen, daß die Vollverschiebung - anders als die Vollsenkung - von vielen geologischen und anderen Größen bestimmt wird und daher die Vorausberechnung der Verschiebung durch statistisch ausgewertete Beobachtungen in jedem Bergbaubezirk ergänzt werden muß. Die aus der Krümmung der Bodenschicht und der Spannungsfeldänderung hervorgehenden Bodenverschiebungen werden durch die Verformung und Reibungskraftübertragung der unteren Gebirgsschichten verstärkt oder geschwächt sowie durch den Gebirgsaufbau beeinflußt. Hinzu kommt das je nach Bodenart, wie Korngrößenverteilung, Kornform, Rauhigkeit der Kornoberfläche, Orientierung der Kornachsen, Schichtung, Porenvolumen, Art und Verfestigung der mineralischen Beimengungen sowie Grundwasserfluß, recht unterschiedliche Formänderungsverhalten des Bodens.

9.7 Einige ausländische Verfahren der Verschiebungsberechnung

Auch bei den im Ausland entwickelten Verfahren der Verschiebungsberechnung lassen sich eine Genauigkeitsabnahme gegenüber der Senkungsberechnung sowie eine weitaus unsichere theoretische Grundlage und Angabe der Rechenfaktoren feststellen. Für die Senkungs-Verschiebungs-Beziehung findet man an erster Stelle das bekannte Schwerpunktverfahren, dann das Prinzip der Volumenkonstanz, die Ableitung der Verschiebung aus der Bodenkrümmung oder rein empirische Verfahren ohne mechanische Deutung. In manchen Ländern verzichtet man sogar auf die Kenntnis der Punktverschiebung und berechnet stattdessen gleich die Zerrungs- oder Pressungsbeträge der Untersuchungslinie.

9.71 Die Verschiebung nach der statistischen Theorie

Für die in Polen vorrangig angewandte statistische Integraltheorie (Kochmanski 1958) werden bei der Verschiebungsberechnung folgende Überlegungen angestellt:

Die Entnahme eines kleinen Abbauelementes dV_e mit dem Grundriß dA hat in den Gebirgshorizonten z_1 und z_2 die bekannten Elementarmulden zur Folge, deren Rauminhalte außerhalb eines Kreiszylinders mit dem Radius r dV_1 und dV_2 betragen sollen (Abb. 149). Eine Senkung ist jedoch in der betrachteten Außenzone nur möglich, wenn ein dem Unterschied $dV_2 - dV_1$ der Trograndvolumen (Stauchung) entsprechender Teil des äußeren Gebirgskörpers in den inneren Kreiszylinder eindringen kann. Das Volumen des nach innen ausweichenden Gebirges läßt sich andererseits auch aus der mittleren Elementarverschiebung u_r der Gebirgspunkte auf dem Ringumfang zwischen den beiden Horizonten berechnen*). Hieraus ergibt sich die Beziehung

$$dV_2 - dV_1 = 2\pi r \cdot u_r (z_2 - z_1) \,. \tag{305}$$

*) Bei der angenommenen Volumenkonstanz des Gebirges wird die Abnahme des Porenvolumens im Stauchungsbereich vernachlässigt.

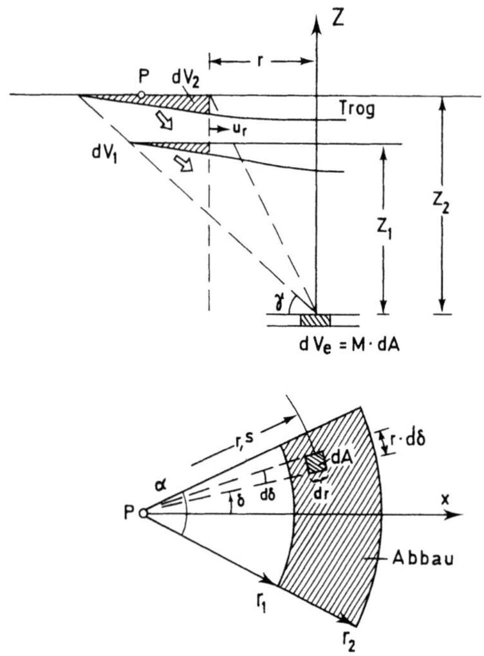

Abb. 149. Die Ableitung der elementaren Verschiebung u aus der Gebirgsverdrängung in den inneren Kreiszylinder (oben) und die Verschiebungseinwirkung der Elementenfläche dA des abgebauten Kreisringsektors auf den Punkt P in Richtung der Winkelhalbierenden x (Tröge überhöht dargestellt)

Im Grenzfall $z_1 \rightarrow z_2 = z$ geht die horizontale Gebirgsverdrängung in die elementare Punktverschiebung eines Horizontes z

$$u_r = \frac{dV}{dz} \frac{1}{2\pi r} \tag{306}$$

über. Da das Volumen der äußeren Muldenzone

$$dV = \text{Gesamtvolumen} - \text{Innenzonenvolumen}$$

$$= aM \cdot dA \left[1 - \varphi(\rho, b)\right] \tag{307}$$

beträgt (siehe Gl. (218)), lautet die Gleichung für die elementare horizontale Verschiebung eines Punktes in Richtung auf das abgebaute

Element

$$u_r = -\frac{aM}{2\pi r}\,\frac{\partial\varphi(\rho,z)}{\partial z}\,dA\,. \tag{308}$$

Hierin ist $\varphi(\rho,b)$ bzw. $\varphi(\rho,z)$ eine empirisch gefundene e-Funktion mit den Argumenten des abstrakten Radius $\rho = r/r_0$ und dem Teufenparameter b bzw. der lotrechten Entfernung z ähnlich der Gl. (216).

Zur Ableitung eines Integrationsnetzes wird von der elementaren Verschiebung des Punktes P, die das Element $dA = r \cdot d\delta \cdot dr$ eines abgebauten Kreisringsektors auslöst (Abb. 149), unten), die Komponente in Richtung der Winkelhalbierenden

$$u_r \cdot \cos\delta = -\frac{aM}{2\pi r}\,\frac{\partial\varphi(\rho,z)}{\partial z}\,r \cdot d\delta \cdot dr \cdot \cos\delta \tag{309}$$

bestimmt. Aus dem Abbau des gesamten Kreisringsektors folgt schließlich die endliche Verschiebung

$$\begin{aligned} v_x &= \iint_A u_r \cdot \cos\delta \\ &= -\frac{aM}{2}\int_{-\alpha/2}^{+\alpha/2}\cos\delta \cdot d\delta \int_{r_1}^{r_2}\frac{1}{\pi}\,\frac{\partial\varphi(s,z)}{\partial z}\,ds\,, \end{aligned} \tag{310}$$

worin s den horizontalen Abstand des betrachteten Elementes dA vom Berechnungspunkt P zwischen den Radien r_1 und r_2 bezeichnet. Der erste Integralausdruck hat den Wert $2 \cdot \sin\alpha/2$. Das zweite Integral läßt sich unter der Annahme, daß die Trogform - vom Faktor a abgesehen - durch die Parameter b und r_0 festgelegt wird, nach der Regel

$$\frac{\partial\varphi(s,z)}{\partial z} = \frac{\partial\varphi}{\partial b}\,\frac{db}{dz} + \frac{\partial\varphi}{\partial r_0}\,\frac{dr_0}{dz} \tag{311}$$

lösen. Wenn sich der Einheitsradius r_0 im Hangenden nicht wesentlich ändert ($dr_0 : dz = 0$), dann vereinfacht sich die Gl. (310) hiernach auf

$$v_x = -aM \cdot \sin\frac{\alpha}{2} \cdot \frac{db}{dz} \int_{r_1}^{r_2} \frac{1}{\pi} \frac{\partial\varphi(s,b)}{\partial b}\, ds\,. \tag{312}$$

Nachdem die Argumente mit r_o (also $s = \sigma \cdot r_o$, $ds = d\sigma \cdot r_o$, $r_i = \rho_i \cdot r_o$) erweitert und das Integral

$$\int_0^{\rho} \frac{1}{\pi} \frac{\partial\varphi(\sigma,b)}{\partial b}\, d\sigma = \psi(\rho,b)$$

durch die Werte der vertafelten Funktion ψ ersetzt worden sind, lautet die Endgleichung der Verschiebung nach der statistischen Integraltheorie

$$v_x = -aM \cdot \sin\frac{\alpha}{2} \cdot r_0 \cdot \frac{db}{dz}\left[\psi(\rho_2,b) - \psi(\rho_1,b)\right]. \tag{313}$$

Mit Hilfe dieser Gleichung (313) kann die Abbauvollfläche in Zonen und Sektoren gleicher Verschiebungswirkung unterteilt werden (Abb. 150).

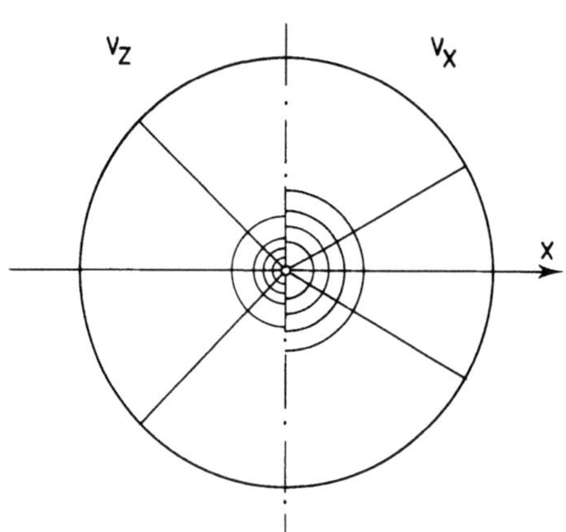

Abb. 150. Die Einteilung der Vollfläche in gleichwirkende Zonen und Sektoren (nach Kochmanski). Links: Senkungsnetz, rechts: Verschiebungsnetz, jeweils eine Hälfte

Beispielsweise entnimmt man aus der Tafel $10^3 \cdot \psi(\rho)$ für die gegebenen Parameter b = 1,05 und r_0 = 50 m bei einem Vollflächenradius von 600 m, also ρ_{max} = 600 : 50 = 12,0, einen Funktionswert von 969, der, durch 5 geteilt, die Tafelwerte für die fünf Zonenradien ρ_i bzw. r_i liefert:

$$
\begin{array}{llll}
10^3 \cdot \psi = 969; & \rho_i = 12{,}00; & r_5 = 12{,}0 \cdot 50 = 600 \text{ m} \\
776 & 4{,}25; & r_4 = 4{,}25 \cdot 50 = 212 \text{ m} \\
582 & 3{,}20; & r_3 = 3{,}2 \cdot 50 = 160 \text{ m} \\
388 & 2{,}30; & r_2 = 2{,}3 \cdot 50 = 115 \text{ m} \\
194 & 1{,}60; & r_1 = 1{,}6 \cdot 50 = 80 \text{ m.}
\end{array}
$$

Die Vollverschiebung beim Abbau der halben Vollfläche (α = 200 gon) hat für aM = 1 m und db/dz = - C/H = - 1,2/180 m (C von 1,5 bis 0,6 bei zunehmender Teufe) die Größe

$$v_{xy\ voll} = - 1 \cdot 1 \cdot 50 \cdot \frac{-1{,}2}{180} \cdot 0{,}969 = 0{,}323 \text{ m.}$$

Das Verhältnis Vollverschiebung : Vollsenkung beträgt in diesem Fall 0,31 (Kochmanski/Magdziorz 1972).

An den in Abb. 150 dargestellten Integrationsnetzen für die Verschiebungs- und Senkungsberechnung fällt die große Breite der fünften Zone auf, was sicherlich nicht nur mit der asymptotischen Einflußfunktion und der weit an 100% e heranreichenden Abgrenzung der Einwirkungsfläche (praktischer Grenzwinkel), sondern auch mit der in Oberschlesien stellenweise fehlenden Karbonüberlagerung (siehe Saarrevier) zusammenhängt. Bei der in Polen üblichen Netzunterteilung in 10 Zonen muß ferner beachtet werden, daß die inneren Zonen eine doppelte Anzahl von Sektoren - z.B. 18 gegenüber 9 in den äußeren Zonen - aufweisen, damit die gleichwertigen Netzmaschen am Rande nicht zu groß werden.

Das statistische Integralverfahren kann, wie erwähnt, auch auf die geneigte Lagerung ausgedehnt werden, wenn man das schräge Abbaufeld in horizontale Streifen verwandelt (Abb. 125). Für diese Streifen lassen sich dann die Anteile an der Längenänderung im Bereich eines Tagespunktes im einfallenden Schnitt mit Hilfe von Nomogrammen (z.B. Abb. 126) berechnen. Es wird hierbei angenommen, daß die lotrechte

Streckung oder Stauchung mit der waagerechten Längenänderung an der untersuchten Stelle gleichgesetzt werden kann:

$$-\varepsilon_h = \varepsilon_s = \frac{dw}{dz}\,. \tag{314}$$

Mit Gl. (311) in der Form

$$\frac{dw}{dz} = \frac{dw}{db}\,\frac{db}{dz}$$

und mit db/dz = C/H erhält man dann für die Längenänderung die Formel

$$\varepsilon_s = \frac{dw}{db}\,\frac{C}{H}\,. \tag{315}$$

Im Nomogramm müssen also die Senkungen an zwei Hilfslinien des Abbauprofils bestimmt werden, die im Abstand von Δb = 0,05 ober- und unterhalb der eigentlichen Profillinie in Bezug auf den Berechnungspunkt gezeichnet worden sind. Die für die n einzelnen Teilabschnitte auf der oberen und unteren Linie abgelesenen φ-Werte werden subtrahiert ($\Delta\varphi_i = \varphi_{i\ \text{oben}} - \varphi_{i\ \text{unten}}$) und in die Endformel

$$\varepsilon_s = aM \cdot C \sum_{i=1}^{n} \left(\Delta\varphi_i \frac{10}{H_i}\right) \qquad [\text{mm/m}] \tag{316}$$

eingesetzt (Ochab 1959). Die Berechnung ist schon für einen Tagespunkt sehr zeitraubend.

9.72 Die Verschiebung nach dem Schwerpunktverfahren

Bei einem anderen polnischen Berechnungsverfahren wird eine räumliche Punktbewegung zu einem Schwerpunkt hin angenommen, der unterhalb des Abbaus im Schnittpunkt der nach unten verlängerten Grenzwinkelschenkel liegen soll (Kowalczyk 1966). Aus der Abb. 151 läßt sich ähnlich den Gl. (241) und (274) das Verhältnis

$$\frac{v_x}{v_z} = \frac{x}{h} \tag{317}$$

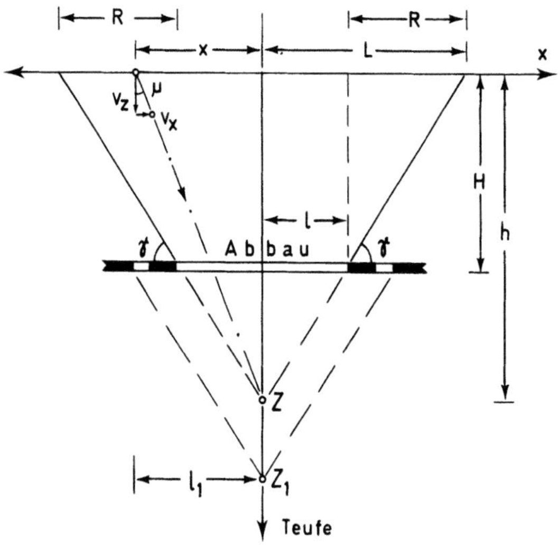

Abb. 151. Die Bewegung der Tagespunkte nach einem gemeinsamen Schwerpunkt Z unterhalb des Abbaus (nach Kowalczyk)

ablesen. Da der Schwerpunkt Z mit zunehmender Abbaulänge 2l weiter nach unten wandert, drückt man die Teufe h des Schwerpunktes zweckmäßig durch den u.a. von der Abbaulänge abhängigen Troghalbmesser L, die Abbauteufe H und den Vollflächenradius R aus:

$$h = L \frac{H}{R} , \tag{318}$$

so daß die Verschiebungsformel dann lautet:

$$v_x = v_z \frac{x \cdot R}{L \cdot H} . \tag{319}$$

Wenn die Senkung über dem Vollflächenrand den halben Vollsenkungswert aufweist und das Verhältnis R/H bei einem Grenzwinkel von 60 gon rd. 0,7 beträgt, erhält man aus Gl. (319) eine Vollverschiebung von 0,175 aM für den Vollflächenabbau. Der Nadirwinkel μ kann auch bei diesem Verfahren nur Werte zwischen γ am Trogrand und 100 gon über der Abbaumitte annehmen, woraus eine vermutlich zu steile Bewegungsrichtung in der Randzone folgt.

9.73 Die stochastische Verschiebungstheorie

In den letzten Jahren ist in Polen auch die stochastische Bewegungstheorie der Gebirgspunkte (Litwiniszyn 1957) auf die betrieblichen Belange der Verschiebungsberechnung abgestellt worden (Szpetkowski 1972). Wie im Abschnitt 3.34 ausgeführt wurde, sind die infinitesimalen Verschiebungen und Schieflagen einander proportional (Gl. (72)), was sich aus der angenommenen Volumenkonstanz des verformten Gebirgsteiles ableiten läßt. Die Längenänderung wiederum soll der Krümmung oder der Streckung/Stauchung proportional sein, wobei in beiden Fällen als Proportionalitätsfaktor eine gebirgsmechanische Strukturfunktion (Gl. (68)) auftritt.

Durch Integration der horizontalen Längenänderung ϵ_s, die wie in Gl. (314) aus der lotrechten Streckung/Stauchung

$$\varepsilon_s = c \cdot \varepsilon_h = c \frac{\partial v_z}{\partial z} \tag{320}$$

abgeleitet wird (c rd. 8 bis 12), entsteht die Verschiebungsfunktion (Profilkurve)

$$\begin{aligned} v_x &= 5 \text{ aM} \cdot k \cdot H^{-\frac{3}{2}} \int_0^x x \cdot \exp\left(\frac{-\pi k^2}{10^6 H} x^2\right) dx \\ &= \frac{850}{k\sqrt{H}} \text{aM} \cdot \exp\left[-\frac{1}{2} \varkappa^2 \frac{(x-p)^2}{H}\right] \end{aligned} \tag{321}$$

für die flache Lagerung mit der Gebirgskenngröße k = 100 bis 170 nach Gl. (225) und

$$\varkappa^2 = \frac{2 \pi k^2}{10^6}$$

(vgl. auch Gl. (73) und (284)). Der Abstand p der Vollverschiebung von der Abbaukantenprojektion hat in Oberschlesien die Größenordnung $\sqrt{H}$ (Abb. 152). Die Gl. (321) gilt für die Vollflächenmulde. Für einen Teilflächenabbau nimmt sie die Form

$$v_x = \frac{850 \text{ aM}}{k\sqrt{H}} \left\{ \exp\left[-\frac{1}{2} \varkappa^2 \frac{(x-p)^2}{H}\right] - \exp\left[-\frac{1}{2} \varkappa^2 \frac{(l-x-p)^2}{H}\right] \right\} \tag{322}$$

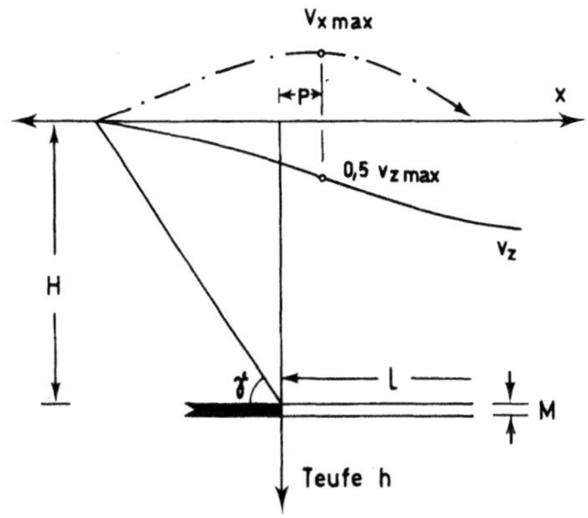

Abb. 152. Die geometrischen Größen bei der stochastischen Bewegungstheorie

an. Die Vollverschiebung

$$v_{xy\,voll} = \frac{850\ aM}{k\sqrt{H}} \tag{323}$$

steht nach polnischen Untersuchungen zur Vollsenkung je nach Bergbaubezirk in einem Verhältnis von 0,30 bis 0,475.

In geneigter Lagerung ist die Verschiebungskurve um $\Delta x = H_m \cdot \tan\mu$ (Gl. (322)) bzw. bei einem h-mächtigen Deckgebirge um $\Delta x = (H_m - h)\tan\mu'$ in Richtung des Einfallens verschoben (Abb. 153). Bis zu einem Einfallen von 60° gilt $\mu \approx 0{,}7\,\alpha$ oder $\alpha \cdot 80/k$. Die Berechnung der Bodenbewegungen wird in einem um μ oder μ' gedrehten Koordinatensystem nach Abb. 153 durchgeführt. Im gedrehten System lautet dann die Verschiebungsformel

$$v_x(\mu) = \frac{850}{k\sqrt{H'}}\,\frac{aM}{\cos(\alpha-\mu)}\left\{\exp\left[-\frac{1}{2}\varkappa^2\frac{(x'-\sqrt{H'})^2}{H'}\right] - \exp\left[-\frac{1}{2}\varkappa^2\frac{(l'-x'-\sqrt{H'})^2}{H'}\right]\right\}, \tag{324}$$

woraus sich die gesuchten waagerechten Punktverschiebungen über der oberen Abbaukante

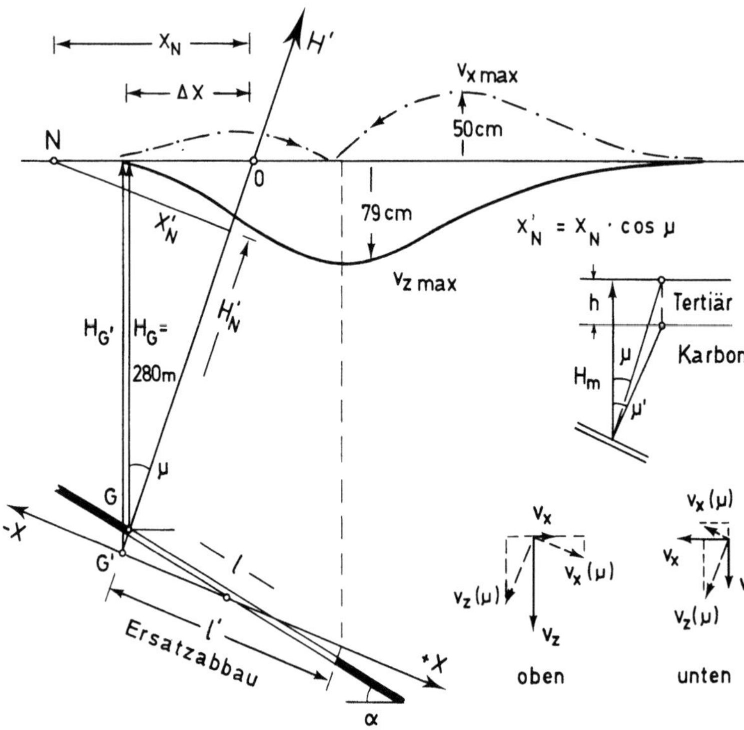

Abb. 153. Die Verschiebungsberechnung nach der stochastischen Theorie in geneigter Lagerung (nach Szpetkowski)

$$v_x = -v_z(\mu) \cdot \sin \mu + v_x(\mu) \cdot \cos \mu$$

und über der unteren Abbaukante

$$v_x = -v_z(\mu) \cdot \sin \mu - v_x(\mu) \cdot \cos \mu \qquad (325)$$

in der Fallebene ermitteln lassen (Abb. 153, rechts).

Zuvor müssen die folgenden Größen, einschließlich der Senkung $v_z(\mu)$, mit Tafel 17 berechnet werden:

$$
\begin{aligned}
l' &= l \cdot \cos(\alpha - \mu) \\
\varkappa^2 &= \frac{2\pi k^2}{10^6} \\
v_z(\mu) &= \frac{aM}{\cos(\alpha-\mu)} \left\{ \Theta\left[\varkappa \frac{x' - \sqrt{H'}}{\sqrt{H'}}\right] + \Theta\left[\varkappa \frac{l' - x' - \sqrt{H'}}{\sqrt{H'}}\right] \right\}.
\end{aligned}
\tag{326}
$$

Die Werte der Exponentialfunktionen in den Gl. (321), (322) und (324) können aus Tafelwerken, z.B. Lösch "Siebenstellige Tafeln der elementaren, transzendenten Funktionen", Springer-Verlag 1954, entnommen werden. Die übrigen Rechengrößen (z.B. H', l', x') werden am besten zeichnerisch ermittelt. Die Abbaubreite Δy senkrecht zur Profilachse wird wie beim vorangegangenen Verfahren (Gl. (319)) bei der Senkungsgröße v_z nach Gl. (218) (Abb. 124) bzw. Gl. (221) berücksichtigt.
Bei stärker einfallenden Flözen empfiehlt es sich, das Abbaufeld in Streifen zu unterteilen, da sich die mittlere Abbauteufe sonst zu sehr ändert (Szpetkowski 1972).

9.74 Weitere Verfahren (Sowjetunion, Großbritannien)

Im Steinkohlenbergbau des D o n e z r e v i e r s wird wie beim Rechenprogramm der Ruhrkohle AG die Erfahrung genutzt, daß die Verschiebung der Schieflage angenähert proportional ist (Abschnitt 9.4). Die als erster Differentialquotient aus der Senkungsfunktion der Gl. (132) abgeleitete Schieflage braucht demnach wie in Gl. (275) nur mit einem Faktor k = 0,2 multipliziert zu werden, um die Verschiebung

$$
v_x = 0{,}2\ v_{z\,max}\left[1 - \cos\left(2\pi \frac{x}{L}\right)\right] \tag{327}
$$

(alles in m) zu erhalten. Nach Abb. 97 wird die Abszisse x des Berechnungspunktes vom Muldentiefsten aus gemessen, wobei die Strecke bis zum Muldenrand mit L bezeichnet ist.

Bemerkenswert und mit den Beobachtungen am Plattenmodell übereinstimmend ist die Verschiebungsformel für die geneigte Lagerung (Kolbenkov 1961). Bei einer geneigten Lagerung werden nämlich die Haftung und die Reibung des sich nahezu bankrecht bewegenden Karbongebirges an der Deckgebirgsgrenzfläche durch ein zusätzliches Glied in Gl. (327)

$$v_y = v_{z\,max}\left[k_1 \cdot f(y) + k_2 \cdot f'(y)\right] \tag{328}$$

berücksichtigt, worin

$$k_1 = \tan\alpha - \frac{h}{H_m},$$

$$k_2 = 0{,}15 \text{ bis } 0{,}25,$$

$$f(y) = 1 - \frac{y}{L} + \frac{1}{2\pi}\sin\left(2\pi\frac{y}{L}\right) \quad \text{und}$$

$$f'(y) = 1 - \cos\left(2\pi\frac{y}{L}\right)$$

bedeuten.

Der erste Wert in der Klammer (Senkung) besagt, daß die Verschiebung des Deckgebirges an der unteren Grenzfläche proportional zu dessen Senkung (siehe Gl. (132)) und dem Tangens des Flözeinfallens ist. Außerdem nimmt die Verschiebung eines Tagespunktes unter dem Einfluß des Grundgebirges ab, wenn das Verhältnis der Mächtigkeit h des Deckgebirges zur mittleren Abbauteufe H_m größer wird und der Punkt sich im liegenden Trogteil befindet. Auf der hangenden Troghälfte wird die einwärts gerichtete Punktverschiebung durch die Grundgebirgsreibung verstärkt (Abb. 154). Das zweite Glied (Schieflage) in der Klammer der Gl. (328) erfaßt den Verschiebungsanteil, der aus der plattenförmigen Durchbiegung des Deckgebirges nach Gl. (327) folgt.

Für Schnitte, die parallel zu den Hauptschnitten I-I im Einfallen und II-II im Streichen in einer Entfernung l von der Muldenmitte O verlaufen, wird ein zusätzlicher Faktor eingeführt (siehe auch Abb.

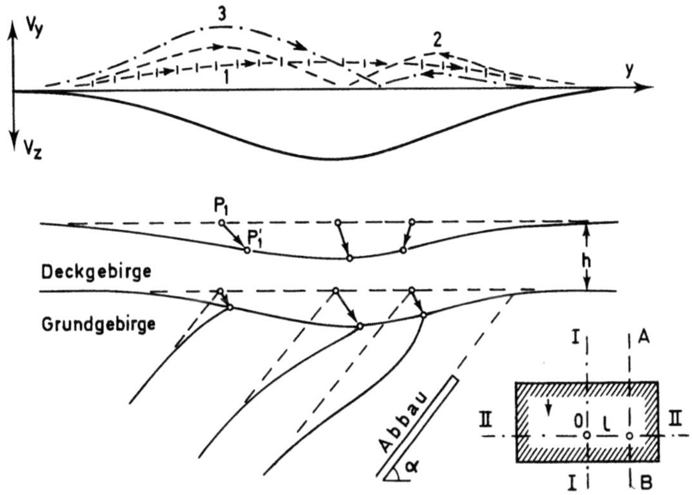

Abb. 154. Die Verschiebung in geneigter Lagerung unter Berücksichtigung der Reibung des Grundgebirges (nach Akimov und Korotkov). (1) Verschiebung in der Grenzfläche Grund- und Deckgebirge, (2) Verschiebung der Tagespunkte ohne Grenzflächenreibung und (3) resultierende Verschiebung aus (1) und (2). Unten rechts: Grundriß mit Profillinien

132). Der Faktor hat z.B. den Wert der Funktion f(y) für y = l im Schnittpunkt der Linien A-B und II-II (Abb. 154). Die Berechnung der Bewegungskomponenten in schiefwinkligen Schnitten wird nach einer analytischen Methode der Kontinuumsmechanik durchgeführt (Akimov u. Korotkov 1969).

In G r o ß b r i t a n n i e n sind die in den Steinkohlenrevieren gesammelten Erfahrungswerte über die Längenänderung (Zerrung/Pressung) wie bei der Senkung in Nomogrammen zusammengefaßt worden (National Coal Board 1966). Die sich von weniger praktischer Bedeutung erweisende Verschiebung braucht daher als Ausgangswert der waagerechten Trogelemente nicht berechnet zu werden. Um das Längenänderungsprofil für ein l_E breites und l_S langes Abbaufeld von der Abbaukante oder von dem Wendepunkt (Zerrungs-Pressungs-Übergang) aus mit Hilfe von Linien gleicher Längenänderung des Nomogramms 2 in Abb. 155 konstruieren zu können, muß zuvor das Verhältnis der maximalen Längenänderung $\epsilon_{s\ max}$ des jeweiligen Profils zur Abbaubreite l_E und zur maximalen Senkung $v_{z\ max}$, beide Werte bezogen auf die Abbauteufe H, aus

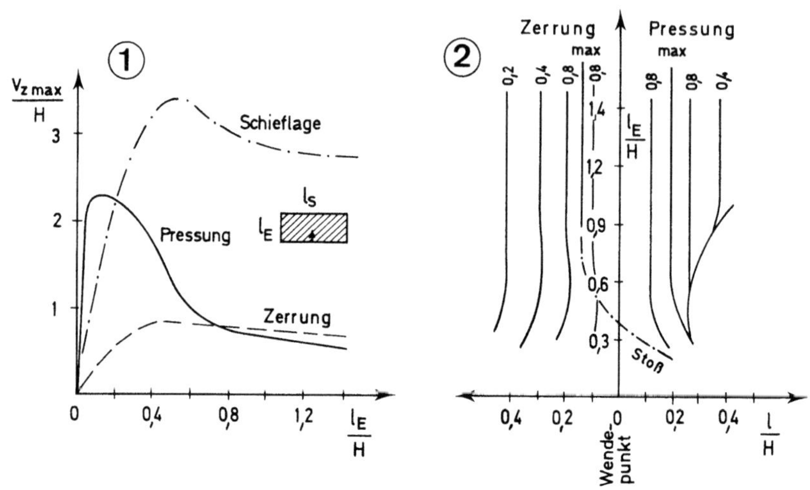

Abb. 155. Die Diagramme für die Berechnung der Längenänderung in Großbritannien. Links: Die Größe des Zerrungs- oder Pressungsmaximums im Vergleich zur maximalen Senkung der Profillinie. Rechts: Linien gleicher Längenänderung zur Konstruktion der Profilkurve

dem Diagramm 1 der Abb. 155 abgelesen werden. Z.B. ermittelt man für ein 250 m breites und 500 m tiefes Abbaufeld ($l_E/H = 0{,}5$) einen Faktor von 0,8 für die Zerrung und von 1,35 für die Pressung. Die maximale Senkung im Profil wird unter Berücksichtigung der Abbaulänge l_S mit den Diagrammen 1 und 2 der Abb. 95 bestimmt, beispielsweise zu 0,50 m oder 500 mm. Die maximalen Längenänderungen betragen damit, wenn man die maximale Senkung wieder auf die Teufe bezieht (500 mm : 500 m),

$$+ \epsilon_{s\ max} = 0{,}8 \ \frac{500\ \text{mm}}{500\ \text{m}} = 0{,}8\ \text{mm/m} \quad \text{und}$$

$$- \epsilon_{s\ max} = 1{,}35 \ \frac{500}{500} = 1{,}35\ \text{mm/m}.$$

Die einzelnen Profilpunkte der Längenänderungskurve lassen sich dann mit dem Nomogramm 2 der Abb. 155 angeben. Außerdem können die bei einem über 0,6 H breiten Abbau auftretenden Einbuchtungen der Pressungskurven aus dem Diagramm der Abb. 156 entnommen werden.

Genauer als mit diesen Diagrammen soll sich die Längenänderung je-

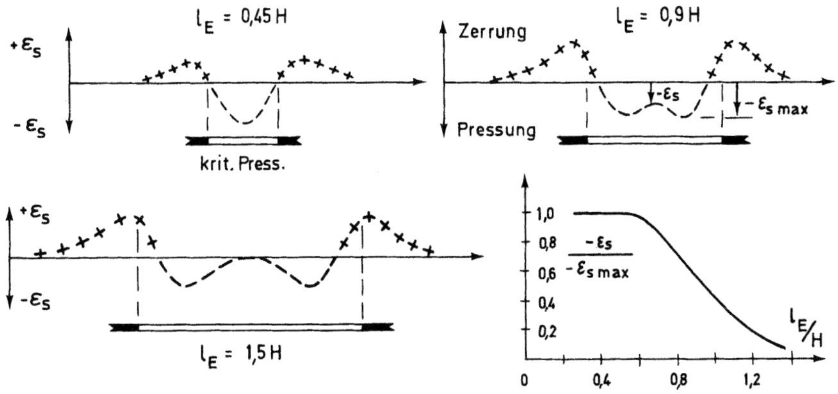

Abb. 156. Die Entwicklung der Längenänderungskurve mit wachsender Abbaubreite sowie das Diagramm für die Einbuchtung der Pressungskurve (nach NCB)

doch aus der Senkungsprofilkurve vorausberechnen lassen, und zwar ist bekanntlich die Längenänderung um so größer, je kleiner der Krümmungsradius ρ ist (siehe auch Gl. (257)):

$$\varepsilon_s \text{ prop. } \frac{1}{\rho} = \frac{\varphi}{l} = \frac{\Delta v_z'}{l} . \qquad (329)$$

Wie aus Abb. 157 ersichtlich ist, kann der Zentriwinkel φ, der von

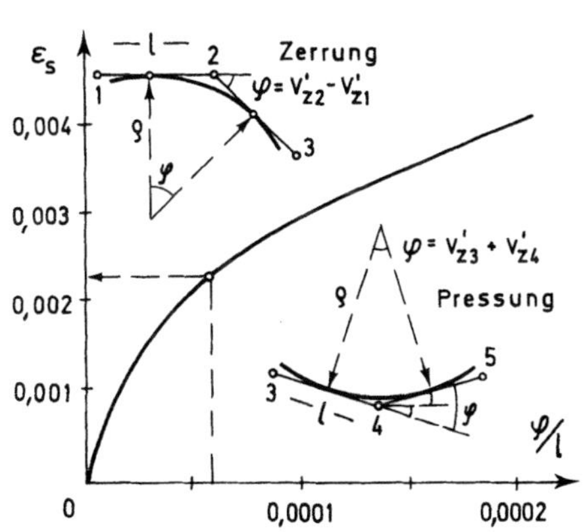

Abb. 157. Die Berechnung der Längenänderung aus der Krümmung der Senkungskurve bzw. aus den Schieflagen der Strecken

den Mittelsenkrechten der Strecken 1-2 und 2-3 eingeschlossen wird, aus der Schieflagendifferenz der beiden Strecken berechnet werden. Die Strecke 1 sollte rd. 1/20 der Abbauteufe lang sein, also 40 m bei 800 m Teufe, damit auch kurze, stark gekrümmte Abschnitte gesondert erfaßt werden. Für die Schieflagen von beispielsweise 0,00117 oder 1,17 mm/m und 0,00300 oder 3,0 mm/m zweier benachbarter Strecken erhält man eine Schieflagedifferenz von 0,00183 oder + 1,83 mm/m, was bei einer 30 m-Länge von Streckenmitte zu Streckenmitte ein Verhältnis φ/1 von 0,00006 ergibt, wofür aus dem Diagramm der Abb. 157 nach der Gleichung

$$\pm \varepsilon_s = \sqrt{0{,}08 \, \frac{\varphi}{l}} \qquad (330)$$

eine Zerrung von 0,0022 oder 2,2 mm/m abgelesen wird. Die nach diesem Verfahren in England berechneten Längenänderungen sollen mit den gemessenen Werten gut übereinstimmen.

10. Der Zeitfaktor

10.1 Die Bedeutung des Zeitfaktors

Die in den vorstehenden Abschnitten behandelten Vorausberechnungsverfahren gehen vom Endstand der Bodenbewegung über einer einzelnen Abbaufläche aus. Dieser Bewegungsvorgang kann in den Steinkohlenrevieren sechs Monate bis fünf Jahre nach der Abbaustundung, im Kalibergbau aber erst nach über hundert Jahren als abgeschlossen betrachtet werden. Nun muß bei der Abbauplanung und bei der Bauwerkssicherung aber auch der zwischenzeitliche Ablauf der Bodenbewegungen berücksichtigt werden, der aus der stetigen Vergrößerung der Abbaufläche und deren zunehmender Einwirkungsfähigkeit folgt, denn die örtlichen Größen der Senkung, Schieflage und Krümmung sowie der Zerrung oder Pressung ändern sich bekanntlich während des Abbaus, und ein Bauwerk, das beispielsweise im Endstand gepreßt wird, kann zwischenzeitlich auf Zerrung beansprucht worden sein.

Der Zeitfaktor z, der nach DIN 21 900, Blatt 4.06, Ausgabe 1951, den zeitlichen Senkungsablauf über einem Abbau in hundert Teilen (%) des Absenkungsfaktors oder der Endgröße

$$v_{z\,dyn} = v_{z\,end} \cdot z \qquad (331)$$

angibt, hat daher eine große praktische Bedeutung, wenn gefragt wird

a) nach dem Zeitpunkt der ersten gefährlichen Abbaueinwirkung, um rechtzeitig Maßnahmen gegen die erwarteten Betriebserschwernisse vorbereiten zu können;

b) nach dem Abklingen der Bodenbewegungen, um dann mit der gründlichen Reparatur der Schäden beginnen zu können;

c) nach der größten Beanspruchung des Bauwerks während der Abbautätigkeit, um die Auswirkungen auf das Bauwerk ermessen zu können;

d) nach den zwischenzeitlichen Senkungsbeträgen, um einen Zeitplan für die Hebung der Gleise und Brücken oder für die Regulierungsarbeiten an der Kanalhaltung aufstellen zu können;

e) nach der Überlagerung der zerrenden und pressenden Bodenbewegung über mehreren Abbaubetrieben, um die Abbauführung mit der geringsten Schadenswirkung herausfinden zu können oder

f) nach den zwischenzeitlichen Streckungen, Stauchungen und Schiefstellungen des Schachtes, um die Abbaueinwirkungen auf eine eventuelle Beeinträchtigung der Schachtförderung hin beurteilen zu können.

Der Zeitfaktor gewinnt im Zusammenhang mit der h e u t i g e n A b b a u t e c h n i k noch in anderer Hinsicht an Bedeutung:

In einem viskoelastisch bis plastischen Medium, dem sich ein mehrmals durchbauter Gebirgskörper mit zunehmender Zerklüftung phänomenologisch nähert, hängt bekanntlich die zeitliche Verformung neben der Größe der angreifenden Kraft auch von der Geschwindigkeit der Laständerung sowie von der Richtung und der Dauer der Krafteinwirkung ab. Es ist daher anzunehmen, daß sich der Abbaufortschritt und die Abbaurichtung bei einem stark durchörterten oder von Natur aus klüftigen Gebirge auf die Trogform nicht nur zwischenzeitlich, sondern auch im Endstand auswirken werden. Außerdem stand der Streb beim früheren einschichtigen Gewinnungsbetrieb täglich mehr als 16 Stunden still. In diesen Ruhepausen konnten sich die Spannungen von Tag zu Tag im unteren Hangenden schon zu einem Teil durch Verformung ausgleichen. Heute dagegen wird die Kohle mitunter fortwährend in vier Schichten "rund um die Uhr" gewonnen, so daß sich bei Abbaufortschritten von täglich mehreren Metern die Senkungslinie der Dach- oder Haupthangendschicht verflacht, die Lastabgabe weiter in das Bruchfeld hinein verlegt wird und die Bruchverformung im Haupthangenden erst am Wochenende verstärkt eintritt, worauf sehr wahrscheinlich die jetzt öfters beobachtete bleibende Unsymmetrie des Trogprofils und der steile Abfall der Muldenflanken zurückzuführen sind. Ob allerdings die Vermutung, daß die Zerklüftung des Gebirges in Form von Hangendabrissen über der am Wochenende mit der Gewinnung ruhenden Bruchfeldkante bis hoch in das Deckgebirge reicht (vgl. Abb. 80) und allein dadurch die gemessenen steilen Trogflanken und die Schadenshäufung am Wochenende zu erklären sind, zutrifft, kann auf Grund einzelner Beobachtungen im Ruhrgebiet noch nicht allgemeingültig als Folge der neuen Abbautechnik entschieden werden.

Als einigermaßen gesicherte Erkenntnis kann jedoch heute für einen tiefen Abbau gelten, daß während des ersten Abbaus die Absenkung des Hangenden noch kontinuierlich in Übereinstimmung mit dem fortschreitenden Streb vor sich geht, beim schnellen Bruchbau-Verhieb der nächst unteren Flöze von täglich 5 m Breite das Hangende aber erst am Wochenende nach rd. 25 m Abbaufortschritt bis zur Tagesoberfläche in größerem Maße nachgibt, der Trog sich also in wöchentlichen Perioden verlängert und vertieft (vgl. Abb. 169). Bei der nach Stundung des Abbaus einsetzenden Nachsenkung verflachen die zuvor "steilen" Trogflanken, wenn ein mächtiges Deckgebirge vorhanden ist, das sich während der Unterbauung auflockert und danach allmählich wieder verdichtet (Lippmann 1973). Fehlt es und geht der Abbau in geringer Teufe von nicht mehr als 200 m um, dann unterscheiden sich die zwischenzeitlichen Trogformen kaum von der zum jeweiligen Abbaustand zugehörigen Endform, weil die Nachsenkung in dem entweder als geschlossener Schichtenverband sich sofort durchbiegenden oder block- und schubweise zwischen den Kluftflächen abgleitenden Hangenden in diesem Fall gering ist (siehe Pfläging 1973, Abb.8). Die schon während des Abbaus "steil" ausgebildeten dynamischen Trogflanken über einem tagesnahen Abbau sind demnach mit dem ähnlich "steilen" statischen Trog des betreffenden Abbaustandes vergleichbar ($z = 1$) und weitgehend identisch.

Die den nächsten Abschnitten dieses Kapitels zugrunde liegenden Untersuchungen über den Zeitfaktor gehen von einem stetigen Verformungs- und Bewegungsablauf im Gebirge aus, wobei eine prozentual große und lang andauernde Nachsenkung unterstellt wird, die mit der Abbaugeschwindigkeit zunimmt. Der erst heute erkannte Zusammenhang zwischen einer bis auf 5 m/d gesteigerten Abbaugeschwindigkeit und einer dadurch stärker werdenden Zerklüftung und klastischen Beweglichkeit des Gebirges, was für den betreffenden Gebirgstyp und Durchbauungsgrad eine Abnahme der Senkungsverzögerung - d.h. der Nachsenkung - zur Folge hat, bleibt hierbei außer Betracht. Das heute im Ruhrbergbau bevorzugte Abbauverfahren, gekennzeichnet durch den Bruchbau, den Mehrflözbergbau und den hohen Abbaufortschritt, hat somit einen erheblichen und leider ungünstigen Einfluß auf den Zeitfaktor und den Schadensgrad an der Tagesoberfläche.

10.2 Die Analyse der zeitlichen Bodenbewegung

Die ersten umfangreichen Beobachtungen über die zeitlichen Zwischenformen der Bodenbewegung stammen aus dem linksrheinischen Bergbaugebiet. Sie zeigen, wie das Bewegungsbild an der Tagesoberfläche ähnlich einer "Bugwelle" mit dem Fortschreiten des Abbaus vorwärts wandert. In der Abb. 158 sind sowohl die zu den Abbauständen 1 bis 7

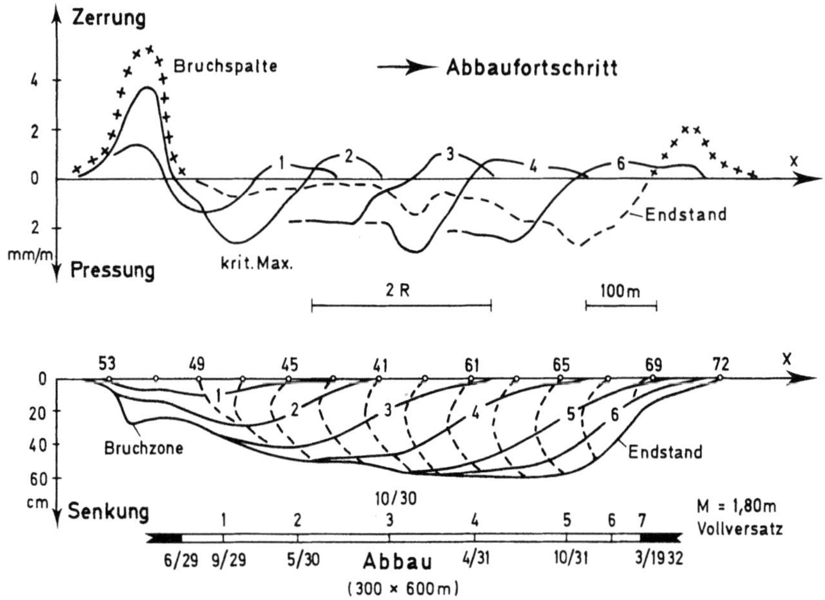

Abb. 158. Der zeitliche Bodenbewegungsablauf über dem streichenden Rande eines flachen Abbaus in 175 m Teufe. Deckgebirge 145 m mächtig, Vollsenkung rd. 90 cm (nach Janus u. Fläschenträger)

gehörigen zwischenzeitlichen Trogformen als auch die zum jeweiligen Abbaustand gerichteten Bewegungen einzelner Punkte zu erkennen. Diese zwischenzeitlichen Senkungsmulden unterscheiden sich im Abbaulängsschnitt durch die Unsymmetrie und ihre flache Form von denen des Endstandes. Eine übertägige Meßlinie im Streichen unterliegt außerdem dem Zerrungs-Pressungs-Übergang und dem Richtungswechsel der Schieflagen und Krümmungen (Abb. 86). In querschlägiger Richtung bleibt die Trogform dagegen örtlich bestehen, es ändern sich mit der Vertiefung der Mulde nur die Bewegungs- und Verformungsgrößen (Abb. 87).

Die Meinungen über den zeitlichen Ablauf der Bewegungen eines unterbauten Gebirgskörpers gehen im Schrifttum auseinander. Während einige Fachleute (Janus, Bals 1939) eine Bodensenkung über dem Abbau sofort festgestellt haben, sobald sich die Dachschicht von einer gewissen Mindestgröße der Abbaufläche an im Abbaufeld senkt, nehmen andere Autoren (Löffler 1951, Mohr 1951) eine Verzögerung der Gebirgsschichtensenkung von unten nach oben an, also eine unterschiedliche Absenkungsgeschwindigkeit oder Punktsenkung in der Zeiteinheit je nach

Teufenlage der Schicht. In den meisten Fällen wird es so sein, daß der Gebirgsschichtenverband geschlossen mit der Dachschicht oder dem Hauptthangenden absinkt, es sei denn, das Fortschreiten der Senkung nach oben wird durch eine biegestarke Sandsteinschicht, die den Senkungstrog der unteren Schichten überbrückt, zeitweilig verhindert. Die unterschiedliche Absenkungsgeschwindigkeit der Gebirgsschichtenzonen erklärt sich aus der bankrechten Entlastungsdehnung und Auflockerung über dem Abbaufeld, wodurch die in der Zeiteinheit stattfindende Punktsenkung und die Durchbiegung nach oben hin kleiner werden, da auch die Streckung zum Deckgebirge hin abnimmt. Bezieht man jedoch die Punktsenkung in jedem Horizont auf die Endsenkungsgröße, wodurch der Einfluß der Streckung ausgeschaltet wird, so erhält man für lotrecht übereinanderliegende Gebirgspunkte vom Haupthangenden bis zur Tagesoberfläche wahrscheinlich eine annähernd gleiche relative Senkungsgeschwindigkeit.

Drei Einflußgrößen bestimmen im wesentlichen den zeitlichen Ablauf der Gebirgsbewegung:

Die Nachgiebigkeit des Versatzes oder des Bruchfeldes,

der Abbaufortschrittt und

die Biegesteifigkeit des Gebirgsschichtenverbandes einschließlich des Durchbauungsgrades.

Bei gegebener V e r s a t z e i g e n s c h a f t hängt die Konvergenzgeschwindigkeit im Abbaufeld sowohl von der Geschwindigkeit und der Höhe der Belastung (Teufe, örtliche Druckverteilung) als auch von der Mächtigkeit des Versatzes ab. Das sei an folgendem Beispiel erläutert. In Abb. 159 strebt die Konvergenz einer ummantelten Versatzprobe mit der Zeit je nach Lastgröße einem Grenzwert a, b oder c zu. Infolge der Lasterhöhung von σ_2 auf σ_3 im Zeitpunkt t_3 biegt die Konvergenz-Zeit-Kurve in Punkt 3 nach Punkt 4 ab. Die zu diesem Punkt 4 gehörige Konvergenz w_4 wäre bei einer gleich im Zeitpunkt t_1 aufgebrachten Druckspannung σ_3 ohne die Stufen σ_1 und σ_2 bereits im Zeitpunkt t_2 annähernd erreicht worden. Die Versatzkonvergenz infolge der Dachschichtabsenkung im Zeitpunkt t_i wird also von dem vorangegengenen Last-Zeit-Verhältnis mitbestimmt: Je höher die Belastungsgeschwindigkeit ist, desto eher wird die Endkonvergenz c im Versatzfeld erreicht und desto größer ist auch die Senkungsgeschwindigkeit der Hangendschichten. Außerdem stellt sich die Endkonvergenz unter

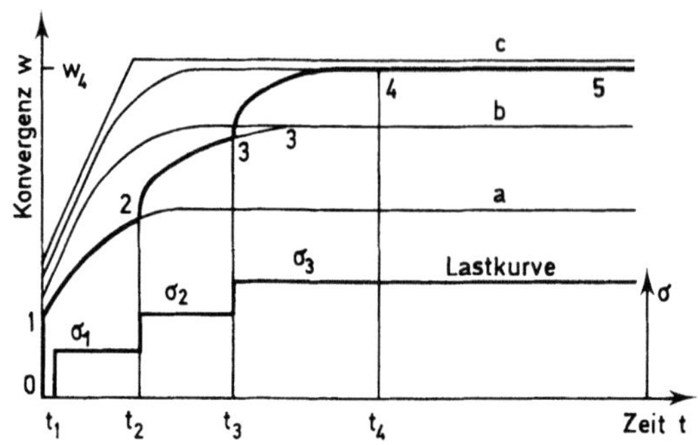

Abb. 159. Konvergenz-Zeit-Kurven a, b, c einer Versatzprobe mit verhinderter Seitendehnung für Dauerdruckspannungen σ_1, σ_2, σ_3 vom Zeitpunkt t_1 an sowie Kurve 0 bis 5 für stufenweise zunehmende Belastung (Lastkurve). Abschnitt 0 bis 1: Sofortige Vorverdichtung und elastische Verformung unter σ_1

gleicher Dauerlast im niedrigeren Versatzfeld eher ein als in einem mächtigen Versatz.

Der A b b a u f o r t s c h r i t t beeinflußt einerseits die zeitliche Vergrößerung der Stützweite der Hangendschichten und damit ihr Durchbiegungsmaß, andererseits mit der zunehmenden Durchbiegung auch den zeitlichen Lastanstieg auf den Versatz (Abb. 76). Mit größerem Abbaufortschritt sinken die sich bis auf den Versatz durchbiegenden Schichten schneller ab und steigt der Versatzdruck rascher an. Auch die vorangegangene D u r c h b a u u n g des Gebirges trägt zu einem beschleunigten Bewegungsablauf bei. Je steifer dagegen die Hangendschichten sind, desto später beginnt die Absenkung über dem anlaufenden Abbau und desto kleiner sind die Durchbiegungsbeträge beim Teilflächenabbau (Abb. 8). In der Oberflächenzone kommt noch das zeitabhängige Verformungsverhalten der Lockergesteine hinzu (Abschnitt 11.6).

Bei der Analyse der zeitlichen Bodenbewegung muß zwischen den Beobachtungen an einem einzelnen Meßpunkt und an einer Meßlinie im Streichen oder Einfallen sowie zwischen den Bewegungen über dem stehenden Anlaufstoß, über der fortschreitenden Strebfront und über dem gestundeten Gewinnungsstoß unterschieden werden.

Am einzelnen Meßpunkt wird die zeitliche P u n k t - B e w e g u n g s - K u r v e, an der Meßlinie dagegen die schnittbildliche

Trogverformung erhalten. Ein Übertagepunkt P_1 über oder hinter dem Abbaustoß weist schon früher einen steilen Senkungsanstieg in der Zeiteinheit auf als ein vor dem fortschreitenden Gewinnungsstoß liegender und anschließend unterbauter Beobachtungspunkt P_2 (Abb. 160).

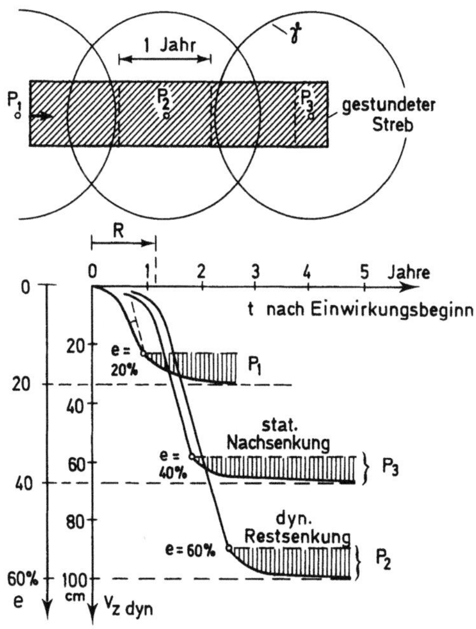

Abb. 160. Der zeitliche Senkungsverlauf einzelner Punkte im Streichen über dem Anlaufstoß (P_1), über dem fortschreitenden Gewinnungsstoß (P_2) sowie über dem gestundeten Stoß (P_3)

Auf den Punkt P_1 über dem Anlaufstoß wirkt der Abbau von einer gewissen Flächengröße an, wenn sich die Gebirgsschichten voll durchbiegen, verstärkt ein, während die am Einwirkungsrand liegenden Abbauteile später nur noch schwach einwirken, was sich in dem flachen Auslaufen der Kurve bemerkbar macht. Der Punkt P_2 wird von dem herankommenden Abbau zunächst nur schwach abgesenkt, der dann folgende Senkungsanstieg ist sogar steiler als bei der Kurve für P_1. Über dem gestundeten Abbaustoß wird vom Zeitpunkt des Strebstillstandes an die Nachsenkung des Punktes P_3 gemessen, die von der ruhenden Abbaufläche hervorgerufen wird, ohne daß die Einwirkung eines neuen Abbaus hinzukommt. Während dieser Nachsenkungsphase drückt sich das Hangende hinter dem gestundeten Stoß allmählich durch, bis der verdichtete Versatz mit Ausnahme der überbrückten Randzone das Gebirge genügend trägt (Abb.21).

Diese statische Nachsenkung nach der Stundung der Abbautätigkeit über dem ruhenden Abbaufeld dauert länger als die dynamische Restsenkung eines Punktes bei einem über den Vollflächenkreis hinaus fortschreitenden Abbau, dessen Hangendes noch weiter unterbaut und in der Randzone des Abbaufeldes bei sich vergrößernder Stützweite dynamisch abgesenkt wird.

Hat die Abbaufläche eine Breite von $b \geqq 2R$, so lassen sich aus den beobachteten Senkungen die Normalsenkungs-Zeit-Kurven der Tagespunkte für verschiedene Abbaufortschritte zeichnen, die nicht mit der errechneten Zeitfaktorkurve*) verwechselt werden dürfen, wie es häufig geschieht. Nur bei sehr großem Abbaufortschritt oder kleiner Teufe nähert sich die Punktsenkungslinie der des Zeitfaktors. Um die üblicherweise über Teilflächen beobachtete Punktsenkung mit der Normalsenkungs-Zeit-Kurve vergleichen zu können, sollte bei der Darstellung der Senkungszeitkurve auf der lotrechten Senkungs-Achse auch die Größe des Einwirkungsfaktors e und auf der waagerechten Zeit-Achse der Vollflächendurchmesser oder die zum Verhieb der Vollänge 2R erforderliche Zeit angegeben werden.

Wie man aus Abb. 160 außerdem ersieht, ist die maximale Senkungsgeschwindigkeit, also der größte Senkungszuwachs in einer Zeiteinheit, für die einzelnen Übertagepunkte einer streichenden Meßlinie über dem fortschreitenden Abbaustoß etwas verschieden, und zwar zur Muldenmitte hin größer als am Trogrand, was angesichts der intensiveren Einwirkung auf den abbauzentralen Punkt während der Unterbauung verständlich ist. Noch deutlicher ist die zur Abbaumitte hin zunehmende Steilheit der Senkungs-Zeit-Kurven - hier bezogen auf die für jeden Punkt verschieden große Endsenkung - im Querprofil (Abb. 161) zu erkennen. Die Senkungsgeschwindigkeit eines Übertagepunktes ist folglich nicht nur vom Abbaufortschritt, sondern auch von seiner Lage zum Abbau abhängig. Der betrachtete Punkt erhält in jeder Zeiteinheit einen neuen und je nach Abbaugröße, Abbaufortschritt und Lage der Abbaufront verschieden großen "Einwirkungsimpuls", der eine entsprechende Änderung der Senkungsgeschwindigkeit - eine Beschleunigung oder eine Verzögerung - zur Folge hat. Die stetige Zu- und spätere Abnahme der "Impulse" drückt sich in dem Verlauf der Zeit-Senkungs-Kurven aus.

*) Die Zeitfaktorkurve (Abb. 169) veranschaulicht die mit der Zeit zunehmende Einwirkungsfähigkeit eines Quartalsabbaufeldes und nicht den Senkungsverlauf eines Punktes.

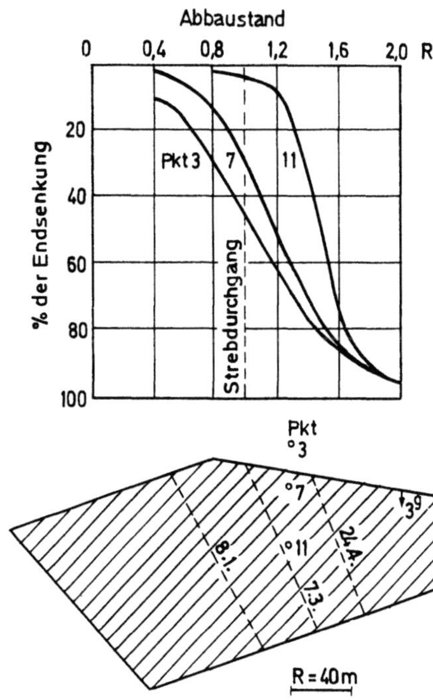

Abb. 161. Der zeitliche Senkungsverlauf der querschlägig gelegenen Punkte 3, 7 und 11 in Abhängigkeit vom Abbaustand (oben) sowie ihre grundrißliche Lage zum Abbau in 56 m Teufe (unten). Mittlerer Abbaufortschritt 1 m/d, Vollsenkung rd. 61 cm (n. Pfläging)

Die Normalsenkungs-Zeit-Kurve läßt sich analytisch aus der Zeitfaktorkurve z(t) ableiten, wenn deren Gültigkeit für jedes Abbauteilchen und jeden Abbaufortschritt unterstellt wird (Perz 1948), was nach neueren Beobachtungen nur für die erste Durchbauung zutrifft. Bei diesem Verfahren werden die differentiellen Senkungseinwirkungen dv_z schmaler Abbaustreifen dx auf einen Punkt P mit Hilfe des Zeitfaktors z unter Berücksichtigung der für jeden Streifen verschieden langen Einwirkungsdauer t auf die Zeitgrößen $dv_{z\ dyn}$ reduziert, die dann für die gesamte Abbaufläche zum gesuchten zwischenzeitlichen Senkungswert $v_{z\ dyn}$ des Punktes P summiert werden. So ruft beispielsweise ein Abbaustreifen dx an der Stelle x mit der endgültigen Senkungseinwirkung dv_z am Punkt P beim Abbaustand i, wenn das streifenförmige Abbauelement um i - x hinter der Abbaufront liegt (Abb. 162, links) und dementsprechend bei einem jährlichen Abbaufort-

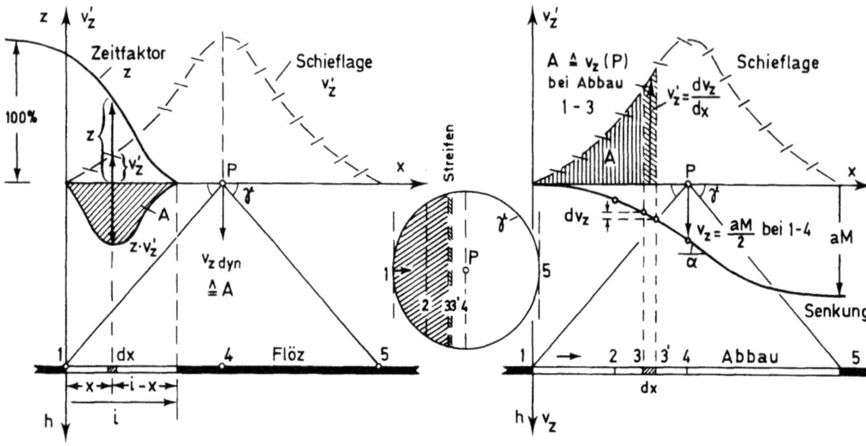

Abb. 162. Die Berechnung der zwischenzeitlichen Senkung beim streifenweisen Verhieb der Vollfläche aus der Schieflage- und Zeitfaktorkurve (links). Der Senkungsanteil des schmalen Abbaustreifens 3-3' am Punkt P entspricht der Schieflage der Normalsenkungskurve an dieser Stelle (rechts) (nach Perz)

schritt l (in m) während einer Zeitdauer von

$$t = (i - x) : l \qquad \text{(Jahre)} \tag{332}$$

eingewirkt hat, eine zwischenzeitliche Senkung am Punkt P von

$$dv_{z\,dyn} = dv_z \cdot z \tag{333}$$

hervor. Die Zeitfaktorkurve muß daher in Abb. 162 vom Abbaustand i aus nach links aufgetragen werden, um den zeitlichen Einwirkungsgrad für jedes hintere Abbauelement an der Zeitfaktorkurve z(t) ablesen zu können. Die zwischenzeitliche Senkung des Punktes P beim Verhieb der gesamten Fläche beträgt somit beim Abbaustand i

$$v_{z\,dyn} = \int_{x=0}^{x=i} z \cdot dv_z = \int_0^i z \cdot v_z'(x) \cdot dx = A\,. \tag{334}$$

In dieser Gleichung wird die differentielle Senkungseinwirkung dv_z der schmalen Abbaustreifen auf den Punkt P durch die Schieflage $v_z'(x) = dv_z/dx$ der Normalsenkungskurve an der Stelle x des Abbaustreifens ersetzt. Bekanntlich steigt die endgültige Senkung v_z eines Tagespunktes P beim streifenweisen Verhieb der Vollfläche von 1 nach 5 in Form einer Normalsenkungskurve von 0 beim Abbaustand 1 bis auf v_{z5} = aM beim Abbaustand 5 an (Abb. 162, rechts). Diese Erkenntnis nutzt man übrigens auch bei der Senkungsberechnung mit K_z-Tafelwerten (Abschnitt 8.34). Die Zunahme dv_z der Senkung am Punkt P, die bei einem unendlich kleinen Vorrücken der Abbaufront um dx von 3 nach 3' entsteht, entspricht demnach der Schieflage $v_z'(x)$ der Normalsenkungskurve oberhalb der Stelle x = 3, so daß dem schmalen Abbaustreifen dx an der Stelle 3 eine gleichgroße Senkungseinwirkung von $dv_z = v_z'(x_3)$ zukommt. Das Produkt aus den Schieflagen $v_z'(x)$ und den zugehörigen Zeitfaktoren z(x) ergibt schließlich eine Kurve, die eine schraffierte Fläche A umschließt, die die gesuchte zwischenzeitliche Punktsenkung $v_{z\ dyn}$ beim Abbaustand i darstellt.

Eine solche graphische Auswertung ist in Abb. 163 für einen Übertage-

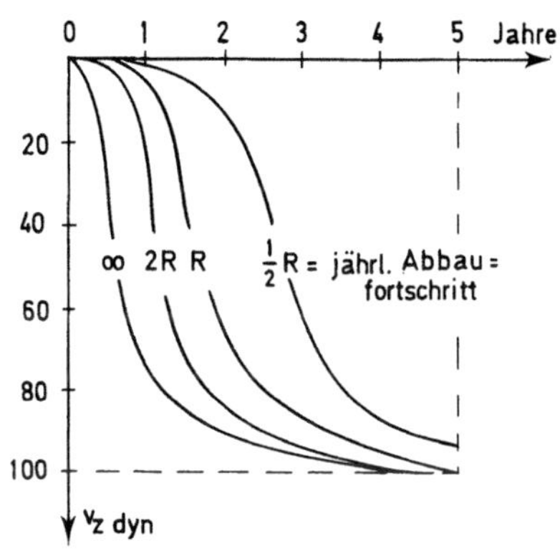

Abb. 163. Der zeitliche Senkungsverlauf eines Tagespunktes bei verschiedenen Abbaufortschritten (nach Perz)

punkt mit verschiedenen Abbaufortschritten ausgeführt worden. An den Neigungen der erhaltenen Normalsenkungs-Zeit-Kurven erkennt man, daß die Senkungsgeschwindigkeit eines Punktes dem Abbaufortschritt nahezu proportional ist. Demzufolge hängen auch die aus Senkungsbeobachtungen über einem kontinuierlichen Abbau hergeleiteten Werte des Zeitfaktors vom Abbaufortschritt und von der Wahl der Größe der Bauabschnitte, auf die der Zeitfaktor sich bezieht, ab (siehe Abschnitt 10.32).

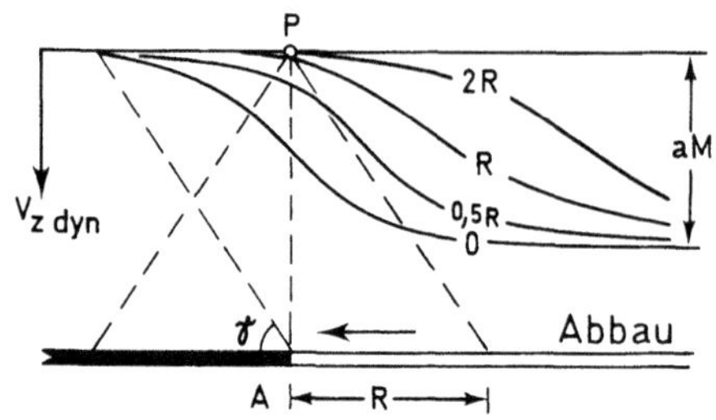

Abb. 164. Die Formen der zeitlichen Normalsenkungskurven bei verschiedenen jährlichen Abbaufortschritten von 0 bis 2 R (nach Perz). Der auf die 2 cm-Senkungslinie bezogene Grenzwinkel am Gewinnungsstoß wird mit wachsendem Abbaufortschritt steiler

Die d y n a m i s c h e Form der Senkungsmulde über dem stetig wandernden Gewinnungsstoß, wie sie Abb. 158 wiedergibt, kann in der beschriebenen Weise graphisch ermittelt werden, indem man mehrere Profilpunkte wählt. Dies ist einmal in Abb. 164 für einen Abbaustand und jährliche Abbaufortschritte von l = 0 bis 2R sowie zum anderen in Abb. 165 für mehrere Abbaustände x = 0,5 R bis 2R geschehen. Man sieht aus Abb. 164, wie das Muldenprofil umso flacher ist, je schneller der Abbau geführt wird, denn der betrachtete Abbaustand A wird je nach Verhiebsgeschwindigkeit eher oder später erreicht, so daß z.B. ein schneller Verhieb eine kurze Einwirkungszeit des Abbaus, eine schwache Schichtenbiegung sowie eine geringe Versatzkompression bedeutet.

In Abb. 165 liegt bei einem konstanten Abbaufortschritt das Mulden-

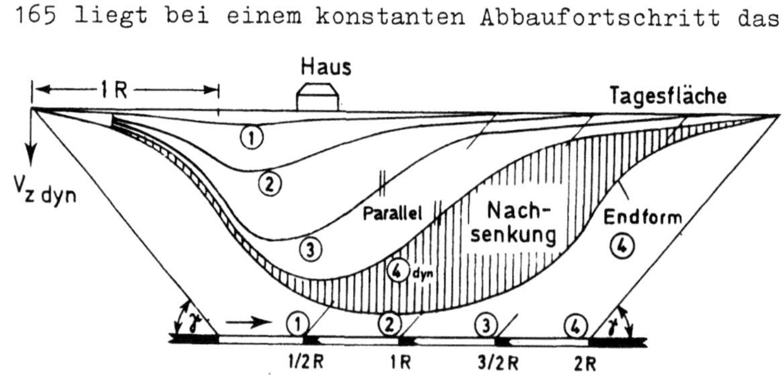

Abb. 165. Zwischenzeitliche Senkungslinien über einem bis zur Vollfläche stetig fortschreitenden Abbau im Zeitpunkt des Abbaustandes 1/2 R, R, 3/2 R und 2 R sowie Endzustand der Senkungen

tiefste in allen Zwischenformen dem linken Abbaurand (Anlaufstoß) näher als der Abbaumitte. Die zwischenzeitliche Muldenform weist an keiner Stelle eine stärkere Neigung und Krümmung auf als in der zum betreffenden Abbaustand gehörigen Endform, was für die Voraussage starker Schieflagen, Bodenkrümmungen und Längenänderungen wichtig ist. Von besonderer Bedeutung für die bergschadenmindernde Abbauführung ist außerdem die Feststellung, daß die rechte Muldenflanke in ihrer Form konstant und gleichlaufend mit dem Verhieb wie eine "Bugwelle" wandert, sobald eine Abbaugröße erreicht ist, bei der sich annähernd die Endkonvergenz aM in der Baufeldmitte eingestellt hat. Im Beispiel der Abb. 165 ist das bei einer Baufeldlänge von 1,5 R - Abbaustand 3 - der Fall.

Es sei in diesem Zusammenhang aber auf die Ausführungen am Ende des Abschnittes 10.1 hingewiesen, wonach die Verflachung der mitwandernden Trogflanke bei höherer Abbaugeschwindigkeit (Abb. 164) sowie die zwischenzeitlich geringen Schieflagen und Krümmungen (Abb. 165) weder auf die tagesnahe Unterbauung eines klüftigen Gebirgskörpers bei vorgezeichneten Bewegungsbahnen und geringer Nachsenkung noch auf den sehr schnellen Verhieb eines überbauten Flözes bei wöchentlich nachfolgender Bodensenkung übertragen werden dürfen. Für ein Gebirge mit überwiegender Biegeverformung und weicher Deckschicht behalten jedoch die Feststellungen aus Gl. (334) ihre Gültigkeit.

In neuerer Zeit ist zu der schon früher untersuchten Senkungsgeschwindigkeit der Begriff der S e n k u n g s v e r z ö g e r u n g eingeführt worden (Czubik 1971). Diese Senkungsverzögerung d_t für den Zeitpunkt t stellt die Differenz zwischen der für den jeweiligen Abbaustand mit z = 1 berechneten Senkung $v_z = a \cdot M \cdot e \cdot 1$ des Beobachtungspunktes (Abb. 166), wie sie unverzögert erfolgen würde, und der beim Erreichen dieses Abbaustandes am betreffenden Übertagepunkt gemessenen zwischenzeitlichen Senkung $v_{z\ dyn}$ dar:

$$d_t = v_z - v_{z\ dyn} \, . \qquad (335)$$

Das Maximum der Senkungsverzögerung beträgt für das in Abb. 166 gewählte Beobachtungsbeispiel (H = 525 m, Abbaufortschritt 1,35 m/d) rd. 38% derjenigen Endsenkung $v_{z\ end}$, die sich nach Verhieb des gesamten Vollflächenstreifens einstellt. Das Verzögerungsmaximum tritt bei einem Abbaustand auf, für den die mit z = 1 berechnete Senkung

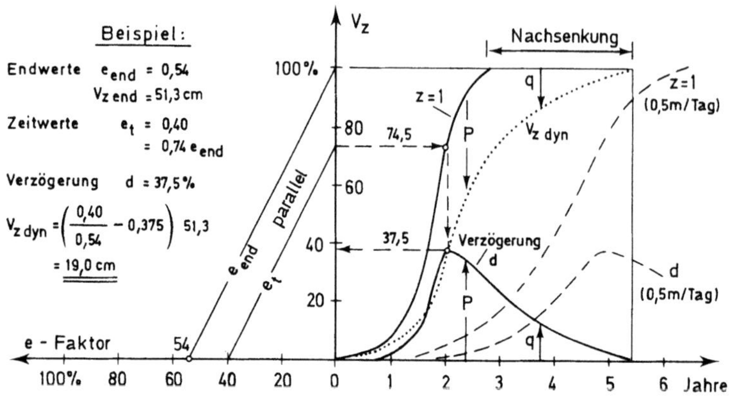

Abb. 166. Die Ermittlung der zwischenzeitlichen Senkung aus der berechneten Senkungskurve (z = 1) und der gegebenen Verzögerungskurve für einen zeitlichen Einwirkungsfaktor von 0,40. Konstruktion der Verzögerungskurve aus der Kurve der gemessenen zeitlichen Senkungen durch Abtragen der Abstände p und q. Abbaufortschritt 1,35 m/d (nach Czubik)

einen Wert von rd. 75% der Endsenkung aufweist. Beim Austritt des Abbaus aus dem Vollflächenkreis des betrachteten Punktes fehlen bei der zeitlichen Senkung noch 27,5% von dem berechneten Endwert der Senkung; die statische Nachsenkung nach Stundung des Abbaus dauert in dem aus dem nördlichen Ruhrgebiet gewählten Beispiel der Abb. 166 rd. 2,5 Jahre. Die dynamische Restsenkung hinter dem fortschreitenden Gewinnungsstoß im Anschluß an den erreichten Endstand e_{max} der bergbaulichen Einwirkung klingt schon in ungefähr 1,5 Jahren ab. In einem stark durchbauten Gebirge sowie beim tagesnahen Abbau kann die geringe Nachsenkung von 5 bis 10% bereits in wenigen Monaten beendet sein.

Der zeitliche Ablauf der Längenänderung (Zerrung, Pressung) läßt sich an der Form der zwischenzeitlichen Trogprofile erkennen (Abb. 165). Ein Bauwerk über dem Abbaustoß 1 wird beim Abbaustand R/2 zunächst gezerrt, weil der Baugrund dort sattelförmig gekrümmt ist. Beim Abbaustand R befindet sich das Bauwerk in Nähe des Wendepunktes, wo die Zerrung in Pressung übergeht. Beim Abbaustand 1,5 bis 2 R verformt sich der Baugrund muldenartig; das Bauwerk wird auf Pressung beansprucht, die mit Einkehr der Bodenruhe an der betrachteten Stelle wieder etwas zurückgeht. Die zu diesen

Trogformen gehörenden zwischenzeitlichen Verschiebungskurven $v_{x\ dyn}$ können nach dem bei der Senkungsberechnung angewandten gleichen Verfahren aus der Verschiebungswirkung dv_x der Abbauelemente, d.h. aus der Integration der Längenänderungskurve $\pm\ \varepsilon_s = dv_x/dx$ über der Vollfläche für den Punkt P innerhalb der Abbaufrontgrenzen (z.B. a und b) abgeleitet werden (Abb. 167):

$$v_{x\ dyn} = \int_{x=a}^{x=b} z \cdot dv_x = \int_a^b z \cdot \varepsilon_s(x) \cdot dx \,. \tag{336}$$

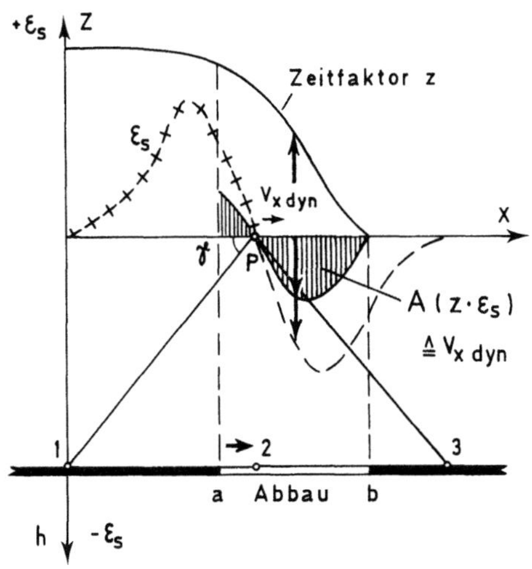

Abb. 167. Die Berechnung der zwischenzeitlichen Verschiebung beim streifenweisen Verhieb der Vollfläche aus der Längenänderungskurve und der Zeitfaktorkurve (nach Perz)

Im Punkt P der Abb. 167 besitzt die Längenänderungskurve ihr Minimum, weil ein schmaler Abbaustreifen lotrecht darunter an der Stelle 2 keinen Verschiebungseinfluß $dv_x = \varepsilon_s$ auf P hat (Perz 1948). Die Längenänderungswerte, die als erste Ableitung der Verschiebungskurve dv_x/dx die zu jedem Abbauelement gehörige Punktverschiebung vorstellen und als Zeitgröße der zwischenzeitlichen Senkung direkt proportional sind, treten bei einem stetigen Verhieb ebenso wie die Schieflagen in Gl. (334) nur mit dem Anteil des ihnen zukommenden Zeitfaktors z am Punkt P auf.

Auf diese Weise wurden die zwischenzeitlichen Verschiebungskurven der Abb. 168 für die Abbaustände 0,5 R, 1 R und 2 R berechnet und den Endformen (z = 1) gegenübergestellt. Die gefährlichen Pressungen (kritisches Pressungsmaximum) treten im Endstand über dem bei 1R gestundetem Abbau auf. Die zwischenzeitliche Längenänderung ist mit Ausnahme der Zone über der Vollflächenmitte in allen Fällen kleiner als die mit z = 1 für den gleichen Abbaustand berechnete Endgröße. Sie nimmt mit schneller werdendem Verhieb ab, da die Mulde dann flacher wird. In einem schon durchbauten Gebirge und vor allem beim tagesnahen Abbau kann ein gesteigerter Abbaufortschritt aber auch eine zunehmend "geschiente" Bewegung und "spitze" Trogformen, also große Längenänderungen zur Folge haben (siehe Abschnitt 10.1). Die längenänderungsfreien oder "neutralen" Zonen des Zerrungs-Pressungs-Überganges rücken mit wachsender Abbaulänge näher an die nach oben projizierte Abbaukantenlinie heran, ausgenommen in der dynamischen Kurve

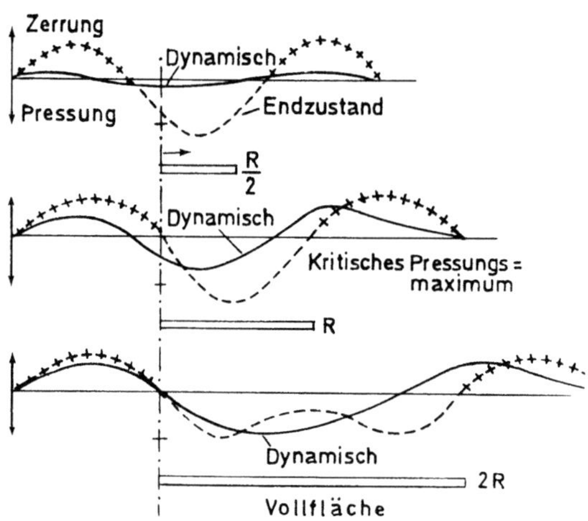

Abb. 168. Der zwischenzeitliche, dynamische Zerrungs- und Pressungszustand über verschieden große Abbauflächen (nach Perz und Niemczyk)

über dem fortschreitenden Stoß, wo sich diese Zone weiter nach innen verlagert, also hinter dem laufenden Abbaustoß immer mehr zurückbleibt (vgl. Abb. 210). In dieser Welle liegen das Zerrungsmaximum beispielsweise um 0,15 R, das Schieflagemaximum um 0,3 R und das Pressungsmaximum um 0,5 R (1 R = 165 m) hinter der Abbaufront, wenn der um 3 m täglich vorrückende Bruchbaustreb in 200 m Teufe umgeht und ein Deckgebirge fehlt (Pfläging 1973). Über dem ruhenden, linken Abbaustoß ist in Abb. 168 der Unterschied zwischen dynamischer und endgültiger Längenänderung - in diesem Fall Zerrung - schon bei einer Abbaulänge von 1R an gering.

Der einleitend erwähnten Erhöhung der Abbaugeschwindigkeit von 0,5 bis 1,5 m/d auf heute durchschnittlich 2,5 m/d, häufig aber auch schon auf 4 bis 5 m/d wird die im Ruhrgebiet öfters beobachtete steile und unsymmetrische Trogprofilform von einigen Autoren zugeschrieben. Nun sind unsymmetrische Trogprofile jedoch schon früher bei geringen Abbaufortschritten und steile Trogflanken nicht nur im Saarrevier, sondern auch im Ruhrgebiet bei mehrmaliger Unterbauung, wie beispielsweise in den Schachtschutzzonen, beobachtet worden. Es hat aber nach den bisher vorliegenden Messungen den Anschein, als ob die heutige Gewinnungstechnik für diese vom Schulbeispiel abweichende Form der Trogbildung förderlich ist, so daß steile und unsymmetrische Mulden mit geringer Vorfeldsenkung bereits bei der ersten Unterbauung eines Alten Mannes festgestellt werden können (Lautsch 1971, Spickernagel 1972). Obwohl also der Durchbauungsgrad des Gebirges beim Abbau eines zweiten Flözes normalerweise noch gering ist, wird die Entfestigung der Gebirgsblöcke vermutlich bei einem hohen Abbaufortschritt und vorherrschendem Bruchbau durch periodische Hangendabrisse verstärkt, die nach jeder Unterbauung weiter aufreißen und dem Haupthangenden bei der Durchbiegung als Bewegungsbahnen dienen (siehe Abb. 18).

Der heutige Arbeitsrhythmus im Abbaubetrieb, bei dem auf eine fünftägige, mitunter kontinuierliche Gewinnung eine zweitägige Ruhepause folgt, kann dazu führen, daß das Haupthangende während des Strebstillstandes am Wochenende die "unterlaufene" Durchbiegung nachholt, wobei es überwiegend zu einer "geschienten Bewegung" des hangenden Festgesteins auf den vorgegebenen Klüften und den neuen Bruchflächen (Abrissen) kommt (Abb. 7). Die breit aufreißenden Abrisse über der stillstehenden Abbaukante und die blockweise Gebirgsrutschung auf den steil einfallenden Klüften können sich bis zur Tagesoberfläche fortsetzen und dort erhebliche Bauwerksschäden verursachen, falls nicht das Festgestein von mächtigen, lockeren Schichten, die als Polster für das Bauwerk wirken und die Bruchverformung des Hangenden vom Bauwerksfundament fernhalten, bedeckt und der Abbau mehr als 200 m tief ist (Pfläging 1973). Nach dem sich alle fünf Tage wiederholenden Abriß des Hangenden (Abb. 20) erhöht sich der Druck auf den Versatz in der Strebrandzone und wandert die Zusatzdruckspitze vom Stoß wieder in das Vorfeld hinein (Abb. 79). Das verhältnismäßig schnelle Unterfahren und Freilegen eines bis zu 25 m breiten Hangendstreifens während der fünf Gewinnungstage löst also nach dem Abriß des Haupthangenden eine fast schlagartige und örtlich auf den soeben unterbauten Gebirgsblock konzentrierte Nachsenkung aus, die sich in einem stark durchbauten Gebirge bis zur Tagesoberfläche als schnelle Vertiefung des Senkungstroges über dem Gewinnungsstoß auswirken kann (Abb. 169). Nach weiteren fünf Tagen, in denen die sehr flach einfallende Trograndzone zusammen mit dem Gewinnungsstoß in das Vorfeld ge-

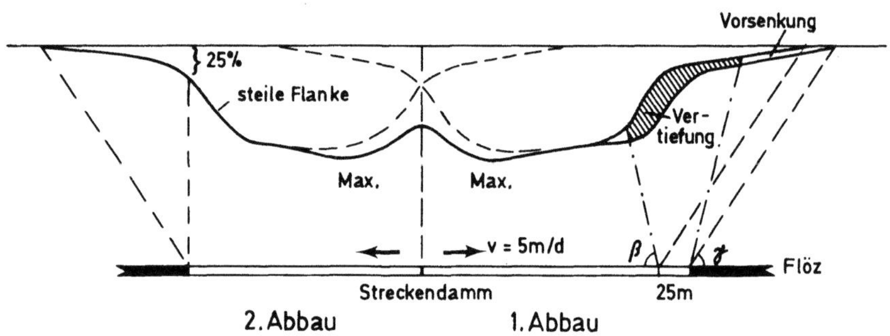

Abb. 169. Die schematische Trogform - unsymmetrisch und mit steiler Flanke - bei einem schnellen Abbaufortschritt und einer mehrmaligen Durchbauung des Gebirges. Vorsenkung während des kontinuierlichen, fünftägigen Verhiebs und Trograndvertiefung innerhalb der Bruchwinkel über dem frisch abgebauten, 25 m breiten Feldstreifen während der zweitägigen Ruhepause am Wochenende. Zwei Senkungszentren nach Verhieb eines benachbarten Baufeldes

wandert ist, folgt wiederum eine Trogvertiefung über dem frisch verhauenen Feldstreifen (Lippmann 1973). In der Abbaurichtung breitet sich demnach die Mulde zuerst als geringe Vorsenkung gleichlaufend mit dem Verhieb aus und vertieft sich anschließend über dem ruhenden Gewinnungsstoß, so daß im Zusammenhang mit der Blockbruchbewegung auch im dynamischen Trogbild eine steile Flanke auf der Gewinnungsstoßseite entsteht, die wegen der gegenüber früheren Werten jetzt größeren Schieflage, Krümmung und Längenänderung für Bauwerke sehr schädlich sein kann (vgl. Abb. 168). Ein hoher Durchbauungsgrad sowie ein schneller und kontinuierlicher Verhieb vorausgesetzt, kann folglich auch schon die zweite Gebirgsbewegungsphase, die durch einen großen Senkungsanstieg während der Bruchverformung im unterbauten Hangenden gekennzeichnet ist (Abb. 30), an der Tagesoberfläche sichtbar werden (Spickernagel 1972).

Über der Abbaukante wird im Endstand nur eine Bodensenkung von rd. 30% der maximalen Senkung gemessen. Das liegt, wie im Abschnitt 1.2

ausgeführt wurde, daran, daß die Biegelinie einer Dachschicht ebenso wie die einer höheren Schicht hinter der Abbaukante umso steiler abfällt, je biegeschlaffer oder brüchiger das Gebirge ist und je weniger weit die unterbauten Schichten die Gebirgslast in das Vorfeld verlagern können (Abb. 8). Ein schneller Abbaufortschritt fördert außerdem die Bildung breiter, hoch nach oben gehender Gebirgsrisse, wodurch das Gebirge insgesamt klastischer und biegeschlaffer sowie der Bewegungsvorgang mehr zur Abbaumitte verlagert wird. Die geringe Absenkung im Vorfeld und direkt über der Abbaukante trägt andererseits zur Bildung von zwei Senkungsmaxima bei, wenn das Abbaufeld um einen zweiten Abschnitt erweitert wird (Abb. 169). Außerdem spielt hierbei der das Gebirge in der Gesamtfeldmitte stützende Streckendamm eine Rolle (Abb. 11).

Es kann weiterhin angenommen werden, daß der Lastwechsel während des Abbaus am längsten auf das Gebirge über dem Anlaufstoß einwirkt; die Bruchbildung wird dort besonders intensiv sein und am weitesten die höheren Schichten erfassen, was die verstärkte Absenkung über dem Anlaufstoß und die Unsymmetrie des streichenden Trogprofils erklärt: Durch Reibungskraft und Formschluß überträgt sich die Absenkung des jeweils vorderen Gebirgsblockes als neuer Bewegungsimpuls auf die bereits abgesunkenen hinteren Gebirgsblöcke, wodurch der Versatzdruck dort größer sein muß als auf der Gewinnungsstoßseite, wo auch die Biegesteifigkeit der Gebirgsschichten noch höher und die Entfestigung der Schichtblöcke von Kluft zu Kluft weniger fortgeschritten ist.

10.3 Die Berechnung der zeitlichen Bodenbewegung

10.31 Ältere Verfahren und der Verzögerungsfaktor

Die sich mit dem Abbaufortschritt in ihrer Größe und Art ändernden Bodenbewegungen werden bei betrieblichen Planungen häufig für die viertel- oder halbjährlichen Abbaustände mit z = 1 berechnet (Rellensmann 1940). Die abzubauende Fläche wird bei diesem einfachsten Verfahren in schmale Streifen zerlegt, und zu jedem Streifen ermittelt man den Senkungs- oder Verschiebungsendwert. Die bis zu den jeweiligen

Abbauständen addierten Endwerte ergeben qualitativ richtige Bewegungsbilder in Abhängigkeit von der sich vergrößernden Abbaufläche. Es läßt sich nach diesem Verfahren beispielsweise beurteilen, wann die Zerrung an einem Bauwerk in eine Pressung übergeht (Abb. 168) und welcher Höchstwert im ungünstigsten Falle (z = 1) eintreten kann (Abb. 86). Vernachlässigt wird hierbei jedoch, daß sich die volle Einwirkungsfähigkeit eines Abbaustreifens erst allmählich mit der Zeit entwickelt. So hat ein Abbaustreifen 1/4 Jahr nach seinem Verhieb z.B. erst 50% seiner vollen Einwirkungsfähigkeit erreicht. Um quantitativ richtige Aussagen über den zwischenzeitlichen Bewegungsablauf treffen zu können, muß also außer dem fortschreitenden Verhieb (e-Faktor) auch noch der Zeiteinfluß (z-Faktor) bei der Bodenbewegungsberechnung berücksichtigt werden.

Der Zeitfaktor z ist in der Senkungsformel $v_z = a \cdot M \cdot e \cdot z$ die unsicherste Rechengröße. Er wird aus dem gemessenen zeitlichen Senkungsverlauf eines Bodenpunktes, unter dem ein Abbau umgeht, abgeleitet, indem die beispielsweise in vierteljährlichen Abständen beobachteten zwischenzeitlichen Punktsenkungen $v_{z\ dyn}$ (Kurve 2 in Abb. 170) auf die Endsenkung $v_{z\ end}$ bezogen werden, die sich später über einer noch größeren Abbaufläche nach Durchlaufen der Vollfläche einstellt (siehe Gl. (311)). Diese Verhältniszahlen

$$z_t = v_{z\ dyn} : v_{z\ end} \tag{337}$$

stellen dann die Zeitfaktoren für das 1., 2. ... Quartal nach Beginn

Tafel 19. Die vierteljährlich gemessenen Senkungen über einem stetig vorrückenden Abbau sowie die zu jedem Quartalsstand berechneten Endsenkungen (z = 1) und Zeitfaktoren

Bauabschnitt Quartal	Gemessene zeitliche Senkung $v_{z\ dyn}$	Berechnete Endsenkung (z = 1) $v_z = e_t \cdot a \cdot M$ einzeln	zusam.	Zeitfaktor z (Quartal)
I	4 cm	8 cm	8 cm	0,50
II	13 cm	14 cm	22 cm	0,75
III	35,2 cm	35 cm	57 cm	0,90
IV	54 cm	15 cm	72 cm	1,00
V	69 cm	8 cm	80 cm	1,00
Nachsenkung	11 cm	0		

der Einwirkung dar. Der Zeitfaktor für das zweite Quartal beträgt z. B. in Tafel 19 z_{II} = 13 : 80 = 0,163. In der Vorausberechnung braucht dann lediglich die für den Übertagepunkt berechnete Endsenkung $v_{z\ end}$ = 80 cm mit dem Zeitfaktor des zweiten Quartals von z_{II} = 0,16 multipliziert zu werden, um die zwischenzeitliche Senkung $v_{z\ dyn\ II}$ = 80 · 0,16 = 13 cm des Punktes am Ende des zweiten Quartals nach Einwirkungsbeginn zu erhalten. Dieses Verfahren setzt einen den Einwirkungsbereich des Punktes vollständig durchlaufenden Streb (Abb. 170)

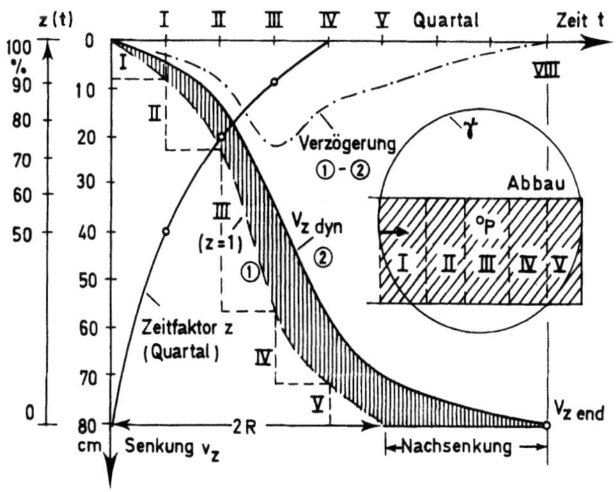

Abb. 170. Die Ableitung der Zeitfaktoren aus den Zeitwerten der Kurven $v_{z\ dyn}$ und z = 1 nach Gl. (338) (2 : 1), aus der Kurve $v_{z\ dyn}$ und dem Endwert $v_{z\ end}$ nach Gl. (337) (2 : Endwert) oder allgemeingültig aus G. (342) für einen die Vollfläche stetig durchlaufenden Streb

voraus, dessen Verhiebsgeschwindigkeit und Abbauteufe mit denen des Beobachtungsstrebes, für den die Zeitfaktoren abgeleitet wurden, übereinstimmen.

Nach einer anderen Auffassung kann die zur Zeit t gemessene zwischenzeitliche Senkung $v_{z\ dyn}$ durch die berechnete, größtmögliche Punktendsenkung $v_z = a \cdot M \cdot e_t$ (Kurve 1 in Abb. 170) bei einer Abbaufläche zum Zeitpunkt t dividiert werden:

$$z_t = v_{z\ dyn} : v_z , \tag{338}$$

z.B. mit den Werten der Tafel 19 für z_{II} = 13 : (8 + 14) = 0,60.

Bei diesen Verfahren wird also zuerst die Endsenkung des betreffenden Punktes für den Abbaustand nach dem zweiten Quartal aus $v_z = a \cdot M \cdot e_{II} = 1{,}00 \cdot 0{,}22 = 22$ cm berechnet. Dieser Wert, mit dem Zeitfaktor $z_{II} = 0{,}60$ multipliziert, ergibt dann die zwischenzeitliche Punktsenkung von $s_{II} = 22 \cdot 0{,}60 = 13$ cm. Beide Zeitfaktoren der Gl. (337) und (338) sind auf andere als die der Ableitung zugrunde liegenden Abbauverhältnisse nicht übertragbar.

Weiterhin können bei bekannter Senkungsverzögerungskurve aus der unverzögert berechneten ($z = 1$) Senkungskurve die zwischenzeitlich auftretenden Senkungsbeträge berechnet werden, wie es Abb. 166 für einen den Vollflächenkreis durchlaufenden Streb zeigt. Die mit dem Integrationsnetz für den Punkt P gefundenen Einwirkungsfaktoren betragen $e_{end} = 0{,}537$ beim Austritt des Strebes aus dem Vollflächenkreis ($v_{z\ end} = 51{,}3$ cm) und $e_t = 0{,}40$ oder 74,5% e_{end} beim Abbaustand des Berechnungszeitpunktes ($t = 2$ Jahre). Der um den im Diagramm abgelesenen Verzögerungswert 37,5% verminderte relative Einwirkungsfaktor e_t ergibt den zwischenzeitlichen Einwirkungswert von $74{,}5 - 37{,}5 = 37{,}0$% der Endsenkung:

$$v_{z\ dyn} = 51{,}3 \cdot 0{,}37 = 19{,}0 \text{ cm.}$$

Dieses Ergebnis liefert übrigens auch die Gleichung (338) mit $e_t = v_z/aM$ in %, wenn man statt der Senkungsverzögerung die Zeitfaktoren aus dem Verhältnis $z_t = v_{z\ dyn} : e_t$ (hier $37{,}5 : 74{,}5 = 0{,}50$, siehe punktierte Linie in Abb. 166) bildet:

$$v_{z\ dyn} = e_t \cdot z_t \cdot v_{z\ end} = 0{,}745 \cdot 0{,}50 \cdot 51{,}3 = 19 \text{ cm.}$$

Die Kurven für andere Abbaugeschwindigkeiten (z.B. 0,5 m/d, siehe Abb. 166) können aus der beobachteten Kurve dadurch gewonnen werden, daß die Zeitwerte proportional zu den Endeinwirkungszeiten gestreckt werden, wobei die Nachsenkung vom Abbaufortschritt unabhängig und für alle Verzögerungskurven gleich sein soll. Der Vorteil dieses Rechenverfahrens wird darin gesehen, daß man sich von der im Planungsstadium noch ungewissen Zeiteinteilung der gesamten Abbaufläche frei machen kann und für die beliebig groß gewählten Baufeldabschnitte später nur die zugehörigen Einwirkungsfaktoren zu bestimmen braucht (Czubik 1971).

10.32 Der auf die Einheitsfläche bezogene Zeitfaktor

Zu einem von den Gl. (337) und (338) abweichenden, aber allgemeingültigen Zeitfaktor gelangt man, wenn man ihn nicht auf eine sich ständig vergrößernde Abbaufläche, sondern nur auf die konstante Größe einer Einheitsfläche, die während der gewählten Zeiteinheit (z.B. Quartal) verhauen wurde, und auf deren Endeinwirkung bezieht (Perz 1944, Bals, Fläschenträger 1957). Eine derartige Fläche (Quartalsfläche) wird beispielsweise sofort nach ihrem Verhieb am Ende der einfachen Zeiteinheit (1. Quartal) mit 50% (z = 0,50), am Ende der doppelten Zeiteinheit (2. Quartal), wenn der Abbau bei gleichbleibendem Verhiebsfortschritt um eine weitere Einheitsfläche zugenommen hat, mit 75% (z = 0,75), nach drei Zeiteinheiten (3. Quartal) mit 90% (z = 0,90 usw.) ihrer vollen Einwirkungsfähigkeit von $a \cdot M \cdot e_{Quartal}$ auf einen Übertagepunkt einwirken (Tafel 19). Für die neu hinzukommenden Abbaueinheitsflächen II, III usw. gelten unter Beachtung ihrer Einwirkungsdauer dieselben Zeitfaktoren z_t wie für die Fläche I. Am Ende des 3. Quartals ist also der Übertagepunkt P (Abb. 170) von der ersten Einheitsfläche um $0{,}90 \cdot a \cdot M \cdot e_I$, von der zweiten Einheitsfläche um $0{,}75 \cdot a \cdot M \cdot e_{II}$ und von der dritten Einheitsfläche um $0{,}50 \cdot a \cdot M \cdot e_{III}$, insgesamt also nach dem 3. Quartal um

$$v_{z3} = (90 \cdot e_i + 0{,}75 \cdot e_{II} + 0{,}50 \cdot e_{III}) \cdot aM$$

abgesenkt worden.

Das Bildungsgesetz für die Berechnung der zwischenzeitlichen Bodenbewegungen wird aus den folgenden Gleichungen sichtbar, die für die zwischenzeitlichen Senkungen eines Übertagepunktes P im 1., 2., 3. ... Quartal nach Einwirkungsbeginn bei einem stetig fortschreitenden und mit u Einheitsflächen einwirkenden Abbau aufgestellt sind ($z_4 = 1$):

$$\begin{aligned}
v_{z1} &= aM\,(z_1\, e_I) \\
v_{z2} &= aM\,(z_2\, e_I + z_1\, e_{II}) \\
v_{z3} &= aM\,(z_3\, e_I + z_2\, e_{II} + z_1\, e_{III}) \\
v_{z4} &= aM\,(z_4\, e_I + z_3\, e_{II} + z_2\, e_{III} + z_1\, e_{IV}) \\
v_{z5} &= aM\,(z_4\, e_I + z_4\, e_{II} + z_3\, e_{III} + z_2\, e_{IV} + z_1\, e_{V}) \\
&\cdots\cdots\cdots\cdots\cdots\cdots \\
v_{z\,end} &= aM\,(z_4\, e_I + z_4\, e_{II} + z_4\, e_{III} + z_4\, e_{IV} + z_4\, e_{V} + \ldots\ldots + z_4\, e_u)\,.
\end{aligned} \qquad (339)$$

Die Bodenruhe $v_{z\ end}$ kehrt nach u + (4 - 1) Zeitabschnitten (Quartalen) wieder ein. Als Matrizenprodukt lautet die Gl. (339) (Kratzsch 1968):

$$\{v_{z\ dyn}\} = aM\,[Z]\,\{e\}. \tag{340}$$

Die Elemente dieser Spaltenvektoren bzw. der Dreiecksmatrize werden nach dem Schema der Gl. (339) geordnet, wobei $z_4 = 1$ sein und das Baufeld aus u Zeitabschnittsflächen, die auf den Tagespunkt P einwirken, bestehen soll:

$$\{v_{z\ dyn}\} = \begin{Bmatrix} v_{z1} \\ v_{z2} \\ v_{z3} \\ v_{z4} \\ v_{z5} \\ \cdots \\ v_{z\ end} \end{Bmatrix};\ [Z] = \begin{bmatrix} z_1 & & & & & \\ z_2 & z_1 & & & & \\ z_3 & z_2 & z_1 & & & \\ z_4 & z_3 & z_2 & z_1 & & \\ z_4 & z_4 & z_3 & z_2 & z_1 & \\ \cdots & \cdots & \cdots & \cdots & \cdots & \\ z_4 & z_4 & z_4 & z_4 & z_4 & z_4 \end{bmatrix};\ \{e\} = \begin{Bmatrix} e_I \\ e_{II} \\ e_{III} \\ e_{IV} \\ e_V \\ \cdots \\ e_u \end{Bmatrix}. \tag{341}$$

Die Anzahl der Zeilen und Spalten beträgt u + (4 - 1). Die Einwirkungsfaktoren e_i für die einzelnen Quartalsabbauflächen werden in bekannter Weise mit einem Integrationsnetz ermittelt.

Nach diesen grundlegenden Ausführungen soll nun vorgeführt werden, wie der allgemeingültige Zeitfaktor z_t, der die Wirkungsfähigkeit einer Abbauquartalsfläche auf die Bodenbewegung eines Tagespunktes einige Vierteljahre nach ihrem Verhieb angibt, aus dem zeitlichen Senkungsverlauf eines Bodenpunktes und den ermittelten Einwirkungsfaktoren e_i abgeleitet werden kann. In der Tafel 19 sind die vierteljährlich gemessenen Senkungen $v_{z\ dyn} = v_{zi}$ eines Punktes P und die mit z = 1 berechneten Endsenkungsanteile v_z der einzelnen Quartalsflächen (Spalte 3) aufgeführt. Aus den Gl. (339) erhält man nach einer Umformung:

$$z_1 = \frac{v_{z1}}{e_I \cdot aM}$$

$$z_2 = \frac{v_{z2} - (e_{II} \cdot aM) \cdot z_1}{e_I \cdot aM} \qquad (342)$$

$$z_3 = \frac{v_{z3} - (e_{III} \cdot aM) \cdot z_1 - (e_{II} \cdot aM) \cdot z_2}{e_I \cdot aM}$$

usw.

Mit den Werten der Tafel 19 lautet die Zahlenrechnung für die Zeitfaktoren

$$z_1 = \frac{4}{8} = 0{,}50$$

$$z_2 = \frac{13 - 14 \cdot 0{,}50}{8} = 0{,}75$$

$$z_3 = \frac{35{,}2 - 35 \cdot 0{,}50 - 14 \cdot 0{,}75}{8} = 0{,}90$$

usw.

In dem Berechnungsbeispiel für Gl. (342) ist so vorgegangen worden, daß die einzelnen vierteljährlichen Baufelder mit einem gleichen Absenkungsfaktor a, der nach der durchschnittlichen Endkonvergenz des gesamten Baufeldes bemessen wird, bewertet werden. Tatsächlich bleibt die Abbaukonvergenz in der 30 bis 60 m breiten Randzone aber erheblich hinter der durchschnittlichen Baufeldkonvergenz zurück, wie es die Abb. 9 bis 11 zeigen. Deshalb muß in die Gl. (342) die Endkonvergenz a_i des betreffenden Baufeldabschnittes I, II, III usw. (Abb. 170) eingesetzt werden, wenn der Zeitfaktor für ein kleines Einheitsfeld, das z.B. während eines Monats abgebaut wird, bestimmt werden soll und in die Berechnung auch die Randzone des Feldes eingeht.

10.33 Die zeitliche Absenkung der Dachschicht

In Abb. 171 ist die zeitliche Absenkung der Dachschicht in Abhängigkeit von der wachsenden Baufeldgröße für fünf Baufeld- und Zeitababschnitte dargestellt. In gleicher Weise senkt sich auch das Haupthangende über einem Bruchbaufeld. Man erkennt, daß beispielsweise die Senkung $w_{1\ II}$ im gerade abgebauten Bauabschnitt II beträchtlich kleiner ist als die Senkung $w_{1\ V}$ der Dachschicht im Bauabschnitt V kurz nach dem Verhieb dieses Flözteiles. Um die zeitliche Einwirkungsfähigkeit oder Konvergenz $(e_i(t)$ der einzelnen Bauabschnitte auch in der Randzone in der richtigen Größe zu erhalten, sollte man daher die zeitliche Dachschichtsenkung $w_i(t)$ nicht mit der durchschnittli-

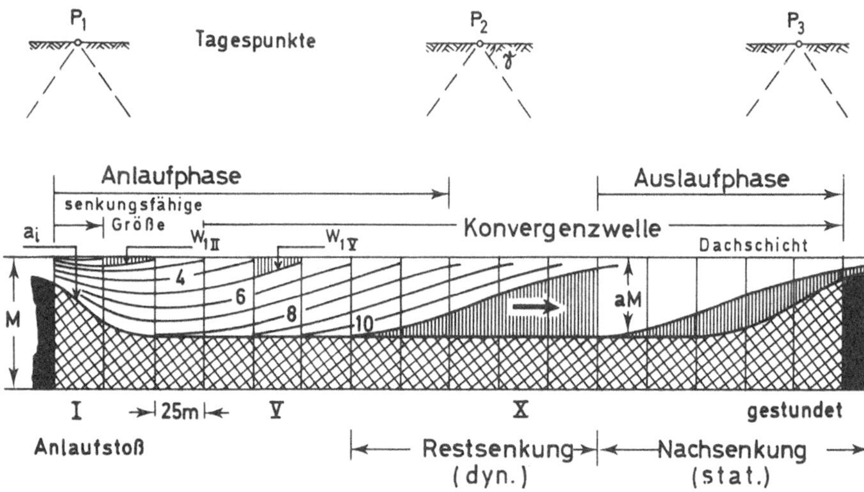

Abb. 171. Zwischenzeitliche Versatzfeldkonvergenzen bzw. Dachschichtsenkungen im Streichen eines vorrückenden Abbaus. Liegendhebung vernachlässigt. Vom Abbaustand VIII an hat sich eine gleichbleibende, mit dem Gewinnungsstoß wandernde Dachschichtbiegelinie gebildet (Konvergenzwelle)

chen oder mit der größten Konvergenz aM des gesamten Baufeldes vergleichen, sondern nur zur Endsenkung $a_i \cdot M$ des jeweiligen Bauabschnittes I, II, III ... in das Verhältnis

$$c_i(t) = \frac{w_i(t)}{a_i \cdot M} \quad [\%] . \tag{343}$$

setzen.

Die auch dann noch vorhandenen Unterschiede in der zeitlichen Einwirkungsfähigkeit der Baufeldabschnitte verfälschen den Zeitfaktor nur noch in einer Größe, die im Rahmen der übrigen Fehleranteile von ± 5%

liegt. Es bleibt aber festzuhalten, daß die Zeitfaktorkurve entgegen der für die Abb. 162 und 167 gemachten Annahme nicht für alle Abbauelemente gleich ist und daß ein Zeitfaktor, der an Punkten seitlich des Abbaufeldes (Punkt 3 in Abb. 161) oder an Punkten über dem Anlaufstoß (Punkt P_1 in Abb. 160) abgeleitet wurde, strenggenommen nicht anwendbar sein wird für Punkte über der Baufeldmitte (Punkt 11 bzw. P_2) oder über dem Gewinnungsstoß (P_3), weil die Zeit-Senkungs-Kurven in beiden Fällen verschieden steil sind. Unter der Einwirkung der Randzone senken sich die seitlichen Punkte 3 und P_1 langsamer als die von den mittleren Zonen beeinflußten Zentralpunkte 11 und P_2, wo unterhalb im Gebirge die Konvergenzgeschwindigkeit des Baufeldes größer als am Baufeldrand ist. Der Zeitablauf der Gebirgs- und Bodenbewegung erweist sich also als sehr vielschichtig, und er ist exakt nach der Zeitfaktorformel (Gl. (155)) nicht zu berechnen. Wie schwierig es ist, die richtigen zeitlichen Absenkungsfaktoren für die einzelnen Baufelder anzugeben, sollen die folgenden Ausführungen zeigen.

In Abb. 171 wird bei der Dachschichtsenkung in einem sich stetig nach einer Seite hin erweiternden Abbaufeld zwischen vier Z e i t p h a s e n unterschieden, die auch im Senkungsverlauf der Tagespunkte zu erkennen sind:

a) Die Anlaufphase des Abbaus bis zu einer "senkungsfähigen Größe" (Keinhorst), bei der sich die Dachschichtsenkung bis zur Tagesoberfläche als kleinste meßbare Senkung fortgepflanzt hat (Abbaustand I).

b) Die Anlaufphase des Abbaus bis zur Ausbildung einer gleichförmigen Biegelinie der Dachschicht hinter dem Gewinnungsstoß (Konvergenzwelle); während dieser Zeit beschleunigt sich die Dachschichtsenkung auf der vorrückenden Stoßseite bis zu einem Höchstwert, der u.a. vom Abbaufortschritt abhängt (siehe auch Abb. 36).

c) Die Phase der mit dem Gewinnungsstoß wandernden Konvergenzwelle und der zeitlich gleichförmigen Dachschichtsenkung in den dahinter liegenden Bauabschnitten.

d) Die auslaufende Bewegungsphase nach Stundung des Abbaubetriebes, in der die gleichförmige Dachschichtsenkung in eine ungleichförmige, statische Nachsenkung übergeht, bis die Bewegungsruhe wieder einkehrt.

Der Phase c) der mitlaufenden Konvergenzwelle entsprechen im dynamischen Trogbild die parallelen Muldenflanken über dem Gewinnungsstoß

(Abb. 165). Auf der Seite des Anlaufstoßes ist die Endkonvergenz in der Regel etwas größer als am gestundeten Stoß, was sich mit der starken Belastung des stehenden Stoßes und der Tragfähigkeit des dort schon frühzeitig verdichteten Versatzes erklären läßt.

Diese Konvergenzphasen spiegeln sich in der Zeit-Senkungs-Kurve der Tagespunkte wider. Die Anlaufphase des Abbaus beeinflußt den Senkungsverlauf des Punktes P_1 in Abb. 160 (vgl. auch P_1 in Abb. 171), der eine vergleichsweise geringe Senkungsgeschwindigkeit aufweist. Auf die Punkte P_2 und P_3 dagegen wirkt sich überwiegend die gleichförmige Dachschichtsenkung hinter dem Gewinnungsstoß aus, die eine zeitlich schnelle Absenkung zur Folge hat. Nachdem die Abbaufront den Vollflächenkreis des Punktes P_2 durchschritten hat (e = 60%, Abbaustand XI in Abb. 171), dauert die restliche dynamische Senkung des Punktes P_2 nicht so lange wie die statische Nachsenkung des Punktes P_3 über dem gestundeten Abbau an, wenn die Konvergenzwelle mit der Gewinnungsfront über den Abbaustand XI hinaus weiter vorrückt und sich schon nach fünf Bau- und Zeitabschnitten hinter dem Stoß praktisch die Endkonvergenz aM im gesamten Einwirkungsbereich des Punktes P_2 eingestellt hat. Der Punkt P_3 macht zunächst unter dem Einfluß der Konvergenzwelle den gleichen Senkungsverlauf wie Punkt P mit, die Senkung nach Stundung des Abbaus (e = 40%) währt aber länger als die Restsenkung des Punktes P_2, weil die Dachschicht sich hinter dem gestundeten Stoß bei fehlenden neuen "Abbauimpulsen" unter einem statischen Druckspannungsfeld nur langsam durchbiegt. Die Nachsenkung wird außerdem wegen der unvollständigen Versatzverdichtung in der Randzone etwas geringer sein als die Restsenkung am Punkt P_2 bei ununterbrochenem Abbaubetrieb. Der steile Anstieg der Senkungskurve setzt beim Punkt P_3 schon früher ein als beim Punkt P_2, der zu Beginn der Einwirkung noch von der Anlaufphase beeinflußt wird.

10.34 Der Einfluß der Teufe

Die für ein Abbaufeld gefundenen Zeitfaktoren gelten nicht für davon stark abweichende Teufen, auch wenn der Abbaufortschritt in m/d gleich ist. In größerer Teufe braucht der Abbau eine lange Zeit, um den Vollflächenkreis des Beobachtungspunktes zu durchlaufen (Abb. 172), so daß die zugehörige Zeit-Senkungs-Kurve gestreckt und flach ist. Die maximale Senkungsgeschwindigkeit $\Delta v_z : \Delta t$ ist für diese Kurve geringer als über dem höheren Abbaufeld. Es kann vermutet werden, daß sich die maximalen Senkungsgeschwindigkeiten bei gleichem Abbaufortschritt ungefähr umgekehrt proportional zur Abbauteufe verhalten. Sie können im Ruhrgebiet Werte von einigen Zentimetern am Tage erreichen.

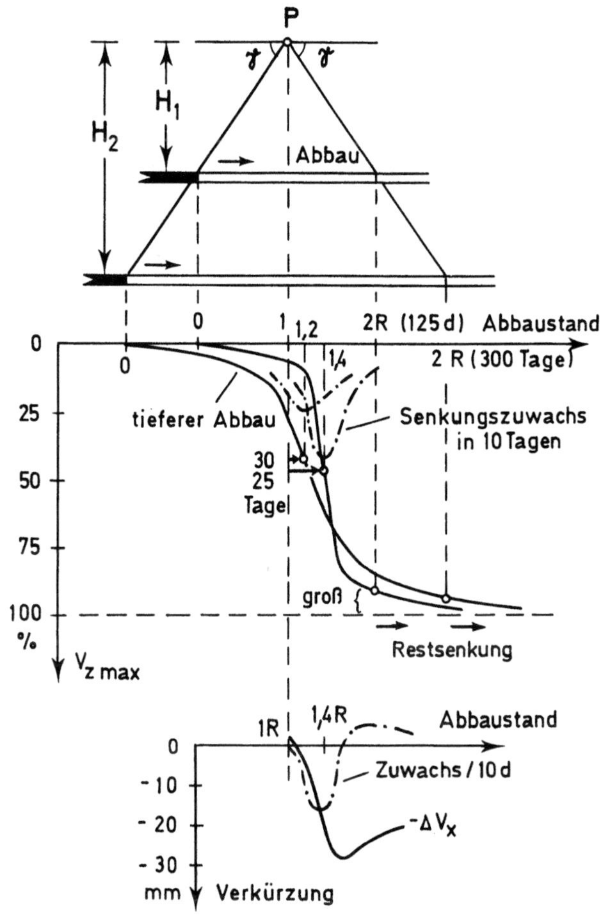

Abb. 172. Die Zeit-Senkungs-Kurven und der Senkungszuwachs in Abhängigkeit von der Abbauteufe. Die für den höheren Abbau gemessenen Verkürzungen einer 20 m langen Meßstrecke beim Punkt P decken sich zeitlich mit der Senkungsbewegung

Um Abbaue in verschiedenen Teufen hinsichtlich ihrer zeitlichen Einwirkungsgröße vergleichbar zu machen, bezieht man die Abbaufortschritte auf den Vollflächenradius R; ein solcher relativer Abbaufortschritt von 0,1 R/Monat bedeutet dann einen absoluten Abbaufortschritt von z.B. 0,7 m/d in 200 m Teufe (R = 140 m) und von 0,7 · 4 = 2,8 m/d in 800 m Teufe (R = 560 m).

Bei einer Unterbrechung der Gewinnungsarbeiten wird der Senkungsablauf verzögert, sieht man von dem im Abschnitt 10.2 zu Abb. 169 beschriebenen Bewegungsimpuls am Wochenende einmal ab. Ein kurzzeitiger Strebstillstand beispielsweise während der Feiertage fällt aber bei größerer Abbauteufe an der Zeit-Senkungs-Kurve eines Tagespunktes kaum noch als abflachender Übergangsbogen in der Form eines liegenden S auf, weil sich der vorherige Senkungsablauf nach Wiederaufnahme der Abbautätigkeit schnell wieder einstellt. Der Teufeneinfluß auf die Zeit-Senkungs-Kurve wird auch deutlich, wenn man die zeitliche Bewegung von Untertage- und Bodenpunkten vergleicht (Abb. 30).

Durch die zeitliche und örtliche Zuordnung des Abbaustandes zur Zeit-Senkungs-Kurve erkennt man in Abb. 172 ferner, daß der steile Abfall der Zeit-Senkungs-Kurven kurz vor oder erst nach der direkten Unterbauung der Tagespunkte, über dem tieferen Abbau aber schon eher beginnt. Auch der auf den Abbaufortschritt bezogene Zeitpunkt der größten Senkungsgeschwindigkeit tritt über dem tiefen Abbau früher ein; bei mehr als 500 m tiefen Abbauen ist die Absenkung eines Punktes am schnellsten, wenn der Abbau mit einer Länge von 1,2 R in den Vollflächenkreis des betreffenden Tagespunktes hineingewandert ist (Drent 1957). Über Abbauen in 100 bis 200 m Teufe wird die maximale Senkungsgeschwindigkeit erst bei einem Abbaustand von 1,3 bis 1,5 R beobachtet, doch vergeht vom Strebdurchgang (1R) bis zum Eintritt der schnellsten Senkung beim oberflächennahen Abbau meistens weniger Zeit (in Tagen) als bei den tiefen Abbaufeldern. Die genannten Werte gelten für zentral zum Abbau gelegene Tagespunkte. Bei seitlichen Beobachtungspunkten hat die Zeit-Senkungs-Kurve schon vor dem Durchgang der verlängerten Streblinie einen steilen Verlauf, wie es die Abb. 161 für den Punkt 3 zeigt.

Schließlich müßte man bei einer genauen Berechnung der zeitlichen Bodenbewegung auch noch berücksichtigen, daß ein Abbauelement, solange es sich in der Randzone des Abbaus befindet, nicht symmetrisch zur lotrechten Achse in gleicher Größe auf die Tagesoberfläche einwirkt, wie es bei einer Lage im Abbauzentrum der Fall ist (Abb. 173). Ein Abbauelement dA hinter dem Gewinnungsstoß beeinflußt unter den Winkeln φ_1 und φ_2 die symmetrisch zur lotrechten Elementenachse lie-

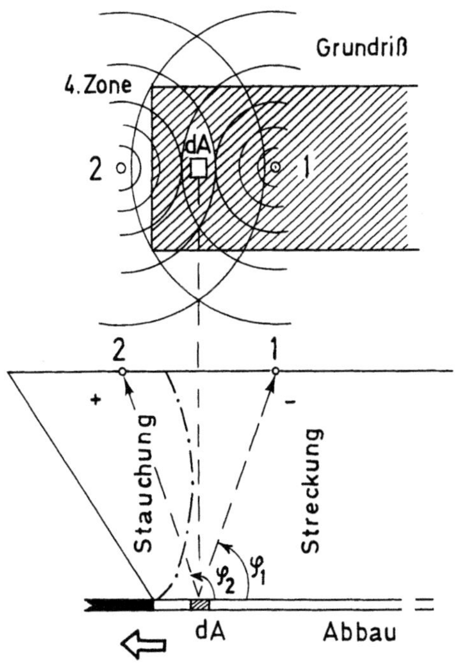

Abb. 173. Die unterschiedliche zeitliche Einwirkung eines Abbauelementes dA hinter der Gewinnungsfront auf die Tagespunkte 1 und 2. Im Grundriß liegt das Element von beiden Punkten aus in der vierten Zone des Senkungs-Integrationsnetzes; es hat also theoretisch eine gleiche Einwirkungskraft auf beide Punkte

genden Tagespunkte 1 und 2 je nach Größe der zeitlichen Konvergenz $c_i(t)$ in diesem Abbauelement. Die Einwirkungsfähigkeit des Elementes wird nun trotz der gleichwertigen Zonenlage im Integrationsnetz am Punkt 1 geringer sein als am Punkt 2, weil der Einflußstrahl zum Punkt 1 durch die senkungsmindernde Streckungszone und zum Punkt 2 hin überwiegend durch den senkungserhöhenden Stauchungsbereich verläuft (Kratzsch 1968). Mit der vorrückenden Abbaufront wandert auch die Streckungs-Stauchungs-Grenze vorwärts, so daß die Elementarmulde an der Tagesoberfläche mit der Zeit eine symmetrische Form annimmt, wenn das betrachtete Abbauelement in die mittlere Baufeldzone gelangt.

Eine Möglichkeit, die Lageänderung der Gebirgs- und Bodenpunkte für ausgewählte Abbau- und Zeitstände erstmalig nach kinematischen Gesetzen zu berechnen, bietet das neue Verfahren der endlichen Elemente. Es bereitet bei diesem Verfahren keine Schwierigkeiten, die dem jeweiligen Abbaustand entsprechenden Konvergenzwerte der Baufelder vorzugeben. Man erhält dann das Punktbewegungsfeld des Gebirgsschichtenschnittes für eine bestimmte Baufeldlänge im zeitlichen Endzustand. Im Gegensatz zur verfahrensmäßig ähnlichen, streifenweisen Endstandsberechnung (Rellensmann 1940) ist diese Methode jedoch wirklichkeitsnäher, weil sie nicht nur von der zeitlichen Flächengröße, sondern auch noch von der zeitlichen Baufeldkonvergenz ausgeht und darüberhinaus den jeweiligen Gebirgsverformungszustand im Lastmodell berücksichtigt. Außerdem könnte eine verzögerte Bewegung dadurch simuliert werden, daß die Senkungen und Verschiebungen in den einzelnen Elementenreihen auf z.B. 60, 70 oder 80% der jeweiligen Endbewegungsgröße begrenzt werden, wenn man den örtlichen Verzögerungs- oder Auflockerungsgrad des Gebirges kennt. Eine zeitabhängige Reduktion der Endbewegung kann ferner mit dem im Programm schon enthaltenen Temperaturkoeffizienten vorgenommen werden, indem den Elementen - wie es bei Metallteilen der Fall ist - eine Wärmeausdehnungszahl und eine Temperatur zugeordnet werden und das mit dem Gewinnungsstoß wandernde Temperaturfeld nach einer empirischen Zeitfunktion verändert wird. Eine im Vergleich zur Ausgangstemperatur höhere Temperatur bedeutet eine Ausdehnung des Elementes, wodurch die Senkung in den höheren Elementenreihen vermindert wird. In gleicher Weise können auch die in den alten Abbaufeldern im hangenden Gebirge ausgelösten Nachkonvergenzen in ihrer jeweiligen Zeitgröße im Rechenprogramm erfaßt werden (Kratzsch 1974).

10.35 Die zeitliche Längenänderung

Die aus der lotrechten Bodenbewegungskomponente ermittelten Zeitfaktoren wird man auch für die Verschiebungsberechnung beibehalten müssen, da genaue Untersuchungen hierüber nicht vorliegen. Soweit bekannt ist, decken sich die waagerechten Bodenbewegungen in ihrem zeitlichen Verlauf mit dem Bewegungsbild der Senkungen (Abb. 172). Die Zeitpunkte des größten Bewegungszuwachses und des Abklingens der Bewegungen stimmen für die Senkungen und Längenänderungen weitgehend überein. Trotzdem muß daran erinnert werden, daß die Spannungsänderungen im Korngerüst des Bodens nach der Biegesenkung der Schichten vor allem in horizontaler Richtung noch zeitlich nachwirken und zu Kornverschiebungen führen können (Abschnitt 11.2). Die Bestimmung der zwischenzeitlichen Verschiebung besonders im Einflußbereich von Bauwerken dürfte aus diesem Grunde noch schwieriger sein als die

Senkungsberechnung und ohne Berücksichtigung der mechanischen Vorgänge, wie es in erster Näherung beim Elementenverfahren geschieht, nicht zu lösen sein.

Die Wahl gleicher Zeitfaktoren für die zu berechnenden lotrechten und waagerechten Bewegungskomponenten wird in vielen Fällen zu ausreichend genauen Ergebnissen führen, was die folgenden Diagramme zeigen. In Abb. 174,a ist für einen Tagespunkt P, der auf der streichenden Symme-

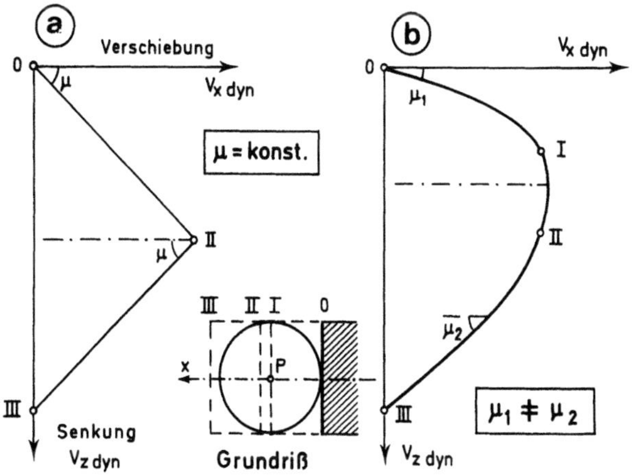

Abb. 174. Die räumliche Bewegung eines Tagespunktes während der Unterbauung. a: Gleichförmige Punktbewegung. b: Bewegungsbahn nach Beobachtungen

trielinie liegt und deshalb nur eine Bewegung in der x-z-Ebene ausführt, die Bewegungsbahn schematisch als gleichseitiges Dreieck zur v_z-Achse als Basis gezeichnet. In diesem Fall ist der Anstieg der Bewegungsbahn mit

$$\tan \mu = \frac{v_{z\ dyn}}{v_{x\ dyn}} \tag{344}$$

vor und nach der Umkehr der Verschiebungsrichtung, die nach der Unterbauung des Tagespunktes beim Abbaustand II erfolgt, gleich. Die für die Senkung gefundenen Zeitfaktoren gelten unter dieser Voraussetzung auch für die Verschiebung vom Beginn bis zum Ende der Abbaueinwirkung. Vergleicht man diese gleichförmige Lageänderung des Punktes mit der tatsächlichen Bewegungsbahn, wie sie in Abb. 158 zu erkennen und in Abb. 174,b dargestellt ist, so fällt auf, daß die Bewegungsumkehr sich in einer glockenförmigen Bahn vollzieht, wobei der Bahnwinkel allmählich bis auf μ = 100 gon steigt und danach wieder abfällt, jedoch für beide geradlinigen Kurvenäste mit $\mu_1 \neq \mu_2$ verschieden groß ist. Die zeitliche Verschiebung steht also, während der Tagespunkt die Bahnabschnitte 0-I, I-II und II-III durchläuft, in einem jeweils anderen Verhältnis zur zeitlichen Senkung. Im Abschnitt I-II ist die Senkungsgeschwindigkeit des soeben unterbauten Tagespunktes am größten, die horizontale Bewegung ist dagegen fast Null. Nur unter der Einschränkung, daß die Anstiegswinkel μ_1 und μ_2 nicht sehr voneinander abweichen und der Umkehrabschnitt I-II kurz ist, läßt sich demnach ein für beide Bewegungskomponenten gleicher Zeitfaktor ohne größere Genauigkeitseinbuße beibehalten.

Aufschlußreich für das Verhältnis der zeitlichen Bewegungskomponenten ist auch die Abb. 175,a: Von den in Abhängigkeit von der Zeit dargestellten Komponenten v_x und v_z weist die dynamische Verschie-

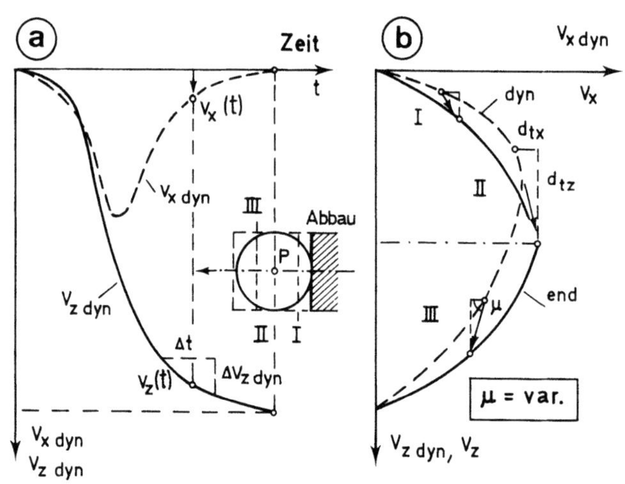

Abb. 175. Die Gegenüberstellung der während eines Zeit- oder Abbaustandes erreichten dynamischen Verschiebung und Senkung (a) sowie von dynamischer Punktbewegung und zum Abbaustand gehöriger Endlage (b)

bungskurve eine gewisse Ähnlichkeit mit der Kurve der Senkungsgeschwindigkeit auf (Abb. 170 u.172). Zum Zeitpunkt der größten Senkungsgeschwindigkeit, nämlich kurz nach der Unterbauung des Tagespunktes, erreicht die dynamische Verschiebung den Höchstwert. Anstelle der manchmal angenommenen Proportionalität zur Schieflage

$$v_{x\ dyn} \mathrel{\widehat{=}} \frac{v_{z1\ dyn} - v_{z2\ dyn}}{\Delta x} \mathrel{\widehat{=}} v'_{z\ dyn} \qquad (345)$$

läßt sich die zwischenzeitliche Verschiebungsgröße aus der Senkungsgeschwindigkeit, etwa nach der Formel

$$v_{x\ dyn} = c\ \frac{\Delta v_{z\ dyn}}{\Delta t} \qquad (346)$$

bei wiederkehrenden Abbaufällen, wie mittige oder seitliche Unterbauung, Teil- oder Vollflächenabbau, für die der Faktor c ermittelt wurde, berechnen.

In Abb. 175,b ist die dynamische Punktbewegung der zum jeweiligen Abbaustand gehörigen Endlage gegenübergestellt. Wie man sieht, ändert sich das Verhältnis der Senkungs- und Verschiebungsverzögerung

$$\frac{v_z - v_{z\ dyn}}{v_x - v_{x\ dyn}} = \frac{d_{tz}}{d_{tx}} = \text{var.} \qquad (347)$$

entlang der Bewegungsbahn, woraus ebenfalls hervorgeht, daß die Zeitfaktoren für beide Bewegungskomponenten genau genommen nicht übereinstimmen.

10.36 Der Zeitfaktor im Salzbergbau

Im Salzbergbau wird das Hangende des Abbaus durch bis zu 40 m breite Kammer-, Strecken- und Barrierepfeiler gestützt (Abb. 1 und 14). Die bei der Salzgewinnung entstehenden Kammerhohlräume von z.B. 200 m Länge, 20 m Breite und 20 m Höhe fließen mit der Zeit zu, wenn die Pfeiler unter einer Dauerlast von mehr als 2 000 N/cm^2 plastisch nachgeben. Die Tragfähigkeit T der Pfeiler wird u.a. nach der Formel

$$T = \sigma' \sqrt{\frac{b}{h}} \qquad (348)$$

aus der Würfeldruckfestigkeit σ' (3000 bis 4000 N/cm^2) sowie der Breite b und Höhe h des Pfeilers errechnet; die Tagespunkte senken sich stärker ab, wenn die "Tragfähigkeitsreserve" T/Q je nach Pfeilerbelastung Q (z.B. 600 bis 2000 N/cm^2) abnimmt (Börger 1971).

Die Geschwindigkeit der Verformung in dem sekundären Fließbereich (Abb. 15) ist eine Funktion der Belastungsgröße, so daß der Fließvorgang in größeren Teufen beschleunigt wird und im übrigen von der Gewinnungsart (Schießbetrieb, Solebetrieb) sowie von den geometrischen Daten des Abbaus abhängt. Wegen der langen Konvergenzdauer der Salzgesteine wirken auf die Tagespunkte in der Regel mehrere Abbaufelder langzeitig ein, deren Senkungsanteil sich für den ersten Zeitabschnitt von 30 bis 50 Jahren nur näherungsweise unter der Annahme eines linearen Zeit-Verformungs-Verhältnisses bestimmen läßt. Diesen Senkungsanteil v_{zi} eines einzelnen Baufeldes an der gemessenen Punktsenkung $v_{z\ dyn}$ kann man unter Berücksichtigung des Abbaualters aus den mit Hilfe eines Integrationsnetzes (Gl. (158), Sann) für jedes Abbaufeld errechneten Endsenkungsanteil $v_{zi\ end}$ nach

$$v_{zi} = \frac{v_{zi\ end}}{\sum v_{zi\ end}} \, v_{z\ dyn} \tag{349}$$

ermitteln, wobei $\Sigma v_{zi} = v_{z\ dyn}$ sein muß (Erasmus 1967). Mit dem gebildeten Verhältnis

$$z(t) = \frac{v_{zi}}{v_{zi\ end}} \tag{349a}$$

läßt sich dann angeben, wieviel Prozent der Endeinwirkung bei jedem Abbaufeld am Tagespunkt vom Abbaubeginn bis zur Senkungsmessung eingetreten sind.

Um eine Aussage über den weiteren Verlauf der Zeitfaktorkurve bis zum Ausklingen der Bewegung machen zu können, kann man auf Zeitstudien an Plastilinmodellen zurückgreifen. Die dem jeweiligen Gebirgs- und Abbauschnitt nachgebildeten Modelle ermöglichen es, die zeitliche Hohlraumverengung zu fotografieren und für die Zeitfaktorbestimmung auszuwerten. Eine auf diese Weise gewonnene Zeit-Konvergenz-Kurve zeigt die Abb. 176. Danach sind die Kammerhohlräume in 50 Jahren vom Baubeginn an zu 50% verfüllt; in 100 Jahren werden die Hohlräume auf rd. 75% des Ausgangsvolumens verengt sein. Das Zufließen des restlichen Raumes wird sich über einen sehr langen Zeitraum hinziehen.

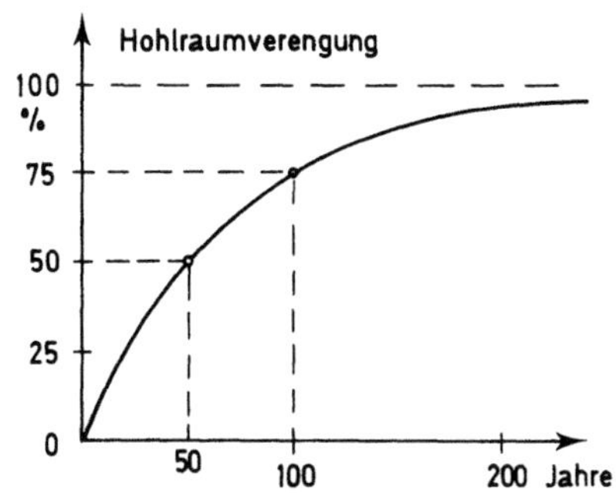

Abb. 176. Ungefährer Verlauf der zeitlichen Hohlraumverengung im Salzbergbau nach Modelluntersuchungen. Der Zeitmaßstab des Modells wurde den über bis zu 50 Jahre alten Baufeldern gemessenen Senkungen angepaßt (nach T. Erasmus)

10.37 Die Gegenüberstellung der Zeitkurven und Ergebnisse

Abschließend werden die verschiedenen Darstellungsweisen, die bei der Untersuchung der zeitlichen Bodenbewegung angewendet worden sind, noch einmal kurz beschrieben. Man unterscheidet zwischen

der N o r m a l - S e n k u n g s - K u r v e $v_z(x)$ (Abb. 84 und 128), die mit einem Schnitt durch den Vollsenkungstrog im Endstand vom Rand bis zur Mitte übereinstimmt;

der auf einen Tagespunkt bezogenen Z e i t - S e n k u n g s - K u r v e $v_{z\ dyn}(r)$ (Abb. 161), die die zeitliche Senkung in Abhängigkeit vom Strebstand r/R wiedergibt;

der e - F a k t o r - oder E n d s e n k u n g s - K u r v e e(r) (Abb. 166 und 170), die das Anwachsen des Einwirkungsfaktors e oder der Endsenkung $a \cdot M \cdot e$ bei z = 1 für einen Tagespunkt in Abhängigkeit vom Strebstand r angibt; sie deckt sich mit der Normal-Senkungs-Kurve, wenn eine 2R lange Abbaufront die Vollfläche stetig durchläuft;

der Z e i t f a k t o r - K u r v e z(t) (Abb. 170), die die Zunahme der Einwirkungsfähigkeit (Konvergenz) eines Bauabschnittes, der während einer Zeiteinheit (z.B. Quartal) verhauen wurde, bis zur Endeinwirkung von 100% in Abhängigkeit von der Zeit veranschaulicht;

der Senkungs-Zuwachs-Kurve $\pm \Delta v_{z\ dyn}/\Delta t$ (Abb. 172), die den Anstieg der Senkung (Geschwindigkeit) an einem Tagespunkt innerhalb einer Zeiteinheit (z.B. 10 Tage, Monat) verdeutlicht und

der Senkungs-Verzögerungs-Kurve $-\Delta v_{z\ dyn}$ (t) oder d_t (Abb. 166), die das Zurückbleiben der dynamischen Punktsenkung gegenüber der zum jeweiligen Abbaustand gehörigen Endsenkung anzeigt.

Die waagerechte Zeitachse wird bei diesen Funktionsbildern in Abbaustände - auf R oder H bezogen -, seltener in Zeiteinheiten unterteilt. Die Form der Kurven hängt hauptsächlich vom Abbaufortschritt (m/d), von der Ortslage des Beobachtungspunktes zum Baufeld, der Teufe und der Gebirgsbeschaffenheit (Biegesteifigkeit, Störungen) ab. Daneben spielen aber auch der Durchbauungsgrad, das Abbauverfahren (Bruchbau, Versatzbau, Streckendämme) und die rheologischen Eigenschaften der Bodenschicht eine Rolle. Der Einfluß des Flözeinfallens auf den Zeitfaktor ist noch wenig bekannt; fest steht nur, daß der Bewegungsvorgang wegen des geringen bankrechten Druckes mit größerem Flözeinfallen länger andauert als in der flachen Lagerung.

Die wesentlichen Untersuchungsergebnisse dieses Kapitels über den Zeiteinfluß auf die Bodenbewegung lassen sich wie folgt zusammenfassen:

1) Über dem wandernden Gewinnungsstoß sind, wenn die höheren Gebirgsschichten sich überwiegend bruchlos und mit einer stetigen Verzögerung durchbiegen, bei zunehmender Abbaugeschwindigkeit

a) die Zeit-Senkungs-Kurven der Tagespunkte steiler und damit ihre absoluten, maximalen Senkungsgeschwindigkeiten größer (Abb. 163) sowie

b) die Trogflanken flacher und folglich die zwischenzeitlichen Schieflagen, Krümmungen und Längenänderungen kleiner (Abb. 164 u. 168) als bei einem langsamen Verhieb, auch im Vergleich zum Trogrand über dem Anlaufstoß und zum Endwert (z = 1) des betreffenden Abbaustandes (Abb. 158 u. 165), von der Pressung über der Vollflächenmitte abgesehen.

2) Bei einem sehr hohen, kontinuierlichen Abbaufortschritt kann sich die Hauptsenkung aber auch periodisch bis zu den Ruhepausen am Wochen-

ende verzögern, was eine dann recht intensive Nachsenkung über dem frisch verhauenen Feldesteil und eine vergleichsweise steile Trogflanke über dem Gewinnungsstoß zur Folge hat (Abb. 169). Außerdem kann ein hoher Abbaufortschritt in einem mehrfach durchbauten Gebirge oder bei einer tagesnahen Unterbauung eines klüftigen Gebirges die Bruchverformung begünstigen, so daß sich die Gebirgsbewegung auf den mittleren Einwirkungsbereich konzentriert und "spitze", asymmetrische Trogprofile entstehen (Abb. 70). In diesen Fällen verstärkt ein schneller Verhieb die zwischenzeitliche Bodenverformung.

3) Mit zunehmender Größe der Abbaufläche werden die Senkungen eines Tagespunktes - z.B. Nr. 45 in Abb. 158 - bis zum Erreichen der Vollfläche größer, beim Überflächenabbau bleibt ihr Betrag unverändert. Die Maximalwerte der Schieflage und der Verschiebung über der Abbaukante, der Zerrung und der konvexen Krümmung im Vorfeld sowie der Pressung und der konkaven Krümmung über dem Abbau nehmen dagegen nur bis zur halben Vollfläche zu und dann wieder bis auf den Wert Null beim Verhieb einer auf den betreffenden Tagespunkt bezogenen Abbauvoll- oder -überfläche ab (Abb. 86).

4) Der Zeitfaktor gibt, wie die Untersuchungen zu den Abb. 163 und 170 gezeigt haben (Perz 1948), die zeitliche Änderung der Einwirkungsfähigkeit eines Baufeldabschnittes an, der während der gewählten Zeiteinheit von z.B. 3 oder 6 Monaten abgebaut wurde. Vereinfachend wird unterstellt, daß er auch für die übrigen Quartals- oder Halbjahres-Abschnitte des Baufeldes gilt. Seine Größe ist bei gegebener Abbauteufe, Versatzart, Gebirgssteifigkeit und Durchbauung abhängig von

a) der Verhiebsgeschwindigkeit,

b) dem gewählten Zeitabschnitt,

c) der Lage des Beobachtungspunktes zum Abbau und von

d) der Höhe des Abbauraumes (Abbaumächtigkeit).

Der Zeitfaktor wird demnach größer sein, wenn der Abbaufortschritt und die Zeiteinheit erhöht werden, der Beobachtungspunkt, für den der Zeitfaktor abgeleitet wird, zentral über dem Abbaufeld liegt und die Abbaumächtigkeit gering ist. Er stimmt für die waagerechte und die lotrechte Bewegungskomponente nicht ganz überein (Abb. 174 u. 175).

5) Bei gegebener Verhiebsgeschwindigkeit und Baufeldfläche dauert

die Punktbewegung lange an, wenn die Abbauteufe groß, der Gebirgsschichtenverband biegesteif sowie der Versatz (Verbruch) locker und porös ist. Deshalb wird auch der auf die Zeiteinheit und die Endeinwirkung des Baufeldabschnittes bezogene Zeitfaktor mit wachsender Teufe, Biegesteifigkeit und Versatzporosität (z.B. beim Bruchbau) kleiner werden. Mit dem Durchbauungsgrad vermindert sich die Biegesteifigkeit des Hangenden, nimmt die gleitende Gebirgsblockbewegung zu und wird die Muldenflanke steiler, so daß der zeitliche Senkungsablauf in einem stark durchbauten Gebirge verkürzt wird, was einen größeren Zeitfaktor bedeutet (siehe Abb. 70, Baron 1951).

10.4 Die ausländischen Untersuchungen zum Zeitfaktor

Ausländische Beobachtungen zum Bodenbewegungsablauf sind vor allem aus dem englischen, niederländischen und polnischen Bergbau bekannt geworden.

In G r o ß b r i t a n n i e n benutzt man auch für die Berechnung der zwischenzeitlichen Senkungen Diagramme, die auf den in vielen Revieren gemessenen Werten beruhen. An der Zeit-Senkungs-Kurve der Abb. 177 fällt auf, daß, nachdem sich der Gewinnungsstoß um mehr als 0,7 H oder 1R vom Beobachtungspunkt entfernt hat, nur eine sehr kleine Restsenkung noch aussteht. Zur Zeit der direkten Unterbauung hat der Beobachtungspunkt 15,5% der Endsenkung, die nach Durchlaufen des

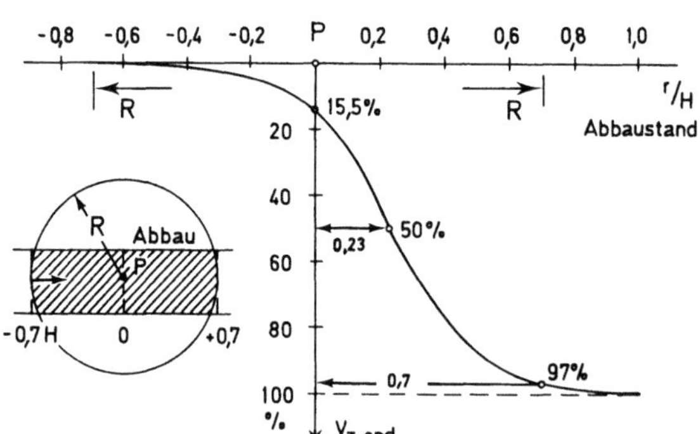

Abb. 177. Die Zeit-Senkungs-Kurve im britischen Bergbau. Abbauteufen zwischen 300 und 600 m (nach NCB)

Vollflächenkreises eintritt, erreicht. Der Halbsenkungswert wird nach der Unterbauung bei einer Strebentfernung von + 0,23 H oder rd. 92 m hinter der in H = 400 m Teufe laufenden Strebfront gemessen. Die Versatzart hat keinen nennenswerten Einfluß auf die Form der Zeit-Senkungs-Kurve; die Kurve verläuft bei Blasversatzbau nur geringfügig flacher als bei Bruchbau und Örterbau. Eine verspätete Absenkung kann von Kohlepfeilern, die mindestens 0,1 H breit sind, oder von Streckendämmen ausgelöst werden, wenn sie nach Jahren zu Bruch gehen. Die Dauer der Senkung läßt sich für einen Punkt, der von einem über 2R langen, stetig vorrückenden Streb unterbaut wird, aus dem Nomogramm der Abb. 178 ablesen. Bei Kenntnis der von der Teufe, dem Grenzwinkel und dem Abbaufortschritt abhängigen Einwirkungsdauer kann die Strebabstandsteilung r/H in Abb. 177 durch eine Zeitteilung ersetzt werden (Wardell 1953/55).

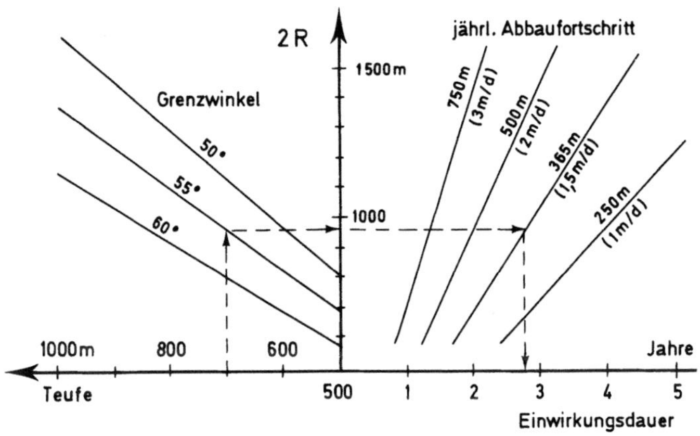

Abb. 178. Nomogramm zur Abschätzung des Vollflächendurchmessers 2R und der Verhiebsdauer bzw. der Dauer der Bodenbewegung unter Vernachlässigung der geringfügigen Nachsenkung in England

Weiterhin hat man in England festgestellt, daß die Nach- oder Restsenkung bei gleichem Abbaufortschritt (m/d) umso länger andauert, je tiefer der Abbau liegt (vgl. Abb. 172). Interessant ist auch die Gegenüberstellung der dynamischen Bodensenkung $v_{z\ dyn}$ im Punkt P und der Abbaukonvergenz c_{dyn} an einem Dachschichtpunkt P' lotrecht darunter (Abb. 179). Es fällt auf, daß der Dachschichtpunkt P' seine Endsenkung nach dem Strebdurchgang schon eher erreicht als der Tagespunkt P und daß der flacheren Konvergenzkurve für den oberflächennahen Abbau

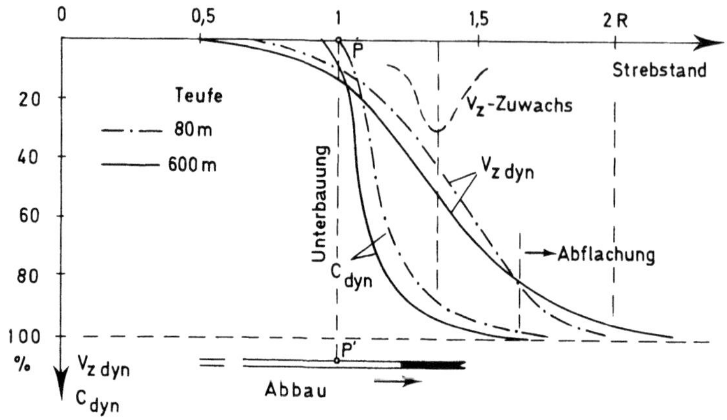

Abb. 179. Die Zeit-Senkungs-Kurven eines Tagespunktes P und die Zeit-Konvergenz-Kurven eines Dachschichtpunktes P' im Abbauhorizont in Abhängigkeit vom Strebstand. Abflachung der Zeit-Senkungs-Kurven nach Verdichtung des Versatzes bei P'

auch eine geringere Senkung über Tage entspricht. Die Senkungs-Zuwachs-Kurve des Tagespunktes steigt solange an, bis der Versatz 0,3 bis 0,4 R hinter der Strebfront eine ausreichende Tragfähigkeit und Verdichtung erlangt hat und die Senkungsbewegung des Dachschichtpunktes P' ausklingt (Wardell und Webster 1957).

Im niederländischen Steinkohlenbergbau sind die zeitlichen Senkungen der Tagespunkte über Bruchbau- und Versatzbaufeldern beobachtet und in ihrer Größe verglichen worden (Abb. 180).

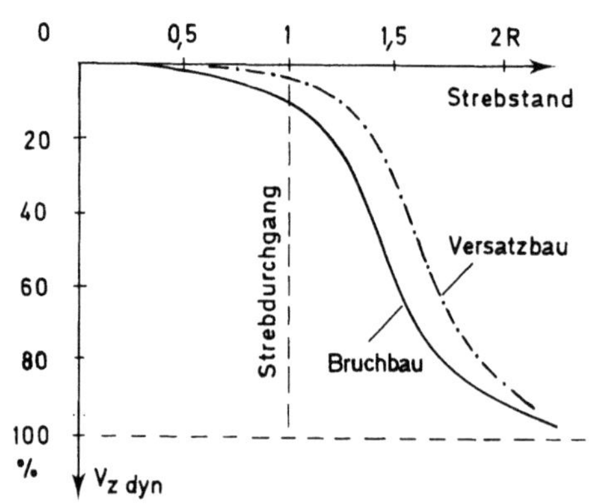

Abb. 180. Die Zeit-Senkungs-Kurven für Versatz- und Bruchbau beim oberflächennahen Abbau in 50 m Teufe

Hiernach verzögert der Versatz die Absenkung der Hangendschichten, weil der kleinstückige Versatz das Gebirge hinter der Strebfront schon eher abstützt, als es das grobe Haufwerk der gebrochenen Dachschicht vermag, das wegen des großen Porenvolumens erst bei einer Konvergenz von mehr als 50% tragfähig wird. Dieser für den oberflächennahen Bergbau nachgewiesene Senkungsablauf wird sicherlich auch für die tiefen Abbaue gelten (Drent 1957). Der Versatzbau vermindet also die zwischenzeitlichen Schieflagen, Krümmungen und Längenänderungen über der Gewinnungsfront und damit die Bergschädenkosten.

In Polen hat man in Anlehnung an das Profilkurvenverfahren auch die Zeit-Senkungs-Kurven der Tagespunkte durch Gleichungen beschrieben. Unter der Annahme, daß ein Abbaufeld in der Zeit $t = 0$ mit einem unendlich großen Abbaufortschritt $v = \infty$ verhauen wird, soll die Senkungsgeschwindigkeit über der konstant bleibenden Abbaufläche

$$\frac{dv_{z\,dyn}}{dt} = c\left(v_{z\,end} - v_{z\,dyn}\right) \qquad (350)$$

proportional der Differenz zwischen der konstanten Endsenkung $v_{z\,end}$ und der dynamischen Senkung $v_{z\,dyn}$ zu einem bestimmten Zeitpunkt t, also proportional der Nachsenkung sein (Salustowicz 1958). Der Zeitkoeffizient $c \approx 0{,}3$ bis 2 hängt von den mechanischen Eigenschaften des überlagernden Gebirges ab. Für einen angenommenen Senkungsbeginn bei $t = 0$ sofort nach dem plötzlichen Verhieb des Feldes lautet die Lösung der Differentialgleichung

$$v_{z\,dyn} = v_{z\,end}\left(1 - e^{-ct}\right). \qquad (351)$$

Das exponentielle Glied in Gl. (351) - der sogenannte Verzögerungsfaktor d - nähert sich mit zunehmender Zeit t dem Wert Null, so daß die zeitliche Senkung des Tagespunktes über dem stillstehenden Abbau bei abnehmender Senkungsverzögerung dem Endwert $a \cdot M \cdot e$ zustrebt (Abb. 181). Desgleichen nimmt die Senkungsgeschwindigkeit des beobachteten Punktes mit wachsender Zeit über dem gestundeten Baufeld bis auf Null ab. Vergleicht man die Gl. (351) und (331), so entspricht der Zeitfaktor z dem Klammerausdruck (Abb. 182) in Gl. (351)

$$z = 1 - e^{-ct}. \qquad (352)$$

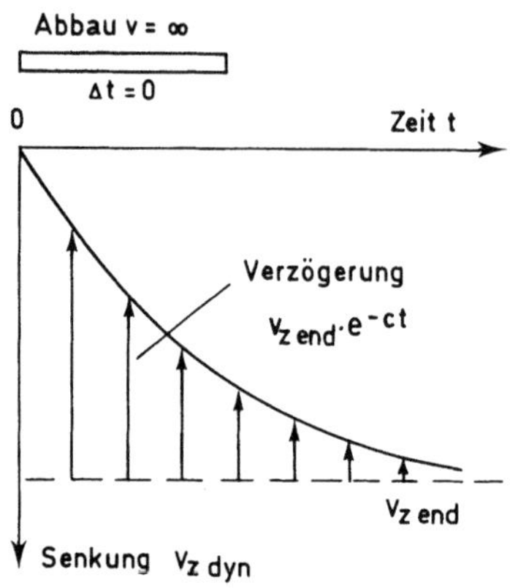

Abb. 181. Die zeitliche Senkung eines Tagespunktes nach einem plötzlichen Verhieb eines Abbaufeldes in der Zeit t = 0 gemäß Gl. (351)

Die nach Gl. (351) berechneten Zeit-Senkungs-Kurven stimmen mit den im Zwickauer und Oelsnitzer Steinkohlenrevier gemessenen zeitlichen Senkungen gut überein (Neubert 1955).

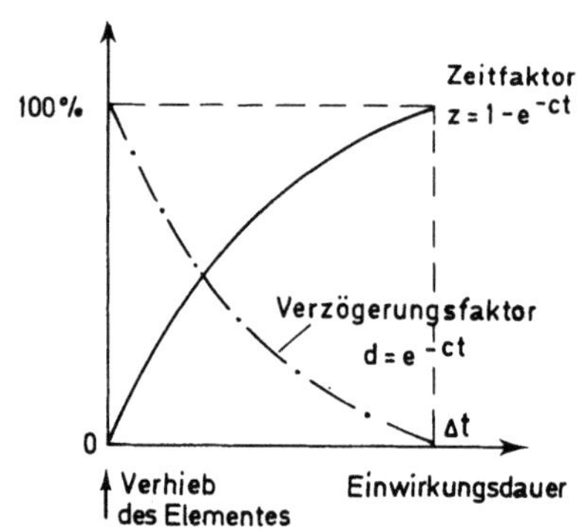

Abb. 182. Der Zusammenhang zwischen Zeit- und Verzögerungsfaktor

In anderen Revieren setzt die Senkung nicht gleich mit der größten Geschwindigkeit ein, sondern steigert sich der in einer Zeiteinheit gemessene Senkungszuwachs so lange, bis rd. 50% der Endsenkung am Tagespunkt eingetreten sind (Abb. 179). Die Gl. (350) ist deshalb für ein sich stetig entwickelndes Abbaufeld in die Form

$$\frac{dv_{z\,dyn}}{dt} = c\left[v_{z\,end}(t) - v_{z\,dyn}(t)\right] \tag{353}$$

abgewandelt worden (Knothe 1950). Hierin bedeuten $v_{z\,end}(t)$ diejenige Endsenkung $a \cdot M \cdot e_t$, die zu dem im Zeitpunkt t erreichten Abbaustand gehört. Die Differenz in der Klammer stellt die Senkungsverzögerung im Sinne der Gl. (335) dar. Die Gl. (353) besagt also, daß die Senkungsgeschwindigkeit eines Tagespunktes über dem fortschreitenden Abbau der Senkungsverzögerung proportional ist, was man auch an der Ähnlichkeit der Zuwachs- und Verzögerungskurven in Abb. 170 und 172 erkennen kann: Der Senkungszuwachs ist zu dem Zeitpunkt am größten, in dem die dynamische Senkung am weitesten hinter dem jeweiligen Endsenkungsbetrag $v_{z\,end}(t)$ - in Abb. 170 als e_t-Kurve für z = 1 gezeichnet - zurückbleibt.

Gemäß Gl. (351) erhält man bei einer stetig vorrückenden Strebfront eine Senkung am Tagespunkt P im Zeitpunkt t von

$$v_{z\,dyn} = v_{z\,end}(t) - \int_0^t dv_z(t_i) \cdot e^{-c(t-t_i)} \cdot dt\,. \tag{354}$$

Der vom Endsenkungsbetrag $v_{z\,end}(t)$ zu subtrahierende Integralwert, der wegen t = konst., t_i = 0 bis t und

$$e^{-c(t-t_i)} = e^{-ct} \cdot e^{ct_i}$$

häufig auch in der Form

$$e^{-ct} \int_0^t dv_z(t) \cdot e^{ct} \cdot dt \tag{355}$$

geschrieben wird, gibt den Verzögerungsbetrag der Senkung für den Zeitpunkt und Abbaustand t an. Der zur betrachteten Abbaufläche gehörige Endsenkungswert $v_{z\,end}(t)$ in Gl. (354) kann z.B. mit einem Integrationsnetz berechnet werden. Der Verzögerungsbetrag läßt sich in der zu Abb. 162 erläuterten Weise aus der Summe (Fläche A) der einzelnen Produkte

"Senkungsdifferential $dv_z(t)$ · Verzögerungsfaktor d"

ermitteln (Abb. 183). Als Verteilungsfunktion für die Senkungsdiffe-

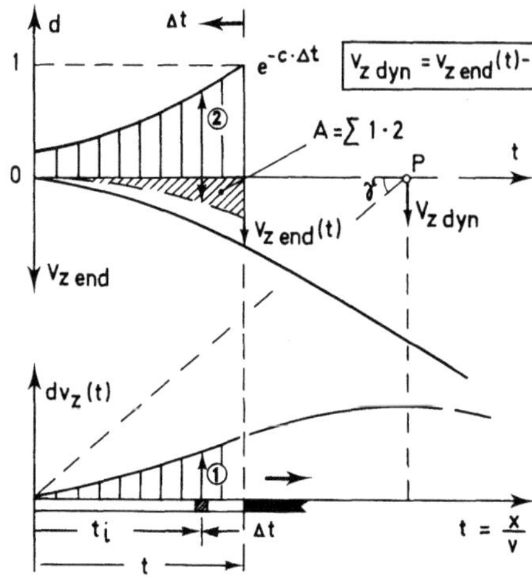

Abb. 183. Die Berechnung der zwischenzeitlichen Senkung für den Tagespunkt P nach Gl. (345) mit Hilfe der Verteilungsfunktion $dv_z(t)$, dem Verzögerungsfaktor d und dem $v_{z\ end}(t)$-Diagramm

rentiale dv_z der Abbauelemente (Gl. (149)) können eine Glockenkurve nach Gl. (210) (Knothe) mit x = vt (v = Abbaufortschritt) - für die praktische Rechnung vereinfacht als gleichschenkliges Dreieck - oder die erste Ableitung dv_z/dx der Normalsenkungs- bzw. der e-Faktor-Kurve gewählt werden. Je weiter sich ein Abbauelement, das an der Stelle t_i einen Senkungseinfluß von $dv_z(t_i)$ auf den Tagespunkt P besitzt, vom Gewinnungsstoß entfernt, desto größer werden seine Konvergenz und Einwirkungsfähigkeit, so daß die Senkungsverzögerung mit wachsender Zeitspanne $\Delta t = t - t_i$ abnimmt. Sofort nach dem Verhieb ($t_i = t$; $\Delta t = 0$) ist die Verzögerung für das Abbauteilchen mit $e^{-c\cdot 0} = 1$ am größten. Die Gl. (354) (Knothe) kann demnach als mathematische Beschreibung für das in Abb. 162 (Perz) angewandte graphische Verfahren der Zeit-Senkungs-Berechnung angesehen werden, wenn man den Zeitfaktor z nach Gl. (352) einsetzt (Trojanowski 1972).

Für eine a n a l o g e Berechnung der zeitlichen Senkung auf lichtelektrischem Wege ist es zweckmäßig, von der Formel

$$v_{z\ dyn} = e^{-ct} \cdot c \int_0^t v_{z\ end}(t) \cdot e^{ct} \cdot dt \qquad (356)$$

auszugehen und den Verlauf der Kurve $v_{z\ end}(t_i)$ oder der e-Faktor-Kurve mit z = 1 für eine Reihe von Abbauständen $x_i = v \cdot t_i$ zu bestimmen (Greń 1972). Die zwischenzeitliche Senkung eines Tagespunktes beim Abbaustand t wird aus der Summe der einzelnen Produkte (Fläche A)

$$\text{"Endsenkung } v_{z\ end}(t_i) \cdot \text{Faktor } e^{ct_i}\text{"},$$

die anschließend mit dem Reduktionsfaktor e^{-ct} und dem Zeit-Koeffizienten c multipliziert wird, ermittelt (Abb. 184). Faßt man die ex-

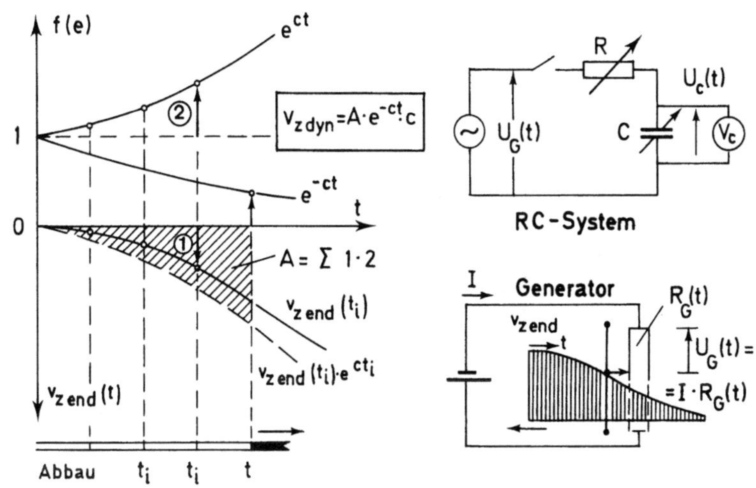

Abb. 184. Die Berechnung der zwischenzeitlichen Senkungen für einen Tagespunkt mit dem optischen Analogrechner nach Gl. (356). Links: Die e-Funktionen und die Diagramme für die Werte $v_{z\ end}$ (Einwirkungsfaktor) und die Produkte A. Rechts: Die analogen Bauteile für die dynamische Berechnung (nach Greń)

ponentiellen Faktoren zum Verzögerungsfaktor $d = e^{-c \cdot \Delta t}$ zusammen, dann läßt sich Gl. (356) so deuten, daß die zwischenzeitliche Senkung proportional der Summe aller Verzögerungsbeträge ist, die zu den einzelnen Abbauständen t_i - nicht Abbauelementen wie in Gl. (354) - gehören.

Für den Zeitkoeffizienten c hat man in Oberschlesien Werte von 4 bis 7/Jahr bei Bruchbau und von 1,6 bis 2,4/Jahr bei Spülversatz gefunden, was die schnelle Absenkung über dem Bruchbaustreb in Abb. 180 bestätigt. In der Analogie wird die Senkungsgeschwindigkeit in Gl.

(353) mit dem Anstieg der elektrischen Spannung zwischen den Kondensatorplatten verglichen

$$\frac{dU_C}{dt} = \lambda \left[U_G(t) - U_C(t)\right], \tag{357}$$

worin $\lambda = (R \cdot C)^{-1}$ der gegebene Zeitkoeffizient in sec^{-1} ist. Die Spannung $U_G(t)$ herrscht an den Endpunkten eines Spannungsgenerators (Abb. 184, rechts). Die zeitabhängige Spannung $U_C(t)$ wird hinter dem Integrationssystem RC - bestehend aus einem veränderlichen Widerstand R und einem Kondensator mit einstellbarer Kapazität C - an einem Voltmeter gemessen. Das Integral der Gl. (357) lautet unter der Voraussetzung, daß für t = 0 auch $U_G = U_C = 0$ sind, wie Gl. (356)

$$U_C(t) = e^{-\lambda t} \cdot \lambda \int_0^t U_G(t) \cdot e^{\lambda t} \cdot dt \, . \tag{358}$$

Der Funktionsgenerator hat die wichtige Aufgabe, das $v_{z\ end}(t)$-Diagramm in die Spannungen $U_G(t)$ umzuwandeln. Das geschieht dadurch, daß der Schleifbügel des Potentiometers gemäß der Funktion $v_{z\ end}(t)$ gesteuert wird, wenn er auf der Stirnseite einer nach dieser Funktion ausgeschnittenen Pappscheibe lose aufliegt und die Funktionsscheibe von einem Motor gleichmäßig gegen die Zeitachse nach links bewegt wird. Der Spannungsabfall $U_G(t)$, der sich bei einem Stromdurchfluß I am Potentiometer in der Modellzeit t einstellt, entspricht dem Endsenkungswert $v_{z\ end}(t)$ des betreffenden Abbaustandes. Am angeschlossenen Integrationssystem RC baut sich dadurch gleichzeitig an den Platten des Kondensators C eine Spannung $U_C(t) = v_{z\ dyn}$ auf, die als Zeit-Spannungs-Diagramm von einem Schreibwerk aufgezeichnet wird. Der optische Analogrechner (siehe Abschnitt 8.34 und Abb. 113) läßt sich auf diese Weise zu einem Gerät erweitern, mit dem erstmalig auch die zwischenzeitlichen Bodenbewegungen ermittelt werden können (Greń 1972).

Für die Senkungsgeschwindigkeit findet man im Schrifttum außer den Gl. (350) und (353) noch die Formeln

$$\frac{dv_{z\ dyn}}{dt} = a \cdot e^{bt^n}, \tag{359}$$

worin die Parameter a, b und n aus geodätischen Messungen bestimmt werden müssen (Avershin 1947), und

$$\frac{dv_{z\,dyn}}{dt} = f(t)\left[v_{z\,end}(t) - v_{z\,dyn}\right], \tag{360}$$

in der der konstante Zeitkoeffizient c der Gl. (353) durch eine Zeitfunktion f(t) ersetzt wird (Martos 1958). Durch Integration der angenommenen Funktion f(t) · dt erhält man an Stelle der Hochzahl ct den zeitabhängigen Exponenten F(t)für die Gl. (351) oder (354) in der Form

$$F(t) = \frac{t}{(T-t)\,n^n}\,; \tag{361}$$

hierin bedeuten t die Zeit in Tagen, T die Zeitdauer bis zur Beendigung der Hauptbewegung und n eine Konstante. Im ungarischen Bergbau hat der Exponent n Werte von 1,3 bei 40 m Teufe und von 0,74 bei 200 m Abbauteufe.

Schließlich ist im neueren Schrifttum auch die zeitabhängige Einwirkungsfähigkeit der Abbauelemente mathematisch behandelt worden (Kochmanski und Magdziorz 1972). Wenn a den Absenkungsfaktor nach Abklingen der Gebirgsbewegungen darstellt, so beträgt der dem einzelnen Abbauelement zukommende zeitliche Absenkungsfaktor in Abhängigkeit von der dimensionslosen, horizontalen Entfernung $r = s/r_0$ zum Tagespunkt P (siehe Abb. 171)

$$a_{dyn} = a\left(1 - e^{-c(r)\cdot t^{\alpha}}\right), \tag{362}$$

worin z.B. $\alpha = 1{,}5$ und $r_0 = 50$ m groß sind. Für den Zeitkoeffizienten gilt die empirische Funktion

$$c(r) = 2{,}3\,\exp\left(-25\cdot 10^{-5}\cdot r^{2{,}5}\right). \tag{363}$$

10.5 Die Maximalwertverfahren

Wie die vorangegangenen Ausführungen in den Kapiteln 8 bis 10 gezeigt haben, lassen sich die bergbaulichen Bodenbewegungen nicht ohne Hilfsmittel, wie Integrationsnetz, Tafeln oder Rechenanlagen, bestimmen. Die Berechnungen erfordern einen nicht unbeträchtlichen Arbeits- und Zeitaufwand, obwohl es sich nur um Näherungsverfahren mit einer erreichbaren Genauigkeit von 10 bis 15% der Bodenbewegungsgröße handelt. Schon allein für die Angabe der Baufeldgestalt ist eine grundrißliche Zeichnung notwendig oder müssen die Eckpunktkoordinaten des Feldes bestimmt werden. Nun wird bei Planungsarbeiten die Entscheidung oftmals erleichtert, wenn die Bodenbewegungen, die über dem zum Abbau vorgesehenen Flözfeld auftreten werden, mit einer einfachen Formel schnell abgeschätzt werden können. Es genügt hierbei, nur die Höchstbeträge zu berechnen, denen die Bauwerke im ungünstigsten Falle ausgesetzt sind. In Deutschland wird von derartigen Überschlagsrechnungen selten Gebrauch gemacht, so daß im Schrifttum auch nur wenige empirische Maximalwert-Formeln, die sich für eine Kopfrechnung eignen, zu finden sind. Das mag daran liegen, daß im inländischen Bergbau das Augenmerk mehr auf die Vervollkommnung als auf eine möglichst einfache und breite Anwendung der Berechnungsverfahren gerichtet war. Einige der im Ausland erprobten Maximalwert-Formeln werden im folgenden aufgeführt und den in Deutschland analytisch abgeleiteten Gleichungen gegenübergestellt.

Anknüpfend an den vorhergehenden Abschnitt seien zuerst die empirischen Formeln für die maximale Geschwindigkeit der Tagespunktbewegung genannt. Hierfür hat man in Polen die Beziehungen

$$\frac{dv_{z\ dyn}}{dt}\,(\max) = 0{,}6\ \frac{a\ M}{R}\ v \tag{364}$$

und

$$\frac{dv_{x\ dyn}}{dt}\,(\max) = 0{,}25\ \frac{a\ M}{R}\ v \tag{365}$$

in Abhängigkeit vom Abbaufortschritt v (m/d) und dem Vollflächenradius R (m) gefunden (Skinderowicz und Buchner 1972).

Im ukrainischen Steinkohlenbergbau wird die Formel

$$\frac{dv_{z\ dyn}}{dt}(max) = 30\ \frac{v}{H} \qquad [mm/d] \tag{366}$$

- v = monatlicher Abbaufortschritt in m - angewendet (Jofis 1962).

Die in Polen benutzten Formeln für die maximale Verformung der Tagesoberfläche (Kowalczyk 1966 und Romanowicz 1969) lauten für die Schieflage

$$v'_{z\ max} = 0{,}7 \text{ bis } 1{,}0\ \frac{aM}{R} \qquad [mm/m], \tag{367}$$

den Krümmungsradius

$$\rho_{z\ min} = 650 \text{ bis } 720\ \frac{R^2}{aM} \quad [m], \tag{368}$$

die Pressung

$$-\varepsilon_{s\ krit} = -\frac{aM}{H} \text{ oder } 0{,}6\ v'_{z\ max} \qquad [mm/m] \tag{369}$$

und die Zerrung

$$\varepsilon_{s\ max} = 0{,}45\ \frac{aM}{H} \quad [mm/m]\,. \tag{370}$$

Die Abbaumächtigkeit M wird in mm gemessen. Die Werte der Gl. (367) bis (370) sind mit Ausnahme der Schieflage größer als die für das Ruhrgebiet bekannt gewordenen Maximalwerte (Tafel 20). Noch größere Verformungen hat man im Saarrevier beobachtet.*)

---

*) Die ersten Überschlagsformeln für die gesamte Längenänderung eines Trogprofils, abgeleitet aus einer angenommenen, gegenläufigen Kippung der Gebirgsblöcke auf beiden Seiten des Abbaufeldes (b = halbe Baulänge) um den Betrag aM im Abbauzentrum, lauteten (K. Lehmann 1919):

$$-\Delta s_{ges.} = 2\ a\ M\ H/b \quad \text{und} \quad +\Delta s_{ges.} = 0{,}5\ (-\Delta s_{ges.})$$

Tafel 20. Die Näherungsformeln für die Extremwerte der Bodenbewegungselemente (nach Ehrhardt/Sauer und Lenge). Die Teilfläche hat die Größe einer halben Vollfläche

	Senkung (mm)		Schieflage (mm/m)		Pressung (mm/m)		Zerrung (mm/m)	
	Vollfläche	Teilfläche	Vollfläche	Teilfläche	Vollfläche	Teilfläche	Vollfläche	Teilfläche
Ruhrgebiet (analytisch)	$a \cdot M$	$a \cdot M \cdot e$	$1{,}2\,\frac{a\,M}{R}$	$0{,}7\,\frac{a\,M}{R}$	$0{,}25\,\frac{a\,M}{H}$	$0{,}5\,\frac{a\,M}{H}$	$0{,}25\,\frac{a\,M}{H}$	$0{,}25\,\frac{a\,M}{H}$
Saarrevier (empirisch)	"	"	$1{,}9\,\frac{a\,M}{l}$			$1{,}3\,\frac{a\,M}{H}$	$0{,}65\,\frac{a\,M}{H}$	
Ort	Trogmitte über Abbauzentrum		über Abbaukante		Trogmitte über Abbauzentrum		über Vorfeldmitte	

	Krümmungsradius min. (m)	
	Vollfläche	Teilfläche
Ruhrgebiet	$500\,\frac{R^2}{a\,M}$	$250\,\frac{R^2}{a\,M}$
Saarrevier	$250\,\frac{l^2}{a\,M}$	
Ort	über Abbaumitte muldenförmig) oder Vorfeldmitte (sattelförm.)	

Bemerkungen:

a = Absenkungsfaktor (0,5 Vollversatz, 0,9 Bruchbau)
M = Abbaumächtigkeit des Flözes, hier in mm
e = Einwirkungsfaktor, mit Integrationsnetz ermitteln
R = Vollflächenradius in m (R = 0,7H)
H = Abbauteufe in m
l = Entfernung vom Trogrand bis zur Trogmitte in m

Im niederländischen Bergbau behilft man sich bei der Angabe der maximalen Pressung und Zerrung mit den Näherungsformeln

$$-\varepsilon_{s\ max} = 1{,}6\ v_{z\ max} \cdot l^{-1},$$

und $$[mm/m], \qquad (371)$$

$$\varepsilon_{s\ max} = 0{,}8\ v_{z\ max} \cdot l^{-1}$$

worin l die diametrale Länge des Pressungs- oder Zerrungsgebietes in m beim Teilflächenabbau bedeutet. Die 50%-Senkungslinie trennt beide Gebiete (Wessel 1962).

Im Ostrauer Revier wurden bei Abbauteufen von 500 bis 800 m folgende Maximalwerte für

die Schieflage

$$v'_{z\ max} = 4{,}4\ v_{z\ max} \qquad [mm/m], \qquad (372)$$

die Zerrung

$$\varepsilon_{s\ max} = 0{,}45\ v'_{z\ max} \qquad [mm/m] \qquad (373)$$

und die Pressung

$$-\varepsilon_{s\ max} = 0{,}63\ v'_{z\ max} \qquad [mm/m] \qquad (374)$$

festgestellt; die maximale Senkung ist in m einzusetzen (Zilavý 1972).

Für den britischen Bergbau können aus der Abb. 155 folgende Maximalwerte abgelesen werden:

Schieflage

$$v'_{z\ max} = 3{,}4\ \frac{v_{z\ max}}{H}, \qquad (375)$$

Zerrung

$$\varepsilon_{s\ max} = 0{,}8\ \frac{v_{z\ max}}{H} \qquad (376)$$

und Pressung

$$-\varepsilon_{s\ krit} = 2{,}2\ \frac{v_{z\ max}}{H}. \qquad (377)$$

Die maximale Senkung, die je nach Baufeldgröße kleiner als die Vollsenkung a · M ist, muß hier wieder in mm umgewandelt werden. Die kritische Pressung tritt über einem 0,24 H breiten und 2R langen Abbaufeld ein. Die Koeffizienten in den anderen Formeln gelten für ein Abbaufeld, das eine Länge von 2R und eine Breite von 0,5 H besitzt (NCB 1966).

Rechnet man in den Schieflage- und Krümmungsformeln den Vollflächenradius R in die Abbauteufe H um (R = 0,7 H) und nimmt für die Koeffizienten runde Werte an, dann läßt sich ein übersichtliches Diagramm entwerfen, aus dem die Extremwerte der Bodenbewegung für M = 1 m je nach Abbauteufe und Abbauart entnommen werden können (Abb. 185).

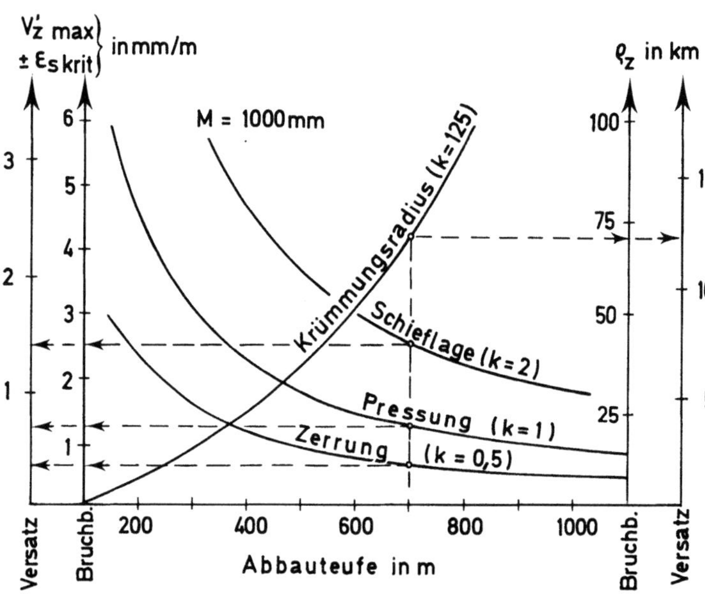

185. Die Extremwerte der Bodenbewegungselemente über einem Abbaufeld in Abhängigkeit von der Teufe, Mächtigkeit und Art des Abbaus. Benutzte k-Werte unter Berücksichtigung der Durchbauung: Schieflage = 1,5 aM/R = 2 aM/H, Pressung = 1 aM/H, Zerrung 0,5 aM/H, Krümmungsradius = 250 R^2/aM = 125 H^2/aM

Bei anderen Abbaumächtigkeiten oder Koeffizienten brauchen die Ergebnisse nur linear verändert, beispielsweise bei M = 1,8 m mit 1,8 multipliziert bzw. beim Krümmungsradius durch 1,8 dividiert zu werden. Wie man aus dem Diagramm ersieht, wird die Bodenverformung mit zunehmender Abbauteufe schwächer. Kennt man die Ausdehnung der übertägigen Einwirkungsfläche oder den Vollflächenradius R, so können die Bodenbewegungen für alle übrigen Trogpunkte überschlägig aus den Abständen des Tagespunktes von den Extremwertlagen bestimmt werden. Für den Punkt 1 in Abb. 186 beträgt z.B. die Schieflage $v'_{z\ max} \cdot s/R$.

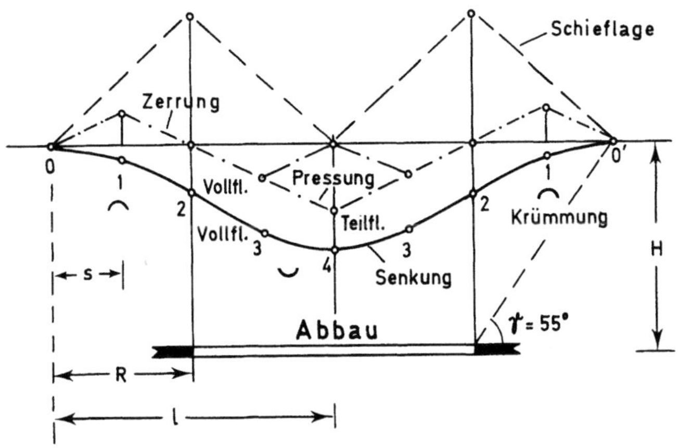

Abb. 186. Die Lage der Extremwerte zum Abbaufeld und die Bestimmung der Bodenbewegungsgröße für die übrigen Tagespunkte durch lineare Interpolation

10.6 Die Kritik an der Bodenbewegungsberechnung

An den Schluß dieses Kapitels sei eine kritische Betrachtung der Bodenbewegungsberechnung gestellt. Die Bergschadenkunde, getragen hauptsächlich von dem kleinen Berufskreis der Markscheider, hat in den wenigen Jahrzehnten seit der Jahrhundertwende zweifellos beachtliche Fortschritte gemacht. Sieht man von den extremen Abbau- und Gebirgsverhältnissen, wie sie in steiler Lagerung, durch Störungszonen und bei einem konzentrierten Abbau gegeben sind, einmal ab, dann lassen sich die Bodenbewegungen mit den bekannten Berechnungsverfahren heute in einer für betriebliche Zwecke ausreichenden Genauigkeit von ± 10% in flacher und von ± 20% in steiler Lagerung vorausbestimmen. Und doch sollte nicht verkannt werden, daß einige Probleme noch der Lösung harren, die mit zunehmender Durchbauung des Gebirges vom Deckgebirge bis zu einer Teufe von 1000 m und mit der Errichtung empfindlicher Großbauten in den immer dichter besiedelten Bergbaurevieren neu entstanden oder erst jetzt bedeutsam geworden sind. Wenn in der Bodenbewegungskunde zukünftig auf die Lösung dieser speziellen Aufgaben nicht mehr verzichtet werden soll, müssen die Fragen geklärt werden, die sich aus den folgenden acht kritischen Anmerkungen ergeben.

a) Es werden zu wenig vergleichende Beobachtungen mit dem Ziel angestellt, die gebirgsmechanischen, geometrischen und abbautechnischen Einflußgrößen der Bodenbewegung statistisch zu analysieren. Das Sammeln von Erfahrungswerten, z.B. über Größe und Lage der Maximalwerte sowie über den Zeitablauf und das Größenverhältnis von Senkung/Verschiebung, ist in Deutschland vernachlässigt worden, oder es fehlen für eine wissenschaftliche Bearbeitung der veröffentlichten Messungsergebnisse oftmals die näheren Angaben aus dem Grubenbild.

b) In keinem Rechenverfahren - mit Ausnahme der finiten Elemente - konnten bisher die richtige örtliche Konvergenz in der Abbaurandzone sowie die Nachsenkung in einem angrenzenden Alten Mann (Randzonenwirkung) berücksichtigt werden. Die für das Integrationsnetzverfahren gemachten Vorschläge, wie die Bewertung von zwei Randstreifen mit unterschiedlichen Absenkungsfaktoren (Abb. 72) oder die Verkleinerung bzw. Vergrößerung der Abbaufläche um einen 5 bis 15 m breiten Streifen als Ausgleich für die geringe bzw. zusätzliche Randkonvergenz (Beyer 1944, Fläschenträger 1957), sind wegen ihrer umständlichen Ausführung meistens unterblieben. Die örtliche Baufeldkonvergenz als Ausgangsgröße der Gebirgsbewegung sollte aber so genau wie möglich in die Berechnung eingegeben werden. Außerdem wurde der Senkungseinfluß der Streckendämme oft vernachlässigt (Abb. 11).

c) Um den zeitlichen Bewegungsablauf genauer bestimmen zu können, müßten die zeitabhängige Konvergenz des Baufeldes (Abb. 171) oder der Festen und Pfeiler (Abb. 14), die Auflockerung und der nachfolgende Verdichtungsgrad der Bruchzone im Haupthangenden (Abb. 7), die mit der Durchbauung abnehmende Biegesteifigkeit der Schichten sowie das zeitliche Zustandsbild der Gebirgsverformung in der mittleren und oberen Gebirgszone (Abb. 173) in die Berechnung eingehen, was vermutlich nur bei einem Modellverfahren (Lastmodell) in mehreren Rechengängen möglich ist.

d) Die auch in der flachen Lagerung festgestellte Asymmetrie der Senkungsprofilkurve (Abb. 165), die offensichtlich von der Verhiebsrichtung und vermutlich auch vom Durchbauungsgrad sowie Kluftsystem (Pfläging 1973) abhängt, läßt sich zwar durch eine stärkere Bewertung derjenigen Integrationsnetzhälfte, die in Richtung des Abbaufortschrittes liegt, rechentechnisch berücksichtigen, doch wäre die Annahme eines teilplastischen und rheologischen Gebirgsmodelles sowie einer asymmetrischen Verteilungsfunktion wirklichkeitsnäher (Abb.43).

e) Die im hangenden Gebirge von den alten Abbauen ausgehende nachträgliche Senkung, sobald diese Felder erneut unter Abbaueinwirkung geraten (Abbaukanteneffekt), führen zu größeren Senkungen als vorausberechnet. Da die Nachsenkung mit der Druckspannungsänderung, der Zerklüftung und Biegungserschlaffung im oberen Gebirgskörper zusammenhängt, wird auch sie nur mit einem mechanischen Gebirgsmodell, bei dem sich die Verformung aus dem jeweiligen Spannungsfeld ableitet, bestimmbar sein. Das gleiche gilt für die verminderte Konvergenz in einem neuen Baufeld im Falle einer Schutzflözwirkung. Noch nicht vorausbestimmbar sind außerdem das in jüngster Zeit festgestellte Senkungsdefizit bei der ersten Durchbauung eines Gebirges und die zusätzliche Senkung ($a > 1$) beim Verhieb des zweiten Flözes (Lippmann 1973).

f) Abweichungen von der vorausberechneten Trogform ergeben sich ferner bei der heutigen Abbautechnik im Steinkohlenbergbau, die durch den Bruchbau und eine blockartige Abbaukonzentration sowie durch eine schnelle und kontinuierliche Freilegung des Hangenden im Rhythmus von 5 Arbeits- und 2 Ruhetagen gekennzeichnet ist. Der im allgemeinen schüsselförmige Trog nimmt unter diesen Voraussetzungen die Gestalt eines "spitzen" Trichters an, für den steile Grenzwinkel von 67 gon (60°) sowie verhältnismäßig hohe Senkungsgeschwindigkeiten von rd. 4 cm/Tag und starke zwischenzeitliche Bodenverformungen über dem Gewinnungsstoß (Abb. 169) beobachtet worden sind (Spickernagel und Lippmann 1973). Diese Trichtermulden lassen sich nur mit Integrationsnetzen, bei denen die Innenzonen hoch bewertet werden (z.B. Gl. (158), siehe Abb. 106), oder mit Profilkurvengleichungen, die Anpassungsparameter für den End- und Zwischenzustand enthalten (Gl. (141)), berechnen.

g) Die Abweichung der Bodenbewegung über mehreren, stockwerkartig angeordneten Baufeldern vom Superpositionsprinzip (Baron 1951, Lautsch 1971) kann auf die sich summierenden Abbaukanten-, Randzonen- und Schutzflözwirkungen sowie auf die mit der Durchbauung und der Zerklüftung zunehmende Biegeerschlaffung der Gebirgsschichten im Abbauzentrum zurückgeführt werden. Es ist deshalb notwendig, bei der Überlagerung neuer und alter Abbauwirkungen die mit der Durchbauung einhergehende Abnahme der Gebirgssteifigkeit sowie das im Gebirgskörper herrschende Spannungsfeld zu beachten (Lastmodell). Für die Dachschichtsenkung im neuen Baufeld und die Nachsenkungen in den alten Baufeldern muß die Druck-Konvergenz-Beziehung gefunden werden.

h) In der steilen Lagerung müßten die sich mit dem Flözeinfallen ändernden Grenzwinkel, Mulden-Nadirwinkel, Absenkungsfaktoren und Verschiebungswerte genauer bekannt sein, bevor die Berechnungsverfahren verbessert und vereinfacht werden können. Die Grenzen der Streckungs- und Stauchungs- sowie der Zerrungs- und Pressungszonen konnten vom Grubengebäude aus noch nicht eingemessen werden. Unklarheit besteht auch über die Gebirgsbewegungsrichtung in der mittleren Zone des Schichtenschnittes und über die Auswirkung eines diskordant auflagernden Deckgebirges hinsichtlich der Oberflächenverformung (Abb. 154).

i) Schließlich fehlen Erfahrungswerte darüber, in welcher Stärke die Erddruck- und Reibungskräfte auf die Bauwerksfundamente übertragen werden. Das zu untersuchende Bauwerk sollte daher unter Beachtung bodenmechanischer Gesetze in die bergschadenkundliche Berechnung miteinbezogen werden und sein Störkörpereinfluß auf die Bodenbewegungsgröße nicht vernachlässigt werden.

Es bleibt also festzustellen, daß weitere Untersuchungen und Beobachtungen notwendig sind, um auch in verwickelten Fällen zu einer richtigen Voraussage der Bodenbewegung und zu einer zutreffenden Abschätzung des Bergschadenrisikos zu gelangen.

11. Die Bodenverformungskräfte am Bauwerk

11.1 Die Arten der Bauwerksbeanspruchung

Die im vorigen Abschnitt berechneten Bodenbewegungskomponenten - die Senkung v_z und die horizontale Verschiebung v_{xy} - sowie die aus ihnen abgeleitete Schieflage v'_z, Krümmung v''_z und Längenänderung ϵ_s dienen dem Bergschadenkundler als Grundlage für die Ermittlung der Schäden an der Tagesoberfläche. Hierbei stellt sich wieder wie beim System Schacht/Gebirge die Frage, inwieweit das Bauwerk die Bewegung und die Verformung des Bodens mitmacht. Man weiß zwar, daß das Bauwerk mit dem sich bewegenden Boden seine Lage ändert - es senkt, verschiebt und neigt sich wie die Gründungssohle (Abb. 187) - und daß ein bie-

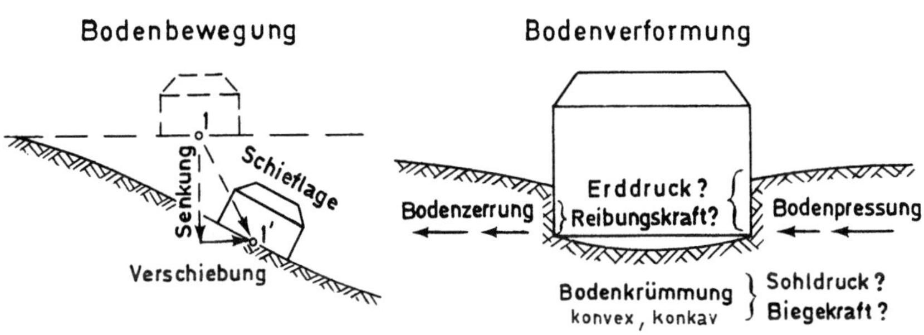

Abb. 187. Der Einfluß der Bodenbewegung und der Bodenverformung auf ein Haus im Abbaueinwirkungsbereich

gesteifes, elastisches Fundament weniger als der Boden gekrümmt, gezerrt oder gepreßt wird, kennt aber nicht in jedem Falle den größenmäßigen Unterschied zwischen der Boden- und der Bauwerksverformung. Es sollen daher die bodenmechanischen Vorgänge bei der Übertragung der Bodenverformungskräfte auf das Bauwerk näher untersucht werden.

Außer der Lageänderung unterliegen die Bauwerke also auch einer verformenden Beanspruchung auf Biegung, Zerrung und Pressung (Tafel 21). Viele Bauwerke sind entweder wegen ihrer strangförmigen Ausdehnung,

Tafel 21. Die Einwirkung des Bergbaus auf ein Bauwerk an der Tagesoberfläche

Bodenbewegung	Wirkung auf Bauwerk	Bodenverformung	Wirkung auf Bauwerk	Gesucht:
Senkung	Lageänderung in gleicher Größe	Krümmung	Sohldruckänderung, Biegemomente	Übertragungsverhältnis von Bauwerks-Bodenverformung
Schieflage		Zerrung	Reibungszugkraft	
Verschiebung		Pressung	Reibungsdruckkraft, passiv. Erddruck	

wie die erdverbundenen Verkehrsanlagen (Straßen, Gleise, Kanäle) und die eingebetteten Versorgungsleitungen (Rohre, Kabel), oder wegen ihrer geringen Eigensteifigkeit nicht in der Lage, die abgesunkene Sohle zu überbrücken; unter ihrer Gewichtslast folgen sie der Bodensenkung und biegen sich, anderenfalls ändert sich die Sohldruckverteilung unter dem teilweise freiliegenden, starren Fundament. Der horizontalen Verformung jedoch setzen die meisten Bauwerke einen Widerstand entgegen, da sie härter als der lockere Boden oder die verwitterte Gesteinszone an der Tagesoberfläche sind. Die sich längende oder kürzende Gründungssohle wird daher stellenweise am Fundament entlang gleiten und hierdurch Reibungskräfte auf das Bauwerk übertragen. Im Pressungebiet erzeugt der Boden außerdem an den quer zur Verschiebungsrichtung liegenden Fundamentwänden einen Druck, den sogenannten passiven Erddruck oder Erdwiderstand.

Beim System Boden/Fundament können demnach vier Fälle bergbaulicher Einwirkung:

a) Die Lageänderung der Bauwerke in gleicher Größe wie die Bodenbewegung,
b) der zusätzliche Erddruck auf die Fundamentwand,
c) die Reibungskraftübertragung auf die Fundamentsohle und
d) die Sohldruckänderung als Folge der Bodenkrümmung unter einem biegesteifen Fundament

unterschieden werden, von denen bisher nur die Lageänderung als gelöst und bekannt betrachtet werden kann (8. u.9. Kapitel). Der Erddruck, die Reibungskraft und die Freilage der Fundamentsohle verformen das Bauwerk; die Zerrungen oder Pressungen im Bauwerk sind jedoch im Gegensatz zum Fall a) kleiner als die auslösende horizontale Bodenverformung. Die bisher übliche Gleichsetzung der Bauwerkslängenänderung mit der berechneten Bodenzerrung oder -pressung ergibt deshalb eine zu große Beanspruchung des Bauwerkes, die, wenn sie für Planungen zugrunde gelegt wird, zwar einen Sicherheitszuschlag enthält, aber eine nicht immer notwendige, grobe Vereinfachung darstellt.

Die Kraftübertragung zwischen der sich verformenden obersten Bodenschicht und dem Bauwerksfundament läßt sich heute - wie gezeigt werden soll - mit den bodenmechanischen Formeln in einfachen, grundsätzlichen Fällen hinreichend genau berechnen. Auch bei verwickelten Aufgaben können diese Arbeitshypothesen und empirischen Regeln nützlich sein, so lange die in ihnen enthaltenen Unsicherheiten und Annahmen beachtet werden. Um die Abbaueinwirkung auf die Bauwerke in Abhängigkeit von der jeweiligen horizontalen Bodenbewegungsgröße vorausbestimmen zu können, muß man zunächst vom Spannungs-Verformungs-Verhalten des Bodens ausgehen und dann die Erddruck- sowie die Reibungskräfte berechnen.

11.2 Das Spannungs-Verformungs-Verhalten des Bodens

In der Bodenmechanik wird der Boden (Erdstoff) - wie Kies, Sand, Schluff und der durch chemische Gesteinszersetzung entstandene Ton - als ein natürliches Haufwerk aus mineralischen Körnern definiert, das durch Aufschütteln im Wasser nach Korngrößen zerlegt werden kann. Im Gegensatz dazu sind beim Festgestein (Fels, Gebirge) die Mineralien durch starke Kohäsionskräfte dauerhaft miteinander verbunden. Man unterscheidet den kohäsionslosen, trockenen Sand oder Kies (Porenvolumen 30-45%, Reibungswinkel 30-40°) und den bindigen, tonigen oder schluffigen Boden (Porenvolumen 25-75%, Reibungswinkel 10-30°, Kohäsion 1-2,5 N/cm^2).

Im k o h ä s i o n s l o s e n S a n d verändert ein Teil der Sandkörner schon bei kleinen Laststeigerungen seine Lage, wobei die Körner durch Drehen und Verschieben der Belastung auszuweichen versuchen und sich so lange umlagern, bis jedes Korn wieder gemäß seiner Form eine neue, stabile Abstützung gefunden hat (Abb. 188). Das ist der Fall, wenn die von den Nachbarkörnern an den Berührungsstellen auf das betreffende Sandkorn übertragenen Normalkräfte σ_n und die bis zur

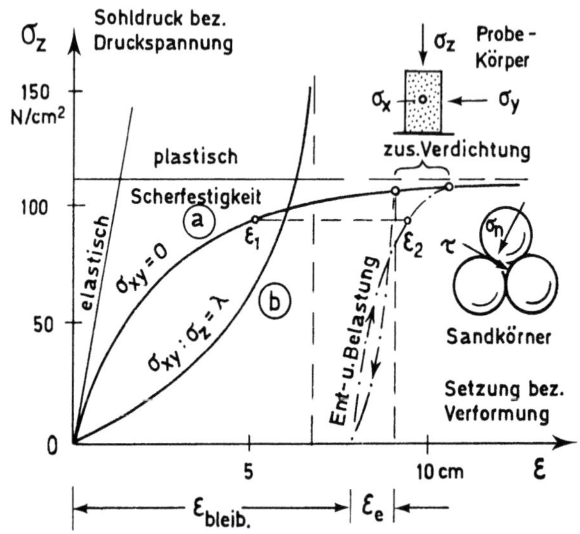

Abb. 188. Das Spannungs-Verformungs-Verhalten einer Sandprobe. Versuche mit einachsigem und zweiachsigem Druck sowie für Ent- und Wiederbelastung

Grenze der Haftreibung auf diesen Berührungsflächen wirksamen tangentialen Reibungskräfte τ in ein Gleichgewicht gelangt sind. Bei dieser sogenannten Stützregelung der Sandkörner wird das Volumen einer unter allseitig gleichem Druck ($\sigma_z = \sigma_x = \sigma_y$, hydrostatischer Spannungszustand) stehenden Sandprobe verkleinert. Unter ungleicher Seitenbelastung der Probe ($\sigma_x \neq \sigma_y$, Schubspannungszustand) kann ein dichter Sand auch aufgelockert werden. Ein ideal elastischer Boden würde dagegen, wenn Schubspannungen auf ihn einwirken, seine Gestalt, nicht aber sein Volumen ändern. Einen elastischen Bereich, d.h. ohne gegenseitige, plastische Verschiebung der Sandkörner, gibt es also selbst bei kleinen Druckspannungsänderungen für die Bodenschichten nicht. Sie verhalten sich überwiegend plastisch. Die elastische Verformung ε_e der Sandkörner ist so gering, daß die Verformung bei einer Entlastung des Sandes nur wenig zurückgeht. Die Stützregelung der Sandkörner bleibt bei der Entlastung größtenteils erhalten, was den großen plastischen Verformungsanteil $\varepsilon_{bleib.}$ erklärt. Ein in gleicher Weise und Größe erneut hergestellter Belastungszustand bringt, da die Körner nicht nochmals umgelagert zu werden brauchen, eine zusätzliche Verdichtung und eine etwas größere Formänderung ε_2 im Vergleich zur Anfangsbelastung ε_1. Erst ein noch höherer oder anders gerichteter Spannungszustand ruft eine neue Stützregelung und weitere Formänderungen hervor.

In b i n d i g e n B ö d e n mit vielen, kleinen Körnern und großer Gesamtkornoberfläche wird ein verhältnismäßig großer Teil des Porenwassers durch molekulare Kräfte an den Körnern festgehalten, so daß von diesem gebundenen Wasser (Haftwasser) vorübergehend hohe Schubspannungen aufgenommen und die Körner an ihrer gegenseitigen Berührung gehindert werden. Hieraus ergeben sich einerseits die Kohäsion sowie andererseits die im Vergleich zum trockenen Sand große Verformbarkeit und die geringe Reibungsfestigkeit. Beide Eigenschaften des bindigen Bodens gehen bei hohen Spannungen verloren, weil die Kohäsion die Kornverschiebung bei lang andauernder, hoher Belastung nicht verhindern kann. Stark gepreßte, bindige und sandige Böden verhalten sich dann in der weiteren Verformung gleich.

Elastische Erscheinungen und eine Speicherung potentieller Energie spielen also während der Verformung des Bodens keine nennenswerte Rolle. Das an die Elastizität gebundene und den sich überlagernden Abbaueinwirkungen in der Bergschadenkunde unterstellte Superpositionsgesetz gilt für das Spannungs-Verformungs-Verhältnis des Bodens nicht: Die Kennlinien nach Abb. 188 zeigen für den Ödometer-Druckversuch bei verhinderter Seitendehnung, d.h. starrer Ummantelung der Probe, eine unterlineare (b) und für den Kompressionsversuch bei unbehinderter Seitendehnung eine überlineare (a) Zunahme der Zusammendrückung mit der Belastung.

Die Bodenschicht kann sich im Bereich der konkaven Krümmung oberhalb der Abbaufläche unter dem horizontalen Biegedruck (Pressung) nach oben und unten ausdehnen (Mächtigkeitszunahme, Streckung) sowie am konvexen Muldenrand unter dem bankrechten Auflagerdruck zum Troginnern hin bewegen (Zerrung) bei gleichzeitigem Mächtigkeitsschwund (Stauchung). Während dieser Biegeverformung lagern sich die in dem Haftwasser und den mineralischen Beimengungen eingebetteten und zum Teil vom freien Porenwasser umgebenen Sandkörner einer bindigen Bodenschicht - in Abb. 189 als Kugeln idealisiert dargestellt - so um, daß sie ihren gegenseitigen Abstand im Zerrungsgebiet waagerecht vergrößern und lotrecht verringern, im Pressungsgebiet waagerecht verkleinern und lotrecht vergrößern. Zwischen Trograng und -mitte verändern alle Sandkörner ihre horizontale Lage, wie es die Pfeile in

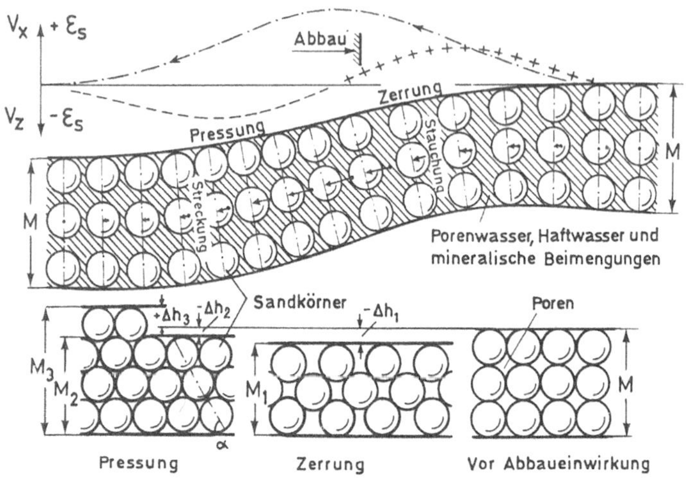

Abb. 189. Kornumlagerung in einer unter bergbaulicher Einwirkung stehenden Bodenschicht. Oben: Verformung einer wassergesättigten, bindigen Bodenschicht über einer Abbauvollfläche. Unten: Kubische (rechts) und rhombische (links) Lagerung einer nichtbindigen Bodenschicht

der Abb. 189 in Anlehnung an die Verschiebungskurve andeuten. In kubischer Kugelpackung dicht gelagerter kohäsionsloser Sand wird im Zerrungsgebiet waagerecht aufgelockert (Mächtigkeitsschwund Δh_1) und im Pressungsgebiet zu einer rhombischen Lagerung verdichtet, wobei eine oder mehrere Kornlagen durch sich zwischenschiebende Körner hochgedrückt werden (Mächtigkeitszunahme Δh_3); bei einer reinen waagerechten Schubverformung der Kornlage ohne Schichtkrümmung würde dagegen die Mächtigkeit um Δh_2 abnehmen. Die bis zu einem Orientierungswinkel von $\alpha = 60^0$ gehende Umlagerung der Körner von der kubischen in die rhombische Kugelpackung ermöglicht je nach mitverformter Bodenschichttiefe eine beträchtliche Punktverschiebung im Pressungsgebiet.

Zusammenfassend läßt sich also für das Verhalten des Bodens unter Druck feststellen:

Das Korngemisch des Sandes lagert sich plastisch um (Stützregelung);

das Volumen der Bodenmasse ist nicht konstant (Dichte und Porenvolumen veränderlich);

die Be- und Entlastungskurven decken sich nicht (geringe Elastizität);

nach der Entlastung stellt sich die ursprüngliche Lagerungsdichte nicht wieder ein (bleibende Verformung);

die Verformung ist nicht proportional der Spannung;

der Schubverformung wirken die Kohäsion des Haftwassers und die Kornreibung entgegen.

11.3 Der Erddruck auf eine Fundamentwand

Das im Erdreich liegende Fundament eines Bauwerkes wird bei einer konvexen Biegung der Bodenschicht an den Wänden entlastet, bei einer konkaven Bodenschichtbiegung zusätzlich zum Ruhedruck belastet (Abb. 190). Im Extremfall kann dieser Druck auf die Fundamentwände bei aus-

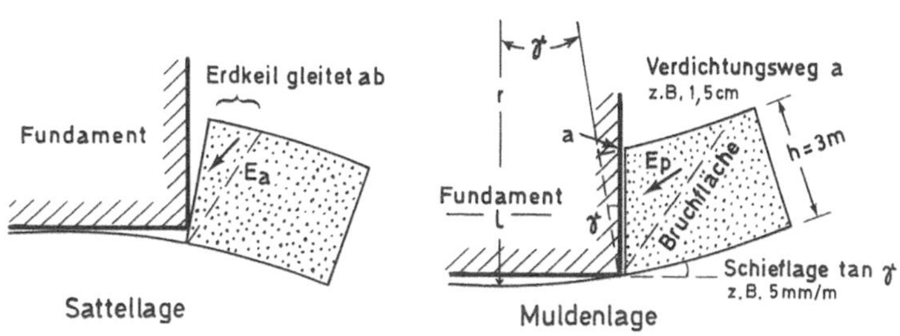

Abb. 190. Die Erddruckkräfte auf eine Fundmentwand bei einer Biegeverformung der Bodenschicht (Aufriß)

reichend großer Bodenschichtbiegung entweder im Zerrungsgebiet vom Ruhedruck auf den aktiven Erddruck E_a abfallen oder im Pressungsgebiet auf den passiven Erddruck E_p, auch Erdwiderstand genannt, ansteigen.

Erscheinungen des aktiven Erddruckes sind bei der Erdrißbildung im Zerrungsgebiet zu beobachten. Überschreitet die Bodenzerrung unter der konvexen Krümmung den bei 5 bis 7 mm/m liegenden Trennfestigkeitswert (Bruchdehnung) der Erdoberschicht, so reißt der Boden 1 bis 3 m tief und schräg zum Abbau zeigend auf (Abb. 191). Der aufgelockerte und aufgerissene Boden kann dann im Hangenden des Erdrisses wie ein Erdkeil auf einer zweiten Bruchfläche zum Haupt-

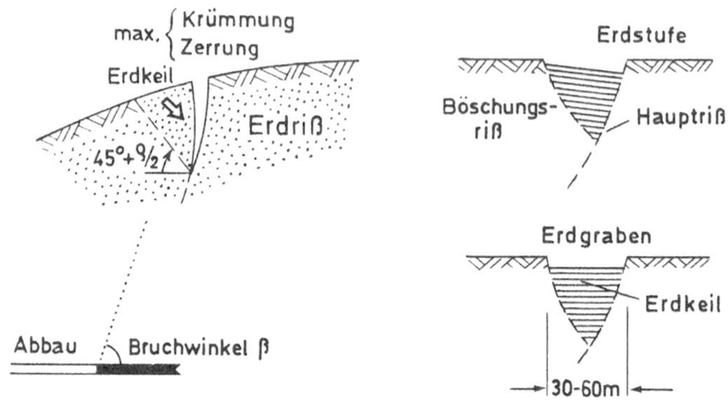

Abb. 191. Die Erdriß- und -stufenbildung an der Tagesoberfläche im Bruchwinkelbereich und das Abgleiten eines Erdkeils auf einer Böschungsfläche unter dem aktiven Erddruck

riß hin abgleiten oder einsinken, wenn die Eigengewichtskraft des Gleitkörpers den Schwerwiderstand längs der gegenfallenden Bruchfläche überwindet. Infolge des Erdkeilrutsches oder des Einsinkens entsteht im Abstand von 30 bis 60 m zum Hauptriß ein Gegen- oder Böschungsriß. Da der Hauptriß beim Aufgraben nur einige Meter tief verfolgt werden kann, müssen bei einem über 10 m weiten Rißabstand eine sehr tiefe Auflockerungszone oder die Auswirkung tiefer Klüfte vermutet werden. Der Bewegungsvorgang hinterläßt an der Hauptrißlinie eine mehrere Dezimeter große Erdstufe oder zwischen beiden Rißlinien eine grabenartige Vertiefung. Eine auf weichen Fließsanden auflagernde Mergelschicht unterhalb des Sandbodens kann bei einer Biegezerrung an den Kluftflächen aufreißen, blockweise in den weichen Untergrund absinken und eine Abtreppung am Trogrand verursachen (Abb. 192). In diesem Falle hängt der Abstand der Erdstufen vom Kluftsystem der bankigen Untergrundschicht ab. Die Erdstufen sind als Bergschadengefahr für Verkehrs- und Wohnbauten sehr gefürchtet (Mehrhoff 1973).

Für den Bergschadenkundler ist besonders der E r d w i d e r s t a n d als zusätzliche Beanspruchung der Bauwerke interessant, dessen aus der Bodenmechanik stammender Name darauf hinweist, daß der Erddruck von einer auf den Sand zu bewegten Stützmauer ausgelöst wird, wobei sich der Boden passiv verhält und gegen seine Verformung einen Widerstand leistet. Da im Abbaueinwirkungsgebiet der Boden das aktive Bewegungselement ist, kommt in der Bergschadenkunde auch der umgekehrte Fall, daß der Boden gegen eine Fundamentwand schiebt, vor.

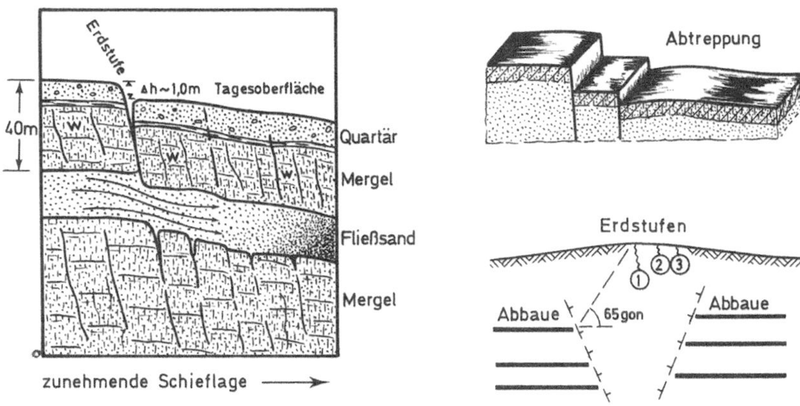

Abb. 192. Die Erdstufenbildung (links) im klüftigen Mergel über einer Fließschicht (Walsumer Meeressand) am sattelförmig gezerrten Trogrand (nach Mehrhoff). Fortschreitende Abtreppung im Kluftabstand bei weiterer Unterbauung und Zunahme der Bodenkrümmung (rechts)

Im Pressungsgebiet kann bei einer z.B. von links nach rechts stetig abnehmenden Bodenverschiebung v_x das Erdreich nach Abb. 193 auf die

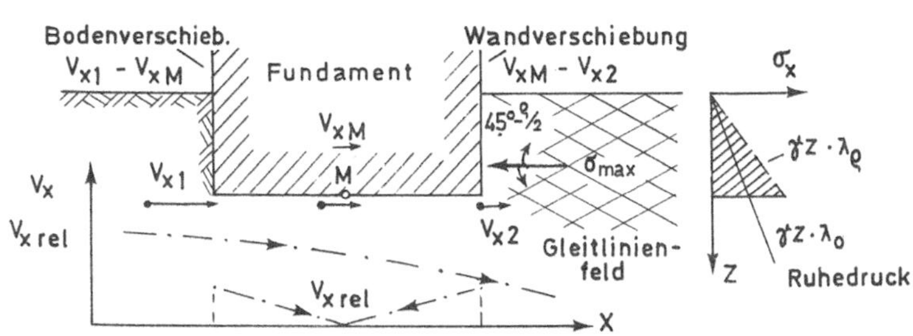

Abb. 193. An einem um v_{xM} verschobenen Fundament drückt links der Boden auf die Kellerwand, rechts schiebt die Wand den Boden zurück; außerdem Gleitlinienfeld beim passiven Erddruck und Relativverschiebung zwischen Boden und Bauwerkssohle im Pressungsgebiet

linke Fundamentwand drücken und sich um $v_{x1} - v_{xM}$ verdichten, dagegen wird, wenn das starre Bauwerk insgesamt mit der Mitte M der Sohle um den Betrag v_{xM} mitgenommen wird, auf der rechten Seite die Fundamentwand den Boden um $v_{xM} - v_{x2}$ zurückschieben.

Die von einem konkav gebogenen und gepreßten Boden auf eine Fundamentwand ausgeübte Druckkraft hat einen Höchstwert erreicht, wenn unter wachsender Schubbelastung alle Bewegungswiderstände im Sandkorngemisch voll wirksam geworden sind und der Boden beim Überschreiten dieser Grenzspannung längs zweier Scharen von Gleitflächen abschert, die mit der größeren horizontalen Hauptspannung den Winkel $45^{\circ} - \rho/2$ einschließen. Diese Gleitflächen bilden sich nach der Coulomb-Mohr'schen-Bruchtheorie im Boden, wenn das Verhältnis von Schub- und Normalspannung auf ihnen im kohäsionslosen Boden

$$\tan \rho = \frac{\tau}{\sigma_n} \tag{378}$$

oder im bindigen Boden

$$\tan \rho = \frac{\tau - c}{\sigma_n} \tag{379}$$

beträgt, worin ρ den Winkel der inneren Reibung und c die Kohäsion oder die Scherfestigkeit bei der Normalspannung Null bedeuten. Die graphische Darstellung der Gleichung $\tau = f(\sigma, \rho, c)$ ergibt die sogenannte Coulomb'sche Bruchlinie (Abb. 194).

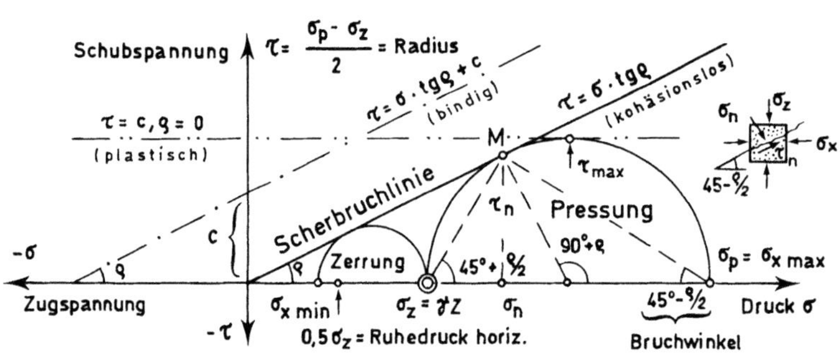

Abb. 194. Die Bruchbedingungen nach Coulomb und Mohr. Bruchlinien für plastische, bindige und kohäsionslose Böden sowie Spannungskreis für einen Punkt in der Tiefe z

Nach Mohr läßt sich nun die den Bruch im Pressungsgebiet auslösende horizontale Grenzspannung $\sigma_p = \sigma_{x\,max}$ in jedem beliebigen Punkt des Bodens (Tiefe z) bestimmen, indem zunächst die vertikale Druckspannung $\sigma_z = \gamma z$ aus dem Raumgewicht $\gamma = 1{,}8\ t/m^3$ (1 t = 1000 kg) für den betreffenden Bodenpunkt errechnet und dann im Diagramm von diesem Spannungswert σ_z aus oberhalb der σ-Achse (Druck) ein Halbkreis*) nach rechts gezeichnet wird, der die Bruchlinie im Punkt M berührt und die σ-Achse im gesuchten Grenzspannungspunkt $\sigma_p > \sigma_z$ (passiver Erddruck) schneidet.

Nach der Theorie von Rankine ist bei Vernachlässigung der Schubspannung an der Fundamentwand (Wandreibungswinkel $\delta = 0$, für $\delta = 15^\circ$ doppelte Werte) das kritische Hauptspannungsverhältnis

$$\lambda_p = \frac{\sigma_p}{\sigma_z} = \tan^2\left(45^\circ + \frac{\rho}{2}\right) \tag{380}$$

- z.B. für $\rho = 20^\circ$ rd. 2,0 (Ton), $\rho = 25^\circ$ rd. 2,5 (Lehm, Schluff) und $\rho = 36^\circ$ rd. 3,85 (Sand, Kies) -, so daß für die gesamte Fundamentwand von der Höhe h ein horizontaler, passiver Bodendruck (Erdwiderstand) im kohäsionslosen Boden von

$$E_p = \int_0^h \sigma_p \cdot dz = \frac{1}{2}\,\sigma_p h = \frac{1}{2}\,\gamma h^2 \lambda_p \tag{381}$$

und im bindigen Boden von

$$E_p = \frac{1}{2}\,\gamma h^2 \lambda_p + 2ch\sqrt{\lambda_p} \tag{382}$$

je Meter Länge der Wand ermittelt wird.

Dieser horizontale Bodendruck kann im Pressungsgebiet beispielsweise bei einer 2 m hohen und 15 m langen, quer zur Verschiebungsrichtung liegenden Fundamentwand eines Wohnhauses im kohäsionslasen Sand rd. 8 mal (2 080 kN) größer als der Ruhedruck

$$E_0 = \frac{1}{2}\,\gamma h^2 \lambda_0 \tag{383}$$

von 207 kN (1 kN = 1000 N) sein, wenn der Ruhedruckbeiwert $\lambda_o = \sigma_x : \sigma_z \approx 0{,}5$ beträgt.

Für einen bindigen Boden oder bei einer Wandreibung, die durch den

*) Ansatz: $\sigma_p = \sigma_z = 2\,\tau_{max}$ (Durchmesser); siehe Kèzdi: Erddrucktheorien, Springer 1962, 173

vor der Wand seitlich weggleitenden Boden entsteht, werden nach C o u l o m b noch höhere Werte als im obigen Beispiel erhalten. Für die Bemessung der Fundamentstärke sollte daher im Bergbaugebiet der nach Gl. (381) errechnete maximale Erddruck auf das Doppelte erhöht werden, also

$$E_p \approx \gamma h^2 \lambda_p \,. \qquad (384)$$

Durch eine statische Berechnung muß geprüft werden, ob dieser Erddruck die Biegefestigkeit der Fundamentwand überschreitet oder nicht (siehe Baurichtlinien im Anhang).

Diese horizontalen Maximaldrücke werden nur erreicht, wenn sich auf einem genügend großen Verschiebungsweg des Bodens alle Bewegungswiderstände der Sandkörner (Scherfestigkeit und Kohäsion) mobilisieren und sich nach Überschreiten der Scherfestigkeitsgrenze die Gleitflächen im Boden bilden (V e r f o r m u n g s r a n d b e d i n g u n g nach Rankine). Über die Größe der hierzu erforderlichen relativen Verschiebung zwischen Fundamentwand und Boden werden im Schrifttum unterschiedliche Werte von 2 cm bei sehr fester Lagerung (Terzaghi u. Peck 1961) sowie von 10 cm bei glatter Wand oder 15 cm bei rauher Wand und weniger fester Lagerung (Franzius 1928), wenn die Wand $h = 2$ m hoch ist, genannt. Für eine 3 m hohe und 5,6 m lange Spundwand im bindigen Boden wurde ein Verschiebungsweg von 21 cm beim Bodenaufbruch unter 3 920 kN Druck gemessen (Zweck 1957).

Im Durchschnitt wird also der maximale Erddruck auf eine Fundamentwand unter Berücksichtigung der lockeren Ausfüllung des Baugrubenrandes bei einem Verschiebungsweg von rd. 0,05 bis 0,1 h eintreten. In einer konkav nach Abb. 190 (Muldenlage) gekrümmten Bodenschicht setzt demnach dieses Druckmaximum einen Verschiebungsweg des Erdreiches vor den Wänden eines $l = 50$ m langen und $h = 2$ m tiefen Fundamentes von $a > 10$ cm, d.h. einen Krümmungsradius der Baugrundsohle

$$r = \frac{h\ l}{2\ a} \qquad (385)$$

von unter 500 m oder eine Bodenpressung von über 4 mm/m voraus. Eine versuchstechnisch gefundene Beziehung zwischen dem anteiligen Verdichtungsweg und dem Erddruck ist in Abb. 195 dargestellt.

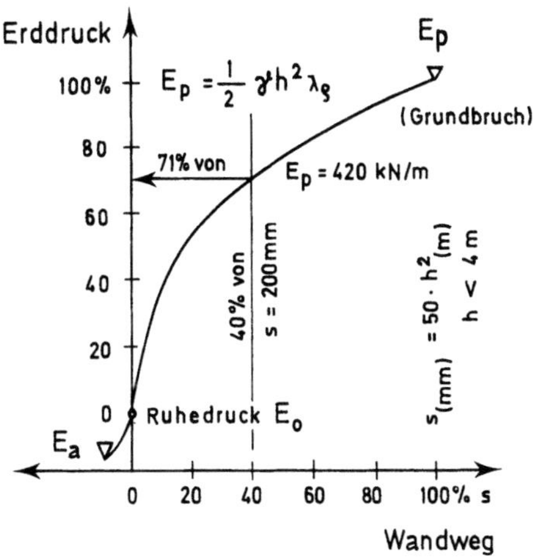

Abb. 195. Der Kraft-Weg-Verlauf beim Erddruck (nach Franzius). Beispiel für h = 2 m, γ = 2,0, λ_ρ = 7,0, l = 40 m und 4 mm/m Pressung

Aus diesen mechanischen Eigenschaften der oberen Erdschicht kann abschließend für die Bergschadenkunde gefolgert werden:

a) Der Erddruck steigt mit dem Quadrat der Gründungstiefe h an;

b) vor der Abbaueinwirkung lastet der Ruhedruck E_o auf den lotrechten Fundamentwänden ($\sigma_x = 0{,}5\ \sigma_z$);

c) bei einer Bodenzerrung ist der Druck auf die Fundamentwand geringer als der Ruhedruck (aktiver Erddruck $E_a < E_o$);

d) im Pressungsgebiet liegt der Bodendruck auf die Fundamentwand über dem Ruhedruck; er erreicht bei einer Relativverschiebung zwischen Wand und Boden von ungefähr 0,1 h seinen Höchstwert (passiver Erddruck $E_p \approx 10\ E_o$), falls die Knick- oder Biegefestigkeit der Fundamentwand nicht schon vorher überschritten worden ist;

e) dieser zum Maximalwert E_p gehörige Verdichtungsweg (Wandweg) von 0,1 h stellt sich umso eher ein, je dichter der Sand, je größer die Bodenpressung und je länger das Bauwerk in der Verschiebungsrichtung ist;

f) im Bergbaugebiet wird im allgemeinen ein Verdichtungswert von nur 10 bis 40% des Grenzwertes 0,1 h (z.B. 2 cm Wandweg gegenüber 20 cm Verdichtungsgrenzwert bei h = 2 m, l = 20 m und 2 mm/m Bodenpressung) erreicht, so daß tatsächlich ein Erddruck von nur 30 bis 70% des

Höchstwertes E_p zu erwarten ist (Abb. 195).

11.4 Die Reibungskraftübertragung auf Bauwerke

Der sich über dem Abbau verformende Boden schert unter der Sohle und an den Wänden des Fundamentes ab, wobei eine Gleitreibungskraft erzeugt wird, die einerseits die Bewegung des Bodens zu hemmen versucht und andererseits das Bauwerk mitbewegt und verformt. Die R e i b u n g s k r a f t ist der durch den Koeffizienten $\mu = \tan \rho$ bestimmte Teil der Normalkraft F_n

$$F_R = \mu \cdot F_n \, . \tag{386}$$

Der Reibungskoeffizient μ beträgt für sandige Böden im Mittel 0,65 ($\rho = 33^o$) sowie für festen Mergel und Ton rd. 0,36 ($\rho = 20^o$). Bei leichten Bauwerken (Sohldruck < 1 N/cm²) auf bindigen Böden müssen die Haftspannungen (Kohäsion) in einer Größe von 10 kN/m² Berührungsfläche berücksichtigt werden; ein bindiger Boden hat daher trotz des kleineren Reibungsbeiwertes erst unter hoher Belastung (über 10 N/cm²) eine geringere Reibung als ein körniger Boden und die Wirkung einer "Gleitschicht".

Für die N o r m a l k r a f t F_n auf die Gründungsebene (in N) wird die Summe aller Auflagerkräfte des Bauwerkes - die Gewichts- oder Anpreßkraft - und für die Normalkraft auf die Fundamentwände der mit dem Quadrat der Tiefe (h^2) anwachsende Erdruhedruck E_o eingesetzt, doch kann die Reibungskraft auf die Wände bei geringer Gründungstiefe vernachlässigt werden. Das Eigengewicht der Hochbauten je Geschoß - einschließlich des Kellergeschosses, jedoch ohne die Fundamentlast - wird im Schrifttum mit 7 bis 11 kN/m², überschlägig also mit 10 kN/m² angegeben. Bei nicht gegen Abstandsänderung gesicherten, im Baugrund verzahnten Einzelfundamenten müssen Sonderberechnungen angestellt werden.

Im allgemeinen wird die Bauwerksmitte als Schwerpunkt des Gleitwiderstandes die Verschiebung des Bodens an dieser Stelle ganz mitmachen, d.h. die Relativverschiebung $v_{x\ rel}$ ist dort Null. Außerhalb dieser Mittelzone findet eine Relativverschiebung zwischen dem Boden und dem

Fundament statt. Im Pressungsgebiet eilt nach Abb. 196 der Boden auf der linken Bauwerkshälfte den zugeordneten Bauwerkspunkten voraus, auf der zur Trogmitte hin gelegenen rechten Hälfte bleibt der Boden gegenüber dem Bauwerk zurück.

Im Zerrungsbereich verlaufen die Relativbewegungen zwischen Boden und Fundament auf beiden Bauwerkshälften umgekehrt. Sie sind demnach entweder zur Bauwerksmitte hin (Pressung) oder von ihr weg (Zerrung) gerichtet und am Fundamentende am größten (Abb. 196). Die infolge dieser

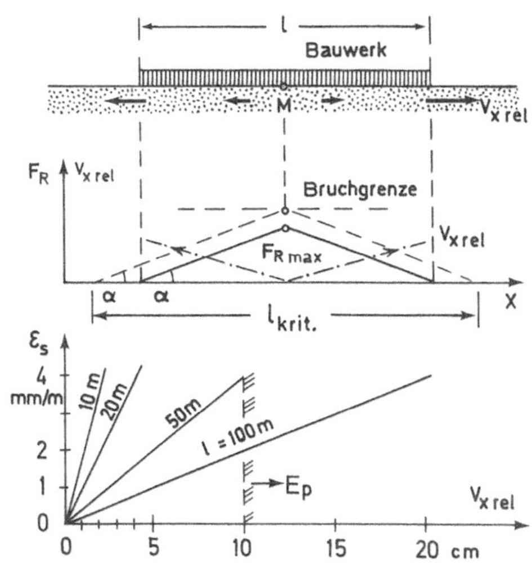

Abb. 196. Der Anstieg der Reibungskraft F_R zur Mitte des Bauwerks hin und die relative Bodenverschiebung $v_{x\ rel}$ am Bauwerksende in Abhängigkeit von der Bodenzerrung ε_s oder -pressung

Relativbewegung auf das Bauwerk übertragene Reibungskraft verstärkt daher im Pressungsgebiet zusammen mit dem Bodendruck E_p die Druckbeanspruchung des Fundamentes, im Zerrungsgebiet wirkt sie als Zugkraft am Fundament.

Die auf das Bauwerk übertragene Reibungskraft summiert sich in der beanspruchten Längs- oder Querachse des Bauwerks als elastische Verformungskraft; sie steigt, so lange das Fundament nicht bricht, linear mit dem Winkel α - aus $\tan \alpha = \Delta\tau/\Delta x$ abgeleitet - bis zur Bauwerksmitte auf

$$F_{R\,max} = \frac{1}{2} F_R = \mu \frac{l}{2} F_n' \tag{387}$$

an. F_n' bezeichnet die gleichmäßig verteilte Baulast je 1 m Bauwerkslänge in N/lfd.m. Die zerrende oder pressende Reibungsbeanspruchung nimmt also mit der in der Verschiebungsrichtung liegenden Länge l des Fundamentes zu. Aus diesem Grunde unterteilt man im Bergbaugebiet lange Baufronten in einzelne Baukörper. Bei unveränderter Gesamtlast des Bauwerks (in N) ist es jedoch in Hinblick auf die maximale Verformungskraft $F_{R\,max}$ gleichgültig, ob das Bauwerk auf kleiner Grundfläche hoch oder auf großer Baufläche niedrig errichtet wird, weil die Gesamtreibung nach Gl. (387) unabhängig von der Größe der Berührungsfläche (Gründungssohle) ist. Der Bruch würde in einem homogenen Fundament bei Überschreitung der Druck- oder Zugfestigkeit von der Bauwerksmitte ausgehen, wenn es keine Schwächestellen im Fundament gäbe, wie die Tür- und Fensteröffnungen, die die Ortslage der Bruchzonen und -linien bestimmen.

Die elastische Verformung des Bauwerkes in mm/m erreicht in der Fundamentmitte die Größe

$$\varepsilon_{l\,max} = \frac{F_{R\,max} \cdot 1000}{E \cdot S}, \tag{388}$$

worin $F_{R\,max}$ die übertragene maximale Reibungskraft in der Fundamentmitte in N, S die Querschnittsfläche des Fundaments in cm^2 und E der Elastizitätsmodul in N/cm^2 (Beton 2.500.000 N/cm^2) bedeuten. Hieraus läßt sich die elastische Längenänderung des gesamten Fundamentes in mm aus

$$\Delta l = \frac{l}{2} \varepsilon_{l\,max} \tag{389}$$

berechnen. Die Relativverschiebung in mm zwischen dem bis zu $\varepsilon_{l\,max}$ beanspruchten Fundament und einem um ε_s gleichmäßig gepreßten oder gezerrten Boden wächst bis zum Fundamentende auf

$$v_{x\,rel} = \frac{l}{2}\left(\varepsilon_s - \frac{1}{2}\,\varepsilon_{l\,max}\right) \tag{390}$$

an.

Ein Berechnungsbeispiel für ein 50 m langes, 15 m breites und 2 m tief gegründetes, dreigeschossiges Bauwerk im Abbaueinwirkungsbereich (Abb. 197) ergibt mit $\mu = 0{,}65$, $\lambda_o = 1{,}8\ t/m^3$ einen Erdruhedruck je laufender Meter in der Längsachse von

$$E_o = 1/2\ \gamma h^2\ \lambda_o = 18\ kN/lfd.m$$

sowie eine auf die Fundamentlängswand übertragene und bis zur Mitte der Längswand anwachsende Druck- oder Zugreibungskraft von

$$F_{R\ max} = \mu\ E_o\ 1/2 = 0{,}65 \cdot 18 \cdot 25 = 293\ kN.$$

Das Bauwerk wird also durch die an zwei Fundamentwänden ausgeübte Reibungskraft mit maximal 586 kN in der Fundamentmitte beansprucht.

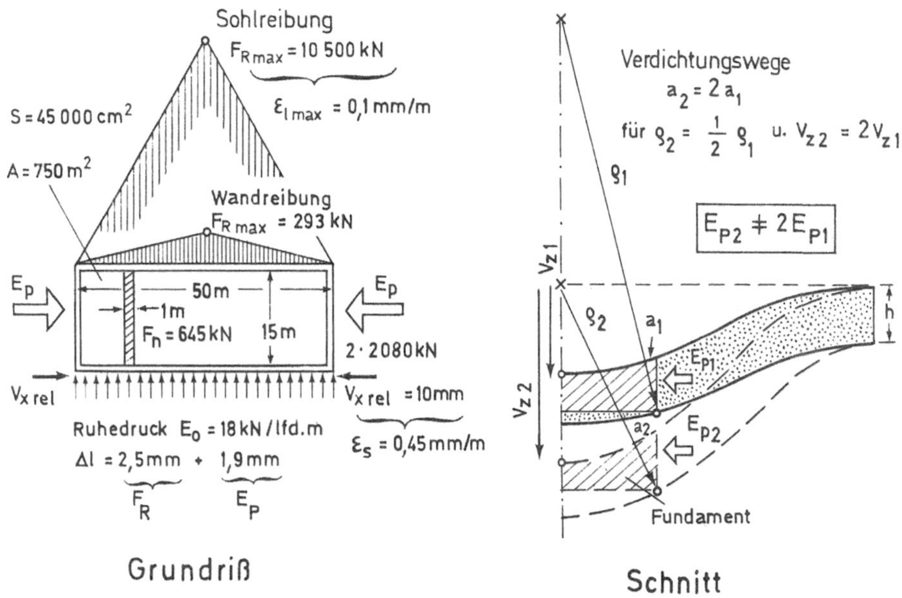

Abb. 197. Links: Der Grundriß eines 2 m tief gegründeten, dreigeschossigen Bauwerkes und der Angriff der Bodenverformungskräfte, für jeweils eine Wandseite dargestellt. Rechts: Erddruck E_p auf eine Fundamentwand bei doppelter Bodensenkung und -krümmung (Querschnitt)

Hinzu kommt die unterhalb der 750 m^2 großen Fundamentplatte angreifende Reibungskraft. Sie beträgt unter der Annahme eines Sohldruckes F_n von $4 \cdot 10\ kN/m^2$ (Geschoßzahl) + $3\ kN/m^2$ (15 cm starke Betonfundamentplatte) $= 43\ kN/m^2$ oder - auf die Längsachse bezogen - von $43 \cdot 15 = 645\ kN/lfd.m$

nach der Gleichung

$$F_{R\ max} = \mu\ F_n'\ l/2 = 0{,}65 \cdot 645 \cdot 25 \approx 10\ 500\ \text{kN}$$

in der Mitte der Fundamentplatte (Zug oder Druck). Die Reibungskraft an den beiden nur 2 m hohen Fundamentwänden ist also im Vergleich zur Sohlreibung sehr gering (hier 6%). Beachtet werden muß bei dicken Fundamentplatten, daß die Randspannung an der Sohle viermal größer als die errechnete mittlere Querschnittsspannung ist.

Die auf die Fundamentsohle übertragene Reibungskraft ruft in der Bauwerksmitte eine elastische Längenänderung von

$$\varepsilon_{l\ max} = \frac{F_{R\ max} \cdot 1000}{E \cdot S} = \frac{10500 \cdot 1000}{2500 \cdot 45000} \approx 0{,}1\ \text{mm/m}$$

hervor, wobei für S der auf Beton bezogene Ersatzquerschnitt des Fundamentes (hier 15 cm dick) einschließlich der Längswände und Decken (hier zusätzlich insgesamt 15 cm Dicke) eingesetzt werden muß, d.h. die Stahlquerschnitte sind entsprechend den Elastizitätsmoduln von Beton*) und Stahl mit dem Faktor 10 zu multiplizieren. Die Länge des gesamten Fundaments ändert sich um

$$\Delta l = \frac{l}{2}\ \varepsilon_{l\ max} = 25 \cdot 0{,}1 = 2{,}5\ \text{mm}.$$

Zum Vergleich sei die aus dem Erddruck E_p entstehende Längenänderung des Fundamentes nach

$$\Delta l = \frac{2\ E_p \cdot l}{E \cdot S} = \frac{2 \cdot 2080 \cdot 5000}{2500 \cdot 45000} = 1{,}88\ \text{mm}$$

berechnet; diese zusätzliche und gleichmäßige Längenänderung von relativ 1,88 : 50 ≈ 0,04 mm/m ist für die Pressung des Fundamentes unerheblich, abgesehen davon, daß sich der Erddruck wegen des Reibungswiderstandes von 645 kN/lfd.m sowie der Kohäsion von rd. 10 kN/m^2 (Ton) nicht auf die gesamte Fundamentlänge als Verformung auswirken kann, sondern vielmehr die Fundamentwände an der Angriffsstelle auf Biegung beansprucht.

*) Der E-Modul ist beim Beton für Druck- und Zugbeanspruchung unterschiedlich groß und außerdem von der Laststufe abhängig; ein Teil der Formänderung ist plastisch (Schwinden, Kriechen).

Das Bauwerksende verschiebt sich gegenüber einem um beispielsweise ϵ_s = 0,45 mm/m gleichmäßig gezerrten oder gepreßten Boden um

$$v_{x\ rel} = \frac{1}{2} (\epsilon_s - \frac{1}{2} \epsilon_{1\ max}) = 25\ (\ 0,45 - \frac{1}{2}\ 0,1) = 10\ \text{mm}.$$

In diesem Fall wäre der maximale Erddruck E_p ($v_{x\ rel}$ > 10 cm) demnach noch nicht erreicht.

Die Berechnungen zeigen, daß an langen, schweren Bauwerken im Abbaueinwirkungsbereich die Reibungskraft gegenüber dem Erddruck überwiegt. Die Längenänderung des Bauwerkes bleibt hinter der Zerrung oder Pressung des Bodens zurück. Während der passive Druck außen die Fundamentwände einzudrücken versucht, greift die Reibungskraft in der Bodenverschiebungsrichtung auf der ganzen Fundamentlänge an, und zwar mit zur Bauwerksmitte wachsender Verformungskraft. Das Fundament bricht daher von der Mitte aus.

Abschließend sei noch auf eine theoretische Einschränkung aufmerksam gemacht: Bei der Berechnung der Reibungskraft und der Relativverschiebung wurde der Einfachheit halber unterstellt, daß sich die Gründungsebene in der Größe, wie sie für eine unbelastete Tagesoberfläche vorausberechnet wurde, verschiebt und waagerecht verformt. Tatsächlich stellt das in das Erdreich eingeschnittene Fundament aber einen S t ö r k ö r p e r dar, der sich der Bodenpressung an den Stirnwänden entgegenstemmt und die Verschiebung der Sandkörner unterhalb des Fundamentes durch Haftschubspannungen und erhöhte Normallasten behindert. Das den Bodenverformungskräften ausgesetzte Bauwerk wirkt also auf den Baugrund zurück. Den auf das Bauwerk übertragenen Reibungskräften stehen längs der Scherfuge unterhalb der Fundamentplatte (siehe Abb. 203) gleichgroße, aber entgegengerichtete Scherspannungen τ im Boden gegenüber, die dort innerhalb einer Störeinflußzone die Bodenbewegung und -verformung bremsen. Die Vernachlässigung der auf den Boden rückwirkenden Reaktionskräfte der Bauwerksverformung führt somit dazu, daß bei der Berechnung der Reibungskräfte und des Erddruckes von einer zu großen Bodenpressung oder -zerrung und Relativverschiebung ausgegangen wird, was jedoch angesichts anderer bodenmechanischer Annahmen für die bergschadenkundliche Abschätzung der Verformungskräfte nicht erheblich ist (Sicherheitszuschlag).

Die Reibungskraftübertragung auf Gleise und Rohrleitungen wird im

Abschnitt 12.4 behandelt.

11.5 Die Sohldruckänderung als Folge der Bodenkrümmung

Vor der Errichtung des Fundamentes wird die Gründungssohle des "gewachsenen Bodens" geebnet und mit einer sogenannten Sauberkeitsschicht aus Sand oder Kies belegt. Verformt sich nun später die Gründungsebene unter dem Einfluß eines Abbaus, so werden Kräfte teils direkt durch die Bodenlängenänderung als Erddruck und Reibungskraft, teils indirekt durch die Bodenkrümmung als Biegekräfte auf das Bauwerk übertragen. Infolge der sattel- oder muldenförmigen Baugrundkrümmung entsteht eine gewisse "Freilage" unter einigen Fundamentflächen, denen dadurch das Auflager entzogen wird (Abb. 187); da sie ihre Stützkraft nicht oder nur zu einem Teil an den Boden abgeben können, muß die Last dieser hohlliegenden Fundamente von den noch erdverbundenen Fundamenten zusätzlich zu den von ihnen schon getragenen Lasten mitübernommen werden. Diese Lastumlagerungen wirken sich als Biegebeanspruchung auf das Bauwerk aus; sie führen zu einer neuen Sohldruckverteilung in der Gründungsebene, wodurch vor allem bei einem im Zerrungsgebiet gelockerten Boden nachträgliche Setzungen für die zusätzlich belasteten Fundamentteile entstehen können, und zu einer Rißbildung. Für viele Bauten ist daher die Bodenkrümmung eine wichtige Größe zur Beurteilung der zu erwartenden Bergschäden.

Die Bauwerke sind im allgemeinen weder so schlaff, daß die tragenden Konstruktionsglieder bei einer Sohlbiegung nicht beansprucht werden, noch so steif, daß eine Änderung der Bodenpressung die Festigkeit des Bauwerkes nicht beeinflußt. Sie vertragen erfahrungsgemäß eine geringe Bodenkrümmung, ohne Schaden zu erleiden. Den Bergschadenkundler interessiert daher die Größe der für diese Bauwerke zulässigen Setzungsunterschiede oder Verbiegungen. Nach einer Auswertung von Setzungsmessungen an über hundert Bauwerken im bergbaufreien Gebiet (Skempton und Donald 1956) treten bei einem Krümmungsradius von 1 km sichtbare Risse in gemauerten Wänden auf, was einer Pfeilhöhe f von 2 cm auf einer 12 m langen Sehne entspricht (Abb. 140). Bei Biegeversuchen mit gemauerten Wohnhauswänden, die auf einem Durchlaufträger ruhten, zeigten sich über 1 mm breite Risse in der Muldenlage von r = 5 km und in der Sattellage schon von r = 10 km an (Rausch 1955).

Durch Setzung verursachte Krümmungen werden also für ein L langes Mauerwerk unschädlich sein, wenn $\rho > 500$ L ist.

Um die Wirkung der Bodenkrümmung auf ein Bauwerk beurteilen zu können, sind die S o h l d r u c k s p a n n u n g e n unter der Fundamentfläche und das Setzungsmaß, um das sich das Bauwerk in den sattel- oder muldenartig verformten Boden eindrückt, gesucht. Die S e t z u n g eines Fundamentes wird bei bekanntem Sohldruck q entweder aus der Steifeziffer $E_s = q : \Delta h/h$ des Bodens - für Sand 3 bis 10 kN/cm^2 - oder aus der Bettungsziffer $C_b = q : v_z$ in N/cm^3, die den für eine Setzungszunahme von 1 cm notwendigen Druckanstieg in N/cm^2 angibt, ermittelt. Die Steifezahl entspricht dem E-Modul fester Stoffe; sie bezieht die Druckspannung auf die relative Setzung $\Delta h/h$ in Prozent der anfänglichen Schichtdicke h. Dagegen ist die Bettungsziffer nicht nur von der Bodenart, sondern auch von der Dicke der weichen Schicht abhängig.

Für die Berechnung der Sohldruckverteilung werden in der Bautechnik zwei Verfahren, die B e t t u n g s z i f f e r t h e o r i e oder die Theorie zweiter Ordnung, angewandt. Nach der Bettungsziffertheorie ist die Setzung v_z eines Bauwerkes proportional dem Sohldruck q

$$v_z = \frac{q}{C_b} \tag{391}$$

an jeder Stelle des Fundamentes (Abb. 198, links). Die Bettungsziffer-

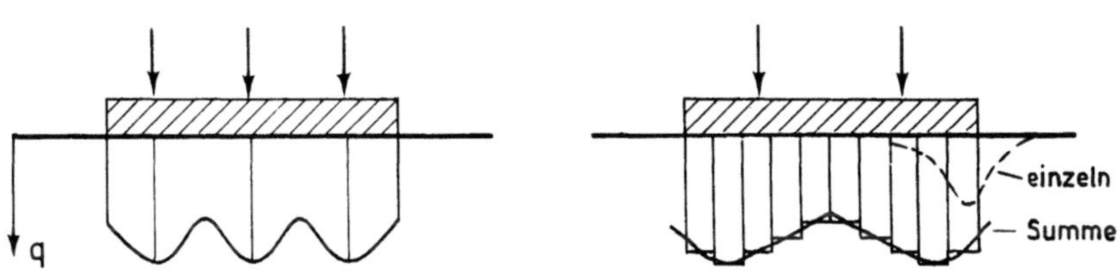

Abb. 198. Die Sohldruckverteilung unter einem biegsamen Balken nach der Bettungsziffer- (links) oder Steifeziffertheorie (rechts)

theorie ist genügend genau bei langen Fundamenten auf dünner, nachgiebiger Bodenschicht. Bei der Theorie zweiter Ordnung, auch S t e i f e z i f f e r v e r f a h r e n genannt, wird die Überschneidung der Spannungsfelder benachbarter Lasten berücksichtigt (Kany 1959).

Das Fundament wird in Längs- und Querrichtung in zehn gleiche Abschnitte unterteilt, die auf gedachten, nachgiebigen Stützen (Boden) ruhen, deren Senkungen sich wie beim Balken auf elastischer Unterlage (siehe Gl. (16)) aus der Steifigkeit des Systems Bauwerk/Boden und der Druckspannungsüberlagerung bestimmen lassen (Abb. 198, rechts). Unter einem starren Baukörper verlagern sich daher die Spannungen in der Sohle immer mehr nach dem Fundamentrand, so daß die Biegebeanspruchung des Bauwerkes größer wird, je dicker und weicher die Bodenschicht ist. Die maximale Randspannung am Fundamentende wird durch das plastische Fließen des Bodens (Grundbruch) begrenzt.

Das Steifezifferverfahren setzt wegen der Wechselwirkung von Baugrundverformung und Bauwerkssteifigkeit voraus, daß die Biegelinie des Fundaments mit derjenigen des sich passiv verhaltenden Baugrundes gleich ist. Diese Bedingung ist infolge der Bodenkrümmung im Bergbaugebiet nicht erfüllt. Die Sohldruckverteilung läßt sich deshalb mit der Systemsteifigkeit bei einer aktiven Bodenverformung nicht berechnen (Schmidbauer 1961). Beispielsweise wird die Spannungskonzentration am Fundamentrand bei der Sattellage eines starren Bauwerks durch die verstärkte, mittige Auflagerung abgebaut.

Ein im Bergbaugebiet anwendbares Verfahren der Sohldruckberechnung ist für starre Gründungskörper nach der Bettungsziffertheorie aufgestellt worden (Rausch 1955). In einem einfachen Rechengang werden für ein Fundament von der Länge L, der Breite b und der Querlast Q die Länge a der Abplattung des Bodens, die maximale Eindrückung δ_0 und die neuen Sohldruckspannungen q gefunden.

Nach Abb. 199 ergeben sich folgende Größen bei einer Sattellage des Bauwerks:

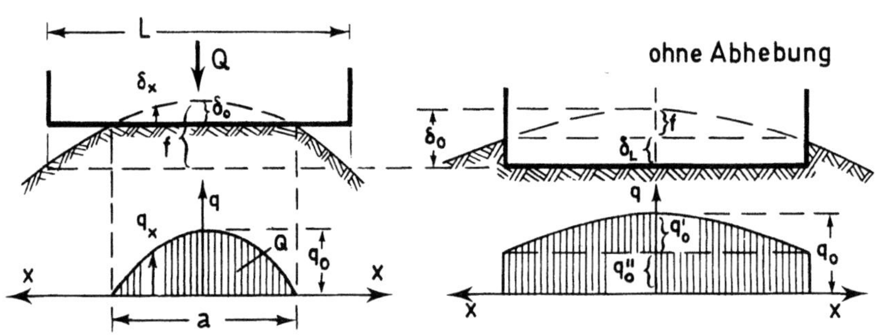

Abb. 199. Die Auflagerbedingungen bei einer Sattellage des Bauwerks nach der Bettungsziffertheorie (nach Rausch)

Die Zusammendrückung des Bodens

$$\delta = \frac{\sigma}{C_b} = \frac{q}{C_b \cdot b}, \qquad (392)$$

der Inhalt der parabolischen Sohldruckfläche

$$Q = \frac{2}{3}\, a\, q_0, \qquad (393)$$

die maximale Zusammendrückung bei einer Pfeilhöhe $f = L^2 : 8\rho_z$ (Gl. (125))

$$\delta_0 = f\left(\frac{a}{L}\right)^2 \qquad (394)$$

und die Länge der Abplattung

$$a = \sqrt[3]{\frac{3Q}{2\, b\, L\, C\, f}}. \qquad (395)$$

Bezogen auf den mittleren Sohldruck $\sigma_m = Q/L$ und auf die mittlere Einsenkung $\delta_m = \sigma_m/C_b = Q : bLC_b$ ist die Länge der Abplattung

$$a = \alpha \cdot L, \qquad (396)$$

worin der Faktor α den Wert

$$\alpha = \sqrt[3]{1{,}5\, \frac{\delta_m}{f}} \qquad (397)$$

besitzt (Abb. 199, links). Diese Beziehung, nach der die Abplattung mit zunehmender Pfeilhöhe und Bodenkrümmung kleiner wird, gilt nur, solange a nicht größer als L ist.

Die maximalen Werte des Sohldruckes und der Zusammendrückung sind

$$\sigma_0 = \frac{q_0}{b} = \frac{1{,}5}{\alpha}\, \sigma_m \qquad (398)$$

und

$$\delta_0 = \frac{\sigma_0}{C_b} = \frac{1{,}5}{\alpha}\, \delta_m. \qquad (399)$$

Aus der allgemeinen Formel

$$q_x = q_0 \left[1 - \left(\frac{2x}{a}\right)^2\right] \tag{400}$$

erhält man schließlich den Sohldruck an jeder beliebigen Stelle im Abstand x von der Schwerpunktachse, so daß man mit den vom Bauwerk ausgehenden Gewichtskräften und dem Bodengegendruck die Biegebeanspruchung des Fundamentes berechnen kann.

Wenn $\alpha > 1$ ist, hebt sich das Fundament an den Enden nicht mehr vom Boden ab. Dann entsteht bei sattelförmiger Bodenkrümmung eine innen höhere Sohldruckspannung als an den Enden. In diesem Falle sind gemäß Abb. 199, rechts:

$$Q = \frac{2}{3} q_0' L + q_0'' L \tag{401}$$

und

$$q_0'' = \frac{Q}{L} - \frac{2}{3} b C_b f . \tag{402}$$

Der größte Bodendruck und die größte Einsenkung betragen in der Fundamentmitte

$$q_0 = q_0' + q_0'' = \frac{Q}{L} + \frac{1}{3} b C f \tag{403}$$

und

$$\delta_0 = \delta_m + \frac{1}{3} f . \tag{404}$$

Die Einsenkung am Rande ist

$$\delta_L = \delta_m - \frac{2}{3} f . \tag{405}$$

Bei einer M u l d e n l a g e sinkt das Fundament am Rande so weit in den Boden ein, bis die dreieckförmig angenommenen Sohldruckspannungen der Last Q entsprechen (Abb. 200). Hierbei hat das Bauwerk an der Stelle x eine Einsenkung von

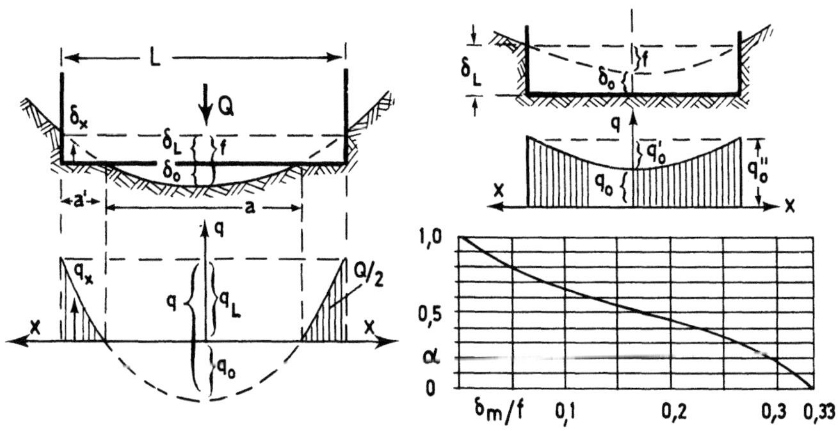

Abb. 200. Die Auflagerbedingungen bei einer Muldenlage des Bauwerks nach der Bettungsziffertheorie (nach Rausch)

$$\delta_x = f\,\frac{4x^2 - a^2}{L^2} \tag{406}$$

erfahren. Mit dem aus dem Verhältnis δ_m/f abgeleiteten Faktor lassen sich die Randspannungen und -setzungen angeben:

$$\sigma_L = C_b\, f\,(1 - \alpha^2) \tag{407}$$

$$\delta_L = f\,(1 - \alpha^2) = f - \delta_0\,. \tag{408}$$

Wenn diese Randspannungen größer sind als die plastische Grenzspannung des Bodens σ_{Br}, dann muß die dreieckige Spannungsfigur entsprechend $\sigma_L \leqq \sigma_{Br}$ geändert werden ($Q/2 = \sigma_{Br} \cdot a' \cdot b$). Bei kleinerer Muldenlänge a wird die Biegebeanspruchung des Bauwerkes geringer.

Hebt sich der Baukörper in der Muldenlage nicht mehr vom Boden ab, dann ist nach Abb. 200, rechts:

$$q_0' = b \cdot c \cdot f \tag{409}$$

$$Q = -\frac{2}{3} q_0' L + q_0'' L \tag{410}$$

$$q_0'' = \frac{Q}{L} + \frac{2}{3} b C_b f \tag{411}$$

$$q_0 = \frac{Q}{L} - \frac{1}{3} b C_b f \tag{412}$$

$$\delta_L = \delta_m + \frac{2}{3} f \tag{413}$$

$$\sigma_L = \sigma_m + \frac{2C_b f}{3}\,. \tag{414}$$

Der vorstehende Berechnungsgang eignet sich zum Abschätzen der durch die bergbauliche Bodenkrümmung hervorgerufenen Biegebeanspruchung steifer Bauwerke aller Art und zum Nachweis einer ausreichenden Fundamentsteifigkeit. Die Drucküberschneidung der Fundamentteilflächen wirkt sich dann nicht genauigkeitsmindernd aus, wenn das Bauwerk langgestreckt ist und auf einer nur wenige Meter mächtigen, weichen Bodenschicht steht, in der sich eine nennenswerte Setzungsmulde nicht ausbilden kann. Bei tief reichendem, weichem Untergrund muß das Rechenergebnis durch Berücksichtigung der Setzungsmulde verbessert werden, weil sich die aus der sattelförmigen Bodenkrümmung ergebenden Sohldruckspannungen (Abb. 201,b) in der dicken Schicht abbauen und ausgleichen können (Abb. 201,c), dagegen addieren sich bei einer Muldenlage beide Einflüsse infolge der Bauwerkssetzung, was zu einer vergrößerten Fundamentbeanspruchung führt.

Erwähnenswert ist in diesem Zusammenhang auch das Verhältnis von Boden- und Gebäudeschieflage. Die Neigung eines Gebäudes im Abbaueinwirkungsbereich weicht von der Schieflage eines unbelasteten Bodens je nach Größe der Bauwerkslast und Steifheit des Bodens ab, da es sich auf der Seite des höheren Bodens etwas in den Baugrund eindrückt. Aus Versuchen an Sandmodellen (Ryncarz 1963) wurde für die Gebäudeschieflage folgende statistische Formel

$$v'_{z\ Bau} = v'_{z\ Boden} \left(0{,}033 \frac{L}{H} + 0{,}45\right) + 0{,}6 \cdot 10^{-4} \qquad (415)$$

in Abhängigkeit von der Länge L und Höhe H des Bauwerks gefunden.

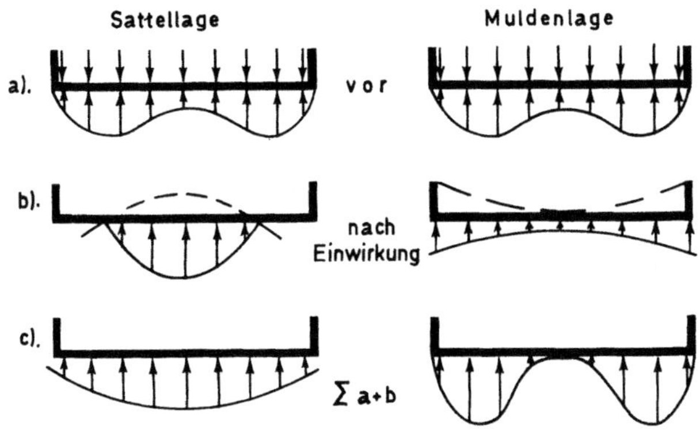

Abb. 201. Die Korrektur der nach der Bettungsziffertheorie berechneten Sohldruckverteilung unter einem Fundament bei einer Bodenkrümmung und Berücksichtigung der Bauwerkssetzung

11.6 Die Zeitabhängigkeit der Kraftübertragung

Im Gegensatz zur Elastizität hat die Zeit einen großen Einfluß auf den Spannungs- und Verformungszustand des Bodens:

Unter gleichbleibender Last nehmen die Verformungen zunächst weiterhin zu (Kriechen) und bei gleichbleibender Verformung geht die Bodenspannung etwas zurück (Relaxation). Die Verformung eines mit Wasser gesättigten Bodens wird bei hinreichend schneller Erhöhung der Druckspannung außerdem durch den Strömungswiderstand des Porenwassers in den teilweise noch mit Luft (Drei-Phasen-Boden) gefüllten Porenkanälen verzögert (Konsolidation). In bindigen Böden kann die Kohäsion unter lang andauernder Belastung nachlassen, was eine Kornverschiebung und eine Verkleinerung des Porenvolumens zur Folge hat.

Diese zeitliche Nachwirkung des Bodens läßt darauf schließen, daß die Kornumlagerung und die Konsolidation eine gewisse Zeit t andauern und vermutlich nach einer Exponentialfunktion von beispielsweise

$(1-e^{-at})$ mit a als Zeitkonstante erst allmählich ausklingen. Jede vom Abbau ausgelöste Bodenbewegungsphase des Bodens ist also bei zunehmender Pressung mit einer Erddruckspitze auf die Fundamentwände verbunden, die sich nach Eintritt der Bodenruhe unter der nachwirkenden Gefügeänderung und Verdichtung des Korngemisches etwas abschwächt, in dieser Höhe aber bei völliger Bodenruhe zeitlich unbegrenzt erhalten bleibt, sofern nicht eine nochmalige Kornumlagerung durch Verkehrerschütterungen, versickerndes Regenwasser, Frostausdehnung oder Grundwasserschwankungen eingeleitet wird.

Bei gleichmäßig anwachsender B o d e n p r e s s u n g nimmt die Erddruckspannung auf eine Fundamentwand vom Ruhedruck aus zuerst konkav (Kurve b in Abb. 188) zu, weil die lockere Sandschichtschüttung in der ehemaligen Baugrube bis zur Lagerungsdichte des "gewachsenen Bodens" verdichtet werden muß; sie steigt dann konvex (Kurve a) an bis zum Bruchzustand bei einer Relativverschiebung des Bodens vor der Fundamentwand von 1 bis 2 dm. Der hier erreichte passive Erddruck E_p kann bei weiterer Bodenpressung und Bodenkrümmung nicht überschritten werden. Eine doppelte Bodenpressung, die nach Verhieb eines zweiten Flözes im Falle doppelt so großer Senkung und Krümmung zu erwarten ist (Abb. 197, rechts), bedeutet also nicht einen doppelten Druck auf die Fundamentwand, da zwischen Bodenverformung und Erddruck keine lineare Proportionalität besteht (Abb. 195).

Bei einer rückläufigen Bodenkrümmung im Sinne einer Abnahme der Bodenpressung wird die Fundamentwand wegen der nur geringen elastischen Rückverformung des gepreßten Bodens sehr schnell bis auf einen neuen Ruhedruckwert entlastet, bei nochmaliger Bodenpressung steigt die Erddruckkurve wegen der nicht mehr notwendigen Verdichtungsarbeit steil auf den Erstbelastungswert an (siehe Abb. 188). Spätere Abbaue mit einer angenommenen gleichgroßen Pressungseinwirkung auf den Baugrund können also sowohl einen kleinen Druckanstieg am Fundament im Verlauf der Erstbelastungskurve als auch einen großen Druckanstieg auf der Wiederbelastungskurve, wenn der Boden zwischenzeitlich gezerrt wurde, zur Folge haben.

Mit der auf das Fundament übertragenen R e i b u n g s k r a f t verhält es sich ähnlich. Versuche mit einer auf Sand gleichförmig bewegten und durch eine Normalspannung von $\sigma_n = 10\ N/cm^2$ belasteten Betonplatte zeigen, daß die Reibung und die aufgebrachte Zugkraft nach einer geringen Verschiebung von 4 mm einen maximalen Wert (Ruhewert) erreichen, der von der Verzahnung der Sandkörner mit der Betonplatte sowie bei bindigen Böden auch von der Kohäsion oder Haftung

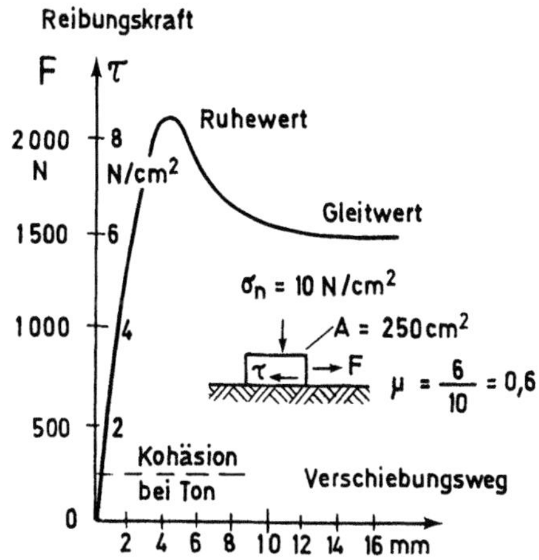

Abb. 202. Der Reibungsversuch mit einer Betonplatte auf Sand (nach Petermann). Der Ruhewert entspricht der Haftreibungsgröße oder Scherfestigkeit

herrührt (Abb. 202). Sobald der Verzahnungswiderstand bei einer Verschiebung von mehr als 1 cm überwunden ist und sich die Kornachsen auf der Gleitfläche in die Verschiebungsrichtung unter Translations- und Rotationsbewegungen eingeregelt haben, fällt die Reibung auf einen für größere Verschiebungen geltenden konstanten Wert (Bewegungs- oder Gleitwiderstand) ab.

Die Reibungskraft zwischen festen Körpern ist weder von der Größe der Berührungsfläche noch von der Geschwindigkeit der gleichförmigen Gleitbewegung, sondern nur von der Anpreßkraft abhängig. Haftet der Körper an seiner Unterlage, so ist die Kraft, die den Körper in Bewegung setzt, größer als diejenige, die die gleichförmige Bewegung aufrecht erhält (Haftreibung > Gleitreibung). Bei bituminösen Gleitschichten mit "innerer Reibung" wächst jedoch der Gleitwiderstand mit der Geschwindigkeit (siehe Abschnitt 14.32). Die Geschwindigkeit der Bodenverschiebung beträgt höchstens 1 mm/Stunde; das bedeutet eine Relativverschiebung von 0,5 mm/Tag am Ende eines 50 m langen Bauwerkes bei 1 mm/m Bodenlängenänderung.

Eine Relativverschiebung von 1 cm zwischen einem 50 m langen, 2 m tiefen Fundament und dem Boden wird nach den vorangegangenen Ausführungen (Abschnitt 11.4) bei einer Längenänderung des Bodens von 0,45 mm/m entsprechend einem Krümmungsradius der Erdoberfläche von 5000 m zuerst an den Stirnwänden auftreten. Diese 1 cm-Stelle verschiebt sich mit wachsender Bodenlängenänderung zur Bauwerksmitte hin, z.B. von 25 m Entfernung vom Mittelpunkt bei 0,45 mm/m Bodenlängenänderung auf 10 m bei 1,0 mm/m und auf 5 m bei 2,0 mm/m Bodenlängenänderung (Abb. 203). Von den Fundamentenden A bis zu dieser

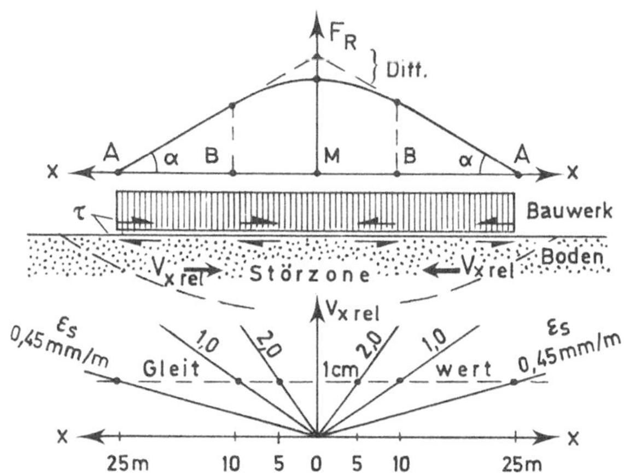

Abb. 203. Die auf das Bauwerk übertragene Reibungskraft F_R in Abhängigkeit von der Größe der Relativverschiebung $v_{x\ rel}$

1 cm-Relativverschiebungsstelle im Punkt B sind der örtliche Bewegungswiderstand und damit auch die örtlich auf das Fundament übertragene Reibungskraft vom weiteren Anstieg der Relativverschiebung und ihrer Geschwindigkeit unabhängig. Die gesamte übertragene Reibungskraft steigt daher auf diesem äußeren Fundamentabschnitt A-B linear unter dem Winkel α an; von der 1 cm-Relativverschiebungsstelle an nimmt die örtliche Reibungskraftübertragung bis auf Null in der Bauwerksmitte M ab, woraus eine degressive Gesamtreibungskraftkurve für den mittleren Fundamentabschnitt B-M folgt (Abb. 203).

Aus diesem Grunde ist die bis zur Bauwerksmitte wachsende Gesamtreibungskraft nicht ganz unabhängig von der zeitlichen Bodenbewegungsgröße, doch wird der Reibungskraftzuwachs umso kleiner, je weiter die 1 cm-Verschiebungsstelle zur Bauwerksmitte hin wandert. Jeder später hinzukommende Anstieg der Bodenpressung oder -zerrung ruft also wie beim Erddruck ein immer geringeres Wachsen der übertragenen Gesamtreibungskraft hervor. Im allgemeinen wird man bei Bauwerkslängen von über 20 m und Bodenlängenänderungen von 1 mm/m schon mit dem Endwert der übertragenen Reibungskraft nach Gl. (390) rechnen können.

Mit Eintritt der Bodenruhe hört die Reibungskraftübertragung auf. Die bis zu diesem Zeitpunkt durch die Reibungskraft hervorgerufene elastische Verformung eines beispielsweise bewehrten Betonfundamentes geht im Falle einer allmählichen Abnahme der Haftschubspannung etwas zurück, der größere Teil der elastischen Verformung bleibt jedoch über lange Zeit bestehen. Dagegen ist ein Teil der auf ein gemauertes Fundament übertragenen Reibungskraft schon während der Bodenbewegung in den durch Biegung gelockerten Fugen und Schwindrissen als plastische Verformung aufgezehrt worden, so daß nach der Abbaustundung nur eine geringe elastische Verformungskraft im Mauerwerk wirksam bleibt. Eine merkliche elastische Rückverformung von gemauerten Kellerwänden ist im Pressungsgebiet nach der künstlichen Entspannung des Bodens durch Bohrlöcher festgestellt worden (Lippmann 1973).

Bei einer Umkehr der Verschiebungsrichtung oder nach längerer Bodenruhe kann sich wieder ein erhöhter Anfangswiderstand (Ruhewert) einstellen, der jedoch auf der nur kleinen Reibweglänge von $v_{x\ rel} = 3$ bis 6 mm die Gesamtreibungskraft nicht mehr stark beeinflußt. Mit abnehmender Bodenpressung oder -zerrung wird im gleichen Maße auch die elastische Verformung des Fundamentes gemindert (Entspannung). Die von mehreren Abbauen gleichzeitig oder nacheinander ausgehenden und in gleicher Richtung auf ein Fundament ausgeübten Reibungskräfte überlagern sich degressiv, d.h die durch einen zweiten Abbau hinzukommende Bodenlängenänderung beansprucht das Fundament im Vergleich zur ersten Abbauwirkung geringer (vgl. aber Abschnitt 10.1). Das Superpositionsgesetz gilt also weder für den Erdkraft- noch für den Reibungskraftanstieg. Man sollte daher zwischen einem Zeitfaktor für die horizontale Bodenbewegungsgröße in Abhängigkeit von der jeweils räumlichen Lage und Größe des Abbaus und einem Zeitfaktor für die auf das Fundament übertragene Kraft in Bezug auf die Größe der Bodenlängenänderung und -krümmung sowie der Ausdehnung, Stärke und Tiefe des Fundamentes unterscheiden. Diese Betrachtungen gelten auch für die Biegekräfte in einem Bauwerk bei sattel- oder muldenförmiger Bodenkrümmung.

In Abb. 204 ist der zeitliche Verlauf der Bodenverformungskräfte an

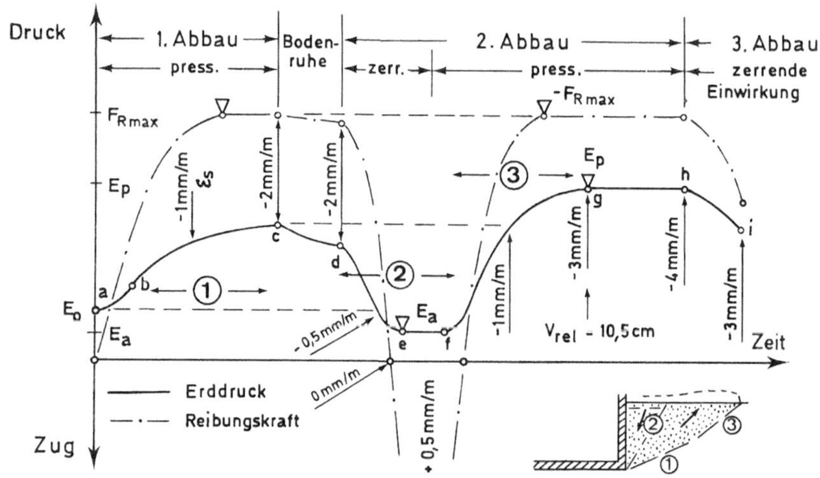

Abb. 204. Die schematische Darstellung der zeitlichen Bodenverformungskräfte an einem 70 m langen Bauwerk. a-b Vorverdichtung, b-c Einregelung, c-d Relaxation, d-e Entlastung bis zum aktiven Erddruck und Umkehr der Relativverschiebung, f-g steile Wiederbelastung bis zum passiven Erddruck, h-i Entlastung. Rechts unten: Erdkeilbildung beim aktiven bzw. passiven Erddruck

einem langen Bauwerk, auf das nacheinander drei Abbaue pressend oder zerrend einwirken, dargestellt. Bei diesem Beispiel fällt die übertragene Reibungskraft im Gegensatz zum Erddruck, der nur auf E_a zurückgeht, nach dem Übergang von pressender in zerrende Bodenbewegung auf Null ab und erzeugt im Bauwerk, solange die Bodenzerrung überwiegt, eine Zugkraft. Während die Reibungszugkraft ansteigt, bleibt der Erddruck unverändert minimal. Die maximale Reibungskraft in der Bauwerksmitte, die den Erddruck auf die Fundamentwände übertrifft, tritt bei rd. 2 mm/m Bodenlängenänderung vor Erreichen des passiven Erddruckes ein. Bei der Wiederbelastung bildet sich der in c wirksam gewesene Erddruck schon bei einer Bodenpressung von 1 mm/m statt vorher erst bei 2 mm/m aus. Wegen der Sandverdichtung und der geringen elastischen Rückverformung stellt sich der Erdruhedruck bei der Entlastung noch während einer Bodenpressung von 0,5 mm/m wieder ein. Die Teilgleitfläche 1 im rechts unten gezeichneten Bodenschnitt schert bei der Erstbelastung a - c ab; während der Entlastung d - e entsteht im gelockerten Boden die Gleitfläche 2, auf der der Erdkeil zum Fundament hin abrutscht. Bei der Zweitbelastung f - g wird der auf über 10 cm verkürzte Boden vor dem Fundament auf der bis 3 verlängerten Bruchfläche zu einem Grundbruch aufgewölbt.

Die theoretisch grundsätzlich gelöste Einwirkung des sich verformenden Bodens auf das Fundament eines Bauwerks läßt noch einige F r a g e n offen, wenn statt der Höchstwerte E_p, $F_{R\ max}$ und q die zeitlichen Verformungsgrößen ermittelt werden sollen. Während das Bauwerk der Bodenbewegung ganz folgt, die Lageänderung (Senkung, Schieflage, Verschiebung) des Bauwerkes also ausreichend genau vorausberechnet werden kann, ist der Übertragungsfaktor der Bodenverformung (Krümmung, Zerrung, Pressung) für die Bauwerke nicht in allen Fällen bekannt. So fehlen z.B. Zahlengrößen aus Messungen an Bauwerken im Abbaueinwirkungsbereich über

die unter dem passiven Erddruck liegenden Erdkräfte auf die Fundamentwände bei einem geringen Verdichtungsweg des Bodens ($a < 10$ cm),

die zeitlichen Nachwirkungen der Bodenverformung und Kraftübertragung (Kriechen, Relaxation),

die im Bauwerk zurückbleibenden elastischen Verformungskräfte und deren Überlagerung mit den neu übertragenen Kräften,

den Anstieg der Reibungskraft mit wachsender Bodenlängenänderung,

die richtungs- und größenmäßig wechselnde Beanspruchung des Bauwerks und Bodens (Übergang von Zerrung in Pressung, von konvexer in konkave Krümmung und umgekehrt),

die Bodenbewegung im Störbereich des Fundamentes sowie

die Sohldruckänderung unter starren Bauwerken im Vergleich zur errechneten Bodenkrümmung.

Hier ist für zukünftige Forschungsarbeiten ein weites Feld abgesteckt.

12. Der Bergschaden über Tage

12.1 Die Schadensarten

Die Bodenbewegungen und -verformungen rufen an der besiedelten Erdoberfläche unterschiedliche Schäden hervor, je nachdem ob es sich um Häuser, Industrie- und Verkehrsanlagen, Versorgungsleitungen oder landwirtschaftlich genutzte Flächen handelt. An den Gebäuden entsteht ein Schaden infolge Schieflage, Krümmung und Längenänderung des Baugrundes. Bei den meisten Verkehrsanlagen und den Kanalisationen sind es die Senkungen und die Zerrungen oder Pressungen der Sohle, die das Gefälle der Trasse ändern bzw. die Gleise, Fahrbahndecken oder Rohre bis zum Bruchеintritt verformen. Auf Erdkabel und Rohrfernleitungen dagegen wirken nur die Längenänderungen schädlich ein. Die Senkung als alleinige Ursache führt an Feldern, Wiesen, Drainagen, Kanälen und Wasserläufen zu Bergschäden. Von der Verschiebung herrührende Schäden treten lediglich an den zu den Häusern abzweigenden Rohrleitungen und an weitläufigen Förderanlagen auf (Tafel 22).

Ungefähr die Hälfte aller B e r g s c h ä d e n k o s t e n fällt im Ruhrgebiet bei der Beseitigung der Vorflutschäden an. Die Ruhrkohle AG mußte im Jahre 1972 allein an die Wasserverbände rd. 111 Mio DM zahlen (Rürup 1972). Der Eingriff des Bergbaus in den natürlichen Wasserhaushalt, der zu einem relativen Anstieg des Grundwasserstandes*) und regional zu einer Umkehr des Fließgefälles geführt hat, richtet kostenmäßig gleichviel Schaden an wie die Abbaueinwirkungen auf die Bauwerke aller Art. Bedenkt man ferner, daß von den Bauwerksschäden ein großer Teil auf die unterschiedliche Absenkung - die Hausschieflage, die Gefälleänderung bei der Bahn und die Höhenlageänderung der Kanalabschnitte - zurückgeht, so stellt die Senkung die bei weitem schädlichste Bodenbewegungskomponente dar.

---

*) Der Eindruck eines Grundwasseranstieges entsteht dadurch, daß sich die niedergehende Tagesoberfläche dem Grundwasserspiegel nähert, der seinerseits durch den Zufluß aus dem bergbaufreien Gebiet gleichbleibend hoch gehalten wird.

Tafel 22. Die Bergschäden an der Tagesoberfläche und der Einfluß der einzelnen Bodenbewegungselemente auf die Tagesobjekte

Tagesgegenstand	Senkung	Schieflage	Krümmung (Biegemoment)	Verschiebung	Zerrung (Reibung)	Pressung (Reibung, Erddruck)
Wohnhäuser		X	X		X	X
Bürogebäude		(X)	X		X	X
Häuserzeile		X	X konkav		X	!
Werkhallen			(X)		X	X
Feuerungsanl.		X			!	X
Kokereien		X	X		!	X
Hochöfen		!			X	X
Maschinen		!				
Fließbänder		X				
Walzanlagen		!				
Förderanlagen				X	X	X
Schornsteine		!				
Bahngleise	X				X	X
Bahnhöfe	X	(X)			X	X
Straßen	(X)				X	X
Kanäle	!					
Schleusen	!	X	X		X	(X)
Brücken	X	(X)		X		
Straßenbahnen					X	X
U-Bahn	X		(X) Tunnel		X	X
Rohrfernleit.					X	X
Wasserleitung				(X)	X	X
Kanalisation	!			"	X	X
Gasrohrnetze	(X)			" Abzweig	X	X
Stromerdkabel					(X)	X
Felder	X					
Wiesen	X					
Wälder	X					
Vorfluter	!					

Zeichenerklärung: X mittlere, (X) geringe, ! starke Empfindlichkeit

Die aus der Bodenkrümmung, -zerrung und -pressung entstehenden Kosten für die Ausbesserung der Bruchstellen an den Gebäuden, Schienen und Rohrleitungen wird man dagegen im Ruhrgebiet auf höchstens 30% des Gesamtaufwandes veranschlagen können. Dieser Vergleich von 70% Senkungsschäden gegenüber 30% Verformungsschäden hebt die Bedeutung des Versatz- und Festenbaus als einzige Maßnahme, mit der die Senkung und damit auch der größte Posten der Bergschädenkosten verringert werden können, hervor (vgl. Abschnitt 14.2). In den nächsten Abschnitten sollen die verschiedenartigen Schadensbilder an der durch den Abbau in Mitleidenschaft gezogenen Tagesoberfläche in der Reihenfolge der Tafel 22 besprochen werden.

12.2 Der Bergschaden am Gebäude und Zubehör

Ein Bauwerk wird durch eine g l e i c h m ä ß i g e Absenkung der Gründungssohle - dem Planum - statisch nicht beansprucht, doch ist ein Bergschaden nicht auszuschließen, wenn die Zuführungen (Rampen, Wasserleitungen) infolge der Gefälleänderung beeinträchtigt werden. Des weiteren können bei einem relativen Grundwasseranstieg die nicht abgedichteten Keller überflutet werden, so daß Bergschädenkosten für die Entwässerung durch Pumpen, für die Feuchtigkeitsschäden in den Wänden und für die Verkehrswertminderung entstehen. Es muß je Saugdruckpumpe einschließlich Verlegung, Einrichtung einer Saugsenke und Installation eines Rückschlagventils an der Freiluftentwässerung mit Kosten von rund 1.500,-- DM (Preisbasis 1967) je Keller gerechnet werden. Der ersatzpflichtige Minderwert für den Dauerwasserschaden wird erfahrungsgemäß 10% des Verkehrswertes betragen (Bergrecht 102 (1961), S. 98 ff.).

Bei einer ebenförmigen, doch s c h r ä g e n A b s e n k u n g des Baugrundes werden das Eigengewicht des schiefgestellten Bauwerkes und seine Verkehrslast nicht mehr senkrecht und mittig an den tragenden Bauteilen angreifen; der gestörte Gleichgewichtszustand wird aber nur bei sehr starker Schieflage und hohen Gebäuden zu einer gegenseitigen Verschiebung der tragenden Teile, wie Pfeiler und Balken, und damit zu einer wesentlichen Verringerung der Standfestigkeit führen. Falls das Fundament nicht mittels hydraulicher Pressen oder Spindeln wieder waagerecht ausgerichtet wird, bleibt als Dauerschaden (Minderwert) eine erschwerte Nutzung der schiefliegenden Geschosse zurück. Ein derartiger Schaden macht sich bei einem Wohnhaus erst von 2 mm/m Schieflage an (= 1% Minderwert), bei einem Fertigungsbetrieb mit neigungsempfindlichen Maschinen schon von beispielsweise 0,5 mm/m an störend bemerkbar, so daß bei derartigen Anlagen unter beträchtlichen Kosten Vorrichtungen zum Heben der Maschinen oder wie beim Bochumer Opelwerk sogar zum Ausrichten der gesamten Werkhallen eingebaut werden müssen.

12.21 Die Gefügelockerung und die Dehnungsrisse

Eine bis zu klaffenden Rissen oder erkennbaren Flansch- und Auflagerverschiebungen führende Lockerung der zusammengefügten, tragenden Bauteile - wie Fundament, Wand, Pfeiler, Träger, Decke oder Dachkonstruktion - und ihrer Elemente - wie Mauerstein, Beton, Stahl oder Holz - tritt als sogenannte G e f ü g e l o c k e r u n g bei einer Krümmung sowie Zerrung oder Pressung der Baugrundsohle auf (Abb. 205). Die Gefügelockerung kann einen Dauerschaden (Minderwert) an

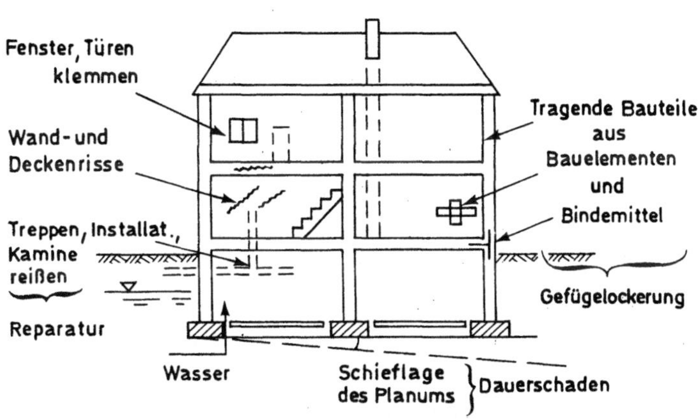

Abb. 205. Die Hauptschadensarten an einem Gebäude und seinen Teilen

der tragenden Baukonstruktion oder einen behebbaren Schaden (Reparaturkosten) an den nicht tragenden Trennwänden und den Installationen bewirken. Zuerst bricht das zur Zusammenfügung verwendete Bindematerial - das sind Mörtel, Nägel, Nieten, Anker, Schellen und Gurte - an den Berührungsflächen und Fugen der einzelnen Bauelemente und Bauteile; in schweren Bergschädenfällen geht die Bruchlinie auch durch die Bauelemente (Steine) und sogar durch einige tragende Bauteile hindurch. Der gelockerte Zusammenhalt der einzelnen tragenden Bauelemente und -teile setzt die Standfestigkeit und die sonst rd. hundertjährige Lebensdauer des Bauwerkes herab; die damit verbundene Sachwertminderung von einigen Prozenten des Verkehrswertes muß vom Bergwerksbesitzer bezahlt werden.

Bei Wohnbauten auf kleinem Grundriß bis zu drei Stockwerken ist die Gefügelockerung in der tragenden Konstruktion meistens unwesentlich; ihr Anteil am Dauerschaden ist in dem nach der Schieflage bemessenen Minderwert mit einbegriffen. Die Schäden an den nichttragenden Bauteilen können meistens ausgebessert werden (Schönheitsfehler); sie ergeben keinen ersatzpflichtigen Dauerschaden. Die bei einer Bodenzerrung oder -pressung von 1 mm/m zu erwartenden Reparaturkosten an den Wohnhäusern konnten im Jahre 1970 mit durchschnittlich 2.000 DM/ Haus für Gerüstbau, Maurer- und Malerarbeiten veranschlagt werden.

Da aus der Zahl und der Dichte der Wand- und Deckenrisse nicht ohne weiteres auf den Grad des Dauerschadens an der Tragkonstruktion geschlossen werden kann, muß die bleibende Gefügelockerung an den tragenden Bauteilen bei den großen Bauwerken in jedem einzelnen Fall untersucht werden; erst dann kann aus der verkürzten Reststanddauer die Wertminderung abgeleitet werden. Die Untersuchung muß sich auf alle tragenden Bauteile erstrecken. Die festgestellten Gefügelockerungen werden nach reparierbaren Schäden und Dauerschäden eingeordnet. R e p a r i e r b a r sind die Putz- und Querrisse in den tragenden Mauerwerks- oder Betonwänden, die Deckenrisse im Putz und die infolge Krümmung undichten Dächer. Erneuert werden müssen meistens die längs und schräg gerissenen Mauerwerkspfeiler, die schiefgestellten und gerissenen Treppenläufe, die klemmenden und undichten Fenster oder Türen sowie die unter Putz liegenden, auf Biegung oder axiale Kräfte beanspruchten Rohre und Kabel (hohe Folgeschäden!). Ein D a u e r - s c h a d e n liegt am Fundament vor, wenn die Kontrolldübel einen über 5 mm breiten, sich auch unterhalb des aufgeschlagenen Kellerfußbodens fortsetzenden Riß anzeigen und eine gegenseitige, lang andauernde Verschiebung der Fundamentteile erkennbar ist, sich Hohlräume oder Bodensprünge unter dem Fundament gebildet haben und große Risse unterhalb von Balkenauflagern verlaufen. Die Standfestigkeit einer auf Gleitflächen gerissenen Bruchsteinmauer oder einer Mauer aus Hohlblocksteinen, deren gebrochene Stege sich gegenseitig verschoben haben, ist stets verringert. Eine nicht behebbare Gefügelockerung ist außerdem bei schub- oder zugbeanspruchten Decken an der verkleinerten Auflagerfläche der Träger, Felder, Kappen oder Fertigteile in den Flanschen zu erkennen. Durch mehrere Stockwerke gehende Kaminrisse lassen auf eine Gefügelockerung des übrigen Mauerwerkes schließen und mindern den Hauswert auch nach einer gasdichten Ausbesserung (Drisch 1972).

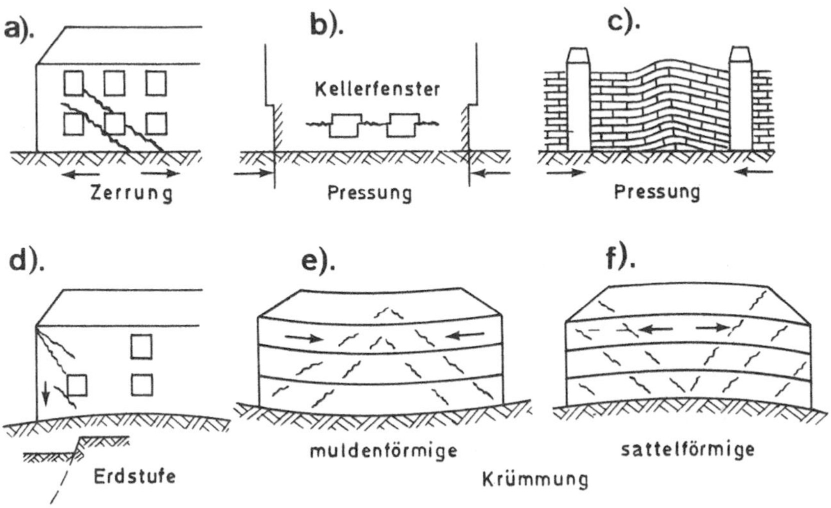

Abb. 206. Der Verlauf der Zerrungs-, Pressungs-, Freilage- und Krümmungsrisse in den Häusern sowie die Aufsattelung der Mauersteinreihen in einer Gartenmauer

Kennzeichnend für die Zerrungsrisse in den Wänden ist ihr meist steiler Verlauf unter 60° bis 70° (Abb. 206). Demgegenüber liegen die auf Pressung zurückzuführenden Risse mehr oder weniger waagerecht; in stark gepreßten Mauern oder Fußböden werden die Steinschichten oder Platten aufgefaltet. Bei durchbrochenen Wänden mit vorgegebenen Schwächezonen ziehen sich die Risse von der einen Fenster- oder Türecke diagonal zur Ecke eines oberen oder unteren Fensters hin. An langgestreckten Bauwerken oder Hausteilen kommen noch Krümmungsrisse hinzu, die in den Längswänden bei einer muldenförmigen Krümmung glockenförmig verlaufen. Eine sattelförmige Wandkrümmung äußert sich in schräg nach außen verlaufenden Rissen, wobei an Gebäuden ohne Deckenaussteifung die Ecken keilförmig abzubrechen drohen. Den Krümmungsrissen ist also ein symmetrisches Rißbild eigentümlich (vgl.

Fotografien im Anhang).

Die Bruchverformungs- und Festigkeitsgrenzen liegen bei einaxialer Beanspruchung, wenn man die ersten sichtbaren Risse im Material oder Verband als Bruchkriterium zugrunde legt, ungefähr bei:

1 mm/m Bruchstauchung bzw. 1 200 N/cm^2 Druckfestigkeit und 0,5 mm/m Bruchdehnung bzw. 600 N/cm^2 Zugfestigkeit für ein Ziegelsteinmauerwerk mit Kalkmörtel (E = 1 200 000 N/cm^2);

1,5 mm/m Bruchstauchung bzw. 3 750 N/cm^2 Druckfestigkeit und 0,15 mm/m Bruchdehnung bzw. 380 N/cm^2 Zugfestigkeit für den Monolithbeton (E = 2 500 000 N/cm^2) sowie

12 mm/m Fließgrenze bzw. 50 000 N/cm^2 Streckgrenze und 140 mm/m Bruchgrenze bzw. 70 000 N/cm^2 Druck- oder Zugfestigkeit für einen Betonbaustahl (E = 21 000 000 N/cm^2, Abb. 207).

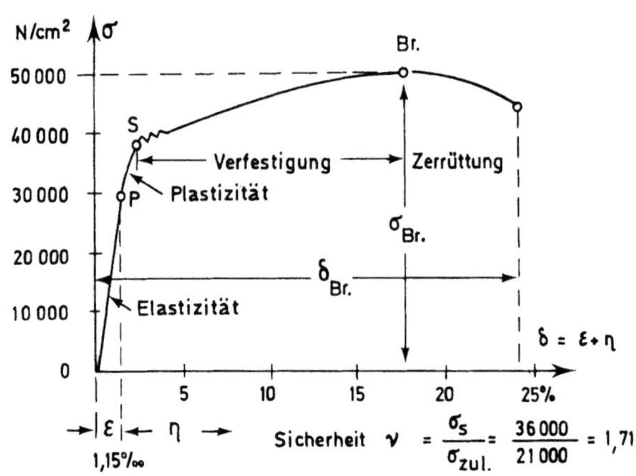

Abb. 207. Die Spannungs-Dehnungs-Linie für hochwertigen Baustahl St. 52

Die Biegefestigkeit beträgt im allgemeinen 1/20 der Druckfestigkeit.

Für die genannten Bruchverformungen und Festigkeitsgrenzen läßt sich mit den Formeln des Abschnittes 11.4 die kritische Bauwerkslänge (siehe Abb. 196)

$$l_{krit.} = \varepsilon_{Br} \frac{2\ E\ S}{\mu\ F_n' \cdot 1000} \tag{416}$$

$$= \sigma_{Br} \frac{2S}{\mu\ F_n'} \tag{417}$$

bestimmen, bei der ein Bruch in der Bauwerksmitte eintritt. Vorausgesetzt wird hierbei, daß die Längenänderung des Bodens größer als die Bruchverformung des Bauwerks ist und die Relativverschiebung am Bauwerksende mindestens 1 cm beträgt.

So erhält man zum Beispiel für ein dreigeschossiges, 15 m breites Bauwerk (F_n' = 645 kN/lfd.m) mit einem Betonquerschnitt von S = 30 cm^2/ 1 cm Fundamentbreite eine kritische Bauwerkslänge von 0,15 · 530 oder 380 · 0,21 = 80 m, bei der der Beton unter der Reibungszugkraft in der Fundamentmitte bricht. Für ein zehngeschossiges Hochhaus (F_n' = 1 650 kN/lfd.m) verkürzt sich die kritische Bauwerkslänge bei derselben Querschnittsgröße des Fundamentes auf rd. 32 m.

Diese Überschlagsrechnungen machen deutlich, daß die Reibungskräfte im allgemeinen nur sehr lange und schwache oder stark belastete Fundamente bis zur Bruchgrenze zerren oder pressen können. Viele Schäden am Fundament und an den Kellerwänden sind daher nicht durch eine Überbeanspruchung der Elemente auf Zug oder Druck, sondern durch Biegung, Wölbung oder Schiefstellung der Bauteile entstanden.

Beispielsweise können die nicht auf einer durchgehenden Bodenplatte gegründeten Wand- und Stützenfundamente den horizontalen E r d - k r ä f t e n keinen ausreichenden Widerstand entgegensetzen, sie werden schiefgestellt und nach innen oder außen gebogen (Abb. 208). In der Verschiebungsrichtung liegende, dünne Kellerwände können bei starker Druckbeanspruchung nach innen ausknicken. Die quer zum Erddruck stehenden Kellerwände werden hingegen nur eingebeult und nicht schiefgestellt, wenn die Kellersohle und die Kellerdecke horizontal ausgesteift sind. Rahmenförmige Streifenfundamente werden rechtwinklig zur Verschiebungsrichtung auf seitliche Biegung und in den Querriegeln auf axialen Druck oder Zug beansprucht. Wegen der aussteifenden Wirkung der Geschoßdecken sind die Erdkraftschäden meistens auf den Keller und das Erdgeschoß beschränkt; dagegen gehen die Krümmungs-

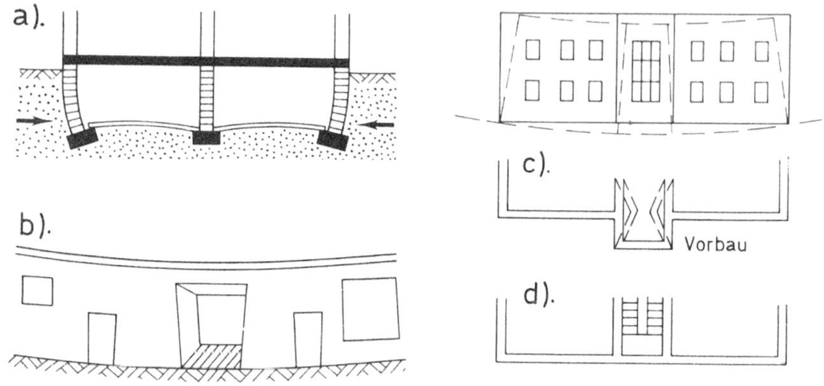

Abb. 208. Die Schiefstellung der Kellerwände (a) und der Torpfeiler (b) im Erdgeschoß bei Erddruck sowie die ungünstige Verformung eines Vorbaus (c) bei einer Bodenkrümmung. Richtiger Grundriß (d) mit innerem Treppenhaus (nach Luetkens)

risse oder die Verformungen der Tragkonstruktion bei einem biegeschlaffen Bauwerk durch mehrere Geschosse hindurch.

12.22 Die Krümmungsrisse

Die vielen Setzungsrisse an Bauwerken im bergbaufreien Gebiet, wo außer dem Ruhedruck keine weiteren horizontalen Erdkräfte auf das Bauwerk einwirken, deuten darauf hin, daß auch im Abbaueinwirkungsbereich wahrscheinlich weitaus mehr Gebäuderisse durch die Bodenkrümmung hervorgerufen werden als bisher vermutet wurde. Erfahrungsgemäß werden die ersten Risse an einem Gebäude von der Länge l (in m) infolge Biegung oder unterschiedlicher Setzung der Fundamentteile bei einem Biegepfeil von 0,001 bis 0,002 l oder bei einem Radius der Bauwerkskrümmung von 30 bis 60 l sichtbar. Für eine 35 m lange Hausfront aus Mauerwerk (vgl. S. 378) sind demnach Setzungsunterschiede von rd. 3,5 bis 7 cm oder Krümmungsradien von rd. 1 bis 2 km zulässig. Derartige Bodenkrümmungen werden sich nur bei einem oberflächennahen Abbau oder bei mehrfacher, stockwerkartiger Durchbauung des Gebirges einstellen. Beim Tiefbau in über 500 m Teufe wirken sich die Bodenkrümmungen weniger auf einzelne Mauerwände als vielmehr auf die gesamte tragende Baukonstruktion von langen und hohen Gebäuden mit ungenügender Deckenaussteifung, ferner auf biegeschwache und auf Biegezug empfindliche Betonbauwerke sowie auf Häuser in Zeilenbauweise schädlich aus.

So entstehen bei einer muldenförmigen Bodenkrümmung schwere Schäden an den sich berührenden und gegeneinander drückenden Giebelflächen einer H ä u s e r z e i l e, während die horizontale Baugrundverkürzung im Kellergeschoß oftmals an den Schwächestellen des Fundamentes (Abb. 208), wie den Öffnungen und Durchfahrten, ausgeglichen wird und sich nach Bildung einer waagerechten Scherfläche unterhalb der Erdgeschoßdecke (Abb. 206,b) nicht auf den aufgehenden Bauwerkskörper überträgt. Die waagerechte Überlappung Δl bei muldenförmiger Krümmung oder die Spreizung bei sattelförmiger Krümmung betragen für zwei aneinanderstoßende, 20 m lange und 10 m hohe Reihenhäuser schon bei Krümmungsradien von ρ_z = 10 km rd. 2 cm. Die aus der Bodenkrümmung folgende relative Zerrung oder Pressung

$$\pm \varepsilon_s = \frac{\Delta l}{b} = \frac{h}{\rho} \qquad (418)$$

eines Reihenhauses von der Breite b oder einer Stockwerkswand wächst proportional mit der Höhe h (Abb. 209); sie ist jedoch unabhängig von

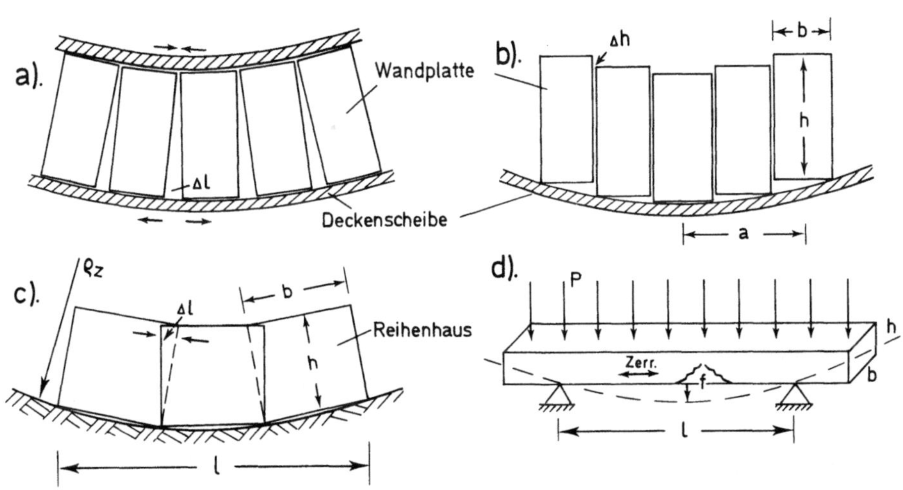

Abb. 209. Die Spreizung der Wandplatten (a) sowie die lotrechte Verschiebung der Bauelemente (b) oder Überlappung (Pressung) der Giebel von Reihenhäusern (c) bei einer Bodenkrümmung. Biegezugspannungen in einem gebogenen Balken (d)

der Bauwerkslänge und beträgt bei einer Geschoßhöhe von h = 3 m und einem Krümmungsradius von ρ = 10 km rd. 0,3 mm/m. Eine solche Zerrung von 0,3 mm/m ergibt, wenn sie sich gleichmäßig im Ziegelmauerwerk verteilt, rd. 0,08 mm breite Haarrisse in den Mörtelfugen bei einer Ziegelsteinlänge von 25 cm.

Außerdem können aneinanderstoßende Bauwerksteile von der Breite b infolge der Bodenkrümmung auch in den lotrechten Fugen lotrecht verschoben werden (Abb. 209); der hierbei entstehende, mit der Blockbreite b und der Entfernung a vom Bauwerksmittelpunkt (Scheitel) linear zunehmende Absatz Δh errechnet sich aus

$$\Delta h = \frac{a \cdot b}{\rho}. \tag{419}$$

In einer Baublockreihe von b = 5 m Einzelbreite entsteht beispielsweise zwischen dem - von der Mitte aus gezählt - dritten und vierten Block (a = 15 m) bei einem Krümmungsradius von ρ = 10 km ein Höhenabsatz von 7,5 mm. Diese aus der Krümmung herrührenden horizontalen Kippbewegungen und lotrechten Lageverschiebungen der tragenden Bauteile können schwere Bergschäden an den Fugen und Verbindungsstellen nach sich ziehen. Schäden entstehen an Wohnbauten häufig auch, wenn bei der Grundrißgestaltung der aufgehenden Konstruktion nicht die spätere Bodenkrümmung beachtet und die Außenfront durch Vorbauten, beispielsweise für ein Treppenhaus, unterbrochen wurde. Im Falle einer Bodenkrümmung in der Gebäudelängsachse wird dann der vorspringende Gebäudeteil in den Ecken von der Außenfront abgetrennt, weil er sich wegen der Wandlücke ungehindert als Einzelelement verformen kann (Abb. 208).

Aus der Erkenntnis heraus, daß der als Folge der Bodenlängenänderung ε_s entstehende Bauwerksschaden mit der Länge l des Bauwerkes wächst, der von der Krümmung ρ_z herrührende S c h a d e n s g r a d dagegen maßgeblich von der Bauwerkshöhe h abhängt und beide Komponenten am Schaden in einem bestimmten Verhältnis beteiligt sind, ist der Versuch unternommen worden, beide Größen zu einer Formel

$$l\left(\varepsilon_s + \frac{h}{\rho_z}\right) \leqq 100 \text{ mm} \tag{420}$$

zusammenzufassen, um die bei einer vorausberechneten Bodenverformung zulässigen Abmessungen einer tragenden Mauerwand abschätzen zu können (Belyaev 1968). Umgekehrt können für ein bestehendes Bauwerk überschlägig die zulässigen Bodenverformungen angegeben werden. So erhält man für $l = 20$ m, $h = 5$ m, $\varepsilon = 2$ mm/m und $\rho = 5$ km nach Gl. (420)

$$20\,000\,(2 \cdot 10^{-3} + \frac{5000}{5\,000\,000}) = 40 + 20 = 60, \text{ also } < 100 \text{ mm}.$$

Im Vergleich zu den in Tafel 33 einzeln aufgeführten zulässigen Verformungen hat die Gl. (420) den Vorteil, das Zusammenwirken von Längenänderung und Krümmung bei der Schadensbildung zu berücksichtigen.

Nachdem nachgewiesen worden ist, daß die Reibungszugkraft als Schadensursache für viele Gebäude ausscheidet, soll nun die Größe der bei einer Bodenkrümmung zu erwartenden Biegezugkräfte untersucht werden. Ein sich durchbiegender Betonbalken bricht nach Überschreitung der Zugfestigkeit von der oberen oder unteren Randseite aus. Beim Stahlbetonbalken übernimmt danach der Bewehrungsstahl allein die Zugkräfte. Eine genaue Berechnung der Durchbiegung eines Betonfundamentes ist wegen der Lastabhängigkeit des Elastizitätsmoduls beim Beton, der Schwindrisse und der örtlichen Änderung der Bettungszahl nicht möglich. Überschlägig läßt sich die Stützweite oder freitragende Länge l eines durchgebogenen Betonbalkens für eine bestimmte Streckenlast p, Querschnittsbreite b und Höhe h, bei denen die Zugfestigkeit des Betons von $\sigma_{Br} = 380$ N/cm^2 an der Unterseite des Balkens erreicht ist, aus der Formel

$$\sigma = \frac{M}{W} \tag{421}$$

ermitteln (Abb. 209,d), wenn für das Biegemoment M in der Balkenmitte

$$M = \frac{p\,l^2}{8} \tag{422}$$

sowie für das Widerstandsmoment $W = I : h/2$ beim Rechteckquerschnitt

$$W = \frac{b\,h^2}{6} \tag{423}$$

eingesetzt und die Formel nach l aufgelöst wird

$$l = \sqrt{\frac{4}{3}\,\frac{\sigma\,b\,h^2}{p}}\,. \tag{424}$$

Eine 50 cm breite, 2 m hohe und mit einem gleichmäßigen Druck von 20 N/cm^2 (Streckenlast p = 1000 N/lfd.cm) belastete Fundamentwand aus Beton wird hiernach schon bei einer Stützlänge von rd. 10 m an der Unterseite reißen; bei elastischem Verhalten sowie bei Vernachlässigung des Bettungdruckes biegt sich die Wand in der Mitte um

$$f = \frac{5}{384} \frac{p \ l^4}{E \ I} \tag{425}$$

durch. Für das Flächenträgheitsmoment des Rechteckquerschnittes gilt bekanntlich

$$I = \frac{b \ h^3}{12} \, . \tag{426}$$

Unter der oben erwähnten Einschränkung für Betonbalken würde diese elastische Durchbiegung einem Krümmungsradius von

$$\rho_z = \frac{l^2}{8f} = 7{,}8 \text{ km} \tag{427}$$

entsprechen. Bei noch stärkerer Krümmung reißt die Wand bis zur neutralen Faser auf. Die F r e i l a g e unter einer solchen Fundamentwand braucht also nur f = 1,6 mm zu betragen, um sie bis zur Betonzugfestigkeit zu beanspruchen. Für einen 30 cm hohen Fundamentriegel gleicher Breite und Belastung lauten die Grenzwerte l = 1,5 m, f = 0,25 mm und ρ = 1,1 km, woraus der Einfluß der Fundamenthöhe hervorgeht. Die Bauelemente aus Beton sind also sehr biegeempfindlich; der Beton reißt schon bei mm-großen Pfeilhöhen, was die Bedeutung der Krümmung am Bergschadensanteil unterstreicht.

Besonders schwerwiegende Folgen für Bauwerke hat ein unter starker Bodenkrümmung und hoher Bodenzerrung von rd. 7 mm/m aufreißender Baugrund, sobald ein treppenförmiger Höhenabsatz entsteht und ein Teil des Fundamentes freiliegt. Es muß dann ein Abriß der über der Erdtreppe liegenden Gebäudeecke oder -seite befürchtet werden, wenn nicht die Kellerdecke mit einer Hebemaschine rechtzeitig unterfangen und eine Rißbildung im aufgehenden Mauerwerk verhindert wird. Ein solches Gerät wird in mehreren Nischen des statisch unbestimmten Bauwerkes im Abstand von über 1,5 m eingebaut. Beim Absinken des Fundamentes über der Erdstufe kann das bei der Bergbau AG Niederrhein verwendete Gerät (Preis 350 DM, Tragfähigkeit 45 t) einen Höhenunterschied bis zu 2 cm zwischen der absinkenden Kellerdecke und dem oberen Stockwerk selbsttätig ausgleichen; anschließend muß das Gerät nachgestellt werden. Auf diese Weise kann der sonst über der Erdstufe abreißende Gebäudeteil in der alten Höhenlage gehalten werden, bis die Trennfuge nach Einkehr der Bodenruhe mit Beton ausgefüllt wird (siehe Mehrhoff 1974).

12.23 Der Einfluß des Abbaufortschrittes

Ein großer Abbaufortschritt von täglich mehreren Metern kann nach neueren Beobachtungen eine schadenserhöhende Wirkung auf Bauwerke haben (Lippmann 1973), weil der Zerrungs-Pressungs-Wechsel dann auf eine verhältnismäßig kleine Zeitspanne begrenzt wird, wie es die Abb. 210 schematisch zeigt. Die frühere Erkenntnis, daß die dynamischen

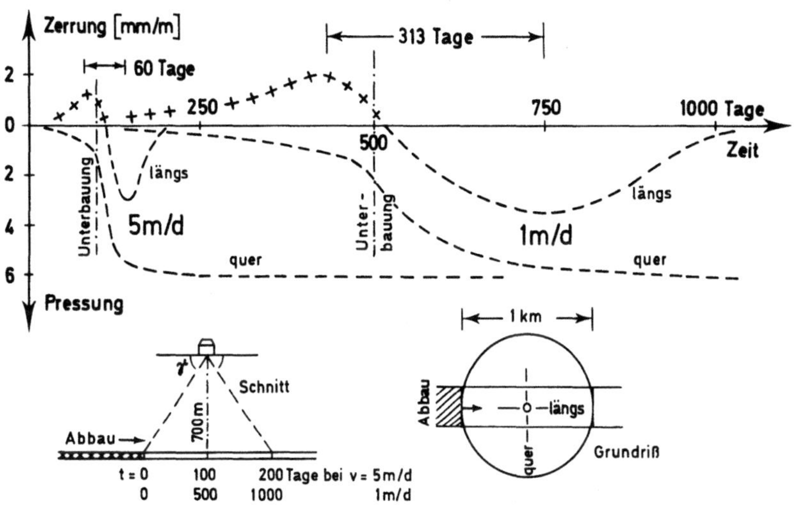

Abb. 210. Die zeitlichen Zerrungen und Pressungen an einem Bauwerk in Längs- und Querrichtung zum Abbaufeld vom Zeitpunkt der ersten Einwirkung an in Abhängigkeit vom Abbaufortschritt. In Längsrichtung folgt dem Zerrungsmaximum ein kritisches Pressungsmaximum in 60 oder 313 Tagen, wenn der tägliche Abbaufortschritt 5 m bzw. 1 m beträgt

Bodenbewegungen und -verformungen über dem Gewinnungsstoß bei der ersten Durchbauung umso kleiner sind, je größer der Abbaufortschritt ist, bleibt davon unberührt (Perz 1948), was übrigens auch Modellversuche mit äquivalenten Materialien bestätigen (Padera 1969). Bei einem täglichen Abbaufortschritt von 5 m dauert der Lastwechsel vom Zerrungshöchstwert auf das Pressungsmaximum nur 60 Tage gegenüber

313 Tagen bei einem 1 m-Fortschritt. Bereits 15 Tage nach der Unterbauung, d.h. in 80 m Entfernung hinter der Abbaukante, geht die Zerrung in eine Pressung über, die steil auf ihren kritischen Wert ansteigt. Zur gleichen Zeit entsteht in der Querrichtung eine noch größere, bleibende Pressung, der das Bauwerk häufig nicht standhalten kann.

Der schnelle Lastwechsel führt zu einem Bauwerksschaden, wenn

a) sich dieser Zerrungs-Pressungs-Übergang während der zwei Monate mit einer gleichgerichteten Temperatur- oder Feuchtigkeitsdehnung im Bauwerk überlagert;

b) der Baugrund und der am Fundament anliegende Boden nicht genügend Zeit zur Konsolidierung, zur Korneinregelung unter der Spannungsfeldänderung und zur Porenvolumenabnahme haben;

c) dem Fugenmörtel keine ausreichende Zeit zu einem Spannungsabbau durch eine plastische Verformung verbleibt und

d) infolge der schnellen Biegeverformung des Bauwerks wenige große Risse anstatt eines fein verteilten Rißnetzes entstehen.

Der Schaden wird sich am Bauwerk vor allem in querschlägiger Richtung einstellen, weil der Pressungsanstieg über der schmalen Baufeldseite besonders groß ist. In ähnlich schneller Weise vollzieht sich auch der Wechsel in der Größe und im Vorzeichen bei der Schieflage und der Krümmung. Bei geringer Abbauteufe und fehlendem Deckgebirge kann der schnelle Abbaufortschritt sogar eine bis zur Bauwerkssohle hochreichende Scherbewegung (Entfestigung) in einem zerklüfteten, bankigen Gebirge (siehe Abb. 192) zur Folge haben (Pfläging 1973).

Zu einem gewissen Teil trägt der schnelle Verhieb, der die Zerklüftung und Biegeerschlaffung des Gebirges fördert, nach mehrfacher Durchbauung auch zum trichterförmigen Trogbild und zur "Versteilung" der Trogflanken und somit zu kostspieligen Bergschäden, die aus der größeren Schieflage, Krümmung und Längenänderung folgen, bei (siehe Abschnitte 6.1 und 7.3). Es läßt sich daher nur aus vorliegenden Beobachtungen, die heute noch spärlich sind, für den betreffenden Einzelfall entscheiden, inwieweit bei mehrmaliger Durchbauung ein höherer Abbaufortschritt flachere oder steilere Muldenflanken über dem Gewinnungsstoß hervorruft. Eine Verallgemeinerung über die Auswirkung des Abbaufortschrittes ist in Anbetracht des vielfältigen Verformungsverhaltens der Gebirgskörper nicht möglich.

12.3 Der Bergschaden an Industrieanlagen

Die Bergschäden an Industrieanlagen unterscheiden sich von den allgemeinen Gebäudeschäden dadurch, daß bei notwendig werdenden Reparatur- und Sicherungsarbeiten oftmals die Produktion eingeschränkt oder sogar eingestellt werden muß, was für den schadensverursachenden Bergbau mit hohen Folgekosten verbunden ist. Auch sind die Ausbesserungsarbeiten in den Fertigungsbetrieben im Vergleich zu den "Schönheitsreparaturen" an Wohn- und Verwaltungsgebäuden teuerer und langwieriger, weil sie, um einen Produktionsausfall zu vermeiden, meistens während des Betriebsablaufes durchgeführt werden.

Besonders schwerwiegend ist ein Schaden an F e u e r u n g s a n l a g e n. Hierzu zählen vor allem Kokereien, metallurgische Öfen, Backöfen und Ziegelei-Tunnelöfen (Hinckeldey 1964). Eine "Heißreparatur" an diesen Öfen ist bei vollem Betrieb selten möglich, so daß der Produktionsausfall vom Abkühlen bis zum Aufheizen des Ofens (Dauer je eine Woche) vom Bergwerksbesitzer als mittelbarer Schaden ersetzt werden muß. Bei einer gründlichen Ausbesserung oder Erneuerung der Öfen sind die Altersabschreibung oder die sogenannte Reisedauer eines Ofens bis zur nächsten Reparatur, die für Glasschmelzöfen rd. 5 Jahre beträgt, als Vorteilsausgleich zu berücksichtigen. Der Wiederaufbau eines rekuparativen Glasschmelzofens kostete 1960 einschließlich einer Bergschädensicherung (Betonplatte 90 000 DM) rd. 300 000 DM.

An den häufig auf bis zu 50 m langen und 2 m dicken Betonplatten errichteten K o k s o f e n b a t t e r i e n von 40 bis 50 Öfen treten beim Abbau in der Schachtschutzzone Risse im Mauerwerk, in den Begeh- und Abhitzekanälen sowie in der feuerfesten Silikatauskleidung auf; zwischen den Ofenkammern und Heizzügen sowie zwischen den Regeneratorzellen können sich bei einem Reißen der Trennwände schädliche Gasströme bilden (Abb. 211). Die von der Grundplatte, den Stützreihen und der Düsendecke aufgenommenen Bodenkräfte werden auf die darüberliegenden Regeneratorzellen und von dort auf das oberste Stockwerk der Koksöfenkammern und der dazwischenliegenden Heizzüge übertragen. Durch eine Nachstellung der Stoffbuchsenüberschieber ($\pm$ 40 cm) von

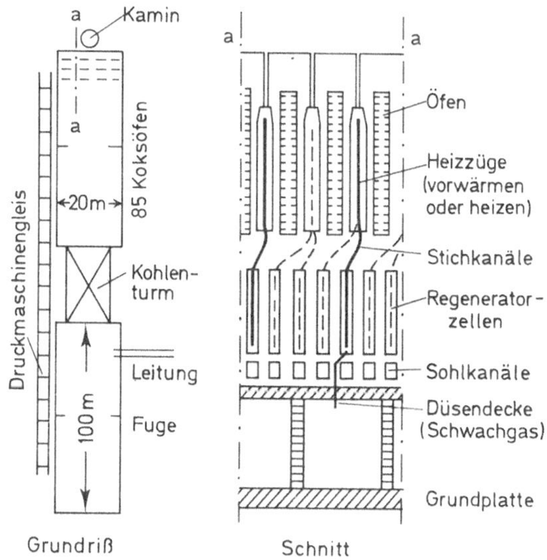

Abb. 211. Die Regenerativ-Koksöfen der Fa. Dr. Otto

Zeit zu Zeit können die Gasrohrleitungen im Kokereigelände vor schädlichen Axialkräften bewahrt werden. Die Gleise für die Koksausdrückmaschinen müssen bei größerer Gefälleänderung gehoben und gerichtet werden. Falls Dehnungsfugen fehlen, wird auch der Kohlenturm gepreßt. Schieflagen von 3 bis 4 mm/m sind in der Querrichtung nicht betriebsstörend, in der Längsrichtung der Batterie soll sich in einem Einzelfall sogar ein Krümmungshalbmesser von nur 200 m als nicht schädlich erwiesen haben (Luetkens 1956). Die Kokereien werden im allgemeinen nach 20 Jahren erneuert (Oberste-Brink, Marbach u. Weißner 1932).

S c h o r n s t e i n e und T ü r m e sind wegen ihrer kleinen Grundflächen den Bodenlängenänderungen nur geringfügig ausgesetzt; sie können jedoch schiefgestellt werden (Abb. 212). Ist der oberste Achspunkt bis in das äußere Drittel der sogenannten Dossierung - der zwischen dem unteren Außendurchmesser a nahe der Fundamentplatte und dem oberen Innendurchmesser b der Schornstein- bzw. Turmöffnung gebildeten grundrißlichen Kreisringfläche - gewandert, so muß der obere Teil des Bauwerks abgetragen werden.

Geneigte oder gekrümmte K r a n b a h n e n erschweren das Befahren;

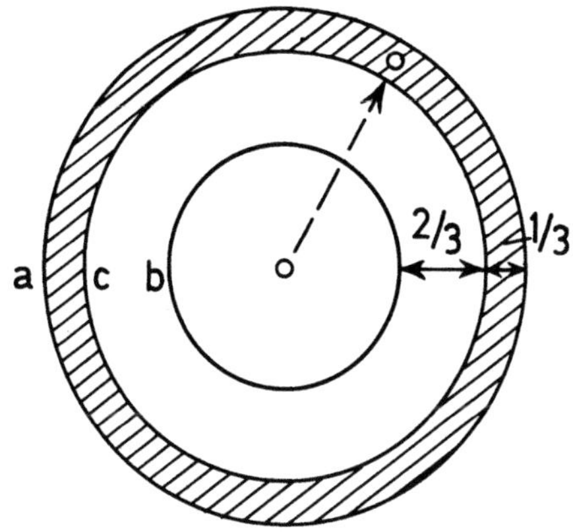

Abb. 212. Die Schiefstellung eines Schornsteins bis zur Dossierungsgrenze c

der Kran läuft von selbst abwärts oder liegt nicht mehr waagerecht. Die Tragstützen der Kranbahn müssen dann meistens während des Betriebes gehoben oder gesenkt werden. Bei einer seitlichen Bahnausbiegung infolge Pressungseinwirkung (Schienenverwurf) kann das Spurmaß verändert werden, so daß die Laufräder festklemmen oder der Kran sogar herabfällt (Darmstädter 1958).

In Skelettbauweise errichtete W e r k s h a l l e n lassen sich im allgemeinen bei einer Bodenbewegung leicht heben oder ausbessern. Risse in den nichttragenden Wandelementen sind belanglos. Häufig hat man an den Tragkonstruktionen Nischen und Angriffsflächen für die Hebegeräte schon beim Entwurf geplant. An duktilen und mehrfach abgewinkelten Rohrleitungen innerhalb des Werksgeländes treten kaum Schäden auf, wenn die Rohre im Mauerdurchlaß und in den Schellen frei beweglich bleiben sowie mit Ausgleichstücken versehen sind. Die Leitungen sollten nicht unter Putz verlegt werden. Dagegen ist das Ausrichten schwerer Maschinen, Walzanlagen oder langer Fertigungsstraßen, die auf Betonfundamenten und anhebbare Stahlprofilrahmen gelagert werden müssen, wegen der zeitweiligen Produktionsstillegung kostspielig. Für manche empfindliche Maschinen ist schon eine Durchbiegung von über 1/50 000 schädlich.

Über die z u l ä s s i g e n S c h i e f l a g e n werden von den

Betriebsleitungen bei fehlender Erfahrung häufig zu kleine Werte (z. B. 0,1 mm/m) genannt, die auch ohne bergbauliche Einwirkung bei Temperaturschwankungen auftreten. Im übrigen kann der Bergschadenkundler in Anbetracht der so vielfältigen Produktionsstätten jeweils nur für den Einzelfall aufgrund der Baupläne, der Fertigungsprozesse und der bei einer Begehung gewonnenen Erkenntnisse entscheiden, welches Ausmaß die Bergschäden einschließlich der Folgekosten haben werden. Es ist eine bekannte Tatsache, daß die Materialien im Bauwerksverband oftmals weniger bruchempfindlich, die Bauwerke standfester und die Produktionsabläufe an die Störungen anpassungsfähiger sind, als man es aufgrund einer Festigkeitsrechnung und einer Betriebsbesichtigung erwarten sollte.

12.4 Die Schäden an Verkehrs- und Versorgungsanlagen

Vom bergschadenkundlichen Gesichtspunkt aus ist an den Verkehrsanlagen und Versorgungsleitungen die langgestreckte Form bemerkenswert. Die Reibungskräfte können auf großer Länge an ihnen angreifen und sich summieren; sie werden auf weiter Strecke abgesenkt. Im einzelnen zählen hierzu Gleisanlagen, Kanäle, Straßen, Rohrleitungen und Kabel. Ihre strangartigen Baukörper liegen entweder auf der Tagesoberfläche auf (Gleise, Straßen), schneiden die Erdoberfläche ein (Kanal) oder sind im Boden eingebettet (Rohre, Kabel).

12.41 Die Bahngleise und Straßen

An E i s e n b a h n g l e i s e n treten bei bergbaulicher Einwirkung u.a. Senkungsschäden auf: Die Änderung des heute für offene Hauptbahnstrecken auf über 1:80 (12,5 ^{o}/oo) und in Bahnhöfen auf mindestens 1:400 vorgeschriebenen Gefälles kann den geregelten Zug- und Rangierbetrieb beeinträchtigen, zusätzliche Antriebs- und Bremskräfte oder verringerte Nutzlasten und Zuglängen erforderlich machen. Der Wasserabfluß in den Seitengräben und Vorflutern wird gestört. Während der Durchsenkung eines Profilsattels oder der Aufhöhung einer Gleisstreckenmulde in Höhenabsätzen von 20 cm einschließlich der Brückenhebung zwecks Wiederherstellung eines "wirtschaftlich gleichwertigen" Gefälles (§§ 242 und 251 BGB) wird der Fahrbetrieb gestört. Die Kosten für den Langsamfahrbetrieb und die Gleisüberwachung muß der

Bergbau erstatten.

Kosten von einigen Millionen DM entstehen, wenn Kreuzungsbauwerke mitsamt ihren Dämmen, Unterführungen und Durchlässen erhöht oder große Verschiebebahnhöfe einschließlich der Rampen, Signalanlagen und Hallen umgebaut werden müssen (Abb. 213). Die Fahrleitungsanlagen

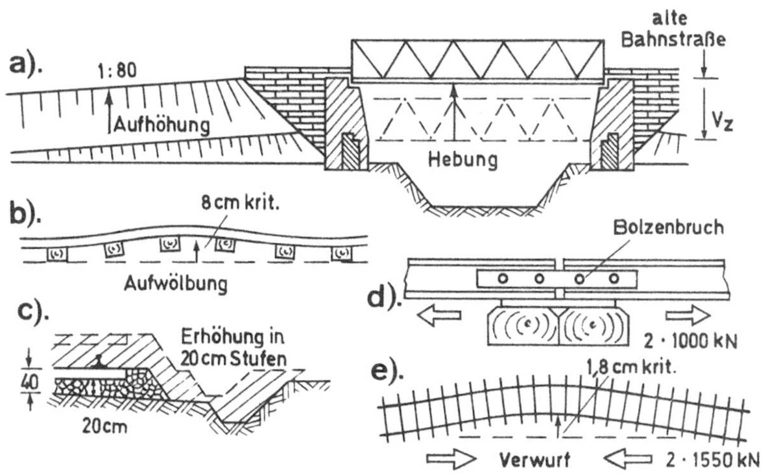

Abb. 213. Das Schadensbild an Bahngleisen im Bergbaugebiet: Aufhöhung an Brücken und Rampen (a), Aufwölbung gepreßter Gleise (b), Erhöhung des Schotterbettes und des Seitengrabens nach der Absenkung (c), Laschenbruch gezerrter Gleise (d) sowie seitlicher Gleisverwurf (e)

der elektrifizierten Bahnstrecken sind verhältnismäßig schadensunempfindlich, doch verteuern sich seitdem die Regulierungsarbeiten, weil auch die Fahrleitungen entlang einer abgesunkenen Strecke mitgehoben werden müssen. Zechenanschlußgleise, die bis auf ein Gefälle von 1:50 abgesenkt worden sind, dürfen aus sicherheitlichen Gründen nur noch mit einzelnen Wagen befahren werden. Eine vom Bergbau in der Gleisachse hervorgerufene Schieflage der Erdoberfläche von 2 mm/m = 1:500 bedeutet eine Erhöhung des Gefälles, beispielsweise für eine offene Strecke von 1:100 auf 1:83,3 oder für ein Bahnhofsgleis von 1:1000 auf 1:333. Die 20 bis 150 mm betragende Überhöhung des äußeren Schienenstranges in einem Bogen wird erst durch eine radiale Schieflage von über 5 mm/m um mehr als 7,5 mm (Spurweite 1,435 m) verändert. Quer zur Gleisachse gerichtete Bodenverschiebungen von 1 m und mehr können nur bei einem oberflächennahen Abbau sichtbare Ausbiegungen mit Halbmessern von 10 bis 20 km verursachen, die im Vergleich zu den für Geschwindigkeiten von 60 bis 150 km/h vorgeschriebenen minimalen Krümmungshalbmessern von 180 bis 1070 m unerheblich sind.

Die zur Gleisachse parallele Bodenverschiebung kann dagegen zu einem Trennbruch in den Verbindungslaschen, zu einem Schließen der Stoßlücken und zu einer seitlichen Gleisverwerfung oder Aufwölbung führen (siehe Anhang). Die 30 m langen Schienen müssen dann, beginnend im Zerrungsgebiet, auf die bei + 10°C Temperatur mittlere Stoßlückenbreite von 8 mm "verzogen" werden. Im Schotterbett verschobene Schwellen müssen nachgestopft werden (Bellensmann 1940). Lückenlos geschweißte Gleise sind im Bergbaugebiet aus Sicherheitsgründen und wegen fehlender Versuchsstrecken noch nicht verlegt worden (Arch.f.Eisenbahnwesen 75(1965), S.171). Das Stoßlückengleis erfüllt jedoch nicht mehr die heutigen technischen und wirtschaftlichen Anforderungen an den Gleisbau; im Fahrkomfort und in der Wartung ist es dem lückenlosen Gleis unterlegen. Die vier Laschenbolzen am Schienenstoß scheren bei einer Axialkraft von 1 000 kN ab; die Schienen des Profils S 49 (Querschnitt S = 62,3 cm^2) reißen dagegen erst bei rd. 2 500 kN (Streckgrenze 4 kN/cm^2). Die Rahmensteifigkeit gegen Längsdruckkräfte und seitliche Gleisverwerfungen beträgt bei normaler Schwellenbettung an den Stirnseiten rd. 1 550 kN je Schiene. Die Stoßlückenverbindung stellt also das schwächste Glied im Gleiskörper dar. 60% aller Brüche im Gleis sind Laschenkammerbrüche. Eine Berechnung der im Bergbaugebiet zu erwartenden Längskräfte ist, wie im folgenden gezeigt werden soll, wegen der Überlagerung von Temperaturspannung, Verkehrslast - z.B. 100 kN/Schiene bei Schnellbremsung -, Stoßlückenentlastung und bergbaulicher Zusatzkraft sehr verwickelt.

Bei der Verschiebung des Bodens im Bergbaugebiet werden über dem sich mitbewegenden Schotterbett R e i b u n g s k r ä f t e auf die eingebetteten Schwellen übertragen, die ihrerseits an den Schienen festgehalten werden. Da der Durchschubwiderstand einer Schiene auf den Unterlagsplatten der Schwellen mit rd. 33 kN/m viermal größer als der Verschiebungswiderstand des Gleisrahmens auf dem Schotter ist, müssen sich die Schwellen im Schotterbett verschieben, und zwar soweit, wie die Schienen sich in der Längsrichtung elastisch verformen lassen. Die Schwellen haften also unverrückbar an den Schienenfüßen fest; die von ihnen im Abstand von 60 bis 70 cm auf die Schienen übertragenen

Verschiebungskräfte können vereinfacht durch eine gleichmäßige Streckenkraft ersetzt werden, deren Wert beim Gleisoberbau K empirisch aus dem Widerstand eines Gleises gegen die Längsverschiebung zu V = 8 kN/m ermittelt wurde.

Mit der ersten Bodenbewegung steigen die Schienenspannungen zunächst nur bis zur Höhe der Laschenreibung von normalerweise 50, maximal 400 kN an. Nach Überwindung der Laschenreibung bewegen sich die einzelnen Schienen in den Laschenauszügen, währenddessen die Schienenspannungen konstant bleiben. Die Schienenspannungen nehmen erst dann wieder zu, wenn die Stoßlücken bei einer zerrenden Einwirkung völlig ausgezogen oder bei einer pressenden Einwirkung ganz geschlossen sind. In diesem Zustand vermag der Schienenstrang im Zerrungsgebiet bis zum Bruch der Laschenbolzen 1 000 kN (= 0,76 mm/m Schienenzerrung) und im Pressungsgebiet bis zur seitlichen Gleisverwerfung 1 500 kN (= 1,18 mm/m Schienenpressung) an axialen Kräften (Temperatur, Verkehr, Bodenreibung) aufzunehmen. Unterstellt man zur Vereinfachung, daß bei einer genügend großen Bodenverschiebung der Verschiebungswiderstand des Gleises von 8 kN/m je Schiene durch die Reibungskräfte an den Schwellen voll mobilisiert ist, so würde das Gleis bei einer Länge des Kraftanstiegsweges von 250 m im Zerrungsgebiet und von 380 m im Pressungsgebiet zerstört werden. Bei einer dachförmigen Verteilung der übertragenen Reibungskräfte im Schienenstrang müßten das Zerrungsgebiet im Grenzfall 500 m, das Pressungsgebiet 760 m breit sein, was bei einem Grenzwinkel von 60 gon eine Abbauteufe von über 700 m voraussetzt.

Berücksichtigt man die Sinusform der Bodenlängenänderungskurve im Bergbaugebiet, dann muß nach den Regeln des Abschnittes 4.2 die G l e i s v e r f o r m u n g s l i n i e unter dem Anstieg

$$\tan\alpha = \frac{\varepsilon}{l} = \frac{V \cdot 1000}{E \cdot S} \quad \left[\text{mm/m je lfd. m}\right] \qquad (428)$$

von 0,3 mm/m auf 100 m Länge gezeichnet werden, wie es die Abb. 214 für ein durchgehend geschweißtes Gleis zeigt (Thoma 1956, Hilbig u. Kratzsch 1964). Die hieraus erhaltenen Werte müssen, wenn sie auf das Stoßlückengleis (8 mm mittlerer Stoßlückenauszug, 30 m lange Schienen) angewandt werden sollen, überschlägig um maximal 8 : 30 = 0,26 mm/m auf beiden Seiten der dachförmigen Gleisverformungslinie reduziert

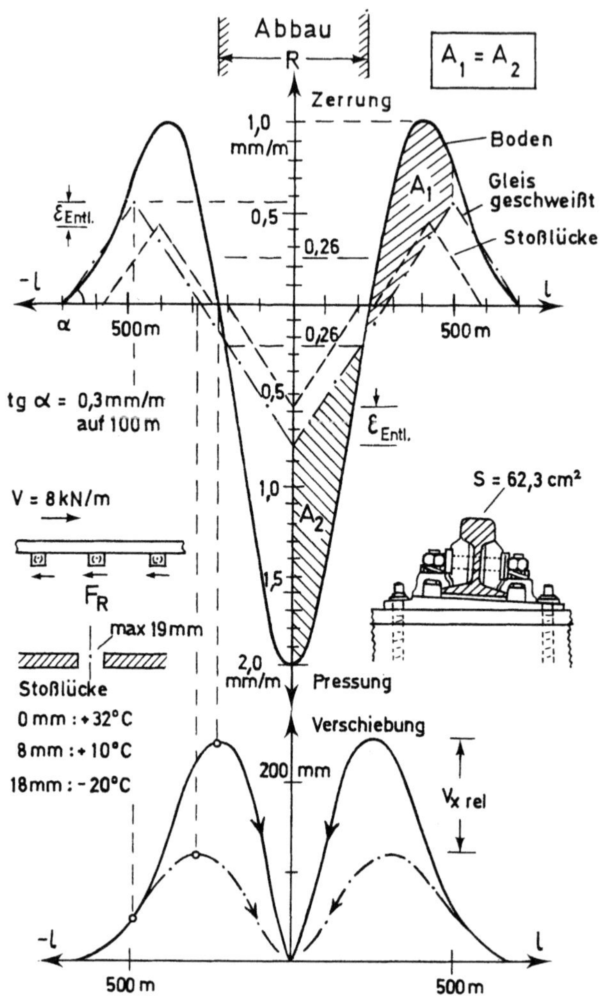

Abb. 214. Die bergbauliche Einwirkung auf ein geschweißtes Gleis sowie auf ein Stoßlückengleis aus 30 m-Schienen

werden (Abb. 214). Das Beispiel macht deutlich, daß ein geschweißtes Gleis über einer halben Abbauvollfläche in 700 m Teufe bei einer maximalen Bodenzerrung von 1 mm/m und einer Bodenpressung von maximal 2 mm/m nur bis auf 0,55 mm/m gezerrt und bis auf 0,82 mm/m gepreßt wird. Für ein Stoßlückengleis lassen sich die Höchstwerte auf 0,45 mm/m Zerrung und auf 0,55 mm/m Pressung abschätzen. Diese Höchstwerte steigen bei einem Anwachsen der Bodenverformung auf 5 mm/m Zerrung und

10 mm/m Pressung nur geringfügig auf 0,7 bzw. 0,55 mm/m Zerrung und 1,0 bzw. 0,75 mm/m Pressung in den Schienen an. Sie nehmen dagegen linear mit der Verbreiterung der Senkungsmulde zu.

Die zur Reibungskraft hinzukommende *Temperaturspannung* beträgt 15,7 kN/1°C bei verhinderter Längenänderung der Schiene. Für die in Deutschland extremen Temperaturen von + 60°C und - 30°C wurden in der 30 m-Stoßlückenschiene Kräfte von 540 kN Druck bzw. 50 kN Zug und im geschweißten Schienenstrang Kräfte von 750 kN Druck bzw. 650 kN Zug gemessen. Im Stoßlückengleis treten also im Winter praktisch keine Zugkräfte auf, da der Stoßlückenauszug von Maximal 19 mm infolge der Laschen- und Schwellenreibung nicht ganz aufgebraucht wird. Aus dem gleichen Grunde verzögert sich der Stoßlückenschluß im Sommer auf + 32°C statt theoretisch + 26°C (H.Meier 1953). Setzt man voraus, daß die Bodenbewegung im Sommer erst nach Schließung und im Winter erst nach völligem Auszug der Stoßlücken beginnt, so ist ein Gleisverwurf im Sommer unter der zusätzlichen bergbaulichen Einwirkung bei einer Reibungskraft von $F_R = 1\,550 - 540 = 1\,010$ kN oder Schienenpressung von

$$\varepsilon = \frac{F_R}{S \cdot E}\, 1000 = 0{,}77 \text{ mm/m} \qquad (429)$$

zu erwarten. Für ein geschweißtes Gleis (Neutraltemperatur + 20°C) lauten die Werte 1 550 - 750 = 800 kN Reibungskraft und 0,61 mm/m Schienenpressung.

Im Beispiel der Abb. 214 würde demnach nur das geschweißte Gleis im Hochsommer verworfen werden. Die Laschenbolzen werden im Winter bei einer bergbaulichen Einwirkung von 1 000 - 50 = 950 kN Reibungskraft oder einer Schienenzerrung von 0,72 mm/m abgeschert, was erst bei einer Bodenzerrung von über 5 mm/m der Fall sein dürfte. Ein geschweißtes Gleis mit einer Streckgrenze von 2 500 kN/Schiene und einem Schweißfaktor 1 würde dagegen bei einer auch im Bergbaugebiet wohl kaum erreichten Schienenzerrung von 1,4 mm/m zu reißen beginnen (Kältebruch).

Maßnahmen gegen die gefürchteten Gleisverwürfe sind eine verbreiterte Schwellenbettung, eine winkelsteife Verspannung von Schiene und Schwelle, seitlich gesetzte Pfähle, eine Erhöhung der Neutraltemperatur, ein schwerer Oberbau, eine Entspannung der Schienen durch Lockern der

Tafel 23. Die Kräfte in der Bahnschiene bei bergbaulicher Einwirkung und Temperaturspannung sowie Werte der Grenzbelastung

Jahreszeit Schadensart	Stoßlückengleis 30m-Schiene	Geschweißtes Gleis
Sommer + 60°C Verwurf der Gleise bei 1 550 kN Druck	540 kN →← Temperatur Druck →← Bergbau 1 010 kN zul. 0,77 mm/m Pressung der Schiene Erreicht: 0,55 mm/m (2 mm/m Bodenpressung) 0,75 mm/m (10 mm/m Bodenpressung)	750 kN →← Temperatur Druck →← Bergbau 800 kN zul. 0,61 mm/m Pressung der Schiene Erreicht: 0,82 mm/m (2 mm/m Bodenpressung) 1,00 mm/m (10 mm/m Bodenpressung)
Winter - 30°C Bruch der Laschen bei 1 000 kN Zug der Schiene bei 2 500 kN Zug	50 kN ←→ Temperatur Zug ←→ Bergbau 950 kN zul. 0,72 mm/m Zerrung der Schiene Erreicht: 0,45 mm/m (1 mm/m Bodenzerrung) 0,55 mm/m (5 mm/m Bodenzerrung)	650 kN ←→ Temperatur Zug ←→ Bergbau 1 850 kN zul. 1,4 mm/m Zerrung der Schiene Erreicht: 0,55 mm/m (1 mm/m Bodenzerrung) 0,70 mm/m (5 mm/m Bodenzerrung)
Zusätzliche Kräfte: Verkehrslast, Bremskräfte, örtliche Spannungsanreicherung, Eigenspannung nach Gleisverlegung. Festigkeitswerte verringert bei Materialschwächestellen, ungleicher Schwellenstopfung, geringer Knickfestigkeit der Laschenstöße, ungenügender Schienenbefestigung, bergbaulich gelockerter Schwellenbettung.		

Schwellenbefestigung im angrenzenden Zerrungsgebiet sowie ein Aufschneiden der Schienen in Verbindung mit einer Fernmessung der Schienenspannung (Dehnungsmeßstreifen).

Die errechneten Grenzwerte, die in der Tafel 23 übersichtlich zusammengestellt sind, gelten wohlgemerkt für die unter normalen Verhältnissen verlegten Gleise. Infolge wechselnder Bodenverschiebungsrichtung können die Schwellen im Bergbaugebiet im Schotterbett locker und hohl liegen, so daß der Widerstand des Gleises gegen Längs- und Querverschiebung gemindert wird. Die Gefahr eines Ausknickens der Gleise erhöht sich, wenn die Gleise bei der Bodenbewegung seitlich und höhenmäßig gekrümmt werden. Nicht immer steigen die Axialkräfte gleichmäßig linear mit der Wirklänge im Gleis an, sie können sich bei Materialschäden und -abnutzungen oder bei ungleicher Schwellenstopfung und -befestigung örtlich anreichern. Die mit der Reibweglänge wachsende Schienenlängenänderung kann schließlich auf 1 mm/m und mehr ansteigen, wenn ein Abbau in mehreren benachbarten Abteilungen gleichzeitig umgeht und sich die Pressungs- oder Zerrungsgebiete, die in der Abb. 214 fast 500 m breit gewählt wurden, auf über 1 km Breite erstrecken. Unbeachtet blieben bei den Berechnungen auch die Verkehrs- und Bremskräfte, die von der Verlegung herrührenden Eigenspannungen in der Schiene sowie der für Gleise erster Ordnung vorgeschriebene Sicherheitsfaktor von $\nu = \sigma_{\text{Streckgr.}} : \sigma_{\text{zul.}} = 2{,}67$

Die S t r a ß e n b a h n g l e i s e sind in der Regel in der Straßendecke auf Beton eingebettet und durchgehend geschweißt oder mit Ausgleichstößen, deren keilförmige Schienenkopfenden sich bis zu 70 cm zusammenschieben oder auseinanderziehen lassen, versehen. Die Einbettung hat den Vorteil, daß ein Teil der Schienenwärme in die Bettung abgeführt wird - der maximale Temperaturunterschied beträgt dann nur 50°C (Temperaturspannung 13 kN/cm^2) gegenüber 90°C bei einer geschotterten Bettung - und die Gleise bei Druckbeanspruchung am seitlichen Ausknicken gehindert werden. Wesentliche Schäden entstehen infolge der Relativverschiebung zwischen Gleisstrang und Straßenpflaster nur im Straßenpflaster oberhalb der Spurstangen, die sich mit den Gleisen bewegen, und an den Weichen (siehe Anhang). Das durch die so entstandenen Pflasterlücken eindringende Regenwasser kann den Gleiskörper unterspülen, das Gleis hohllegen und die Betonverbindung mit dem Gleis zerstören. Gefälleänderungen beeinträchtigen den Straßenbahnbetrieb wegen der geringen Fahrlast und Zuglänge nur geringfügig.

Der Straßenbahn- und spätere Untergrundbahntunnel in Essen mit seinem Regelprofil von 100 m^2 Ausbruch ist durch Dehnungsfugen in 15 m lange Blöcke unterteilt. Zum Ausgleich lotrechter Bewegungen sind die Tragwerksteile gelenkartig miteinander verbunden.

Pressungsschäden an S t r a ß e n werden zuerst an den abplatzenden Bordsteinecken und an dem aus den Fugen herausgequetschten Bitumen beobachtet, bevor die Straßendecke sich sattelförmig oder in mehreren Wellen wölbt. Aufgerissene Straßendecken werden bis zum Bett vom Regenwasser unterspült. Kleinpflaster und bitumengebundene Schwarzdecken auf Packlagen haben sich bei Pressungseinwirkungen sehr bewährt. Zerrungsrisse können im Pflaster oder in der Bitumendecke leichter als in Betondecken ausgebessert werden. Für den Verkehr sind Erdstufen und wellenförmig abgesenkte Straßendecken gefährlich.

12.42 Die Kabel und Rohrleitungen

Von den unterhalb der Straßendecke liegenden K a b e l n, R o h r - l e i t u n g e n sowie A b f l u ß k a n ä l e n sind die im losen Erdreich beiderseits der Muffen in kleinen Ausgleichsbögen (Kabelschleifen) verlegten Kabelstränge auf Zerrung in den Muffen und auf Pressung in den formschlüssig gekrümmten Kabelabschnitten, die Rohrleitungen dagegen sowohl auf axiale Längenänderung als auch, mit Ausnahme der Frischwasserleitungen, auf Gefälleänderungen empfindlich (Abb. 215). Bei den dreimanteligen Hochspannungskabeln werden die an der Jutebespinnung oder an der Kunststoffhülle angreifenden äußeren Reibungskräfte auf den Mantel, die Isolierung und den Leiter übertragen. Meistens hat nur der Leiter eine größere mechanische Festigkeit. Im Zerrungsgebiet kann die Isolierung in einem Kurvenstück vom Leiter durchschnitten werden, und bei einem dichten Boden kann sich der gestauchte Leiter durch die Isolierung bohren, so daß es zu Erd- oder Kurzschlüssen kommt (Otten 1958). Besonders in Papierbleikabeln können die Adern und sogar die Einzeldrähte in den Isolierungen stark verschoben werden. Vorteilhaft sind außen glatte Protodurkabel mit einem reibungsfesten Zwischenmantel aus Gummi oder Glasseidenband, die eine unerwünschte Relativverschiebung zwischen Isolierung und Mantel verhindern. Außerdem hat man gute Erfahrungen mit einem Versteifungsgewebe am Kabelende und Muffenhals, mit stauchbaren, gedrillten Leitern sowie mit formschlüssigen Gießharzmuffen, aus denen die Leiter bei einer Zerrungseinwirkung nicht herausgezogen

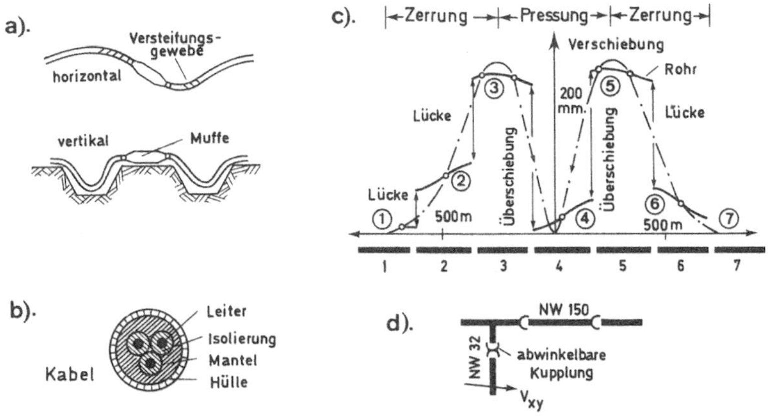

Abb. 215. Die bergbauliche Einwirkung auf Kabel und Rohrleitungen: Verlegung der Kabel in Bögen gegen Längenänderung (a), Querschnitt durch ein Stromkabel (b), Ermittlung der Stoßlückenbreiten für Rohrleitungen aus der Bodenverschiebungskurve (c) und abwinkelbare Hausanschluß-Gasrohrleitung (d)

oder bei einer Druckbeanspruchung innerhalb der Muffe nicht mehr zu Schlaufen umgebogen werden können, gemacht. Gußeiserne Kabelmuffen sollten im Bergbaugebiet nur verlegt werden, wenn sie ein dehnbares Zwischenstück besitzen (Geiling u. Riso 1959). Da das Kabel die Bodenverschiebung nur teilweise mitmacht und die Spreizung der Adern oder der Trennbruch erst bei rd. 40 mm/m Längenänderung auftreten, sind Kabelschäden erst bei sehr starker Bodenzerrung oder -pressung an den Muffen, Bögen und Knickstellen zu erwarten. Die in Kanälen, Stahlrohren oder als Hohlbettung unter Formsteinen verlegten 150 kV-Kabel werden bei bergbaulicher Bodenbewegung nicht beansprucht.

An erdverlegten Haupt- und Versorgungsrohrleitungen aus Gußeisen, Stahl, Eternit oder Ton werden die Dichtungen in den Muffen durch Zerrbewegung gelockert, bei Pressung splittern die Rohrstöße und ganze Rohrwandstücke ab oder die Muffen werden gesprengt (siehe Anhang). Die Transportgutverluste können dann das normale Maß von 30% bei Gas und 10% bei Wasser übersteigen, so daß die Muffendichtungen (Bleiringe, Teerstrick, Bleiwolle) nachgestemmt, beschädigte Rohrteile nach dem Aufgraben u.U. durch duktile Rohre ausgewechselt oder längskraftschlüssige Rohrverbindungselemente durch axial um 1 bis 2 dm verschiebbare Überschieber, keilförmige

Muffen, Schraublangmuffen oder Überwürfe (Vorsatz-Dichtungsringe) im Abstand von 30 bis 50 m ersetzt werden müssen. Der Abstand dieser Dehner und ihre Ausgleichsweite richtet sich nach dem Anstieg der Bodenverschiebungskurve (Abb. 215).

Besonders gefährdet sind neben den mit dem Erdreich formschlüssig verbundenen Krümmern, Schiebern, Wassertöpfen und Hydranten die Einmündungsstellen der durchschnittlich alle 20 m seitlich abzweigenden Hausanschlußleitungen, falls nicht zur Vermeidung eines seitlichen Biegebruches axial bewegliche Anbohrschellen und abwinkelbare Kupplungen eingebaut wurden. Diese Abzweigstellen wirken als Bodenanker, wenn sich der Hauptstrang stärker axial verschiebt als die Hausanschlußleitungen. Die Hauseinführungen der Rohre müssen mit einem Fettstrick abgedichtet werden und über eine Gummimembrane eine Verschiebungsmöglichkeit für die Rohre besitzen. Auf bergbauliche Einwirkungen sind ein Drittel aller Gasrohrschäden im Dortmunder Gebiet zurückzuführen (Kumpf 1960). Verquetschungen an Rohren kleinerer Nennweite (freier Durchmesser) können eine bergbaufremde Ursache haben, z.B. Verkehrslast oder Frostdruck.

Geradlinig verlegte Fernleitungen aus Stahlrohren mit Nennweiten von 200 bis 710 mm und mehr werden seltener als die städtischen Rohrnetze beschädigt, weil die Bitumenisolierung eine günstige, reibungskraftmindernde Schmierwirkung hat und der axiale Verformungswiderstand der Rohrleitungen ungefähr proportional zum Außendurchmesser wächst. Der aus Versuchen erhaltene Verschiebungswiderstand einer Rohrleitung beträgt für die Nennweite (NW) 300 mm rd. 4,5 kN/lfd. m bei Sandboden und 4 mm dicker Bitumen-Wickelmasse (Geilenkeuser 1962); bei fehlender Bitumenschicht muß mit weitaus höheren Reibungskräften von 50 kN/m im Sandboden und von über 200 kN/m im steifen Tonboden*) gerechnet werden (Schultze 1961).

Hierzu sei in Ergänzung zum Abschnitt 12.41 ausgeführt: Infolge der horizontalen Bodenverschiebung im Bergbaugebiet werden Haftschub- oder Reibungskräfte auf die Leitung übertragen, denen diese eine innere, elastische Verformungskraft entgegensetzt. Bis zur Herstellung des Gleichgewichtes zwischen diesen Kräften treten Verformungen in der Leitung sowie Relativverschiebungen zwischen dem Rohrstrang und dem Erdreich auf. Läßt man Verformungen bis zur Streckgrenze von

*) Berechnet nach: F = Außenwandfläche • Bodengewicht 2 t/m^3 • Tiefe der Rohrmitte Wandreibung 0,7.

240 N/mm^2 für ein Stahlrohr aus St 35 zu und wählt einen Sicherheitsbeiwert nach DIN 2470 von 1,87, so ergibt sich bei einem Schweißfaktor 1,0 eine zulässige Spannung in der Rohrleitung von

$$\sigma_{zul} = \frac{240 \cdot 1{,}0}{1{,}87} = 128 \text{ N/mm}^2 . \qquad (430)$$

Daraus leitet sich eine schadlose, axiale Verformung der geschweißten Rohrleitung von

$$\varepsilon_{zul} = \frac{128}{2{,}1 \cdot 10^5} = 0{,}61 \text{ mm/m} \qquad (431)$$

unabhängig vom Durchmesser und Querschnitt ab. Die jahreszeitliche Temperaturschwankung, die sich in einer 1,2 m hoch mit Erde bedeckten Erdgasfernleitung zwischen + 1 und + 16°C auswirkt (Kiwitt 1973), verursacht je nach Verlegungstemperatur eine Längenänderung von maximal 0,17 mm/m (Verlegung bei + 16°C). Die vom Boden über den Bitumenbelag auf die Stahlrohre übertragenen Schubkräfte verformen den Rohrstrang nach Gl. (105) um 0,3 mm auf 100 m Länge. Die unter diesem Anstieg von 0,3 mm/m je 100 m in das Bodenzerrungs- und -pressungsdiagramm eingezeichnete Verformungslinie einer geschweißten Rohrleitung gleicht also der Längenänderungskurve eines lückenlosen Gleises (Hilbig u. Kratzsch 1964).

Wie sich die axiale Rohrverformung größenmäßig zu den Bodenzerrungen und -pressungen verhält, zeigt die Abb. 216 am Beispiel einer stumpf geschweißten, 1 240 m langen Rohrleitung NW 400, die beidseitig gegen die Bewegungen der sich anschließenden Dehnerleitung durch im Boden fest verankerte Gegendrucklager und davorliegende reaktionsarme Dehner der Ruhrgas AG begrenzt wurde (Kiwitt 1973). Die axiale Verformung der Rohrleitung wurde im Abstand von 30 bis 50 m in Stationsschächten mit Setzdehnungsmessern ermittelt. An Standrohren, die 1,2 m tief in die Schachtsohle geschlagen waren, konnte die Relativverschiebung zwischen Boden und Leitung an waagerechten Zeigern gemessen werden. Die Gasfernleitung war während der fünfjährigen Abbau- und Versuchsdauer bei ansteigenden Innendrücken von 20 auf 40 atü in Betrieb. Der Innendruck vergrößerte den Umfang des Rohres; mit jeder Laststufe ändert sich der Druck der Rohraußenfläche auf den Boden, und damit wechselt die Reibungskraft. Die Reibungskraft kann wegen dieser und anderer unbekannter Einflüsse nur durch Messungen an der Rohrleitung selbst bestimmt werden.

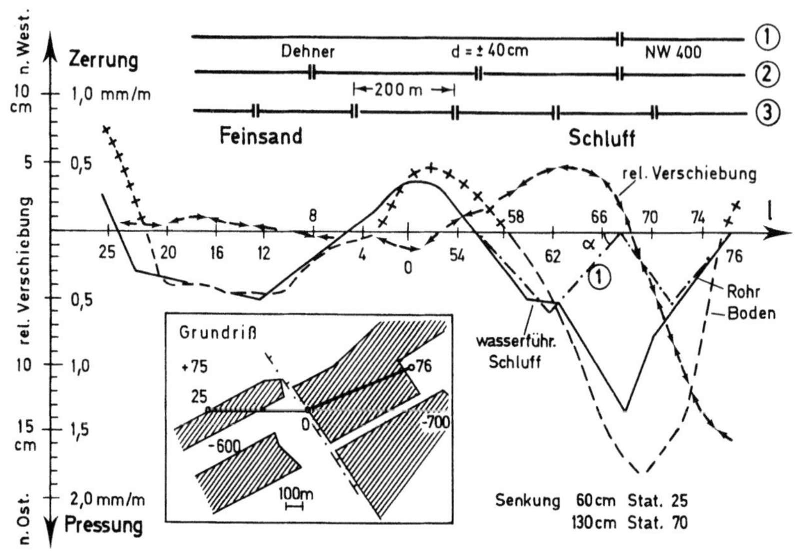

Abb. 216. Die gemessenen Längenänderungen des Bodens und einer geschweißten Gasfernleitung NW 400 aus St 35 zwischen den Stationen 25 und 76 sowie die beobachtete Relativverschiebung zwischen Rohr und Boden nach einer vierjährigen Abbaueinwirkung (nach Kiwitt). Erddeckung 1,2 m, Glasvlis-Bitumenbinde 4 mm dick, Rohrwandstärke 8,8 mm, zul. Betriebsdruck 50 atü, Außendurchmesser 406,4 mm. Dehnereinbau (1) bei vorausberechneter Bodenverschiebung und zulässiger Rohrverformung von 0,6 mm/m, (2) bei unbekannter Bodenverschiebung nach heutiger Erkenntnis sowie (3) nach bisheriger Regel, Dehnerauszug und maximale Bodenlängenänderung, z. B. 2 mm/m, gegeben

Der Anstieg tan α der Pressung beträgt auf 100 m Leitungslänge nach Abb. 216 (ausgezogene Linie) zwischen den Stationen 25 bis 12 rd. 0,2 mm/m, zwischen den Stationen 4 bis 12 rd. 0,3 mm/m, zwischen den Stationen 56 bis 68 rd. 0,4 mm/m und zwischen den Stationen 76 bis 68 rd. 0,65 mm/m. In diese Wertskala fügt sich auch der Anstieg der Zerrungslinie zwischen den Stationen 4 und 56 ein. Der von Station 25 nach Station 76 wachsende Anstieg der Rohrverformungslinie hängt demnach sehr von der Bodenart ab: Im Schluff ist er größer als im Feinsand. Die axiale Verformung ist außerdem, wie beobachtet wurde, um rd. 0,2 mm/m auf 100 m Länge kleiner, wenn das Grundwasser steigt und durch die Feuchtigkeit im schluffigen Boden (z.B. Stat. 62) sowie infolge der Auftriebsentlastung der Sandkörner die Reibungskraft gemindert wird.

Aus dem meßtechnisch gefundenen Verformungsanstieg von minimal 0,2 mm/m für Feinsand und maximal 0,65 mm/m für Schluff auf 100 m Rohrlänge läßt sich bei einer Querschnittsfläche des Rohres von S = 110 cm^2 eine übertragene Schubkraft je 1 m Rohrlänge von

$$F = \frac{\varepsilon \cdot E \cdot S}{1000} = \frac{0{,}002 \cdot 2{,}1 \cdot 10^7 \cdot 110}{1000} = 4{,}6 \text{ kN/m} \qquad (432)$$

oder

$$\tau = \frac{F}{A} = \frac{4600}{12700} = 0{,}36 \text{ N/cm}^2 \qquad (433)$$

für den Minimalwert und von

$$F = 15 \text{ kN/m}$$

oder

$$\tau = 1{,}15 \text{ N/cm}^2$$

für den Maximalwert berechnen, da die Außenfläche A bei dieser Leitung NW 400 rd. 12 700 cm^2/m beträgt. Der Minimalwert stimmt mit dem oben für eine Rohrleitung NW 300 angegebenen Wert F = 4,5 kN/m gut überein. Unter der Annahme unveränderter Schubspannungsgrößen ist die Schubkraft proportional dem Außendurchmesser. Unterstellt man ferner, daß auch die Wandstärke bzw. die Querschnittsfläche der Rohre linear mit dem Durchmesser wachsen, dann ist nach Gl. (428) der Anstieg tan α der Verformungslinie für alle Nennweiten gleich, dasselbe Material für die Rohre und die Außenwicklung vorausgesetzt. Für andere Stahlsorten gilt

$$\tan \alpha_1 : \tan \alpha_2 = E_2 : E_1 \,. \qquad (434)$$

Bei anderen Versuchen hat man eine elastische Verformung des Rohres bis zu 0,8 mm/m, was einer Spannung von 190 N/mm^2 entspricht, festgestellt. Darüberhinaus wird das Rohr plastisch und bleibend verformt (Gisen 1967).

Zu erwähnen ist noch, daß Gefälleverluste eine Temperaturerniedrigung und Wasserdampfverdichtung im Fördergut zur Folge haben; das im Senkungsgebiet zugeflossene Sickerwasser muß aus den Wassertöpfen ausgepumpt werden, um den vollen Rohrquerschnitt für den Gasstrom freizuhalten. Kugelgelenkmuffen oder Schraublangmuffen lassen eine Biegung von 3° und mehr zu. Der kleinste elastische Biegeradius in m ist nach einer Faustformel gleich dem Leitungsdurchmesser in mm, also rd. 1000 m für NW 1000. Solche kleinen Krümmungsradien treten bei den heutigen Abbauteufen im Boden normalerweise nicht auf.

In den abgesenkten K a n a l i s a t i o n s s t r ä n g e n der Stadtentwässerung sammelt sich der Schlamm an; das Abwasser kann sich hierdurch rückstauen und in die Keller fließen. Die Längenänderung der möglichst auf einer festen Unterlage verlegten Rohrleitungen soll sich an den mit Plastikschlaucheinsatz versehenen Schiebestellen ausgleichen, die über Einstiegsschächte zugänglich sind. Starke und ausgedehnte Absenkungen können eine Polderanlage erforderlich machen, die das Wasser an der Hauptsenkungsstelle hebt und in einen neuen Abflußkanal pumpt. Auch bei Vorflutgräben ist eine Verringerung des Gefälles sehr schädlich, wenn sich durch ablagernde Sinkstoffe das Bett erhöht und dadurch das Hochwasser die Felder und Keller überschwemmt. Bei einem verstärkten Gefälle kann das Bett ausgewaschen und vertieft werden (Erosion), so daß der Grundwasserabstand zur Erdoberfläche vergrößert wird.

12.43 Die Schiffahrtskanäle

S c h i f f a h r t s k a n ä l e, die im Abbaueinwirkungsbereich liegen, behalten auch während der Absenkung die ursprüngliche Wasserspiegelhöhe bei, weil die Staustufenhöhe zu den Halterungen außerhalb des Bergbaugebietes gewahrt bleiben muß. Mit der Tagesoberfläche sinken jedoch alle Kanalbauten, wie Schleusen, Dämme und Brücken; sie nähern sich mit der Zeit dem höhenmäßig unveränderten Wasserspiegel. Die Folgen daraus sind eine verbreiterte Wasserspiegelfläche, eine vergrößerte Wassertiefe (ursprünglich 2,5 oder 3,5 m), eine verringerte lichte Durchfahrtshöhe an den Brücken (Mindesthöhe 4 m), eine Überspülung des sonst 3 m hohen Leinpfades sowie eine Unterschreitung der Mindesthöhe von 1 m über dem Oberwasser bei der Schleusenplattform, dem Torbalken, der Mole und den Betondalden (Abb. 217). Am Unter- und Oberhaupt erhöht sich die Drempeltiefe infolge der

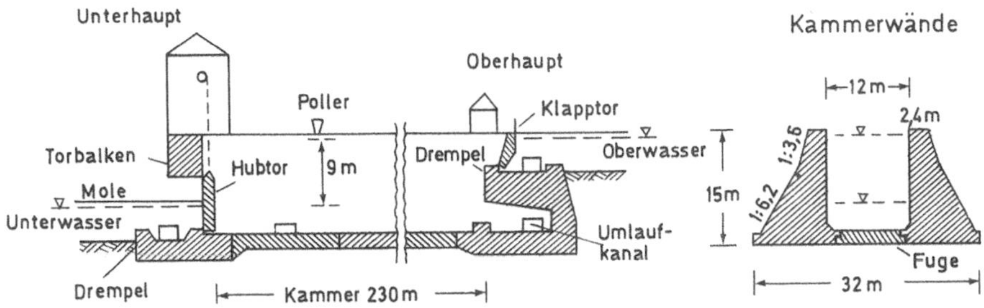

Abb. 217. Die Längs- und Querschnitte einer Doppelschleuse bei Salzgitter. Abstand der Achsen beider Kammern 50 m

Senkung auf über 3 m. Bei einem Hubtor-Unterhaupt wird die Durchfahrtshöhe auf unter 4 m verringert, am Oberhaupt kann das geschlossene Klapptor vom Oberwasser überflutet werden. Die in der Regel als Schwergewichtsmauern ausgebildeten Kammerwände können um ihre Längsachse schiefgestellt werden, was während des 5 bis 9 m hohen Flutens und Leerens der Kammern zu Havarien an den mit Trossen an den Haltekreuzen befestigten 1500 bis 2000 t großen Schiffen führen kann.

Eine Absenkung von bereits 0,5 m erschwert die Schleusung, darüberhinausgehende Senkungen von mehreren Metern erfordern eine Aufstockung oder sogar einen teilweisen Neubau der Schleuse. Vorteilhaft für das Unterhaupt sind anhebbare Hubgerüste aus Stahl. Im Hinblick auf eine spätere planmäßige Wasserspiegelsenkung*) und Sohlenausbaggerung sollten die Drempel um 1 bis 2 m tiefer als die Tauchtiefe der Kähne angelegt und die Kanäle gespundet werden (Abb. 218). Bei einer Erhöhung der Kanalböschung können im Einschnitt für das Hochziehen eines 3 m breiten Leinpfades um 1 m rd. 4000 m^3 je km sowie im Auftrag für die Erhöhung eines oben 4,3 m breiten Dammes (Böschung 1:1,5) um 1 m je nach Höhenlage des angrenzenden Geländes die doppelte Menge Schüttgut - also 8000 m^3/km - veranschlagt werden. Im Jahre 1967 mußten rd. 20 DM je m^3 Schüttgut für den Kauf, eine 30 km lange Anfahrt und das Einbringen sowie zusätzlich rd. 12 DM pro m^2 für den Mutterboden und die Begrünung bezahlt werden. Auch die auf 1:2,5 angeböschten Steinschüttungen und Uferbefestigungen sowie die Dichtungsschürzen aus Ton in den Dämmen müssen nach oben verlängert werden.

*) Durch eine Senkung des Wasserspiegels in einer Kanalhaltung vermeidet man die Deichaufschüttungen und Schleusenumbauten.

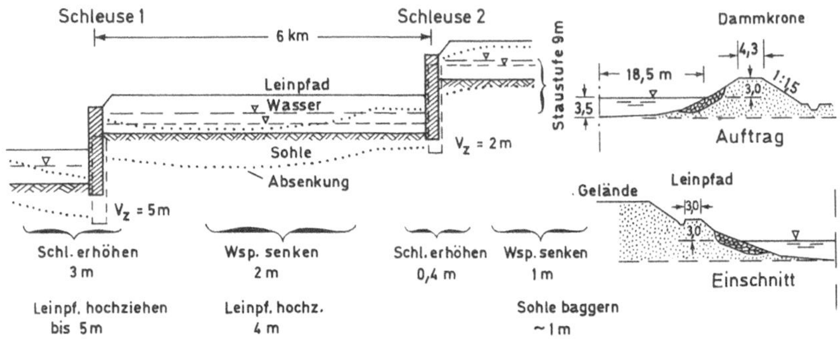

Abb. 218. Die Maßnahmen an den Schleusen und Kanalhaltungen bei einer bergbaulichen Absenkung bis zu 6,5 m: Künstliche Wasserspiegelsenkung, Erhöhung der Schleusenaufbauten, Hochziehung des Leinpfades oder der Dammkrone und örtliche Ausbaggerung der Kanalsohle. Rechts: Regelschnitte des Kanals

Gegen Bodenzerrung und -pressung sind die massiven und alle 15 m mit Bewegungsfugen versehenen Schleusenkammern aus Beton weitgehend unempfindlich; es können höchstens dünne Wände im Bereich der Umlaufkanäle, in den Pump- und Betriebshäusern reißen sowie die Sohlen der Kammern hochgedrückt werden. Die Kanalbrücken müssen bei größerer Absenkung um den gleichen Betrag wieder gehoben werden, damit die vorgeschriebene lichte Durchfahrtshöhe von beispielsweise 4 m eingehalten wird. Die in der Konstruktion einfach überschaubaren Balkenbrücken aus Stahl erhalten hierfür ein Auflager zum Ansetzen der Pressen (Oberste-Brink u. Weißner 1956).

12.5 Die bergbaulichen Grundwasserschäden

Von der bergbaulichen Absenkung der Tagesoberfläche sind die Landwirtschaft und die niedrig liegenden Siedlungsgebiete insofern betroffen, als sich der relative Grundwasserstand ändert. Der dadurch entstehende Schaden kann unter Umständen beträchtlich sein. Schadensverursachend ist hierbei nur die lotrechte Bodenbewegungskomponente. Zwar können an Feldern, Wiesen und Wäldern bei der Auflockerung oder Zusammenpressung des Bodens auch Bergschäden entstehen, wenn die Saug-

Nachtrag "Bergschadenkunde"

Seite 6: Im westdeutschen Kalibergbau sind heute der room-and-pillar- sowie der Trichterbau vorherrschend.

Seite 49: Im gefalteten Gebirge kann bei rezenten tektonischen Kräften die Horizontalspannung beträchtlich größer als 25 % der lotrechten Druckspannung sein (vgl. Gl. (6)).

Seite 74: Es sind heute Zweifel aufgekommen, ob die Annahme gleichgewichtiger Einzelkräfte für die Hohlraumelemente des Abbaus zulässig ist. Bei einer Einzelkraft nehmen die Bewegungen mit 1/R ab; bei ungestörter Superposition und Wahrung der Teufenunabhängigkeit im Einwirkungskegel (Grenzwinkelprinzip) müßte aber das Bewegungsfeld in Übereinstimmung mit der Bals'schen Hypothese nach $1/R^2$ abklingen (Neuhaus 1974).

Seite 114: Die Zeichnungen der Abb. 58 und 59 sind in der Druckvorlage versehentlich vertauscht worden.

Seite 154: Das Phänomen der Bodenverschiebung wird manchmal auch mit der Spannungsänderung im unterbauten Gebirgskörper erklärt: Aus der lotrechten Streckung und Entspannung der über dem Abbau absinkenden Schichten (S. 42) ergibt sich eine waagerechte Querverkürzung (Pressung), wobei der Ruhedruck abfällt, ein "Nachfließen" der Randzone (Zerrung) hervorgerufen und die Horizontalverformung der unteren Schichten durch sich summierende Reibungskräfte bis zur oberen Bodenschicht übertragen werden soll (Hinckeldey 1959).

Seite 342: Beim Bruchbau wird statt eines z. B. M = 2 m hohen Versatzes ein 6 bis 8 m mächtiges Bruchwerk verdichtet (um max. 0,95 M), d. h. ein das Bruchwerk als "Selbstversatz" miteinschließender Abbauraum ist drei- bis viermal so hoch wie beim Versatzbau (Folge: hohe Konvergenzgeschwindigkeit, Trichtertrog). Bezogen auf diesen Abbauraum beträgt der Absenkungsfaktor für das Hauptharigende max. nur 0,32 bzw. 0,24 (Abb. 7).

Seite 479: Die gelegentlich gestellte Frage, ob der Bergbau die Sicherheitsreserve der Bauwerke bis zum Schadenseintritt ausnutzen darf oder diese durch Verstärken der Tragkonstruktion, Vergrößern der Durchfahrtsöffnung, Erhöhen des Deiches usw. erhalten muß, kann im Einzelfall nur unter Abwägung des Risikos, der notwendigen Standfestigkeit und der technischen Durchführbarkeit beantwortet werden.

Seite 483: Für die Eckzone wird hierbei angenommen, daß sich während der Absenkung dort eine "Verformungswulst" in diagonaler Richtung bildet und die Linien gleicher Senkung in diesem Gebiet in einem leichten Bogen nach innen verlaufen, was eine tangentiale Zerrung in der Eckzone (Abb. 235) bedeutet.

Seite 508: Zu den Krümmungsschäden trägt außerdem indirekt die Abnahme der horizontalen Bodenspannung im Zerrungsgebiet bei: Im gezerrten Boden kommt es zu einer ungleichen Setzung der Fundamente und dadurch zu einer Krümmung des Bauwerkes, wenn die Sohldruckspannungen oder die Gründungstiefen - z.B. oben weiche, unten feste Bodenschichten - örtlich verschieden groß sind (siehe auch S. 378).

Seite 509: Die Breite der Trennfuge zwischen zwei Gebäudeblöcken in der Abb. 254 d richtet sich einmal nach der Größe der Überlappung Δl gemäß Gl.(418) bei muldenförmiger Bodenkrümmung (Abb. 209 c, 254 e) und zum anderen nach dem Unterschied der für die Bauwerke berechneten gegenläufigen Verschiebung Δv_x im Pressungsgebiet gemäß Abb. 215 c (vgl. Rohrdehner).

wurzeln der Pflanzen von den Hauptwurzeln abgerissen werden. Weitaus mehr Flurschäden treten jedoch bei einer für den Pflanzenwuchs ungünstigen Veränderung der Wasserverhältnisse ein, wobei hier die chemische Verunreinigung des Grundwassers, z.B. infolge einer vom Bergbau beschädigten Sickergrube oder Kanalisation, sowie die Gefälleänderungen einer Drainage außer Betracht bleiben sollen.

In einem frei beweglichen Grundwasserstrom bleibt die Höhe des Grundwasserspiegels bei der bergbaulichen Bodenabsenkung erhalten, weil das Wasser vom Muldenrand her zuströmen und sich im ursprünglichen Niveau wieder einstellen kann (Abb. 219).

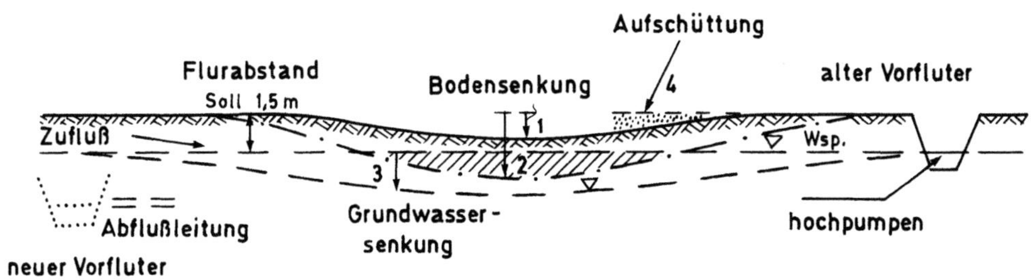

Abb. 219. Die Änderung des Grundwasserabstandes zur Tagesoberfläche bei bergbaulicher Bodensenkung und die Folgen: Versumpfung (1) oder Überflutung (2) des Geländes. Regulierungsmaßnahmen: Örtliche Grundwasserabsenkung (3) durch Anschluß an einen tiefen Vorfluter oder durch Hochpumpen des Wassers zum alten Vorfluter oder durch Zuschüttung (4) der unbebauten Senkungsmulde

Während der Bodenabsenkung hebt sich daher der Grundwasserspiegel nur scheinbar, sein Abstand zur Tagesoberfläche (Flurabstand) wird geringer. Ein gespanntes Grundwasser oder ein in den tieferen Erdschichten abgeschlossenes Grundwasserstockwerk wird dagegen der Bodensenkung folgen. Sollen Aufwuchsschäden vermieden werden, so muß während der Wachstumsperiode ein bestimmter mittlerer Flurabstand des Grundwassers eingehalten werden, der von der Wurzeltiefe - bei Gräsern 25 cm, bei Ackerpflanzen 1 m - sowie von dem je nach Sandkorngröße rd. 50 cm hohen Kapillarsaum abhängt. Er beträgt daher für den Ackerbau rd. 1,5 m und für eine Grünlandnutzung rd. 0,75 m. Zu beachten ist hierbei, daß der Grundwasserspiegel sich im Frühjahr und Sommer um mehrere Meter ändern kann und der Ernteertrag nicht nur vom Grundwasserstand, sondern auch von der Bodenfeuchtigkeit, also von der zeitlichen Verteilung der Niederschläge und der Verdunstung, dem sogenannten Regenfaktor

$$\text{Regenfaktor} = \frac{\text{jährliche Niederschlagsmenge}}{\text{mittlere Jahrestemperatur}} \qquad (435)$$

beeinflußt wird.

Senkt sich die Tagesoberfläche bis unter den Grundwasserspiegel, so bildet sich ein Teich, der die Feldfrüchte vernichtet. Das versumpfte oder überflutete Gelände kann erst wieder genutzt und besiedelt werden, wenn es an einen neuen, tiefer liegenden Vorfluter angeschlossen, gepoldert oder aufgeschüttet ist. Der Nutzertrag sollte hierbei die Kosten für den Vorflutanschluß, die dauernden Pumpkosten oder die Auffüllkosten übersteigen.

Die Aufgabe der Vorflutregulierung haben in den Steinkohlenrevieren genossenschaftliche Wasserverbände übernommen, an die beispielsweise die Ruhrkohle AG im Jahre 1972 rd. 1,13 DM/t Kohle abführte. Durch Gräben und Rohrleitungen, für die Gelände erworben, Brücken, Unterführungen und Düker gebaut werden müssen, wird ein neuer Abfluß des Grund-, Regen- und Schmutzwassers zu einem tiefer liegenden Vorfluter (Ruhr, Emscher, Rhein) hergestellt. Zur Überwindung großer Höhenstufen werden Pumpstationen errichtet. Die Leistung einer elektrischen Wasserhaltung mit Kreiselpumpen beträgt, wenn jede Minute 1 m^3 Wässer um 1 m hoch gepumpt werden soll, 0,25 kW (3 bis 5 Pfennige). Die Kosten für Unterhaltung und Kapitaldienst liegen insgesamt in gleicher Höhe wie die Stromkosten. Bei stärkerem Wasserandrang (siehe Formel von Darcy) von beispielsweise 50 m^3/min sind die Horizontalbrunnen den Vertikalbrunnen wegen ihrer größeren Wirkung vorzuziehen. Die Abmessungen der tief im Brunnen oder Pumpensumpf liegenden und daher mit lotrechter Antriebswelle versehenen Pumpen richtet sich nach dem Normalzufluß des betreffenden Niederschlagsgebietes und der Flutkurve bei Regen; z.B. sind im Hamborner Raum für ein rd. 500 ha großes Gebiet ein Dauerzufluß von 12 m^3/min und ein Höchstzufluß von 360 m^3/min gemessen worden, wofür eine Pumpkapazität (10 Pumpen) von insgesamt 220 m^3/min für ausreichend befunden wurde. Der Bau einer kleinen Pumpanlage für die Entwässerung einer abgesenkten Wohnsiedlung kostete einschließlich der Druckrohrleitung und der den Pumpen vorgeschalteten Rückhaltebecken im Jahre 1965 rd. 1 Mio. DM. Bei größeren Polderanlagen muß also für die künstliche Grundwasserabsenkung mit Kosten von mehreren Mio. DM gerechnet werden.

Für die Aufschüttung der überfluteten Trogmittelzone - eine Maßnahme, die allerdings nur für unbebaute Landflächen in Frage kommt - können Versatzberge verwendet werden, wenn ihr Steinsalz- und Pyritgehalt die Qualität des Grundwassers und des Vorfluters nicht wesentlich beeinträchtigt. Über den wasserstauenden Waschbergen sollte eine mindestens 60 cm mächtige, wasserdurchlässige Sandschicht angelegt werden, die den rd. 40 cm starken Mutterboden nach starken Niederschlägen entwässert. Setzt man den Inhalt der aufzuschüttenden Senkungsmulde bei Bruchbau mit 9/10 des abgebauten Lagerstättenraumes an, so entfällt auf die verwertbare Kohlenförderung (1 m^3 = 1 t) eine Belastung für die Anfuhr (3,60 DM/m^3) und das Einbringen der Waschberge (0,70 DM/m^3) von 0,9 · 4,30 = 3,87 DM/t (W. Schröder 1967). Hinzukommen noch die Kosten für den Mutterboden, die Sandbettung und die Rekultivierung von 2,50 DM/m^2 (Preisbasis 1967).

Der Bergbau zieht über Klüfte und wasserführende Schichten große Wassermengen in die Grubenbaue herab, z.B. im Ruhrgebiet rd. 1 m^3 je 1 t geförderter Kohle, wenn keine wasserstauenden Schichten, wie die Septarienton-, Cenoman- oder Turonschichten im unteren Deckgebirge, vorhanden sind und der 20 m mächtige Mergelsicherheitspfeiler undicht geworden ist. Die Brunnen, Quellen oder industriellen Wassergewinnungsanlagen versiegen dann. Der Grundwasserspiegel senkt sich trichterförmig zu der flächen- oder linienförmigen Abflußstelle hin (Abb. 220). Die Reichweite R des G r u n d w a s s e r - A b s e n k u n g s t r i c h t e r s hängt nach Sichard von der größten Absenkungstiefe h

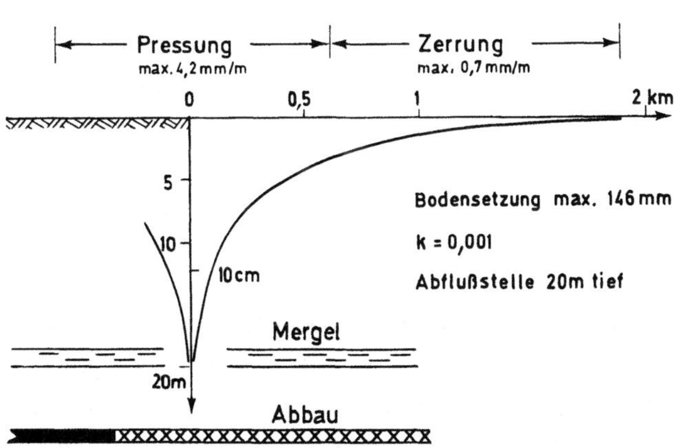

Abb. 220. Die Trichterkurve des durch bergbauliche Einwirkung gesenkten Grundwasserspiegels bzw. Kurve der Bodensetzung (nach Berechnungen von Kögler u. Rom)

an der Abflußstelle und von einem empirisch gefundenen Durchlässigkeitsbeiwert k ab:

$$R = 3000\,h\,\sqrt{k}\,. \tag{436}$$

Ein h = 10 m tiefer Trichter reicht im Sandboden (k = 0,001 m/s) rd. 1 km weit. Die schnittrißliche Trichterkurve hat die Form einer Hyperbel, die am Trichterrand sehr flach verläuft und in 500 m Entfernung von der Entnahmestelle im Sandboden nur noch eine 1 m tiefe Absenkung aufweist. Die Grundwasserentziehung ruft, wie man beobachtet hat, auch ohne Fortspülung fester und löslicher Stoffe in bindigen, zusammendrückbaren Schichten Setzungen von Zentimetern bis zu mehreren Dezimetern hervor. Die Setzungskurve ist wie die Trichterkurve des gesenkten Grundwasserspiegels hyperbelartig gebogen (Kögler 1936). Aus ihr lassen sich die Bodenzerrungen und -pressungen ableiten (Rom 1939); in Nähe der Wasserentnahmestelle sind die Pressungen mit beispielsweise 4 mm/m im Vergleich zu den Zerrungen von 0,7 mm/m beträchtlich und für Bauwerke zweifellos schädlich (Abb. 220). Die Wasserstandsschwankungen des Rheins bis zu 5 m können an den Pegeländerungen der Brunnen mehrere Kilometer landeinwärts verfolgt werden.

12.6 Die Setzungsschäden im Tagebauvorfeld

Die G r u n d w a s s e r s p i e g e l s e n k u n g*) im Niederrheinischen Braunkohlenrevier um 250 bis 300 m - sie ist zur Trockenlegung der Tagebaue und Flöze notwendig - hat eine Setzung der Tagesoberfläche von 1 bis 2 ‰ der Grundwassersenkung, also in der Größenordnung von 30 bis 60 cm zur Folge. Diese Bodensetzung hängt mit der Gewichtszunahme des entwässerten Sandes zusammen, der sich dadurch in eine unterlagernde Tonschicht stärker eindrückt. Eine beispielsweise 100 m mächtige Erdschicht aus kohäsionslosen Sandkugeln gleicher Größe und rhombischer Anordnung, die auf einer wasserstauenden Tonschicht lagert und eine nutzbare Porosität von rd. 26% aufweist, wiegt nach der Entwässerung 2,5 g/cm^3 · 74% · 10 000 cm = 18,5 kg/cm^2. Im wassergesättigten Zustand drückte zuvor das durch den Auftrieb - dem Gewicht des durch den Feststoff verdrängten Wassers - entlastete Sand-

*) Im Jahre 1968 betrug das Verhältnis des gehobenen Grundwassers (m^3) zum Abraum (m^3) und zur Kohle (t) ungefähr 14,3 : 2,1 : 1,0 (Schleicher 1970). Ein nachteiliger Einfluß auf den Pflanzenwuchs blieb aus, weil für die Vegetation offensichtlich das Oberflächenwasser genügt.

korngerüst um 1,0 g/cm^3 · 74% · 10 000 cm = 7,4 kg/cm^2 weniger, also nur mit 11,1 kg/cm^2 auf das Tonliegende (Abb. 221). Diese Druckspan-

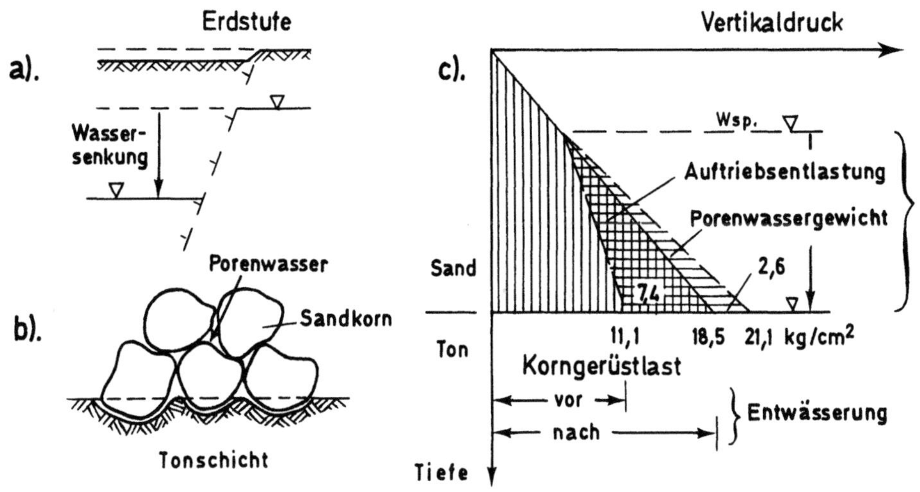

Abb. 221. Der Setzungsvorgang bei der Senkung des Grundwasserspiegels: Setzungsstufe am Ausbiß einer wasserundurchlässigen Störung (a), der Korngerüstdruck auf eine Tonschicht (b) sowie die Gewichts- und Vertikaldruckänderung nach dem Wasserentzug (c). Lotrechte Schraffur: wirksamer Druck 11,1 bzw. 18,5 kg/cm^2. Waagerechte Schraffur: neutraler Druckanteil 7,4 + 2,6 = 10 kg/cm^2 bzw. 0 kg/cm^2 nach der Entwässerung. Gesamtgewicht einer Deckgebirgssäule vor der Entwässerung 21,1 kg/cm^2, nach der Entwässerung 18,5 kg/cm^2

nungserhöhung von 11,1 auf 18,5 kg/cm^2 überträgt sich auf das Tonkorngerüst, das sich unter Translationsbewegungen verdichtet und das Tonporenwasser in die obere Sandschicht hochdrückt. Dieser mit einer Setzung verbundene Konsolidationsvorgang wird in einer gewissen Tiefe der Tonschicht von einer vergleichsweise geringen Hebung abgelöst, weil die aus dem wirksamen und dem neutralen Druck zusammengesetzte Gesamtbelastung des Tonliegenden um das Gewicht des entzogenen Wassers von 1 g/cm^3 · 26% · 10 000 cm = 2,6 kg/cm^2 abgenommen hat. Im Quarzkorngerüst ist dagegen die elastische Stauchung der Quarzkörner ($E = 3 \cdot 10^6$ N/cm^2) nur rd. 1 mm groß; eine verdichtende Kornumlagerung tritt in der Sandschicht meistens nicht ein, und die Quetschung des maximal $40 \cdot 10^{-7}$ mm dicken Wasserfilms an den Kontaktstellen der Sandkörner verursacht ebenfalls nur eine Millimeter große Setzung.

Eine Setzung ist also bei einer Grundwasserabsenkung nur zu erwarten, wenn bindige Schichten vorhanden sind. Die Bauwerke an der Tagesoberfläche erfahren dadurch eine Senkung, sie werden jedoch im allgemeinen wegen der sehr großen und flachen Setzungsmulde nicht durch Bodenzerrungen oder -pressungen beschädigt oder nennenswert schiefgestellt. Die Bergschädenbelastung ist daher in den Braunkohlenrevieren mit 0,10 DM/t Kohle (Preisbasis 1970) gering. Schwere Bergschäden bilden sich dort, wo Torfnester überbaut wurden und die Setzungen bis auf 1 m ansteigen oder wo an geologischen Störungen der Wasserspiegel nur in einer Gebirgsscholle abgesenkt wird und an der Tagesoberfläche eine Setzungsstufe entsteht (Abb. 221).

Die in Wirklichkeit flächenhaften Berührungsstellen der Sandkörner verringern den Auftrieb, da das Sandkorn nicht auf seiner ganzen Oberfläche dem Wasserdruck ausgesetzt ist, der an der Unterseite entsprechend dem Korndurchmesser stärker als an der Oberfläche angreift; bei einer verfestigten, porösen Sandschicht, z.B. Aquifer oder Speichergestein, wird der Auftrieb von der Last des Porenkanalwassers ganz aufgehoben (Kratzsch 1968). Aus vielen Setzungsbeobachtungen hat man für das Niederrheinische Braunkohlenrevier eine Formel für die Bodensetzung y (in mm) in Abhängigkeit von der Grundwasserabsenkung x (in m)

$$y = 2{,}28 \cdot a^{-6{,}89} \cdot x^{a} \qquad (437)$$

ableiten können, worin a einen ortsabhängigen Parameter in der Größe von 0,15 bis 1,5 bedeutet (Varnhagen 1967). Im Steinkohlenbergbau hebt sich die Tagesoberfläche infolge der Auftriebsentlastung um mehrere Zentimeter, falls der Wasserspiegel in den stillgelegten Gruben steigt. Die Abraumkippen im Braunkohlenbergbau setzen sich während eines Zeitraumes von rd. 11 Jahren um 1 bis 3,8% ihrer Höhe (Nehring 1971). Im Aachener Steinkohlenrevier verursacht die Wasserentziehung seit Jahrzehnten eine Bodensetzung im Verhältnis von 4 : 1, d.h. 4 m^3 des entzogenen Wassers sind einem Senkungstroginhalt von 1 m^3 gleichzustellen (Emondts 1955 u. Skutta 1974).

Bauwerke an Tagebaurändern können schwer beschädigt werden, wenn die in den Böschungen entstandenen Bruchflächen auf die Gründungssohle treffen und sie treppenartig verformen. Eine solche Böschungsrutschung kann durch eine Grundwasserschwankung, durch eine Gleitbahn auf dem Tonliegenden zum Tagebau hin oder durch eine Kippbewegung eines schwach dimensionierten Kohlenpfeilers ausgelöst werden (Abb. 222). Bei Wasserentzug und fortfallender Auftriebsentlastung

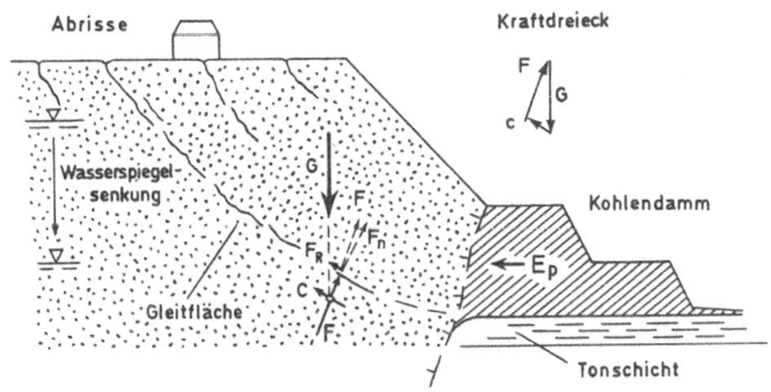

Abb. 222. Der Querschnitt durch eine 100 m hohe Tagebauböschung und die Bruchflächenbildung nach der Wasserspiegelsenkung

werden das Gewicht der Erdschichten, ferner die Kohäsion und die Reibfestigkeit entlang der Gleitlinie verändert. Diese äußeren und rheologischen Einflüsse können das Gleichgewicht zwischen der Resultierenden F aus den Normal- (F_n) und Reibungskräften (F_R) auf der Gleitfläche, der Resultierenden aus der Kohäsion c - den hindernden Kraftmomenten - sowie der Resultierenden aus dem Wasserströmungsdruck und dem Gewicht G der Rutschmassen - dem Moment der Treibkräfte - stören, so daß ein vorhandener Kohlendamm auf einer annähernd waagerechten Gleitfläche zum Tagebau hin geschoben wird und die nachdrückenden Massen auf einer oben unter rd. 55 gon zum Tagebau geneigten Abrißfläche seitwärts in den Tagebau rutschen. Im Vorland können unter Umständen noch weitere, kleinere Abrisse zu einer Schollenbildung führen, die in dem Maße einzeln sinken, wie der Kohlendamm oder die vordere Scholle nachgeben (Dolezalek u. Düro 1962). Die erdstatischen Berechnungen gehen von einer im Schnitt geradlinigen, kreisförmigen oder hieraus kombinierten Gleitlinie aus. Gefährlicher als die Bodenrisse sind für die Bauwerke die dm-großen Höhenstufen an den Abrissen. Die Tagesoberfläche wird in Richtung zum Tagebau zuerst um 1 bis 2 mm/m gezerrt, dann unter den nachfolgenden, kleineren Abrissen örtlich auch gepreßt. Neben cm-großen Senkungen können vereinzelt auch mm-große Bodenhebungen beim Nachdrücken hinterer Schollen (Schub) beobachtet werden. Für diese verwickelten Bewegungsvorgänge an den Abrißschollen einer hohen Tagebauböschung gelten die bodenbewegungskundlichen Gesetze des Abbaueinwirkungstroges nicht.

12.7 Die Tagesbrüche bei verlassenen Gruben

Die immer dichter werdende Besiedelung in den alten Bergbaugebieten hat in jüngster Zeit ein neues Bergschadenproblem aufgeworfen: Es sind dies die plötzlichen Tagesbrüche und die unregelmäßigen Absenkungen in Form von trichterartigen Pingen über den zahlreichen, ungenügend verfüllten Schächten und Stollen, über den verlassenen tagesnahen Grubenbauen oder den tieferen Abbauhohlräumen. Durch Verwitterung, Ausspülung und Auslaugung können derartige Grubenbaue im Laufe der Zeit ihre Standfestigkeit verlieren und einstürzen oder langsam nachgeben.

An Schachtköpfen bilden sich bruchförmige Erweiterungen, wenn der in die Schachtröhre eingebrachte Versatz einstürzt. Bei der Verwahrung der Schächte muß deshalb dafür gesorgt werden, daß das Verfüllgut später nicht nachrutscht oder in die Füllörter auswandert. In Salzschächten sollen Tonsperren den Wasserzufluß unterbinden. Die Tagesschwebe oberflächennaher Abbaue wird durch die Verwitterung und das Herausspülen fließfähiger Bestandteile geschwächt, bis sie schließlich zusammenbricht (Tagesbruch). Nach der Stillegung ersaufen die Grubengebäude; in Salzbergwerken werden dann die tragenden Festen durch das Wasser gelöst und zersetzt. Der Einsturz einzelner Grubenbaue ruft Erschütterungen an der Tagesoberfläche hervor, bei großer Ausdehnung des niedergehenden Baufeldes entsteht durch bruchlose Verformung eine weite Senkungsmulde.

Über den der Verwitterung und Auslaugung ausgesetzten Grubenbauen in Teufen bis zu 15 m im Gangerzbergbau, bis zu 60 m im Steinkohlenbergbau und bis zu 400 m im Kalibergbau muß mit einer zeitlich unbegrenzten bergbaulichen Einwirkung und einer dauernden Gefährdung der Tagesoberfläche gerechnet werden (Eckart 1972, Hollmann 1971, Spickernagel 1972, Jung u.a. 1972).

12.8 Die Pseudobergschäden

Viele Schäden an Bauwerken und Grünlandflächen im Bergbaugebiet sind, wie es die Beobachtungen in bergbaufreien Gegenden zeigen, nicht vom Bergbaubetrieb verursacht worden, jedoch ist es meistens sehr schwierig, diese bergfremden Schäden von den Bergschäden auseinanderzuhalten und die bergfremde Ursache vor Gericht überzeugend darzulegen, wenn in dem betreffenden Gebiet Bergbau einmal betrieben wurde oder noch umgeht (Tafel 24). Als Schadensursache kommt auch für den Pseudobergschaden in der Regel eine Bodenbewegung in Frage, die aber nicht vom Abbau, sondern von einer Grundwasserbewegung, einer tektonischen Bewegung (natürliche Ursachen) oder einer Verkehrserschütterung hervorgerufen wird. Außerdem gehören hierzu Mängel und Fehler der Bauausführung, vor allem in der Gründung, Grundwasserentziehungen sowie chemische oder thermische Wirkungen (künstliche Ursachen).

Tafel 24. Übersicht der bergbaufremden Schäden an Bauwerken

Pseudobergschäden	Ursache	Schadensbild
natürliche	Baugrundschrumpfung: Austrocknung durch Sonne, Bäume	Hausecken-Abrisse
	Baugrund verschiedenartig: teils sandig, teils bindig, Torflinsen	Biegerisse, da Baugrundwölbung
	Grundwasserstandsänderung: Regenwasser, Hochwasser, Wasserentzug	Setzrisse zwischen Baukörpern unterschiedl. Gewichts
	Hangrutsch: Schubwirkung	Zerrisse
	Frosthebung: Eisausdehnung	Abblätterung
künstliche	Gründungsfehler: Teilunterkellerung, Lasten verschieden, Gründungstiefen verschieden	Setzrisse
	Konstruktionsfehler: Wärmeausdehnung der Baustoffe unbeachtet, Trennfugen fehlen	Trenn- und Scherrisse
	Materialfehler: chemische Reaktionen, Frostempfindlichkeit, Saugfähigkeit, Ausführung mangelhaft	Abplatzungen, Mörtel zerbröckelt
	Erschütterungen	Putzschäden, Risse
	Baugrundausspülung	Setzrisse

12.81 Die natürlichen und künstlichen Bauwerksschäden

Von den natürlichen Ursachen eines bergbaufremden Schadens ist die vom Wassergehalt abhängige Zustandsänderung des Baugrundes am häufigsten (Abb. 223). Verringert sich in bindigen Böden,

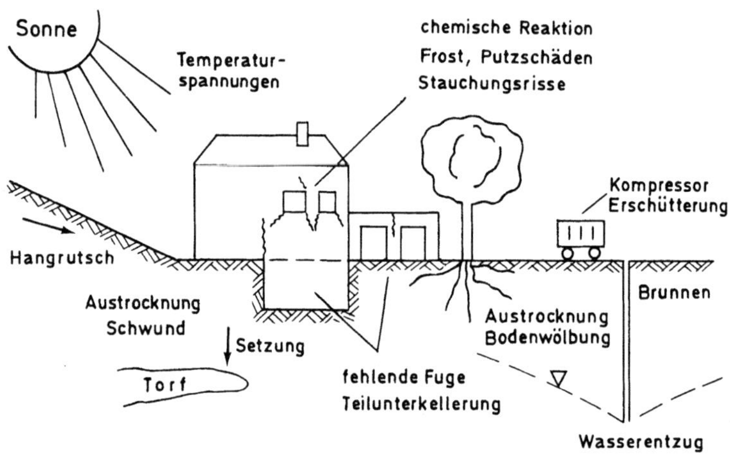

Abb. 223. Die Ursache und die Auswirkung der Pseudobergschäden an einem Gebäude

z.B. Ton, Lehm, Letten, Mergel, oder in organischen Substanzen, wie Moor, Schlamm, der natürliche Wassergehalt durch Verdunstung, Vermoderung oder Vegetation, so vermindert sich infolge des Wasserverlustes das Volumen des bindigen Bodens. Diesen Vorgang, bei dem sich die vom Wasser freigegebenen Poren unter der Eigen- oder Auflast schließen, nennt man Schrumpfung oder Konsolidation. Das kubische Schwundmaß bindiger Böden beträgt 15 bis 30%. Nimmt der Boden wieder Wasser auf, so vergrößert sich sein Volumen, was als Schwellung oder Quellung bezeichnet wird. Schiefertone können bankrecht bis zu 5% quellen. Nichtbindige Böden, wie Sand, Kies und Geröll, schrumpfen nicht, wohl aber erhöht sich bei ihrer Entwässerung nach Fortfall des Auftriebes der Korngerüstdruck; eine unterlagernde, bindige Schicht wird infolge dieser Druckerhöhung gestaucht. Die hierbei entstehende flache Setzungsmulde ist für Bauwerke aber ungefährlich.

Dagegen ist die Schrumpfung eines bindigen Baugrundes wegen der örtlich unterschiedlichen Austrocknung in der Regel ungleichmäßig, so daß die Bauwerke an einer Hausecke abreißen oder infolge einer Fundamentbiegung beschädigt werden. Auf der Südlage der Häuser, in der Nähe von Baumreihen oder Entwässerungsrohren, am Rande des Fundamentes sowie auf der unteren Hangseite trocknet der Baugrund schneller und tiefer aus als auf einer überbauten, schattigen Vorderseite oder in der Fundamentmitte. Die Bausohle wölbt sich daher (Lippmann 1960). Pseudobergschäden dieser Art sind vor allem bei beschädigten Bauwerken, die einen kleinen Grundriß aufweisen, zu vermuten.

In Flußniederungen und im Einzugsbereich eines Vorfluters, wo das zum Vorfluter gerichtete Gefälle des Grund- und Niederschlagswassers von der jeweiligen Spiegellage des Flusses bestimmt wird, können lockere Sande vom Grundwasserstrom mitgeschleppt werden, wenn das bei einem Hochwasserstand mehrere Kilometer landeinwärts gestaute Grundwasser unter großem Druck zum Fluß zurückströmt. Bauwerke auf ungleichmäßig ausgewaschenen Böden können hierbei schiefgelegt werden. Die von der Niederschlagsmenge (rd. 60 mm im Monatsmittel) und der Verdunstung (rd. 20 mm im Monatsmittel) beeinflußte Schwankung des Grundwasserstandes bis zu 1 m im Monatsmittel während der Wachstumsperiode kann unabhängig von der bergbaulichen Senkung zu einem Fruchtertragsausfall führen. An Hängen und Böschungen können Bauwerke durch den Geländeschub oder durch die Rutschung einer infolge Wasseraufnahme schlüpfrig gewordenen Lehmschicht zerstört werden. Durch Frosthebung - Eis dehnt sich bei einer Abkühlung auf - 20°C linear um rd. 1 mm/m aus - werden vor allem Straßendecken mit ungenügend entwässerter Bettung beschädigt. Aufgeweichte Gesteine im Baugrund geben bei einer Lasterhöhung nach. Über ausgelaugten Salz- oder Gipsgesteinen, ausgewaschenen Kalkgesteinen und versetzten Klüften können Erdfälle und Geländeflexuren entstehen, die einen Setzungsriß im Bauwerk nach sich ziehen.

Schließlich können rezente tektonische Kräfte in gebogenen Schichten beim Spannungsausgleich einen Bruch auslösen, der sich übertage als Beben auswirkt und bei einem Stärkegrad 5 der Mercalli-Cancani-Sieberg-Erdbebenskala den Hausverputz aufreißt. In Oberschlesien sind wahrscheinlich auf tektonische Gebirgsbewegungen zurückzuführende Senkungen und Längenänderungen der Tagesoberfläche in der Größe von 15 cm bzw. 0,6 mm/m während eines zwanzigjährigen Zeitraumes beobachtet worden (Niemczyk 1949). Erwähnt werden müssen in diesem Zusammenhang auch die Rauchschäden an den Assimilations- und Transportorganen der Pflanzen, die den Aufwuchs beeinträchtigen und die nicht mit der

Fruchtertragsminderung bei bergbaulicher Grundwasserstandsänderung verwechselt werden sollten. Besonders teer- und schwefelhaltige Abgase sind noch in 600 m Entfernung von der Rauchquelle auf Getreide, Wiesengräser und Kartoffelpflanzen schädlich (Baldermann 1956, Berge 1957).

Zu den künstlich entstandenen, bergbaufremden Bauwerksschäden zählen in erster Linie die mangelhaften Baugründungen und die Konstruktions- oder Materialfehler. Beispielsweise können Bauwerke zu wenig tief in nicht ausreichend tragfähigen Bodenschichten oder auf angeschüttetem und nicht verdichtetem Boden gegründet sein, so daß Setzrisse und Abrisse entstehen. Flach gegründete Bauwerksteile werden sich stärker setzen als tief gegründete; die Baukörper scheren lotrecht ab. Konstruktionsfehler, die sich später in Rissen äußern, werden häufig beim Zusammenfügen tragender Bauteile, beim Verbund von Stahlkonstruktionen mit Mauern oder Betonwänden sowie bei der Lastverteilung auf das Fundament gemacht. Fehler im Material oder in der Ausführung liegen oftmals beim abplatzenden Verputz sowie bei nachgebenden Bögen, Fenster- und Türstürzen und Widerlagern vor. Bauteile aus Holz ändern mit dem Feuchtigkeitsgehalt ihre Länge, in eingespannten Metall- oder Betonbauteilen dagegen entstehen temperaturabhängige Spannungen und Verformungen. Sind die Umfassungswände aus Ziegelsteinen, die Zwischenwände aus Kalksandsteinen, denen ein hohes Schwindmaß eigen ist, gemauert, dann können sich die Wände beim Austrocknen unterschiedlich verkürzen, was zu Spannungen, Rissen und Deckenwölbungen besonders in den oberen Stockwerken führt.

Einige häufig anzutreffende Baufehler oder Schadensursachen, die von den Bergschäden auseinandergehalten werden müssen, seien schlagwortartig genannt:
Bewegungsfugen an Baukörper- und Materialübergängen fehlen;
Natursteine saugen Wasser, sie quellen und lösen sich ab;
Außenputz auf wärmedämmendem Grund oder auf Gasbeton- und Leichtbauplatten platzt ab;
bei Mischmauerwerk aus verschiedenen Steinsorten bilden sich Risse, der Putz blättert ab;
der Putz verbrennt über dem wassersaugenden Fugenmörtel;
einseitige Besonnung schafft Spannungen im Bauwerk;
die Dichtungsmassen in den Fugen werden spröde und schrumpfen;
Ausblühungen hinter einem nicht wasserdichten Sichtmauerwerk;

der Fugenmörtel ist löchrig und haftet nicht, da er zu trocken eingebracht wurde;
fehlende Außenfugen bei Glasbaustein-Wänden (Wärmeausdehnung);
mangelhafte Bodendichtung im Keller;
Dampfdruck und gefrierendes Kondenswasser wirken zerstörend in Mauern und Decken;
gipshaltiger Oberputz löst sich vom gipsfreien Unterputz;
Außensteine dürfen nicht frostempfindlich sein;
Kältebrücken oder schwarze Anstriche, die Wärme absorbieren, führen zu Rissen;
Kantendruck-Zerstörung an Betonfertigteilen bei fehlenden Fugen;
Zusatzdruckrisse an Stützpfeilern, an Fenster- und Türöffnungen (Probst 1970).

Bei oberhalb der frostfreien Tiefe von 1,60 m verlegten Gußrohrleitungen besteht die Gefahr, daß sie im Winter reißen. In Feuerungsanlagen sind die Innenwände des Brennkanals während des Betriebes um 1000°C heißer als die Außenseiten; bei einer Temperatur von + 1200°C haben sich die Schamottesteine linear um fast 1% ausgedehnt, so daß bei unzureichenden Dehnungsfugen Pressungsschäden entstehen. Auf Ziegelsteinmauerwerk wirkt sich die jährliche, klimatische Temperaturänderung von 50°C mit 0,25 mm/m Längsverformung schadlos aus. Die meisten Ziegelsteine enthalten aber lösliche Sulfatsalze, die den Portlandzement-Mörtel freistehender, nasser Wände angreifen. Der Mörtel dehnt sich dabei aus, es entstehen Schäden wie bei einer pressenden Abbaueinwirkung. Schornsteine können dadurch entgegengesetzt zur Wetterseite schiefgestellt werden. Wände mit rostenden Eiseneinlagen platzen auf. Von Eisenschienen getragene Decken können sich infolge Rosttreibens um 2 cm auf 6 m Breite ausdehnen (Lippmann 1973). Bei Tiefbauarbeiten (z.B. U-Bahn-Bau) können angeschnittene Fließsande in die Baugrube strömen und den Baugrund nahegelegener Häuser ungleichmäßig absenken.

Verkehrs- und Maschinenerschütterungen, die durch schlagende Eisenbahnräder an den Schienenstößen, durch Straßenunebenheiten sowie durch Rammen, Kompressoren und andere große Maschinen entstehen, beschädigen die bis zu 50 m entfernten Bauwerke, wenn die 10 bis 50 Hz großen Schwingungen, von denen die waagerechte Komponente besonders gefährlich ist, die Eigenfrequenz der Bauwerke erreichen und wenn ferner das Produkt aus Amplitude und Schwingungszahl gemäß DIN 4150 mehr als 0,4 cm/sec beträgt sowie die mit elektrodynamischen Instrumenten gemessene Schwingungsgeschwindigkeit größer als 5 cm/sec ist. Bei Sprengungen können die Schwingungsamplituden bis zu 0,1 mm groß sein; in Teufen von über 60 m und Entfernungen von über 100 m sind bergbauliche Sprengungen für die Tagesgegenstände ungefährlich. Für die Erkennung von Schwingungsschäden ist bemerkenswert, daß die Schwingungsstärke und folglich auch der Schaden in den Bauwerken von unten nach oben zunehmen (Splittgerber 1969).

Die Reihe der aufgezählten Ursachen für bergbaufremde Schäden ließe sich noch erweitern, doch wird der Bergwerksbesitzer im Streitfalle nur die erwähnten, besonders auffälligen Pseudobergschäden gegenüber den sicheren Bergschäden beweiskräftig abgrenzen können. Im Bauwesen sollte mehr als bisher das Verformungsverhalten der Bauteile und des Baugrundes beachtet sowie die Verbundeigenschaft der neuen Baustoffe erforscht werden.

12.82 Häufige bauphysikalische Schäden

In jüngster Zeit ist ein Versuch unternommen worden, die bautechnisch bedingten Schäden durch Rekonstruktion der bauphysikalischen Vorgänge von den Bergschäden zu unterscheiden, und zwar auf Grund der Erscheinungsbilder und der analysierten Schadensursache (E.Hoffmann 1973). Es zeigte sich, daß man nur mit Einschränkung von typischen Bergschäden und von typischen bauphysikalischen Schäden sprechen kann. Zur Unterscheidung beider Schadensarten ist allein die Schadensursache kennzeichnend, während die Schadensbilder in vielen Fällen gleich sein können. Vom Bergbau hervorgerufene Risse sind im Keller- und Erdgeschoß vorherrschend; infolge der Zuggurtwirkung der Decken verlaufen sich die Risse in den oberen Geschossen. Dagegen häufen sich die auf Material- und Verbundfehler zurückzuführenden Risse in den obersten Stockwerken. Aus der Lage der Risse läßt sich demnach in vielen einfachen Fällen auf die Schadensursache schließen. Ein weiteres Merkmal ist die Richtung der Risse.

Bei den *bautechnischen Rissen* kann man nach diesen Untersuchungen zwischen folgenden Arten unterscheiden:

a) Schubrisse in den Unterkonstruktionen der Decken und Dächer, horizontal verlaufend in der ersten Mauerwerksfuge bei intensiver Verzahnung von Betondecke und gemauerter Wand oder das Mauerwerk in den

Stoß- und Lagerfugen schräg durchsetzend, wenn die Decke von der Wand durch eine Dehnungsfuge getrennt ist. Ursache: Längenänderung der Betonplatte durch Wärmeeinfluß, Schwind- und Kriechdehnung (Abb. 224).

b) Horizontale Ablöserisse in den Wänden oberhalb der Decke in der ersten Lagerfuge. Ursache: Deckenbiegung infolge Nutzlast, Schwind- und Kriechbiegung (Abb. 225).

c) Horizontale Verkantungsrisse an den Außenwänden in Höhe der Unter- oder Überzüge, die sich mit der durchbiegenden Decke verkanten (Abb. 226). Ursache: wie unter b).

d) Drillrisse in den Ecken kreuzweise gespannter Decken, wenn sich die Plattenecken hochbiegen und bei geringer Auflast von der Unterkonstruktion (Wand) abheben (Abb. 227). Ursache: wie unter b).

e) Krümmungsrisse in den Wänden, die den Druckspannungstrajektoren oder den Schwächestellen folgen. Ursache: wie unter b).

f) Wölbungsrisse, diagonal in den Außenwänden verlaufend. Ursache: Temperaturgefälle in der Wand bei Sonneneinstrahlung oder äußerer Abkühlung und unterschiedliche Längenänderung auf beiden Wandseiten (Abb. 228).

g) Vertikalrisse im Bauwerk. Ursache: Änderung der Festigkeit, Verbundlockerung.

h) Netzartige Putzrisse. Ursache: Wärmedehnung in den Wandschichten unterschiedlich.

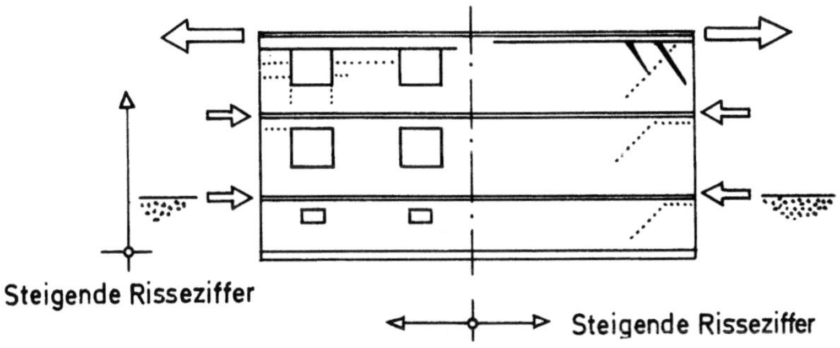

Abb. 224. Lage und Richtung der Risse aus bauphysikalischer Beanspruchung. Temperaturzunahme in der Geschoßdecke und Schwinden der Geschoßdecke (nach E. Hoffmann). Links: Haus mit Fensteröffnungen. Rechts: Rißverlauf ohne Einfluß von Öffnungen

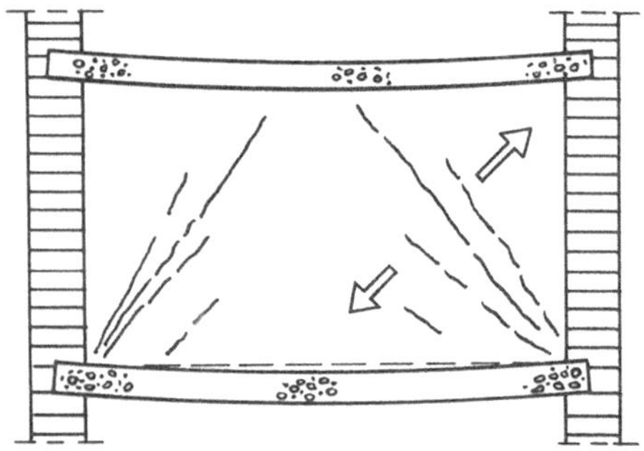

Abb. 225. Schräge Risse in einer Wand und Ablöseriß oberhalb der durchgebogenen Decke (nach Pieper)

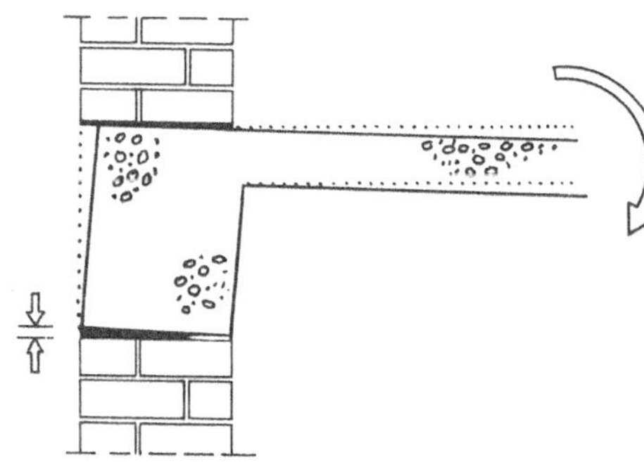

Abb. 226. Horizontale Verkantungsrisse in Höhe der Unterzüge bei durchgebogener Decke (nach E. Hoffmann)

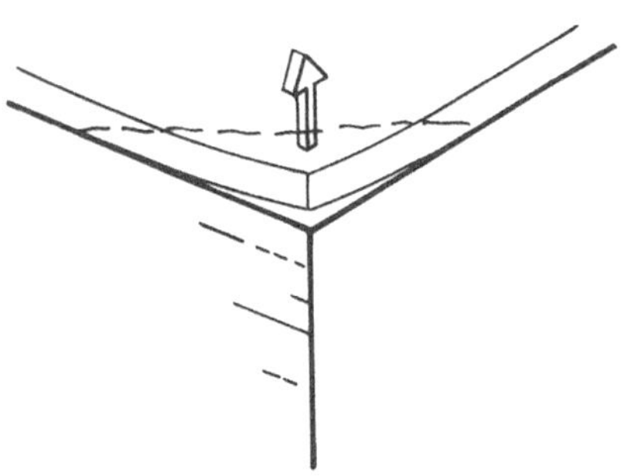

Abb. 227. Drillriß in einer Deckenecke, die sich hochbiegt. Bewehrung kreuzweise (nach E. Hoffmann)

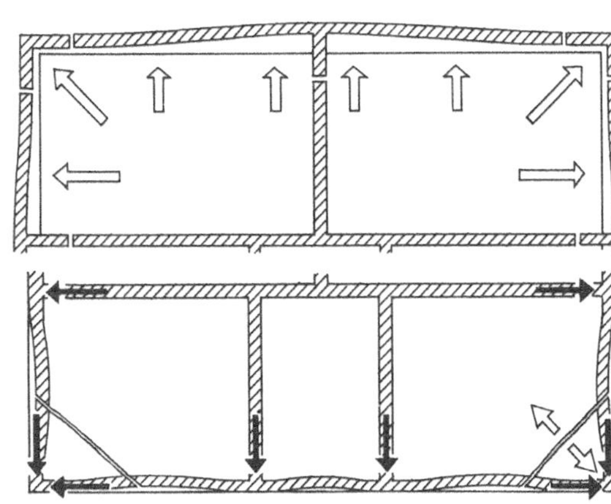

Abb. 228. Die Wölbung der Außenwände im Sommer nach außen infolge Sonneneinstrahlung (oben) und die Verformung der Unterkonstruktion beim Schwinden der Decke sowie Kraftverlauf (unten) (nach E. Hoffmann)

Die Durchbiegung der Decken setzt sich aus den Anteilen der elastischen Durchbiegung infolge der Nutzlast, der Kriechdehnung unter Dauerlast und der Schwinddehnung infolge Austrocknung des Betons zusammen. Durch einen Riß wird das konstruktive Gleichgewicht in den Bauteilen hergestellt; das Krafteck aus den Verformungskräften und der Bauwerkslast ist an der betrachteten Rißstelle geschlossen. Durch Öffnungen in den Wänden und wechselnde Festigkeiten (z.B. verschiedene Steinsorten) werden der Kraftschluß und die Risse abgelenkt. Die schadensauslösenden Kräfte, die bei der Temperaturdehnung beim Schwinden und Kriechen entstehen, nehmen zu den Giebeln und den Gebäudeecken hin zu.

Die größte Beanspruchung erleiden vor allem mehrschichtige Bauteile durch die Sonneneinstrahlung. Die Differenz der Temperaturen an der Außen- und Innenseite einer Wand kann 10°C und mehr betragen. Da außerdem die innere Wandseite erst rd. 6 Stunden später in den Abendstunden die maximale Erwärmung aufweist, kommt es an der Außenseite tagsüber zu einer Dilatation, an der Innenseite zu einer Kontraktion (Abb. 228). Diese Längenänderungen liegen in der Größenordnung von 0,06 mm/m bei einer Gasbetonwand sowie bis zu 0,15 mm/m in einer gemauerten Wand. Die Wand wölbt sich folglich im Sommer nach außen, im Winter nach innen. Die auf der Nordseite stehenden Wände erhalten nur 1/4 derjenigen Sonnenwärme, die maximal auf die Wände an der Ost- oder Westseite einstrahlt (Südseite 75%). Diese Wärmespannungen addieren sich zum Giebel hin, desgleichen die Längenänderungen.

Viele Baustoffe schwinden in den ersten zwei Jahren unter Feuchtigkeitsabgabe (Austrocknen) und können später durch Wasseraufnahme quellen. Der Beton kriecht außerdem noch in den ersten vier Jahren, wenn er unter gleichbleibendem Zug oder Druck steht. Eine Kriechdurchbiegung kann den vierfachen Wert der elastischen Anfangsdurchbiegung erreichen. Es ist aber im Vergleich zu den thermischen Bewegungen eine einmalige Verformung. Im Mauerwerk wird die Schwindverkürzung des Fugenmörtels durch die Feuchtedehnung der Ziegelsteine annähernd aufgehoben. Die Schwind- und Quellmaße sind für Vollziegel gering, betragen aber für Kalksandsteine und für Beton schon einige Zehntel mm/m. Die Kriechmaße des Mauerwerks können mit 0,03 mm/m angegeben werden. Zu beachten ist auch die Bauzeit: In Platten, die als Ortbeton im Herbst hergestellt werden, addieren sich die Zugkräfte infolge Schwindens und abnehmender Außenlufttemperaturen (Wärmedehnung). Im oberen Bereich eines Bauwerks ist der Schwindeinfluß größer als in den unteren Stockwerken, weil die Hauptzugspannungen von den Normalspannungen wegen der fehlenden Auflast nicht mehr abgebaut werden.

Vergleicht man die bergbaulichen und bautechnischen Schadensbilder (Abb. 229), so läßt sich feststellen: Die Krümmung des Bauwerks aus der Bergbaueinwirkung beginnt im Fundament, dagegen ist die Durchbiegung der Decken infolge der Schwind- und Kriechbewegungen in der

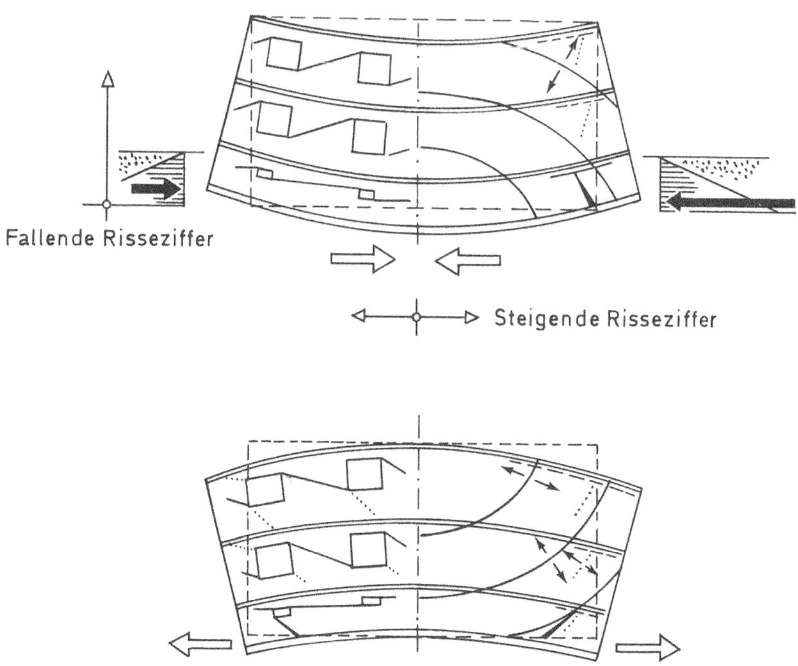

Abb. 229. Lage und Richtung der Risse bei bergbaulicher Einwirkung. Oben: Bodenkrümmung und Bodenpressung. Unten: Bodenkrümmung und Bodenzerrung (nach E. Hoffmann)

Kellerdecke beendet. Von den horizontalen Kräften greifen die bergbaulichen Bodenkräfte ebenfalls am Fundament an, während sich die thermischen Kräfte hauptsächlich im Dachgeschoß auswirken. Ob es gelingt, die Schadensanalyse mit Hilfe von Risseziffern (E. Hoffmann 1973), die als Produkt aus Rißlänge und Rißweite definiert sind sowie zusätzlich nach Lage und Richtung der Risse klassifiziert werden, zu erleichtern, wird sich erst nach einer statistischen Auswertung vieler Gebäudeschäden sagen lassen.

13. Die rechtliche Regelung des Bergschadens

13.1 Die geschichtliche Entwicklung

Dem alten deutschen Erzbergbau, der außerhalb geschlossener Ortschaften in den bewaldeten Bergen des Erzgebirges, des Harzes, des Siegerlandes und der Alpen umging, war der Begriff des Bergschadens unbekannt; das Recht, Mineralien zu gewinnen, stand damals nur dem Landesherren zu (Bergregal 1356), der für einen festen Anteil an der Förderung, den Zehnten, oder für Freikuxen die Lagerstätte und die benötigte Tagesoberfläche dem Bergbautreibenden zur Nutzung überließ. Dem im 19. Jahrhundert stärker aufkommenden Steinkohlenbergbau standen im Flachland von vornherein mehrere Grundeigentümer gegenüber, die den Bergbautreibenden als einen Eindringling in ihr vermeintlich auch abwärts reichendes Grundeigentum ansahen, obwohl hier wie in den meisten deutschen Ländern der Grundsatz der Freierklärung, später der Bergbaufreiheit - im Jahre 1907 durch den Staatsvorbehalt auf bestimmte Mineralien wieder eingeschränkt - galt, der eine Verfügungsgewalt des Grundeigentümers über die Bodenschätze ausschloß und sie dem Finder auf Antrag zusprach (Verleihung). Es kam jetzt aber hinzu, daß der Bergbau - den einfallenden Flözen folgend - sich auf ein immer größeres Gebiet erstreckte, das bei einem nicht standfesten Gebirge bis zu einigen Metern abgesenkt wurde. Für den hierbei entstehenden Schaden an den Bauwerken oder an der Landwirtschaft verlangten die Grundeigentümer eine Entschädigung vom Bergbautreibenden.

In diesem Zusammenhang erhob sich die Frage, ob der Bergbautreibende berechtigt sei, fremdes Eigentum wissentlich zu beschädigen oder sogar zu zerstören und ob der Grundeigentümer vom Bergbautreibenden eine Schonung der Tagesoberfläche verlangen, anderenfalls eine Einstellung des Bergbaubetriebes erzwingen könne. Unklar blieb zunächst auch die Art des Schadensersatzes: Sollte grundsätzlich in Geld entschädigt oder möglichst der alte Zustand wiederhergestellt werden? Für den Bergbautreibenden wiederum war es wichtig zu wissen, ob er schuldhaft handele, wenn ein Abbau selbst bei Beachtung der üblichen technischen Regeln zu einem Schaden an der Tagesoberfläche führt, ob der Grundeigentümer die Beeinträchtigung durch den Abbau uneingeschränkt dulden müsse und ob der Bergbautreibende seinerseits ein Einspruchsrecht gegen die Bebauung der über der Lagerstätte liegenden Landfläche habe, nachdem der Staat ihm das Mineralgewinnungsrecht verliehen hat.

In der Rechtsprechung des Preußischen Obertribunals bildete sich in den Jahren von 1830 bis 1850 allmählich eine Regelung heraus, wonach der Bergwerksbesitzer auch ohne sein Verschulden für allen Schaden, den sein Bergbau dem fremden Grundeigentum zufügt, vollen Geldersatz zu leisten habe und weder der Grundeigentümer den Bergwerksbesitzer auf Unterlassung des Bergbaus verklagen noch der Bergbautreibende eine Bebauung der Tagesoberfläche verhindern könne. Dieses dann 1865 im Allgemeinen Berggesetz für die Preußischen Staaten niedergeschriebene Recht (siehe Anhang) wurde u.a. von den im Ruhrgebiet von 1877 bis 1904 tätig gewesenen amtlichen Kommissionen bei der Bergschädenregulierung angewandt. Anstelle dieser langsam arbeitenden und eine Anfechtung ausschließenden Schiedskommissionen setzte sich in der Folgezeit die unmittelbare Regelung zwischen den Beteiligten allgemein durch; der Rechtsweg für eine gerichtliche Feststellungs- oder Leistungsklage wird seither nur selten in schwerwiegenden oder grundsätzlichen Fällen beschritten, wenn eine gütliche Einigung scheitert.

Bei der Bergschädenregulierung unterscheidet man die behebbaren Schäden (z.B. Wandrisse, Produktionsausfall), die mit der Bezahlung der Reparatur- oder Ersatzkosten abgegolten werden, sowie die nicht zu beseitigenden Dauerschäden (z.B. Schieflage, Versumpfung), für die der auszugleichende Minderwert nach technischen und wirtschaftlichen Gesichtspunkten ermittelt werden muß. Ein Sonderfall ist die Verrechnung der von mehreren Bergwerksbesitzern in Nähe einer Grubenfeldgrenze (Markscheide) gemeinsam verursachten Bergschäden (Tafel 25). Die bergbauliche Beeinträchtigung des Grundeigentums reicht also von der direkten Beschädigung über den Folgeschaden bis zu dem Verkaufswertverlust. Bestehen bei den behebbaren Schäden manchmal Meinungsverschiedenheiten über Umfang und Zeitpunkt der Ausbesserungsarbeiten, so gibt es für die Reparaturkosten und Folgeschäden orts- und branchenübliche Richtsätze, auf die sich die Parteien berufen und einigen können. Dagegen ist die Abgeltung des Dauerschadens bei einem schiefgestellten Haus viele Jahrzehnte strittig gewesen, bis zwischen dem Berg-

Tafel 25. Der Ersatz der Bergschäden am Grundeigentum und Zubehör

<table>
<tr><th>Beeinträchtigung des Vermögens am Grundeigentum durch</th><th>Beispiele für Schäden am Grundeigentum</th><th>Art der Ersatzleistung des Bergbautreibenden</th><th>Bemerkungen</th></tr>
<tr><td>direkte körperliche Einwirkung des Bergbaus</td><td>Wandrisse
Vorflutschäden
Schienenbrüche
oder
Hausschieflage
Hausabriß
Versumpfung
Gefügelockerung</td><td>Kostenerstattung der Reparatur u.d. Schadensbeseitig.
oder
Ersatz des Minderwertes bei Dauerschäden</td><td rowspan="3">Vollständiger, sofortiger Ersatz nach § 148 ABG
Wiederherstellung oder Entschädigung in Geld
Verjährung 3 Jahre nach Kenntnisnahme
Gefährdungshaftung
Verursachungsprinzip
Duldung des Abbaus und der Beeinträchtigung
Vorteilsausgleich
gütliche Einigung
Feststellungsklage
Leistungsklage</td></tr>
<tr><td>Folgeschäden (mittelbarer Schaden)</td><td>Produktionsausfall
Mietverluste
oder
Umzugskosten
Malerarbeiten
Vermessungskosten
Langsamfahrstrecke</td><td>Erstattung der nachgewiesenen Verluste
oder
der Nebenarbeitskosten</td></tr>
<tr><td>drohende Bergschadengefahr</td><td>Entwertung des Grundeigentums bei Beeinträchtigung der Baulandeigenschaft</td><td>Ersatz des Minderwertes (Sicherungskosten oder Verkehrswertverlust)</td></tr>
</table>

bau und dem Hauseigentümerverband eine einfache Regelung vereinbart werden konnte. Die Verkaufswertminderung wird von den Gerichten an den Sicherungskosten eines Neubaus gegen Bergschäden bemessen.

13.2 Die Rechtsbeziehung zwischen Bergbau und Grundeigentum

18.21 Das Bergschadenrecht

Die gesetzliche Grundlage für die Bergschädenregelung stellt in Deutschland der § 148 des Preußischen Allgemeinen Berggesetzes (ABG) von 1865 dar; er lautet:

(1) "Der Bergwerksbesitzer ist verpflichtet, für allen Schaden, welcher dem Grundeigentume oder dessen Zubehörungen durch den unterirdisch oder mittels Tagebaues geführten Betrieb des Bergwerks zugefügt wird, vollständige Entschädigung zu leisten, ohne Unterschied, ob der Betrieb unter dem geschädigten Grundstücke stattgefunden hat oder nicht, ob die Beschädigung von dem Bergwerksbesitzer verschuldet ist, und ob sie vorausgesehen werden konnte oder nicht.

(2) Den Hypotheken-, Grundschuld- und Rentenschuldgläubigern wird eine besondere Entschädigung nicht gewährt."

Der Grundeigentümer muß hiernach, solange am Bergbau ein übergeordnetes volkswirtschaftliches Interesse vorhanden ist, den rechtmäßig im Rahmen des von der Bergbehörde zugelassenen Betriebsplanes betriebenen Bergbau und den daraus zwangsläufig entstehenden Bergschaden am Grundeigentum und seinen Zubehör dulden. Einen Abwehranspruch, der z.B. aus den §§ 903 und 1004 des BGB gegen Vermögensschäden geltend gemacht werden kann, hat sich nur der Staat für die öffentlichen Verkehrsanstalten, an deren Sicherheit ein unverzichtbares Allgemeininteresse besteht, vorbehalten.

Der Bergbau ist naturgemäß an den Ort der Lagerstätte und des Fundpunktes gebunden, und er kann dem Grundeigentum nicht ausweichen. Das B e r g w e r k s e i g e n t u m gibt dem Bergwerkseigentümer die ausschließliche Befugnis, das in der Verleihungsurkunde benannte und in der Regel unter Staatsvorbehalt stehende Mineral in seinem Felde auf Grund eines von der Bergbehörde vorher geprüften Betriebsplanes aufzusuchen und zu gewinnen (anzueignen) sowie alle hierzu erforderlichen Vorrichtungen unter und über Tage zu treffen. Das Betriebsplanverfahren (§ 67 ABG) gewährleistet u.a., daß der Bergwerksbesitzer im Interesse der Grundeigentümer alle wirtschaftlich und technisch vertretbaren Mittel anwendet, um die Abbaueinwirkungen z.B. nach § 906 BGB auf ein erträglicheres Maß abzuschwächen (Inspektionsprinzip). Außer diesen Auflagen zum Betriebsplan stehen der Bergbehörde zum Schutz gegen Schäden an Leib und Leben (§ 196 ABG) der Erlaß einer Bergverordnung gemäß § 198 ABG und die Mitwirkung bei Maßnahmen anderer Behörden zur Verfügung (Scharf 1972). Demzufolge hat der Bergwerksbesitzer im Falle eines Bergschadens nicht rechtswidrig gehandelt, zumal der Bergbautreibende trotz größter Sorgfalt einen Bergschaden meistens gar nicht verhüten kann. Das Einstehenmüssen ohne Verschulden für eine gefährliche, aber erlaubte Handlung bezeichnet man als Gefährdungshaftung (anderes Beispiel: Kraftfahrzeughaltung). Obwohl also der Bergwerkseigentümer den Bergschaden nicht verschuldet hat, muß er als Ausgleich für die Abbauduldung und die Grundeigentumsschmälerung die durch seinen Bergbau verursachte Vermögensminderung am fremden Grundeigentum voll ersetzen (Prinzip der Verursachung).

Neuerdings ist die Ansicht aufgekommen, bei der Bergschadenhaftung handele es sich um eine "privat- oder bürgerrechtliche A u f o p f e r u n g" (H.W.Schulte 1950). Typisch für die Gefährdungshaftung ist, daß erfahrungsgemäß bei gewissen rechtmäßigen Handlungen ungewollt Schäden entstehen können, es aber nicht feststeht, ob und welche konkreten Schäden eintreten werden. Wäre es dagegen vorauszusehen, daß die Handlung einen bestimmten Schaden anrichten wird, müßte sie vorher eingestellt werden, anderenfalls würde ein Verschulden vorliegen. Bei der Gefährdungshaftung ist demnach der Schaden zwar nicht schuldhaft verursacht, doch rechtswidrig entstanden. Demgegenüber bildet der § 148 ABG einen Ausgleichstatbestand für erlaubte Eingriffe, so daß der Begriff der Gefährdungshaftung für einen bewußt herbeigeführten Schaden strenggenommen nicht zutrifft. Sind die Schäden konkret vorhersehbar wie die Bergschäden beim untertägigen Bergbau und darf trotzdem der Abbau weiterhin betrieben, der Schaden also ausgelöst werden, so spricht man nach heutiger Meinung besser von einer "Aufopferungshaftung": Dafür, daß der Rechtsinhaber (Grundeigentümer) den Eingriff hinnehmen, auf seinen an sich gegebenen Abwehranspruch zugunsten des Gemeinwohles - dem vom Gesetzgeber für vorrangig erklärten Bergbau - verzichten muß, erhält er als Ausgleich für das ihm auferlegte Sonderopfer einen Schadenersatz. Der Bergwerksbesitzer darf bei der ökonomisch sinnvollen Nutzung seines eigenen Raumes jedoch nicht die Unverletzlichkeit der Person antasten. Die Verleihung des Bergwerkseigentums*) stellt somit einen nicht geringen Eingriff in bestehende Rechte des Grundeigentums dar, was aber, weil es alle Grundstückseigentümer betreffen kann, nicht als Enteignung anzusehen ist. Den begünstigten Bergwerksbesitzer verpflichtet es zur Tragung der Schäden und zur Beachtung der öffentlichen Sicherheit.

Andererseits hat sich die dem Grundeigentümer im § 150 ABG auferlegte Rücksichtnahme in der Nutzung und Bebauung seines Grundstückes auf die Belange des Bergbaus (A n p a s s u n g s p f l i c h t) in den Bergschädenprozessen und bei der Abgrenzung der widerstreitenden Interessen zwischen Bergbau und Grundbesitz als unwirksam erwiesen, da es sich hierbei lediglich um die Erfüllung einer Pflicht gegen sich selbst handelt (Heinemann 1961). Dieser § 150 sagt, daß der Bergwerksbesitzer nicht zum Ersatz des Schadens verpflichtet ist, wenn die beschädigten Anlagen ohne Vorkehrung gegen die Abbaueinwirkung zu einer Zeit fahrlässig errichtet worden sind, als die Bergschadengefahr dem Grundbesitzer bei gewöhnlicher Aufmerksamkeit nicht unbekannt bleiben konnte (Bergschädenwarnung). Der Einwand des mitwirkenden Verschuldens ist nach Auffassung der Gerichte aber nur dann begründet, wenn die konkrete Gefahr, vor der der Bergwerksbesitzer den Bauherren erfolglos gewarnt hatte, dem späteren Verlauf des Schadens tatsächlich entspricht, denn nur bei einer zutreffenden Voraussage hätte das Bauwerk an der richtigen Stelle und im ausreichenden Umfange gesichert werden können. Die Kenntnisnahme oder -gabe einer allgemeinen Berggefahr genügt zur Abwehr des Schadens nicht. Die Kosten für die Bauwerkssicherung trägt der Bergbau. Die Bebauung des Grundstückes trotz Kenntnis oder fahrlässiger Unkenntnis des drohenden Bergschadens läßt nach einem Reichsgerichtsurteil aus dem Jahre 1904 die Ersatzansprüche wegen Verlustes oder Minderung der Bauplatzeigenschaft unberührt, nach anderer Meinung schließt sie eine Geltendmachung des Grundstücksminderwertes wegen Unbebaubarkeit aus (Miesbach-Engelhardt 1962).

*) Das Bergwerkseigentum wird nach erfolgreichem Schürfen und Muten durch die Verleihung originär begründet (Schöpfungsakt, § 50 ABG). Das Gewinnungsrecht erstreckt sich auf das im Mutungsriß festgelegte rd. 2,2 km^2 große Feld, das durch lotrechte Ebenen (Markscheiden) begrenzt ist; es ist weiterhin zum Schutze der öffentlichen Sicherheit und Ordnung durch die §§ 56, 60, 65, 153 und 196 ABG eingeengt, was, da von Anfang an wirksam, keine entschädigungspflichtige Einbuße, sondern nur eine nachträgliche Konkretisierung des Bergwerkseigentums bedeutet.

13.22 Das Vorrecht der Verkehrsanstalten

Auch die dem Bergbau aus den §§ 153 und 154 ABG zustehenden Rechtsmittel gegenüber den öffentlichen Verkehrsanstalten haben sich als unzureichend erwiesen. Der Bergbautreibende soll zwar vor der Trassierung neuer öffentlicher Straßen, Eisenbahnen und Kanäle darüber gehört werden, ob und wie sich die Nachteile für den Bergbau verringern lassen, ein Widerspruchsrecht wird ihm aber nicht zugebilligt, und der Schadenersatz - Ersatz der Aufwendungen im engeren Sinne - bezieht sich nur auf die sonst nicht erforderlichen bergbaulichen Maßnahmen. Bei einem Abweichen von der geplanten Linienführung würde nach Meinung des Gesetzgebers das öffentliche Interesse an einem nahen Verkehrsanschluß und an kurzen Verkehrswegen zugunsten des Gewinnstrebens einzelner Bergbautreibender preisgegeben werden. Die dem Bergbau eingeräumte Vorzugsstellung, fremdes Grundeigentum beschädigen zu dürfen, hat bei den Verkehrsanstalten seine Grenze in der Wahrung der unverzichtbaren Sicherheit der Verkehrswege (§ 196 ABG). Eine geringe bergbauliche Einwirkung auf die Verkehrsanlagen ist im Rahmen des Betriebsplanes zulässig. Die Kosten der unmittelbar und allein der Sicherheit einer Verkehrsanlage dienenden und sonst nicht erforderlichen Handlungen des Bergbautreibenden (z.B. Versatzbau) muß die Verkehrsanstalt tragen, wenn die Anlage erst nach der Verleihung des Bergwerkseigentums genehmigt wurde (§ 154 ABG und Urteil des Bundesgerichtshofes vom 17.5.1968). Nach anderer Auffassung bezieht sich "die Herstellung sonst nicht erforderlicher Anlagen in dem Bergwerke" nur auf den Zustand zur Zeit der Genehmigung der Verkehrsanlage, auf den Anlegungsakt; spätere Mehrkosten bei der Kohlegewinnung (z.B. Blasversatz) aus Gründen der Verkehrssicherheit müssen als nicht ersatzpflichtige Gewinnschmälerung gewertet werden (LG Essen 19.11.1964). Die bereits vorhandenen Anlagen werden im § 154 Abs.1 aber erst im letzten Nebensatz ausdrücklich erwähnt. Der Kostenerstattungsanspruch entfällt nach neuerem bergrechtlichen Schrifttum jedoch, wenn die Maßnahmen lediglich oder gleichzeitig zur Abwehr oder Minderung der in jedem Falle ersatzpflichtigen Bergschädenkosten getroffen werden (Vorteilsausgleich von Bergschäden/Versatz).

Ein Ersatz für die Mineralverluste innerhalb eines nach § 196 ABG von der Bergbehörde zum Schutze der Oberfläche vor gemeinschädlichen Abbaueinwirkungen angeordneten Sicherheitspfeilers unter Verkehrsanlagen wird nicht gewährt, weil das Bergwerkseigentum (Gewinnungsrecht) von vornherein nur mit den Beschränkungen besteht, welche sich aus der Wahrung des Allgemeinwohles, der Sicherheit, des Wirtschaftslebens der Gesamtheit und der übergeordneten Rechte des Nachbarn ergeben, und ein Ersatz nur für einen wirklich entstandenen Schaden (Vermögensverlust), nicht aber für den entgangenen Gewinn zugebilligt wird (Bergholter und Kaufmann 1965). Bei Verkehrsanlagen, die vor dem Bergbau bestanden, entfällt jeder Anspruch des Bergbaus auf Schadenersatz.

Dem Bergbautreibenden bleibt daher, um über Nutzung und Bebauung der Erdoberfläche mitbestimmen zu können, nur der Aufkauf möglichst vieler Grundstücke übrig; der Wiederverkauf geschieht dann unter Bauauflagen (z.B. Bergschadensicherung) oder gegen einen grundbuchlich eingetragenen Verzicht auf Bergschadenersatz. Meistens verlangt der Bergbau beim Verkauf eines solchen Grundstückes nur einen Verzicht auf eine Entschädigung in Geld bis zu 10% des Verkehrswertes; die größeren Schäden und die Reparaturkosten werden auch in diesem Fall vom Bergbau erstattet (Regelmann 1972). Die dingliche Festlegung im Grundbuch ist sowohl als Grunddienstbarkeit mit folgendem Wortlaut: "Der jeweilige Eigentümer des Grundstückes verzichtet auf jede Entschädigung für Schäden, die infolge Bodensenkungen oder sonstiger mit dem Bergwerksbetrieb zusammenhängender Ereignisse entstehen können" als auch in der Form einer beschränkten persönlichen Dienstbarkeit des Inhalts: "Der jeweilige Eigentümer verpflichtet sich zugunsten der Bergwerkseigentümerin ..." zulässig.

13.23 Der Schadenersatz

Der vollständige Schadenersatz bedeutet nach § 249 ff. BGB die Herstellung des früheren, wirtschaftlich nutzbaren Zustandes (Naturalherstellung) oder, was besonders bei einem irreparablen Dauerschaden und einem Vermögensnachteil wegen befürchteter Abbaueinwirkung gilt, die volle Entschädigung in Geld; er erstreckt sich sowohl auf das Grundstück und die von Natur aus (Pflanzen, Torf, Grundwasser, Lehm) oder sonstwie mit ihm fest verbundenen Sachen (Gebäude, eingebaute Maschinen) als auch auf das Zubehör, d.h. diejenigen Sachen und Rechte, die dem wirtschaftlichen Zweck der Hauptsache dienen (z.B. Versorgungsleitungen, Brunnen, Mietverluste) oder ihr als beweglicher Gegenstand zugeordnet sind (z.B. Saatgut, Schienenfahrzeuge, Schlepper).

Rohstoffe, Vorräte und Möbel zählen nicht zum Zubehör des Grundstückes; die Schäden an diesen beweglichen Gegenständen fallen wie die Personenschäden unter den § 823 BGB, da sie nicht über eine Beeinträchtigung des Grundeigentums entstanden sind. Der Anspruch auf Ersatz beginnt mit dem Zeitpunkt, in dem die Vermögensminderung bekannt wird; er verjährt, wenn er nicht innerhalb von drei Jahren nach Kenntnis des Schadens vom Geschädigten durch gerichtliche Klage geltend gemacht worden ist (§ 151 ABG).

Nach allgemeinem Grundsatz des Schadenersatzrechtes steht ein Ersatzanspruch dem zu, dem die Sache zur Zeit der Schädigung gehörte, nicht aber einem späteren Erwerber (Reichsgerichtsurteil vom 15.1.1921). Der Bergwerksbesitzer haftet für alle während seiner Besitzzeit entstehenden Bergschäden ohne Rücksicht auf den Zeitpunkt der Vornahme der schädigenden Betriebshandlung. Seine Verpflichtung zum Schadenersatz endet, wenn er die Eigenschaft als Bergwerksbesitzer verliert, es sei denn, daß es sich um eine ursächlich zusammenhängende, nachwirkende Schadensfolge handelt. In Nordrhein-Westfalen und Hessen kann seit 1968 auch ein früherer Bergwerkseigentümer oder Betreiber auf Schadenersatzleistung in Anspruch genommen werden. Gegen das Land besteht nach Erlöschen des Bergwerkseigentums kein Anspruch aus § 148 ABG. Die Reparatur kann der Geschädigte vom Bergbau selbst fordern oder von einer anderen Firma ausführen lassen. Die Vorteile einer verbesserten Ersatzanlage darf der Bergwerksbesitzer verrechnen (Vorteilsausgleich). Eine vorerst nur notdürftige Ausbesserung ist bei sich fortsetzender Abbaueinwirkung erlaubt.

Bei der Wiederherstellung des Zustandes, "der bestehen würde, wenn der zum Ersatz verpflichtende Umstand nicht eingetreten wäre" (§ 249 BGB), reicht es aus, wenn ein im wesentlichen gleicher Zustand geschaffen wird. Die Naturalherstellung kann der Grundeigentümer nicht verlangen, falls sie eine erhebliche wirtschaftliche Verbesserung erbringt, unabhängig davon, daß der Grundeigentümer seinerseits zu einer Ausgleichszahlung bereit ist. Der Vermögensschaden an einem z.B. sehr alten Haus darf unter dieser Voraussetzung vom Bergwerkseigentümer durch eine Geldentschädigung ausgeglichen werden. Über die Höhe des Schadens ist der Ersatzberechtigte beweispflichtig. Er hat auch nachzuweisen, daß die Einwirkung höchstwahrscheinlich vom Bergbau herrührt und eine andere Ursache nicht besteht. Es ist ihm aus diesem Anlaß gestattet, das Grubenbild beim Bergamt einzusehen (§ 72 ABG). Seinen Ersatzanspruch kann er, wenn es nicht zu einer gütlichen Einigung mit dem Bergwerksbesitzer kommt, durch eine Leistungsklage verfolgen und die Höhe des Bergschadens von einem gerichtlichen Sachverständigen feststellen lassen.

Die Verpflichtung zur vollständigen Entschädigung schließt den mittelbaren Schaden und die bleibende Wertminderung mit ein. Ein im ursächlichen Zusammenhang mit der bergbaulichen Einwirkung entstandener m i t t e l b a r e r S c h a d e n am Grundbesitz liegt z.B. in den Betriebserschwernissen, im Produktionsausfall, in der Umsiedlung oder Betriebsstillegung, in den Mietverlusten während der Hausreparatur sowie in den Vermessungskosten und dem Honorar des Gutachters vor. Allgemeine, nicht am Grundbesitz entstandene Vermögensschäden, beispielsweise der Umsatzverlust eines Warenhauses nach Räumung der umliegenden, beschädigten Wohnhäuser, werden jedoch nicht ersetzt. Nur der aus dem Grundstück entgangene oder entgehende Gewinn ist zu entschädigen, nicht der nur von der persönlichen, ortsungebundenen Tüchtigkeit des Gewerbetreibenden abhängige Ertrag. Unter M i n - d e r w e r t wird ein in Geld zu ersetzender Dauerschaden verstanden, der als nicht behebbarer Teil des Gesamtschadens bestehen bleibt oder der mit wirtschaftlich vertretbaren Mitteln nicht zu beseitigen ist. Hierunter fallen die Hausschieflage als Ertragsminderung wegen Nutzungserschwernis oder höherer Unterhaltung und die Gefügelockerung als Bauwertminderung wegen verringerter Standdauer bei Bauwerken, die Beeinträchtigung der Baulandeigenschaft bei Grundstücken, für die eine Bergbaueinwirkung befürchtet wird, sowie die Grundwasserstandsänderung und die Raucheinwirkung als Fruchtertragsminderung bei landwirtschaftlich genutzten Flächen. Zu den Vermögensschäden gehören somit neben den Sachschäden auch die Entwertungsschäden, die Aufwendungen für die Schadensabwehr und der Verlust von Gebrauchsvorteilen.

Die Wertminderung des Grundeigentums bei d r o h e n d e r A b - b a u e i n w i r k u n g fällt nach allgemeiner Rechtsprechung unter den Begriff "für <u>allen</u> Schaden" des § 148 ABG. Hierzu muß bemerkt werden, daß die Lage eines Grundstückes im Bergbaugebiet allein noch kein Umstand ist, der den Wert des Grundstückes nachteilig beeinflußt. Man unterscheidet zwischen Acker- oder Wiesenland, Bauland und bebauten Grundstücken. Für Acker- und Wiesenland hat die drohende Bergschadengefahr keine Bedeutung, da ein Schaden erst dann vorliegt, wenn eine unfreiwillige Vermögensminderung tatsächlich eingetreten ist. Ein Verkaufswertverlust kann andererseits nicht in Betracht kommen, weil jede später vom Bergbau verursachte Ertragseinbuße voll ersetzt wird. Der Schadensfall ist dagegen bei Baugrundstücken, deren Gebrauchs- oder Verkehrswert wegen der befürchteten Abbaugefahr gemindert wird, vom Zeitpunkt des Erkennens der Gefahr an gegeben. Die Wertminderung besteht darin, daß der Bauherr auf die zukünftige Bodenverformung Rücksicht nehmen, die Bebauung des Grundstückes einschränken und die Fundamente besonders sichern muß, was nur mit Mehrkosten möglich ist. Die Bauplatzeigenschaft kann sogar ganz in Frage gestellt sein, wenn Erdspalten, Erdstufen oder Pingen befürchtet werden. Ist das Grundstück bereits bebaut, so kann man weder sagen, daß es sich nicht bebauen läßt, noch einwenden, daß die Bebauung erschwert wird. Bebaute Grundstücke haben ihren Zweck als Bauland erfüllt; dem Grundeigentümer eines bebauten Grundstückes steht daher nur der Ersatz des Bergschadens am Gebäude zu und nicht zugleich auch ein Ausgleich für jene Wertminderung, die das unbebaute Grundstück wegen der bergbaulichen Beeinträchtigung des Bauplatzes erlitten hätte - ein Umstand, der nicht zutrifft (Reichsgerichtsurteil vom 27.10.1900).

Vermögensverluste können also im Bergbaugebiet nur für das Bauland geltend gemacht werden (RG v. 11.10.1905). Für die Anerkennung der Baulandeigenschaft genügt die naheliegende und durch den erlangten Verkehrswert bestätigte Aussicht, das Gelände in Zukunft bebauen zu können, auch wenn der Straßenanschluß noch fehlt und es sich erst um ein Bau- oder Industrieerwartungsland im Außenbereich der Stadt handelt. Der Grundeigentümer muß nämlich den Ersatzanspruch unabhängig von der Bauabsicht- und -ausführung erheben können, weil die Verjährung mit dem Bekanntwerden der objektiven Bergschadengefahr zu laufen beginnt. Aus der Verpflichtung, den Schaden sofort und voll zu ersetzen, folgt für den Bergwerksbesitzer, daß er mit der Entschädigung des Minderwertes nicht bis zum Verkauf des Grundstückes oder bis zur Bauausführung warten darf.

Neben der direkten Abbaueinwirkung kann fremdes Grundeigentum auch durch die Zuführung von Gasen, Dämpfen, Rauch, Gerüchen, Geräuschen und Erschütterungen (sogenannte I m m i s s i o n e n), beispielsweise vom Betrieb einer nahen Kokerei, einer Transport- oder Aufbereitungsanlage, im Verkehrswert oder Fruchtertrag geschädigt werden. Diese mit der Mineralgewinnung zusammenhängenden Beeinträchtigungen müssen vom Grundeigentümer grundsätzlich geduldet werden (§ 148 ABG), und zwar entschädigungslos, wenn die Benutzung seines Grundstückes nur unwesentlich beeinträchtigt wird (§ 906 BGB). Soweit sie das ortsübliche Maß überschreiten, steht dem Grundeigentümer nicht die Klage auf Betriebseinstellung der behördlich genehmigten Anlage (§ 1004 BGB), wohl aber auf die Errichtung von Schutzvorkehrungen (§ 26 Gewerbeordnung) sowie auf einen vollen Schadenersatz gegen den Bergwerksbesitzer nach § 148 ABG zu.

13.24 Die Rechtsprechung im In- und Ausland

Die Rechtsprechung über den Ersatzanspruch bei Bergschäden ist nicht ganz frei von Unzuträglichkeiten, die darauf beruhen, daß die wechselseitige Interessenlage von Bergbau und Grundeigentum aus heutiger Sicht zu wenig beachtet wird. Die Rechtsprechung hat die Verpflichtung des Grundeigentümers zur Anpassung an die bergbaulichen Interessen so sehr eingeschränkt, daß die Schutzbestimmungen in den §§ 150 und 154 ABG für den Bergbau fast bedeutungslos geworden sind. Obwohl beispielsweise eine fühlbare Vermögensschädigung des Grundeigentümers erst bei einer konkreten Bauabsicht, bei einem Verkauf oder einer Beleihung eines beeinträchtigten Baulandes entsteht, genügt schon die drohende Bergschädengefahr zum sofortigen Ersatzanspruch. Aus einer Rückkehr der vollen Bauplatzeigenschaft bei einer Abbaueinstellung oder einer Abnahme der Hausschieflage folgt andererseits aber nicht eine Verpflichtung zur Rückzahlung eines Teils der Entschädigung, die allein schon wegen der so frühzeitigen Fälligkeit des Schadenersatzes kaum durchzuführen wäre.

Für den unkundigen Grundeigentümer ist die Führung des Beweises, daß es sich um einen Bergschaden und nicht um einen Baufehler handelt, schwierig, da er ohne Hilfsmittel und vermessungstechnische Fachkenntnisse eine Bewegung der Erdoberfläche - von der sichtbaren Gebäudeschieflage abgesehen - nicht feststellen kann. Bei der Einsichtnahme in das aus mehreren hundert Rißblättern bestehende Grubenbild, das beim Bergamt aufbewahrt wird und das den von Anfang an getätigten Abbau (ohne die geplanten Baufelder) ausweist, kommt er ohne den Rat eines Fachmannes nicht aus.

Nicht vorausgesehen wurde vom Gesetzgeber auch das Ausmaß des dinglich gesicherten Bergschadenverzichtes beim Verkauf bergbaueigener Grundstücke, wodurch die im Gesetz festgelegte Kostenregelung durch Vereinbarung umgekehrt, das Bergschadenrisiko dem neuen Grundeigentümer auferlegt wird. Diese Abwehrmaßnahme des Bergbaus hat die Gemeinden in den Bergbaugebieten vielfach dazu gezwungen, bei der Ansiedlung neuer Industrien, die das Bergschadenrisiko nicht tragen wollen, die Bürgschaft für die Bergschäden und die Kosten der Bau--werkssicherung zu übernehmen. In einem wohlverstandenen Gemeinschaftsverhältnis bei der Nutzung des ober- und unterirdischen Raumes sollten die Bedürfnisse des ortsgebundenen Bergbaus schon frühzeitig im Rahmen der Regionalplanung beim Entwurf der Bauleitpläne bestmöglichst berücksichtigt werden. Den Erfordernissen des Bergbaus könnte in besonders gefährdeten Gebieten durch eine zeitlich befristete Bausperre entsprochen werden. Im Ruhrgebiet befindet sich heute der größte Teil der bergbaulichen Landflächen nach der Gründung der Einheitsgesellschaft im Besitz der sogenannten Altgesellschaften. Die Wertsteigerung, die das private Grundeigentum infolge der vom Bergbau eingeleiteten örtlichen Industrialisierung erfahren hat, lege außerdem nach Meinung des Bergbaus als angemessenen Ausgleich von Schaden, Vorteil und Risiko eine gewisse Beteiligung des Grundeigentümers an den Kosten der Bauwerkssicherung nahe.

Die Forderung nach einem neuen, bundeseinheitlichen Berggesetz ist schon vor mehreren Jahrzehnten erhoben worden. Nach dem zweiten Weltkrieg erschienen 1954 der "Entwurf eines Berggesetzes" von Isay mit grundlegenden Änderungen des bisherigen Rechtes, 1956 der "Musterentwurf eines Landesberggesetzes" vom "Länderausschuß Bergbau", der sich auf eine Modernisierung des ABG beschränkte, und 1971 der "Referentenentwurf eines Bundesberggesetzes" aus dem Bundeswirtschaftsministerium. Dieser Referentenentwurf sieht u.a. eine Bergschadenhaftung auch für Personenschäden, nicht aber mehr für die Immissionsschäden vor, weil unter "Betrieb des Bergwerkes" zukünftig nur das Aufsuchen und Gewinnen, nicht das Aufbereiten und Verkoken verstanden wird. Zugunsten des Grundeigentümers soll in Zukunft vermutet werden, daß jeder seiner Art nach auf Bodenbewegungen zurückzuführende Schaden ein Bergschaden ist. Die Beweislast für Pseudobergschäden liegt damit beim Bergbautreibenden*). Außerdem wird als Anstalt des öffentlichen Rechts eine Bergschadenausfallkasse ge-

*) Hieraus befürchtet der Bergbau ein nachlassendes Interesse der Baufirmen an sachgemäßer Planung und Ausführung, da etwaige Baumängel als Bergschäden zur Kostenerstattung angemeldet werden können. Die oft zitierten "Meisterregeln der Baukunst" (Drisch 1972) werden häufig mißachtet, und die Baufachleute finden für die Mauerrisse im bergbaufreien Gebiet nicht immer eine schlüssige Erklärung(s.Abschn.12.82).

gründet, die die Kosten der nach dem Erlöschen des Bergwerkseigentums bemerkten Bergschäden nach dem Umlageverfahren aufbringt und ersetzt. Vom Staat werden Gebiete festgelegt, wo nur mit Sicherungen gegen Bergschäden gebaut werden darf, so daß dort eine besondere Bergschädenwarnung entfällt. Die Sicherungskosten tragen die Bauherren bis zur Höhe von 3% des Herstellungswertes bei Wohnbauten bzw. bis zu 10% bei gewerblichen Anlagen und bis zu 25% bei öffentlichen Verkehrsanlagen. Die darüber liegenden Sicherungskosten muß der Bergbau erstatten. Der Bergbau ist zur Messung der Bodenbewegung und zur Offenlegung der Meßergebnisse verpflichtet. Den öffentlichen Verkehrsanstalten wird weiterhin ein Vorrang gegenüber dem Bergbau zugestanden.

In ausländischen Berggesetzen findet man u.a. folgende Regelungen: Der Anspruch auf Bergschadenersatz verjährt erst nach 30 Jahren, vom Zeitpunkt der wieder eingekehrten Bodenruhe an (Belgien). Für Gebäudeschäden wird eine doppelte Entschädigung in Form von Reparaturkosten und Minderwertausgleich gewährt (Frankreich, Belgien). Die Entschädigungen werden grundsätzlich in Geld entrichtet (Japan, Belgien). Der Staat übernimmt die Kosten zur Beseitigung von Bergschäden aus dem Kriege (Japan). Der verstaatlichte Bergbau zahlt keinerlei Entschädigungen für Bergschäden an die ebenfalls staatliche Eisenbahnverwaltung (Frankreich). Ein Ersatzanspruch gegen den Bergbautreibenden setzt ein Verschulden des Bergbaus voraus (Niederlande). Für den Ersatz von Bergschäden muß eine Kaution im voraus hinterlegt werden (Frankreich, Japan). Wasserschäden bei unzureichender Kellerdichtung an Neubauten werden beim Wiederanstieg des Grundwasserspiegels nach Stillegung des Bergbaubetriebes nicht ersetzt. In den Bergbauschutzgebieten haben die Bauherren eine bergbauliche Stellungnahme über eine zweckmäßige Bauwerkssicherung einzuholen (Osteuropa). Die drohende Bergschadengefahr stellt keinen Minderwert am Bauland dar (Frankreich). Für wiederholte Bergschäden besteht eine Meldepflicht an das Bauamt (Großbritannien).

13.3 Die Berechnung des Minderwertes

Der Ausgleich des Minderwertes in Geld muß an die Stelle der Schadensbeseitigung treten, wenn eine Wiederherstellung aus technischen Gründen nicht durchführbar ist und ein Dauerschaden zurückbleibt.

Derartige Bergschäden sind hauptsächlich die Schieflage eines ungleichmäßig abgesenkten Gebäudes, der Fruchtausfall bei landwirtschaftlich genutzten Grundstücken, deren Flurabstand sich nachteilig verändert hat, und der Wertverlust beim Bauland infolge drohender Abbaueinwirkung.

13.31 Die Hausschieflage als Bemessungsgrundlage

Im Falle der Hausschieflage ist es schwierig zu sagen, wie groß der Minderwert eines beispielsweise um 2 oder 4 mm/m geneigten Gebäudes ist. Man begründet den M i n d e r w e r t eines schiefgelegten Hauses im allgemeinen mit

der erschwerten Nutzung,
dem ungewöhnlichen Aussehen,
dem gelockerten Gefüge,
der beeinträchtigten Verkäuflichkeit,
der verringerten Beleihbarkeit und
den geschmälerten Erträgnissen.

Die erschwerte Nutzung macht sich durch das Auf- und Zuschlagen der Türen und Fensterflügel, beim Ausrichten der Möbel an den schiefgestellten Wänden sowie durch die Schieflage der Tischflächen und das Abrollen runder Gegenstände bemerkbar. Sie läßt sich ebensowenig wie der Nachteil des Aussehens in Wertmeßzahlen angeben. Die Gefügelockerung steht zwar mit der Schieflage in keinem mathematischen Zusammenhang, man führt sie aber unter der Annahme, daß neben der Schieflegung des Hauses vielfach auch eine geringe Bodenkrümmung stattgefunden hat, die den Verbund der Bauteile in einem biegeschwachen Bauwerk stellenweise gelöst oder zumindest beansprucht haben kann, als Gebäudeminderwert an, da eine derartige Befürchtung den beim Verkauf erzielbaren Erlös nachteilig beeinflußt. Selbst wenn alle sichtbaren Risse in den Wänden auf Kosten des Bergbautreibenden jederzeit ausgebessert werden können und nur eine sich auf die Standfestigkeit auswirkende, offenkundige Lockerung der tragenden Bauteile (Stützen, Decken) als Dauerschaden anzusehen ist, läßt sich doch die Mutmaßung, daß Haarrisse und kleine Spaltflächen innerhalb der Mörtelfugen und Steinelemente entstanden sind, beim Käufer nicht ausschließen. Solche nicht in Erscheinung tretenden Brüche im Putz und im Mauerwerk begünstigen das Eindringen von Feuchtigkeit und Kälte. Entsprechendes gilt für die Beleihbarkeit. Als Beispiel einer Ertragsminderung kann der unfreiwillige Mietnachlaß für die Wohnungen eines schiefliegenden Hauses genannt werden.

Der Minderwert einer beschädigten Sache ergibt sich grundsätzlich aus dem Vergleich der Verkaufspreise, wie sie im gewöhnlichen Geschäftsverkehr für die beschädigte und die als unbeschädigt angenommene Sache erzielt werden (Verkehrswertunterschied). Im Bergschadenfalle hat dieses Vergleichsverfahren den Nachteil, daß im Verkaufsvertrag der Gebäudewert, auf den es bei der Minderwertberechnung allein ankommt, nicht besonders ausgewiesen, sondern nur der Gesamtpreis (Gebäude- plus Bodenwert) genannt wird. Da ein Verkauf meistens auch nicht beabsichtigt und ein Preisvergleich gleichartiger Objekte im beschädigten und unbeschädigten Zustand unter Berücksichtigung einer gleichwertigen Grundstückslage nur selten durchführbar ist, mußte losgelöst vom Verkaufsfall ein Verfahren gefunden werden, das sowohl eine schnelle Abgeltung ermöglicht als auch auf nachprüfbaren Rechenansätzen beruht. Von den aufgezählten Einflußgrößen des Minderwertes läßt sich nur die Schieflage objektiv ermitteln. Der Schätzwert der anderen Teilschäden wird erfahrungsgemäß sehr von der persönlichen Anschauung und Erfahrung des Gutachters abhängen. Deshalb dient die leicht meßbare Hausschieflage seit Jahrzehnten als Grundlage für die Ermittlung des pauschalen Gebäudeminderwertes, wobei davon ausgegangen wird, daß die zunehmende Schieflage sich im fortschreitenden Maße nachteilig auf die Nutzung, die Substanz (Gefügelockerung), den Verkaufswert und den Ertrag des Gebäudes auswirkt.

Gleich nach dem ersten Weltkrieg wurde eine Formel für den Zusammenhang zwischen Schieflage und Minderwert vorgeschlagen (Leyendecker). Danach steigt der Minderwert in Prozent des Bauwertes progressiv an, und zwar bis auf einen Minderwert von 75% bei einer Schieflage von 50 mm je Meter Gebäudelänge (Abb. 230). Für die Verbandslockerung wird ein Zuschlag bis zu 25% angesetzt. Diese hohe Wertminderung erkannten die Gerichte in der Folgezeit nicht an; das Oberlandesgericht Hamm, bei dem die meisten Streitfälle wegen Gebäudeminderwertes aus dem Ruhrgebiet anstanden, bekannte sich zu einer Regelung, die eine lineare Wertminderung von je 1% für eine Schieflage von je 2 mm/m (Kurve Vennhofen) vorsah. Nach einem im Jahre 1962 geschlossenen und 1970 ergänzten Abkommen zwischen dem Ruhrbergbau und dem Verband bergbaugeschädigter Haus- und Grundeigentümer e.V. (VBHG) wird hiervon abweichend bei Schieflagen über 20 mm/m ein Anstieg von 2% je 2 mm/m oder ein anderes für den Einzelfall zu vereinbarendes Verhält-

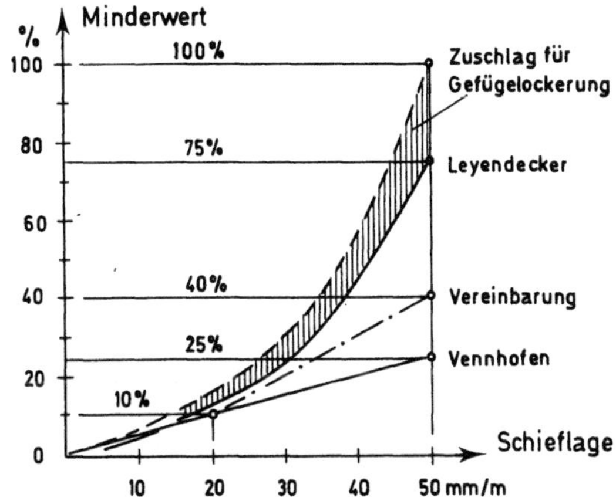

Abb. 230. Der Minderwert eines Gebäudes in Abhängigkeit von der Hausschieflage

nis zugrunde gelegt (siehe Anhang). Der auf diese Weise aus der Schieflage abgeleitete Minderwert schließt die Gefügelockerung und die anderen Wertverluste mit ein. In Sonderfällen kann eine zusätzliche Entschädigung für eine außergewöhnliche Lockerung der Verbindungsstellen in der tragenden Konstruktion, sofern sie nicht behebbar ist, festgelegt werden.

Als Schieflage wurde früher der Wert des größten Gefälles, später dann entweder das Mittel der von der höchsten (tiefsten) Gebäudeecke aus in drei Richtungen gemessenen Neigungen oder das Mittel aus den Werten der vier Außenseiten und der zwei Diagonalen genommen (Abb. 231). Unberücksichtigt bleibt hierbei die in der Regel unbekannte Ursprungsschieflage der Fußböden und Haussockel, die nach der Fertigstellung der Gebäude häufig 4 bis 8 mm/m beträgt (Oberste-Brink u. Weissner 1960) und die den bergbaulich beeinflußten Gesamtwert der Hausschieflage je nach Richtung der Bodenneigung verstärkt oder schwächt.

In neuerer Zeit ist vorgeschlagen worden, bei der Minderwertberechnung von der mittleren Schieflage auszugehen, die sich aus der Hauptschieflage

$$v'_{z\,m} = 0{,}64\ v'_{z\,h} \qquad (438)$$

durch Multiplikation mit dem Faktor 0,64 ergibt (H.Hoffmann 1962).

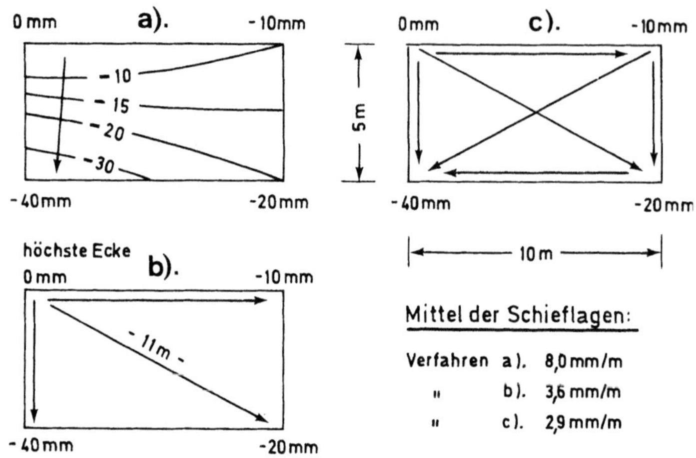

Abb. 231. Die verschiedenen Verfahren der Mittelbildung der aus einem Bolzen-, Sockel- oder Fußbodennivellement abgeleiteten Hausschieflage

Sie wird als das arithmetische Mittel der Schieflagen sämtlicher Schieflagestrahlen einer geneigten Fläche definiert. Der Hauptschieflage-Vektor schneidet die Höhenlinien einer geneigten und zusätzlich gewölbten Fläche dort, wo deren Abstand im Grundriß am kleinsten ist. Im Ruhrgebiet ist es seit der erwähnten Vereinbarung aus dem Jahre 1962 allgemein üblich, die Schieflage aus drei Neigungen zu berechnen.

Als Beispiel einer Minderwertbestimmung aus der Schieflage sei ein Urteil des Oberlandesgerichtes Hamm vom 30.12.1965 sinngemäß zitiert: "Bei einer Schieflage von 14,3 mm/m hatte der Hauseigentümer im Jahre 1934 eine Abfindung erhalten. Die Hausschieflage erhöhte sich bis zum Jahr 1959 auf 22,1 mm/m und ging bis 1964 auf 21,1 mm/m zurück. Nach Ansicht des Gerichtes müsse von der größten nach 1934 gemessenen Schieflage ausgegangen werden." Für die Schieflage zwischen 14,3 und 20 mm/m ergibt sich ein Minderwert von 5,7 : 2 = 2,85%, der nach dem Minderwert-Abkommen um 2,1% für die über die 20 mm/m-Grenze hinausgehende Schieflage zu erhöhen ist. Der Schadensgrad beträgt somit 4,95% des Gebäudewertes. Der Einspruch der Verjährung wird in solchen Fällen vom Bergbautreibenden im allgemeinen nicht erhoben, weil ihm daran liegt, sich in längeren Zeiträumen mit den Minderwertansprüchen befassen zu müssen.

13.32 Die Bestimmung des Gebäudewertes

Der Gebäudewert muß, wenn ein Kaufpreisvergleich ausscheidet, getrennt vom Bodenwert nach dem Sachwertverfahren oder nach dem Ertragsverfahren ermittelt werden (Tafel 26). Das Oberlandesgericht Hamm billigte im Laufe der Zeit die Berufung auf den Sachwert als den zuverlässigeren Wertansatz (Urteil vom 4.7.1936). Der S a c h w e r t des Gebäudes wird aus den Kosten für die Herstellung eines Ersatzbaus unter Berücksichtigung eines Abschlages "neu für alt" und der wertbe-

Tafel 26. Die Ermittlung der Verkehrswerte von Grundstücken nach der Wertermittlungsverordnung vom 15. 8. 1972

Art der Bewertung	Ermittlung der Werte (Verfahrensgang)	Anmerkungen
Vergleichsverfahren z.B. für Bauland, Bodenwert	1) Vergleich der Kaufpreise geeigneter Vergleichsgrundstücke in ausreichender Zahl unter Berücksichtigung der tatsächlichen, rechtlichen u. wirtschaftlichen Umstände (z.B. Richtwerte). Ungewöhnliche u. persönliche Verhältnisse bleiben beim Preisvergleich unberücksichtigt 2) Verkehrswert = Vergleichspreis ± Lage auf dem Grundstücksmarkt	Bezugswert z.B. 1913 Zeitwert zum Ermittlungsstichtag z.B. 1972 Gebäudewert aus reinen Baukosten incl. Nebenkosten Raummeterpreis nach Erfahrungssätzen 1913 Baukostenindex für Umrechnung der Preise von 1913 auf Bewertungsstichtag z.B. 1972 Neubauwert = normale Herstellungskosten eines Ersatzbaus zum Stichtag z.B. 1972 Bauwert = Neubauwert - Altersabschreibung usw.
Sachwertverfahren z.B. für Einfamilienhäuser, Fabrik- und Hotelgrundstücke, öffentliche Gebäude	1) Herstellungswert = Raummeter · Normalherstellungskosten/m^3 1913 incl. Baunebenkosten · Baupreisindex für Gebäude, Außenanlage, Betriebseinrichtungen 2) Bauwert = Gesamt-Herstellungswert - techn. u. wirtschaftl. Wertminderung ± wertbeeinflussende Umstände 3) Sachwert = Bauwert + Bodenwert 4) Verkehrswert = Sachwert ± Lage auf dem Grundstücksmarkt	
Ertragsverfahren z.B. für Mietwohngrundstücke, Geschäftsgrundstücke	1) Reinertrag = Rohertrag - Bewirtschaftungskosten 2) Gebäudeertragswert = (Reinertrag - Bodenwertverzinsung) · Kapitalisierungsfaktor je nach Zinssatz u. Restnutzungsdauer 3) Ertragswert = Gebäudeertragswert + Bodenwert ± wertbeeinflussende Umstände 4) Verkehrswert = Grundstücksertragswert ± Lage auf dem Grundstücksmarkt	

einflussenden Umstände berechnet. Für die Nebenkosten (Architekten-, Ingenieur- und Behördenleistungen) der nach dem 1.1.1938 errichteten Häuser wird ein Satz von 8% des Gebäudewertes veranschlagt. Die Kosten der Außenanlagen (Hofbefestigung, Einfriedung, Gartenanlagen) bleiben außer Ansatz. Gegen das Ertragsverfahren spricht, daß in Zeiten einer Zwangsbewirtschaftung des Wohnraumes die Mieten - die Erträge - niedrig gehalten werden und der Ertrag u.a. - z.B. die Hektoliterpacht eines Gastwirtes - von der Tüchtigkeit der Person abhängt. Vor dem ersten Weltkrieg stimmten der Sach- und der Ertragswert im großen und ganzen überein. Der Sachwert ergab sich aus den Kubikmetern des umbauten Raumes, die je nach dem Zustand des Hauses mit einem höheren oder niedrigeren Satz multipliziert wurden. Zur Kontrolle konnte der Ertragswert zusätzlich ermittelt werden, für den eine wenigstens 7%-ige Verzinsung zugrunde gelegt wurde und die Ausgaben für Instandhaltung und Steuern erfaßt wurden.

Nach dem ersten und zweiten Weltkrieg blieben die Verkehrswerte der Wohngebäude im Vergleich zu der Wertsteigerung anderer Objekte wegen der Sofortabgabe in Höhe von 50% des Einheitswertes (Lastenausgleich), der Mietpreisbindung, der Besteuerung, der gestiegenen Ansprüche an die sanitären Einrichtungen und der geänderten Baugewohnheit zurück. Gewerblich genutzte oder in günstiger Lage gelegene Gebäude wiesen dagegen manchmal Verkehrswerte auf, die in Hinblick auf den erzielbaren Ertrag den Herstellungswert übertrafen. Eine auf den Ertrag abgestellte Bewertungsmethode war daher lange Zeit im Bergschadenfall unzulässig. Seit der Freigabe der Mieten kann zur Ermittlung des Gebäudewertes im allgemeinen Grundstücksverkehr auch das Ertragsverfahren nach Maßgabe der zum Bundesbaugesetz und dem Städtebauförderungsgesetz erlassenen Wertermittlungsverordnung (WertV) - § 9 Ermittlung des Gebäudeertragswertes - wieder herangezogen werden. Die Anwendung des *Ertragswertverfahrens* ist seither auch im Bergschadenfall rechtlich nicht zu beanstanden (BGH v.18.3.1964). Hierbei wird der nachhaltig erzielbare jährliche Reinertrag, der sich aus dem Rohertrag (Miete, Pacht) abzüglich der Bewirtschaftskosten (20 bis 35%) und des Verzinsungsbetrages des Bodenwertes ergibt, mit einem Vervielfältiger kapitalisiert, um den Gebäudeertragswert zu erhalten (Tafel 27). Die Größe des Vervielfältigers in der Anlage der Verordnung richtet sich nach der Restnutzungsdauer des Gebäudes und nach dem gewählten Zinssatz. Er beträgt z.B. für eine Restnutzungsdauer von 50 Jahren bei einem Zinssatz von 5% 18,26 (Wohnbauten) und

Tafel 27. Beispiele für die Bewertung bebauter Grundstücke nach dem Sachwert- und Ertragswertverfahren gemäß Wertermittlungsverordnung

SACHWERTVERFAHREN		
Einfamilienhaus: Baujahr 1951		
Wertermittlungsstichtag: 1.11.1972		
1) Bodenwert 1972 (1000 m^2)	=	32 600,- DM
2) Bauwert		
a) Herstellungswert des Gebäudes		
Rauminhalt 1 200 m^3		
Raummeterpreis 1913 12 M		
Baupreisindex Nov. 1972 813,8		
Raummeterpreis 1972 97,66 DM		
Rauminhalt Raummeterpreis	= 117 190,-	
Baunebenkosten, Außenanlagen (10%)	=+ 11 710,-	
	128 900,-	
b) Technische Wertminderung		
Wegen Alters (21 Jahre)		
Abschreibung linear 21%	=- 27 070,-	
Lebensdauer 100 Jahre	101 830,-	
Instandhaltung normal		
Wegen Baumängel, Schäden	= -	
c) Wirtschaftliche Wertminderung		
Aufbau zeitgemäß	= -	101 830,-
3) Sachwert des Grundstücks	=	134 430,-
4) Zu- oder Abschläge		
Wegen besonderer Umstände	=	-
Wegen Marktlage (-5%, Verkehrslärm)	=	- 6 720,-
5) Verkehrswert des Grundstücks	=	127 710,- DM
ERTRAGSWERTVERFAHREN		
Mietwohngrundstück, 3 Wohnungen		
Baujahr 1951		
Wertermittlungsstichtag: 1.11.1972		
Bodenwert 1972 (1000 m^2)	=	32 600,- DM
1) Gebäudeertragswert		
a) Rohertrag (Miete)	= 8 000,-	
b) Bewirtschaftungskosten (25%)	= - 2 000,-	
c) Reinertrag	= 6 000,-	
d) Verzinsung des Bodenwertes 5%	= - 1 630,-	
	4 370,-	
Gebäudeertragswert kapitalisiert mit 5% bei einer Restnutzungsdauer von 79 Jahren ergibt einen Vervielfältiger von 19,58 laut Tabelle 4 370 · 19,58	= 85 565,-	85 565,-
2) Ertragswert des Grundstücks		118 165,-
3) Zu- oder Abschläge		
Z.B. wegen Reklamefläche, unterlassener Instandhaltung	=	-
Wegen Marktlage (+5%) (Bau u. Vermietung Schuppen)	=	+ 5 908,-
4) Verkehrswert des Grundstücks	=	124 073,- DM

von 6% 15,76 (gewerbliche Anwesen) (Gerardy u.a. 1973).

Bei der Schätzung des Gebäudewertes im Bergschadenfalle wird üblicherweise von den normalen Herstellungskosten eines gleichwertigen Ersatzbaues auf der Preisbasis des umbauten Kubikmeterraumes von 1913 gleich 100% ausgegangen (§ 16 WertV); dieser Bezugswert des Bauwerks ist dann durch einen Teuerungszuschlag gemäß dem amtlichen Baupreisindex und durch eine Altersabwertung entsprechend der Standdauer des Gebäudes auf den Zeitwert am Schadenstage zu bringen:

$$\text{Gebäudewert} = \left(\text{Herstellungskosten 1913}\ \frac{\text{Baupreisindex}}{100}\right) - \text{Altersentwertung.} \tag{439}$$

Die Preise für den Kubikmeter des umbauten Raumes im Jahre 1913 können aus den Preistafeln von Ross (Ross u. Brachmann 1955) entnommen werden. Beispielsweise kostete im Jahre 1913 der Kubikmeter eines aus Ziegelsteinen umbauten Raumes für das Kellergeschoß 7 bis 11 Mark, für die Unter- und Obergeschosse der Siedlungshäuser 9 bis 11 Mark und der Mietwohnhäuser 11 bis 13 Mark sowie für das Dachgeschoß mit Ziegelsteinbedeckung 4 bis 6 Mark je nach Ausführung und Instandhaltung. Sind in diesen Erfahrungssätzen die Baunebenkosten nicht enthalten, so müssen sie gesondert angesetzt werden. Der umbaute Raum wird von den Außenflächen der untersten Geschoßfußböden und der Dachgeschoßböden bzw. -decken umschlossen (DIN 277). Leichte Anbauten, Veranden, Durchfahrten und Balkone bleiben unberücksichtigt. Ein nicht ausgebauter Dachraum ist zu einem Drittel anzurechnen. Die Lebensdauer der Wohnhäuser kann auf 100 Jahre, die der Industriebauten (Schuppen, Hallen, Stockwerksbauten) bei Holzkonstruktion auf 30 bis 50 Jahre, bei Massivbauweise auf 50 bis 100 Jahre veranschlagt werden.

Im Gegensatz zu diesem aus den "reinen Baukosten" abgeleiteten Gebäudewert umfaßt der "Bauwert" nach § 15 WertV auch die Kosten der Außenanlagen (z.B. Gruben, Wege, Gartenanlagen) sowie die der besonderen Betriebseinrichtungen (z.B. Aufzüge) und die wertbeeinflussenden anderen Umstände. Der "Sachwert" eines Grundstücks setzt sich dann aus dem Bauwert und dem Bodenwert, der durch Preisvergleich zu ermitteln ist, zusammen (§ 15 WertV). Der "Verkehrswert" eines Grundstückes schließlich ist aus dem Sachwert unter Berücksichtigung der Lage auf dem Grundstücksmarkt abzuleiten. Unterstützend können der Vergleichswert und der Ertragswert herangezogen werden (§ 20 WertV). Es besteht also ein Unterschied zwischen "Kaufpreis" und "Verkehrswert" sowie zwischen "Gebäudewert" und "Bauwert" im Sinne der Wertermittlungsverordnung.

Der vom Statistischen Bundesamt bekannt gegebene Baukostenindex betrug im November 1972 bei Wohngebäuden für das jeweilige Basisjahr (= 100):

1913	1914	1938	1950	1958 und	1962
813,8	758,3	597,5	322,6	234,2	177,1 .

Dieser amtliche Baukostenindex wird bei der Minderwertberechnung als Multiplikator benutzt, um den auf das Jahr 1913 bezogenen Herstellungswert auf den heutigen Preisstand (Neubauwert) zu bringen. In der Bundesstatistik werden die Preise für rund 160 typische Bauleistungen der "Verdingungsordnung für Bauleistungen (VOB)" bei über 3 000 Betrieben gesammelt, arithmetisch gemittelt (Meßziffer) und dann mit Wägungszahlen, die den Kostenanteil der einzelnen Bauleistung an der gesamten Bauabrechnung getrennt nach Gebäudetypen angeben, die Indexziffern der Bauarbeiten gefunden. Die nach heutigen Begriffen mangelhafte Ausstattung der Vorkriegshäuser mit hygienischen und elektrischen Einrichtungen schlägt sich in dem damals niedrigen Baupreis von rd. 12 M/m^3 nieder, der sonst bei höherem Wohnkomfort vielleicht 16 M/m^3 betragen hätte. Die Multiplikation dieses niedrigen Basiswertes mit dem heutigen hohen Baukostenindex, der auch die Kosten der besseren Installationen einschließt, erscheint insofern gerechtfertigt, als die Wasser-, Strom- und Heizungsanlagen in vielen alten Häusern im Laufe der Zeit erweitert worden sind und der unmoderne Zustand dieser Anlagen durch den Altersabschlag berücksichtigt wird. Der Gebäudewert kann jedoch auch aus den am Bewertungsstichtag gültigen Raummeterpreisen (z.B. 90 DM/m^3), multipliziert mit den Raummetern des Gebäudes, unter Abzug einer Altersentwertung errechnet werden.

Früher wurde für eine Reihe von Jahren ein fester Teuerungszuschlag vereinbart, der nach Meinung der Bergbautreibenden unter dem Baukostenindex liegen sollte, weil die auf dem Markt erzielten Kaufpreise der bebauten Grundstücke wegen der unmodernen Hausgrundrisse und der schlechten Ausstattung in weit geringerem Maße als die Baukosten gestiegen sind und der Vermögensverlust sich aus der Verkehrswertminderung ergebe (Treptow 1965). Die Hauseigentümer wiesen demgegenüber auf die fehlende Verkaufsabsicht und auf ihren Anspruch auf Wiederherstellung des wirtschaftlichen Zustandes vor der Beschädigung hin, so daß bei der Entschädigung vom Herstellungswert eines Ersatzbaues auszugehen sei. Diesem Standpunkt haben sich auch die Gerichte angeschlossen.

Die W e r t m i n d e r u n g a l t e r H ä u s e r muß überwiegend nach wirtschaftlichen Erwägungen bemessen werden, denn in den Städten werden die meisten Häuser schon vor Erreichen der technischen Lebensdauer, die im wesentlichen von der Standfestigkeit des nicht auswechselbaren Rohbaus abhängt, abgerissen, weil sie unmodern und unrentabel geworden sind (wirtschaftliche Wertminderung § 17 WertV). Diese wirtschaftliche Überalterung wird gemäß der Vereinbarung mit dem VBHG durch pauschale Abschläge von

30% für die vor 1924 errichteten Altbauten,
15% für die zwischen 1925 und 1937 hergestellten Vorkriegsbauten,
20% für die zwischen 1938 und 1953 erbauten Häuser und
10% für die zwischen 1954 und 1961 bezogenen älteren Neubauten

berücksichtigt. Der mit zunehmendem Alter immer größer werdende Verfall der Häuser (technische Wertminderung § 18 WertV) läßt sich als Parabelkurve auftragen (Kurve A in Abb. 232). Durch bauliche Verbes-

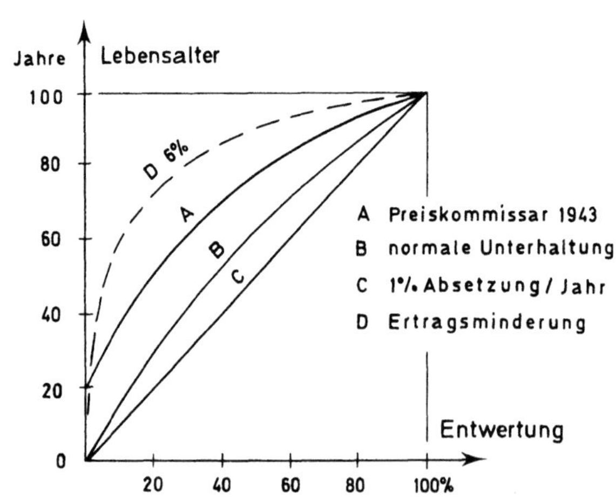

Abb. 232. Die Kurven der Wertminderung eines Bauwerks infolge technischer Abnutzung und geänderter Baugewohnheit sowie aus wirtschaftlichen Gründen mit zunehmendem Alter. Kurven A bis C: Sachwertminderung. Kurve D: Ertragswertminderung

serungen kann die Wertminderung für eine mehr oder minder lange Zeit unterbrochen werden, was sich nur bei einer Besichtigung oder Schätzung an Ort und Stelle entscheiden läßt. Außergewöhnliche Erneuerungen und Reparaturen können bis zu 2/3 der Kosten von der ermittelten Wertminderung in Abzug gebracht werden. Im Bergschadenfall wurde früher die Linie C, die oftmals angewendete 1%-ige Absetzung im Jahr, benutzt, was in Hinblick auf die angestrebte Vereinfachung der Minderwertberechnung und der pauschalen Schieflagebewertung zweckmäßig und berechtigt war. Nachdem heute für die wirtschaftliche Wertminderung pauschale Abschläge eingeführt worden sind, wird die technische Wertminderung je nach Unterhaltungszustand des Bauwerkes nach Tabellenwerten (z.B. Ross/Brachmann, 20.Aufl., S.146, Kurve B) berechnet. Eine merkliche Minderung des Ertragswertes infolge Alters und Abnutzung des Gebäudes tritt erst spät ein (Kurve D).

<u>Beispiele:</u> Ein Siedlungshaus aus dem Jahre 1930 mit einem umbauten Raum von 1 500 m^3 hat bei einem Kubikmeterpreis von 10 M einen auf das Jahr 1913 bezogenen Herstellungswert von 15 000 M (Bezugswert). Die Herstellung eines Ersatzbaus würde im November 1972 zum Zeitpunkt der Schadensfeststellung (Schieflagemessung) 15 000 · 8,138 = 122 070 DM gekostet haben, wovon eine Altersabschreibung von linear 42% = 51 269 DM oder nach der neuen Vereinbarung von 15 (Pauschale) + 30 (Kurve B) = 45% = 54 932 DM abzuziehen ist. Demzufolge ergibt sich für den aus der Schieflage errechneten Minderwert von angenommen 5% ein Schaden am 70 801 DM bzw. 67 138 DM teuren Ersatzbau (Zeitwert) in Höhe von 3 540 bzw. 3 357 DM. Den Faktor q = 8,138 erhält man aus dem Quotienten 813,8 (Index 1972): 100 (Index Basisjahr 1913 der Normalherstellungskosten HK).

Sind die Baukosten einschließlich der Nebenkosten (Architektenleistung) eines im Jahre 1958 errichteten Gebäudes aus den Bauunterlagen mit beispielsweise 65 000 DM bekannt und entsprechen sie den gewöhnlichen Herstellungskosten (ohne Außenanlagen), so lassen sich auch aus dem Anstieg des Baukostenindex von 1958 bis 1972 die heutigen Kosten auf 65 000 · 2,342 = 152 230 DM berechnen. Nach Abzug der Altersentwertung von linear 14% = 21 312 DM oder vereinbarungsgemäß von 10 + 8 = 18% = 27 400 DM erhält man den Zeitwert des Ersatzbaus am Bewertungsstichtag (November 1972) mit 130 918 bzw. 124 830 DM, auf den sich der Minderwertsatz bezieht.

Bei dem zuletzt genannten Neubau*) könnte auch von den heutigen normalen Kubikmeterpreisen von z.B. 90 DM ausgegangen werden: 1 690 m^3 umbauter Raum · 90 DM = 152 000 DM abzüglich der Altersquote von 14% = 21 280 DM bzw. von 18% = 27 400 DM, so daß ein Zeitwert von 130 720 bzw. 124 600 DM verbleibt.

In gleicher Weise wird verfahren, wenn die Neubaukosten bekannt sind, das Baujahr sich aber nicht mit dem gewählten Basisjahr deckt, z.B. Basisjahr 1950 = 100, Baujahr 1955, Berechnungsjahr 1972, also q = 322,6 (Index 1972) : 132 (Index 1955) = 2,45. Mit diesem Faktor q werden die bekannten Herstellungs- und Nebenkosten des Jahres 1955 multipliziert, d.h. auf das Berechnungsjahr 1972 indiziert ($q \cdot HK_{1955} = HK_{1972}$).

13.33 Der Minderwert bei Bauland

Der aus der Schieflage des Hauses abgeleitete Minderwert bezieht sich auf das beschädigte Gebäude, nicht auf den Bodenwert. Ein Anspruch auf Ersatz der durch den Bergbau verursachten Wertminderung des Grund und Bodens steht dem Grundbesitzer, wenigstens während der Dauer des Bestehens des Bauwerks, nicht zu (OLG Saarbrücken 1955). Die Standdauer der Gebäude ist in den meisten Fällen länger als die Dauer der Abbaueinwirkung. Während dieser Zeit erfüllt das Grundstück seinen Zweck als Bauland. Eine bergbauliche Beeinträchtigung des Grund und Bodens kann erst in Erscheinung treten, wenn das Gebäude abgebrochen wird oder ein beabsichtigter Um- oder Neubau infolge des Bergbaus in Frage gestellt ist. Ein über den Schieflageschaden am Bauwerk hinausgehender Schaden am Grundstück entsteht hiernach erst dann, wenn vom Bergbau gegen eine auf der Restfläche des Grundstückes geplante Betriebserweiterung oder gegen eine nachträgliche, volle Ausnutzung der Bebaubarkeit des Grundstückes eine Bergschädenwarnung ausgesprochen wird. Es ist also durchaus zulässig, zwischen einem Schaden am Zubehör oder Bestandteil des Grundstückes - dem Gebäudeschaden - und einem Schaden am Boden - der eingeschränkten Bebaubarkeit - zu unterscheiden. Dem steht auch nicht, wie es gelegentlich behauptet wird (Drisch 1972, S.69), die Wertermittlungsverordnung in der Fassung vom 15.8.1972 entgegen, die ausdrücklich den Gesamtwert des Grundstückes

*) Bei staatlich geförderten Neubauten stellt sich die Frage, ob dem Hauseigentümer der Minderwertersatz vom ganzen Gebäudewert zusteht (Einwand der ungerechtfertigten Bereicherung).

einschließlich seiner Bestandteile, insbesondere der Gebäude, und des Zubehörs zum Gegenstand hat (WertV § 2). Im Schieflagefall hat nur das Bauwerk einen Schaden erlitten, die erwiesene Bebaubarkeit des Grundstückes bleibt davon unberührt. Auf spätere Neubauten nach Einkehr der Bodenruhe wirkt sich die Schieflage des Geländes nicht mehr schädlich aus. Alle wirtschaftlichen und technischen Nachteile an den schon vor der Schieflegung errichteten Gebäuden gelten aber mit dem Minderwertsatz von 2 mm/m ≙ 1% als abgefunden. Es ist daher abwegig, den Schieflageminderwert nicht nur vom Gebäudewert, sondern auch noch vom Bodenwert, also dem Gesamtwert des bebauten Grundstückes zu berechnen.

Würde man in Anlehnung an die Wertermittlungsverordnung den Gebäudewert in der jetzigen Bergschadenregelung durch den Verkehrswert des Grundstückes (Gebäude- und Bodenwert) ersetzen, dann müßte ein neues Verhältnis zwischen dem Schieflagewert und der Verkehrswertminderung von z.B. 3 mm/m ≙ 1% erst wieder vereinbart werden, da sich der auf den Gebäudewert bezogene frühere Wertansatz dann um den Herstellungswert der Außenanlagen, den Bodenwert und u.U. auch um einen Marktzuschlag erhöht. Es ist allerdings kein Vorteil bei der formalen Anwendung der Wertermittlungsverordnung auf den Schieflageminderwert zu erkennen. Ganz im Gegenteil: Zu den leicht nachprüfbaren Verfahren auf der Grundlage des einigermaßen objektiv berechenbaren Neubauwertes und der linearen oder pauschalen Altersabschreibung würde der nur durch Preisvergleiche ermittelbare Bodenwert hinzukommen und zum Schluß müßte bei der Anpassung des Grundstücksachwertes an den Verkehrswert die Lage auf dem Grundstücksmarkt berücksichtigt werden, was eine subjektive Schätzung erforderlich macht und Anlaß zu Streitigkeiten gibt. Dieser Zu- oder Abschlag kann immerhin 15% betragen.

Im Falle l a n d - oder f o r s t w i r t s c h a f t l i c h genutzter Flächen wird der Ersatz für die vom Bergbau durch Grundwasserstandsänderung oder Raucheinwirkung verursachten Vegetationsschäden unter Beachtung des Normalertrages - z.B. im Jahre 1967 0,20 DM/m^2 für Getreide, 0,30 bis 0,40 DM/m^2 für Kartoffeln und Rüben - und des prozentualen Fruchtausfalls berechnet. Die Aufwuchsschäden und Ertragsdifferenzen können bei einer Feldbegehung abgeschätzt oder durch eine Wägung der von Teilflächen erzielten Früchte und einen Vergleich mit den Normalerträgen festgestellt werden. Ob und inwieweit die bergbauliche Absenkung, ein Grundwasserentzug oder die Immissionen an den Flurschäden beteiligt sind, kann in vielen Fällen nur durch bodenkundliche oder mikroskopische Untersuchungen geklärt werden (Berge 1957, Semmler 1960). Bei einmaligen Schäden richtet sich die Schadenshöhe nach der durchschnittlichen Ernte des betreffenden Jahres. Für die Errechnung der Schadenssumme werden die Preise der nächstgelegenen Produktenbörse eingesetzt unter Zusatz der Kosten für Frachten, Handel und gegebenenfalls für Wirtschaftserschwernisse. Bei den jährlich wiederkehrenden Fruchtschäden geht man von den Normalerträgen für die betreffende Bodenart aus, die nach Landschaften gegliedert aus Statistiken bekannt sind. Die Entschädigungen werden im allgemeinen bar ausgezahlt. Auch wenn dadurch die Gefahr einer Förderung von "Rentenbauern" entsteht, die die Barentschädigung nicht in den Betrieb investieren, so hat andererseits die Barentschädigung mit Düngestoffen oder landwirtschaftlichen Erzeugnissen meistens zu Unzuträglichkeiten geführt. Eine Ablösung des Schadens durch einen kapitalisierten Betrag nach der Rentenformel ist nach Meinung des Bergbaus unzweckmäßig, weil sich die Grundwasserverhältnisse bei einem noch jahrzehntelang umgehenden Bergbau von Jahr zu Jahr verändern und eine ertragsteigernde Bewirtschaftung bei fachmännischer Belehrung und durch Zahlung von Prämien auch in einem Bergbaugebiet durchaus möglich ist (Baldermann 1956).

Bei *Bauland* ist eine Ersatzpflicht nicht nur bei körperlicher Einwirkung (Senkung), sondern schon dann gegeben, wenn die begründete Befürchtung solcher Einwirkungen den Wert eines Baugrundstückes mindert. Auch bei nicht konkreter Bauabsicht muß daher der Grundeigentümer für einen vorübergehenden oder dauernden Verlust der Bauplatzeigenschaft abgefunden werden (großer Minderwert). Ist die Bebaubarkeit nur beeinträchtigt, so bemißt sich der sogenannte kleine Minderwert nach den Kosten der für zukünftige Bauwerke durchschnittlicher Beschaffenheit erforderlichen Bergschädensicherung, wie Fundamentplatte, Streifenfundament oder Verankerung. Der ersatzberechtigte Grundeigentümer darf der Berechnung seines Schadens seine besonderen Verhältnisse zugrunde legen (konkrete Schadensberechnung). Er darf auch nach § 252 BGB als Schaden einen entgangenen Vorteil - z.B. im Falle einer vom Bergbau gehemmten Betriebserweiterung - geltend machen, welcher nach dem gewöhnlichen Lauf der Dinge mit Wahrscheinlichkeit erwartet werden konnte (abstrakte Schadensberechnung). Wenn die Absicht, ein Bauwerk zu errichten, aber nur kundgegeben wird, um den Vermögensschaden aus der unterbliebenen Bauausführung ersetzt zu bekommen, so hat der Grundbesitzer auf die Vergütung dieser Wertminderung keinen Anspruch (§ 150 Abs.2 ABG). Der Schaden besteht dann bei vorgetäuschter Bauabsicht nur in dem eintretenden merkantilen Minderwert des Bodens, der unter Umständen geringer sein kann als die Sicherungskosten für ein angeblich geplantes Bauwerk von überdurchschnittlicher Beschaffenheit. Ein Schadensersatzanspruch wird auch nicht dadurch ausgeschlossen, daß das Gelände nach Beendigung des Abbaus in einigen Jahren wieder zur Ruhe kommen und sich zur Bebauung eignen wird. Indessen kann dieser Umstand für die Frage von Bedeutung sein, ob der Grundeigentümer eine Kapitalzahlung in Höhe des Unterschiedsbetrages zwischen dem Wert, den das Grundstück als Bauland besessen hätte, und dem jetzigen Grünlandwert verlangen kann oder aber lediglich eine Rente, die nach der entgangenen Kapitalnutzung abzüglich der verbliebenen Grundstücksnutzung zu bemessen wäre. Eine einmalige Kapitalzahlung kann grundsätzlich dann nicht gefordert werden, wenn der endgültige Verlust der Baulandeigenschaft nicht feststeht (BGH 26.6.1972).

Die Ersatzpflicht des Bergwerkseigentümers findet in den Fällen des § 150 ABG auch bei konkreter Berechnung des Schadens jedenfalls bei Grundstücken, die durch Bebauung mit Wohnhäusern wirtschaftlich genutzt werden sollen, stets eine Obergrenze in Höhe der Differenz der abstrakten Grundstückswerte (OLG Hamm, 24.11.1964). Dies mache folgendes Beispiel deutlich: Wenn der Wert eines Grundstücks von 1 000 m^2 in einem Bergbaugebiet als unbebaubares Land 500 DM, im Falle der Bebaubarkeit dagegen 20 000 DM betrage, so belaufe sich die Wertdifferenz auf 19 500 DM. Wenn der Grundstückseigentümer nun dieses Grundstück trotz der Bergschädenwarnung bebauen wolle, sei er daran keineswegs gehindert. Betrügen aber die Sicherungsmittel gegen Bergschäden 50 000 DM, so könne er gleichwohl nur die 19 500 DM vom Bergwerkseigentümer verlangen. Nach anderer Meinung sollte die Entschädigung des Baulandminderwertes nicht auf die Höhe des Verkehrswertes des Grundstückes begrenzt werden, wenn der Gebrauchswert für den Eigentümer im Rahmen seiner Gesamtbesitzung ein besonders hoher ist (RG am 13.1.1915) oder das Grundstück für den beabsichtigten Zweck nicht austauschbar ist, weil das Bauwerk woanders nicht errichtet werden kann. Seinen Gebrauchswert erlangt das Grundstück dadurch, daß es bestimmte Bedürfnisse des Eigentümers zu befriedigen vermag; eine Erscheinungsform des Gebrauchswertes ist der Ertragswert. Das Problem der an die Sicherungskosten orientierten Wertminderung der Grundstücke stellt sich dort, wo in Bergbaugebieten Industrien mit kostspieligen und empfindlichen Anlagen angesiedelt werden sollen.

Ein unmittelbarer Anspruch auf Vornahme der Sicherungen oder Ersatz der Sicherungskosten steht dem Grundeigentümer nicht zu, da sich aus § 148 ABG ein Anspruch auf Entschädigung, nicht aber auf völlige Erhaltung oder Wiederherstellung des normalen Zustandes ableitet. Die Sicherungskosten sind als solche kein Bergschaden, sondern nur ein Berechnungsmittel für den Minderwert des Grundstücks, denn ein Erwerber des Grundstücks wird die Kosten für eine wegen des Bergbaus notwendig werdende Baumaßnahme vom Kaufpreis abziehen (Betermann 1966).

Der Hypothekengläubiger hat, wenn der Sicherungswert der Hypothek durch einen Bergschaden gemindert wird, dieselben Rechte wie im Falle einer Zwangsversteigerung. Vielfach wird im Darlehensvertrag vereinbart, etwaige Minderwertzahlungen auf das Kapital zu verrechnen; die grundbuchliche Verzichtserklärung auf zukünftige Ersatzansprüche an Bergschäden wird dem Darlehensschuldner untersagt. Im sozialen Wohnungsbau ist ein Verzicht auf Bergschadenminderwert bis zu 10% des Verkehrswertes zulässig. Der Bauherr übernimmt im öffentlich geförderten Wohnungsbau einen Anteil an den Sicherungskosten bis zu 3% der gesamten Baukosten.

Rückstellungen, die von der Bergbaugesellschaft für die Verbindlichkeiten aus den Bergschäden anläßlich konkreter, noch nicht abgewickelter Schadensfälle gebildet werden, gehören steuerrechtlich zu den laufenden Schulden, die bei der Feststellung des Gewerbekapitals nicht hinzugerechnet werden dürfen (Finanzgericht Münster v. 29.6.1964).

13.4 Die anteilmäßige Verrechnung von Bergschäden

Zum Ersatz eines Schadens, der durch den Betrieb zweier oder mehrerer Bergwerke verursacht worden ist, sind nach § 149 ABG die Besitzer dieser Bergwerke als Gesamtschuldner verpflichtet. Unter sich haften die Besitzer zu gleichen Teilen, falls sie sich nicht auf ein anderes Anteilsverhältnis einigen. Die Gesamthaftung setzt einen einheitlichen Bergschaden am örtlich zusammenhängenden Grundeigentum voraus. Es ist dabei gleichgültig, daß die Betriebe zu verschiedener Zeit eingewirkt haben und es erst während der letzten Einwirkung zu einem Schaden gekommen ist. Die Gesamthaftung gilt auch dann, wenn der ältere Bergwerksbetrieb vor der Entstehung des Bergschadens eingestellt, die Berechtsame aber noch nicht aufgehoben worden ist. Der Ausgleichsanspruch der Bergwerksbesitzer untereinander verjährt erst in 30 Jahren.

Mit dem Anwachsen der gemeinsam verursachten Bergschäden gegen Ende des vergangenen Jahrhunderts wurde im Ruhrgebiet der Wunsch nach einem Berechnungsverfahren*) laut, das die Einwirkungsgröße der einzelnen Abbaue diesseits und jenseits der Markscheide berücksichtigt. Es wurden zunächst das sogenannte "vereinfachte Verfahren" und das "Massenberechnungsverfahren" aufgestellt. Beim einfachen Verfahren werden die innerhalb des Bruchwinkelkegels liegenden Abbaue mit einer Meßziffer

$$Z = M \cdot a \cdot z, \tag{440}$$

also nur nach der Mächtigkeit M, der Abbauart a und dem Alter z (bis 30. Jahr), nicht jedoch nach ihrer grundrißlichen Lage zum Schadensobjekt, ihrer Ausdehnung und Teufe (Einwirkungsfaktor e) bewertet. Der Bruchwinkelkegel wird im Gebirgsschichtenschnitt vom Schadensobjekt aus bis zu den Abbauflözen gezeichnet. Dieses Verrechnungsverfahren ist später durch Einführung der Abbaufläche A und der Teufe h zum sogenannten Massenberechnungsverfahren

$$Z = \frac{A \cdot M \cdot a \cdot z}{h} \tag{441}$$

erweitert worden. Hiernach sind die meisten Bergschädenverträge zwischen den Bergbaugesellschaften abgeschlossen worden.

Eine wesentliche Verbesserung stellt erst das im Jahre 1938 vorgeschlagene Bewertungsnetz dar, bei dem auch die grundrißliche Abbaulage in die Berechnung der Anteilsverhältnisse nach der Gleichung

$$Z = M \cdot a \cdot e \cdot z \tag{442}$$

---

*) Nach dem Zusammenschluß der meisten Steinkohlenbergwerke an der Ruhr und an der Saar zu einer Gesellschaft haben diese Verrechnungsverfahren an Bedeutung verloren. Als Vorstufe der heutigen Verfahren zur Bodenbewegungsberechnung sind sie aber nach wie vor für die Bergschadenkunde von Interesse.

eingeht (Fläschenträger 1938). Ausgehend von der Formel (156) (Bals) und der Erkenntnis, daß sowohl die lotrechte als auch die waagerechte Bodenbewegungskomponente zum Gebäudeschaden beitragen, werden bei diesem Verfahren die beiden Einwirkungskomponenten K_z und K_{xy} zu der Resultierenden

$$K = \sin(\zeta \mp \alpha) \pm \sin\alpha \tag{443}$$

zusammengefaßt und der von den Grenzwinkeln, der Abbauteufe und dem Flözeinfallen α abhängige Einwirkungsbereich in gleichwirkende Zonen und Sektoren unterteilt. Mit diesem zentrisch zum Schadensobjekt auf den Flözriß gelegten Netz wird sodann die Größe des Einwirkungsfaktors e für jede Zeche, getrennt nach Abbauart a und Zeit z, ermittelt und aus der Summe aller Produkte Z_i das Anteilsverhältnis an den Bergschadenkosten des betreffenden Objektes in Hundertteilen festgelegt. Auf den Kostenausgleich werden die früheren Reparaturkosten angerechnet.

Die Kostenanteile an einer Bergschädensicherung oder einem Baulandminderwert können vereinfacht nach

$$Z = M \cdot e \tag{444}$$

für alle bauwürdigen Flöze oder auch nur für die in den nächsten 30 Jahren zum Abbau vorgesehenen Flöze bis zu 1 200 m Teufe im Einwirkungsbereich bestimmt werden.

Für die Zeitfaktoren z werden folgende Werte eingesetzt:
1. Jahr z = 7,5 (entsprechend 75% der Gesamtsenkung);
2. Jahr z = 1,5; 3. Jahr z = 0,5; 4. Jahr z = 0,3; 5. Jahr z = 0,2 und 6. Jahr bis 10. Jahr z = 0,1.

Die über zehn Jahre alten Abbaue scheiden aus der Verrechnung aus. Der Faktor a erhält die Werte 5,0 bei Blasversatz und 9,0 bei Bruchbau. Die zwischen den benachbarten Bergwerksgesellschaften abgeschlossenen Verträge sehen vor, daß jede Zeche die in ihrem Felde gemeldeten Bergschäden und Sicherungen regelt; die vorgelegten Anteilsbeträge werden unter den beteiligten Bergwerksgesellschaften halbjährlich verrechnet. Mit Hilfe von Zonentafeln oder Wertlinien lassen sich die Anteile an den Kosten der Bergschäden oder Sicherungen aus dem Abstand des Schadensobjektes zur Markscheide schnell feststellen (Leonhardt 1965).

Die beschriebenen Anteilsverfahren, in denen nicht nach der Art der Schadensursache unterschieden wird, sind wegen der gemeinsamen Behandlung von Senkungs- und Verschiebungsschäden sehr einfach; sie sind jedoch unbefriedigend, wenn eindeutig auf Senkung, Schieflage, Krümmung, Zerrung oder Pressung zurückzuführende Bergschäden vertragsgemäß nach diesen "Senkungsformeln" anteilig verrechnet werden. Eine große örtliche Senkung bedeutet nicht auch eine große Schieflage oder Längenänderung an dieser Stelle. Schäden, die bei Verkehrsanlagen, Wasserläufen und landwirtschaftlichen Flächen überwiegend auf der Senkung, bei Bauwerken auf der Schieflage, Krümmung oder Längenänderung beruhen, können heute ohne großen Zeitaufwand nach diesen von jeder Zeche am Objekt hervorgerufenen Bodenbewegungsgrößen kostenmäßig verrechnet werden, nachdem die Datenverarbeitungsanlagen (Kösters u. Szelag 1968) und die Analogrechner zur Verfügung stehen.

Ein Abbau der Zeche A kann auf ein im Grubenfeld der Zeche B nahe der Markscheide gelegenes Bauwerk - was die horizontale Bodenbewegungskomponente anbelangt - nur zerrend einwirken (Abb. 233); er kann die von einem Abbau der Nachbarzeche B verursachte Zerrung verstärken oder eine Pressung verringern. Hat der Abbau der Zeche A bis zur Bruchfestigkeit auf ein Gebäude zerrend eingewirkt, so würde schon ein kleiner, im darauffolgenden Jahr von der Nachbarzeche B geführter Abbau bei einer zerrenden Einwirkung den Bergschaden am Bauwerk auslösen (Fall 1). Es wäre sicherlich falsch, die gesamten Kosten

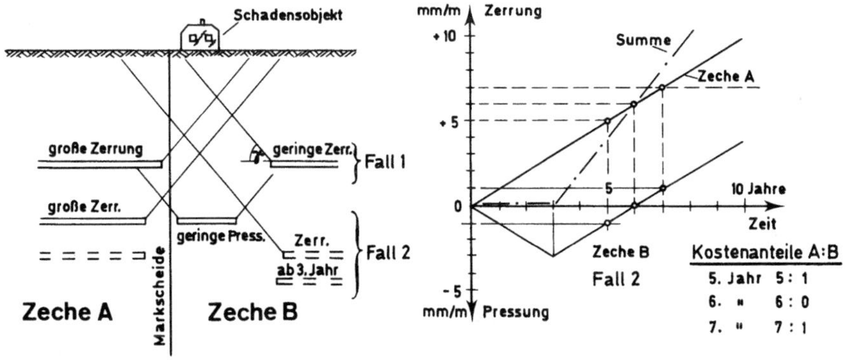

Abb. 233. Die Einwirkung auf ein Bauwerk nahe der Markscheide von zwei Bergwerken aus. Lins: Gebirgsschichtenschnitt mit den Abbauen. Rechts: Graphische Darstellung der berechneten Bodenlängenänderung am Schadensobjekt

dieses Schadens dem Bergwerksbesitzer B aufzuerlegen, da die vom ersten Abbau durch Reibungs- oder Erdkraft eingeleitete und zu Beginn des zweiten Abbaus noch latent anhaltende Bauwerksbeanspruchung den Hauptanteil an der Bruchverformung hat. Beim Zusammenwirken von Zerrungen und Pressungen, beispielsweise wenn die Abbaue der Zeche A große Zerrungen und die der Zeche B zur gleichen Zeit geringere Pressungen an einem Gebäude hervorrufen (Fall 2), könnte man geneigt sein, nur die Zeche A mit den Schadenskosten zu belasten, weil die von B ausgehenden Pressungen von den im Betrag größeren Zerrungen der Zeche A überlagert wurden und sich nicht schädlich auswirken konnten. Die Pressungen haben einen größeren Schaden, wie er bei einem alleinigen Abbau der Zeche A eingetreten wäre, sogar verhindert. Andererseits hätten auch die von den Abbauen der Zeche B ausgelösten Pressungen allein zu einem Bergschaden führen können.

Aus diesen beiden Beispielen kann gefolgert werden, daß die Abbaueinwirkungen für jede Zeche getrennt und unabhängig von ihrem Alter berücksichtigt werden müssen, gleichgültig, ob sie den Bergschaden eingeleitet oder ausgelöst haben und am Schaden insgesamt verstärkend oder abschwächend beteiligt gewesen sind. Die nach den Verfahren der Bodenbewegungsberechnung ermittelten Einwirkungen der bis zu beispielsweise 15 Jahre alten Abbaue - Senkungen bei Grundwasser- und Gefälleschäden, Schieflagen bei Hausminderwerten und Krümmungen oder Längenänderungen bei Gebäuderissen - werden als zeitlich gleichwertig für jede Zeche summiert, und zwar vorzeichenrichtig, um die im Schadenszeitpunkt am Objekt erreichte Bodenbewegungsgröße zu erhalten und eine Bewegungsumkehr zu erfassen, wie sie in der Abb. 233, rechts, als Pressungs-Zerrungs-Übergang dargestellt ist. Nach der Anteilsformel

$$Z = \frac{\text{Gesamteinwirkung der Zeche A}}{\text{Gesamteinwirkung der Zeche B}} \tag{445}$$

werden die Kosten eines im fünften Jahr entstandenen und gemeldeten Bergschadens in diesem Beispiel im Verhältnis 5 zu 1 aufgeteilt, wobei das Vorzeichen der Gesamteinwirkung unberücksichtigt bleibt. Im sechsten und siebenten Jahr gilt ein Anteilsverhältnis von 6 zu 0 bzw. 7 zu 1. Das vorgeschlagene Verfahren kann auch für die Kostenverrechnung der Senkungs- und Krümmungsschäden sowie der Schieflageminderwerte beibehalten werden (Hilbig u. Kratzsch 1965).

Von den später hinzukommenden Abbauen einer benachbarten Zeche können die Senkungen im Grenzgebiet nur vergrößert, die Schieflage und die Krümmung dagegen nur verringert werden. Während die Senkungs- und Zerrungsschäden häufig erst von einem später abbauenden Feldesnachbarn ausgelöst werden, befindet sich dieser bei den Pressungs-, Krümmungs- und Schieflageschäden wegen der im Vergleich zur neuen Einwirkung stets entgegengesetzt vorgegebenen Bodenverformung im Vorteil. Haben die Abbaue der Zeche A ein Gebäude um 4 mm/m schiefgestellt, und hat der Bergwerksbesitzer A diesen Minderwert ersetzt, dann braucht der Zechenbesitzer B für eine von seinem späteren Abbau hervorgerufene gleichgroße, aber entgegengesetzte (rückläufige) Schieflage nichts zu bezahlen, falls kein nachträglicher Kostenausgleich vereinbart ist. Andererseits könnte ein Bergwerksbesitzer eine Kanalbrücke bei unveränderter Wasserspiegellage mit den ersten Grenzbauen schadlos um z.B. 90 cm absenken, wobei sich die freie Durchfahrtshöhe von 5,50 m auf 4,60 m verringert, so daß dem Feldesnachbarn dann nur noch eine Senkungsreserve bis zur 4,50 m betragenden Mindesthöhe von 10 cm verbleibt.

Eine möglichst gerechte Kostenregelung der gemeinsam verursachten Bergschäden sollte daher jeder Zeche einen im Rahmen einer langfristigen Grenzabbauplanung gleichberechtigten Abbau - bezogen auf die Abbaumenge und -lage sowie auf die Höhe der anteiligen Bergschädenkosten - zu jeder Zeit zusichern. Dazu ist es notwendig, den Anteilsgrad nach demjenigen Bodenbewegungselement zu bemessen, das den Schaden überwiegend erzeugt hat, und das Alter des Abbaus außer Betracht zu lassen. Mit Bewertungstafeln kann den mit der Bodenbewegungsgröße progressiv wachsenden Bergschädenkosten und der größeren Schädlichkeit der Zerrungen bei Betonbauten Rechnung getragen werden. Diese Überlegungen zeigen, wie schwierig eine gerechte Lösung der anteiligen Kostenverrechnung ist.

14. Die Maßnahmen zur Minderung des Bergschadens

14.1 Die Arten der Vorbeugemaßnahmen

Beim großflächigen Tiefbau sind Bodenbewegungen und Bergschäden in dicht besiedelten Gebieten nicht zu vermeiden. Es entstanden dadurch beispielsweise im Jahre 1970 Kosten für Reparaturen, Minderwertzahlungen und Bauwerkssicherungen in der Größenordnung von 350 Mio DM im Ruhrrevier und von schätzungsweise 35 Mio DM im Saarland. Hiervon entfallen im Ruhrgebiet rd. 50% auf die Vorflutregulierung (Abb. 234). Außerdem stellte die Ruhrkohle AG rd. 1 Mrd. DM für Bergschäden zurück. In Großbritannien betrugen die Bergschädenkosten im Jahre 1964 rd. 4 Mio £; fast 50% dieser Summe wurden dort für kleinere Hausschäden ausgegeben. Im Kali- und Erzbergbau sind die Aufwendungen für Bergschäden geringer.

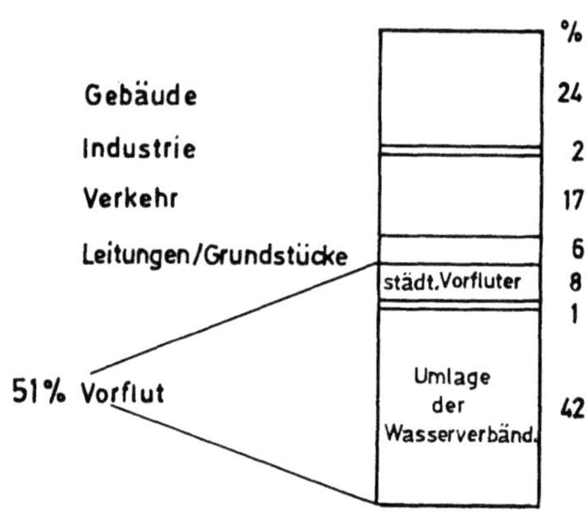

Abb. 234: Die prozentualen Bergschadenskosten der Ruhrkohle-AG im Jahre 1972 (nach Rürup)

Nicht nur diese hohe Kostenlast von 3 bis 4 DM je 1 t Kohle, sondern auch die Forderung des Staates nach einem ausreichenden Schutz wichtiger Verkehrs- und Versorgungsanlagen haben den Anstoß zur Entwicklung bergschadenkundlicher Vorbeugemaßnahmen gegeben. Diese Maßnahmen beziehen sich auf

eine A b b a u f ü h r u n g, bei der das zu schützende Bauwerk entweder einer weniger schädlichen Verformungsart (Zerrung bzw. Pressung) ausgesetzt oder nur bis zu einer zulässigen Bewegungs- und Verformungsgröße beansprucht wird,

eine B e r g s c h a d e n s i c h e r u n g am Neubau, die durch Aussteifung des Fundamentes den Bodenverformungskräften widersteht oder den durch Dehnungs- und Gleitfugen begrenzten Baukörpern ein Ausweichen ermöglicht sowie

eine R e g i o n a l p l a n u n g, bei der für neu zu errichtende Großbauten ein Standort mit zukünftig geringer Abbaueinwirkung ausgewählt wird.

Außerdem sind P l a n u n g s m o d e l l e programmiert worden, mit denen die Bergschädenbelastung zukünftiger Abbaufelder schon während der ersten Planungsphase geschätzt und bei der Beurteilung der wirtschaftlichen Bauwürdigkeit berücksichtigt werden kann (Steinbauer 1972). Hierbei wird von den Kosten früherer Abbaue bei gleicher Oberflächennutzung ausgegangen und vereinfachend angenommen, daß die Bergschäden proportional zum "mittleren Senkungsbetrag", der sich bei überall gleicher Absenkung im Einwirkungsbereich (Teufe, Abbaufläche, Grenzwinkel) aus dem Senkungsvolumen des geplanten Abbaus (Mächtigkeit, Abbauart, Fläche) als Quotient

$$\text{mittlerer Senkungsbetrag} = \frac{\text{untertägiges Senkungsvolumen}}{\text{übertägige Einwirkungsfläche}} \qquad (446)$$

berechnen läßt, zunehmen (Rürup 1972). Die für jede Bauabteilung ermittelte Bergschädenbelastung wird zusammen mit den anderen Kostengrößen (Flözbetrieb, Aufschluß, Förderung) den zu bewertenden Flözflächen zugeordnet. Bei einem Vergleich der so bewerteten Lagerstättenteile kann ein hoher Kostenanteil an Bergschäden u.U. ausschlaggebend sein für den Entschluß, ein bestimmtes Flözfeld nicht abzubauen.

Aus wirtschaftlich-technischen Gründen kann bei der detaillierten Abbauplanung nur auf bedeutende und empfindliche Bauwerke Rücksicht genommen werden, denn auch die Vorbeugemaßnahmen kosten unter und über Tage Geld. Die übrigen Gebäude müssen daher, wenn sie eine große

Grundfläche bedecken, durch besondere Baumaßnahmen an den Fugen und Fundamenten gegen jede auftretende Bodenlängenänderung und -krümmung gesichert werden, doch sollten die dadurch eingesparten Bergschädenkosten mindestens die Höhe der Sicherungskosten erreichen. Nur einzeln stehende Wohnhäuser können ungesichert bleiben, weil die geringe Absolutverformung einer kleinen Grundfläche vom Fundament meistens ohne größeren Schaden aufgenommen wird und die Mauerrisse im allgemeinen leicht behebbar sind. Durch alle drei Maßnahmen - Abbauplanung, Bauwerksicherung und Regionalplanung - werden die Bergschädenkosten auf die oben genannte Summe eingeschränkt. Ohne sie wäre bei einem Mehrfachen an Kosten weder ein wirtschaftlicher Abbau unter Schleusen, Autobahnen, Güterbahnhöfen und Industriewerken durchführbar noch eine großstädtische Besiedlung mit den dazu gehörigen Verkehrs- und Energieversorgungsanlagen in den Bergbaugebieten denkbar. Unberührt von diesen bergschadenmindernden Maßnahmen - weil unabänderlich - bleiben die für die vielen kleinen Objekte wegen Schieflage, Fruchtertragsausfall oder Schmälerung der Baulandeigenschaft zu erstattenden Minderwerte sowie die an ungesicherten Altbauten entstehenden Reparaturkosten.

Die folgenden Betrachtungen beziehen sich ausschließlich auf die flache Lagerung, wo die Abbauplanung in der Anordnung und der Bemessung der Abbaue nicht so festgelegt ist wie in der steilen Lagerung und die Bodenbewegungskurven annähernd symmetrisch sind.

14.2 Die bergschadenmindernde Abbauplanung

Zum Schutze eines zu unterbauenden Tagesgegenstandes muß der Planungsingenieur bei einer durch den Strebbau, die Teufe und die Tektonik vorgegebenen, unveränderlichen Grundkonzeption den Zuschnitt und die zeitliche Folge der Abbaue so wählen, daß das Bauwerk von den Bodenbewegungen möglichst gering beansprucht wird. Der Zuschnitt umfaßt die Lage, die Begrenzung und die Art (Versatz- oder Bruchbau) des Abbaus. Bei der Festlegung der zeitlichen Abbaufolge wird über die Richtung und den Fortschritt des Abbaus sowie über die Überlagerung der Einwirkungen entschieden. Sowohl der Zuschnitt als auch die zeitliche Folge der Abbaue beeinflussen die Art und die Größe der Bodenbewegung- und -verformung in Nähe des Bauwerkes (Tafel 28). Man wird bestrebt sein, besonders die Längsachse

Tafel 28. Die Maßnahmen bei der Abbauplanung zum Zwecke einer Bergschadenminderung und ihr Einfluß auf die Beanspruchung eines Bauwerks

Abbauzuschnitt (statisch)		Abbaufolge (dynamisch)	
Abbau	Einfluß auf die Bodenbewegung	Abbau	Einfluß auf die Bodenbewegung
Lage	Art und Größe	Richtung	Art
Begrenzung	Größe	Fortschritt	Größe
Art (Versatz-, Bruchbau)		Überlagerung	

des zu schützenden Bauwerkes in einer Zone und Richtung geringerer Beanspruchung zu halten. Zu beachten ist bei der Abbauplanung außerdem, daß Betonbauten weniger Zerrung (0,2 mm/m), aber mehr Pressung (1,5 mm/m) schadlos aufnehmen können. Bei Kenntnis der Bauwerksempfindlichkeit läßt sich der Abbau in vielen Fällen dann so planen, daß z.B. ein langgestrecktes Betonbauwerk um seine Längsachse gekippt und in zulässiger Größe nur gepreßt wird (Tafel 29).

14.21 Der Abbauzuschnitt

Die A r t, wie ein Bauwerk im Abbaueinwirkungsbereich beansprucht wird - beispielsweise auf Zerrung oder Pressung, sattel- oder muldenförmige Krümmung und Schieflage um die Längs- oder Querachse -, hängt von seiner grundrißlichen Lage zur Abbaufläche ab. Ein Bauwerk oberhalb der Abbaufläche wird in jeder Richtungslage gepreßt. Außerhalb der grundrißlichen Abbaufläche im Trograndgebiet kann ein Bauwerk je nach Richtungslage gezerrt oder gepreßt werden (Abb. 235): Gezerrt wird es in der zum Abbau hin "radial" ausgerichteten Achse, während die parallel zum Abbaurand liegende "tangentiale" Bauwerksachse gepreßt wird. Nur in den vier Ecken eines annähernd rechteckigen Einwirkungstroges, in der dort allseitig sattelförmig gewölbten Zerrungszone, wird ein Bauwerk in jeder Richtungslage und in beiden Achsen gezerrt. Die Schieflage des Bauwerkes erfolgt um die "tangentiale" Achse, die deshalb möglichst die längere sein sollte. Die La-

Tafel 29. Die Maßnahmen zur Minderung des Bergschadens an Bauwerken

Bodenverformung	Art der Beanspruchung abhängig von: Bauwerkslage im Trog	Art der Beanspruchung abhängig von: Abbaurichtung	Größe der Beanspruchung abhängig von: Bauwerkslage über minimal	Bauwerkslage über maximal	Abbauplanung Minderung durch	Bauwerkssicherung (außer Regionalplanung)
Zerrung	Randzone Eckzone	auf Bauwerk zu	Abbaukante	Mitte Randzone	1) Kombinierter Zentral- u. Randabbau (Überlagerung) 2) schmaler Randabbau (Abbauverzicht) 3) Bauwerk tangential	1) Bewehrte Fundamentplatte, Streifenfund. 2) Gleitfugen an Sohle 3) Trennfugen 4) kleine, leichte Einzelbaukörper
Pressung	Mittelzone	zentral vom Bauwerk weg	Abbaukante und Volllflächenmitte	Mitte Teilfläche	1) s.o. 2) Versatzbau 3) Bauwerk streichend 4) Abbauverzicht unter Bauwerk	1) siehe unter Zerrung 2) geringe Gründungstiefe 3) ausgesteifte Kellerwände
Krümmung sattelf.	Randzone Eckzone	auf Bauwerk zu	Abbaukante	Mitte Randzone	1) s.o. 2) symmetrische Randabbaue 3) Bauwerk tangential	1) Aussteifung 2) 1,2,3 Auflager 3) Nachgiebige Konstruktion 4) kleiner Grundriß
Krümm. muld.	Mittelzone	zentral vom Bauwerk weg	Vollflächenmitte	Mitte Teilfläche	1) s.o. 2) Versatzbau 3) Bauwerk streichend	1) siehe unter satt. Krümmung 2) Decken aussteifen
Schieflage	überall, außer Trogmitte	jeder Abbau im Einwirkungsbereich	Abbaumitte	Abbaukante	1) symmetrische Rand- oder Zentralabbaue 2) Kippung um Längsachse (Bauwerk tangential)	1) Abstand zu Nachbarbauten 2) Hebeeinrichtungen
Empfindlichkeit der Bauwerke:		Zerrung: 0,2 mm/m Beton unbewehrt 1 mm/m Mauerwerk	Pressung: 1,5 mm/m Beton 2 mm/m Mauerwerk		Krümmung: 2 bis 0,5 km	Schieflage: Bahnen 1 : 100 Häuser 2 mm/m u. mehr

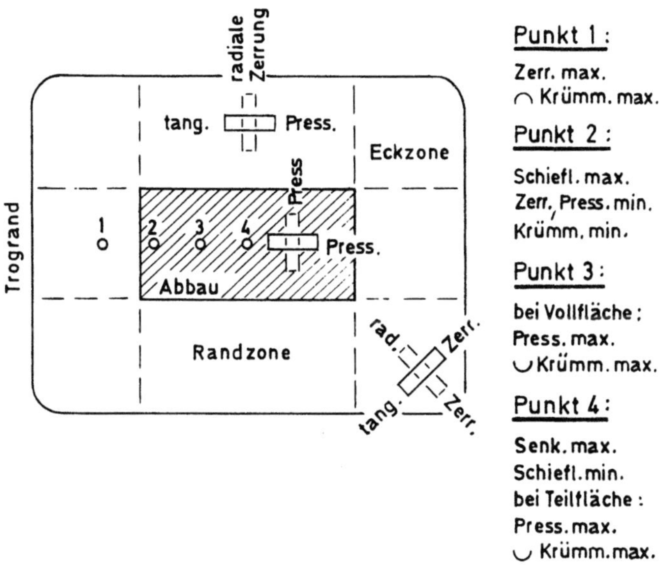

Abb. 235. Die Beanspruchung eines Bauwerkes in der Längsachse auf Pressung (muldenförmige Krümmung) oder Zerrung (sattelförmige Krümmung) je nach grundrißlicher Lage zur Abbaufläche

ge der Krümmungsarten entspricht der der Längenänderung: Muldenförmige Krümmung (Pressung) über dem Abbaufeld und in tangentialer Richtung am Trogrand, sattelförmige Krümmung (Zerrung) in radialer Richtung im Trograndgebiet und in den Eckzonen. Für den allgemeinen Fall läßt sich demnach die Regel aufstellen, den Abbau so zu führen oder das Bauwerk bei der Planung so zu orientieren, daß die längere Bauwerksachse parallel zu den Linien gleicher Senkung, also tangential zum Baufeld liegt (Pressung und Kippung in bzw. um die Längsachse).

Nach den früheren Ausführungen im Abschnitt 7.2 ist auch die G r ö ß e der Bodenbewegung und -verformung ortsabhängig (Abb. 236). Beispielsweise tritt die maximale Schieflage oberhalb der Abbaukante (Punkt 2 in Abb. 235) auf, wo die Längenänderung (neutrale Zone) gering ist. Die Maximalwerte der Pressung (muldenförmige Krümmung) oder Zerrung (sattelförmige Krümmung) liegen ungefähr über der Mitte des Abbaufeldes (Teilfläche) bzw. radial in der Trograndmitte (Punkt 3 und 4 bzw. 1). Die größtmögliche oder kritische Pressung tritt im Endzustand der Bodenbewegung zentral über einer Abbaufläche von 1 R (ungefähr 500 m in 800 m Teufe) Durchmesser ein. Man sollte also bei

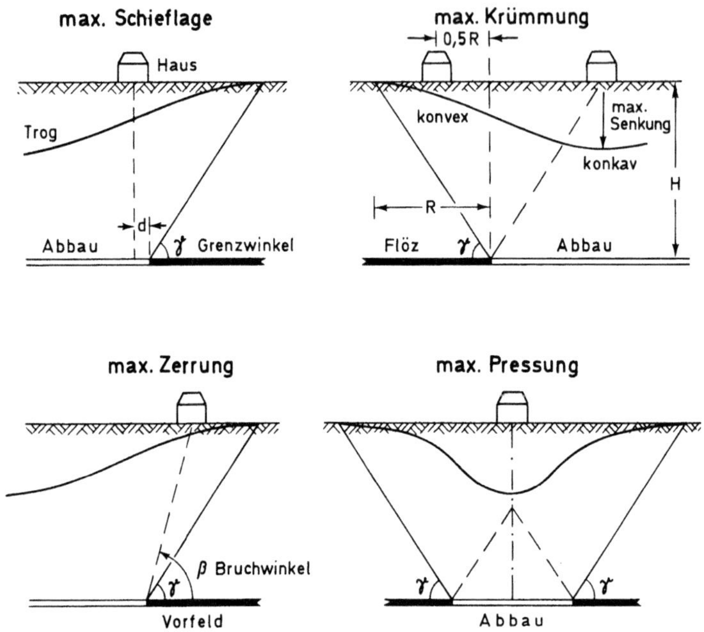

Abb. 236. Die Ortslagen maximaler Bodenbewegung oder -verformung über einem Abbaufeld in der Teufe H (Schnittriß)

der Bemessung der streichenden Baulänge im Falle einer symmetrischen Unterbauung des zu schützenden Bauwerkes bestrebt sein, den Abbau bereits bei einer Länge von 0,5 R oder erst nach einer Länge von über 1,5 R zu stunden. Die Pressungen, Zerrungen, Schieflagen und Krümmungen sind jedoch quer zur rechteckigen Abbaufläche größer als im meistens streichenden Muldenlängsschnitt, was mit der im Vergleich zum Längsschnitt steileren Muldenflanke in der schmalen Abbauquerseite erklärt werden kann (Abb. 86).

Der Planungsingenieur wird daher die Abbaufläche so begrenzen, daß der Abbau die im Endstand durch eine Vorausberechnung für günstig befundene Größe und Lage zum Bauwerk einnimmt, bei der es hinsichtlich Art und Größe der Bodenbewegung nicht übermäßig beansprucht wird. Überlegt werden muß in diesem Zusammenhang, ob der Abbau bei Annäherung an das Schutzobjekt in Bezug auf die Bauwerkslängsachse mit breiter oder schmaler Front geführt werden soll, ob die mit wachsender Abbaufläche größer werdenden Bodenbewegungen für das Bauwerk zulässig sind oder ob auf den Abbau eines Flözteiles verzichtet werden muß (Abb. 237). Besteht die Wahl zwischen Versatz- oder Bruchbau, so läßt sich die Bodenbewegungsgröße durch den abstützenden Versatz um die Hälfte verringern. Bei Unterbauung alter Abbaufelder muß auch die von dort ausgehende Nachsenkung beachtet werden.

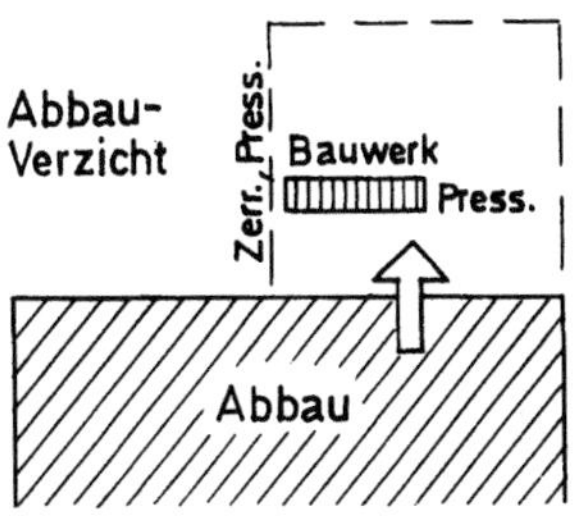

Abb. 237. Die Unterbauung eines empfindlichen Bauwerkes mit schmaler Abbaufront

Mit Hilfe des Versatzbaus werden vor allem die Senkungsschäden an der Vorflut, die zu einer Versumpfung weiter Gebiete*) und in der Kanalisation zu einer Rückstauung des abfließenden Wassers führen, gemildert. Außerdem läßt sich durch den Versatzbau die Senkung der Bahngleise (Gefälleänderung) und der Kanäle abschwächen. Allein die Vorflutschäden machen im Ruhrgebiet bekanntlich 50% der Bergschadenkosten aus. Unter Flüssen und anderen, der Vorflut dienenden Wasserläufen, unter Niederungen, Bahnen und Kanälen ist daher ein möglichst "senkungsarmer" Versatz- oder Örterbau anzuwenden. Wenn auch die anderen Maßnahmen zur Bergschadenminderung, die sich mit dem Schutz der Bauwerke befassen, den breitesten Raum im Schrifttum einnehmen, so sollte doch nicht vergessen werden, daß das Einbringen von Versatz oder das Stehenlassen tragfähiger Festen beim Örterbau, Kammerbau oder Auger-Mining zu den erfolgreichsten Maßnahmen in der Bergschadenbekämpfung zählen, da sie durch eine um rd. 50% reduzierte Bodenbewegung sowohl die Vorflut erhalten als auch die Bodenverformungskräfte mindern helfen. Allerdings verteuert der Versatzbau die Gewinnungskosten. Diese Schutzmaßnahme ist bergbautechnisch so problemlos, daß auf sie nicht näher eingegangen zu werden braucht. Dagegen sind die Auswirkungen der übrigen in diesem Abschnitt behandelten abbautechnischen Vorkehrungen für das betreffende Bauwerk nicht leicht überschaubar.

Die Möglichkeiten des lage- und flächenmäßigen A b b a u z u s c h n i t t e s lassen sich in vier grundlegenden Abbauplänen

*) Im Ruhrgebiet fallen Berge im Verhältnis zur geförderten Kohle im Verhältnis von 2 : 3 an. Ein neuer Vorschlag sieht deshalb in unbesiedelten Gegenden einen "übertägigen Senkungsausgleich" durch Auffüllung der Senkungsmulden mit Bergematerial vor (Savelsberg 1973).

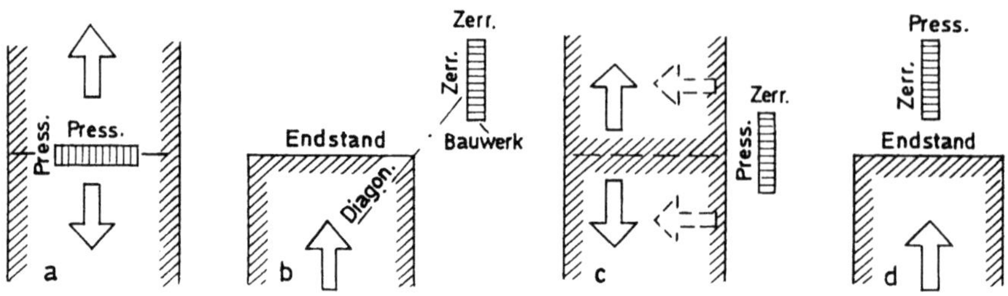

Abb. 238. Die vier Grundbeispiele für eine Abbauplanung bei einer gegebenen Beanspruchungsart eines Bauwerkes

Abb. 238) zusammenfassen, bei denen der Abbau unter dem betreffenden Bauwerk so geführt wird, daß es

a) beidachsig zu jeder Zeit nur gepreßt wird (z.B. ein Betonbauwerk): zentraler Abbau unter dem Bauwerk, und zwar zweiflügelig von der in den Abbaugrundriß projizierten Bauwerksmittellinie aus;

b) beidachsig nur gezerrt wird (z.B. für langen Zeilenbau): diagonalseitlicher Abbau bis kurz vor der Bauwerksprojektion;

c) nur längs gepreßt und quer gezerrt wird: längsseitlicher Abbau, und zwar zweiflügelig von der verlängerten Bauwerksquerachse aus oder in breiter Front vom Bauwerk weg;

d) nur längs gezerrt und quer gepreßt wird: querseitlicher Abbau bis kurz vor die grundrißliche Bauwerksprojektion.

Diese Abbaupläne gelten in gleicher Weise für die sattelförmige (Zerrung) oder muldenförmige (Pressung) Krümmung der Baugrundsohle. Eine Schieflage wird beim Plan a) vermieden, bei einem Abbau nach Plan b) kann sich ein langes Bauwerk um die Diagonalachse verwinden. Wegen der Stundung des Abbaus kurz vor dem Bauwerk bedeuten die Pläne b) und d) einen Abbauverzicht und Mineralverlust. Sicherheitspfeiler, die nach dem Grenzwinkel oder Bruchwinkel bemessen werden, scheiden bei großen Abbauteufen aus. Außerdem will man die Horstbildung sowie die starken Zerrungen und Krümmungen über dem Pfeilerrand vermeiden. In geringer Abbauteufe kann jedoch eine unabgebaute Schutzzone unter einem wertvollen Bauwerk bei geringen Materialverlusten eine wirtschaftliche Lösung des Bergschadenproblems sein.

14.22 Die Abbaufolge und Planungsbeispiele

Innerhalb der unter diesen Gesichtspunkten festgelegten Abbaugrenzen kann der Verhieb an verschiedenen Stellen beginnen sowie beim Abbau mehrerer Flöze in einer bestimmten Richtung und zeitlichen Reihenfolge geführt werden. Während beim Abbauzuschnitt die Größe und Art der Bodenbewegung nur im Endstand berücksichtigt wird, muß bei der Festlegung der A b b a u f o l g e auf die zwischenzeitliche, dynamische Bodenbewegung geachtet werden. Beginnt der Verhieb bei einer zentralen Unterbauung des Bauwerks nicht an der Mittellinie a, sondern am Rand b, so unterliegt das Bauwerk zuerst einer Zerrung und erst später einer Pressung (Abb. 239). Diese Wechselbeanspruchung,

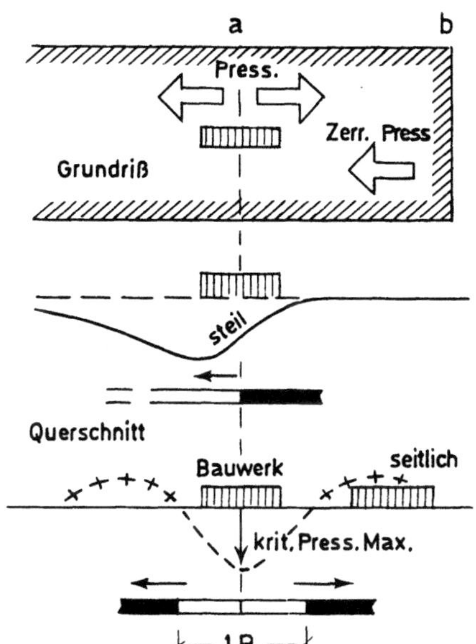

Abb. 239. Die zwischenzeitliche Beanspruchung eines Bauwerkes je nach Lage a oder b des Anlaufstoßes: Zerrungs-Pressungs-Übergang (oben), steiler Trogrand über dem Anlaufstoß (Mitte) und kritisches Pressungsmaximum bei zentraler Unterbauung (unten)

vor allem die von Pressung in Zerrung, ist für das Bauwerksgefüge schädlicher als eine gleichartig bleibende Einwirkung. Die Ortslage des Strebaufhauens (Anlaufstoß) und die Abbaurichtung sind auch für die Bodenbewegungsgröße im Endstand entscheidend, da sich oberhalb des Anlaufstoßes eine steilere Trogflanke ausbildet als über dem fortschreitenden oder gestundeten Stoß. Es wird daher meistens vorteilhaft sein, den Abbau auf das Bauwerk zulaufen zu lassen und ihn nicht unterhalb des Bauwerks zu beginnen. Das gilt auch für die zentrale Unterbauung, da das gefährliche dynamische Pressungsmaximum nur bei einem seitlich beginnenden, auf das Bauwerk zulaufenden Abbau vom Bauwerk ferngehalten werden kann; beim zweiflügeligen Abbau von der Bauwerksachse aus bildet sich ein stehendes Pressungsmaximum in der Fundamentsohle heraus, das im Endstand je nach Größe der streichenden Baufeldlänge in das kritische Pressungsmaximum (1 R) oder in den nahezu pressungslosen Zustand (2 R) übergeht.

Ein schneller Verhieb verringert im allgemeinen die auftretenden Zerrungs-, Pressungs- und Krümmungsbeträge, weil die Senkungsmulde sich hierbei schneller verbreitert als vertieft, der Trog somit zwischenzeitlich verflacht (Abb. 164). Diese Verringerung der zwischenzeitlichen Längenänderungen und Bodenkrümmungen erweist sich jedoch bei den heutigen Abbaufortschritten von 1,5 bis 3m/d als Maßnahme zur Bergschädenminderung von keiner großen Bedeutung, zumal der Abbaufortschritt durch die Lagerstättenart und die Gewinnungstechnik meistens vorgegeben, also nicht frei wählbar ist. Hinzu kommt, daß nach neueren Beobachtungen ein großer Abbaufortschritt die Bruchverformung (Entfestigung) eines schon mehrmals durchbauten Gebirges begünstigt, was sich durch steilere Trogflanken nachteilig auf die Bauwerke auswirken kann (Abschnitt 12.23). Auch der schnelle Lastwechsel von Zerrung in Pressung scheint für die Bauwerke schädlicher zu sein als ein langsamer Übergang.

Sieht man von diesen Einschränkungen ab, so läßt sich aus der Gl.(336) (Perz) ein Abbaufortschritt v (m/d) berechnen, bei dem z.B. die z u l ä s s i g e Z e r r u n g für ein Bauwerk im Punkt A (Abb. 240) zwischenzeitlich bis zur Unterfahrung nicht überschritten wird. Zur Vereinfachung wird für die zeitliche Einwirkung der einzelnen Abbauelemente wiederum die gleiche Zeitfaktorkurve angenommen und außerdem die Gl. (351) (Salustowicz, Knothe) in der Form

$$v = \frac{c\,(R - b)}{\ln \dfrac{\varepsilon_{end}}{\varepsilon_{end} - \varepsilon_{zul}}} \qquad (447)$$

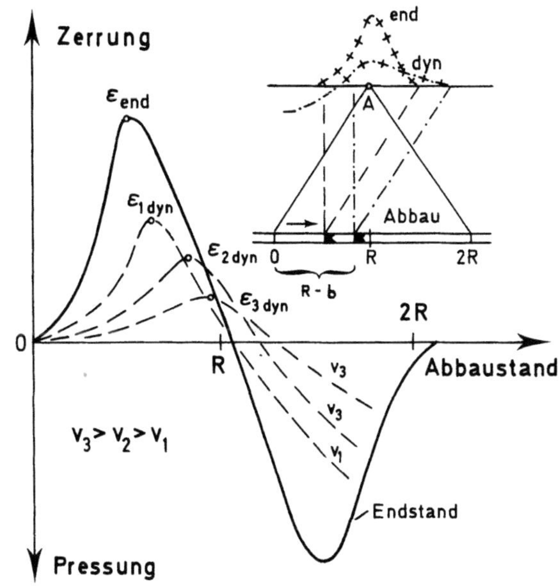

Abb. 240. Die Abhängigkeit der Zerrungshöchstwerte von der Abbaugeschwindigkeit v bei der Unterbauung des Tagespunktes A (rechts oben) und Vergleich mit dem Endstand der Längenänderung beim jeweiligen Abbaustand

für die Aufgabenlösung benutzt, wobei man unterstellt, daß die Gl. (351) auch für den Anstieg der zwischenzeitlichen Zerrungskurve während der Zeitdauer t von Beginn der Einwirkung auf den Tagespunkt A bis zum Eintritt des zwischenzeitlichen Höchstwertes $\varepsilon_{dyn} = \varepsilon_{zul}$, also für die Verhiebslänge R - b, gilt. Der Exponent t ist in der Gl. (351) durch den Quotienten (R - b) : v ersetzt worden, damit das zwischenzeitliche Zerrungsmaximum mit größer werdendem Abbaufortschritt gegenüber der maximalen Zerrung ε_{end} im Endstand nach einer e-Funktion

$$\frac{\varepsilon_{dyn}}{\varepsilon_{end}} = 1 - e^{-\frac{c(R-b)}{v}} \qquad (448)$$

abnimmt, was natürlich nur eine Arbeitshypothese ist.

Zuverlässiger als diese Annahmen ist eine Interpolation der gesuchten Abbaugeschwindigkeit v_x bei gegebener zulässiger Zerrung ε_{zul} aus den für verschiedene Abbaufortschritte v_1, v_2 ... beobachteten zwischenzeitlichen Zerrungshöchstwerten $\varepsilon_{1\,dyn}$, $\varepsilon_{2\,dyn}$ ... kurz vor der Unterfahrung des Bauwerks. Die Abb. 240 zeigt schematisch, wie das dynamische Zerrungsmaximum mit größerer Abbaugeschwindigkeit einerseits kleiner wird und andererseits immer mehr zum Gewinnungsstoß rückt, bei einem sehr schnellen Verhieb also unmittelbar vor der Unterfahrung - im Abstand b vor dem Stoß - am Bauwerk A auftritt, während es beim Abbaustillstand etwa um 0,5 R vor dem Stoß liegt.

Eine wirkungsvolle Maßnahme, die Beanspruchung eines Bauwerks herabzusetzen, stellt die zeitlich und größenmäßig richtig abgestimmte Überlagerung gegenläufiger Bodenbewegungen und -verformungen, wie Schieflage nach Norden und Schieflage nach Süden, konkave Krümmung und konvexe Krümmung, Zerrung und Pressung dar, die von zwei oder mehr Abbauen am Schutzobjekt zur gleichen Zeit hervorgerufen werden. Soll beispielsweise ein Bauwerk zu keinem Zeitpunkt schiefgestellt werden, so kann diese Forderung mit einem von der Mittellinie des Gebäudes aus symmetrisch von innen nach außen oder mit einem symmetrisch von außen nach innen geführten Abbau erfüllt werden (Abb. 241). Im ersten Fall befindet sich das Gebäude stets in der

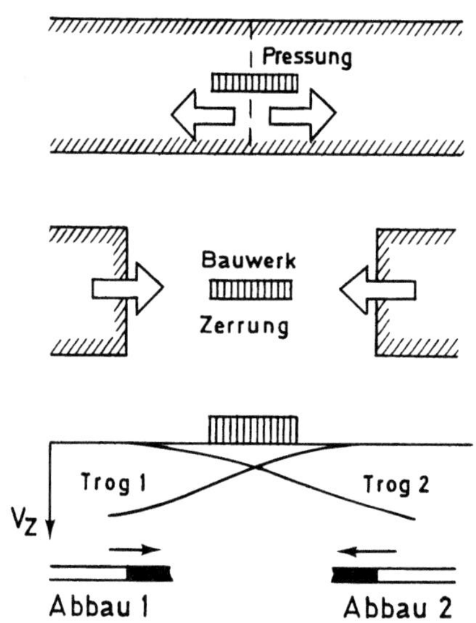

Abb. 241. Die symmetrische Unterbauung eines Bauwerkes bei Vermeidung einer Schieflage

Trogmitte (Pressung, Muldenlage), im zweiten Fall überlagern sich die beiden aufeinander zuwandernden Tröge (Zerrung, Sattellage). Wegen der kleineren Längenänderung und Krümmung im Abbaulängsschnitt sollte das Bauwerk in der Streichrichtung liegen, doch gleicht sich die Schieflage genau nur in der Symmetrielinie beider Abbaue aus; die seitlich davon auf der Mulden- oder Sattelflanke liegenden Gebäudeteile haben eine geringe Schieflage, die quer zum Abbau am größten ist. Desgleichen kann die von einem zentralen Abbau des Flözes A her-

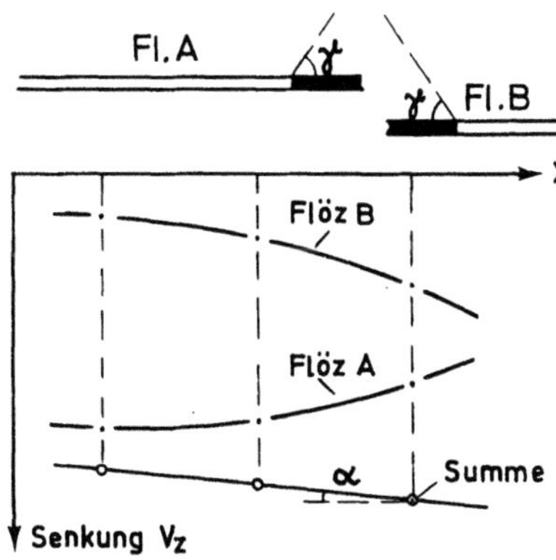

Abb. 242. Die Überlagerung einer muldenförmigen Krümmung (zentraler Abbau im Flöz A) mit einer sattelförmigen Krümmung (Randabbau im Flöz B). Zurückbleibende Schieflage α an der Tagesoberfläche

vorgerufene muldenförmige Baugrundkrümmung durch Überlagerung mit der sattelförmigen Krümmung eines Randabbaus in Flöz B geebnet werden, es bleibt aber meistens eine Schieflage zurück (Abb. 242).

Ein Zerrungs- und Pressungsausgleich für alle Zeitabschnitte kann dagegen bei günstigen Abbauverhältnissen in flacher, ungestörter Lagerung nur in grober Näherung verwirklicht werden, wie es die Addition der Verschiebungskurven für zwei um die Länge R versetzte Abbaue beweist (Abb. 243). Die Pressung des Bauwerks infolge der Unterbauung im Flöz 1 wird nur dann durch die Zerrung eines Randabbaus im Flöz 1 voll ausgeglichen, wenn die Summe beider Verschiebungskurven eine waagerechte Gerade ($\pm \epsilon_s = 0$) ergibt. Das ist nur bei symmetrischen, kongruenten Verschiebungskurven der Fall, d.h. die Abbaumächtigkeit, der Versatzfaktor, der Einwirkungsfaktor sowie die Breiten der Zerrungs- und Pressungszonen müssen für beide Abbaue gleich sein. Außerdem muß der Schnittpunkt beider Kurven in halber Höhe der Verschiebungsmaxima $v_{x\ max}$ liegen, denn bei z.B. größeren Verschiebungsmaxima $v'_{x\ max}$ ist die Summenkurve (punktiert in Abb. 243) geschwungen, was auf Zerrung und Pressung hinweist. Der teilweise Zerrungs-Pres-

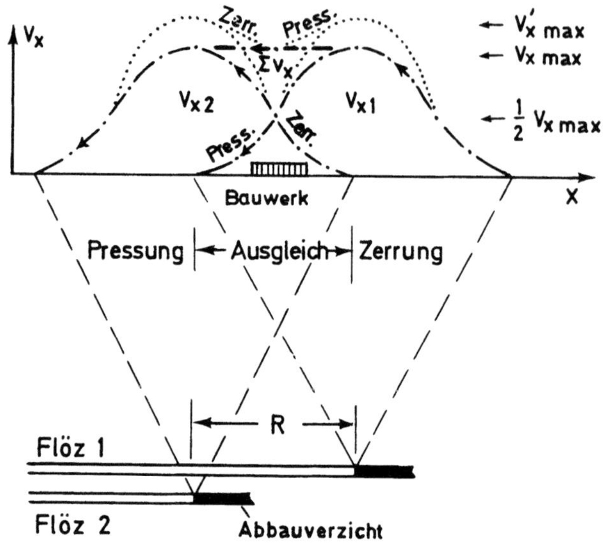

Abb. 243. Der Zerrungs-Pressungs-Ausgleich über zwei um die Länge R versetzte Abbauflächen. Die Summe beider Verschiebungskurven ergibt im Bauwerksbereich gleichgroße Punktverschiebungen

sungs-Ausgleich durch Kombination der Abbaupläne a) und d) in Abb. 238 setzt also einen Zentral- und einen Randabbau in zwei Flözen voraus, was einen Abbauverzicht unterhalb des Bauwerks in einem der Flöze bedeutet.

Werden die Abbaukanten in den Flözen seitlich nicht versetzt (Abb.244), wie es häufig an Betriebsgrenzen oder Markscheiden geschieht, dann können sich die Zerrungen der einzelnen Abbaue bis zur Erdrißbildung bei ungefähr 7 mm/m addieren. Begünstigt wird die Erdrißbildung, wenn jenseits einer unabgebauten Grenzzone auch im Nachbarfeld mit der Gewinnung begonnen wird, weil dadurch die sattelförmige Bodenkrümmung über dem Restpfeiler verstärkt wird. Ist bereits ein Erdriß vorhanden, so summieren sich die Zerrungen bevorzugt im Bruchzonenbereich, und zwar auch bei seitlich versetzten Abbaustößen. Der Erdriß kann als Schutzmaßnahme aber auch absichtlich in einem Abstand von 30 bis 50 m vor einem Bauwerk herbeigeführt werden, damit die Bodenbewegung schon am Erdriß aufhört und das Bauwerk außerhalb des verkürzten Einwirkungstroges bleibt (Abb. 88 u. 244). Am Bruchwinkelschenkel beginnend, werden zu diesem Zweck mehrere Flöze in dichter Folge abge-

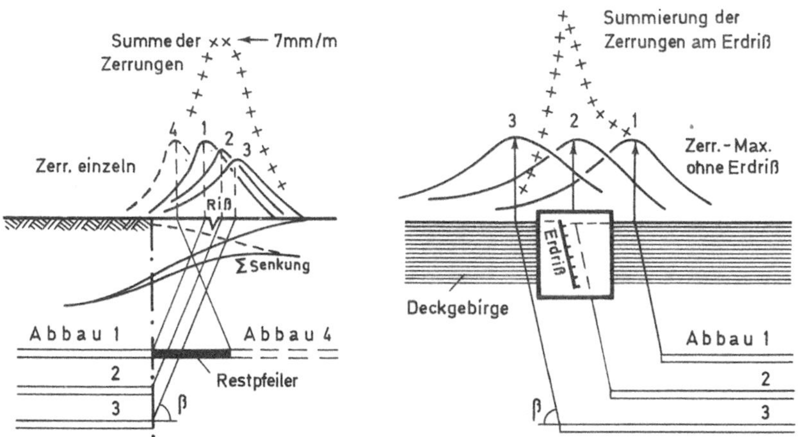

Abb. 244. Die Überlagerung der Zerrungen beim Mehrflözbergbau. Links: Erdrißbildung bei rd. 7 mm/m Zerrung, gefördert durch einen Abbau 4 im Nachbarfeld (verstärkte Bodenkrümmung über Restpfeiler). Rechts: Summierung der seitlich versetzten Zerrungskurven bei schon vorhandenem Erdriß

baut (Rückbau).

Eine die Zerrung und Pressung am Bauwerksfundament zwischenzeitlich ausgleichende Abbauführung wird besonders im Falle der Unterbauung der Tagesgegenstände in mehreren Flözen einer Abteilung als "abrollender" Verhieb bezeichnet: In den übereinanderliegenden Baufeldern folgen die Abbaue der einzelnen Flöze aufeinander im Abstand von 0,5 bis 1 R, wobei die Abbaue jeweils zweier Flöze für den Zerrungs-Pressungs-Ausgleich zu einer Einheit zusammengefaßt werden. Für zwei Flöze und Abbaue zeigt die Abb. 245 einen abrollenden Verhieb in zwei Variationen: Werden beide Flöze 1 und 2 gleichzeitig von den rechten Baufeldgrenzen nach links hin im Abstand von 1 R abgebaut (Fall a), so gerät das Gebäude anfangs in eine Zerrungszone beider Flöze. Beim Abbau der zwei Flöze von links nach rechts (Fall b) entsteht am Bauwerk nur durch den Verhieb von Flöz 1 vorübergehend eine Zerrung, die kleiner als im Fall a) ist. Das Bauwerk kann also bei falscher Abbauplanung schon vor dem angestrebten Ausgleich der Verformungen beschädigt werden. Die Fundamentrisse werden bei fortschreitendem Abbau durch die nachfolgende pressende Wirkung der Unterbauung im Flöz 1

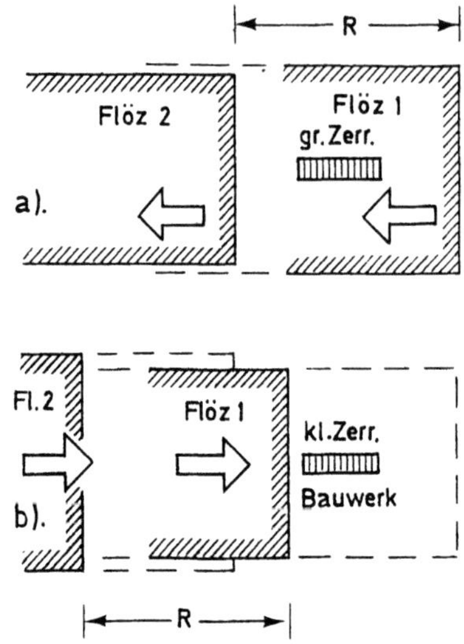

Abb. 245. Der abrollende Verhieb zweier Flöze unter einem Bauwerk in verschiedener Richtung

wieder geschlossen. Die Zerrungen und Pressungen heben sich am Bauwerk im Abbauendstand jedoch nur auf, wenn in jedem zweiten Flöz auf eine Unterbauung des Gebäudes verzichtet wird oder in allen Flözen die Vollfläche abgebaut wird (Abb. 246); anderenfalls bleibt ein Pres-

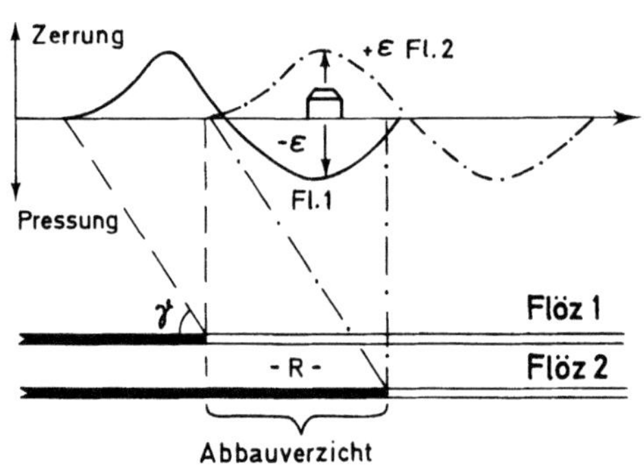

Abb. 246. Der Ausgleich von Zerrung und Pressung an einem Bauwerk durch zwei um R versetzte Abbaue im Endstand (Schnittriß)

sungsüberschuß zurück. Ein Verhieb der Vollfläche in schachbrettartigen Abschnitten, wie es der harmonische Abbau (Abb. 64,c) vorsieht, ist bei gestörter Flözablagerung und wegen schon abgebauter Flözteile selten durchführbar (K.Lehmann 1938).

In geringem Maße lassen sich die Einwirkungen aus mehreren Flözen durch eine zweckmäßige Reihenfolge ihres Verhiebs verringern, so z.B., wenn in Abb. 73 zuerst ein gering mächtiges Flöz abgebaut und dadurch eine Entspannungszone für die mächtigeren Flöze im hangenden und liegenden Gebirge geschaffen wird. Im Druckschatten des Alten Mannes ist dann die Baufeldkonvergenz in den oberen und unteren Flözen entgegen dem Superpositionsprinzip schwächer als ohne Vorwegnahme des dünnen Flözes.

Die Unterbauung eines Bauwerks in nur einem Flöz beginnt, soweit es hinsichtlich der geologischen Störungen möglich ist, seitlich vom Bauwerk in einem grundrißlichen Abstand von rd. 0,5 R (Abb. 247).

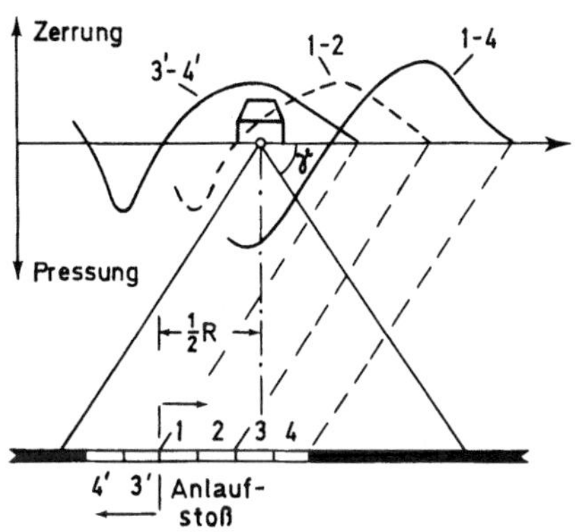

Abb. 247. Die Unterbauung eines Hauses in einem Flöz von einem seitlich versetzten Anlaufstoß aus. Geringe Zerrung beim Abbaustand 2 und Zerrungs-Pressungs-Ausgleich beim Abbaustand 4,4' (Schnittriß)

Damit soll erreicht werden, daß sich über den zum Bauwerk zulaufenden Feldern 1 und 2 nur eine kleine Zerrungswelle bildet. Die nach der Unterfahrung mit den Feldern 3 und 4 am Bauwerk einsetzende Pressung wird durch eine überlagerte Zerrung, die von den nach außen geführten Abbauen 3' und 4' hervorgerufen wird, gemildert. Der zum Schutzobjekt seitlich versetzte Anlaufstoß bewirkt also, daß sich zwischenzeitlich weder die Zerrungen noch die Pressungen am Orte des Bauwerkes voll entwickeln können.

Die Unsicherheit in der Vorausberechnung der zwischenzeitlichen Bodenbewegungsgrößen läßt lediglich eine qualitative Bestimmung der sich überlagernden Bodenbewegungskomponenten zu, weil die Einwirkungen sowohl von den schon vor mehreren Monaten abgebauten Feldesteilen nahe dem Anlaufstoß als auch von den Bauabschnitten, die hinter dem fortschreitenden Stoß gerade erst verhauen worden sind, ausgehen (Abb. 171). Ferner beschreibt die in den Berechnungen unterstellte lineare Superposition der Abbaueinwirkungen die gegenseitige Beeinflussung benachbarter Abbaue im Gebirge und an der Tagesoberfläche nur sehr unzureichend.

In geneigter bis steiler Lagerung wird sich ein Ausgleich der Zerrungen und Pressungen sowie der Schieflage angesichts der in der Fallebene unsymmetrischen Verschiebungs- und Senkungskurven nur in der Streichrichtung vollziehen lassen, wo die Bodenbewegung ähnlich gleichförmig wie in flacher Lagerung verläuft. Außerdem sind in steiler Lagerung die Streblänge, die Abbaurichtung im Streichen, der Versatzbau und die Lage innerhalb der Sohlenhöhen schon vorgegeben, so daß vor allem in querschlägiger Richtung keine Variation der Abbauplanung möglich ist.

Die Abb. 248 zeigt einige B e i s p i e l e einer Abbauplanung unter dem Gesichtspunkt der Bergschadenminderung. Durch einen Abbauver-

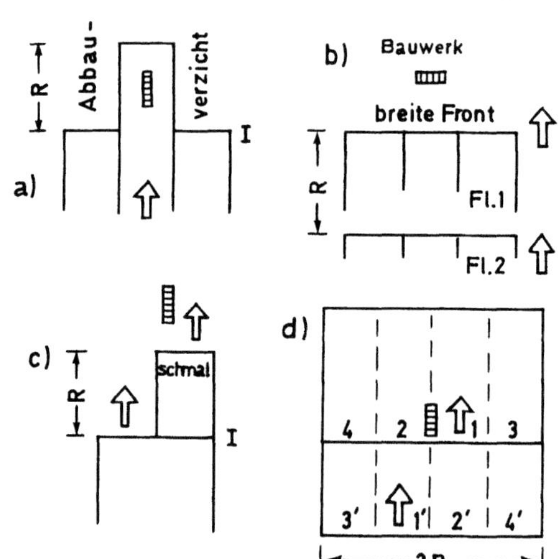

Abb. 248. Einige Beispiele der Abbauführung zur Schonung eines Großbauwerkes

zicht seitlich eines Gebäudes läßt sich die vom mittleren Streb bei der Unterbauung hervorgerufene Pressung mit einer überlagernden Zerrung vermindern (a). Ein parallel zum Abbaustoß liegendes Bauwerk sollte mit möglichst 1 R breiter Abbaufront unterbaut werden, um die Pressungen in der Längsachse in zulässigen Grenzen zu halten (b). Im Beispiel c) würde ein über die Linie I in voller Breite hinausgehender Abbau starke Zerrungen in der Gebäudelängsachse verursachen. Der nur in halber Breite weiterlaufende rechte Streb ruft eine schwache Zerrung am Bauwerk hervor, die nach dem Unterbauen des Gebäudes in Pressung übergeht. Um diese Pressung in beiden Achsen weniger stark ansteigen zu lassen, folgt im Abstand von ungefähr 1 R der linke, Zerrung verursachende Streb. Im Beispiel d) wird die Pressung des dicht vor dem Bauwerk beginnenden Abbaus 1 durch die zerrende Einwirkung eines gleichzeitig vom Vollflächenrand herangeführten Abbaus 1' gemindert. Aus dem gleichen Grunde werden die Abbaue 2 und 2' vom Bauwerk weg bzw. zum Bauwerk herangeführt ("abrollen"). Nach Verhieb dieser vier Felder in Vollflächenlänge wird das Bauwerk nur in der Querachse noch gepreßt. Erst nach Verhieb der Randstreifen und damit der gesamten Vollfläche ist das Gebäude auch in der Querachse annähernd pressungslos.

Im Beispiel der Abb. 249 wird eine zerrungsempfindliche Kokerei von dem Streb 1 in der Längs- und Querachse auf Zerrung beansprucht (a).

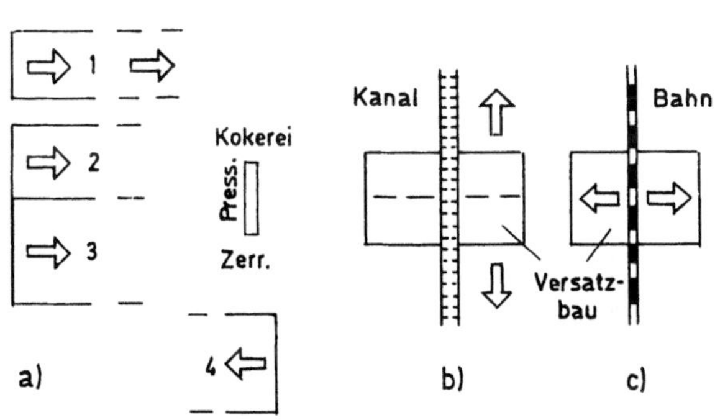

Abb. 249. Einige Beispiele für die Unterbauung einer Kokerei, eines Kanals und einer Bahnlinie

Die anschließend mit gemeinsamer Front laufenden Abbaue 2 und 3 rufen eine Pressung in der Längsachse der Kokerei hervor und verstärken die Zerrung in der Querachse. Mit einem vierten Streb, der in umgekehrter Richtung von rechts nach links fortschreitet, kann die im ersten Abbaujahr gefährlich hoch ansteigende Zerrung in der Querachse zur rechten Zeit mit einer überlagernden Pressung abgeschwächt und außerdem noch die Pressung in der Längsachse der Kokerei durch eine Zerrungseinwirkung verringert werden. Ein Kanal sollte bei einer Unterbauung möglichst auf der ganzen Länge einer Kanalhaltung einschließlich der beiden Schleusen durch einen zweiflügeligen Abbau parallel zur Wasserstraße abgesenkt werden, um statt umfangreicher Deicherhöhungen und Schleusenumbauten den Wasserspiegel später planmäßig senken zu können (b). Unter Bahnanlagen ist dagegen ein Abbau rechtwinklig zur Bahnachse zweckmäßig, damit die Überwachung der Gleise bei einem für längere Zeit örtlich festliegenden Zerrungs- und Pressungsabschnitt erleichtert wird (c). Bei einem Abbau in Richtung der Bahnachse würde das Zerrungsgebiet mit der Abbaufront mitwandern.

14.3 Die Bauwerkssicherungen

Die bautechnischen Maßnahmen, mit denen die im Bergbaugebiet liegenden Tagesbauten gegen Bergschäden mehr oder weniger unempfindlich gemacht werden sollen, sind zuerst als sogenannte Vollsicherungen (Mautner 1920), später als Teilsicherung (Luetkens 1941) entwickelt worden. Mit diesen Bergschadensicherungen soll das Bauwerk gegen die Krümmung und die Längenänderung der Baugrundfläche*) entweder vollkommen geschützt (Vollsicherung) oder nur vor größeren Schäden, die die Nutzung und Standfestigkeit des Bauwerkes nicht beeinträchtigen, bewahrt werden (Teilsicherung). Die Sicherungen beziehen sich also auf die Verformung des Bodens in Bauwerksnähe und die dadurch auf das Bauwerk übertragenen Zusatzkräfte, nicht jedoch auf die Lageänderung (Senkung, Schieflage, Verschiebung) der gesamten Baugrundsohle, der ein erdverbundenes Bauwerk nicht entgehen kann.

Bekanntlich hat die lotrechte Lageänderung als Senkung und Gefälleänderung (Schieflage) für Verkehrsanlagen und Versorgungsleitungen, wie Straßen, Eisenbahnen, Kanäle, Ölleitungen und Kanalisationen, ei-

*) Beim Teilflächenabbau (Bruchbau) eines 1,5 m mächtigen Flözes in 700 m Teufe kann überschlägig mit Senkungen bis zu 1 m, Schieflagen bis zu 3,5 mm/m, Bodenpressungen bis zu 2 mm/m, Bodenzerrungen bis zu 1 mm/m und minimalen Krümmungsradien der Erdoberfläche von 50 km gerechnet werden (Abb. 185). Über einem stark durchbauten Gebirge oder einem oberflächennahen Abbau sind die Pressungen und Schieflagen - weniger die Zerrungen - mehr als doppelt so hoch und die Krümmungsradien wesentlich kleiner als die genannten Richtwerte.

ne Bedeutung. Deshalb wird schon bei der Ausführung dieser Anlagen die im Bergbaugebiet zu erwartende Senkung häufig berücksichtigt, wodurch sich die Kosten für spätere Umbauten, Erhöhungen oder Abtragungen verringern; als Bergschadensicherungen im engeren Sinne können diese Vorsorgemaßnahmen aber nicht angesehen werden, da es sich mehr um eine Vorbereitung zur schnellen und wirtschaftlichen Schadensbeseitigung als um eine Vermeidung des Schadenseintritts handelt. Zu den Vorsorgemaßnahmen zählen ferner die schon früher erwähnten Baueinrichtungen, wie Nischen und Pressenauflager, zwecks Behebung einer Bauwerksschieflage oder einer Brückenabsenkung. Die waagerechte Lageänderung des gesamten Bauwerks spielt als Verschiebung nur in Bezug auf Nachbarbauten eine Rolle, mit denen es durch Schienen, Förderanlagen oder Rohrleitungen verbunden ist.

14.31 Die Voll- und Teilsicherungen

Den Baugrundverformungen gegenüber kann sich das Bauwerk auf zweierlei Weise verhalten: Es kann der Bodenverformung Widerstand leisten, oder es gibt nach. Im ersten Fall spricht man von einer Bergschadensicherung nach dem Widerstandsprinzip, im zweiten Fall von einer Sicherung nach dem Ausweichprinzip. Jedes dieser Verfahren*) kann sowohl gegen die Bodenkrümmung als auch gegen die Bodenlängenänderung angewandt werden.

Das W i d e r s t a n d s p r i n z i p erfordert ein auf Biegung und Verwindung oder auf Längenänderung unempfindliches Bauwerk, was nur mit großen Querschnitten und hohen Kosten zu erreichen ist. Die Kosten einer biegesteifen Konstruktion lassen sich aber verringern, indem das Bauwerk in steife Einzelabschnitte zerlegt und auf kleine Fundamentflächen mit zwangsläufig erhöhtem Sohldruck gelagert werden (Flächenlagerung nach Mautner); denn einerseits steigen die Kosten für die Aussteifung mit der Länge der zu überbrückenden Freilage, andererseits nimmt die geometrische Freihöhe zwischen dem Boden und der inneren (Muldenlage) oder äußeren (Sattellage) Fundamentsohle mit der Bauwerkslast ab, und sie wird bei einem unter hoher örtlicher Belastung plastisch nachgebenden Baugrund noch weiter verkleinert, bis die gesamte Fundamentfläche trägt. Eine weiche Baugrundschicht wie

*) Die Begriffe "Voll- und Teilsicherung" kennzeichnen den Grad der Bergschadensicherung, während in den Wörtern "Widerstands- und Ausweichprinzip" die Art und Wirkungsweise der Sicherungsmaßnahmen zum Ausdruck kommt.

Schluff ist also im Bergbaugebiet vorteilhafter als grober Sand, weil bei einem dünnen, weichen Polster die Auflagerreaktion gleichmäßiger auf alle Gründungsflächen verteilt wird. Für die Sicherung des Bauwerks nach dem Widerstandsprinzip stehen dem Entwurfsingenieur wahlweise dicke Fundamentplatten, Ein- oder Zweiflächenlagerungen und Vierpunktlagerungen gegen die Bodenkrümmung sowie Streifenfundamente und schlaffe Fundamentplatten, die den Abstand gegenüberliegender Fundamente bei einer waagerechten Bodenverformung bewahren sollen, gegen die Längenänderung zur Verfügung.

Die meisten Bauwerke werden aus Kostengründen nur mit einer geringen Eigensteifigkeit ausgestattet, so daß sie sich bei jeder ungleichmäßigen Bodenbewegung verformen; sie gehen aber erst dann zu Bruch, wenn eine gewisse Verformungsgröße überschritten wird. Geringe Verformungen können also beim Ausweichprinzip zugelassen werden, sofern die sich ausbildenden Risse fein verteilt sowie für die Sicherheit des Bauwerkes bedeutungslos sind. Diese Bodenverformungsgrenze liegt im allgemeinen bei 1 mm/m Längenänderung und 500 m Krümmungsradius. Eine Bergschadensicherung nach dem Ausweichprinzip braucht daher erst bei Überschreitung der zulässigen Verformungsgrenze wirksam zu werden, so daß sie der jeweiligen Bauwerksempfindlichkeit angepaßt werden kann und im Vergleich zur Bauwerksverstärkung wesentlich billiger ist. Konstruktionsteile, die wegen mangelnder Biege-, Knick-, Zug-, Druck- oder Scherfestigkeit die zu erwartende Zusatzkraft nicht schadlos aufnehmen können, sollten der Kraft möglichst wenig Widerstand entgegensetzen, jedoch mindestens eine dem übrigen Bauwerkskörper angeglichene Nachgiebigkeit erhalten, damit sich die Spannungen und Formänderungen auf das ganze Bauwerk gleichmäßig verteilen, sofern man nicht den Bruch absichtlich durch Kraftlenkung auf einen gut zugänglichen und leicht reparierbaren Bauteil konzentrieren will. Jede unzureichende Versteifung vergrößert sonst den Schaden, da das verstärkte Bauelement gegenüber den nachgiebigen Teilen mehr Kraft aufnimmt und schließlich an seiner schwächsten Stelle, z.B. den Maueröffnungen, wo die Arbeitsleistung aus der Spannung (Kraft) und der Formänderung (Weg) am geringsten ist, grobstückig bricht. Der Schaden wächst dann mit dem Grad und der Ungleichheit der Steifigkeit. Müssen einzelne Einbauten, wie Silozellen und Maschinenfundamente, von ihrer Funktion her eine abweichende Nachgiebigkeit besitzen, so ist zu prüfen, ob sie vom Bauwerksverband durch Fugen getrennt werden können.

Ein bergschadengesichertes Bauwerk sollte im Idealfall den Bodenverformungen freien Lauf lassen, ohne hierbei Kräfte oder Formänderungen im Bauwerk auszulösen (Luetkens 1957). Die bautechnischen Maßnahmen beschränken sich deshalb beim Ausweichprinzip nicht nur auf die Erhöhung der Nachgiebigkeit der Fundamente und der Wände durch kleinformatige Mauersteine, weichen Fugenmörtel (Kalk), Spielraum in der Ausfachung usw., sondern sie umfassen auch offene Dehnungsfugen, Gleitfugen, Pendelstützen, Rollenlager gegen die Längenänderung und Dreipunktlager gegen die Krümmung, die dem Bauwerksteil ein fast ungehindertes Ausweichen vor der waagerechten oder lotrechten Bodenkraft ermöglichen. Einen Überblick über die bei Bergschadengefährdung am meisten angewandten Sicherungen nach beiden Prinzipien vermittelt die Tafel 30.

Tafel 30. Die Bauwerkssicherung gegen Bergschäden nach dem Widerstands- und Ausweichprinzip

Widerstandsprinzip	gegen Krümmung: hohe Biegesteifigkeit, außerdem Ein- oder Zweiflächenlagerung und Vierpunktlagerung
	gegen Längenänderung: Horizontale Aussteifung durch Streifenfundament oder schlaffe Fundamentplatte zur Abstandshaltungg
Ausweichprinzip	gegen Krümmung: Nachgiebigkeit der Bauteile erhöhen; seltener Dreipunktlagerung (nur bei ausreichender Biegesteifheit)
	gegen Längenänderung: Bewegungsspielraum oder -bahn durch Dehnungsfugen oder Gleitfugen sowie horizontale Nachgiebigkeit erhöhen; seltener Pendelstütze, Stielfüße und Rollenlager (nur bei ausreichender Biegesteifheit)

Nach den vorangegangenen Ausführungen soll ein vollkommen gesichertes Bauwerk die Bodenverformungen während des Abbaus eines Flözes ohne den geringsten Schaden überstehen. Bei einer V o l l s i c h e r u n g müssen folglich sowohl eine Biegung und Verwindung als auch eine Längenänderung des Bauwerks vermieden werden (Abb. 250). Gegen die Durchbiegung und Verwindung kann ein Bauwerk nur durch eine starke Dimensionierung der tragenden Bauteile gesichert werden. Die Vollsicherung setzt daher ein biegesteifes Bauwerk voraus, das zweckmäßigerweise turm- oder brückenförmig auf einer kleinen Fläche oder auf zwei ausgesteiften Fundamentflächen, auf vier (Widerstandsprinzip) oder drei

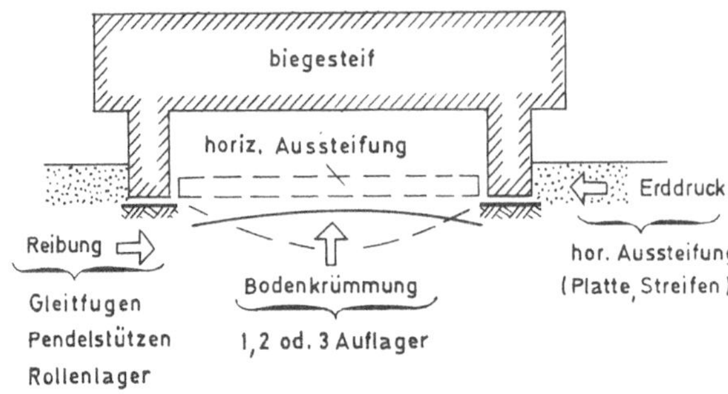

Abb. 250. Das Prinzip der Vollsicherung eines biegesteifen Bauwerkes

Punkten (Ausweichprinzip) gelagert wird, um mit einer kleinen Gründungsfläche und einem dementsprechend hohen Sohldruck die Auswirkungen der Bodenverformung zu verringern. Die waagerechten Bodenkräfte dagegen brauchen bei einer Vollsicherung nicht unbedingt durch eine horizontale Aussteifung (Widerstandsprinzip), sie können auch nach dem Ausweichprinzip mit Hilfe von Gleitfugen, Rollenlagern und Pendelstützen unschädlich gemacht werden.

Ein biegeschwaches Bauwerk kann vor den Abbaueinwirkungen nur zum Teil geschützt werden, da es nicht punktförmig oder kleinflächig gelagert werden kann und der gesamte Baukörper der Bodenkrümmung folgen muß. Bei einer T e i l s i c h e r u n g wird deshalb eine geringe Rißbildung zugelassen, soweit die Funktionstüchtigkeit des Bauwerkes gewahrt bleibt. Sie wird bei Bauwerken geringer Steifigkeit angewandt, indem in Hinblick auf die unvermeidbare Durchbiegung der Konstruktion die Wände - ihre Biegesteifigkeit wächst mit der 3. Potenz der Höhe - und das Fundament nachgiebig bemessen (Ausweichprinzip) werden (Abb. 251), während die waagerechte Verschiebung der Fundamentwände entweder durch horizontal ausgesteifte Fundamentteile und Geschoßdecken (Widerstandsprinzip) oder durch eine Gleitfuge zwischen Sohle und aufgehendem Fundament (Ausweichprinzip) begrenzt wird, wie es die Tafel 31 zeigt.

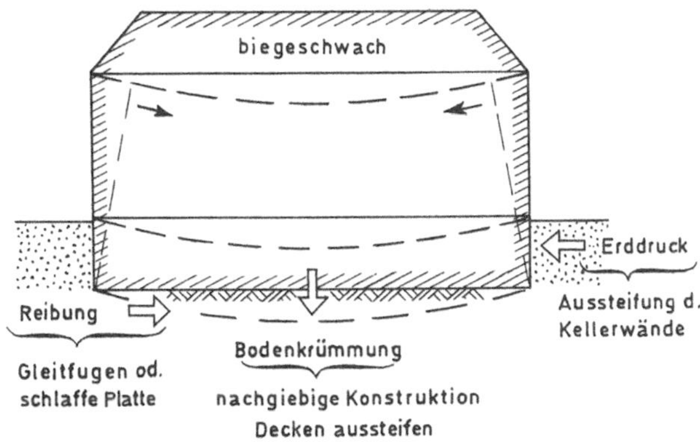

Abb. 251. Das Prinzip der Teilsicherung eines biegeschwachen Bauwerkes

Tafel 31. Die Voll- oder Teilsicherung eines Bauwerks gegen Bergschäden

Vollsicherung eines biegesteifen Bauwerks	gegen Krümmung: Widerstandsprinzip (Aussteifung), seltener Ausweichprinzip (Dreipunktlagerung)
	gegen Längenänderung: Widerstandsprinzip oder Ausweichprinzip (z.B. Rollenlager)
Teilsicherung eines biegeschwachen Bauwerks	gegen Krümmung: nur Ausweichprinzip (Nachgiebigkeit) möglich
	gegen Längenänderung: Widerstandsprinzip (Abstandshaltung), seltener Ausweichprinzip (Gerippebau)

14.32 Einige Beispiele für Bauwerkssicherungen

Im Regelfall werden also kostspielige Industriebauwerke und Maschinenfundamente durch Aussteifung gegen die Bodenkrümmung und Längenänderung voll gesichert, während ein biegeschwaches Bauwerk durch ein Streifenfundament oder eine schlaffe Platte teilgesichert wird.

Beispiele einer V o l l s i c h e r u n g sind in der folgenden Abbildung 252 dargestellt. Die Einflächenlagerung eignet sich für Bauwerke mit kreisförmiger Grundfläche, wie sie z.B. Schornsteine,

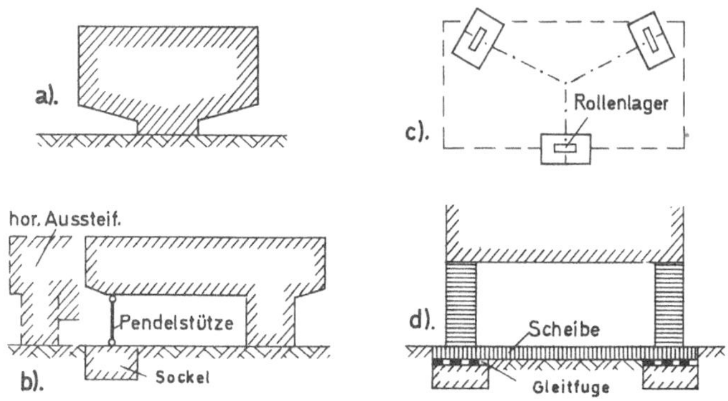

Abb. 252. Beispiele einer Vollsicherung der Bauwerke gegen Bergschäden (nach Mautner u.a.): Einflächenlagerung eines Wasserbehälters (a), Zweiflächenlagerung (b), Dreipunktlagerung (c) und Vierpunktlagerung (d)

Kühltürme oder Maschinenfundamente aufweisen, wobei man die Grundfläche durch Auskragung der aufgehenden Konstruktion noch verkleinern kann (a). Für längliche Bauwerke, wie Kokereien, wird eine Vollsicherung nach der Zweiflächenlagerung in Art eines biegesteifen Balkens auf zwei Stützen bevorzugt (b, links). Der Mittelteil liegt niedrig, um die aus der Auflagerreibung entstehenden Momente klein zu halten. Bei hohen Fundamenten wird entweder ein Auflager als Pendelstütze (Ausweichprinzip) ausgebildet (b, rechts) oder eine horizontale, biegeschwache Scheibe (Widerstandsprinzip) über den zwei Flächen oder den vier Punktlagern eingefügt, unter der - durch eine Gleitfuge getrennt - die eigentlichen Fundamentsockel liegen (siehe d). Die Scheibe nimmt die horizontalen Erd- und Reibungskräfte auf, ohne sie als Moment- oder Querkraft in die obere Konstruktion zu leiten. Die bei Ofenfundamenten und Fördertürmen anzutreffende Dreipunktlagerung mit Rollenlagern (c) oder mit scheibenförmiger Abstandshaltung kann als die ideale Vollsicherung bezeichnet werden; bei mehr als drei Unterstützungen wechselt der Kräfteverlauf im Bauwerk je nach Form der Bodenkrümmung. Eine ungleiche Senkung kann aber bei einer Vierpunktlagerung durch Anheben oder Unterlegen eines Paßstückes ausgeglichen und so die Lastaufnahme aller vier Stützen wiederhergestellt werden (d). Beispiele für Vollsicherungsmaßnahmen an einem Kraftwerk im Bergbaugebiet findet man am Gerstein-Werk in Stockum (Savelsberg 1972).

In diesem Zusammenhang sei auch eine Vollsicherung aus dem W o h n u n g s b a u genannt: Im südlichen Ruhrgebiet werden die Wohnhäuser wegen des früheren oberflächennahen Abbaus, dessen Lage heute meistens unbekannt ist, im Streichen ausgerichtet; das Kellergeschoß wird bei einer Verteuerung von 5% zu einem starren, bewehrten Betonkasten ausgebildet, der bei einem Erdeinsturz einen Hohlraum bis zu 6 m Durchmesser schadlos überbrücken kann. Einige Bauten der Ruhruniversität in Bochum hat man gegen die Tagebruchgefahr im Ausbißbereich der Kohlenflöze dadurch gesichert, daß die Bauwerkslast entweder mittels einer Tiefgründung auf bis zu 30 m langen Schwerlastpfählen (1,5 m dick), die die hangenden Schichten "vernageln", in das standfeste Liegende abgeleitet oder auf eine möglichst große Gründungsrostfläche verteilt wird. Außerdem wurde der zerrüttete und aufgelockerte Boden (Abb. 253) durch Einpressen von Zementsuspension ver-

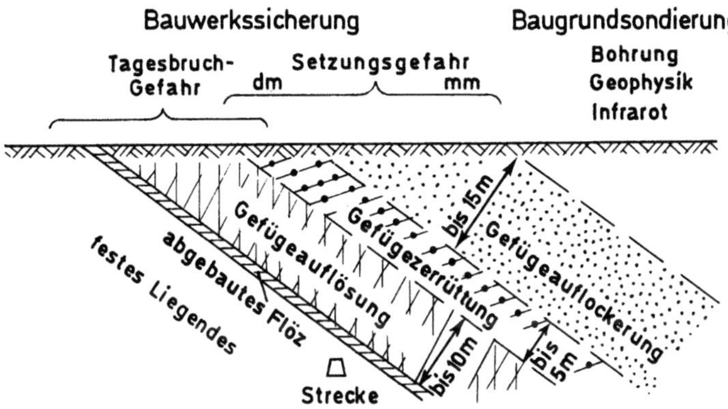

Abb. 253. Die Gefährdung der Bauwerke über tagesnahem Bergbau (nach Klose u. Hollmann). Die Zonenbreiten sind vom Flözeinfallen abhängig

festigt. Um Tagesbrüche erkennen und die Hohlräume rechtzeitig verfüllen zu können - u.U. mit einem schnell abbindenden Versatzriegel gegen noch tiefere Grubenbaue -, sind die Kellerfußböden nicht an den Gründungsrost angehängt worden. Zur Erhöhung der Bauwerkssteifigkeit wurden Trennfugen im Baukörper möglichst vermieden. In Grünanlagen und auf Sportplätzen wurden Sicherheitsnetze dicht unter der Grasnarbe von Fundament zu Fundament gespannt (Hollmann 1971). Ähnliche Vollsicherungen wird man bei einer Erdriß- und Erdstufengefahr vornehmen müssen.

Nach einer im Schrifttum vielfach vertretenen Ansicht (z.B. Luetkens) hat die Bodenlängenänderung im Vergleich zur Krümmung den weitaus größten Anteil an den gesamten Bergschäden*). Infolgedessen kann man, wenn diese Meinung richtig ist, bei einer Teilsicherung auf einen kostspieligen, vollen Schutz gegen die Bodenkrümmung verzichten; es genügen eine ausreichende lotrechte Nachgiebigkeit des Baukörpers (Ausweichprinzip) und eine Abstandshaltung gegen die Längenänderung. Je nachgiebiger das Bauwerk der Bodenkrümmung zu folgen vermag, desto weniger Biegekräfte gelangen in die aufgehende Konstruktion.

Verschiedene Möglichkeiten einer T e i l s i c h e r u n g zeigen die nächsten Beispiele der Abb. 254: Die Längs- und Querwände des

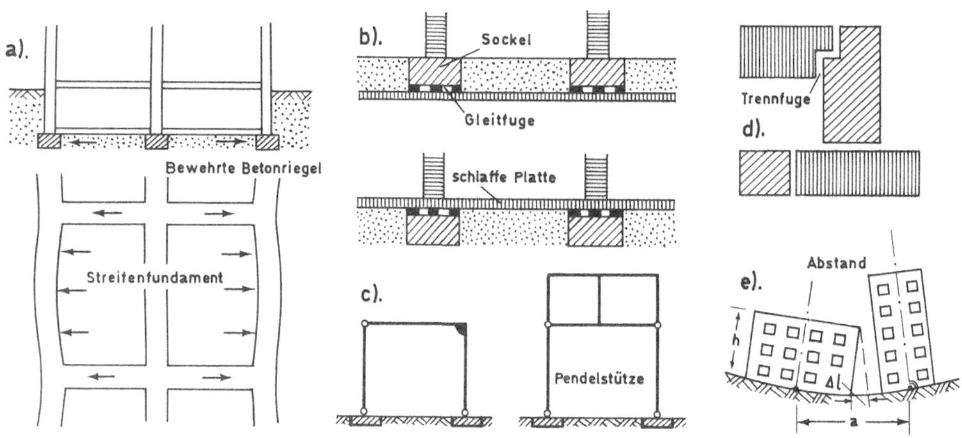

Abb. 254. Beispiele einer Teilsicherung der Bauwerke gegen Bergschäden (nach Luetkens u.a.): Horizontale Aussteifung mit einem rostförmigen Streifenfundament (a), schlaffe Platte unter- oder oberhalb des Fundamentsockels zur Abstandshaltung (b), Dreigelenkrahmen und Gerippe-Hallenbau auf Betonriegeln zur Längsabstandhaltung, Aussteifung in Hallenmitte (c), Zerlegung eines Gebäudes in einzelne Abschnitte (d) und Fugen zwischen benachbarten Baukörpern (e)

Kellers werden auf einem waagerechten Rahmenwerk errichtet, das aus bewehrten Betonriegeln besteht. Ein Streifenfundament dieser Art nimmt die Bodenkräfte in seiner Längsrichtung auf, die quer oder schräg zur Bodenverschiebung liegenden Riegel und Rippen werden jedoch auf hori-

*) Wenn man die vielen, infolge ungleicher Setzung an Neubauten im bergbaufreien Gebiet entstehenden Mauerrisse betrachtet, ist man geneigt, der Bodenkrümmung den größeren Schadensanteil zuzuschreiben.

zontale Biegung und Verdrehung beansprucht, der sie nur bei starker seitlicher Bewehrung und diagonaler Verstrebung widerstehen (a). Eine solche horizontale Versteifung wird am billigsten mit einer durchgehenden Platte erreicht, die ober- oder unterhalb der Einzel- und Streifenfundamente angeordnet werden kann (b). Eine Gleitfuge zwischen Baugrund und Fundament oder zwischen Fundament und aufgehender Konstruktion begrenzt die Kraftübertragung während der Bodenlängenänderung auf die in ihrer Größe abschätzbare Reibung. Damit in der nur streifenförmig belasteten Fundamentplatte keine großen Biegemomente entstehen, soll die Platte so dünn (10 bis 25 cm stark) für die Zerrkräfte in beiden Achsrichtungen bemessen sein, daß sie in lotrechter Richtung nachgibt und lediglich als abstandshaltende Scheibe wirkt. Sie wird "schlaffe Platte" genannt (nach Luetkens). Für schwere Bauwerke auf weichem Grund kann jedoch auch eine dicke Fundamentplatte wegen ihrer gleichmäßigen Sohllastverteilung zweckmäßig sein. Bei Wohnbauten schließt sich die Fußbodenplatte meistens fugenlos, also ohne Gleitfuge, an die Fundamente an.

Von beiden Lösungen in Abb. 254,b hat die unten auf der Baugrundsohle liegende Zerrplatte den Vorteil, daß keine Drehmomente und Biegespannungen auf die Fundamente übertragen werden, wie es bei einer hoch liegenden Platte der Fall ist. Außerdem werden die Erddruckkräfte auf die inneren Seitenflächen der Betonriegel ausgeschaltet (a). Die tief liegende Platte macht jedoch einen Aushub bis zur Fundamentsohle für die ganze Grundrißfläche und eine Wiederverfüllung bis zur Kellersohle erforderlich. In beiden Fällen sollten die sich aus einer ungleichen Fundamentsetzung ergebenden Verbiegungen und Zugspannungen in der Platte beachtet werden, die einen Teil der von den Stahleinlagen der Platte aufnehmbaren Zugkräfte schon vor der Abbaueinwirkung aufzehren.

Frei verschieben dürfen sich die Fundamente unterhalb der Stielfüße und Pendelstützen in der Querrichtung bei den in Gerippebauweise errichteten Hallen (c), vor allem wenn eine Wandausfachung im Erdgeschoß fehlt und die Stützen der Portale oder der kreuzförmigen Verbände für die Standsicherheit und Winddruckaufnahme nicht benötigt werden, da die Halle durch ein Tragsystem in der Mitte ausgesteift ist. Grundstücksmauern und Gitterpfeiler erhalten gegen die Längenänderung lotrechte Dehnungsfugen, die mit einer plastischen Masse ausgefüllt werden. Die Gitter lassen sich durch Laschen mit Langlöchern beweglich einrichten.

Für biegeschwache Bauwerke ist eine Muldenlage günstiger als eine Sattellage, weil die im oberen Bauwerk entstehenden Druckkräfte von den Längswänden und Geschoßdecken aufgenommen werden können (Abb.251). Im Kellergeschoß leistet die übliche Zerrbewehrung den Biegezugkräften und den entgegenwirkenden Reibungskräften einen ausreichenden Widerstand. Bei einer Sattellage hingegen werden die Decken im oberen Teil des Gebäudes auf Zug beansprucht (Abb. 255). Die Decken müssen

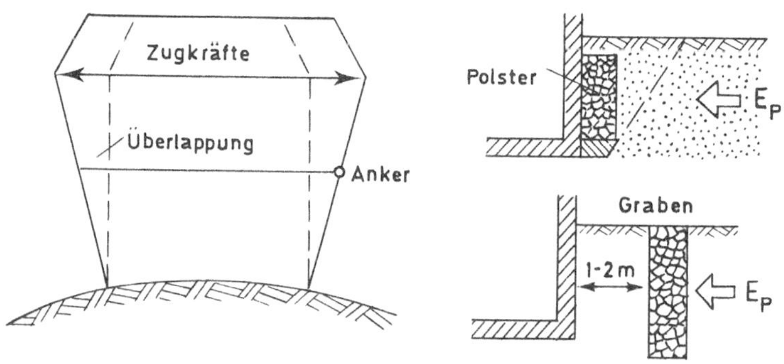

Abb. 255. Die Zugbeanspruchung der Geschoßdecken bei sattelförmiger Bodenkrümmung und die Minderung des Erddruckes auf die Kellerwand mittels Polsterschicht oder Graben

daher in beiden Richtungen eine ausreichende und durchlaufende Bewehrung erhalten, die in den Auflagern überlappt oder verankert (Ringanker) wird. Stahlbeton-Skelettbauten für Wohn- und Bürohäuser sind gegen Krümmung nicht empfindlich; mit zunehmender Trägerhöhe (Dicke) vergrößert sich auch der Stützenabstand, so daß die Gesamtsteifigkeit gleich bleibt. Nur bei Industriebauten mit Decken-Nutzlasten von 1 bis 5 t/m^2 dürfen merkbare Verformungsunterschiede nicht zugelassen werden.

Vor hohen Erddruckkräften auf die Fundamentwände kann ein weiches Polster in der Baugrube aus Kesselschlacke, Schaumstoff, Torf ($E_s \sim 50$ N/cm^2) u.a. schützen; eine weitere Entlastung der Kellerwand läßt sich im Pressungsgebiet durch eine "satt" gegen den gewachsenen Boden betonierte Fundamentsohle erzielen, damit die Erddruckkräfte in die Fußbodenplatte eingeleitet werden (Abb. 255,rechts). In England haben sich mit Schlacke gefüllte Gräben, die in einem Abstand zum Haus von 1 bis 2 m nachträglich quer zur Pressungsrichtung maschinell ausgehoben werden, bewährt. Im Ruhrgebiet entspannt man neuerdings den Boden vor der Kellerwand durch dicht in Reihe angesetzte, lotrechte Bohrlöcher, die mit Torf gefüllt und mit einem Gummiband abgedeckt werden (Lippmann 1973).

Während der Beton einer Fundamentplatte Druckkräften bis zu rd. 3 000 N/cm^2 bruchlos widerstehen kann, müssen die Zugkräfte fast ganz von den Stahleinlagen aufgenommen werden. Nach den Normen und den bergschadenkundlichen Richtlinien darf der Stahl im Bergbaugebiet bis nahe an die Streckgrenze von 1 bis 2 mm/m auf Zerrung beansprucht werden, eine Größe, die sogar bei einer Bodenzerrung von mehreren mm/m im Bauwerk selten erreicht werden dürfte, wie es die Rechenbeispiele im Abschnitt 11.4 beweisen. Die dort errechnete maximale Reibungszugkraft in der Bauwerksmitte von 10 500 kN kann von der Bewehrung bruchlos aufgenommen werden, wenn der Stahlquerschnitt 10 500 : 22 = 500 cm^2 bei Sorte I oder 210 cm^2 bei Sorte IV beträgt (Tafel 32). Dieser kostspielige Stahlaufwand - im erwähnten Beispiel auf 15 m Breite verteilt, d.h. 14 cm^2/m Breite oder 18 Rundstäbe der Sorte IV von 1 cm Durchmesser je Meter Breite in der Bauwerksmitte -

Tafel 32. Richtlinien für die Bewehrung der Fundamente gegen Zerrungskräfte

Stahlsorte	zul. Spannung DIN 1045 N/cm^2	zul. Spannung für Bergschadensicherung N/cm^2	E-Modul N/cm^2	Bruchdehnung %	zul. Dehnung für Bergschäden mm/m
I	14 000	22 000	$2{,}1 \cdot 10^7$	18	1,0
II	18 000	34 000		14 - 20	1,6
III	20 000	40 000		8 - 18	1,9
IV		50 000		8 - 16	2,4

läßt sich durch eine Gleitschicht zwischen Fundament und aufgehender Konstruktion vermindern. Es gibt viele Vorschläge für die Ausbildung künstlicher Gleitfugen, mit denen der Reibungsbeiwert von 0,65 für Beton/Sand auf mehr als die Hälfte verkleinert werden kann, so daß auch die maximale Reibungskraft von z.B. 10 500 auf 5 250 kN zurückgeht und eine nur halb so starke Zerrbewehrung notwendig ist.

Im einfachsten Fall wird eine Bitumenpappe ($\mu \sim 0,3$) zur Trennung der Baukörper verwendet. Teure Graphit-Gleitschichten von 2 mm Stärke oder Teflonschichten ($\mu \sim 0,15$) eignen sich für kleine Stützflächen und für große Druckkräfte von 500 bis 1 000 N/cm^2. Asphalt-Gleitschichten von 3 cm Stärke müssen gegen seitliches Ausfließen mit Randfolien gedichtet werden (Savelsberg 1972). Laborversuche mit Gleitschichten aus Pappen mit Bitumen oder Teer ergaben, daß der Gleitwiderstand (Schubspannung τ) von der Anpreßkraft F_n nur geringfügig, dagegen um so erheblicher von der Verschiebungsgeschwindigkeit v und der Temperatur beeinflußt wird (Schmidbauer 1961). So verdoppelt sich der Gleitwiderstand schon bei einer von 12 auf 9°C abnehmenden Temperatur. Eine Anfangsfestigkeit konnte nicht festgestellt werden. Für eine Gleitgeschwindigkeit $v = 0$ ist auch der Gleitwiderstand $\tau = 0$. Im Bergbaugebiet kann eine maximale Relativverschiebung am Bauwerksende von 0,02 mm/h angenommen werden (siehe Abschnitt 11.6), wofür nach Abb. 256 eine Schubspannung von unter 1 N/cm^2 oder 10 kN/m^2 ermittelt

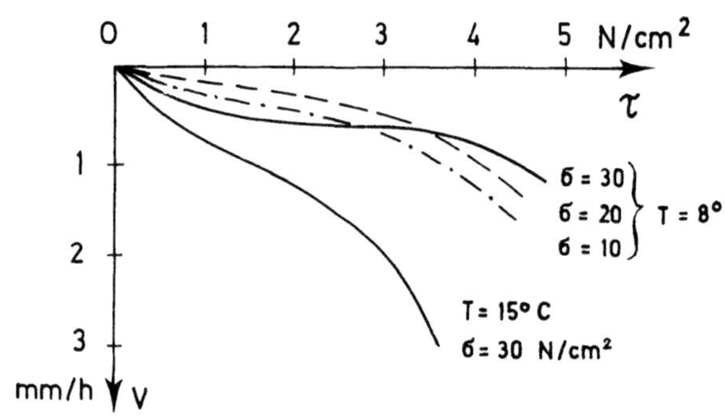

Abb. 256. Die Gleitversuche mit Bitumenpappe (2 Lagen Semperfix). Abhängigkeit des Gleitwiderstandes τ von der Gleitgeschwindigkeit v, der Temperatur T und der Anpreßkraft σ (nach Schmidbauer)

wurde. Rechnet man mit einem Wert von 10 kN/m^2, dann erhält man für eine 15 mal 50 m große Fundamentfläche unabhängig von der Normalkraft eine Reibungskraft in der Bauwerksmitte von 150 kN/lfd.m $\cdot$ 25 m = 3 750 kN gegenüber 10 500 kN ohne Bitumen-Gleitschicht. Da der Gleitwiderstand der Bitumen wie bei einem viskosen Stoff von der Bauwerkslast nahezu unabhängig ist, nimmt die durch die Gleitschicht erzielte Reibungskraftminderung im Vergleich zur Sandreibung mit wachsender Bauwerkslast zu; auf ein leichtes Bauwerk (unter 1,5 t/m^2) überträgt dagegen die zähe Bitumen-Gleitschicht eine größere Reibung als der Sandboden. Außerdem läßt sich die Reibungskraft für ein zu errichtendes Bauwerk dadurch verringern, daß die belastete Bitumen-Gleitfläche reduziert wird, indem man sich bei gleichem Bauvolumen für eine höhere Geschoßzahl und kleinere Grundrißfläche oder für eine Mehrflächenlagerung entscheidet. In der Nähe des Schwerpunktes aller Lasten ist ein Festpunkt ohne Gleitschicht zu schaffen, damit ein schief gelegtes Bauwerk auf der Bitumenschicht nicht von selbst gleitet.

Wird eine lineare Beziehung zwischen Gleitwiderstand und Verschiebungsgeschwindigkeit zugrunde gelegt, so fällt der Gleitwiderstand entsprechend der Relativverschiebung (Abb. 196) vom Bauwerksende zum Schwerpunkt linear von 10 kN/m^2 auf Null ab. Bei Einzellasten gemäß Abb. 257 ergibt sich unter dieser Annahme eine einfache Berechnung für die Gleitwiderstände zwischen den einzelnen Fundamenten (Fläche A) und der Fundamentplatte

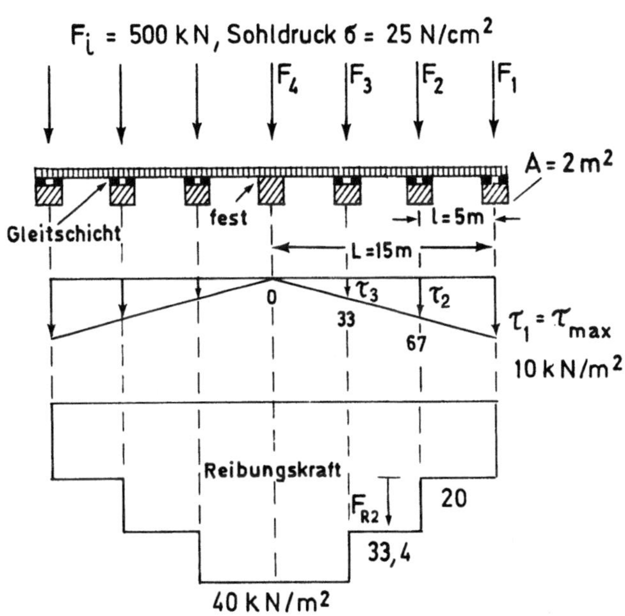

Abb. 257. Die Reibungskraftübertragung von den Betonriegeln über eine Bitumen-Gleitschicht auf die Fundamentplatte. Der Gleitwiderstand ist linear abhängig von der Gleitgeschwindigkeit bzw. von der Relativverschiebungsgröße

$$\tau_i = \tau_{max} - \frac{l_i}{L} \tau_{max} \tag{449}$$

sowie für die Reibungskräfte

$$F_{R\,i} = \tau_i \cdot A \tag{450}$$

und

$$F_{R\,max} = \sum F_{R\,i} \,. \tag{451}$$

Wie diese Untersuchungen zeigen, ist die Reibungskraft bei bituminösen Gleitschichten im Gegensatz zur Sand-Beton-Reibung (Abschnitt 11.6) sowohl von der Geschwindigkeit der Bodenverschiebung als auch von der Bodentemperatur und der Größe der Berührungsfläche abhängig. Das mit viskosen Gleitschichten gesicherte Bauwerk muß demnach im Winter bei gleicher Bodenbewegung einer größeren Reibungskraft standhalten als im Sommer. Ein schnellerer Abbau hat eine erhöhte Reibungskraft zur Folge. Nach Eintritt der Bodenruhe wird sich die im Bauwerk mobilisierte elastische Verformungskraft allmählich gegen den Widerstand der viskosen Gleitschicht entspannen, wobei die Bauwerkslängenänderung auf Null zurückgeht. Ein späterer Abbau ruft daher im elastischen Bereich wieder eine Erstbelastung und -verformung hervor. Bei einem gleichzeitigen Abbau in mehreren Flözen überlagern sich die gleichgerichteten Reibungskräfte am Bauwerk nur bis zu einem Grenzwert, der im wesentlichen von der belasteten Gleitschichtfläche und dem Gleitwiderstand bestimmt wird; der Gleitwiderstand wird dann allerdings wegen der beschleunigten Bodenbewegung größer sein als bei einem Einzelabbau.

Die wichtigsten der im Bergbaugebiet für Wohn- und Bürohäuser zu beachtenden B a u r e g e l n lauten zusammengefaßt:

Kleine Grundrißflächen planen und größere Gebäudekomplexe - über 30 m, bei Stahlgerippebauten über 50 m Länge - mit Dehnungsfugen (Luftschlitze) trennen;

Tiefgründungen und Verzahnungen mit dem Baugrund vermeiden;

Abstand der Fundamentteile durch zerrsichere Rahmen und Platten sichern;

zerrungssichere Fundamente und reibungsarme Gleitfugen entlang der Sohle vorsehen;

nachgiebige Bauweise, besonders bei den Wänden durch z.B. Fachwerkverband und Kalkmörtel, bevorzugen;

Geschoßdecken horizontal aussteifen und seitlich verankern oder überlappen sowie

freien Abstand zum Nachbargebäude wahren.

Für die Ausführung von Bauten im Steinkohlenbezirk sind in Nordrhein-Westfalen im Jahre 1963 R i c h t l i n i e n für bauliche Sicherungsmaßnahmen im Bergbaugebiet erlassen worden, in denen zwischen drei Sicherungsstufen (Stufe 3 gleich Vollsicherung) unterschieden sowie u.a. auf die Baustoffwahl, die Gründung und den Verformungsausgleich eingegangen wird (siehe Anhang). Die in anderen Ländern für bestimmte Längenänderungen des Bauwerkes zugelassenen und bei den Sicherungen zu berücksichtigenden Schieflagen, Bodenkrümmungen sowie Längenänderungen (Polen, UdSSR) sind in der Tafel 33 aufgeführt.

14.33 Der Schutz von Verkehrs- und Versorgungsanlagen

Der Schutz der Verkehrsanlagen und Versorgungsleitungen vor Bergschäden liegt im öffentlichen Interesse (Scharf 1972). Bei den B a h n - g l e i s e n im Bergbaugebiet sind der Stoßlückenverbund und kurze, nur 30 m lange Schienen vorherrschend. Die Stoßlücke läßt bei einer Temperatur von + 8°C eine Längsbewegung der Gleise bis zu ± 8 mm oder ± 0,26 mm/m zu. Im Saarland konnten die Unterhaltungsarbeiten für das Verziehen der Schienen und die Kosten von rd. 1 Mio DM (1966) für Langsamfahrstrecken durch den Einsatz von Ausgleichsschienen zum Preis von 2 150 DM/Paar (1963) herabgesetzt werden (Abb. 258). Diese im Abstand von anfänglich 45 m, später bis zu 180 m eingebauten, zungenartigen Schienenstöße besitzen eine größte Öffnungsweite von 200 mm (Ausweichprinzip). Ein Versuch mit durchgehend geschweißten Schienen ist wegen des bei großer Bodenpressung und Temperaturspannung im Sommer zu befürchtenden seitlichen Verwurfes der Gleisrahmen bisher noch nicht gewagt worden.

Tafel 33. Die Bauwerks- bzw. Schadensklassen in einigen Bergbaubezirken (nach NCB 1963, Rimant 1968 u. VNIMI 1958)

Klasse	Großbritannien	Polen	Sowjetunion Donezgebiet	Sowjetunion Karagandagebiet
I	Kleine Putzrisse Längenänderung des Bauwerks Δs = 3 cm; für 60 m Länge 0,5 mm/m	nur Haarrisse im Putz zugelassen zul. Schiefl. 2,5 mm/m; zul. Längenänd. 1,5 mm/m	Zugelassen: Schiefl. 4 mm/m Krümmungsradius 20 km Längenänderung 2 mm/m	Zugelassen: Schieflage 6 mm/m Krümmungsradius 3 km Längenänderung 4 mm/m
II	Mehrere leichte Innenwandrisse Δs = 3 - 6 cm ε_s = 0,5 - 1 mm/m	Schäden müssen reparierbar sein v'_z = 5 mm/m ε_s = 3 mm/m	über 5 Stockw. v'_z = 4,5 mm/m ρ_z = 18 km ε_s = 2,5 mm/m	v'_z = 11 mm/m ρ_z = 1,5 km ε_s = 7 mm/m
III	Kleine Außenwandrisse, Türen klemmen Δs = 6 - 12 cm ε_s = 1 - 2 mm/m	Schäden dürfen Funktion des Bauwerks nicht beeinträchtig. v'_z = 10 mm/m ε_s = 6 mm/m	3 u. 4 Stockw. v'_z = 5 mm/m ρ_z = 12 km ε_s = 3,5 mm/m	v'_z = 16 mm/m ρ_z = 1 km ε_s = 10 mm/m
IV	Schwere Schäden Offene Risse Δs = 12 - 20 cm ε_s = 2 - 3 mm/m	Bauwerke müssen genügend Widerstand leisten v'_z = 15 mm/m ε_s = 9 mm/m	2 Stockwerke v'_z = 8 mm/m ρ_z = 5,5 km ε_s = 6 mm/m	—
V	Sehr schwere Schäden teilweiser Neubau erforderl. Δs über 20 cm ε_s > 3 mm/m	—	1 Stockwerk v'_z = 10 mm/m ρ_z = 3 km ε_s = 7,5 mm/m	—
VI	—	—	1 Stockwerk v'_z = 25 mm/m ρ_z = 1 km ε_s = 14 mm/m	—

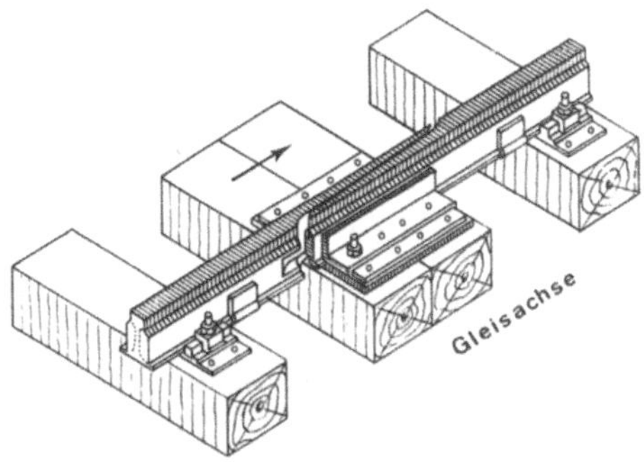

Abb. 258. Die isometrische Darstellung des Schienenauszuges in der linken Schiene (nach Rellensmann u. Bauer)

Die Frage, ob ein Schienenverkehrsweg als Hochstraße auf Stützen oder als Tunnelröhre gegen Bergschäden einfacher zu schützen sei, steht im Zusammenhang mit dem Projekt "S t a d t b a h n R h e i n - R u h r" dort zur Diskussion, wo in den städtischen Regionen eine Oberflächentrasse als Damm oder Einschnitt ausscheidet. Ein Abbauverbot in einer langgestreckten Schutzzone unter der Bahntrasse würde nicht nur die großflächige Abbauplanung behindern, sondern auch zu einer Horstbildung zwischen den angrenzenden Senkungsmulden mit allen Nachteilen für den Wasserhaushalt führen. Die Folgen einer Unterbauung des km-langen Verkehrstunnels oder der Hochstraße müssen deshalb bei den Entwurfsarbeiten berücksichtigt werden (K. Lehmann 1964, Spickernagel 1973). Sollte die Entscheidung zugunsten eines 8 bis 20 m tiefen Stadtbahntunnels*) ausfallen, so sind für die unterirdischer Verkehrsanlage folgende Probleme zu lösen:

a) Die Fugendichtung der im Grundwasser liegenden Tunnelabschnitte;

b) die erschwerte Gefälleregulierung der Gleise in der Tunnelröhre bei einem geringen Hebungsspielraum;

c) die Formänderung der Tunnelauskleidung, besonders in der Längsrichtung infolge einer Längenänderung des Bodens bis zu ± 10 mm/m und einer Krümmung von maximal ± 1/10 km;

*) Die durchaus mögliche Bergschädensicherung einer langen Brückenkonstruktion wird anschließend an einem anderen Beispiel behandelt.

d) die Standfestigkeitssicherung des Tunnels gegen Abscherung in oder über geologischen Störungszonen bei unstetigen Gebirgsbewegungen (dm-große Erdstufen und -spalten sowie bis zu 2 cm weite Scherwege im Bereich des Sand-Fels-Überganges);

e) die Auswirkung einer Tunnelprofiländerung auf die angrenzenden Tagesbauwerke sowie

f) der Festigkeitswechsel der durchfahrenen Oberflächenschichten (System Tunnel/Bettung).

In einer Studie zu diesem Bergschädenproblem (Duddek u.a. 1973) wird eine durchgehend geschweißte, spundwandähnliche Konstruktion aus gewelltem Stahlblech vorgeschlagen, die wie ein flexibler Schlauch und dehnbarer Balg den aufgezwungenen bergbaulichen Verformungen folgt, aber in Hinsicht auf die Tagesbauwerke "verformungsarm" ist (Ausweich- und Widerstandsprinzip zugleich). Für die Wahl von Stahlblech mit kathodischem Rostschutz sprechen die hohe Festigkeit, die Plastifizierbarkeit und die Schweißbarkeit, die eine Dichtung gegen Grundwasser und im klüftigen Festgestein auch gegen Methan sowie eine leichte Ausbesserung durch Aufschweißen von Deckblechen ermöglicht. Von einer Gleitschicht zwischen Tunnelwand und Baugrund wird in der Studie Abstand genommen, weil bei den großen Oberflächen und Längen der Tunnelanlagen ein Stoff mit einem sehr niedrigen Reibungskoeffizienten gefunden werden müßte, der nicht in Gebirgsspalten abfließt. Dagegen läßt sich ein Formschluß der gewellten Spundwand durch eine Füllung der Außentäler des Profils mit einer verformbaren, bituminösen Mischung vermeiden. Den in den Störungszonen erwarteten Erdstufen wird durch einen größeren Ausbruchquerschnitt und ein Außenpolster begegnet. In der Querrichtung des Tunnels lassen sich jedoch eine Anfangsverformung und eine Profilverengung nicht ganz ausschließen (Punkt e).

Die als Einzelbauwerke konstruierten Bahnhöfe sollen nach dem Stopfbüchsenprinzip des Rohrleitungsbaus an den Streckentunnel angeschlossen werden. Bei einer in der Sohle geschlossenen Bauweise könnte eine Verschweißung der Schienen erwogen werden, da nur ein Teil der Bodenzerrung oder -pressung über die Tunnelwand, die Sohlenbettung und den Schotter auf den Gleisrahmen übertragen wird und Temperaturspannungen kaum auftreten (Hilbig u.Kratzsch 1964). Die zulässigen Höchstwerte der Gradientenneigung von 40 $^{o}/oo$ (0,4 m auf 100 m), ausnahmsweise auch 60 $^{o}/oo$ in den Strecken und 10 $^{o}/oo$ für die Bahnsteiggleise werden sich bei einer angenommenen bergbaulichen Schieflage bis zu ± 30 mm/m (30 ‰) im Bereich der Bahnhöfe nicht immer einhalten lassen. Zum Nachweis der Sicherheit der Tunnelkonstruktion sollte es nach Meinung der Gutachter genügen, den bergbaulichen Verformungsfall nach plastischen Grenzzuständen zu berechnen, wenn zusätzlich Untersuchungen über die größtmögliche Verformbarkeit der Tunnelauskleidung angestellt werden.

Als Beispiel für eine B r ü c k e n s i c h e r u n g im Bergbaugebiet sei die "Berliner Brücke" in Duisburg genannt, die sich aus mehreren Stahl- und Spannbetonbrücken zusammensetzt (Schweden 1963). Bei den Zwischenpfeilern dieses 1 824 m langen Brückenzuges war als Ausgleich für die bergbaulichen Bodenbewegungen eine Verschiebungsmöglichkeit von ± 60 cm in Brückenrichtung und von ± 40 cm in Querrichtung, eine Winkeldrehung in Längs- und Querrichtung von tan 0,013 bzw. 0,005 sowie eine Höhenverstellung bis zu 80 cm gefordert, was mit allseitig beweglichen Punktkipplagern für eine Auflast bis zu 1 500 t erfüllt wurde (Abb. 259). Auf zwei kreuzweise angeordneten

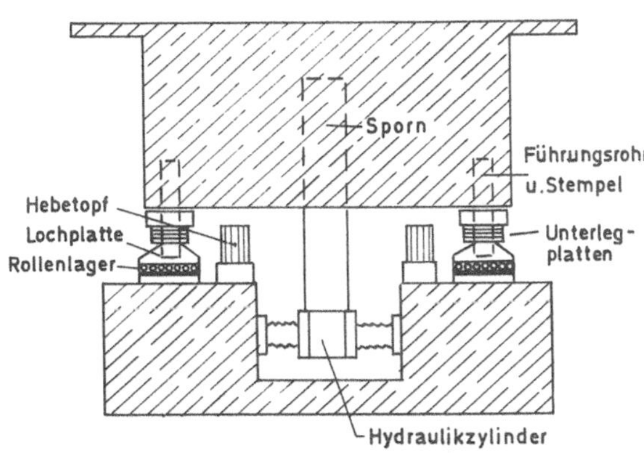

Abb. 259. Ein Schnitt durch die Auflagerbank eines Zwischenpfeilers bei der "Berliner Brücke" in Duisburg

Rollenlagern aus je 11 Rollen von 100 mm Durchmesser ruht eine Lochplatte, die ein Neopren-Gummikissen von 100 cm Durchmesser und 9 cm Stärke aufnimmt, auf das sich der kippbare Stempel mit seiner unteren Kalotte stützt. Zur Höhenregulierung können entweder Ringe in das Lager eingeschoben werden, wenn die Brücke mit besonderen Pressen gehoben worden ist, oder Spindelmuttern vom Durchmesser 42 cm drehend verstellt werden (Sägegewinde 400 · 12). Mit Spornen wird die Brücke seitlich geführt, die bei einer Pfeilerverschiebung mit Pressen seitlich wieder in die richtige Lage gebracht werden.

Die Bodensenkung löst bei unterschiedlicher Pfeilersetzung im Brückentragwerk wegen der veränderten Auflagerbedingung erhebliche Zwängungen und Spannungsumverteilungen aus. Die hiergegen erforderlich werdenden Querschnittsverstärkungen im Überbau sind bei Durchlaufkonstruktionen wirtschaftlich vertretbar, wenn die Senkungsunterschiede unter 1/1000 der Stützweite l bleiben, d.h. 7 cm auf 70 m und 15 cm auf 150 m Stützweite (Domke 1963). Bei Senkungsunterschieden von 2/1000 l müßte die Durchlaufkonstruktion so sehr verstärkt werden, daß sie zu steif werden würde; es sind dann statisch bestimmte Konstruktionen mit einer Drei- oder Vierpunktlagerung zu verwenden, durch die ein Brückenzug in eine Kette von Einzelbrücken gegliedert wird (Abb. 260). Damit können zwar Zwängungen bei einer Bodenbewegung vom Tragwerk ferngehalten werden, die Einfeldbrücke muß aber stärker dimensioniert wer-

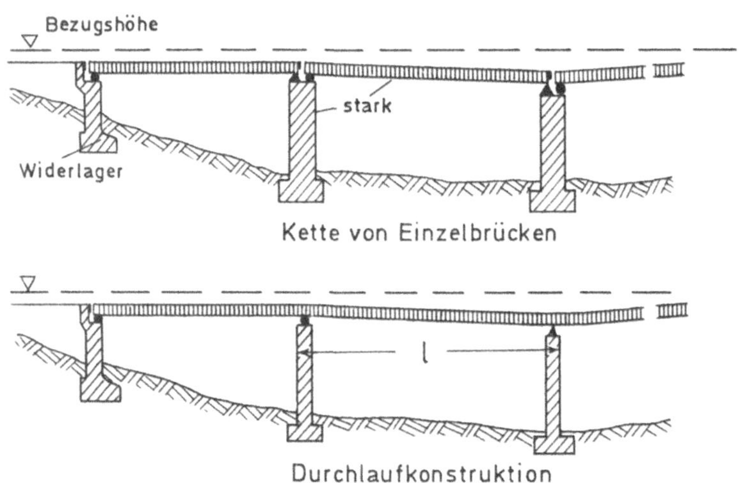

Abb. 260. Das Verhalten eines Brückenzuges im Bodensenkungsgebiet (nach Domke)

den als eine Durchlaufbrücke, woraus ein schweres Eigengewicht und stärkere Pfeiler folgen. Nachteilig sind außerdem die doppelte Anzahl von Lagern auf den Pfeilerköpfen, die Übergangskonstruktionen an den Stoßstellen und der geknickte Fahrbahnverlauf. Wenn durch ein Nachrichten der Brücke größere Senkungsunterschiede (über 1/1000 l) ausgeglichen werden können, ist daher die statisch unbestimmte Durchlaufkonstruktion einer Kette von Einzeltragwerken wirtschaftlich überlegen.

Die Durchlaufkonstruktionen können gleichwertig in Stahl oder in Spannbeton ausgeführt werden. Bei den im Vergleich zu Stahlbrücken etwas steiferen Spannbetonbrücken in Kastenform verringert sich das Trägheitsmoment und damit der Biegewiderstand sprunghaft, wenn die Zugfestigkeit des Betons infolge der bergbaulichen Biegebeanspruchung überschritten wird. Es können dann hohe zusätzliche Zugspannungen in den Randgebieten der Querschnitte auftreten, wo keine Spannglieder vorhanden sind. Von einer bis zu 20 kN/cm^2 oder 1 mm/m Stahldehnung beanspruchten schlaffen Bewehrung können die in der gerissenen Betonzugzone entstehenden zusätzlichen Zugkräfte aufgenommen werden, womit eine gute Aufteilung der Biegerisse in eine große Zahl feiner Haarrisse, die nach der Brückenausrichtung sich wieder schließen, gewährleistet ist. Bei einer Stahlkonstruktion steigen die Spannungen in den Querschnitten mit zunehmenden Senkungsunterschieden gleichmäßig an (kein Beton-Zugfestigkeits-Knick). Die gesamte Spannungsreserve bis zur Proportionalitätsgrenze für die Aufnahme zusätzlicher Biegemomente ist für beide Baustoffe aber nahezu gleich.

Die G a s - u n d Ö l f e r n l e i t u n g e n unterliegen den Bestimmungen des Energiewirtschaftsgesetzes. Nach einem Runderlaß des nordrhein-westfälischen Wirtschaftsministeriums vom 7.8.1969 muß der Betreiber von Leitungen ohne Dehnung die auf die Fernleitung einwirkenden Kräfte nach Größe und Richtung ermitteln lassen. Im Ruhrgebiet werden die unterirdisch verlegten Leitungen wahlweise folgendermaßen gesichert (Lindner 1972): Die Rohre werden in ein körniges Material von mindestens 15 cm Stärke bis zur halben Höhe gebettet sowie 40 cm hoch mit einem steinfreien Erdstoff überdeckt. In Leitungen von 200 bis 1 500 mm Durchmesser werden Dehner - mit Beobachtungsdrähten versehen - für einen Bewegungsbereich bis zu ± 80 cm eingebaut (z.B. 400 mm Rohölfernleitung Gelsenberg-Wesel). Damit die schweren Dehner nicht durch ihren Formschluß als Festpunkt wirken, wird eine Ummantelung mit Styropor empfohlen. Zum Schutze des Grundwassers muß auf ein Dichthalten der Dehner geachtet werden. Durchgehend geschweißte Rohölfernleitungen (z.B. 700 mm NWO-Leitung Wilhelmshaven-Köln) werden dort, wo eine Bodenlängenänderung von über 1 mm/m beobachtet wor-

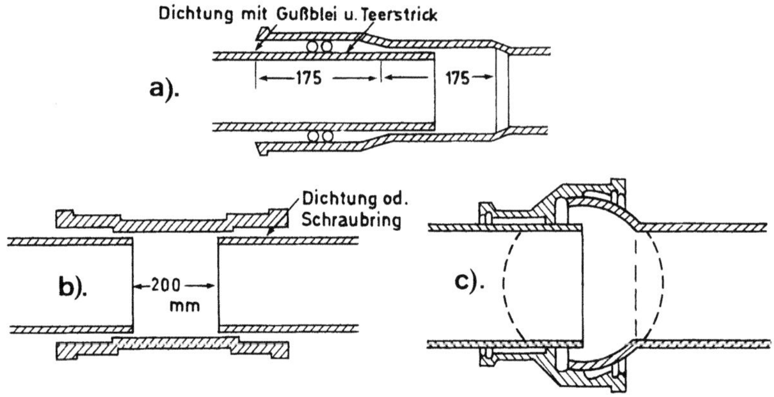

Abb. 261. Die beweglichen Rohrverbindungen als Sicherung gegen Bodenbewegungen: Schalker Muffe (a), Überschieber (b) und Kugelgelenkmuffe (c)

den ist, freigelegt, um die Dehnungen der Leitung im Abstand von 24 m mit Setzdehnungsmessern an vier auf dem Umfang des Rohres verteilten Stellen auf ± 0,01 mm genau zu messen. Über 0,85 mm/m gepreßte Leitungen, was dem halben Streckgrenzwert von 360 : 2 = 180 N/mm^2 entspricht, werden freigelegt, um eine Entspannung auf einer Länge von 300 bis 600 m zu ermöglichen. Das Herausschneiden eines Rohrstückes ist im Pressungsgebiet selten notwendig, doch sind die Krümmer, Düker und Etagenböden schadensanfällig. Die Zerrungen haben bisher noch keine Entspannungsmaßnahmen erforderlich gemacht. Bei biegeschwachen Rohrleitungen unter 200 mm Durchmesser werden U-Bogenstücke verwendet, die z.B. bei einer Ausladung von 4 m eine Längenänderung von rd. ± 9 cm aufnehmen können. Gegen starke Bodenkrümmungen und Erdtreppen schützen Kugelgelenkmuffen (Abb. 261).

Läßt man eine Verformung der Rohrleitung bis zu 0,61 mm/m zu (siehe Abschnitt 12.4), so müßte in die in Abb. 216 dargestellte Rohrleitung ein Dehner von gewöhnlich ± 40 cm Auszug bei der Station 68 eingebaut werden. Sind die zu erwartenden Längenänderungen des Bodens unbekannt, dann dürfen die Dehner nur einen Abstand von höchstens

$$L_{max} = 2\frac{\sigma_{zul}}{\sigma} = 2\frac{\varepsilon_{zul}}{\tan\alpha}$$
$$= 2\,\frac{0{,}61}{0{,}65}\,100 = 188\ \text{m} \qquad (452)$$

im Schluffboden und von

$$L_{max} = 2\,\frac{0{,}61}{0{,}2}\,100 = 610\ \text{m}$$

im Feinsandboden haben (tan α auf 100 m bezogen, Rohrspannung $\sigma = \tau \cdot A/S$). Hierbei wird vorausgesetzt, daß der Auszug der Dehner nicht ganz ausgeschöpft ist, weil ein starrer Dehner die Wirklänge der Kraftübertragung wie bei einem geschweißten Rohrstrang vergrößern würde. Der erforderliche Dehnerauszug ergibt sich aus der Bodenverschiebungskurve (siehe Abb. 215,c). Mit dem Faktor 2 wird berücksichtigt, daß die Verformung eines Leitungsabschnittes von beiden Seiten dachförmig bis zur Mitte ansteigt. Im Beispiel der Abb. 216 wären demnach bei unbekannter Bodenverformung zusätzlich zu dem Dehner bei Station 68 noch zwei Dehner bei Station 8 (tan α = 0,3 mm/m je 100 m) und bei Station 56 (tan α = 0,4 mm/m je 100 m) eingebaut worden, was die wirtschaftliche Bedeutung einer Vorausberechnung der Bodenbewegungen deutlich macht.

Nach den heute üblichen Regeln werden die Dehnerabstände nach den geschätzten Bodenverformungen festgelegt. Bei einer erwarteten Bodenzerrung oder -pressung von 4 mm/m (2 mm/m) werden die Abstände der um d = $\pm$ 400 mm verschiebbaren Dehner nach

$$L_{max} = \frac{d}{\varepsilon} \qquad (453)$$

auf 100 m (200 m) bemessen. Die gewonnene Erkenntnis, daß die Längenänderung eines Rohrabschnittes zwischen zwei Dehnern dachförmig bis zur Mitte zunimmt (Faktor 2), kann zu einer Einsparung an Dehnern genutzt werden (Hilbig u.Kratzsch 1964). In den Fällen einer geringen Bodenbewegung, einer kleinen Trogbreite, einer reibungsarmen Bettung und einer guten Stahlqualität wird man auf Dehner ganz verzichten können, wie aus dem ähnlichen Beispiel eines geschweißten Gleises (tan α = 0,3 mm/m auf 100 m) in Abb. 214 zu entnehmen ist. Die maximalen Verformungen bleiben dort unterhalb der Streckgrenze eines Stahles St. 37 von 0,9 mm/m (Sicherheitsbeiwert 1,87).

Die Rohrverlegung in einem offen bleibenden Graben oder unter Abdeckhauben ist bisher wegen der eingeschränkten Oberflächennutzung nur vereinzelt ausgeführt worden, obwohl bei beiden Verfahren die Angriffsfläche der Reibungskräfte auf die Sohlfläche verringert und die Überwachung der Leitung erleichtert wird.

14.4 Die Regionalplanung

Eine Mitwirkung des Bergbaus bei der Standortwahl von Großbauten, Verkehrsanlagen und Siedlungen soll dazu beitragen, unnötig hohe Bergschadenkosten, Reparaturen und Abbaubeschränkungen zu vermeiden. Da der Bergbau an die Lagerstätte gebunden ist, muß bei der Aufstellung von Flächennutzungsplänen, in denen die Wohn-, Industrie- und Grünlandbezirke ausgewiesen sind, die zukünftige Bodenbewegung berücksichtigt werden. So sollten keine Bauwerke über dem Ausbiß einer tektonischen Störung errichtet werden; abgesehen von den geologischen, rezenten Bewegungen auf großen Störungsflächen häufen sich an diesen Bewegungsfugen, die durch das Deckgebirge bis zur Tagesoberfläche gehen, die Abbaueinwirkungen (Abb. 88). Die Zonen großer geologischer Störungen und der Erdrisse im Zerrungsbereich (Abb. 191, 192 u. 244) sind deshalb der geeignete Ort für Grünanlagen.

Das gleiche gilt für die zu Tage ausgehenden Flöze im südlichen Ruhrrevier, wo das die Abbauwirkungen mildernde, lockere Deckgebirge fehlt. Sie stellen als nachgiebige Schichten wie die Gleitflächen der Störungen Gefahrenstellen für eine Bebauung dar. Auch über tagesnahem Abbau ist eine ungesicherte Bebauung meistens ausgeschlossen. Je höher der Abbau umgeht, desto heftiger sind seine Einwirkungen auf die Erdoberfläche. Der Senkungstrog hat zwar eine geringe Ausdehnung, dafür sind aber die Mulden sehr spitz und an den Flanken steil (Abb. 88, untere Nebenzeichnung). Es treten daher erhebliche Pressungen im Muldeninnern und Zerrungen am Rande auf. Auf den Kluftflächen bewegen sich die einzelnen Gebirgsblöcke gegen- und voneinander; die dort stehenden Häuser reißen und scheren im Fundament dm-weit ab (Pfläging 1973).

Günstig für eine Bebauung sind im allgemeinen die Gebiete steiler Flözlagerung, weil sich bei steiler werdendem Einfallen die Einwirkungsfläche vergrößert (Abb. 89), so daß ein Abbau bestimmter Größe in steiler Lagerung eine geringere Veränderung der Tagesoberfläche hervorruft als in flacher Lagerung.

Verkehrsbauten von überörtlicher Bedeutung sollten möglichst in flözarme oder ausgekohlte Gebiete verlegt werden (Treptow 1963 und 1966). Bei der Linienführung der Kanäle muß auf eine später gleichmäßige Absenkung einer ganzen Kanalhaltung geachtet werden. Die Errichtung der Schleusen des Rhein-Herne-Kanals über unbauwürdigen Störungszonen in der Absicht, sie von einer Abbaueinwirkung fernzuhalten, schloß die später gewünschte Absenkung der Schleusen aus. Im übrigen überstehen die massiven Schleusenbauten den Abbau ohne größeren Schaden.

Die beträchtlichen Kosten für die Höhenänderung an einer Bahnanlage, einer Kanalhaltung oder eines Kreuzungsbauwerkes lassen sich bei einer den Bergbau beachtenden Linienführung vermindern. Großbauten sollten nicht in Nähe einer Markscheide stehen, da ein von mehreren Bergwerken gemeinsam durchzuführender Abbauplan häufig aus betriebstechnischen Gründen, wie z.B. an der ungenügenden Ausrichtung der Grenzflöze, scheitert. Eine Mitarbeit des Bergbaus an der Raumordnung ist allein schon deshalb erforderlich, weil sich rund 1/6 der Grundfläche im fördernden Ruhrgebiet vor Gründung der Ruhrkohle AG in Bergbaubesitz befand und diese Flurstücke heute von den Altgesellschaften nur unter Beachtung bergschadengerechter Bebauung veräußert werden.

An gesetzlichen Maßnahmen zur Regelung des nachbarlichen Gemeinschaftsverhältnisses zwischen Bergbau und Grundeigentum bei der Regionalplanung fehlt es nicht (Staender 1973). Das Landesplanungsgesetz von 1950 schreibt in Nordrhein-Westfalen (NW) die Aufstellung verbindlicher Flächennutzungspläne vor. Im Landesentwicklungsprogramm NW vom 7.8.1964 besagt der Punkt 17, daß die Flächen über nutzbaren Lagerstätten nur solchen Nutzungen zugeführt werden dürfen, die unter Abwägung volkswirtschaftlicher sowie sozialer und kultureller Gesichtspunkte vertretbar sind. Als Ergänzung zum Raumordnungsgesetz vom 8.4.1965 gibt es sogenannte Raumordnungsklauseln im Schutzbereichsgesetz (1965, § 1), Landbeschaffungsgesetz (1957, § 1), Flurbereinigungsgesetz (1953, § 37), Bundesfernstraßengesetz (1961, § 16), Wasserhaushaltsgesetz (1957, § 36) und Bundesbaugesetz (1960, §§ 1,

4 u. 106). Oberste Landesplanungsbehörde ist der Ministerpräsident, Abteilung Landesplanung. Auf der nächsten Ebene sind die Bezirksplanungsbehörden der Regierungspräsidenten tätig (Planfeststellung, Enteignung). Diese Aufgabe wird im Ruhrgebiet von der Landesbaubehörde Ruhr wahrgenommen. Als besondere Planungsorgane sind in Nordrhein-Westfalen noch die Landesplanungsgemeinschaften Rheinland und Westfalen (Gebietsentwicklungspläne) sowie der Siedlungsverband Ruhrkohlebezirk (Verbandsbebauungspläne) zu nennen. Der Siedlungsverband ist zuständig für Städtebau, Landschaftspflege, Verkehr und Abfallbeseitigung. Im Siedlungsverband Ruhrkohlebezirk arbeitet der Bergbau beratend mit, dem er die Bruchzonen-, Polder- und Senkungsgebiete oder sonstigen Nutzungsbeschränkungen, wie Überschwemmungs- und Bergschädengefahren, meldet. Die Gemeinden schließlich erstellen die Bauleitpläne nach § 30 des Bundesbaugesetzes - den vorbereitenden Flächennutzungsplan und den qualifizierten Bebauungsplan -, in denen die bergbaulichen Flächen und Gefahrenzonen auszuweisen sind. In Fragen der Grundstücksnutzung und des Standortes von Tagesanlagen muß der Bergbau die Zustimmung dieser Planungsbehörden einholen.

Die Emschergenossenschaft in Essen und die Linksrheinische Entwässerungs-Genossenschaft regulieren die Vorflut für die Abwasserbeseitigung und betreiben die Pumpanlagen in den stark abgesenkten Gebieten. Die Absenkung der Tagesoberfläche kann aber auch Vorteile bringen, wofür die Zusammenarbeit zwischen der Duisburg-Ruhrorter Hafenverwaltung und dem Bergbau ein gutes Beispiel liefert. Dort sind auf Anraten der Wasserstraßenbehörde unbauwürdige Flöze unter dem Hafen abgebaut worden, damit sich die Hafenbecken soweit absenken, daß sie trotz der Rheinerosion und Wasserspiegelsenkung von jährlich rd. 4 cm ihre Funktion weiter ausüben können (Schweden 1963).

Abschließend seien als Beispiele für eine Trassierung im Bergbaugebiet und für die Standortwahl eines Kreuzungsbauwerkes die Nordautobahn zwischen Duisburg und Beckum und das "Kamener Kreuz" genannt (Treptow 1963). Unter der gewählten Autobahntrasse sind - auf mehrere Flöze verteilt - sehr unterschiedliche Kohlenmächtigkeiten von wenigen Metern bis zu 35 m abgelagert worden (Abb. 262, links). Durch eine Verlegung der Autobahn nach Norden hätte man in dem Abschnitt zwischen Castrop-Rauxel und Kamen eine wesentlich geringere und gleichmäßigere Kohlenablagerung sowie ein mächtigeres Deckgebirge angetroffen. Bei der Planung des Abzweiges nach Leverkusen sind dagegen die

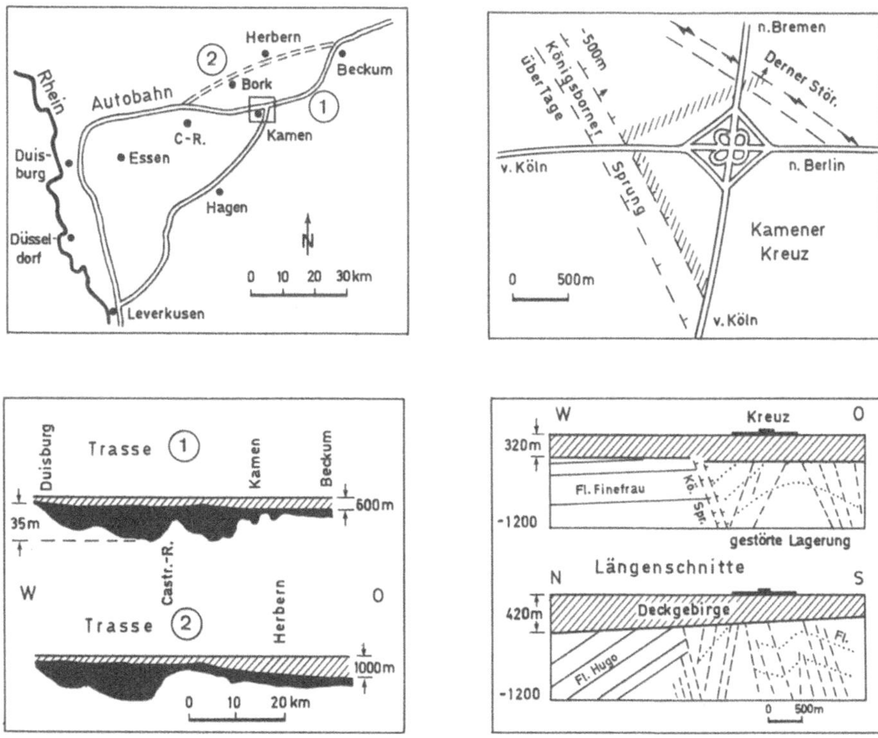

Abb. 262. Die Linienführung von Autobahnen im Bergbaugebiet (nach Treptow). Links: Jetzige (1) und bergschadenkundlich günstigere Trasse (2). Rechts: Standortwahl eines Kreuzungsbauwerkes zwischen Störungen und unbauwürdigen Zonen

geologisch-tektonischen Verhältnisse im Untergrund ausreichend beachtet worden. Dieses Autobahnkreuz wurde bei Kamen zwischen zwei großen Störungen errichtet, deren Ausbißlinien an der Tagesoberfläche noch außerhalb des Bauwerks liegen (Abb. 262, rechts). Der im Grundriß schraffierte Standortbereich ist stark gestört und nicht abbauwürdig. Erst außerhalb des Einwirkungsbereiches stehen wieder bauwürdige Kohlenmengen an. Diese Überlegungen treffen auch für Kanalanlagen, Eisenbahnen, Rohrfernleitungen, Industrieanlagen und Großsiedlungen zu.

Ausblick

Die vierzehn Kapitel dieses Buches legen Zeugnis ab von den großen Fortschritten, die in der Bergschadenkunde seit der Jahrundertwende und auch noch nach dem Erscheinen des ersten Buches von O.Niemczyk im Jahre 1949 gemacht worden sind. Diese Forschungsergebnisse kommen nicht nur dem Bergbau selbst, sondern auch denjenigen Gebieten zugute, die mit ihm in enger fachlicher Berührung stehen. Genannt seien hier die Bautechnik, das Verkehrswesen, die Regionalplanung, das Grundeigentum und die Rechtsprechung. In dem gemeinsamen Bemühen, die Verkehrssicherheit sowie die Arbeits- und Wohnmöglichkeiten in den bergschädengefährdeten Städten zu erhalten, bleibt dem Bergbau und den mitwirkenden Stellen auch in Zukunft die ständige Fortentwicklung der bisher gewonnenen Erkenntnisse nicht erspart. Denn zu einem Abschluß werden die Forschungsarbeiten nicht gelangen, weil die sich ändernde Berg- und Bautechnik, wie der heute auf die wirtschaftlich besten Felder konzentrierte Abbau und der Spannbeton oder die Fertigbauteile im Ingenieurbau, um nur einige Neuerungen zu nennen, aber auch andere rechtliche und wirtschaftspolitische Auffassungen neue Größen in die Rechnungen und Überlegungen hineintragen.

Wie erwähnt, führen zur angestrebten Minderung der Bergschädenkosten hauptsächlich drei Wege:

a) Die zutreffende Vorausberechnung der zu erwartenden Bodenbewegungen,

b) die Sicherung der Bauwerke gegen Bergschäden und

c) die auf die Verringerung schädlicher Gebirgs- und Bodenbewegungen ausgerichtete Abbauplanung.

Auf allen drei Gebieten - Bodenbewegungskunde, Bauwerkssicherung, Abbauführung - ist die zukünftige Forschung auf vielseitige Erfahrungen angewiesen. Das gilt beispielsweise für die Rechenverfahren auf der Grundlage mechanischer Gebirgsmodelle, wie das der finiten Elemente, bei dem erstmalig die Schichtung und die mechanischen Eigenschaften des Gebirges berücksichtigt werden können. Gesucht sind die gebirgsmechanischen Kennwerte der Gebirgszonen, die sich mit dem Durchbauungsgrad und der Aufblätterung der Schichtenverbände ändern. Nach dem heutigen Erkenntnisstand sieht es so aus, als ob die bei der Vorausberechnung der Bodenbewegung noch anstehenden Probleme - wie der Einfluß der alten Abbaue, des Einfallens, der Abbautechnik und der zeitlichen Abbaufolge auf das Spannungs- und Verformungsfeld des Gebirges - nur mit einem mechanischen und rheologischen Gebirgsmodell gelöst werden können, das die zeitlichen Gebirgsspannungen in den Berechnungsgang miteinbezieht. Die analytischen Verfahren, bei denen für einen homogenen Gebirgskörper eine rotationssymmetrische Verteilung der elementaren Abbaueinwirkungen angenommen und auch nach mehrmaliger Durchbauung beibehalten oder eine Formel für das Trogprofil in Abhängigkeit lediglich von den geometrischen Größen des Baufeldes aufgestellt wird, werden vermutlich nicht weiterhelfen.

Durch planmäßige Messungen unter und über Tage müssen die Markscheider neue Erfahrungswerte sammeln. Die durch Rechenanlagen und Analogrechner gebotene Erleichterung bei der Vorausbestimmung der Gebirgs- und Bodenbewegungen sollte zu einem häufigen Vergleich von Messung und Voraussage genutzt werden. Aus dem Unterschied zwischen gemessenen und berechneten Punktbewegungen lassen sich bekanntlich wertvolle Schlüsse dahingehend ziehen, ob und inwieweit man die einzelnen Faktoren und Gebirgskennwerte zutreffend beurteilt und eingesetzt hat. Daneben sollten aber für eine schnelle Abschätzung der zu erwartenden Bewegungs- und Verformungsgrößen auch die rein empirischen Verfahren, bei denen übersichtliche Nomogramme und einfache Maximalwertformeln angewendet werden, weiterentwickelt werden, da sie für Planungsarbeiten manchmal ausreichen. Die ausgewerteten Beobachtungen bilden die Grundlage für derartige, regional gültige Diagramme und Schätzformeln.

Bei den Schutzmaßnahmen an den Bauwerken beherrschen die Teilsicherungen das Feld. Abstands- und Gleitfugen sind neben kleinen Grundrissen die wirksamsten Mittel der Schadensverhütung. Neue Untersuchungen, die mit Weggebern und Kraftmeßdosen an den Bauwerksfundamenten selbst durchgeführt werden müßten, könnten dazu beitragen, bessere Kenntnisse über die Beträge der einwirkenden Kräfte und die im Bauwerk hervorgerufenen Verformungswiderstände zu gewinnen, um die für die Sicherung vorgesehenen Teile, wie bewehrte Zerrplatten und Fugen, kostensenkend so gering wie möglich zu dimensionieren. Fehlschlüsse darüber, ob die Bauwerke mehr durch horizontale (Zerrung, Pressung) oder durch vertikale Bodenverformungen (Krümmung) beschädigt werden, verleiten zu falschen Konstruktionen und Sicherungsmaßnahmen, die erhebliche Mehrkosten verursachen, ohne dem Bauwerk zu nutzen. Für den Schachtausbau wird eine billige Gleitfuge, die die Gebirgsbewegungskräfte von der Außenwand des Schachtzylinders abhält, aber auch eine einfache Sicherung der Füllörter gegen die axialen Kräfte gesucht. Zur Messung der auf den Ausbau übertragenen Schubkräfte sowie der lotrechten Relativbewegungen des Gebirgsstoßes hinter dem Ausbau fehlen noch geeignete Meßverfahren. Erfolgversprechende Wege werden hier auch durch die Einbeziehung des Bauwerkes in die Netzberechnung der finiten Elemente sowie von dem graphischen Verfahren der Schachtverformungsberechnung, das auf der Reibkraftübertragung beruht, gewiesen. Durch Auswertung weiterer Beobachtungsreihen müssen die jetzt theoretisch gelösten Verfahren vervollkommnet werden.

Bei der Abbauplanung sollte die Erkenntnis beachtet werden, daß rd. 70% aller Bergschäden auf die lotrechte Bodenbewegungskomponente, die Senkung, zurückzuführen sind. Um die Senkungsgröße zu verringern, sollte dort, wo mit Vorflutschäden oder beträchtlichen Höhenänderungen an Bahnen und Kanälen zu rechnen ist, ein Übergang von Bruch- auf Versatzbau erwogen werden. Es bedarf vor allem aber einer durch die Vorausberechnung der Bodenbewegungen ergänzten und vervollständigten Abbauplanung, wenn eine dicht besiedelte Tagesoberfläche unterbaut werden muß. Besonderes Augenmerk ist hierbei auf die Unstetigkeitsstellen im Trogprofil zu richten, wo - wie an geologischen Störungen und Erdrissen - sich erfahrungsgemäß bei jeder neuen Unterbauung wieder große Schäden an den überbeanspruchten Stellen zeigen. In einer Hochbauzone oder an einer Verkehrsstraße stellen die Erdstufen ein Risiko für die Sicherheit dar. Es erscheint auch notwendig, bei den Abbauentwürfen zu prüfen, welchen Einfluß der Durchbauungsgrad und die Abbautechnik (Bruchbau, Verhiebsgeschwindigkeit) auf die dynamischen Gebirgs- und Bodenbewegungen ausüben wird, wenn durch eine örtliche Verstellung der Abbaustöße und durch eine bestimmte Zeitfolge der Abbaue ein Ausgleich von zerrenden und pressenden oder konkaven und konvexen Bodenverformungen bzw. von streckenden und stauchenden Gebirgsstoßverformungen nicht nur im Endstand, sondern auch zwischenzeitlich erreicht werden soll.

Von dem neuen Berggesetz ist für die Bergschadensforschung eine verstärkte Beachtung der Pseudobergschäden zu erwarten, da die Beweislast dann beim Bergbau liegt. Der Grundeigentümer wird das Recht erhalten, in die Protokolle der markscheiderischen Bodenbewegungsmessungen Einblick zu nehmen, was zusammen mit anderen gesetzlichen und frei vereinbarten Regelungen dem Ziele dient, durch mehr Vertrauen und einen gerechten Ausgleich von Schaden, Vorteil und Risiko das Nachbarschaftsverhältnis von Bergbau und Grundeigentum zu verbessern.

Schrifttumsverzeichnis *)

Akimov, A.G.; Korotkov, M.V.: Die in der UdSSR angewendeten Vorausberechnungsmethoden für Bewegungen und Verformungen der Erdoberfläche und die Verfahren zum Schutz von Gebäuden und Anlagen. (2)1969, 178/86

Argyris, J.H.: Die Matrizentheorie der Statik. Ingenieur-Arch. 85(1957), 174/92

Austermann, H.: Der Begriff Grundeigentum und dessen Zubehörungen im Preußischen Bergschadenrecht. Jur. Handb. 39, Münster: Aschendorf 1954

Avershin, S.G.: Bodenbewegungen infolge bergbaulichen Abbaus (russisch). Moskau: Ugletech. 1947

Avershin, S.G.: Einige Aufgaben der Theorie der Gesteinsverschiebungen unter dem Einfluß bergmännischer Hohlräume. (2)1969, 24/34

Avershin, S.G.: Diskussionsbeitrag. (2)1958, 122/28

Bachstroem, R.H.: Untersuchungen und Systematik der Schäden an gußeisernen Tübbingsäulen. Glückauf 98(1962), 1/15

Baldermann, W.: Schäden an Wäldern und an Feld- und Gartenerzeugnissen durch Rauch und Bergbau. (1)1956, 590/611

Bals, R.: Beitrag zur Frage der Vorausberechnung bergbaulicher Senkungen. Mitt. Markscheidew. 42/43(1931/32), 98/111

Bals, R.: Abbau von Schachtsicherheitspfeilern. Glückauf 75(1939), 253/59 u. 281/87

Bals, R.: Der Abbau von Schachtsicherheitspfeilern. Mitt. Markscheidew. 54(1943), 54/87

Bals, R.: Die Senkungsberechnung bei geneigter Lagerung nach Anwendung des Gesetzes vom bankrechten Niedergehen der Gebirgsbänke. Bergbau-Rdsch. 5(1953), 292/99 u. 426/37

Bals, R.: Einwirkungen auf Schächte. (1)1956, 709/57

Bals, R.: Elastische Rückverformungen des Steinkohlengebirges beim Abbau und ihre Bedeutung für die Auswirkungen des Abbaus steilgelagerter und gefalteter Flöze im Gebirgskörper und an der Tagesoberfläche. Glückauf-Forsch. 26(1965), 213/24

Baron, H.: Schachtbeanspruchungen beim Abbau eines Schachtsicherheitspfeilers unter mächtigem Deckgebirge. Diss. Aachen 1951

Batkiewicz, W.: Berechnung der Werte der Kenngrößen der durch Abbau geneigter Flöze hervorgerufenen Gebirgsbewegungen (poln.). Kommission techn. Wiss. 3(1966), 32/59

Beleckij, B.F.: Bau einer Leitung aus Metallrohren großen Durchmessers auf besonderen Fundamenten im Bergsenkungsgebiet (russ.). Stroit. turbopr. 6(1961), 18/20

Belyaev, E.V.: Die zulässige Unterbauung von Gebäuden und Anlagen (russ.). Sachtn. stroit. 12(1968), 14/17

Berge, H.: Bodenkundliche, agrikulturtechnische und pflanzensoziologische Methoden im Dienste der Bergschadenberechnung. Mitt. Markscheidew. 64(1957), 56/64

Bergholter, J.; Kaufmann, A.: Die Rechtsbeziehungen zwischen Bundesbahn und Bergbau. Arch. f. Eisenbahnw. 75(1965), 129/221

Bernatzik, W.: Hebungserscheinungen über dem Gebiete ersoffener Gruben. Arch. f. bergbaul. Forsch. 3(1942), 16/19

*) Abkürzungen (1) bis (6) für häufige Schrifttumsquellen am Schluß des Verzeichnisses. Name und Verlag der Zeitschriften siehe Glückauf 100(1970), 50/53

Berry, D.S.; Sales, T.W.: Die elastizitätstheoretische Behandlung der bergbaulichen Bodenbewegung (engl.). J. Mech. Phys. Solids 9(1961), 52/62

Beyer, C.: Erfahrungen beim Abbau eines 9 m mächtigen Kohlenpfeilers um eine Schachtröhre. (3)Budapest 1972, Bd. V

Beyer, F.: Über die Vorausbestimmung der beim Abbau flachgelagerter Flöze auftretenden Bodenverformungen. Habil. Berlin 1944

Birmann, F.: Das lückenlose Gleis. Die Bundesbahn 28(1954), 907/24

Blank, R.; Nehring, H.; Schütz, H.: Abbau eines Teilfeldes im Tagebau Frechen unter Bergschadensgefahr. Braunkohle 14(1962), 373/82

Bodziony, J.; Litwiniszyn, J.; Smolarski, A.: Neue Untersuchungen über das Verhalten des Gebirges auf Grund von Gleichungen über stochastische Vorgänge. (5)Paris 1960, 143/156

Börger, H.: Die Gebirgsdruckhypothesen für elastische Gesteine und ihre Anwendungsmöglichkeiten im Salzbergbau. Kali u. Steinsalz 1(1956), 10/13

Börger, H.: Referat über Beobachtungsergebnisse beim Abbau von Kalilagerstätten im Karpatenvorland (Autor: Sivokon u.a.). Kali u. Steinsalz 5(1971), 441/2

Borecki, M.; Bilinski, A.: Ergebnisse von Gebirgsdruckuntersuchungen beim Strebbau im oberschlesischen Steinkohlenrevier. (5)New York 1966, 88/101

Borecki, M.; Salustowicz, A.: Forschungsarbeiten über die Gebirgsmechanik in Polen. (5)Paris 1964, 515/30

Boussinesqu, J.: Die für das Gleichgewicht auf die Bewegung fester elastischer Körper aufzuwendenden Kräfte (franz.). Paris 1885

Bradâc, J.: Der Einfluß der Deformierbarkeit des Liegenden des Flözes auf den Spannungs- und Verformungszustand des Grubenbaues. (2)1969, 81/100

Braun, H.; Niewerth, F.: Planung und Bau der Essener U.-Straßenbahn. Bau u. Bauind. 18(1965), 905/16

Bräuner, G.: Zusammenhänge zwischen senkrechten und waagerechten Bodenbewegungen beim Abbau flachgelagerter Steinkohlenflöze. Glückauf 95(1959), 1442/57

Bräuner, G.: Über die Anwendung von Senkungs- und Verschiebungsdiagrammen auf die stochastische Theorie der Gebirgsbewegung bei flacher Lagerung. Mitt. Markscheidew. 68(1961), 1/16

Bräuner, G.: Zusatzdruck und Entlastung unter dem Abbau flachgelagerter Steinkohlenflöze. Bergbau-Arch. 25(1964), 27/37

Brinkmann, E.; Neveling, F.: Dauerstandsverhalten von Holzpfeilern. Glückauf-Forsch. 30(1969), 85/87

Buchheim, W.: Einige prinzipielle Bemerkungen zur Vereinigung von Kontinuumsmechanik und stochastischer Betrachtungsweise in Richtung auf eine physikalische Theorie des Gebirges. (2)1969, 47/59

Budryk, W.: Die Bestimmung der Größe der horizontalen Verformung der Tagesoberfläche (poln.). Arch. Górn. Hutn. 1(1953)

Budryk, W.; Knothe, S.: Einfluß des Untertage-Abbaus auf die Erdoberfläche vom Gesichtspunkt der Sicherung der Objekte. Bergakad. 5(1953), 59/62

Bumm, H.: Der Ausbau der Duisburg-Ruhrorter Häfen seit 1945. Arch. u. Ing. 4(1966), 12/15

Carp, H.: Deichbau im Emschergebiet. Baugrundtagung Berlin 1952

Carp, H.: Einige Gedanken über Bergschäden und ihre Vermeidung. Bau u. Bauind. 5 (1952), 416/22

Carter, W.H.N.: Die Beherrschung des Gebirges beim Strebbau. Ein Überblick über die Erfahrungen in England. (5)Paris 1960, 497/514

Caye, Th.: Bericht über den Abbau des Sicherheitspfeilers der Gustavschächte 1/2 der Grube Velsen. 1962. Unveröff. (siehe auch Glückauf 1958, 634)

Cernyi, G.I.: Bestimmung der Absenkung der Tagesoberfläche bei der Bewegung von Gesteinen in Form eines rheologischen Fließens (russ.). Jvz. VUZ, Gôrny Zh. 9(1966), 3/9

Chambon, C.: Einfluß der gebauten Mächtigkeit und der Teufe auf die Strebkonvergenz. Bergb.-Wiss. 13(1966), 153/60

Chilian, J.: Beitrag zur Minderwertbestimmung von Gebäuden. (3)Budapest 1972, Bd. V

Czubik, E.: Über die zeitliche Entwicklung des Senkungsablaufes an der Tagesoberfläche beim Abbau von Steinkohlenflözen. Berg- u. Hüttenm. Monatsh. 116(1971), 293/301

Dahl, H.D.: Zwei- und dreidimensionale elastisch-elastoplastische Analysen der Senkungsvorgänge im Bergbau. (5)London 1972

Darmstädter, Fr.: Bergschädensicherung an freistehenden Kranbahnen und Hallen mit Kranbahnen "System Darmstädter". Glückauf 94(1958), 1365/67

Degen, A.: Die Fundamentierung und Bergschadensicherung eines Warmband- und eines Kaltbandwalzwerkes. Stahl u. Eisen 77(1957), 1018/27

Denkhaus, H.G.; Leemann, E.R.: Messungen der Bewegungen, Verformungen und Spannungen im Gebirge. (2)1968, 311/318

Dieckhoff: Ein Beitrag zur Bodenbewegungskunde. Mitt. Markscheidew. 36(1925), 45/47

Döring, T.: Zur Auswertung und Deutung von Druck- und Konvergenzmessungen im Versatz beim Strebbau in flacher Lagerung unter Berücksichtigung einer nichtlinearen Versatzkennlinie. Freib. Forsch.-H. A320 (1964), 93/145

Döring, T.: Stand und Entwicklungstendenzen der Biegetheorie unter besonderer Berücksichtigung einer einheitlichen Interpretation der Gebirgsmechanik beim Strebbau in einzelnen und mehreren Horizonten. (2)1968, 488/500

Dolezalek, B.; Düro, F.: Probleme der Standfestigkeit hoher Böschungen im rheinischen Braunkohlenrevier. Braunkohle 14(1962), 209/21

Domke, H.: Das Verhalten durchlaufender Stahl- und Spannbetonbrücken im Bergsenkungsgebiet. "Die Berliner Brücke", 43/47. Duisburg: Lange 1963

Dorstewitz, G.; Fritsche, H.; Prause, H.: Zur Einteilung und Bezeichnung der Abbauverfahren. Glückauf 95(1959), 1245/51

Drent, S.: Betrachtungen über den Zusammenhang zwischen den Zeitkurven und der Mächtigkeit des Deckgebirges im Südlimburger Kohlenrevier (engl.). (6)1957, 49/57

Drent, S.: Einige Betrachtungen über das Bergschadenproblem im Konzessionsgebiet der niederländischen Staatsminen. Mitt. Markscheidew. 70(1963), 199/216

Dreyer, W.: Prognosen von Senkungen über Kavernen. (4) Clausthal 1973, H. 5, 62/80

Drisch, L.: Der Einfluß der Gefügelockerung auf den Minderwert von Wohnbauten und deren Minderwertsermittlung. Bergb.-Wiss. 10(1963), 234/38

Drisch, L.: Die Bewertung von Bergschäden an Gebäuden. Hannover: Oppermann 1972

Dubois, R.: Die Abhängigkeit der Konvergenz im Streb von verschiedenen Faktoren. (5) Paris 1960, 469/88

Duddeck, H.; Hollmann, F.; Kotulla, B.; Meissner, H.; Westhaus, K.-H.; Zerna, W.: Technische Möglichkeiten für den Bau betriebsfähiger unterirdischer Verkehrsanlagen unter besonderer Berücksichtigung der Gegebenheiten des Niederrheinisch-Westfälischen Industriegebietes (Ruhrgebiet). Berichte "Konstruktiver Ingenieurbau". Essen: Vulkan 1973

Dumont: Die Berechnung der Bodensenkung infolge bergbaulicher Hohlräume (franz.). Lüttich 1871

Ebert, K.: Einige grundlegende Probleme des sozialistischen Bergschadenrechtes. Freib. Forsch.-H. A280 (1967), 75/84

Eckardt, A.: Die mechanischen Einwirkungen des Abbaus auf das Verhalten des Gebirges. Glückauf 49(1913), 353/61, 397/403

Eckardt, A.: Der Einfluß des Abbaues auf die Tagesoberfläche. Glückauf 50(1914), 449/51, 485/90

Eckart, D.: Arten und Ursachen von Schäden an stillgelegten Bergwerksanlagen. Neue Bergbautechn. 2(1972), 619/25

Eckart, D.: Ergebnisse von Untersuchungen über Schäden an stillgelegten Bergwerksanlagen. Freib. Forsch.-H. A526 (1973)

Eckmann, W.: Der Kreideerzbergbau der Oberpfalz und seine Abbaueinwirkungen über Tage. Glückauf 107(1971), 489/94

Ehrhardt, W.; Sauer, A.: Die Vorausberechnung von Senkung, Schieflage und Krümmung über dem Abbau in flacher Lagerung. Bergb.-Wiss. 8(1961), 415/28

Emondts, H.: Über Bodenverformungen bei stark gestörtem mächtigen wasserführenden Deckgebirge im Aachener Steinkohlengebiet. Diss. Aachen 1955

Erasmus, T.: Meßtechnische Erfassung von Gebirgsbewegungen im Steinsalz im Hinblick auf die Entwicklung eines Abbaufeldes. Diss. Clausthal 1962

Erasmus, T.: Untersuchungen über den Zeitfaktor im Steinsalzbergbau. Unveröff. 1967

Everling, A.: Der Periodendruck. Glückauf-Forsch. 26(1965), 257/71

Fenk, J.: Zum Verhalten von Pfeilern im visko-elastisch-plastischen Gebirge. (3)Prag 1969 u. Bergakad. 21(1969), 324/28

Fenner, R.: Untersuchungen zur Erkenntnis des Gebirgsdruckes. Glückauf 74(1938), 681/95

Fettweis, G.: Über Abbau- und Gewinnungsverluste des Ruhrbergbaus. Glückauf 90(1954), 1530/35

Feucht, W.: Handbuch der Spannungs- und Dehnungsmessung. Düsseldorf: VDI 1958

Feuth, E.: Das Vorrangsverhältnis zwischen Bergbau und Verkehrsanlage nach § 154 ABG und seine praktische Bedeutung. Glückauf 90(1954), 368/71

Fläschenträger, H.: Die Kostenverteilung bei gemeinsam verursachten Bergschäden im Ruhrgebiet. Mitt. Markscheidew. 49(1938), 95/137

Fläschenträger, H.: Die Bodenbewegungsvorgänge im linksniederrheinischen Gebiet. (1)1956, 393/409

Fläschenträger, H.: Betrachtungen zur Bodenbewegung auf Grund von Messungen im linksniederrheinischen Steinkohlengebiet. (6)1957, 58/73

Fodor, I.: Beitrag zur Berechnung der Senkungsmulden bei Lagerstätten mit schwachem Nebengestein. (2)Leipzig 1963, 168/72

Franzius, O.: Versuche mit passivem Erddruck. Bauing. 5(1924), 314/20

Franzius, O.: Erddruckversuche im natürlichen Maßstab. Bauing. 9(1928), 787 ff

Fritz, R.: Die Frage der Bergschäden im französischen Bergrecht - in Belgien, den Niederlanden und Luxemburg. Bergfreiheit 28(1957), 402/9 u. 457/63

Fritz, W.: Ausbauschäden an Schächten im standfesten Gebirge. Glückauf-Forsch. 32 (1971), 53/64

Geilenkeuser, H.: Untersuchungen über die Bewegung von Rohrleitungen in der Erde unter dem Einfluß von äußeren Kräften. Ges. Ber. Ruhrgas AG 11(1962), 7/16

Geiling, L.: Maßnahme zur Verhütung von Bergschäden an Starkstromkabeln. Elektrotechn. 45(1963), 617/20

Geiling, L.; Riso, H.: Kabel für Bergsenkungsgebiete. Elektr. Wirtsch. 58(1959), 249/52

Gerardy, Th.; Möckel, R.; Thiemann, M.: Zur Ermittlung von Grundstückswerten. Allg. Vermessungs-Nachr. 80(1973), 89/101

Gertner, P.F.: Abbau von Kohle unter einer Erdölleitung (russ.). Ugol ukr. 3(1959) 20/21

Gill, H.: Die horizontale Verschiebung in einem körnigen und einem elastischen Medium (poln.). Arch. górn. 11(1966), 274/310

Gisen, F.: Messung der Beanspruchung von starren erdverlegten Rohrleitungen mit Hilfe elektrischer Dehnungsmeßstreifen. Erdöl u. Kohle 71(1967), 505 ff

Glebe, E.; Gremmler, E.; Stodt, P.; Bals, R.: Der Abbau des Schachtsicherheitspfeilers im westdeutschen Steinkohlenbergbau. Glückauf 94(1958), 633/56

Glöckner, H.: Zu einigen Fragen der Bergschadenshaftung. Neue Bergbautechn. 1(1971), 98/101

Glover, C.M.H.; Webster, N.E.: Die Gesetzgebung im Hinblick auf Bergschäden und ihre Auswirkung auf die bergbauliche Praxis (engl.). Trans. Inst. Min. Eng. 118(1958/59), 75/99

Goldreich, A.: Die Theorie der Bodensenkungen in Kohlengebieten. Berlin: J. Springer 1913

Goldreich, A.: Die Bodenbewegungen im Kohlenrevier und deren Einfluß auf die Tagesoberfläche. Berlin: J. Springer 1926

Gonot, J.: Theorie der Bruchrichtung (franz.). Lüttich 1839 (s. Goldreich 1913, 16)

Gräbsch, W.: Gebirgsbewegungen in einer Abbaustrecke und theoretische Folgerungen hinsichtlich der Auswirkung über Tage. Glückauf 90(1954), 895/908

Grafarend, E.: Vektoranalytische Beschreibung von Bodenbewegungselementen und ihre graphische Darstellung. Mitt. Markscheidew. 71(1964), 126/34

Grard, C.: Bodensenkungen infolge Bergbau und ihre Minderung (franz.). Rev. Indus. Min. 51(1969), 35/70

Greń, K.: Modelltechnische Anwendung der Abbaueinwirkung mit Hile einer photoelektrischen Analogie (engl.). (3)Prag 1969

Greń, K.: Berücksichtigung des Zeitfaktors bei der Gebirgsverformung mittels analoger Geräte (engl.). (3)Budapest 1972

Grond, A.: Erfahrungen über Bodensenkungen im südlimburgischen Bezirk. Mitt. Markscheidew. 48(1937), 133/42

Grond, G.: Eine kritische Analyse früher und moderner Absenkungstheorien (engl.). Leeds: Departm. Mining 1953

Grond, G.: Bergbauliche Bodenbewegung in Abhängigkeit von der Lagerung und Teufe (engl.). (6)1957, 115/27

Grosskinsky, O.: Handbuch des Kokereiwesens. Düsseldorf: Knapp 1956

Haligowski, J.; Romanowicz, E.: Die Verformung des Gebirges, der Tagesoberfläche und der Schachtröhre beim Abbau des Schachtsicherheitspfeilers (poln.). Przegl. górn. 18 (1962), 37/46

Harnisch, G.: Der dinglich gesicherte Bergschadenverzicht im Enteignungsverfahren nach dem Bundesbaugesetz. Z. f. Bergrecht 109(1968), 446/51

Haupt, W.: Ergebnisse der Stoßschiebungsmessungen beim Abteufen zweier Gefrierschächte am linken Niederrhein. Bergb.-Wiss. 5(1958), 159/65

Hauße, R.: Beitrag zur Bruchtheorie, Erfahrungen über Bodensenkungen und Gebirgsdruckwirkungen. Jahrb. f. d. Berg- u. Hüttenw. i. Sachsen, 1885

Heim, A.: Mechanismus der Gebirgsbildung. Basel: 1878

Heinemann, G.: Der Bergschaden. Berlin: Engel 1961

Hellwig, F.: Beitrag zur Erforschung der durch den Abbau verursachten Gebirgsbewegung. Glückauf 86(1950), 1081/97

Hilbig, P.: Der Bergschaden als geodätisch-markscheiderisches Problem. 41. Deutscher Geodätentag, Essen 1956

Hilbig, P.: Die Sicherheit der NWO-Rohrleitung im Ruhrgebiet. Wilhelmshaven: Eigenverlag 1958

Hilbig, P.; Kratzsch, H.: Bergbaubedingte Bodenverschiebungen an Bahngleisen, Rohrleitungen und Kabeln. Glückauf 100(1966), 1023/28

Hilbig, P.; Kratzsch, H.: Berechnung der Kostenanteile gemeinsam verursachter Bergschäden, getrennt nach lotrechter und waagerechter Bodenbewegungskomponente. Bergb.-Wiss. 18(1965), 297/301

Hilbig, P.; Kratzsch, H.: Theoretische Betrachtungen über Setzungsvorgänge bei der Erdöl- und Erdgasgewinnung sowie Erdgasspeicherung. Bergb.-Wiss. 15(1968), 81/86

Hilbig, P.; Kratzsch, H.; Hoffmann, H.: Die meßtechnische Überwachung eines absatzweise gefrorenen Schachtes. Forschungsber. Nr. 2174 Nrh.-W., Opladen: Westdeutscher Verlag 1971

Hilbig, P.; Schmidt, M.: Zur Tiefe von Tagebrüchen über Abbauen. Bergb.-Wiss. 11(1964), 17/18

Hilbig, P.: Über Bodenbewegungen und gebirgsmechanische Vorgänge im Kali- und Steinsalzbergbau. Kali u. Steinsalz 1(1954), 23/38

Hinkeldey, Th.: Probleme der Gründung und Fundamentierung von Industrieöfen. Bau- u. Bauind. 17(1964), 539/42

Höfer, K.-H.: Über den Mechanismus der Bildung der sogenannten "Trompeterschen Zone". Geol. u. Bauwes. 26(1960), 2/13

Höfer, K.-H.: Untersuchungen über Verformungen und Spannungen um Hohlräume in viskoelastisch-plastischen Medien. Bergakad. 16(1964), 153/56

Höfer, K.-H.; Menzel, W.: Vergleichende Betrachtungen über die mathematisch und aus Messungen unter Tage ermittelten Pfeilerbelastungen im Kalibergbau. (2)1962, 96/110

Höfer, K.-H.; Berthold, E.; Menzel, W.: Rheologische Modelle und in-situ-Messungen im Salzgebirge. (2)1964, 58/65

Hoffmann, E.: Zum Problem der Paragenese konstruktiver, bauphysikalischer und bergbaulicher Einflüsse bei Hochhausschäden. Diss. Aachen 1973

Hoffmann, H.: Gebirgsmechanische Messungsergebnisse in einem Hobelstreb. Bergbau-Arch. Bd. 5/6(1947), 37/50

Hoffmann, H.: Gebirgsschläge beim Steinkohlenbergbau und ihre Bekämpfung. (1)1956, 777/812

Hoffmann, H.: Zur Frage der bergbaulichen Minderwertsbestimmung bei Wohnbauten. Bergb.-Wiss. 9(1962), 367/73

Hoffmann, H.: Meßverfahren zur Ermittlung bergbaulicher Schachtverformungen. Z. f. Vermess. 88(1963), 36/50

Hoffmann, H.: Die Senkungen am geschichteten maßstabgetreuen Modell in Abhängigkeit von der Reibung auf Schichtflächen, der Abbaurichtung und dem Abbaufortschritt. Mitt. Markscheidew. 70(1963), 231/52

Hoischen, A.: Schachteinbauten für Hauptschächte. Glückauf 106(1970), 696/700

Holländer, E.: Die Entschädigung für Bergbauschäden. Berlin: Guttentag 1913

Hollmann, F.: Tagesnaher Bergbau und Bebauungsplanung im Niederrheinisch-Westfälischen Steinkohlengebiet. Bergfreiheit 33(1968), 107/17 u. Bergbau 22(1971), 283/97

Horn, A.: Räumlicher Erdwiderstand in nichtbindigen Böden. VDI-Z. 109(1967), 585/89

Hueck, E.: Die planmäßige Absenkung des Duisburger Hafens durch Abbau mit wechselseitiger Anwendung von Blasversatz und Bruchbau. Glückauf 99(1963), 584/90

Hüglin, A.: Straßenbahnbergschäden. Verkehrstechn. 3(1922), 13/18

Hüglin, A.: Die Einschränkung der Stoßlücken in Eisenbahngleisen. Mitt. Markscheidew. 40(1929), 123/28

Hülsmann, K.-H.: Der Bergbau in seiner Auswirkung auf den Baugrund. Bergfreiheit 35 (1970), 33/42

Imre, G.: Verhütung der schädlichen Folgen des Unterbauens von Seilbahnen (ung.). Bany. lapok 95(1962), 380/86

Innerling, H.: Markscheiderische Feinmessungen zur Klärung von Gebirgsdruckfragen an Kohleninseln und Restpfeilern im Oberschlesischen Kohlenbergbau. Mitt. Markscheidew. 49(1938), 1/38

Isay, R.: Bergbau und öffentliche Vekkehrsanstalten. Glückauf 90(1954), 1519/23

Jacobi, O.: Der Druck auf Flöz und Versatz. Glückauf 96(1960), 409/18

Jacobi, O.; Everling, G.: Die Wirkung unterschiedlichen Streckenausbaus in Modellversuchen. (5)Paris 1960

Jacobi, O.; Holtz, G.: Die Ableitung von Gesetzmäßigkeiten aus den Druck- und Konvergenzmessungen im Blasversatz. Glückauf 96(1960), 419/26

Jahns, H.; Bräuner, G.: Der Versatzdruck in der steilen Lagerung. (5)Paris 1960, 157/70

Jantzon, F.: Die Spannungsverteilung in kreisförmigen Schachtzonen unter Berücksichtigung elastischen Gebirgsverhaltens. Diss. Aachen 1966

Janus: Die Bodenbewegung im linksrheinischen Steinkohlengebiet. Unveröff. Messungsergebnisse 1920

Jofis, M.A.: Bewegung der Tagesoberfläche und Schutz der Übertageanlagen im Becken von Lôv-Volynsk (russ.). Ugol ukr. 6(1962), 22/24

John, K.W.; Malina, H.: Die "Finite-Element-Methode" in der Gebirgsmechanik. (2)1967

Jung, A.: Technische und wirtschaftliche Betrachtungen zu baulichen Sicherungsmaßnahmen gegen die Auswirkungen bergbaulich verursachter Bodenverformungen auf die Tagesfläche im saarländischen Bergbaurevier. Freib. Forsch.-H. A118(1959), 13/55

Jung, W.; Meerstein, R.; Schmidt, H.; Schoof, H.; Spilker, H.: Grundsätze und erste Ergebnisse der Verwahrung von Schächten in der Mansfelder Mulde. Neue Bergbautechn. 2 (1972), 626/29

Kahlert, O.: Abbaulenkung zur Vermeidung schädlichen Gebirgsdrucks mit Hilfe markscheiderischer Feinmessung. Glückauf 80(1944), 325/32

Kampers, D.: Verschärfte bergbauliche Schadenswirkung auf die Erdoberfläche bei Überschneidung mehrerer aus verschiedenen Richtungen sich einander nähernden sogenannten Senkungsmulden. Bergbau-Rdsch. 7(1955), 17/21

Kanlybaeva, Z.M.: Bewegungen im Gebirgskörper mit Senkungen an der Tagesoberfläche. Bergakad. 21(1969), 139/43

Kantarek, T.; Kwiatek, J.: Neues Laboratoriumsgerät zur Untersuchung des Einflusses von Bodenzerrungen auf ein Bauwerk (poln.). Przegl. górn. 18(1962), Anhang, 32/34

Kany, M.: Berechnung von Flächengründungen. Berlin: Ernst 1959

Kapelle, H.: Ein mechanischer Integrator zur Ermittlung von Bodensenkungen. Mitt. Markscheidew. 70(1963), 271/88

Kastenbein, W.: Neuere Erkenntnisse auf dem Gebiet der Bergschadenkunde. Ein Beitrag zur Berechnung von Bodenbewegungen. Mitt. Markscheidew. 77(1970), 115/73

Kegel, K.: Bergmännische Gebirgsmechanik im Abbau bei festem und bei losem Gebirge. Halle: Knapp 1950

Keinhorst, H.: Die Berechnung bei Bodensenkungen im Emschergebiet. Festschrift 25 Jahre Emschergenossenschaft. Essen 1925, 347/50

Keinhorst, H.: Bei Bodensenkungen auftretende Bodenverschiebungen und Bodenspannungen. Glückauf 64(1928), 1141/45

Keller, G.: Verfahren zur anteiligen Bestimmung von Grundwasserentziehungsschäden beim Flözbergbau. Glückauf 94(1958), 1502/05

King, H.J.; Whetton, J.T.: Die Mechanik der bergbaulichen Absenkung (engl.). (6)1957, 27/36

Kittrich, R.: Theorie über die Stabilität des Hangenden. Diss. Ostrova 1963. Glückauf-Forsch. 28(1967), 63/65

Kiwitt, W.: Über das Verhalten von erdverlegten Rohrleitungen unter akuter Bergbaueinwirkung. Diss. Clausthal 1973

Kleffner, R.: Entschädigungsansprüche der Bauberechtigten gegen den Bergwerksunternehmer unter besonderer Berücksichtigung der Ruhrkohlenbezirke. Z. f. Bergrecht 102 (1961), 67/90

Klemencsicz, J.: Untersuchung der Unterbauungsmöglichkeiten von Punktbauten (ung.). Mitt. ungar. Forsch.-Inst. Bergb. Nr. 5(1961), 41/48

Klose, D.: Beitrag zu Untersuchungen über das Quellverhalten tonmineralführender Nebengesteine des Ruhrkarbons. Diss. Münster 1967

Klose, G.: Bemerkungen zur Theorie der Bodensenkungen. Mitt. Markscheidew. 32(1917), 127/42

Klose, G.: Der Bodenbewegungsvorgang beim Abbau von Steinkohlenflözen. Mitt. Markscheidew. 39(1928), 1/17 u. 62/72 ff

Knop, E.: Aufgaben und Probleme der Wasserwirtschaft und Bautechnik im Bergsenkungsgebiet und des Lippeverbandes. Gas u. Wasserf. 103(1962), 1225/32

Knothe, S.: Die Gleichung der endgültig ausgebildeten Senkungsmulde (poln.). Arch. gόrn. hutn. 1(1953), 22/38

Knothe, S.: Die Bewegungen an der Erdoberfläche unter dem Einfluß des Abbaus unter Tage und ihre theoretische Auslegung (engl.). (6)1957, 210/15

Knothe, S.: Bestimmung der voraussichtlichen Abbaueinflüsse in Schachtsicherheitspfeilern (poln.). Przegl. gόrn. 25(1969), 377/81

Kochmański, T.: Integral-Theorie der Bodenbewegungen unter Einwirkung des Abbaus. Freib. Forsch.-H. A118(1959), 36/58

Kochmański, T.; Magdziors, J.: Die Berechnung der Verschiebungen über Abbauflächen (poln.). Politechn. Schriftenreihe, H. 39 Gόrn. Gleiwitz 1969

Kochmański, T.; Magdziors, J.: Neue Methoden der Berechnung von Bewegungen und Vermessungen der Tagesoberfläche und des Gebirges als Folge untertägigen Abbaus. Freib. Forsch.-H. A527(1972)

Kögler, A.: Neue Erkenntnisse und Fortschritte in der Baugrunduntersuchung. Techn. Bl. d. Bergwerks-Zeit. Nr. 52(1936) u. Nr. 1(1937)

Kögler, A.; Scheidig, A.: Baugrund und Bauwerk. Berlin: Ernst 1944

Köhler, R.: Erschütterungsschäden. (1)1956, 653/59

Köhne: Unveröff. Studien, siehe Mitt. Markscheidew. (1910), 4 u. (1923), 30/31

Köndgen: Seitliche Verschiebungen infolge von Bergbau im Stadtgebiet Essen. Z. f. Vermessungsw. 38(1903), 233/35

Kösters, H.: Möglichkeiten für Senkungs- und Verschiebungsberechnung von horizontalen Punktgittern sowie vertikalen und horizontalen Punktlinien mit der elektronischen Rechenmaschine IBM 1620. Mitt. Markscheidew. 74(1967), 177/80

Kösters, A.; Szelag, S.: Vereinfachte Ermittlung von Anteilprozenten für die Kostenverteilung im Einwirkungsbereich zweier oder mehrerer Schachtanlagen bei gemeinsam verursachten Bergschäden. Mitt. Markscheidew. 75(1968), 38/48

Kolbenkov, S.P.: Analytische Betrachtung typischer Bodenbewegungskurven. VNIMI (Hauptmarkscheide-Inst.), Leningrad 1961

Korfmann, W.: Vorausberechnungen von Bodenbewegungen auf Grund von Beobachtungen über Teilflächen. Mitt. Markscheidew. 64(1957), 1/29

Kormann, St.: Der Spannungszustand im Gebirge unterhalb eines im Abbau befindlichen Flözes (poln.). Arch. Górn. 2(1957), 129/67

Korotkov, M.V.: Einfluß des Abbaus von Erzlagerstätten im Tiefbau auf Rutschungen von Gebirge, Gebäuden und Bauten (russ.). (3)Prag 1969, Bd. III

Korten, D.: Der Einfluß des Bergbaus auf Straßenbahngleise und seine Bekämpfung. Glückauf 45(1909), 865/74 u. 1442/44

Kosicyn, B.A.: Schutz von Gebäuden und Anlagen bei ihrem Unterbauen in Polen und in der CSSR (russ.). Sacht. stroit. 6(1962), 23/28

Kovanic, L.; Kunák, L.: Beitrag zur Vorausberechnung der Parameter der Terrainbewegung über einer schräggestellten Lagerung. (3)Budapest 1972, Bd. V

Kowalczyk, Z.: Die Einwirkung des Bergbaus auf die Erdoberfläche in industrialisierten und besiedelten Gebieten (engl.). Jahres-Haupttr., Quebec City 1966, Bergakad. 7 (1968), 389/94

Kowalczyk, Z.: Der Einfluß des Abbaus von Schachtpfeilern auf die Schachtröhre. 3. Sammelbd. Markscheidew. soz. Länd., Leipzig 1968, 121/31

Kratzsch, H.: Ein Nomogramm für die Ermittlung der Einwirkungsradien bei anteiliger Bergschädenverrechnung. Bergvermess. Bl. 6 u. 7(1957/58), 108/10 u. 21/25

Kratzsch, H.: Ein optischer Analogrechner zur Vorausbestimmung bergbaulicher Bodenbewegungen. Glückauf 99(1963), 1033/48

Kratzsch, H.: Bergschadenminderung und Abbauführung. Bergbau-Arch. 85(1964), 15/21

Kratzsch, H.: Vereinfachte Berechnungsverfahren mit dem optischen Analogrechner. Mitt. Markscheidew. 71(1964), 169/86

Kratzsch, H.: Reißlack für Spannungsuntersuchungen am Gebirgsmodell. Bergb.-Wiss. 12 (1965), 156/59

Kratzsch, H.: Über die Berechnung bergbaulicher Gebirgsbewegungen mittels Integrationsnetz und Analogrechner. Festschr. Prof. Paul Hilbig, Berlin 1966, 23/50

Kratzsch, H.: Über den Absenkungsfaktor in geneigter bis steiler Lagerung. Bergb.-Wiss. 14(1967), 413/23

Kratzsch, H.: Erddruck und Reibung an Fundamenten bei bergbaulicher Bodenbewegung. Mitt. Markscheidew. 74(1967), 44/66

Kratzsch, H.: Der Einfluß der zeitlichen Bodenverschiebungsgröße auf den Bergschaden. Glückauf-Forsch. 29(1968), 269/77

Kratzsch, H.: Der Zeitfaktor in der Bodenbewegungskunde. Glückauf-Forsch. 29(1968), 323/30

Kratzsch, H.: Zur Angleichung der mit Integrationsnetzen berechneten Senkungen und Verschiebungen an Beobachtungswerte in steiler·Lagerung. Mitt. Markscheidew. 75 (1968), 32/38

Kratzsch, H.: Zur Vorausberechnung der Abbaueinwirkung auf Schächte. Bergb.-Wiss. 16 (1969), 127/37

Kratzsch, H.: Die Spannungsmessungen im Tübbingausbau des Schachtes Lohberg 3. Bergb.-Wiss. 17(1970), 399/408

Kratzsch, H.: Gebirgsbewegungsberechnung mit Hilfe der Strukturmatrix eines Gebirgsmodells aus endlichen Elementen. Mitt. Markscheidew. 77(1970), 1/15

Kratzsch, H.: Die axiale Beanspruchung des gebirgsverbundenen Schachtausbaus beim Abbau der Schachtschutzzone. Mitt. Markscheidew. 77(1970), 29/44

Kratzsch, H.: Über die Anwendung des Verfahrens der finiten Elemente in der Bergschadenkunde. Mitt. Markscheidew. 81(1974), im Druck

Kriener, W.: Versuche zur Berechnung von Senkungen für flache Lagerung mit Hilfe von elektronischen Rechenanlagen. Mitt. Markscheidew. 67(1960), 75/77

Kühn, P.: Betrachtungen über die Gebirgsdruckfrage. Glückauf 67(1931), 1477/84

Kumpf, J.: Rohrnetzbau und -betrieb im Bergsenkungsgebiet. Wasser-Abwasser 106(1965), 569/72

Labasse, H.: Die Auswirkung der Behandlung des Hangenden auf den Gang der Kohle und das Verhalten des Nebengesteins. (5)Paris 1960, 531/38

Langer, M.: Ingenieurgeologische Probleme bei der Speicherung von Öl und Gas. Geol. Jahrb. 90(1972), 315

Lautsch, H.: Über die Kinematik der Bodenbewegungen beim Abbau mehrerer flacher Flöze innerhalb eines tektonischen Bereiches. (4)Clausthal 1971, 121/46

Lee, S.G.: Landdrainage und Absenkung (engl.). Coll. Engng. 37(1960), 68 ff

Lehmann, K.: Bewegungsvorgänge bei der Bildung von Pingen und Trögen. Glückauf 55 (1919), 933/42

Lehmann, K.: Planmäßige Abbauführung. Glückauf 74(1938), 321/32

Lehmann, K.: Abbautechnische Maßnahmen zur Verminderung der Bergschäden. (1)1956, 815/31

Lehmann, K.: Tunnel- oder Hochstraße? Essen: Eigenverlag 1964

Lehmann, K.; Neubert, K.; Schafstein, K.: Berechnung und Darstellung von Bodenbewegungen über Abbauen. Mitt. Markscheidew. 53(1942), 1/36

Lehr, E.; Seidl, K.: Modellversuche zur Klärung der Spannungsverteilung in der Umgebung von Strecken im Gebirge. Forschungsh. 372. Berlin: VDI 1935

Lejczak, W.; Bojarski, Z.: Probleme des Bergbaus der VR Polen auf dem Gebiete des Schutzes der Erdoberfläche vor Bergschäden. Bergakad. 20(1968), 394/400

Lenge, A.: Beobachtung und Behebung von Schäden an Eisenbahngleisen im Saargebiet infolge Bergbaus. (6)1957, 106/14

Lengemann, A.: Die Begrenzung der Abbaueinwirkungen im Gebirge und ihr Einfluß auf die Vorausberechnungsverfahren auf Grund von Modellversuchen. Diss. Aachen 1967

Leonhardt, J.: Ein Beitrag zur Anordnung der Berechnungspunkte bei der Abrechnung gemeinsam verursachter Bergschäden. Festschr. Karl Neubert, Freiberg 1965

Leonhardt, J.: Ergebnisse von Untersuchungen über die Strebkonvergenz. Inform.-Tag. "Gebirgsdruck u. Grubenausbau", Luxemburg 1969

Lindner, K.: Verformungsmessungen in Schächten. (1)1956, 753/57

Lindner, K.: Erdverlegte Rohrfernleitungen im Bergbaugebiet. Unveröff. Manuskript 1972

Link, H.: Über die Bemessungen des Schachtausbaus und seine Beanspruchung durch Abbaueinwirkungen bei Verwendung von Stahltübbingen. Bergbau-Arch. 16(1955), 1/23

Lippmann, W.: Messungen von Bodenbewegungen infolge zeitlicher Schwankungen im Wasserhaushalt. Diss. Berlin 1960

Lippmann, W.: Ausgewählte Fälle aus der Bergschadenspraxis. Vortrag Markscheider-Tag., Münster 1973, im Druck

Litwiniszyn, J.:Theorien und Modelluntersuchungen über Bodenbewegungen. (6)1957, 202/9

Löffler, W.: Betrachtungen des Markscheiders zu den verschiedenen Versatzarten und ihr Einfluß auf Bergschäden. Bergbau-Arch. 8(1948), 1/17

Löffler, W.: Lageveränderungen der Schachtsäule durch Abbau. Bergbau-Arch. 18(1951), 23/68

Löffler, W.: Die Abbaudynamik im streichenden Strebbau bei verschiedenen Versatzsarten und ihre Beziehung zur Tektonik. Glückauf 72(1936), 945/73

Longchamps, A.: Rechtliche Probleme bei Bergschäden (poln.). Przegl. górn. 13(1957), 614/16

Loonen, H.E.: Theoretische Berechnung der um einen zylindrischen Hohlraum in einem visko-elastisch-plastischen Medium auftretenden Spannungen und Verschiebungen. Ber. d. Central Proefstation, Limburg 1968 u. (2)1968

Loos, W.: Die Ausbildung der Senkungsmulde im Saarbergbau. Mitt. Markscheidew. 67 (1960), 246/65

Luetkens, O.: Bauen im Bergbaugebiet. Berlin: Springer 1957

Luetkens, O.: Die Bergschädensicherung. Berlin: Springer 1941

Lütgendorf, H.O.: Baugrundverhalten bei Abbau. (4)Berlin 1972, 91/112

Lütgendorf, H.O.: Quantitative Gebirgsmechanik der Untertagebaue im geklüfteten Gebirge. Essen: Glückauf 1971

Maaßen, F.: Zur Berechnung der Bodenbewegungen mittels EDV-Anlagen. Unveröff. Manuskript, 1961

Marbach, G.: Einwirkungen des Abbaus auf Schächte im Ruhrgebiet und Maßnahmen zu ihrer Verhütung. Glückauf 57(1921), 1057/1115

Martos, F.: Modellversuche zur Bestimmung der in den Hangendschichten entstehenden Bewegungsfelder bei Flözen von mittlerem und steilem Einfallen. (2)1968, 480/87

Martos, F.: Beiträge zur Problematik des Abbaus von Schachtsicherheitspfeilern. 3. Sammelbd. Markscheidew. soz. Länd., Leipzig 1968, 143/52

Martos, F.: Das Bewegungsfeld in unterbauten Hagendschichten bei verschiedenem Flözeinfallen. (3)Prag 1969, Bd. III

Martos, F.: Über eine Näherungsgleichung der Senkungsmulde und deren Zeitfaktor. (2) 1958, 102/9

Matouš, J.: Zu Ergebnissen von Beobachtungen der abbaubedingten Bodenbewegungen. (3) Prag 1969

Mautner, K.W.: Beitrag zur Frage der Gebäudesicherung im Bergbausenkungsgebiet. Bauing. 1(1920), 144/49

Mehrhoff, S.: Neue Beobachtungen zu bergbaubedingten Erdstufen im rheinisch-westfälischen Steinkohlenbezirk und ihre bergschadenkundliche Auswertung. Diss. Berlin 1974

Meier, H.: Die Verbesserung der Eisenbahnschiene. Eisenbahntechn. Rdsch. 2(1953), 374 ff

Meixner, H.: Abbauplanung für den Einwirkungsbereich eines Schachtsicherheitspfeilers und Darstellung der Auswirkungsmaxima. Bergakad. 11(1959), 544/49

Meixner, H.: Messungen zur Ermittlung von Boden- und Gebirgsbewegungen. Neue Bergbautechn. 1(1971), 263/66

Michaelsen, O.; Harres, G.: Bergsenkungsschäden an Bahnanlagen des Saarkohlebeckens und ihre Beseitigung. Eisenbahning. 18(1967), 313/23

Micklinghoff, F.: Die Bekämpfung der Steinfallgefahr. Essen: Glückauf 1967

Midlin, R.D.: Die Kraft in einem Punkt innerhalb eines Halbraumes (engl.). Physics 7 (1936), 135/202

Miesbach, H.; Engelhardt, D.: Kommentar zu den Landesberggesetzen. Berlin: Schweitzer 1962

Mohr, F.: Einfluß des Abbaus auf das hangende Gebirge mit besonderer Berücksichtigung der Einwirkung auf Schächte. Bergbau-Arch. 12(1951), 1/28

Mohr, F.: Schachtbautechnik. Goslar: Hübner 1964

Muc, J.: Grundlagen zur Bestimmung der Gebäudewiderstandsfähigkeit gegen Bergschädeneinfluß. (3)Budapest 1972, Bd. V

Müller, L.: Der Felsbau. Bd. 1. Stuttgart: Enke 1963

Müller, W.: Die Berechnung der Bewegungen und Spannungen des Gebirges vom Abbau bis zur Tagesoberfläche nach der Methode der endlichen Elemente. Diss. Berlin 1973

Muller, R.A.: Einige Fragen des Gebäudeschutzes vor dem Einfluß der Tiefbauarbeiten in der UdSSR (russ.). (3)Prag 1969, Bd. III

National Coal Board: Subsidence engineers' handbook. London: Eigenverlag 1966

Nehring, H.: Auswertung von Kippensetzungsbeobachtungen. Mitt. Markscheidew. 78(1971), 273/87

Memethy, L.: Verlegung von Fernsprechkabeln im Bergsenkungsgebiet (ung.). Bany. lapok 98(1965), 162/71

Neset, K.: Gewinnungsarbeiten im Schutzpfeiler des Wetterschachtes Nr. 1 der Zeche Rudy Rijen. 3. Sammelbd. Markscheidew. soz. Länder. Leipzig: Grundstoffind. 1968, 179/91

Neubert, K.: Vorausberechnung von Gebirgsbewegungen infolge bergmännischer Hohlraumbildung. Bergakad. 7(1955), 551/65

Neubert, K.; Scharm, A.: Markscheiderische Beobachtungsergebnisse von Gebirgsbewegungen im Braunkohlentiefbau. Freib. Forsch.-H. A54(1957), 158/88

Neubert, K.: Stetiger Abbau an der Werra zur Steigerung der Sicherheit und Wirtschaftlichkeit. Bergakad. 13(1961), 383/91

Neuhaus, E.: Baufibel für den Wohnungsbau im Bergsenkungsgebiet. Düsseldorf: Werner 1954

Neuhaus, W.: Entwicklung eines einfachen, leicht programmierbaren Rechenmodells für sämtliche Bodenbewegungen. (4)Berlin 1973, 237/58

Neuhaus, W.: Berechnung der Einwirkungsnetze für Senkung und Verschiebung in der flachen Lagerung und ihre Auswertung durch einen elektrischen Analogrechner. Mitt. Markscheidew. 81(1974), im Druck

Neuhaus, W.: Eine partielle Differentialgleichung zur Berechnung der Bodenbewegung bei Abbau unter Tage. Vortrag Ges. f. Angew. Math. u. Mechanik, Bochum 1974

Newmark, M.N.: Vereinfachte Berechnung des Vertikaldruckes in elastischen Gründungsböden. Univ. Illinois 1935 u. DIN 4019

Niederhofer, G.: Neues Verfahren für die Vorausberechnung von Bodensenkungen, vornehmlich über Abbauen in steiler Lagerung. Mitt. Markscheidew. 69(1968), 33/75

Niemczyk, O.: Zur Frage des Grenz- und Bruchwinkels bei Bodensenkungen. Mitt. Markscheidew. 46(1935), 37/48

Niemczyk, O.: Bergschadenkunde. Essen: Glückauf 1949

Niemczyk, O.: Bergmännisches Vermessungswesen. 2. Bd. Berlin: Akademie 1956, 585/95

Niemczyk, O.: Stand der Erforschung der Bodenbewegungsvorgänge. (1)1956, 353/92

N.N.: Regeln für den Schutz von Bauwerken in der UdSSR (russ.). Leningrad: Ugletech. 1958

N.N.: Zum Bergschadensrecht für vorsorgliche Maßnahmen des Bergwerksbesitzers im Interesse öffentlicher Verkehrsanstalten. Glückauf 105(1969), 548/49

N.N.: Grundwasserentzug als Bergschaden. Glückauf 105(1969), 1017

N.N.: Subsidiäre Staatshaftung für Bergschäden? Glückauf 105(1969), 34/36

N.N.: Umfang und Haftung des Bergwerksbesitzers für Bergschäden. Glückauf 108(1972), 1222/23

N.N.: Keine Kapitalzahlung bei nicht endgültigem Verlust der Baulandeigenschaft. Glückauf 109(1973), 150/52

Oberbergamt Dortmund: Über die Einwirkung des unter Mergelüberdeckung geführten Steinkohlenbergbaues auf die Erdoberfläche im Oberbergamtsbezirk Dortmund. Z. f. Berg-, Hütten- u. Salinenwes. 1897

Oberste-Brink, K.: Der heutige Stand der Bergschadenfrage. Mitt. Markscheidew. 46 (1935), 48/56

Oberste-Brink, K.: Frage der Hebungen bei Bodenbewegungen im Bergbau. Glückauf 76 (1940), 249/50

Oberste-Brink, K.; Marbach, G.; Weißner, J.: Bergschäden an Feuerungsanlagen, ihre Beurteilung, Beseitigung und Verhütung. Essen: Boekling u. Müller 1932

Oberste-Brink, K.; Weißner, J.: Bergschäden an Schiffahrtskanälen und Vorflutern. (1)1956, 565/88

Oberste-Brink, K.; Weißner, J.: Zur Ermittlung des Gebäudeminderwertes durch Bergschäden. Glückauf 96(1960), 456/60

Oberste-Brink, K.; Weißner, J.: Bergschäden an Straßenbahnen, Eisenbahnen, Kranbahnen und Straßen. (1)1956, 549/58

Oberste-Brink, K.; Weißner, J.: Bergschäden an Rohrleitungen und Kabeln. (1)1956, 559/66

Ochab, Z.: Die Senkungsmulde und spezifische Deformationen infolge des Abbaus geneigter Flöze auf Grund der Theorie von Kochmanski. Freib. Forsch.-H. A146(1960), 234/54 u. Prace Inst. Górn., Kattowitz 1959

Omeltschenko, A.N.: Erforschung der bergbaulichen Bodenbewegungen in der UdSSR. Neue Bergbautechn. 1(1971), 357/63

Orchard, R.J.: Voraussage des Ausmaßes der Bewegungen an der Tagesoberfläche. (6)1957, 39/48

Orchard, R.J.: Die Abhängigkeit der Senkungsbeobachtungen von der Abbauführung (engl.). (3)Budapest 1972, Bd. V

Orlov, G.; Saxenhofer, H.: Balken auf elastischer Unterlage. Zürich: Leemann 1963

Ortlepp, W.D.; Cook, N.G.W.: Verformungen um Grubenbaue in hartem Gestein. (5)New York 1964

Otten, F.: Erfahrungen mit Kabeln in Bergsenkungsgebieten. Siemens-Sonderdruck, Berlin 1958

Padera, Z.: Untersuchung des Einflusses der Abbaugeschwindigkeit auf die Gebirgsdruckerscheinungen beim Abbau eines Kohlenflözes mit Hilfe von Modellversuchen aus äquivalenten Materialien. Bergakad. 21(1969), 532/36

Panow, A.D.; Ruppeneit, K.W.: Fragen der Gebirgsdruckforschung. (2)1958, 53/60

Parate, N.W.: Minderung der Senkungseinwirkung auf Tagesbauten (engl.). Coll. Engng. 44(1967), 190/95

Perz, F.: Die Zonenteilung der Einwirkungsflächen in bergbaulichen Senkungsgebieten. Berg- u. Hüttenmänn. Monatsh. 88(1940), 12 ff

Perz, F.: Der Einfluß der Zeit auf die Bodenbewegung über Abbauen. Mitt. Markscheidew. 55(1948), 92/117

Perz, F.: Eine Teilungsart der Vollfläche zur einfachen Verschiebungsberechnung über Abbauen bei flacher Lagerung. Mitt. Markscheidew. 55(1948), 117/25

Petermann, H.: Bewegung und Kraft bei Ankerplatten. Bauing. 14(1933), 531/36

Peters, H.: Bergbauliche Einflüsse auf Gebäude und daraus abgeleitete Erkenntnisse. Diss. Aachen 1960

Petzold, A.: Probleme der Neuregelung von Bergbauschutzgebieten. Neue Bergbautechn. 1(1971), 89/93

Pfläging, K.: Neue Erkenntnisse über Bodenbewegungen und gebirgsmechanische Vorgänge beim oberflächennahen Abbau flachgelagerter Steinkohlenflöze. Diss. Berlin 1968

Pfläging, K.: Beobachtungen der Bodenbewegungselemente beim Abbau eines Flözes im bisher unverritzten Gebirge. Vortrag Markscheider-Tag., Münster 1973, im Druck

Pieper, K.: Risse im Mauerwerk. Nobelhefte 1970, 47

Plasche, F.: Bergbaufremde Schäden in Bergbaugebieten. Bergbau-Techn. 2(1952), 408/13

Pohl, L.: Bergsenkungen und Hebungsarbeiten im Bahnhof Wattenscheid. Der Bau 1958, 272/77

Pollmann, H.: Bodenbewegungen als Problem des Umweltschutzes. (4)Clausthal 1973

Potts, E.: Laufende Untersuchungen über Gebirgsmechanik und Hangendbeherrschung. (5) New York 1964

Probst, R.: Bauschäden. Bildbuch 1, Stuttgart: Krämer 1970

Pryke, J.F.S.: Beseitigung von Bergschäden (engl.). Coll. Engng. 31(1954), 501/07

Radzikowski, A.: Einfluß der Bergschäden auf Kanalhäfen (poln.). Arch. hydrotechn. 6 (1959), 3/54

Radzikowski, A.: Einfluß von Geschwindigkeit und Richtung des Abbaufortschrittes auf übertägige wasserwirtschaftliche Anlagen. Freib. Forsch.-H. A275(1962), 47/75

Raumsch, W.: Maschinenfundamente im Bergsenkungsgebiet. Bergbau-Arch. 12(1951), 75/78

Rausch, E.: Das Verhalten von Wohnhauswänden bei Bergschäden. Fortschr. Forsch.-Bauw., Reihe D, Nr. 22, 1955

Reeper, de F.: Der Zusammenhang zwischen Gebirgsdruck und Konvergenz in Hohlräumen unter Tage. (2)1964, 137/201

Regelmann, R.: Der Bergschaden am privaten Grundbesitz. Düsseldorf: Deutsche Wohnungswirtsch. 1972

Reichelt, H.: Gebirgs- u. Bodenbewegungen am linken Niederrhein. Unveröff. Manuskript 1972

Rellensmann, O.: Die Gewährleistung der Betriebssicherheit beim Abbau von Steinkohlenflözen unter Eisenbahnen. Mitt. Markscheidew. 51(1940), 40/54

Richter, R.: Über die mechanische Betrachtung der Gebirgsbewegung. (2)1969, 60/68

Rimant, A.: Abbau von Schachtsicherheitspfeilern. Freib. Forsch.-H. A448(1968), 157/73

Röhr, U.: Gebirgsmechanisches Verhalten einer Kaverne im Salzgestein. Kali u. Steinsalz 19(1973), 178

Rom, H.: Grundwasserabsenkungen und Bodenbewegungsvorgänge im Deckgebirge bei der Grundwasserentziehung. Mitt. Markscheidew. 50(1939), 113/48

Rom, H.: Grenzwinkel-Systematik. Mitt. Markscheidew. 71(1964), 197/99

Romanowicz, E.: Vergleich der Vorausberechnungsgrößen bei dem Einfluß des Bergbaus auf die Bodenbewegungen nach verschiedenen polnischen Verfahren (russ.). (3)Prag 1969

Rose, W.: Die bankrechten Bewegungen des Sandsteinhangenden beim Abbau des Flözes Girondelle auf der Schachtanlage Neumühl. Diss. Aachen 1958

Ross, F.W.; Brachmann, R.: Leitfaden für die Ermittlung des Bauwertes von Gebäuden. Hannover: Oppermann 1955

Rudolf, H.: Senkungen im Bereich von Braunkohlentagebauen als Folge von Grundwasserentzug. Diss. Freiberg 1967

Rürup, H.: Der Bergschaden. Einige neue Aspekte zu einem alten Problem. (4)Berlin 1972, 18/51

Ruppeneit, K.W.: Anwendung der Dimensionstheorie zur Bestimmung der Senkung des Hangenden in Abbaustreben unter Berücksichtigung des Zeitfaktors. (5)Paris 1960, 489/98

Ryncarz, T.: Ergebnisse von Modellversuchen über den Einfluß von Oberflächenlasten auf den Absenkungstrog (poln.). Arch. górn. 8(1963), 111/28

Salamon, M.D.G.: Eine elastische Analyse der Verschiebungen und Spannungen infolge des Bergbaus. J.S. Afric. Inst. Min. Met. 64(1963/64), 128 ff

Salustowicz, A.: Neue Anschauungen über den Spannungs- und Formänderungszustand im Gebirge in der Nachbarschaft bergmännischer Hohlräume. (2)1958, 5/11

Salustowicz, A.: Der Druck im Alten Mann und die Entspannung des darunter liegenden Gebirgskörpers (poln.). Przegl. górn. 20(1964), 267/70

Salustowicz, A.: Die Konvergenz im Lichte der Rheologie. (5)New York 1964, 502/5

Sang, A.: Die Stahlbetonkonstruktion für Unterbrenneröfen - Maßnahmen gegen Temperaturen und bergbauliche Einflüsse. Bau- u. Bauind. 14(1960), 132/40

Sann, B.: Betrachtungen zur Vorausberechnung von Bodensenkungen infolge Kohlenabbaus. Bergbau-Rdsch. 1(1949), 163/68

Sar-Dessai: Ergebnisse neuerer Modelluntersuchungen. (4)Berlin 1972, 274/97

Sauer, A.: Die Vorausberechnung von Streckung und Stauchung im Gebirge über dem Abbau flach gelagerter Flöze. Diss. Clausthal 1961

Sauer, A.: Berechnung von Krümmungsradien aus gemessenen oder vorausberechneten Senkungen. Mitt. Markscheidew. 68(1961), 81/88

Sauer, A.: Vergleich von Messungsergebnissen an Beobachtungslinien und Ergebnissen von Vorausberechnungen von Bodenbewegungen. (4)Berlin 1972, 311/27

Savelsberg, H.: Sicherungsmaßnahmen gegen schädliche Auswirkungen des Bergbaus an einem Kraftwerk. (4)Berlin 1972, 113/43

Savelsberg, H.: Senkungsausgleich über Tage. Vortrag Markscheider-Tag., Münster 1973, im Druck

Savenko, J.F.: Der Mechanismus der Gebirgsbewegung. Ugol ukr. 3(1968), 51/52

Scharf, H.: Maßnahmen der Bergbehörde zum Schutz der Oberfläche im Interesse der persönlichen Sicherheit und des öffentlichen Verkehrs. (4)Berlin 1973, 216/36

Schlegel, E.: Ausbau, Sicherheitspfeiler und Abbaueinwirkungen bei den tiefen Schächten in Deutsch-Oberschlesien. Glückauf 73(1937), 933/38

Schleicher, H.: Die Leitnivellements im linksrheinischen Teil des Oberbergamtsbezirkes Bonn. Diss. Aachen 1970

Schleier, O.: Zur Frage der Senkungsvorausberechnung beim Abbau von Steinkohlenflözen in geneigter Lagerung. Mitt. Markscheidew. 48(1937), 16/27

Schleier, O.: Über Bodenbewegungen beim Abbau der Salzgitterer Erzlagerstätte. Mitt. Markscheidew. 56(1949), 103/22

Schleier, O.: Vorausberechnung von Bodenbewegungen. (1)1956, 452/508

Schleier, O.: Fragen der Vorausberechnung von Bodenbewegungen beim Abbau in steiler Lagerung. Mitt. Markscheidew. 71(1964), 157/68

Schlütter v., B.: Zum Umfang des Bergschadenersatzanspruches. Glückauf 100(1964), 1453/54

Schlütter v., B.: Beweislast für Bergschäden. Glückauf 100(1964), 1563/64

Schlütter v., B.: Wiederherstellung in Natur bei Bergschäden. Glückauf 101(1965), 1455

Schlütter v., B.: Verlust bei Verjährungseinrede gegenüber Bergschadensersatzansprüchen. Glückauf 102(1963), 1320/21

Schlütter v., B.: Bergschadensberechnung bei Schieflage eines Gebäudes. Glückauf 102 (1966), 1318

Schmidtbauer, J.: Gründungen im Bergsenkungsgebiet. Habil. Hannover 1961; Grundbau-Taschenb. I. Berlin: Ernst 1966

Schmidbauer, J.: Verhütung von Bergschäden an Bauten. VDI-Z. 107(1965), 653/58

Schmidt, M.: Analyse eines Bodenbewegungstroges über Abbau in steiler Lagerung. Mitt. Markscheidew. 69(1962), 119/23

Schmidt, M.: Spannungsoptische Versuche an Modellen als Grundlage für die Vorausbestimmung von bergbaulichen Einwirkungen über und unter Tage. Bergb.-Wiss. 19(1963), 25/41

Schmidt, M.: Das Schulbeispiel eines Bodenbewegungstroges als Folge sehr schlechten Baugrundes. Mitt. Markscheidew. 74(1967), 166/70

Schmidt, W.: Geländesenkungen am Königsborner Sprung im Grubenfeld der Zeche Monopol infolge bergbaulicher Einwirkung. Glückauf 87(1951), 179/81

Schmidtmann, L.: Praktische Erfahrungen beim Bau eines optischen Analogrechners und bei seiner Verwendung im Betrieb. Mitt. Markscheidew. 71(1964), 187/96

Schmitz, H.: Bodenbewegungsvorgänge im Bergbau. Mitt. Markscheidew. 30(1923), 29/41

Schoenrock, R.; Teubert, N.: Planung und Ausführung der Bauwerke für den Straßentunnel des Ruhrschnellweges in Essen. Bau- u. Bauind. 18(1965), 1167/74

Schöne, R.: Beitrag zur Erfassung, Auswertung und Prognose von Senkungsschäden. Diss. Leipzig 1970

Schöne-Warnefeld, G.: Untersuchungen über die Quellfähigkeit von Gesteinen des Ruhrkarbons. Glückauf 9(1963), 298/301

Schröder, W.: Untersuchungen über die Auswirkungen des Abbaues unter der Rheinniederung, dargestellt am Beispiel des "Binsheimer Feldes". Diss. Berlin 1967

Schulte, H.: Die Spannungsverteilung in einer Kohleninsel beim Abbau steilgelagerter Flöze im Ruhrgebiet. Diss. Berlin 1942

Schulte, H.F.: Ermittlung und Einfluß der Absenkung bei verschiedenen Versatzarten und flacher Lagerung im linksrheinischen Steinkohlenbergbau. Diss. Aachen 1952

Schulte, H.W.: Eigentumsordnung und Bergschaden. Z. f. Bergrecht 91(1950), 297/330

Schultze, E.: Bodenuntersuchungen und Erdstatik im Braunkohlenbergbau. Braunkohle 8 (1956), 125/34

Schultze, E.: Die Mantelreibung von in Erde eingebetteten Rohrleitungen. Erdöl-Z. 77 (1961), 15/19

Schwartz, B.: Die Gesteinsverformung infolge von Hohlräumen (franz.). Charb. de France 1959

Schwartz, B.: Vorausberechnung der Bewegungen in Abbaustrecken. (5)Paris 1960, 383/98

Schweden, G.: Wiederherstellung ausreichender Tauchtiefen in den Duisburg-Ruhrorter Häfen als bergbauliche Aufgabe. "Die Berliner Brücke", 27/32. Duisburg: Lange 1963

Schweden G.; Brüggemann, W.: Die Duisburg-Ruhrorter Häfen und unser heimischer Bergbau. Förderturm 41(1966), 8/13 u. 42(1964), 14/16

Sébor, J.: Die Verwendungsmöglichkeit der Wardell'schen Näherungsfunktion in den ungarischen Forschungen über Bodenbewegungen und Bergschäden (ung.). Mitt. ung. Forsch.-Inst. Bergb. 14(1971), 69/81

Seitler, N.: Zerstörung eines Bauwerkes durch Grundwasserstauung. Bergverm. Bl. 8 (1950), 36/41

Semmler, W.: Landwirtschaftlicher Mindererertrag als scheinbarer Bergschaden. Glückauf 96(1960), 1433/48

Semmler, W.: Unreines Wasser und Grundwasserentzug als vorübergehender Bergschaden. Bergb.-Wiss. 8(1961), 565/68

Semmler, W.: Dichter Ausbau eines Vorflutgrabens im Bergsenkungsgelände. Bergfreiheit 31(1966), 18/21

Siekmeier, E.W.: Zur Frage der Einwirkung von Längskräften auf das lückenlose Gleis und die Gleisbettung. Glas. Ann. 88(1964), 278 ff

Siska, L.; Duzi, O.: Deformationen in Abbaustrecken, im Streb und im Versatz in Sattelflözen mit festem Hangenden des Steinkohlenreviers Ostrava-Karnivå. Bergakad. 16 (1964), 394/401

Sitz, P.: Haftfestigkeitsuntersuchungen zwischen Beton bzw. Mörtel und verschiedenen Gesteinsarten und ihre Bedeutung für den untertägigen Bergbau. Diss. Freiberg 1968

Skempton, A.W.; Mac Donald, D.H.: Die zulässigen Setzungen für Gebäude (engl.). Proc. Inst. Civ. Engrs. 5(1956), 727/68

Skinderowicz, B.; Buchner, W.: Grundsätze für den Aufbau von geodätischen Netzen in den Bergbaugebieten. (3)Budapest 1972, Bd. V

Skutta, E.: Planmäßige Erfassung des Verhaltens von Gebirge und Ausbau in Strecken und Streben auf dem Steinkohlenbergwerk Emil Mayrich. Mitt. Markscheidew. 78(1971), 256/72

Skutta, E.: Unveröffentlichte Messungsergebnisse über Wasserentzug und Senkungsmuldenbildung. Aachen 1974

Smolarski, A.: Steil gelagerte Flöze vom Standpunkt der Verschiebungstheorie von stochastischen Medien. Freibg.-Forsch.-H. A86 (1958), 43/55

Sonntag, G.: Die Beanspruchung des Hangenden in Abbaubetrieben mit Vollversatz auf Steinkohlengruben. Glückauf 96(1960), 434/40

Soos v., P.: Das Setzungs- und Verformungsverhalten von Böden. VDI-Z. 109(1967), 332/38

Spackeler, G.: Die sogenannte Druckwelle. Glückauf 64(1928), 873/80

Spettmann, J.: Ein vereinfachtes genaues Verfahren der Vorausberechnung von Bodenbewegungen mit Tafelwerten, abzuleiten aus jeder beliebigen Verteilungsfunktion. Mitt. Markscheidew. 69(1962), 1/17

Spettmann, J.: Die Berechnung von Punktverschiebungen in Abhängigkeit von den Senkungen und der Lage zum Abbau auf der Grundlage von Modellversuchen. Mitt. Markscheidew. 70(1963), 253/70

Spettmann, J.: Die Vervollkommnung des Vorausberechnungsverfahrens für Gebirgsbewegungen durch Abbau flachgelagerter Flöze und im Vergleich mit Ergebnissen zu Modellversuchen. Mitt. Markscheidew. 71(1964), 225/324

Spettmann, J.: Kritische Betrachtungen zu Senkungskurven und ihren Konstruktionsvoraussetzungen. Vortrag Markscheider-Tag., Münster 1973, im Druck

Spickernagel, H.: Unterschiede zwischen dem Verlauf der durch den Abbau verursachten Bewegungen über und unter Tage. Mitt. Markscheidew. 71(1964), 93/115

Spickernagel, H.: Vorsorgliche Maßnahmen zur Überwachung der Betriebssicherheit alter Tübbingsäulen, insbesondere bei schachtnahem Abbau. Glückauf 105(1969), 84/90

Spickernagel, H.: Folgewirkungen eines tagesnahen Abbaus auf die Erdoberfläche. (4) Berlin 1972, 144/63

Spickernagel, H. Einführende Bemerkungen zu dem Bergschäden-Problem beim Bau von unterirdischen Verkehrswegen in Bergbaugebieten. Berichte Konstrukt. Ingenieurbau, Essen: Vulkan 1973

Spickernagel, H.: Der Einfluß der Abbautechnik auf die Senkungsbewegungen an der Erdoberfläche. Glückauf-Forsch. 34(1973), 168/72

Splittgerber, H.: Verformung von Gebäuden in waagerechter Richtung durch Sprengerschütterungen. VDI-Z. 111(1969), 1185/91

Spruth, F.: Strebausbau in Stahl und Leichtmetall. Essen: Glückauf 1963

Staender, L.: Bergschädenfragen im Rahmen der Raumordnung und Landesplanung. Unveröff. Manuskript 1973

Stall, F.J.; Frankhänel, G.: Der Ausbau der Essen-Dellwiger Haltung des Rhein-Herne-Kanals zum Ausgleich der Bergsenkungen bis 1980/90. Glückauf 96(1960), 673/86

Steinbauer, W.: Die vergleichende Bewertung von Steinkohlenlagerstätten mit Hilfe eines quantitativen, empirischen Modells, dargestellt am Beispiel der Ruhrkohle-Aktiengesellschaft. Diss. Berlin 1972

Stoßberg, R.: Die Bergschadenregulierung aus der Sicht des Grundeigentümers. Z. f. Bergrecht 106(1965), 194/205

Stoßberg, R.; Thiemeier, H.: Zur Ermittlung von Dauerschäden bei bergbaulichen Einwirkungen auf Gebäude. Glückauf 96(1960), 828

Süß, G.: Die Schieflage von Schächten in Messung und Vorausberechnung. Freib.-Forsch.-H. A57 (1957), 40/62

Szabó, I.: Höhere Technische Mechanik. Berlin: Springer 1964

Szpetkowski, S.: Die Verformung der Erdoberfläche über flachen Abbauen im Lichte der Untersuchungen eines Senkungstroges im Endstand (poln.). Polska akad. górn., Bd. 7, Krakau 1969

Szpetkowski, S.: Die Berechnung der Absenkung von Punkten der Erdoberfläche unter dem Einfluß des Abbaus eines rechteckigen Flözfeldes. Markscheidew. soz. Länd., Bd. 5, Ostrau 1972, 343/57

Szpetkowski, S.: Die Berechnung der Größe der Verformungen der Erdoberfläche und Untertagebauen infolge des Abbaus einfallender Flöze. (3)Budapest 1972, Bd. V

Terzaghi, K.; Jelinek, R.: Theoretische Bodenmechanik. Berlin: Springer 1954

Terzaghi, K.; Peck. R.: Die Bodenmechanik in der Baupraxis. Berlin: Springer 1961

Thiele, H.: Die Auswirkung des untertägigen Abbaus auf die Land- und Forstwirtschaft. Bergvermess. Bl. 6(1957), 7/18

Thoma, A.: Vorausbestimmungen von Auswirkungen des untertägigen Bergbaus auf das Eisenbahngleis. Diss. Darmstadt 1956

Thomé-Kozmiensky, K.J.: Modelluntersuchungen über die beim Abbau vornehmlich flach gelagerter Steinkohlenflöze auftretenden Maximalverschiebungen von Bodenpunkten. Diss. Berlin 1968

Tincelin, E.: Zerdrücken eines kleinen Pfeilers in einer Erzgrube. (2)1967, 42/51

Trefftz, E.: Schwingungsprobleme und Integralgleichungen. Math. Ann. 87(1922) (siehe Differ. u. Integralgl. der Phys., Frank u. v. Mises, Braunschweig 1935, 306)

Treptow, O.: Standortwahl bei Großbauten im Bergsenkungsgebiet. Z. f. Vermess. 88 (1963), 21/36

Treptow, O.: Die Ermittlung des durch den Bergbau verursachten Gebäudeminderwertes mit Hilfe des Verkehrswertindex. Glückauf 101(1965), 443/44

Trojanowski, K.: Geodätische Messungen im Bergbaugebiet und das Verhältnis von Zeiteinfluß und Abbaufortschritt. (3)Budapest 1972, Bd. V

Trompeter, W.H.: Die Expansivkraft im Gestein als Hauptursache der Bewegungen des den Bergbau umgebenden Gebirges. Essen: Baedeker 1899

Uhlenbecker, F.W.: Gebirgsmechanische Untersuchungen auf dem Kaliwerk Hattorf. Mitt. Markscheidew. 76(1969), 169/210

Unterstenhöfer, L.: Erdverlegte Rohrleitung und Einwirkung von Bodenkräften. Gas- u. Wasserf. 103(1962), 853/60

Varnhagen, B.: Untersuchung über den Zusammenhang zwischen Grundwasserabsenkung und Bodensetzung im rheinischen Braunkohlenrevier. Diss. Aachen 1967

Vartaskin, V.M.: Der Seitendruck des Erdreiches auf die Fundamente von Gebäuden über Grubenbauen (russ.). Sachtn. stroit. 9(1965), 18/25

Velev, K.; Stojanov, B.: Über die Möglichkeit des Abbaus der Kohlenflöze unter der Eisenbahnlinie Vulujak Dimitrovo. Bergakad. 12(1960), 684/89

Vencovsky, M.: Störungen und Deformationen des Gesteinsmassivs von Brezove/Hory nach markscheiderischen Nivellements. (3)Prag 1969, Bd. III

VNIMI-Institut: Die Bewegungen der Gebirgskörper und der Tagesoberfläche in den Kohlengebieten der Sowjetunion (russ.). Moskau: Ugletek. 1958

Voight, B.; Dahl, H.D.: Eine phänomenologische Näherung der Bodensenkung nach Überschreitung der Elastizitätsgrenze (engl.). (3)Prag 1969, Bd. III

Wagner, W.: Bodenverformungen beim Abbau eines Eisenerzlagers in geringen Teufen. Mitt. Markscheidew. 63(1956), 199/212

Wagner, W.: Oberflächennaher Abbau von Eisenerzen unter einer Schnellzugstrecke. Freib. Forsch.-H. A334 (1966), 57/87

Wagner, W.: Markscheiderische Überlegungen zur Planung des Verhiebs oberflächennaher Lagerstättenteile der Grube Lengede unter besonderer Berücksichtigung empfindlicher Objekte der Tagesoberfläche. (4)Berlin 1972, 164/215

Walther, C.F.: Bemerkungen zu Senkungsvorausberechnungsverfahren auf der Grundlage von Tafelwerten. Mitt. Markscheidew. 75(1968), 80/92

Walther, C.F.: Die Anwendung des Rechenmodells nach Neuhaus bei flözartigen Lagerstätten mit Hilfe einer Tischrechenmaschine. (4)Berlin 1972, 259/73

Wardell, K.: Einige Beobachtungen über das Verhältnis von Zeit und bergbaulicher Absenkung. Trans. Inst. Min. Eng. 113(1953/54), 471/83

Wardell, K.; Webster, N.E.: Einige Bodenpunktbeobachtungen und ihre Beziehung zum Abbaufortschritt (engl.). (6)1957, 141/51

Weber, H.: Der Gebirgsdruck als Ursache für das Auftreten von Schlagwettern, Bläsern, Gasausbrüchen und Gebirgsschlägen. Glückauf 52(1916), 1025 ff u. Glückauf 65(1929), 746/50

Wecks, H.: Der Bergbau und die Bebauung. Ein Beitrag zur vorbeugenden Beseitigung von Bergschäden. Z. f. Bergrecht 96(1955), 37/47

Wedler, B.; Luetkens, O.: Bauten im Bergsenkungsgebiet. Richtlinien für die Ausführung von Bauten im Einflußbereich untertägigen Bergbaus. Berlin: Lipfert 1948

Weis, F.: Minderwertsentschädigung bei Bergschäden an Grund und Boden. Glückauf 66 (1930), 21/23

Weißner, J.: Beobachtungen über Raumbewegungen in Abbaustrecken. Glückauf 70(1934), 168/72

Weißner, J.: Die Empfindlichkeit der zu elektrifizierenden Bergisch-märkischen Strekke gegen Bergschäden. Mitt. Markscheidew. 61(1954), 123/32

Weißner, J.: Der Bodenbewegungsvorgang vom Abbau bis zur Tagesoberfläche. (1)1956, 758/76

Wessel, P.F.H.: Die Verminderung der übertägigen Bewegung beim Abbau schmaler Felder. Unveröff. Manuskript, Kerkrade 1962

Westermann, H.: Das Verhältnis zwischen Bergbau und öffentlichen Verkehrsanstalten als Gegenstand richterlicher und gesetzgeberischer Bewertung. Opladen: Westdeutscher Verl., 1966

Wild, H.: Erfahrungen mit dem Ausbau in Großblindschächten. Glückauf 99(1963), 621/36

Wilkening, W.: Analytische Untersuchungen an einer beobachteten Senkungskurve. Bergb.-Rdsch. 5(1953), 670/75

Wilkening, W.: Die Verformung der Gebirgsschichten im Hangenden und Liegenden von Abbaufeldern im Kalisalzbergbau. Bergb.-Wiss. 5(1958), 1/15

Willecke, H.: Die Ausgestaltung des Bergschadenrechtes unter besonderer Berücksichtigung der Frage, inwieweit das Bergschadenrecht einen vom Schadensrecht des BGB abweichenden Inhalt hat. Z. f. Bergrecht 113(1972), 54/77

Wilms, R.: Die Aufgaben des Markscheiders bei der Linksniederrheinischen Entwässerungs-Gesellschaft. Mitt. Markscheidew. 78(1971), 195/212

Witt, H.P.: Hüttenwerksbauten im Bergsenkungsgebiet. Bauing. 30(1955), 431/36

Wycislo, K.: Senkrechte Verformung der Schachtröhre infolge des Abbaus eines Kohlenflözes im Schachtsicherheitspfeiler (poln.). Przegl. górn. 19(1963), 291/95

Young, E.: Das Kohlebergbau-Bergschäden-Gesetz von 1957 (engl.). Chart. surv. 90 (1957/58), 397/408 u. 459/61

Zerebcov, I.V.: Zur Berechnung der zulässigen Druck- und Zugverformungen beim Unterbauen von Eisenbahngleisen (russ.). Ugol ukr. 8(1964), 50/51

Zienkiewicz, O.C.; Cheung, Y.K.: Die Methode der finiten Elemente für die Struktur- und Kontinuumsmechanik (engl.). London: Mc Graw-Hill 1968

Zilavý, H.: Einige Erkenntnisse zur Vorausberechnung der Einflüsse des Abbaus. (3)Budapest 1972, Bd. V

Zimmer, G.: Geschwindigkeitserhöhung und Beseitigung von Langsamfahrstellen im Bergschadengebiet durch Einbau von Schienenauszugsvorrichtungen. Eisenbahning. 18(1967), 150/51

Zimmer, R.: Duktile Gußrohre mit Schraublangmuffen-Verbindungen für Versorgungsleitungen in Bergsenkungsgebieten. Glückauf 103(1967), 570/73

Zimny, H.: Beitrag zur Vorausbestimmung von Bodensenkungen und Bodenverschiebungen beim Abbau von flach gelagerten Flözen. Diss. Clausthal 1949

Zweck. H.: Erdwiderstand als räumliches Problem. Bautechn, 30(1953), 189 ff

Zweck, H.: Verformungsmessungen an den Spundwänden der Duisburger Kupferhütte. Bauing. 32(1957), 123 ff

Abkürzungen

(1) Sammelwerk "Der Deutsche Steinkohlenbergbau", Bd. 2, Essen: Glückauf 1956

(2) Int. Büro f. Gebirgsmechanik, 1. bis 11. Ländertreffen in Leipzig. Berlin: Akademie-Verlag

(3) Int. Wiss. Sympos. f. Markscheidewesen

(4) Kolloquium und Schriftenreihe "Lagerstättenerfassung u. -darstellung, Bodenbew. u. Bergschäden, Ingenieurvermess." der Institute für Markscheidewesen u. Bergschadenkunde in Aachen, Berlin, Clausthal und Leoben

(5) Int. Kongr. f. Gebirgsdruckforschung

(6) Europ. Kongr. ü. Bodenbeweg., Leeds 1957

Sachverzeichnis

Anhang

Abriß der Meß- und Überwachungsverfahren

1). <u>Messungen unter Tage im Abbaufeld</u>

Konvergenz des Abbauhohlraumes:

Abstandsmessung bankrechter Punktpaare mit Teleskoprohren. Fernmessung mit Spanndraht-Konvergenzgebern im Alten Mann. Messung des Stempeleinschubs im Strebfeld mit Weggebern.

Dachschichtsenkung und Liegendhebung:

Höhenmessung der vermarkten Punkte mittels Nivellement.

Senkung und Auflockerung der höheren Hangendschichten:

Gewichtsbelastete Drähte, im Bohrloch in den einzelnen Gebirgsschichten verankert, werden am unteren Ende einnivelliert.

Höhenmessung in unterbauten Strecken.

Horizontale Längenänderung der Dachschicht:

Wiederholte Abstandsmessung der Hangendpunkte - abgelotet auf das Liegende - mit einem Stahlbandmaß unter Beachtung der Bandspannung und -temperatur.

Horizontale Lageänderung der Gebirgspunkte:

Polygonometrische Einmessung der Gebirgspunkte (Theodolit).

Punktvermarkung: Holzpflöcke mit Nagelmarke oder Anker im Gesteinsbohrloch und Kerb im Stahlausbau.

2). <u>Messungen im Schacht</u>

Streckung und Stauchung des Ausbaus:

Messung der Teufenunterschiede von Mauerbolzen zu Mauerbolzen (Abstand bis 50 m) mit lotrecht hängenden Stahlmeßbändern.

Fernmessung mit gewichtsbelasteten Drähten, die an den Mauerbolzen befestigt werden, vom Füllort aus mit Nivellier.

Fugenbreite der Tübbingsäule:

Mit Meßstäben oder fernmeßtechnisch mit Weggebern.

Schiefstellung der Schachtachse:

Messung des horizontalen Abstandes der Schachtwand von einem eingehängten Drahtlot oder von einem lotrechten Laserstrahl.

Schiefstellung der Schachtwand mit Pendelneigungsmesser.

Deformation der Schachtscheibe:

Bestimmung der Durchmesser oder der Radien - von einem Drahtlot (Bezugspunkt) aus - bis zur Schachtwand mit Meßstäben oder optisch mit Basis im Stand (SVP-Gerät).

Relativbewegung des Gebirgsstoßes:

Die Höhenlage radioaktiver Marken im Gebirgsstoß, beim Abteufen eingebracht, wird durch den Ausbau hindurch mit einem Strahlungsmeßgerät lokalisiert.

Überwachung des Schachtausbaus durch Teufenmessung (z.B. alle 6 Monate) und Lotung (alle 12 Monate).

3). Messung der Bodenbewegung

Senkung der Tagesoberfläche:

Die Höhen vermarkter Punkte (Stahlrohre, Steinsäulen, Mauerbolzen) werden wiederholt einnivelliert; Einwirkungsrand dort, wo Senkungen von 1 bis 2 cm feststellbar.

Verschiebung der Tagespunkte:

Direkt durch Polygonzugmessung (Winkel und Längen), indirekt abgeleitet aus den gemessenen Längenänderungen der am Trogrand beginnenden Linienzüge.

Zerrung oder Pressung des Bodens:

Messung der Längenänderung vermarkter 10 bis 30 m langer Strecken mit aufliegendem Stahlbandmaß (mm-Genauigkeit).

4). Überwachung der Bauwerke

Haarrisse, erste Schäden:

Durch Augenschein feststellen.

Schieflage des Hauses:

Durch Nivellement (mm-genau) der außen am Sockel angebrachten Höhenbolzen, des Simses oder der Fußböden in den Zimmerecken, seltener durch Schlauchwaage ermittelt.

Längenänderung der Bauteile:

Messung der Abstandsänderung zweier Mauerbolzen mit straff gespanntem Bandmaß. Beobachtung der Rißweiterung an eingelassenen Gipsbändern.

Schiefstellung hoher Gebäude und Schornsteine:

Durch Lotung oder Theodolitmessung nachweisbar.

Stoßlücken, Rohrauszug:

Direkt mit Maßstab messen oder elektrisch mit aufgeklebten Dehnungsmeßstreifen, auch mit aufgesetzten Setzdehnungsmessern bestimmbar.

Auszug aus dem Allgemeinen Berggesetz

vom 24. Juni 1865

in der Fassung vom 16.12.1969 für Nordrhein-Westfalen

(GV. NW. 1970, S. 22)

Zweiter Abschnitt: Von dem Schadensersatz für Beschädigungen des Grundeigentums

§ 148

(1) Der Bergwerkseigentümer ist verpflichtet, allen Schaden, welcher dem Grundeigentum, dessen Bestandteilen oder Zubehör durch den Betrieb des Bergwerkes zugefügt wird, zu ersetzen, ohne Unterschied, ob der Betrieb unter dem beschädigten Grundstück stattgefunden hat oder nicht, ob die Beschädigung von dem Bergwerkseigentümer verschuldet ist und ob sie vorausgesehen werden konnte oder nicht. Geht das Bergwerkseigentum auf einen anderen über, so bleibt die Haftung des bisherigen Bergwerkseigentümers bestehen, es sei denn, daß sein Betrieb für den Schaden nicht ursächlich ist. Wird der Betrieb nicht vom Bergwerkseigentümer, sondern für Rechnung eines anderen (Betreiber) geführt, so haftet dieser neben dem Bergwerkseigentümer, jedoch nicht im weiteren Umfang als dieser selbst. Die Haftung des Betreibers bleibt auch nach Einstellung des Betriebes oder bei Fortführung des Betriebes durch einen anderen bestehen, es sei denn, daß sein Betrieb für den Schaden nicht ursächlich ist.
(2) Die nach Absatz 1 Verpflichteten haften als Gesamtschuldner.
(3) Den Hypotheken-, Grundschuld- und Rentenschuldgläubigern wird eine besondere Entschädigung nicht gewährt.

§ 149

Ist der Schaden durch den Betrieb mehrerer Bergwerke verursacht, so haften die nach § 148 Abs. 1 verpflichteten Bergwerkseigentümer und Betreiber dieser Bergwerke als Gesamtschuldner.

§ 150

(1) Die Ersatzpflicht nach den §§ 148 und 149 tritt nicht für den Schaden ein, welcher an Gebäuden oder anderen Anlagen durch den Betrieb des Bergwerks entsteht, wenn solche Anlagen zu einer Zeit errichtet worden sind, zu der dem Grundbesitzer bei Anwendung gewöhnlicher Aufmerksamkeit die den Anlagen durch den Bergbau drohende Gefahr nicht unbekannt bleiben konnte.
(2) Muß wegen einer derartigen Gefahr die Errichtung solcher Anlagen unterbleiben, so hat der Grundbesitzer auf die Vergütung der Wertminderung, welche sein Grundstück dadurch erleidet, keinen Anspruch, wenn sich aus den Umständen ergibt, daß die Absicht, solche Anlagen zu errichten, nur kundgegeben wird, um jene Vergütung zu erzielen.

§ 151

(1) Ansprüche auf Ersatz eines durch den Bergbau verursachten Schadens (§§ 148, 149), welche sich nicht auf Vertrag gründen, müssen von dem Beschädigten innerhalb von drei Jahren, nachdem er Kenntnis von dem Schaden und seinem Urheber erlangt hat, durch Klage vor dem ordentlichen Gericht geltend gemacht werden, widrigenfalls sie verjähren.
(2) Schweben zwischen dem Ersatzpflichtigen und dem Ersatzberechtigten Verhandlungen über den zu leistenden Schadensersatz, so ist die Verjährung gehemmt, bis der eine oder andere Teil die Fortsetzung der Verhandlungen verweigert.

§ 152

Auf die Beschädigungen des Grundeigentums oder seiner Zubehörungen durch die von Schürfern und Mutern ausgeführten Arbeiten finden die §§ 148 bis 151 ebenfalls Anwendung.

Dritter Abschnitt: Von dem Verhältnisse des Bergbaues zu öffentlichen Verkehrsanstalten

§ 153

(1) Gegen die Ausführung von Landstraßen, Eisenbahnen, Kanälen und anderen öffentlichen Verkehrsmitteln, zu deren Anlegung dem Unternehmer durch Gesetz oder besondere Verordnung das Enteignungsrecht verliehen ist, steht dem Bergbautreibenden ein Widerspruchsrecht nicht zu.

(2) Vor Feststellung der solchen Anlagen zu gebenden Richtung sind diejenigen, über deren Bergwerke dieselben geführt werden sollen, von der zuständigen Behörde darüber zu hören, in welcher Weise unter möglichst geringer Benachteiligung des Bergwerkseigentums die Anlage auszuführen sei.

§ 154

(1) War der Bergbautreibende zu dem Bergwerksbetriebe früher berechtigt, als die Genehmigung der Anlage (§ 153) erteilt ist, so hat er gegen den Unternehmer der Anlage einen Anspruch auf Schadensersatz. Ein Schaden ist nur insoweit zu ersetzen, als entweder die Herstellung sonst nicht erforderlicher Anlagen in dem Bergwerke oder die sonst nicht erforderliche Beseitigung oder Veränderung bereits in dem Bergwerke vorhandener Anlagen notwendig wird.
(2) Können die Beteiligten sich über die zu leistende Entschädigung nicht gütlich einigen, so erfolgt ihre Festsetzung nach Anhörung beider Teile und mit Vorbehalt des Rechtsweges durch einen Beschluß des Oberbergamts, welcher vorläufig vollstreckbar ist.

Berechnung des Gebäudeminderwertes

Vereinbarung zwischen der Ruhrkohle AG und dem Verband
Bergbaugeschädigter Haus- und Grundeigentümer (VBHG)
vom 22. 10. 1970 *)

I

Ermittlung des Gebäudewertes

1. Zur Ermittlung des der Minderwertberechnung zugrunde zu legenden Gebäudewertes werden nach dem Sachwertverfahren aus der Anzahl der m^3 umbautem Raum (uR) durch Multiplikation mit dem der Bauart und der Bauweise entsprechenden durchschnittlichen Raummeterpreis (DM/m^3 bzw.M/m^3) die Normalherstellungskosten (HK_1) für das gewählte Basisjahr (z.B.1913) errechnet:

Der umbaute Raum ist gemäß DIN 277, Ausgabe 11/1950, zu berechnen. Die Normalherstellungskosten DM/m^3 sind nach Erfahrungsgrundsätzen in Anlehnung an den Leitfaden Ross/Brachmann - Ermittlung des Bauwertes von Gebäuden und des Verkehrswertes von Grundstücken - anzusetzen.

$$m^3 \text{ (uR)} \times \text{(D)M}/m^3 = HK_1$$

2. Zur Berechnung der Normalherstellungskosten der nach dem 1. 1. 1938 errichteten Gebäude sind Baunebenkosten (BnK) von 8 % hinzuzufügen.

$$HK_1 + BnK = HK_2$$

3. Fehlende oder zusätzliche Bauteile (die evtl. den Ansatz verschiedener Kubikmeterpreise erforderlich machen würden) sind in Vonhundert-Sätzen bei den durchschnittlichen Kosten für den Kubikmeter uR als Berichtigungskosten (BrK_1) wertmindernd bzw. erhöhend zu berücksichtigen.

$$HK_2 \pm BrK_1 = HK_3$$

*) ohne Gewähr für die Textfassung

4. Der Herstellungswert (z.B. 1913) ist zu multipizieren mit der Verhältniszahl (q), die sich ergibt aus dem Verhältnis Bauindexziffer des Bezugszeitraumes zu Bauindexziffer des Basisjahres (1913 = 100). Wenn andere Basisjahre verwendet werden, ist sinngemäß zu verfahren.

$$q = \frac{\text{Indexziffer Bezugszeitraum (z.B. 1970)}}{\text{Indexziffer Basisjahr (z.B. 1913 = 100)}}$$

$$HK_3 \times q = HK_4$$

Als Bauindexziffer des Bezugszeitraumes ist jeweils die für den Monat Februar eines Jahres vom Statistischen Bundesamt Wiesbaden veröffentlichte Bauindexziffer zu verwenden für die Minderwertberechnungen, deren Schieflagemessungen zwischen dem 1. 7. des gleichen Jahres und dem 30. 6. des darauffolgenden Jahres ausgeführt sind. (Beispiel: Indexziffer Februar 1970 wird verwendet für Fälle mit Meßdatum zwischen 1. 7. 1970 und 30. 6. 1971.) Die Indexzahlen sind der Veröffentlichung des Statistischen Bundesamtes - Meßzahlen für Bauleistungspreise und Preisindices für Bauwerke - zu entnehmen.
Für die noch vorliegenden, nicht abgewickelten Fälle, deren Schieflagemessungen nach dem 1. 1. 1970 bis zum 30. 6. 1970 durchgeführt sind, gilt abweichend vom oben Gesagten die Indexziffer vom Februar 1970.

5. Die wirtschaftliche Überalterung (wU) wird für nachstehende Gebäudealtergruppen durch pauschale Abschläge berücksichtigt. Die Abschläge betragen für die Gebäudeherstellungszeitpunkte:

	bis 31.12.1924	30 %	
zwischen	1.1.1925 und 31.12.1937	15 %	
"	1.1.1938 und 31.12.1953	20 %	
"	1.1.1954 und 31.12.1962	0 %	(Für diese Gebäude sind, soweit möglich, die nachgewiesenen, bereinigten Baukosten zu verwenden)

$$HK_4 - wU \text{ in } \% = HK_5$$

6. Die technische Wertminderung (tW = Minderung des Herstellungswertes infolge Alters und Unterhaltszustandes) wird der technischen Lebensdauer des Gebäudes entsprechend nach Tabellenwerten (z.B. Ross/Brachmann, 20. Auflage, Seite 146) berücksichtigt. Außergewöhnliche Erneue-

rungen bzw. Teilwiederaufbauten sind werterhöhend, Baumängel und nicht beseitigte Kriegsschäden sind wertmindernd zu berücksichtigen (Berichtigungskosten = BrK_2).

$$HK_5 - tW \text{ in } \% \pm BrK_2 = \text{Gebäudewert}$$

Der Wert des Grund und Bodens sowie der Außenanlagen usw. bleibt außer Ansatz.

II

Berechnung des Minderwertes

1. Das Maß des bergbaubedingten Minderwertes wird nach Maßgabe der folgenden Bestimmungen ermittelt:

a) Bei Schieflagen zwischen 2 und 20 mm/m gilt die Schieflageformel (2mm/m Schieflage = 1 % Minderwert). Damit sind grundsätzlich alle Schäden und Vermögensnachteile (auch Gefügelockerungen) abgegolten. Bei Nachweis schwerwiegender Schäden wird jedoch eine Sondervereinbarung über die Abgeltung des Schadens nicht ausgeschlossen.

b) Bei Schieflagen über 20 mm/m wird die Festlegung des Maßes des bergbaubedingten Minderwertes der Vereinbarung im Einzelfall überlassen.

c) Bei Schieflagen bis zu 2 mm/m wird ein Minderwertausgleich nicht geleistet. Wurde bereits früher ein Minderwert abgegolten und tritt eine Zunahme der Schieflage bis zu 2 mm/m ein, so wird ein Minderwertausgleich ebenfalls nicht geleistet. Übersteigt die Zunahme der Schieflage 2 mm/m, so erfolgt die Minderwertberechnung nach II 1 a bzw. II 1 b für die volle Schieflage; bereits geleistete Minderwertausgleiche (ausgedrückt in % des Gebäudewertes) werden in Anrechnung gebracht.

d) Wird im Falle einer nicht nachweisbaren Schieflage, einer rückläufigen Schieflage oder einer Schieflage bis zu 2 mm/m ein schwerwiegender nicht reparabler Gebäudeschaden nachgewiesen, so ist eine Vereinbarung über die Abgeltung dieses Schadens nicht ausgeschlossen.

2. Die Schieflage wird aus dem Senkungsunterschied der Endpunkte zweier Gebäudeseiten und einer Gebäudediagonalen (drei Richtungen) berechnet. Die in die Berechnung eingehenden drei Richtungen müssen sich in einem Punkt schneiden.

Bei der ersten Minderwertberechnung ist regelmäßig von dem Punkt auszugehen, der die geringste Senkung erfahren hat. In besonders gelagerten Fällen kann statt dessen der Punkt mit der größten Senkung zugrunde gelegt werden. Dieser einmal festgelegte Punkt ist bei weiteren Änderungen der Schieflage zur Ermittlung der Schieflage beizubehalten.

Die Senkungsunterschiede der Endpunkte jeder der drei Richtungen, ausgedrückt in Millimetern, werden jeweils durch die Länge der ausgewerteten Richtung, ausgedrückt in Metern, dividiert. Die sich daraus ergebenden drei Quotienten sind zu mitteln. Dieses Mittel ist die gesuchte Schieflage.

3. Dies gilt nicht, soweit die Schieflage nicht auf bergbaulicher Einwirkung beruht (z.B. Ursprungschieflage).

Diese Regelung ist mit dem im Schreiben VBHG Ld/Mo vom 22. 10. 1970 erklärten Einverständnis für die mit dem VBHG abzuwickelnden Fälle in Kraft getreten. Sie kann auch Anwendung finden in den Fällen, die bisher nicht abgewickelt sind und in denen die Messung im Jahre 1970 erfolgt ist. In den direkt mit den Geschädigten bzw. anderen Interessenvertretungen abzuwickelnden Minderwertfällen ist entsprechend zu verfahren.

Für die VBHG-Fälle wird auf die den Minderwert betreffenden ergänzenden Bestimmungen unter Punkt 3. der Bereichsrichtlinie 4/70 vom 10. 8. 1970 hingewiesen.

Auszug aus den Baurichtlinien

(gekürzter Text, vgl. RdErl.
Nordrhein-Westfalen v. 10.9.1963)

Vorbemerkung

Nach der derzeitigen Rechtslage kann der Bergbautreibende frei entscheiden, ob er diese Richtlinien befolgen oder ihre Empfehlungen im einzelnen über- oder unterschreiten will. Wünscht der Bauherr, daß der Bergbautreibende die Mehrkosten erstatten soll, die aus der Durchführung dieser Richtlinien entstehen, so muß der Bauherr vor Baubeginn die schriftliche Zustimmung des Bergbautreibenden zu den beabsichtigten Maßnahmen und den daraus entstehenden Kosten einholen.

1. Bergbau und Baugrund

Wenn größere zusammenhängende Hohlräume geschaffen werden, wie z.B. beim Steinkohlenbergbau, so brechen und sinken die Gebirgsschichten über der Lagerstätte im allgemeinen ein. Das Absinken kann dadurch verkleinert und gemildert werden, daß der Abbauhohlraum durch Versatz wieder aufgefüllt wird.

Beim Absinken verformt sich die Erdoberfläche zu einer in der Regel flachtellerförmigen Mulde, deren Rand dem Abbau vorauseilt.

Die Bewegung in der Senkungsmulde läßt sich in einen lotrechten und einen waagerechten Beitrag zerlegen. In lotrechter Richtung treten nur Senkungen auf, deren Maß vom Rande der Mulde zur Mitte zunimmt. In waagerechter Richtung entstehen im Randgebiet der Senkungsmulde, wo der Krümmungsmittelpunkt der Senkungskurve unten liegt, Zerrungen des Bodens. Im Innern der Mulde, wo der Krümmungsmittelpunkt oben liegt, entstehen dann Pressungen. Beim Fortschreiten des Abbaus wandern mit den Senkungsmulden auch die Zonen der Zerrungen und Pressungen.

Die Größe und die Art der Verformung der Tagesoberfläche hängt von der Größe der beim Abbau geschaffenen Hohlräume, der Teufe, der Art der überlagernden Gebirgsschichten und der Dichte des eingebrachten Versatzes ab.

2. Lastannahmen

2.1 Allgemeines

Die bergbaulichen Einwirkungen können ein Bauwerk gleichzeitig absenken, schief stellen, verbiegen und zerren oder pressen, wobei Zerrungen und Pressungen einander ablösen können.

2.2 Kräfte aus der Schiefstellung des Bauwerks

Ein nicht hinreichend ausgesteiftes Bauwerk muß neben etwaigen anderen waagerechten Kräften auch für die Aufnahme einer beliebig gerichteten waagerechten Kraft bemessen werden, deren Größe zu 1 % aller über dem betrachteten waagerechten Schnitt angreifenden lotrechten Lasten anzunehmen ist.

2.3 Biegekräfte

Der kleinste Krümmungshalbmesser R von Senkungsmulden ist etwa 500 m. Für die Abschätzung der ungleichen Senkungen und lotrechten Verbiegungen eines Bauwerkes infolge des Bergbaues kann der Krümmungshalbmesser R der Senkungsmulde im allgemeinen für die Sattellage zu 2000 m und für die Muldenlage zu 5000 m angenommen werden. Die Biegebeanspruchung, die durch Hohlliegen von Grundkörpern infolge von Abtreppungen zu erwarten ist, ist für die Grenzfälle zu untersuchen.

2.4 Waagerechte Zerrungs- und Pressungskräfte

Die auf das Bauwerk übergehenden Reibungskräfte R sind mit dem Reibungswert $\mathrm{tg}\,\rho = \frac{2}{3}$ zu ermitteln. Hierbei sind an der Unterseite alle lotrechten Auflagekräfte A zu berücksichtigen, an den Seitenflächen der Erddruck

$$E = \gamma \cdot \frac{h^2}{2} \cdot \tan^2\left(45^\circ - \frac{\rho}{2}\right)$$

und etwaige waagerechte Auflagerkräfte.

Verzahnungen im Baugrund durch Pumpensümpfe, Becherwerks- und Aufzuggruben und dgl. sind besonders zu berücksichtigen.

Der an der jeweiligen Stirnseite des Bauwerks wirkende Erdwiderstand E_p ist mit Rücksicht auf die Kohäsion anzunehmen zu

$$E_p = \gamma \cdot h^2 \cdot \tan^2\left(45^\circ + \frac{\rho}{2}\right).$$

Bei sehr leichten Bauwerken müssen die Haftspannungen mit einem Betrag von 1 t/m^2 der Berührungsfläche berücksichtigt werden.

2.5 Richtung und Grenzwerte der Kräfte
Bei der Bemessung der Bauwerke ist davon auszugehen, daß alle vom Bergbau herrührenden Kräfte in jeder beliebigen Richtung wirken und daß an jeder Stelle des Bauwerks Zerrungen und Pressungen, Sattellage und Muldenlage auftreten können.

3. Grad der Bergschädensicherung

3.1 Allgemeines
Schädliche Einwirkungen des Bergbaues auf die Bauwerke können durch bauliche Maßnahmen eingeschränkt oder vermieden werden (Bergschädensicherung).

Bei der Wahl der vorbeugenden baulichen Maßnahmen sind drei Sicherungsstufen zu unterscheiden, von denen die Stufen 1 und 2 Teilsicherungen sind, weil sie Bergschäden nicht in allen Fällen vollständig ausschließen können.

3.2 Sicherungsstufe 1
In den Gebieten, welche nach Auffassung des Bergbautreibenden durch bergbauliche Einwirkungen bedroht sind, genügen im allgemeinen die in Abschnitt 4 und 5 festgelegten vorbeugenden Maßnahmen, sofern der Bergbautreibende keine weitergehenden Sicherungen für erforderlich hält (vgl. Abschn. 3.1).

3.3 Sicherungsstufe 2
Zur Sicherungsstufe 2 gehören alle Fälle, in denen die allgemeinen Maßnahmen der Sicherungsstufe 1 nicht ausreichen, z.B. wegen besonderer Empfindlichkeit des betreffenden Bauwerkes (vgl. Abschn. 6).

3.4 Sicherungsstufe 3
Sie erfordert eine Vollsicherung, die ein Bauwerk vor jeglicher schädlichen Verformung infolge bergbaulicher Einwirkungen schützt.

4. Allgemeine Gesichtspunkte für die Anordnung und Ausbildung der Bauwerke

4.1 Planung und Anordnung der Bauwerke

4.11 Wahl des Bauplatzes
Bei der Wahl des Baugeländes sind innerhalb der städtebaulichen Planung die geologischen Verhältnisse und die bergbaulich bedingten Verformungen des Baugrundes zu beachten. Diese sind rechtzeitig vom Bergbautreibenden unter Vorlage der allgemeinen Planungsunterlagen vor Inangriffnahme der genauen Bauzeichnungen zu erfragen.

4.12 Lage der Hauptachsen
Die größeren Grundrißabmessungen eines Bauwerks, ferner die Gleis- und Krananlagen sollen möglichst gleichlaufend zur Streichrichtung der Flöze angeordnet werden.

4.13 Gestalt und Größe
Es sind einfache Baukörper mit möglichst geringer Gliederung anzustreben. An-, Vor- und Verbindungsbauten, wie Garagen und Pförtnerwohnungen sowie Verbindungsflügel, müssen möglichst vermieden werden.

Im Bergsenkungsgebiet sind höhere Bauten mit kleiner Grundfläche den flacheren und breiteren Bauwerken vorzuziehen. Alle Bauwerke sollen daher im allgemeinen nicht länger oder breiter als 30 m, höchstens aber 35 m lang und breit sein, oder sie sind durch Fugen (vgl. Absch. 4.43) in selbständige Abschnitte zu zerlegen. Bei Stahlgerippebauten können größere Längen bis zu 50 m zugelassen werden.

4.2 Gründung
Im Allgemeinen ist eine Flachgründung trotz der größeren Eigensetzung einer Tiefgründung vorzuziehen.

4.3 Bauart und Baustoffe
Die Bauart und Baustoffe müssen den besonderen Beanspruchungen angepaßt sein, die durch den Bergbau entstehen.

4.4 Ausgleich der Bewegungen des Baugrundes beim Bauwerk

4.41 Ausgleich der lotrechten Verbiegungen des Baugrundes
Bauwerke, die bei stärkeren Verformungen an ihrer schwächsten Stelle brechen, muß man statisch bestimmt lagern oder so steif machen, daß sie etwa entstehende Freilagen (Abschn. 2.3) überbrücken können. Bei Bauwerken ohne große Eigensteifigkeit empfiehlt es sich, derartige Bauwerke möglichst weich, d.h. elastisch oder plastisch nachgiebig auszubilden, so daß sie lotrechten Verformungen des Baugrundes folgen können.

4.42 Berücksichtigung der Zerrungen und Pressungen des Baugrundes
Die Zerrungen und Pressungen des Baugrundes sind möglichst durch längsverschiebliche Lagerung des Bauwerkes oder der Bauteile, u.U. auch durch Anordnung von Gelenken, unschädlich zu machen. Zwischen einer Tiefgründung und dem Bauwerk ist eine Gleitfuge anzuordnen.

4.43 Abstand der Bauwerke und Fugenbreite (Gebäudespalte)
Benachbarte Bauwerke sind in solchem Abstand voneinander anzuordnen, daß sie sich bei auftretenden Pressungen des Baugrundes oder bei Schiefstellungen der Gebäude nicht gegenseitig beschädigen.

4.5 Bauliche Ausbildung

4.51 Alle Trennfugen sollen möglichst geradlinig verlaufen. Sie müssen durch das ganze Bauwerk einschl. des Daches, der Verkleidungen und der Gründung gehen.

4.52 Tür- und Fensterstürze und alle Bauteile, deren Auflager sich bei Bewegungen des Baugrundes verschieben können, müssen besonders große Auflagerlängen erhalten.

4.53 Pilzdecken und gemauerte Gewölbe sind bei Bauwerken der Sicherungsstufen 1 und 2 unzulässig, ebenso Bögen.

4.54 Die Grundkörper von Maschinen, Kesseln, Öfen, Einzelschornsteinen usw., welche unmittelbar auf dem Baugrund stehen, sind vom übrigen Bauwerk und seinen Grundkörpern durch ausreichend breite Fugen (Abschn.4.41 und 4.43) zu trennen.

4.55 Befinden sich in einem Bauwerk Einrichtungen, welche kein Schiefstellen des Bauwerks vertragen, z.B. Aufzüge, Kranbahnen, Maschinen usw., so müssen ihre Befestigungen nachstellbar sein.

4.56 Die Dichtung eines Bauwerks gegen Grundwasser macht im Bergsenkungsgebiet stets große Schwierigkeiten. Wenn irgend möglich, soll man daher die Kellersohle oberhalb des nach Markscheidergutachten später zu erwartenden u.U. höheren Grundwasserspiegels legen oder bei vorhandener Vorflut eine Entwässerung vorsehen.

5. <u>Besondere Bauten der Sicherungsstufe 1</u>

5.1 Mauerwerksbauten

5.11 Bei Mauerwerksbauten ist die unterste Decke stets in fugenlosem Stahlbeton auszuführen.

5.12 Aufnahme der Zerrungs- und Pressungskräfte, und zwar in der Ebene der Grundkörper oder der untersten Decke (z.B. Kellerdecke). Die Sicherung in der Gründungsebene geschieht durch Anordnung einer Stahlbetonplatte in Höhe der Kellersohle, die so bewehrt ist, daß sie die zu erwartenden Längskräfte aus Zerrung und Pressung, aber keine lotrechten Biegemomente aufnehmen kann. Grundkörperstreifen unterhalb der Platte sind durch eine Gleitfuge (Papplage) abzutrennen.

5.13 Bei Mauerwerksbauten mit drei und mehr Vollgeschossen empfiehlt es sich, in Höhe sämtlicher Decken in allen Umfassungs-, deckentragenden Innen- und mindestens 25 cm dicken aussteifenden Querwänden Ankerbalken anzuordnen. Die Ankerbalken sind an den Schnittpunkten miteinander zug- und druckfest zu verbinden und mit den Decken zu verankern. Die Ankerbalken sind in der Regel aus Stahlbeton herzustellen und werden zweckmäßig mit den Fensterstürzen vereinigt.

5.2 Gerippebauten und durchlaufende Träger

Bei Gerippebauten sind die Träger an den Stützen und die Unterzüge mit Laschen zu verbinden, bei Stahlbetongerippen ist über den Stützen eine ausreichende Zahl von Bewehrungsstäben durchzuführen. Alle größeren Glasflächen sind durch Fugen oder gelenkige Aufhängung vor Zerstörungen zu schützen.

5.3 Steife Scheiben

Steife Scheiben größerer Länge und mit erheblicher Biegefestigkeit in lotrechter Richtung sind durch zusätzliche Trennfugen zu unterteilen, wenn die Scheiben nicht statisch bestimmt gelagert sind.

5.4 Rahmen

Für die Ausbildung von Rahmen vgl. Abschn. 4.42.
Säulen, die durch waagerechte Bewegungen des Baugrundes unmittelbar gefährdet werden, sind in der Regel oben und unten mit Gelenken anzuschließen.

5.5 Hallen und ähnliche Ingenieurbauten

Hierfür wählt man in der Binderebene zur Vermeidung der kostspieligen Abstandshaltung Tragwerke mit statisch bestimmter Lagerung.

5.6 Rinnen und Rohre

Bei allen zur Abführung von Flüssigkeiten dienenden Röhren und Rinnen, welche nicht unter Druck stehen, muß das Gefälle mindestens 1 % größer gewählt werden, als an sich nötig wäre. In allen Leitungen, mit Ausnahme von Bleirohren,müssen ausreichende Ausdehnungsvorrichtungen eingebaut werden, z.B. an Bauwerksfugen, an Krümmungen und an Stellen, an denen Risse zu erwarten sind, ebenso an Anschlußstellen von Erdleitungen an Bauwerke. Erdleitungen für Gas und Wasser u. dgl. sind möglichst an den Stößen zu schweißen oder mit nachgiebigen Muffenverbindungen herzustellen.

5.7 Innere Einrichtung

Maschineneinrichtungen einschließlich der Hebezeuge, Schienen, Fördervorrichtungen, Klapp- und Schiebetore, Heizungs-, Gas- und Flüssigkeitsrohre müssen sich der Verformung des Baugrundes und der dadurch bedingten Verformung des Bauwerkes und der Bauteile anpassen können.

5.8 Bauten im Grundwasser
Läßt sich eine grundwasserfreie Lage des Kellers nicht ermöglichen, so ist die Anordnung einer Zerrungssicherung (vgl. Abschn. 2.4 und 4.42) in der Bauwerkssohle erforderlich.

Die Trennfugen (Bauspalten) zwischen zwei Stahlbeton-Baukörpern sind durch zwei gefaltete Bleche (möglichst aus Kupfer) abzudichten.

5.9 Brücken
Brücken sind für eine spätere Hebung (vgl. a Abschnitt 6.7) einzurichten und statisch bestimmt zu lagern. Dreigelenkbogen und als solche berechnete Gewölbe sind jedoch unzulässig. Fugen an waagerecht verschieblichen Auflagern müssen zum Ausgleich der waagerechten Baugrundbewegung einen waagerechten Spielraum haben von ± 1 % der Entfernung der nächstgelegenen festen Auflager oder Anschlüsse, mindestens aber von ± 20 cm.

Bei der Ausbildung der Fahrbahntafel ist zu beachten, daß bei verschiedenartiger Schiefstellung der Pfeiler und Widerlager eine Verwindung entsteht.

6. Besondere Richtlinien für Bauten der Sicherungsstufe 2

6.1 Allgemeines
Für die Sicherungsstufe 2 gelten die Vorschriften des Abschnittes 5, soweit nachstehend nichts anderes bestimmt wird.

6.2 Mauerwerks- und Gerippebauten
Mauerwerks- und andere Bauten mit tragenden gemauerten Wänden und frei aufliegenden Deckenträgern sind unzulässig. Sie sind durch Gerippebauten zu ersetzen.

6.3 Rahmentragwerke
Bei Rahmentragwerken ist im Gegensatz zur Sicherungsstufe 1 die Ausnutzung der federnden Verformung zur Vermeidung von Gelenken (Punkt- oder Linienkipplager usw.) unzulässig.

6.4 Fugen
Die Fugen zwischen zwei Bauwerken oder Bauwerksteilen dürfen nicht verspringen, sondern müssen in einer Ebene verlaufen.

6.5 Krümmung des Baugrundes
Der Einfluß der Krümmung des Baugrundes (vgl. Abschn. 2.3) muß für die wesentlichen Tragteile statisch nachgewiesen werden. Dabei genügt es, wenn eine Krümmung des Baugrundes gemäß Abschn. 2.3 in beiden Hauptachsrichtungen, nicht aber auch übereck angenommen wird. Bei Gerippe-

bauten bleibt hierbei die versteifende Wirkung der Ausmauerung außer Ansatz. Für tragende Mauerwerkswände ist ein solcher Nachweis einstweilen nicht erforderlich (Abschn. 8.1).

6.6 Berücksichtigung der Zerrung und Pressung des Baugrundes
Kräfte infolge der Zerrung und Pressung des Baugrundes müssen in der ganzen Grundrißausdehnung in einer einzigen waagerechten Ebene aufgenommen werden (Stahlbetonplatte oberhalb der Grundkörper).

6.7 Nachstellbarkeit der Bauwerke
Die Vorrichtungen zum Nachstellen des ganzen Bauwerkes müssen alle wesentlichen Bauteile, deren Schutz die Einordnung in die höhere Sicherungsstufe verlangt, in die Hebungsmöglichkeit einbeziehen.

Die Grundkörper dieser Bauwerke sind so breit zu machen, daß die Auflagerpunkte ohne Überschreitung der zulässigen Kantenpressung seitlich verschoben und auch Hebevorrichtungen aufgestellt werden können.

7. Besondere Richtlinien für Bauten der Sicherungsstufe 3

7.1 Arten der Vollsicherung
Über den Anwendungsbereich vgl. Abschn. 3. Bei der Vollsicherung unterscheidet man vier Arten.

7.11 Die Einflächenlagerung eignet sich für Bauwerke, die eine Grundfläche von verhältnismäßig geringem Ausmaß, z.B. Behälter und Silos, Maschinengrundkörper von gedrungener Form, Backöfen usw., besitzen.

7.12 Die Zweiflächenlagerung läßt sich hauptsächlich nur für Bauwerke mit länglichem Grundriß anwenden.

7.13 Die Dreipunktlagerung eignet sich besonders für Bauwerke, die oberhalb der Grundkörper eine über der ganzen Grundfläche durchgehende Scheibe haben, deren Träger möglichst im Dreiecksverband anzuordnen sind.

Die drei Grundkörper erfordern entweder eine Abstandshaltung oder besondere Gleitlager, so daß bei waagerechter Baugrundverformung nur die Reibungskräfte der Lager in das Bauwerk übertragen werden. Die Gleitlager lassen sich auch durch Pendelstützen und -wände ersetzen.

7.14 Ein Bauwerk sollte durch Fugen oder Gelenke in einzelne vollgesicherte Abschnitte, welche ihrerseits nach Abschn. 7.11 bis 7.13 gelagert werden können, unterteilt werden.

7.2 Beanspruchung des Baugrundes und statischer Nachweis.
Ist der Baugrund sehr fest und spröde, so empfiehlt es sich, bei schwe-

ren Bauten mit hohen Bodenpressungen ein Ausgleichspolster aus bildsamem Ton oder bildsamem Lehm aufzubringen, um ein Einschneiden der Grundkörper bei ungleichmäßiger Baugrundsenkung zu ermöglichen. Diese Maßnahme hat aber nur dann Erfolg, wenn das Ausgleichspolster dauernd ausreichend feucht bleibt.

Sind Abtreppungen zu erwarten (vgl. Abschn. 1 und 2.3), so ist die Bodenpressung im Rahmen des Zulässigen (vgl. DIN 1054) möglichst hoch zu wählen, damit ein Teil des Senkungsunterschiedes durch Einpressen der Grundkörper in dem Rücken der Abtreppungen unschädlich gemacht wird.

Es müssen die Grenzfälle der inneren und äußeren Freilage in Richtung der Hauptachsen des Bauwerkes und auch übereck untersucht werden. Die Biegemomente sind jeweils bis zum Querkraftwechsel zu verfolgen.

8.2 Zulässige Spannungen bei Berücksichtigung der Einwirkungen des Bergbaues

8.211 Baustahl (vgl. DIN 1050 und 120)

St 33	2000 kg/cm^2
St 37	2200 kg/cm^2
St 52-3	3400 kg/cm^2

8.212 Betonstahl (vgl. DIN 1045 und 4225)

Betonstahl	I	2200 kg/cm^2
Betonstahl	II	3400 kg/cm^2
Betonstahl	III	4000 kg/cm^2
Betonstahl	IV	5000 kg/cm^2

8.221 Stahlbeton
Die doppelten Werte der in DIN 1045, Tafel V, und DIN 4225, Tafel II, angegebenen zulässigen Spannungen.

Bei Spannbeton die in DIN 4227 angegebenen zulässigen Spannungen (keine Spannungserhöhung).

8.222 Unbewehrte Betonbauten (Brücken s. Abschn. 8.223). Die in DIN 1047 angegebenen Werte (keine Spannungserhöhung).

Schadensbilder

Bilder 1 und 2: Bergschäden infolge Bodensenkung an einem Wasserlauf bei gleichbleibender Höhe des Kanalwasserspiegels vor und nach der Brückenhebung sowie Deicherhöhung.

Bilder 3 und 4: Bergschäden an Wohnhäusern infolge Schieflage des Bodens im muldenförmigen Trog vor und nach dem Neubau des Eckhauses (beachte den Schiefstellungsausgleich am rechten Giebel).

Bild 5: Spalt zwischen den Hausgiebeln einer Wohnhauszeile bei sattelförmiger Bodenkrümmung.

Bild 6: Bergschädenrisse in der Trennwand einer Wohnung (Schubrisse).

Bilder 7, 8 u. 9: Bergschäden an gemauerten Außenwänden. Ursachen: Bodenkrümmung (links), Pressung (rechts oben) u. Zerrung (rechts unten).

Bilder 10 und 11: Bergschäden an Eisenbahngleisen infolge Bodenpressung: Höhenmäßiger (links) oder seitlicher Verwurf (rechts) der Gleise.

Bilder 12, 13 und 14: Bergschäden an erdverlegten Rohrleitungen bei Pressung (oben u. links) oder Zerrung (rechts).

Bilder 15, 16 und 17: Bergschäden an Straßen bei Zerrung (links), Pressung (Mitte) und Verschiebung der Straßenbahngleise im Pflaster (rechts).

Bild 18: Gebäudeschäden über einer Erdstufe. Links: Abriß einer Hausecke. Rechts: Mitgeschlepptes Kellergeschoß durch Scherbewegung des Bodens.

Bild 19: Bergschaden an einer Einfriedungsmauer über einer Erdstufe (Straße bereits ausgebessert).

Aufnahmen - mit Ausnahme der Bilder 6 und 20 (Hilbig 1956) - von S. Mehrhoff.

Bild 20: Breiter Erdriß über den Abbaukanten tagesnaher Baufelder.

GPSR Compliance

The European Union's (EU) General Product Safety Regulation (GPSR) is a set of rules that requires consumer products to be safe and our obligations to ensure this.

If you have any concerns about our products, you can contact us on ProductSafety@springernature.com

In case Publisher is established outside the EU, the EU authorized representative is:

Springer Nature Customer Service Center GmbH
Europaplatz 3
69115 Heidelberg, Germany

Batch number: 10683525

Printed by Printforce, the Netherlands